植物構造図説
MICROGRAPHIC PLANT STRUCTURES

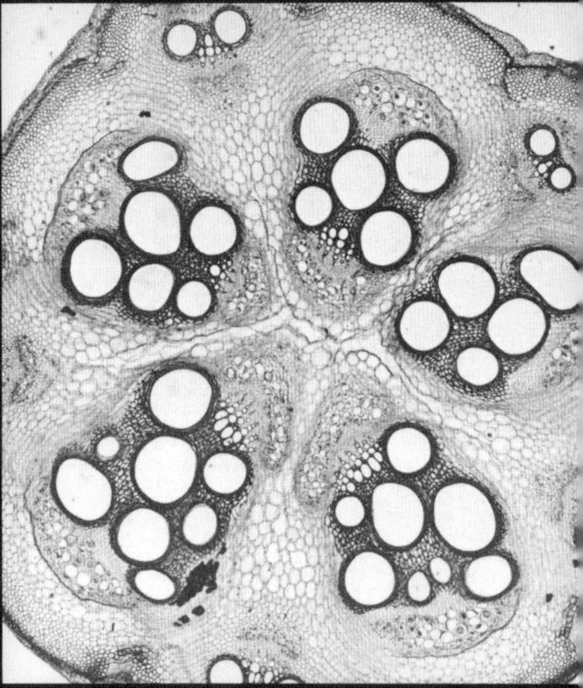

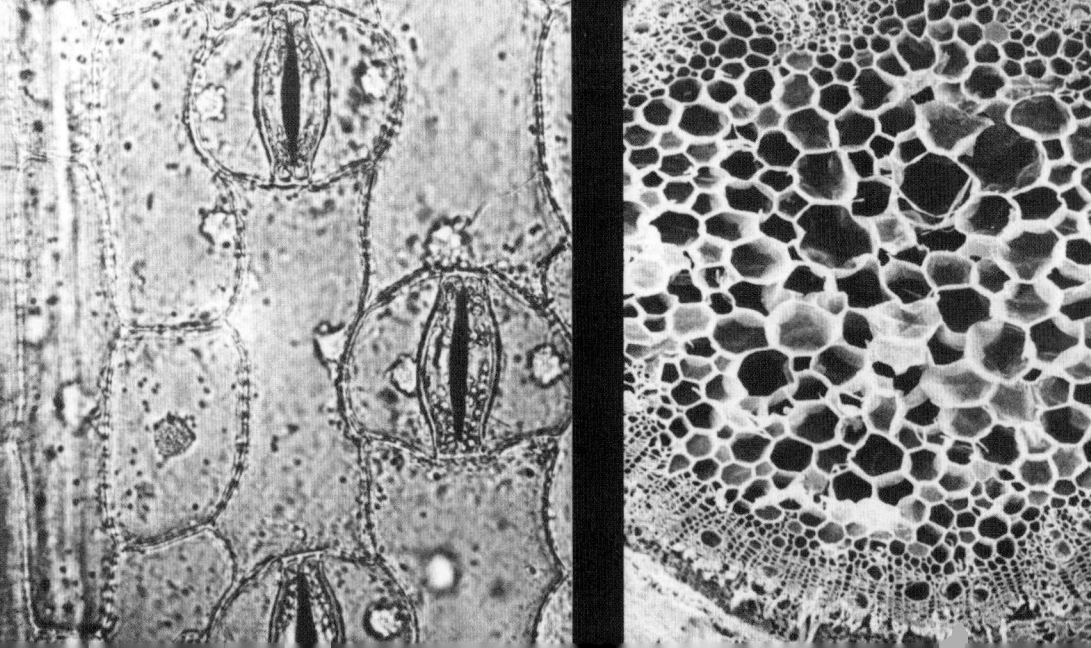

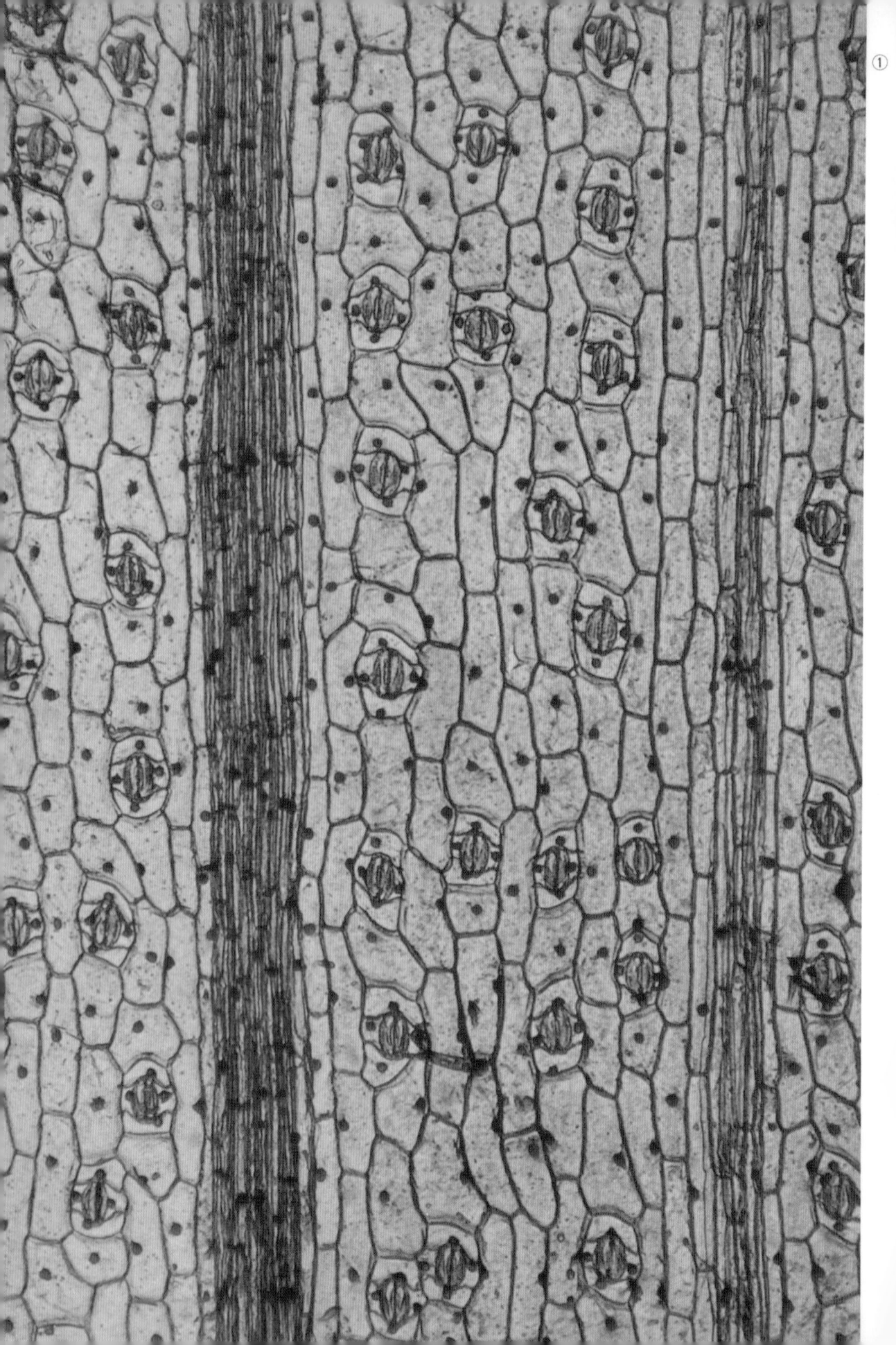

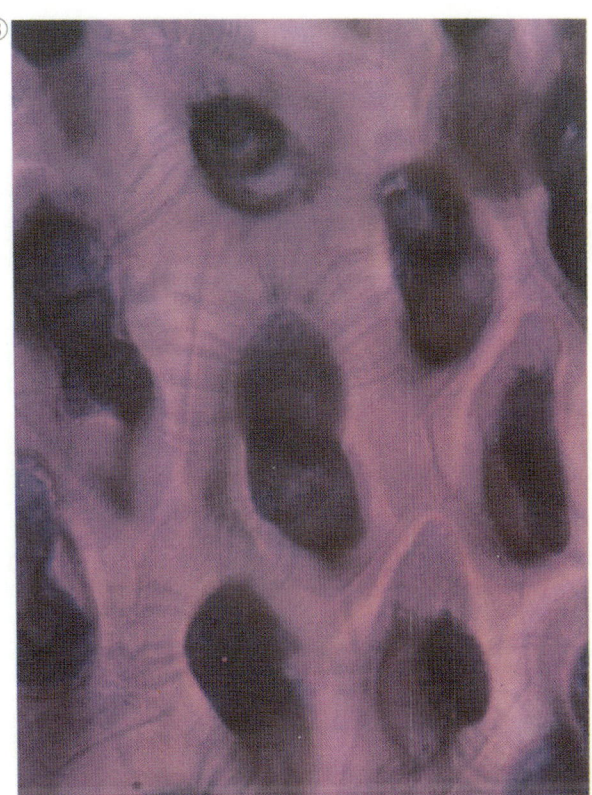
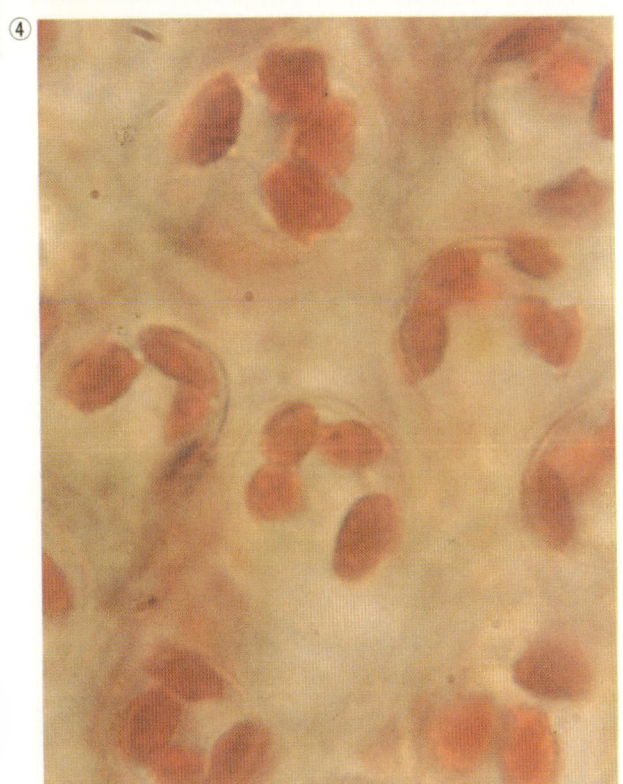
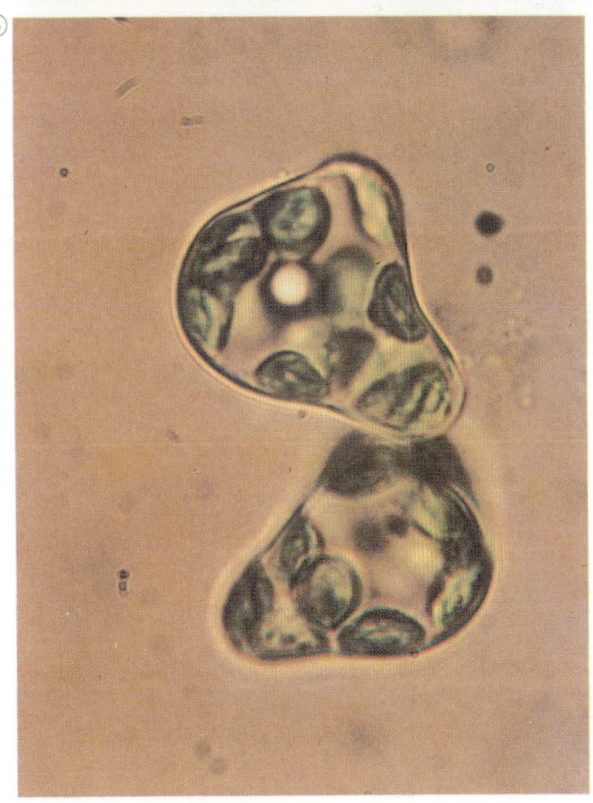

① ムラサキツユクサ（Tradescantia reflexa）の葉の表皮組織　酢酸オルセイン染色　[×100]
② ツバキ（Camellia japonica）の葉の異形細胞（idioblast）　フロログルシンと塩酸で染色　[×150]
③ カキ（Diospyros Kaki）の種子胚乳の細胞壁に見られる原形質連絡　ゲンチアンバイオレット染色　[×600]
④ コンテリクラマゴケ（Selaginella uncinatum）の紅葉細胞　[×1500]
⑤ ヤマブキ（Kerria japonica）の葉の海綿状組織から得られた遊離細胞　[×1500]

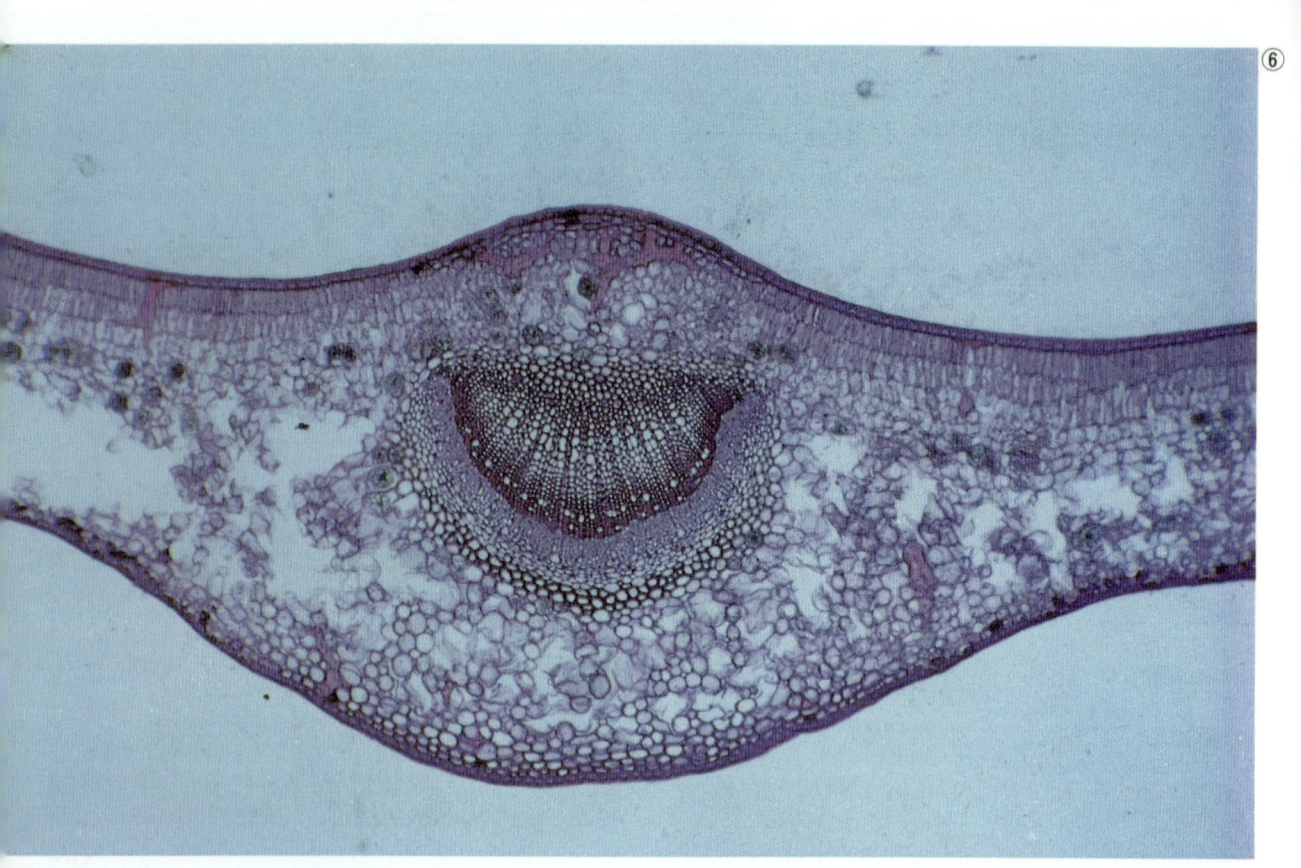

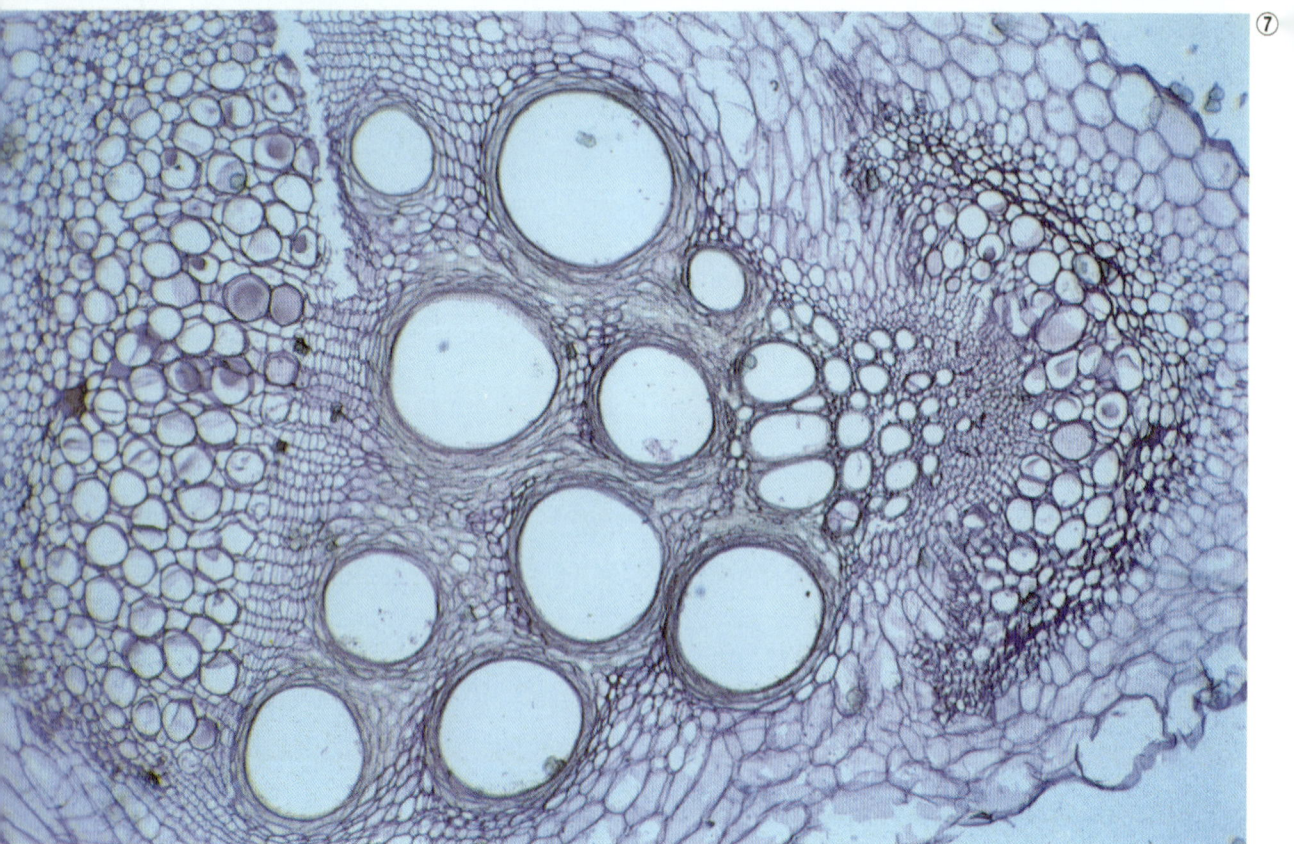

⑥　ツバキ（Camellia japonica）の葉の断面　　ゲンチアンバイオレット染色　［×350］
⑦　カボチャ（Cucurbita moschata var. Toonas）の茎の両師並立維管束　　［×60］
⑧　ワラビ（Pteridium aquilinum）の地下茎横断面　　多環網状中心柱　［×50］

⑧

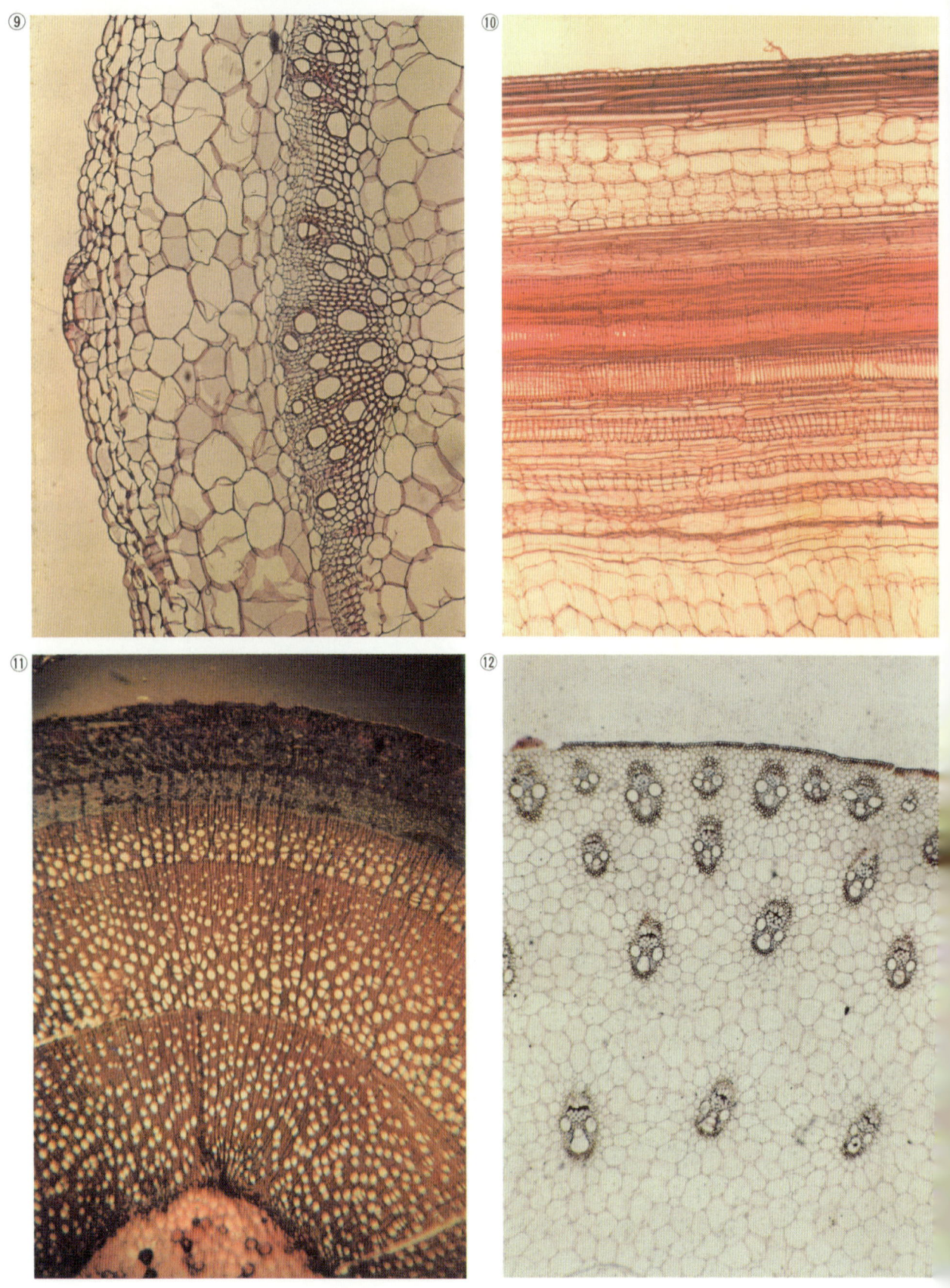

⑨〜⑩ ホウセンカ（Impatiens balsamina）の茎横断面⑨と縦断面⑩　フクシン染色　[⑨×100, ⑩×160]
⑪ シダレヤナギ（Salix babylonica）の3年目茎横断面　フクシン染色　[×80]
⑫ トウモロコシ（Zea Mays）の横断面　散在維管束を示す　フクシン染色　[×120]

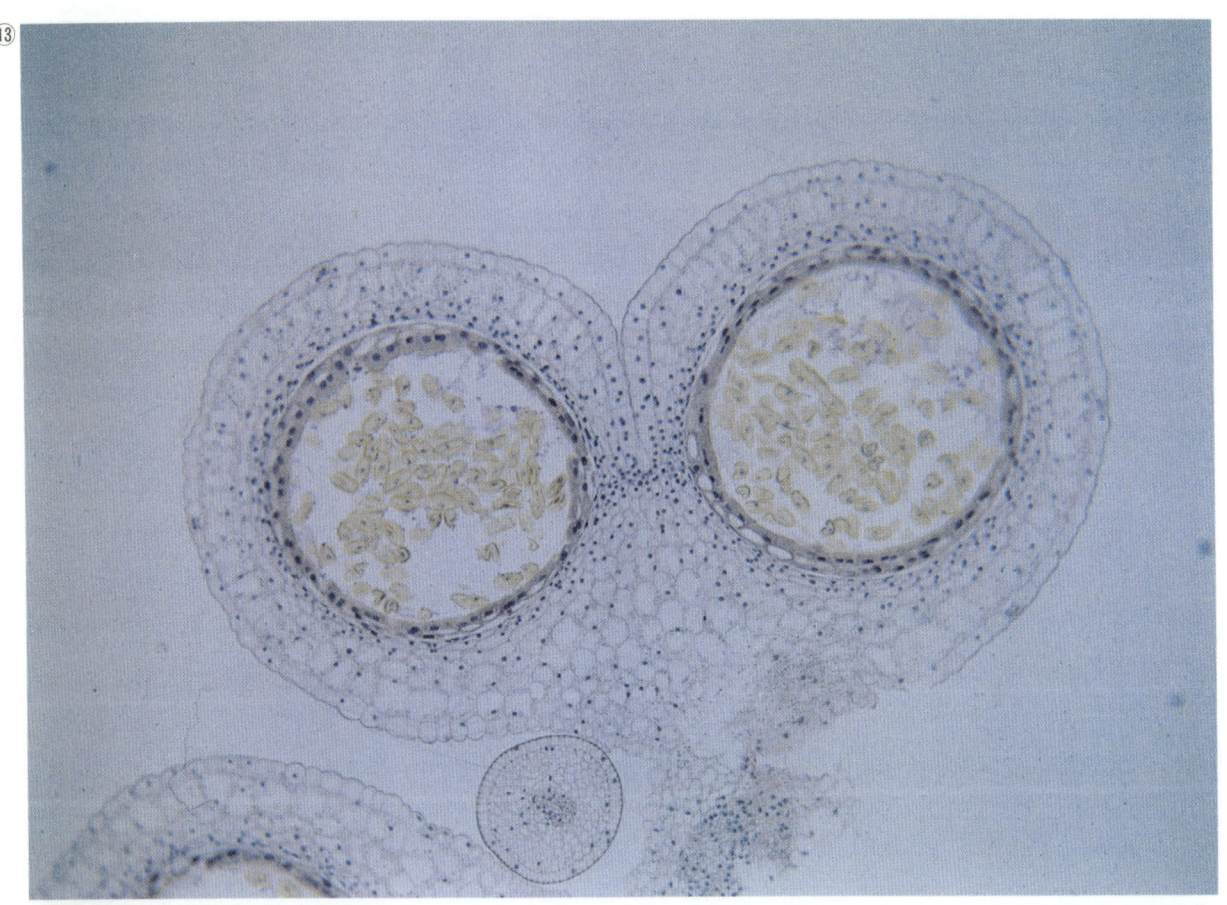

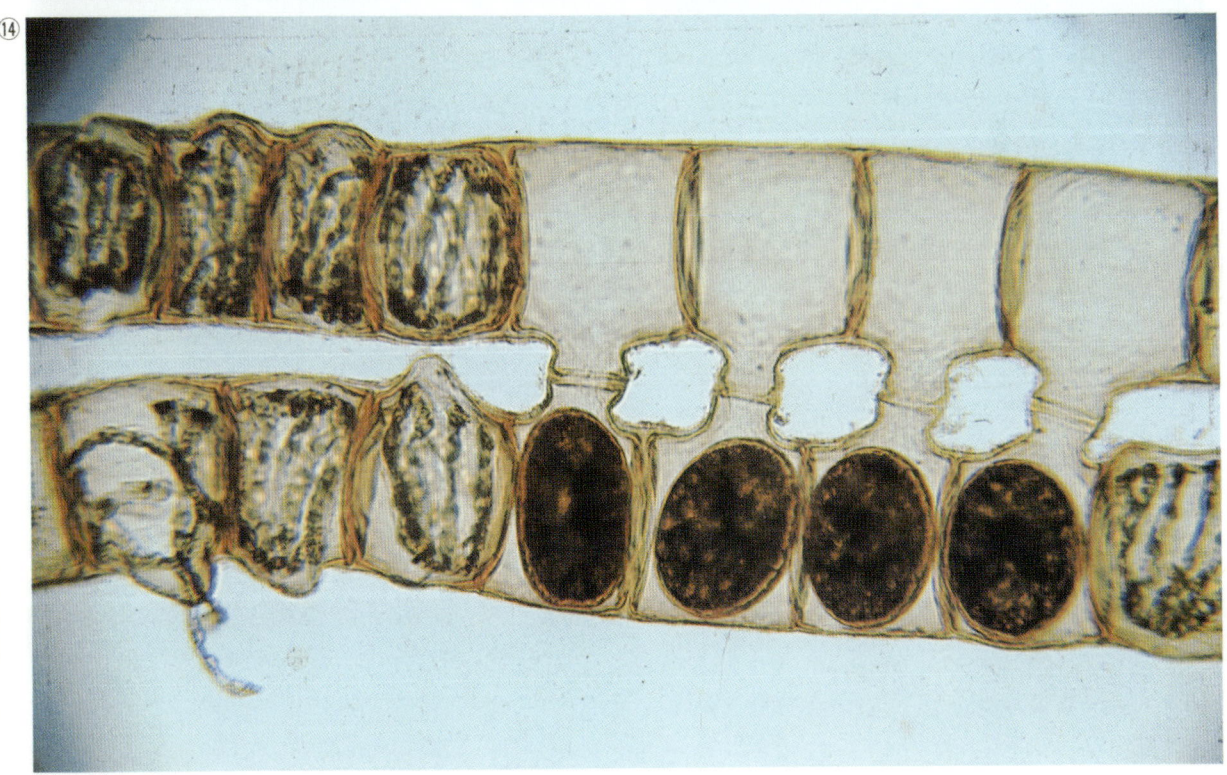

⑬ テッポウユリ（Lilium longiflorum）の葯横断面　ゲンチアンバイオレット染色　[×150]
⑭ アオミドロ（Spirogyra sp.）の接合　[×220]
⑮ オリズルラン（Chlorophytum comosum）の葉横断面　アルミニウムモリン染色．蛍光顕微鏡撮影　[×800]

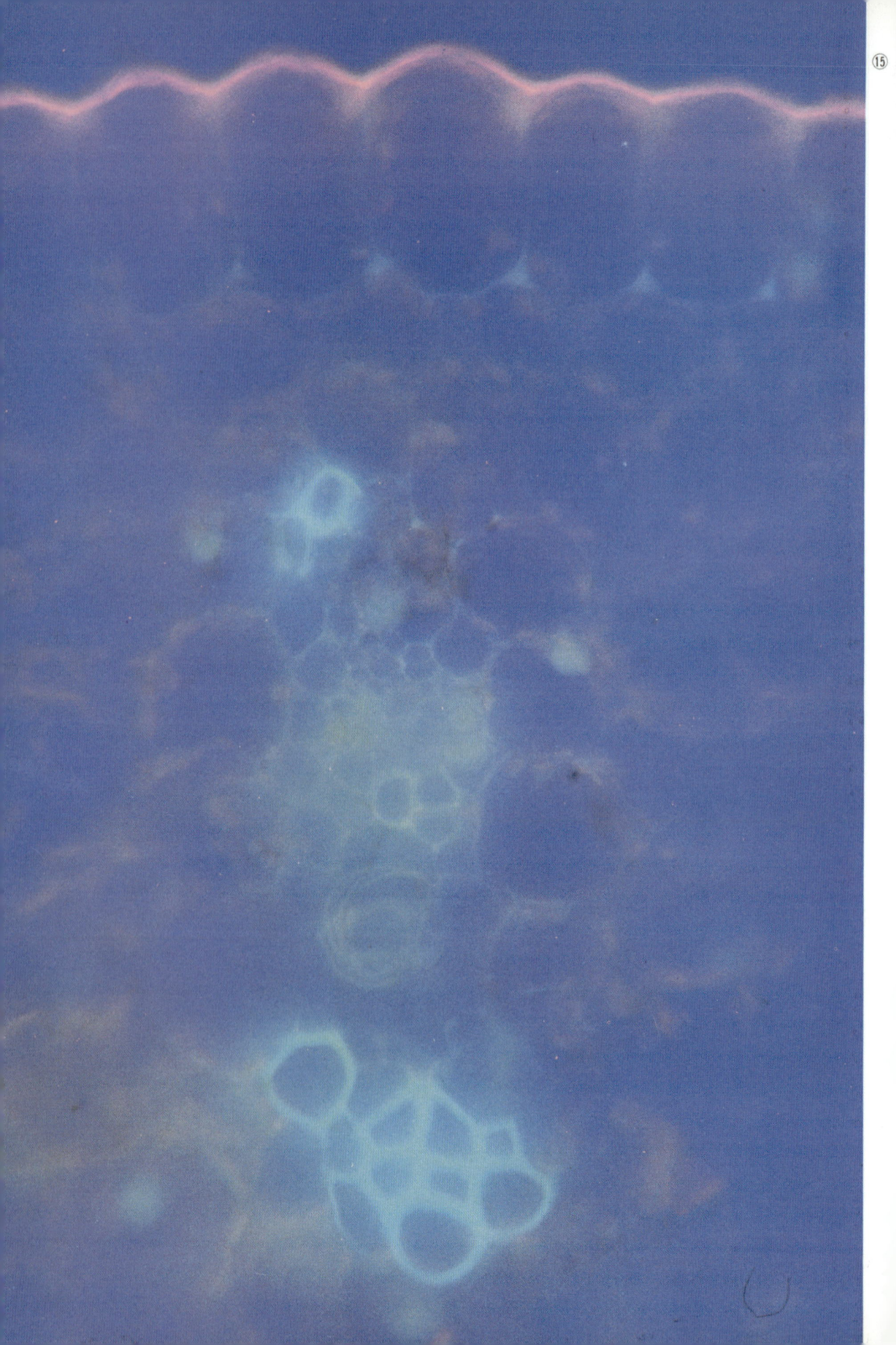

植物構造図説

植田　利喜造　編著

森北出版株式会社

当社の許可なく本書の全面または部分的な複写・転載を禁じます

はしがき

　植物構造の研究は，肉眼による外部構造から出発し，ルーペ，光顕，電顕による内部構造の研究へと，しだいにミクロの分野に進んできました．そして，今日では，微細構造や分子構造の研究が主流をなしています．

　しかし，「木を見て森を見ず」のいましめの通り，細胞の微細構造の研究も，組織や器官や個体の構造をおろそかにすることはできず，ミクロからマクロへ通ずる広範な研究によって，始めて植物の真の姿を理解することができます．

　上のような意味で，この図説では，従来類書のない，光顕と電顕の両レベルでの植物の構造写真を主とし，これに若干の模式図や解説を加えて，目次に示すように4編に分けて図解しました．

　各編は一応独立していますが，内容的にはオーバーラップするところもありますから，必要により互いに比較すると，理解を深めることができます．この図説が，高校，大学のほか各研究教育機関や一般社会にも役立てば幸です．

　またこの図説は，編著者の筑波大学退官記念として数年前に企画されたものですが，諸般の事情で出版が遅れ，貴重な写真を提供していただいた別記の方々には申し訳なく思い，ここに心からお詫と感謝を申し上げる次第です．

　なお，この図説は，さきに出版された『生物教材図説』（植田・古沢・喜多山著，岩崎書店）の姉妹図書に当たり，また，森北出版刊『日本動物解剖図説』の姉妹図書にも当たるもので，合せて御利用いただければより有効かと思います．

　しかし，思わぬ間違いや意見の違う所がないともいえず，もしお気付きの箇所があれば御連絡いただければ有難く，今後，版を重ねて，よりよいものに育て上げたいと考えております．

　また本書発刊に当たっては，編著者の手書き原稿をワードプロセッサで入力し，校正終了後に電算写植機によって出力するという新しい方法も試みています．この間，㈱緑新社にはお世話になりました．

　最後に，この図説の出版に当たり，終始お世話になった森北出版株式会社の森北常雄会長，同肇社長を筆頭に，長期間にわたって編集の御苦労を願った編集部森崎満氏と，原稿の整理，その他で私の片腕として献身的な御援助をいただいた東京都立東村山高校教諭・東京家政学院大学研究員　相沢敏章氏に深甚なる謝意を捧げたいと存じます．なお図版作成に当たり，原図を参考または引用させていただいたものもあり，ここに原著者に対し心から感謝申し上げます．

　1983年

編　著　者

写真提供者一覧

(五十音順,敬称略)

相沢　敏章	阿尻　貞三	有田　郁夫	池田　泰治
井上　浩	植田　勝巳	植田利喜造(編著者)	上原　勉
川上　襄	川松　重信	菊池　正彦	喜多山　治
倉本　嗣王	小池　哲二	小林　弘	犀川　政稔
左貝アイ子	佐々木正人	篠原　尚文	鈴木　昭
鈴木　賢一	鈴木　季直	相馬　研吾	田沼　豊治
千原　光雄	陳善慈(Spring Chen)	寺坂　治	遠山　益
富永　彰子	中西　克爾	新津　恒良	浜田カヨ子
原　慶明	平野　正	藤野　秀明	堀　輝三
前田　徹	松田　忠男	三木　寿子	村上　悟
百瀬　忠征	山田　義男	山根(竹内)洋重	横村　英一
吉田　吉男	和田　優		

植物構造図説 — 目　次

カラー口絵／はしがき／写真提供者一覧／略記号一覧／掲載図一覧／凡例

1　細胞（Cells）　*1*

- 1　植物細胞の一般的構造　*2*
- 2　若い細胞の構造　*3*
- 3　細胞の形と成長　*4*
- 4　植物細胞の原形質　*7*
- 5　核　*10*
- 6　色素体　*13*
  - (1)　葉緑体の形・大きさ・数　*13*
  - (2)　葉緑体の運動　*15*
  - (3)　葉緑体の微細構造と発達　*16*
  - (4)　葉緑体の核酸　*19*
  - (5)　白色体　*21*
  - (6)　色素体の発達　*26*
  - (7)　葉緑体の分裂　*29*
  - (8)　前色素体・白色体の分裂　*31*
  - (9)　色素体の化学成分　*32*
  - (10)　油体　*33*
- 7　ミトコンドリア　*34*
- 8　コルジ体　*35*
- 9　小胞体と液胞　*36*
- 10　細胞膜と原形質連絡　*37*
- 11　細胞壁　*38*
- 12　細胞含有物と排出物　*40*
  - (1)　同化デンプン　*40*
  - (2)　貯蔵デンプン　*41*
  - (3)　脂質　*45*
  - (4)　タンパク質とリグニン　*46*
  - (5)　シュウ酸カルシウム　*47*
  - (6)　イヌリン，還元糖とタンニン　*50*
  - (7)　発芽時の貯蔵デンプンの消化　*51*
  - (8)　細胞外排出物　*52*
- 13　細胞分裂　*53*
  - (1)　体細胞での細胞分裂　*53*
  - (2)　生殖細胞での減数分裂　*58*
  - (3)　染色体の構造と核型　*61*
  - (4)　染色体とその周辺の電顕像　*62*

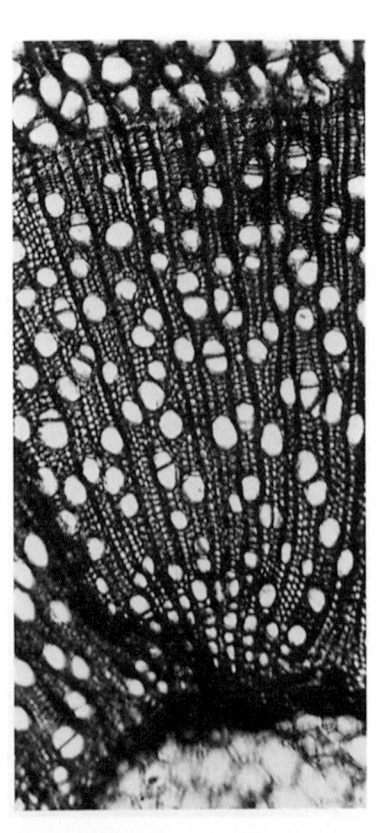

2 組織 (Tissues) 65

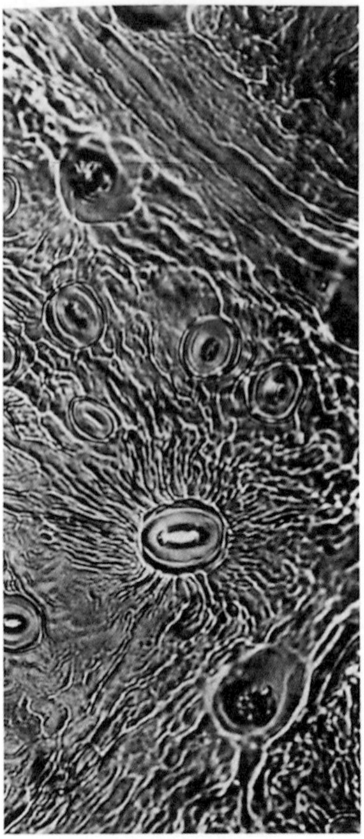

1. 表皮　*66*
   - (1) 表皮の構造　*67*
   - (2) 表皮細胞の形　*70*
   - (3) 表皮の微細構造　*72*
   - (4) 孔辺細胞と表皮細胞の内部構造　*76*
   - (5) 気孔の開閉　*78*
   - (6) 気孔の発生　*79*
   - (7) 表皮細胞と気孔の横断構造　*80*
   - (8) 貯水組織と鐘乳体　*81*
   - (9) 毛　*82*
   - (10) コルク層　*87*
2. 維管束　*88*
   - (1) 輪状維管束と散在維管束　*88*
   - (2) 輪状維管束の例　*89*
   - (3) 散在維管束の例　*90*
   - (4) 木部と師部の配列による維管束の種類　*91*
   - (5) 木部の構造と要素　*93*
   - (6) 師部の構造と要素　*95*
   - (7) 2次木部　*96*
3. 中心柱　*98*
4. 基本組織　*105*

3 器官 (Organs) 109

1. 根の構造　*110*
   - (1) 根の外形と構造　*110*
   - (2) 根の構造分化　*112*
   - (3) 根毛の成長　*113*
   - (4) 根の組織　*114*
   - (5) 根の分裂組織における細胞分裂　*117*
   - (6) 根の細胞の微細構造　*118*
2. 茎の構造　*119*
   - (1) 茎の成長点　*120*
   - (2) 草本茎の構造　*122*
   - (3) 木本茎の構造　*124*
   - (4) 木本茎の肥大成長と年輪　*126*
   - (5) 樹皮の表面構造　*127*
3. 葉の構造　*131*
   - (1) 葉の表面構造　*132*
   - (2) 気孔の分布　*135*
   - (3) 葉脈　*137*
   - (4) 葉の内部構造　*138*
   - (5) 斑入葉の内部構造　*143*
   - (6) 斑入葉の細胞のプラスチド（色素体）　*144*

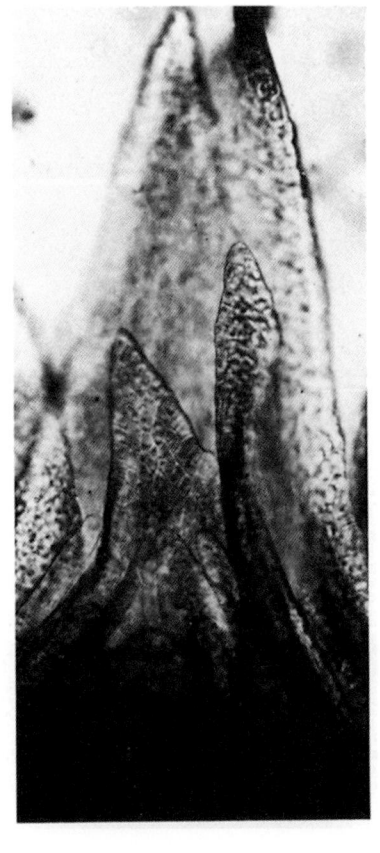

　　　　(7) 葉のプラスチドの微細構造　　*145*
　　　　(8) 変態葉の構造　　*148*
　　4　花の構造　　*150*
　　　　(1) 裸子植物の花　　*151*
　　　　(2) 被子植物双子葉類の花　　*152*
　　　　(3) 被子植物単子葉類の花　　*153*
　　　　(4) 花芽　　*154*
　　　　(5) 花弁の表面構造　　*155*
　　　　(6) 花弁，花糸，がく片の内部構造　　*156*
　　　　(7) 花粉形成　　*157*
　　　　(8) 花粉　　*163*
　　5　果実と種子　　*186*
　　　　(1) 裸子植物の種子と果実　　*187*
　　　　(2) 被子植物の果実　　*188*
　　　　(3) 被子植物の種子　　*191*
　　　　(4) 被子植物の胚と胚乳　　*192*
　　　　(5) 種子の微細構造　　*194*

4　個体の構造（Structure of Individuals）　*197*

　　1　ウイルスとファージ　　*199*
　　2　細菌植物　　*200*
　　3　藍（らん）藻植物　　*203*
　　4　ミドリムシ植物　　*205*
　　5　紅藻植物　　*206*
　　6　褐藻植物　　*214*
　　7　珪藻植物　　*218*
　　8　黄色べん毛植物　　*220*
　　9　緑藻植物　　*222*
　　10　車軸藻植物　　*246*
　　11　子のう菌植物　　*249*
　　12　変形菌（粘菌）植物　　*263*
　　13　地衣植物　　*270*
　　14　コケ植物　　*272*
　　15　シダ植物　　*284*
　　16　種子植物　　*292*
　　　　(1) 裸子植物　　*292*
　　　　(2) 被子植物　　*301*
　　　　　　a．双子葉類　　*303*　　b．単子葉類　　*321*

引用文献　*345*／用語解説　*347*／事項索引　*350*／植物名索引　*354*

略記号一覧

(本書で使用したおもな略記号をまとめた. ただし, 解説中では, その都度これらの意味を明記するようにした.)

略記号	英語	日本語
A	amyloplast	アミロプラスト（デンプンを含んだ色素体）
C	chloroplast	葉緑体
CE	chloroplast envelope	葉緑体膜
Chr	chromosome	染色体
CW	cell wall	細胞壁
ER	endoplasmic reticulum	小胞体
G	Golgi's body	ゴルジ体
gr	grana	グラナ
M	mitochondria	ミトコンドリア
N	nucleus	核
n	nucleolus	仁（核小体）
NE	nuclear envelope	核膜
OG	osmiophile granule	好オスミウム果粒
P	plastid	プラスチド（色素体）
Phl	phloem	師部
PP	proplastid	プロプラスチド（前色素体）
Py	pyrenoid	ピレノイド（デンプン形成体）
R	ribosome	リボゾーム
SまたはSG	starch grain	デンプン粒
T	thylakoid	チラコイド（偏平胞）
V	vacuole	液胞
VE	vacuole envelope	液胞膜
Ves	vessel	道管
Xyl	xylem	木部

掲載図一覧

(本書に掲載してある図版名をリストにした．
数字は掲載ページである．)

1. 細 胞

成熟した植物細胞の微細構造模式図　　2
核の電顕的構造の模式図　　12
光顕による葉緑体構造模式図　　16
電顕による葉緑体微細構造模式図　　16
斑入りリュウゼツランの正常および斑入り組織の色素体の発達模式図　　23
高等植物の色素体発達過程模式図　　26
明暗におけるトウモロコシの第1葉の組織細胞の分化と色素体の発達　　27
葉緑体のくびれ二分裂法模式図　　29
ミトコンドリアの外形と内部構造の電顕模式図　　34
ヌマムラサキツユクサの花粉内のゴルジ体発達模式図　　35
細胞膜の電顕構造と分子構造の模式図　　37
植物細胞分裂模式図　　53
染色体の光顕的構造模式図　　61

2. 組 織

陥入気孔模式図　　74
周皮の模式図　　87
木部と師部の配列による維管束の型の模式図　　91
木本茎の2次維管束形成による肥大成長模式図　　96
中心柱模式図　　98

3. 器 官

植物の器官の概要模式図　　109
根の構造模式図　　110
木本茎の構造と肥大成長模式図　　119
アラカシの茎の構造図　　125
葉の外形と内部構造模式図　　131
アオキの斑入葉の模式図　　143
花の構造模式図　　150
アブラナの花式図　　152
イネの花式図　　153
スイセンの花式図　　153
真果の例：カキ　　186
仮果の例：リンゴ　　186
トウモロコシの種子断面図　　192
植物の系統樹　　198

4. 個体の構造

種々のウイルスやファージの模式図　　199
細菌類の形態と進化の方向　　200
細菌細胞の微細構造模式図　　200
藍藻細胞（電顕模式図）　　203
ミドリムシ植物の光顕模式図　　205
紅藻植物（例：アサクサノリ）の生活史　　206
紅藻植物の系統樹　　206
褐藻植物の生活史　　214
褐藻植物の細胞微細構造模式図　　214
褐藻植物の系統樹　　214
珪藻植物の模式図と生活史　　218
黄色べん毛植物細胞の縦断面電顕像模式図　　220
クラミドモナスの生活史　　222
アオサの生活史　　222
緑藻植物系統樹　　222
葉緑体の微細構造から見た管状緑藻類の系統図　　230
シャジクモの節間細胞の一部の立体構造模式図　　246
シャジクモの生活史　　246
子のう菌植物の生活史（コウボ菌，アカパンカビ）　　249
変形菌植物の生活史　　263
地衣植物カブトゴケの内部構造　　270
キサントリアの粉芽とその発芽　　270
アオキノリの子実体の子のうと地衣体の断面　　270
タイ類とセン類の生活史　　272
コケ植物の系統樹　　272
ツノゴケの配偶体である蒴内の胞子のう縦断面模式図　　277
シダ植物の生活史　　284
シダ植物の系統樹　　284
裸子植物の生活史　　292
裸子植物の系統樹　　292
被子植物の生活史　　301
被子植物の系統樹　　302
スイセンの種々の型の花粉管模式図　　334

凡　例

カラー口絵
- 本文に先立ち，十数葉のカラー写真を掲載した．すべて光顕によるもので，撮影者は編著者と相沢である．これらの解説は最少限に留めた．

本文の構成
- 本書では，目次に示すような項目ごとにいくつかの図版および写真（以下，まとめて図という）を掲載し，それらに簡単な解説を加えてある．
- 各図の解説に先立つ項目ごとの概説は太字で記載してある．
- 図番号は，ページごとの通し番号とした．
- 図の解説は

　　　　　　見出し図番　図題目　解説　[データ]

　からなっている．
- 題目中の植物名は太字とし（）内に学名を付した．学名は主として牧野「新日本植物図鑑」（北隆館）に従った．
- おのおのの解説は簡潔を旨とした．図の題目のみで，解説を省いたものもある．
- 必要に応じていくつかの略記号を用いたが，これらはその都度，意味を明記するよう務めた．（例　M：ミトコンドリア．「**略記号一覧**」を参照のこと．）
  また，いくつかの図に共通した略記号は，全体の解説の末尾にまとめた．
- 図は原則として，図番号順に左から右へ並べてある．

データについて
- 図版および写真のデータは[　]内に記載した．ただし，図版については単に原図作成者名を示すに留めた．また系統樹については作成者名を省いた．
- 写真のデータについては

　　　　　　[撮影法　×倍率／提供者名]

　のように記載した．
- データは，おのおのの写真の解説に続けるのを原則としたが，共通するデータが多い場合には，いくつかの解説の後に1つの[　]内にまとめたものもある．
- ①～④などと見出し番号をまとめた場合にも，データはその解説に続けて1つにまとめた．
- データを1つの[　]にまとめた場合，共通の撮影法・提供者については，一括して記してある．（例　[光顕　①×300，②×700，③④×400／植田]）
- 撮影法は下記のように略記した．

$$\begin{cases}光　　顕＝光学顕微鏡による撮影\\電　　顕＝電子顕微鏡による撮影\\走　　顕＝走査電子顕微鏡による撮影\\位相差顕＝位相差顕微鏡による撮影\\接　　写＝顕微鏡によらない低倍率のクローズアップ\end{cases}$$

- 撮影法には（）内に染色法，固定法その他の事項を補ったものもある．（例　[電顕（KMnO$_4$固定）]）
- 撮影法に関する若干の用語を巻末の「**用語解説**」にまとめた．
- 撮影法の異なるデータを1つにまとめる時は；で区切った．（例　[位相差顕　①×150；光顕　②③×400／植田]）
- 倍率は，本書刷上りにおける写真の大きさで示した．ただし，倍率の代わりに写真中のスケールで示したものもある．（例　[電顕　──1μ]）
- 提供者のリストは「**写真提供者一覧**」に掲載した．データ内では，提供者名は混乱のない限り姓のみを記した．姓の重複する場合は名前の頭一字を添えた．ただし，"植田"は植田利喜造を，"植田勝"は植田勝巳を示している．

引用その他について
- 写真および図版で，他の刊行物からの引用であるものにはデータ欄の提供者名に★印が付してある．
- ただし，写真の場合の★印は，提供者が雑誌などに論文発表した際に既に用いた写真であることを示すもので，掲載誌名は巻末の「**文献リスト**」に記載した．
- 図版の場合，他の刊行物の原図を参考にしたり修正したりしたものは，データ欄の作成者名に★印が付してある．また，原図をそのまま転載したものは，データ欄に★印のみ記してある．いずれの場合も原出典を巻末「引用文献」に記載した．（詳しくは「**引用文解**」を参照）．

1　細　　胞（Cells）

　細胞が発見されたのは，今から300年以上も前で，イギリスのフック（Hooke, 1665）がコルクのかけらを自製の顕微鏡で観察し，その結果を「顕微鏡図譜（Micrographia）」に発表した．その後，コルク片に限らず多くの生物を調べると，その体が大きくとも小さくとも，また植物でも動物でも，すべて体は細胞でできていて，それぞれの細胞には生命があり，細胞こそが生命の単位であるという細胞説（cell theory）が唱えられるようになった（Schleiden, 1838；Schwann, 1839）．

　また，これと相前後して，生命の本体であり生きた物質といわれる原形質（protoplasm）も発見され（Dujardin, 1835；von Mohl, 1846；Schultze, 1861），さらに葉緑体（Meyer, 1828），核や仁（Brown, 1831），染色体（Hofmeister, 1848），ミトコンドリア（Strasburger, 1884）などの細胞器官（cell organ, organelle）も次々と発見され，これらの働きもしだいに解明されてきた．

　このような細胞の構造の研究は，光学顕微鏡（lightまたはoptical microscope）の発達によるところが多いが，ドイツのクノルとルスカ（Knoll and Ruska, 1931）による電子顕微鏡（electron microscope）の使用後は急速に進歩し，細胞の超微細構造が明らかになってきた．

1 植物細胞の一般的構造（General Structure of Plant Cells）

植物細胞の構造は植物の種類，組織，発達過程などによって異なるが共通していえるものを一般構造として模式化すると図①のごとくである．すなわち，細胞内の原形質（protoplasm）は種々の細胞器官（cell organ）に分化し，これらの細胞器官（核，葉緑体，ゴルジ体など）は厚さ75～100 mμの単位膜（unit menbrane）で構成されている．したがって細胞は単位膜構造（unit membrane structure）であるともいえる．しかし，染色糸のように糸状のもの，リボゾームのように粒状のものもあるから，細胞は膜（面），糸（線），粒（点）の混合系である．また，結晶やデンプン粒などの後形質（metaplasm）も含んでいる．

① 成熟した植物細胞の微細構造模式図　部分的に拡大して画かれている．[植田]

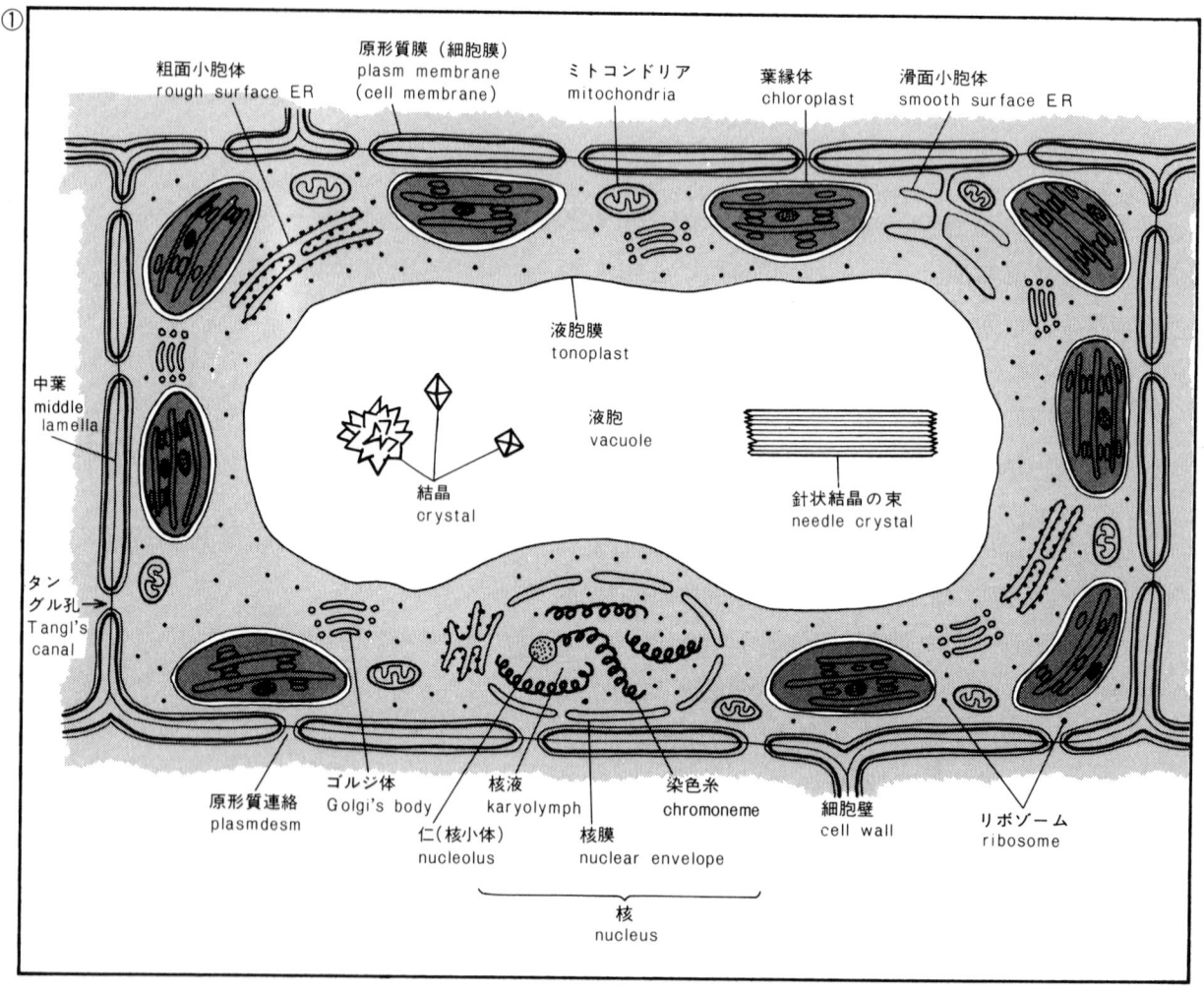

2 若い細胞の構造（Structure of Young Cells）

若い細胞は成熟した細胞に比べて小さい．これは液胞や細胞壁が十分に成長していないためである．また，色素体（プラスチド，plastid）も葉緑体（chloroplast）にまで発達せず前色素体（proplastid）か白色体（leucoplast）の状態に留っていることも特徴的である．

① ニンジン（Daucus carota）の根の先端部（分裂組織）の若い細胞　核内の染色糸や仁の構造が見られないのは過マンガン酸カリ固定による．過マンガン酸カリは膜構造の固定にはよい．[電顕（KMnO₄固定）　×14,000/遠山]
N：核，CW：細胞壁，M：ミトコンドリア，P：色素体，ER：小胞体，G：ゴルジ体，矢印：核孔

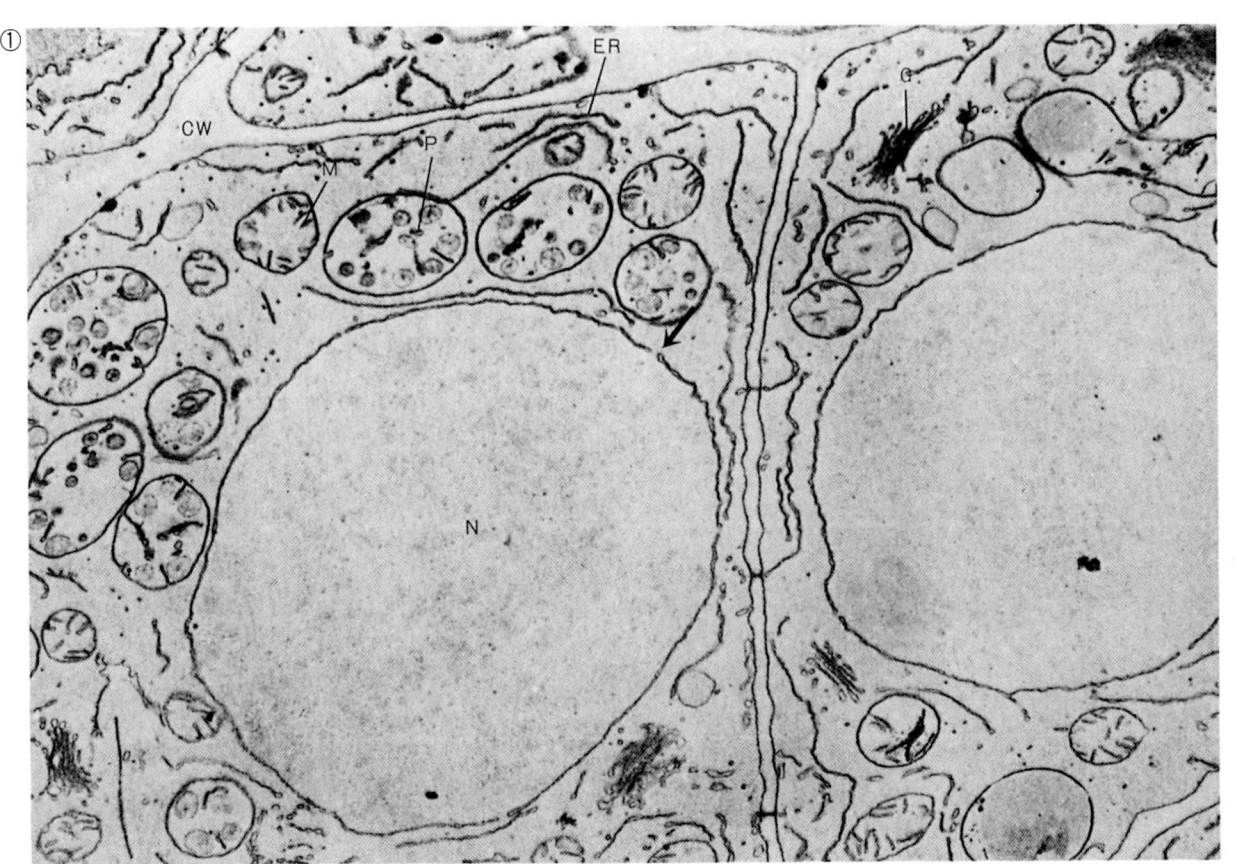

3 細胞の形と成長（Form and Growth of Cells）

組織細胞（tissue cell）の基本形（原形）は14面体（tetrakaidekahedron）で，その中央断面は六角形に見え，直径は10～50μがふつうである．この形は最大の体積で最小の表面積を持ち，水の表面張力によるものと考えられている．若い細胞はこの形に近く，これがどの方向に成長するかによって偏平（表皮），管状（道管），紡錘形（繊維）などに分化し，機能とも密接に関係している．また，遊離細胞（free cell）の基本形は球形でやはり水の表面張力により生じ，最大の体積と最小の表面積を持っている．

①～② コツボチョウチンゴケ（Mnium cuspidatum var. trichomanes）の若い葉の表皮細胞（epidermal cell） ① 葉は二層の細胞からなり，偏平であるので六角形を示している．中に葉緑体が含まれている．②成長した細胞．細胞は成熟すると，細胞壁も厚くなり，細胞の形は丸味をおびてくる．

③ タマネギ（Allium Cepa）の鱗片の表皮細胞 細胞の形は六角形でやや細長い．これは一方向に成長が大きかったためである．

④ トウガラシ（Capsium annuum）の果実の表皮細胞 細胞の形は四角に近く，やや不規則形．細胞壁は厚く，原形質連絡部（タングル孔，Tangl's canal）が所々に見られる．

［光顕 ①～③×300，④×150/③相沢，他は植田］

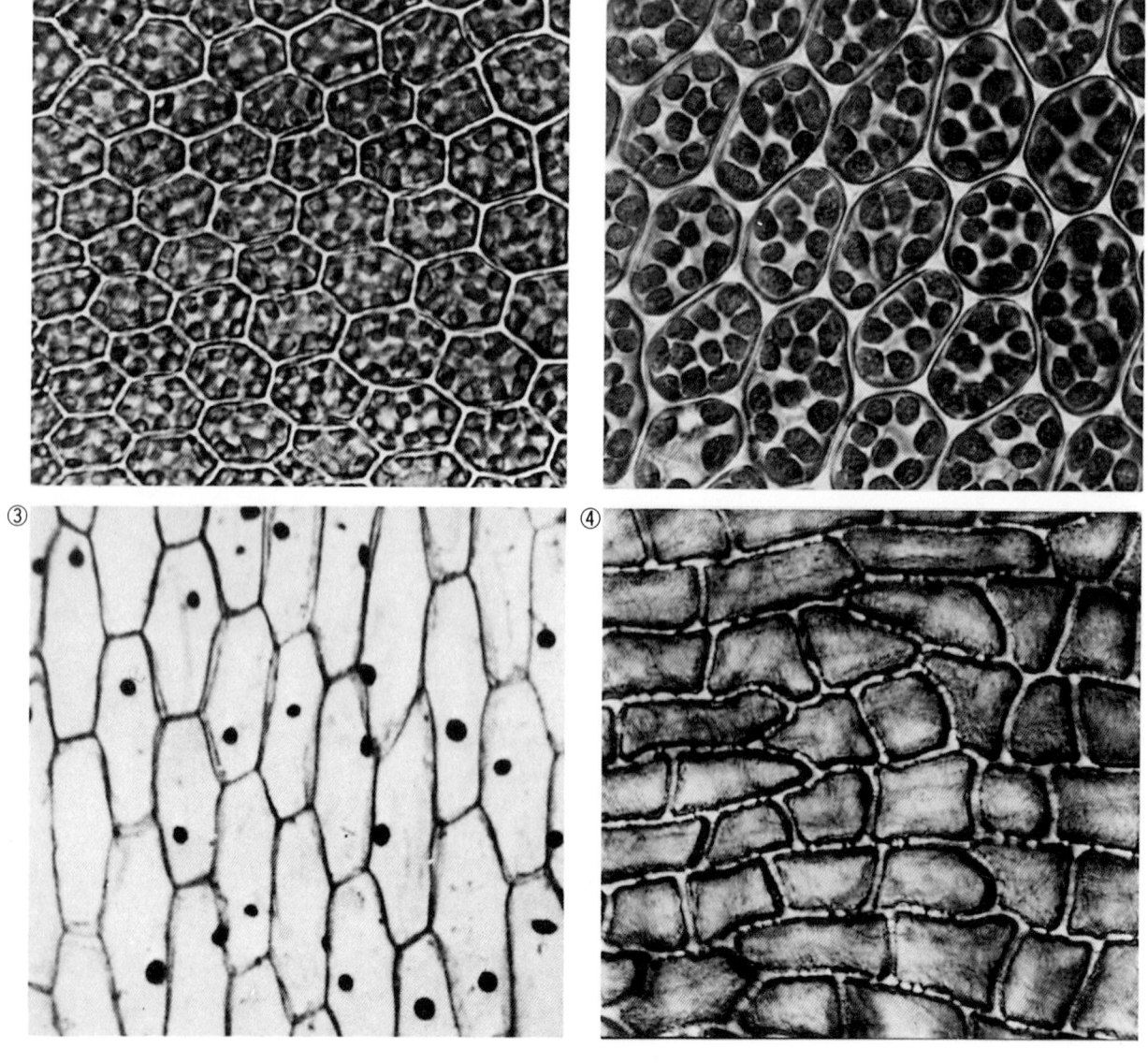

3 細胞の形と成長

① **オオカナダモ**（Elodea densa）**の葉のトゲ細胞** この細胞は葉のヘリの所々に見られ，他の細胞と異なった分化をし，トゲになる．細胞壁は厚く，葉緑体はやや緑色がうすく小さい．

② **ツバキ**（Camellia japonica）**の葉の異形細胞**（idioblast） ツバキの葉の葉肉組織中に不規則な異形細胞が所々に見られる．これは細胞壁が特に厚く木化している．

③ **ソラマメ**（Vica Faba）**の葉の表皮細胞**（epidermal cell）**と孔辺細胞**（guard cell） 表皮細胞は波状の輪郭を持ち，孔辺細胞は半月形で2個ずつ対をなし，その中央部に気孔（stoma，細胞間隙）を生じている．

④ **コツボチョウチンゴケ**（Mnium trichomanes）**の葉のヘリ細胞と内部の細胞** 両者はその形が著しく異なっている．ヘリ細胞は葉を機械的に強固にさせていると思われる．

［光顕 ①×300，②×70，③④×400/植田］

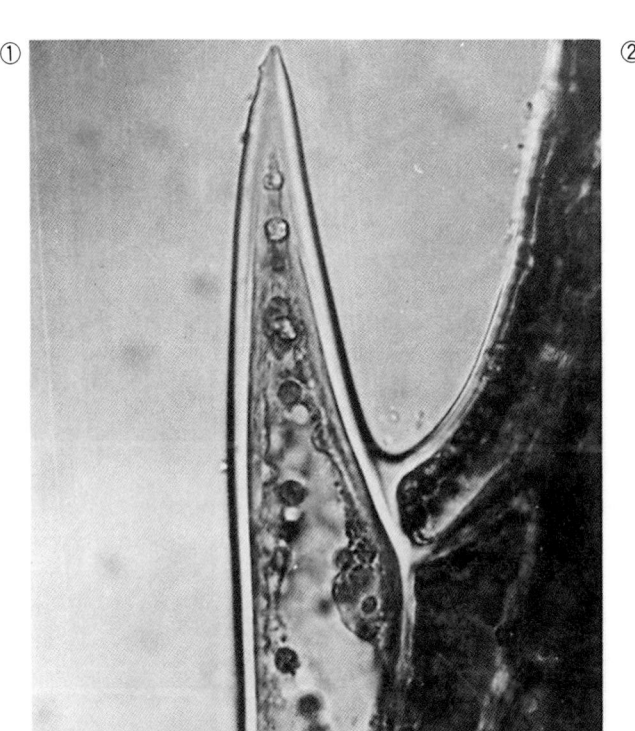

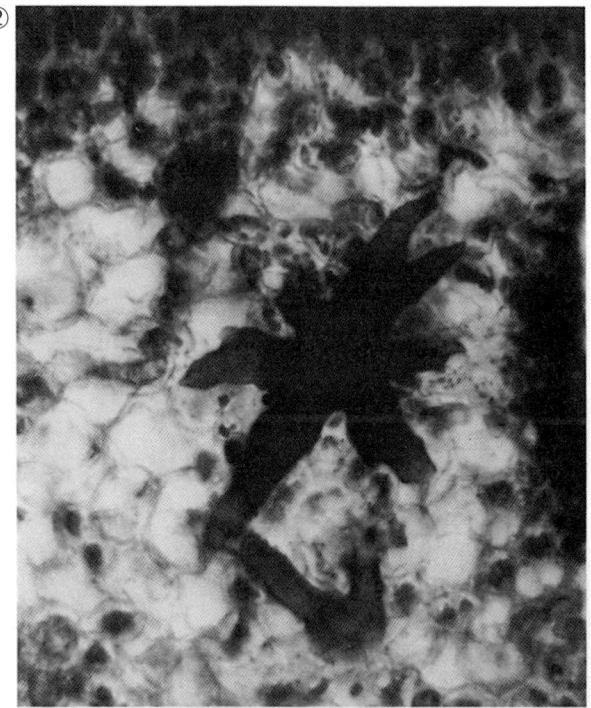

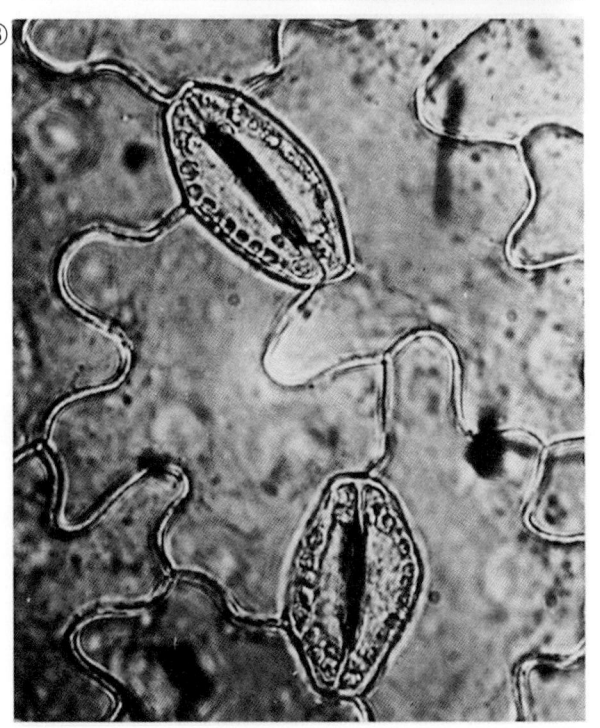

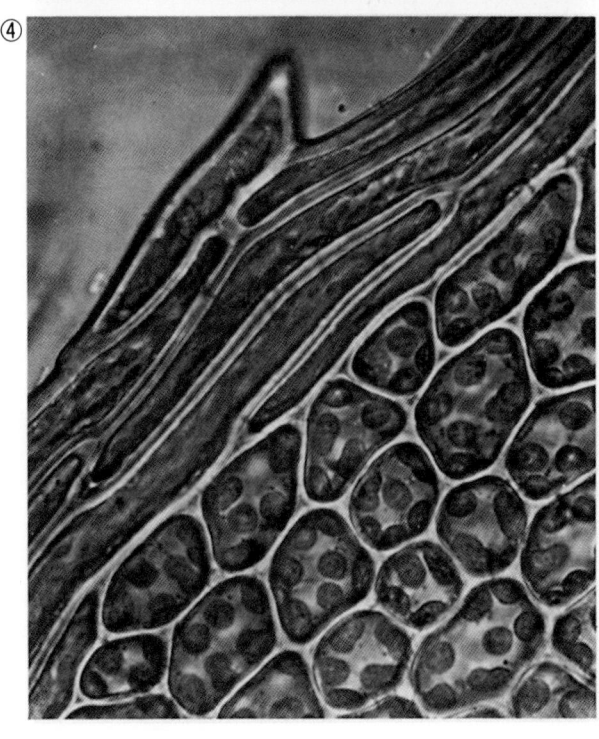

① ソメイヨシノ（Prunus yedoensis）の花粉　花粉は遊離した細胞で球形に近い形をしている．
②～③ ムラサキツユクサ（Tradescantia reflexa）のおしべの毛の細胞　①先端部．遊離に近い状態の最先端部の若い細胞は球形である．③基部．基部では細胞は縦方向に成長し細長い形になる．

④ トマト（Lycopersicon esculentum）の熟した果肉の遊離細胞　果実が熟すと細胞壁を接着しているペクチン質（pectin）は酵素ペクチナーゼ（pectinase）により溶かされ，細胞が遊離して果肉は柔かくなる．このような遊離細胞は球形に近い形になる．
⑤ タバコ（Nicotiana Tabacum）の葉のカルス細胞（callus cell）　タバコの葉の組織培養をするとカルス（肉状体）を生じ，細胞が遊離してくる．このようなものには，らせん状，棒状など種々の形に成長するものがある．
［光顕　①⑤×300，②③×80，④×70／植田］

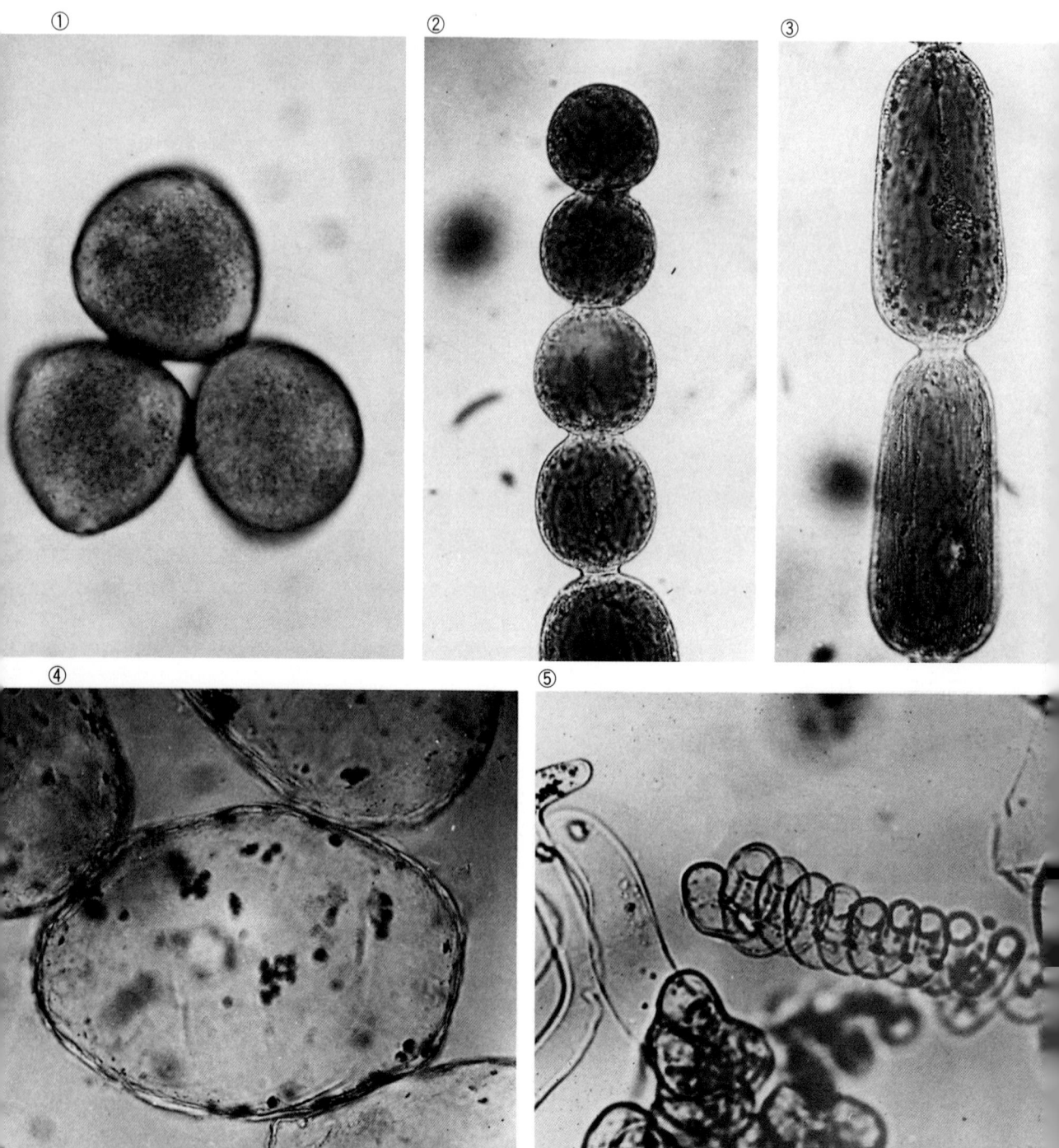

4 植物細胞の原形質(Protoplasm of Plant Cells)

　植物細胞では生きていれば原形質流動(protoplasmic streaming)の見られることが多い．また，生細胞では高張液に入れると原形質分離(plasmolysis)が起こる．これを低張液にもどすと原形質分離復帰(deplasmolysis)をする．これらによって細胞の生死の判別をすることができる．

　また，花粉などでは水に入れると水を吸いすぎて，細胞壁の弱い部分から原形質吐出(plasmoptysis)を起こすこともある．

① カボチャ(Cucurbita moschata var. Toonas)の毛の細胞の原形質流動
② タマネギ(Allium Cepa)の鱗片表皮細胞の原形質分離
　多くの陸上植物では細胞液濃度は 0.3 M ぐらいである．これより高張液(この場合 0.5 M ショ糖液)に入れると，写真のように原形質分離を起こす．
③ ユキノシタ(Saxifraga stolonifera)の葉の裏側表皮細胞の原形質分離　ユキノシタの葉の裏側表皮細胞には，液胞中に赤色のアントシアン色素を含んでいて，原形質分離が観察しやすい．
[光顕　①②×200，③×400/①植田，②③相沢]

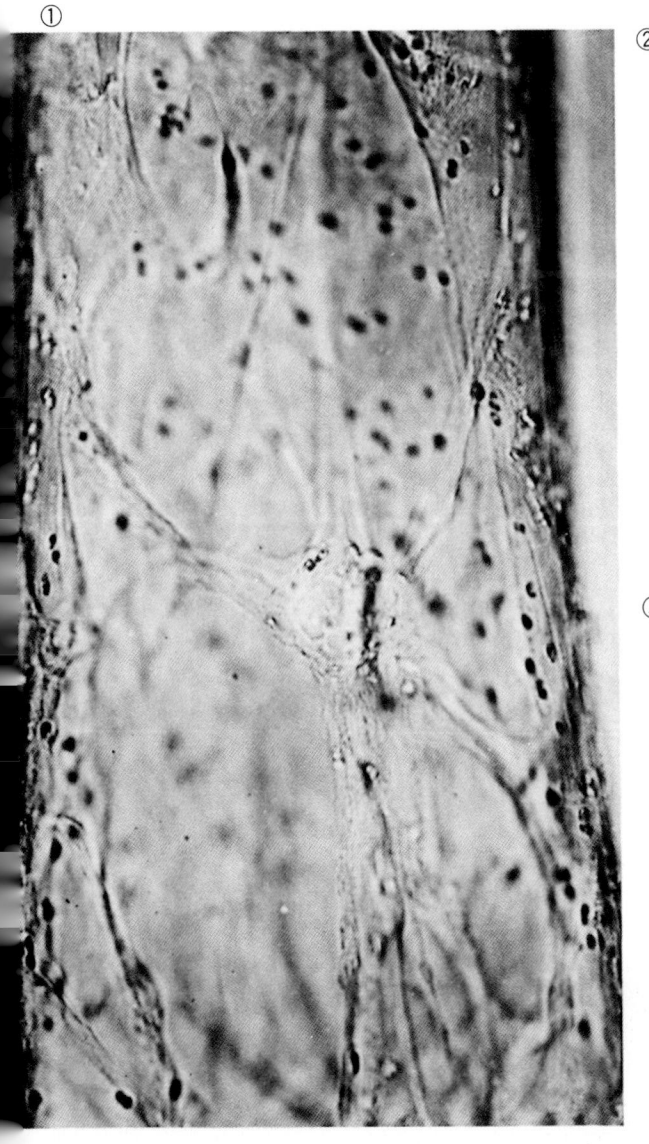

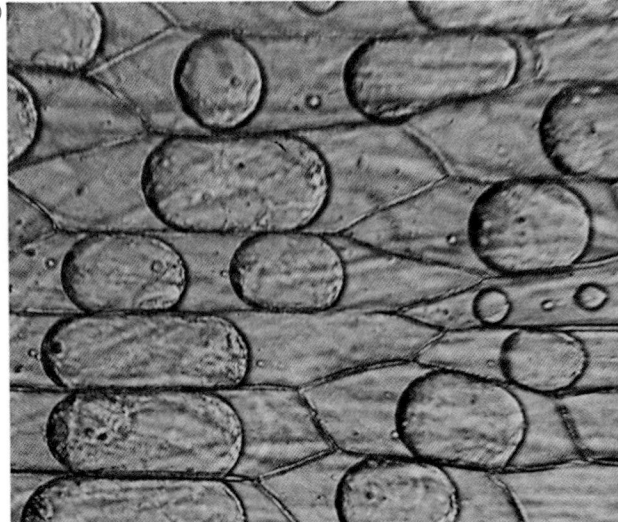

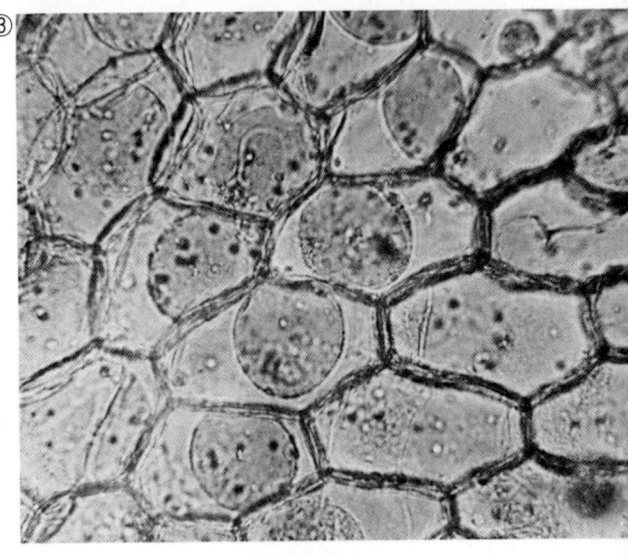

①〜④　アオミドロ（Spirogira sp.）の原形質分離過程と復帰　2本のアオミドロを0.5Mショ糖液に浸してから2分後②，3分後③の原形質分離と，水にもどして原形質分離復帰した状態④を示す．［光顕　×100/植田］

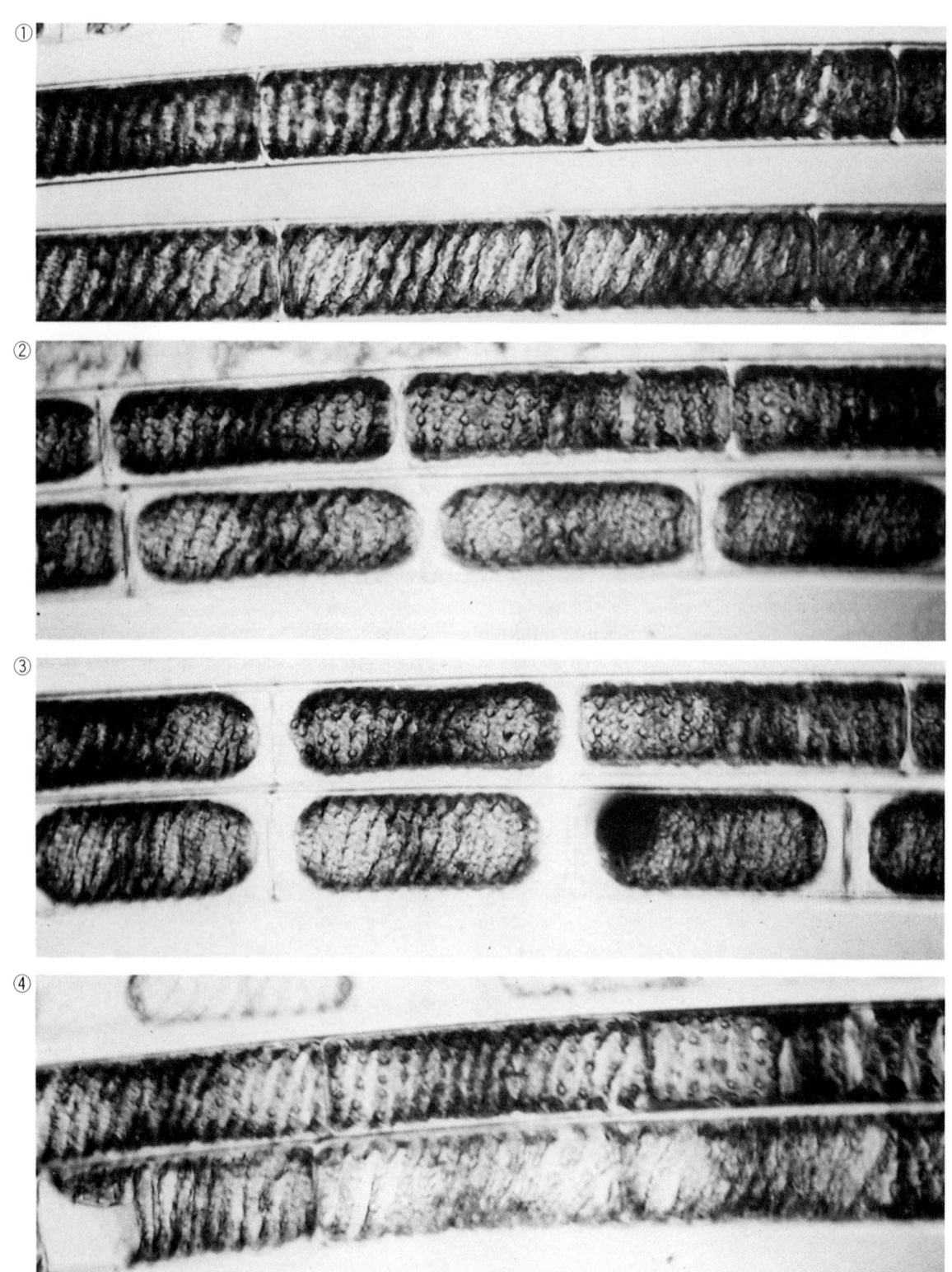

4 植物細胞の原形質

① **カボチャ**(Cucurbita moschata var. Toonas)の花粉の原形質吐出　カボチャの花粉には所々に細胞壁の薄くなった発芽孔がある．この花粉を水に浸すと，浸透圧 (osmotic pressure) により水を吸いすぎて原形質吐出を起こす．[光顕　×200/植田]

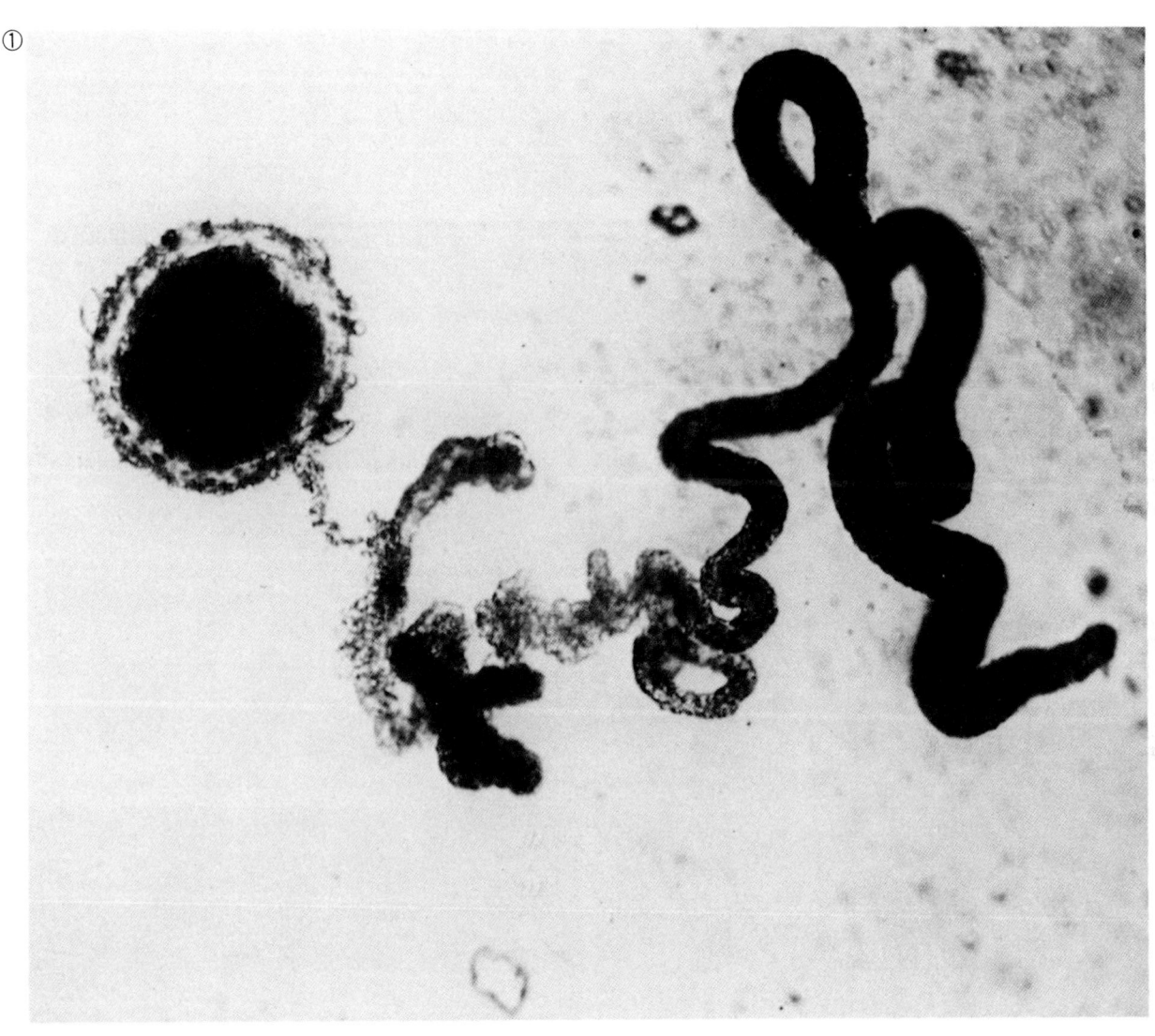

5 核（Nucleus）

核は細胞ごとにふつう1個ずつあり，球形に近い形で直径が約10μである．デオキシリボ核酸（DNA）を含み生殖や遺伝の働きをする．

①〜② オオカナダモ（Elodea densa） ①葉の細胞の核（ヨウ素染色）．生きた細胞では，核は観察しにくい．ヨウ素液で染色すると核は淡黄色に染まり，1細胞に1核ずつが細胞の中央近くにあることがわかる．②とげ細胞の核．とげ細胞では，生細胞でも核は観察しやすい．

③ オリズルラン（Chlorophytum comosum）の海綿状組織細胞（spongy tissue cell）の核　生細胞の中央近くに1個の核が観察され，染色糸様の構造も見られる．細胞の周辺に多数の葉緑体がある．

［光顕　①②×400，③×1,000/植田］

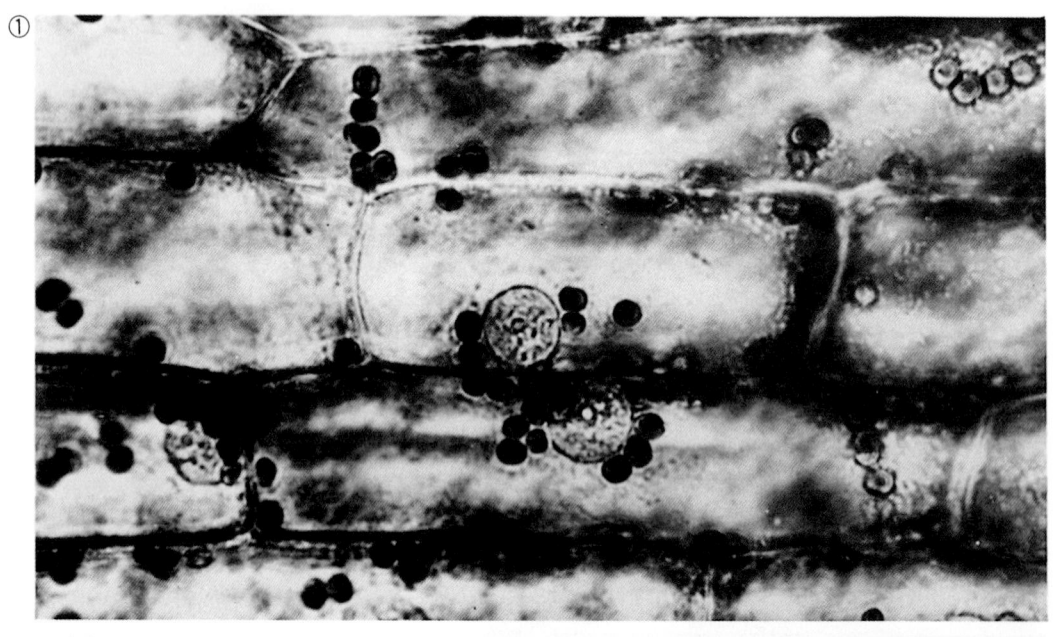

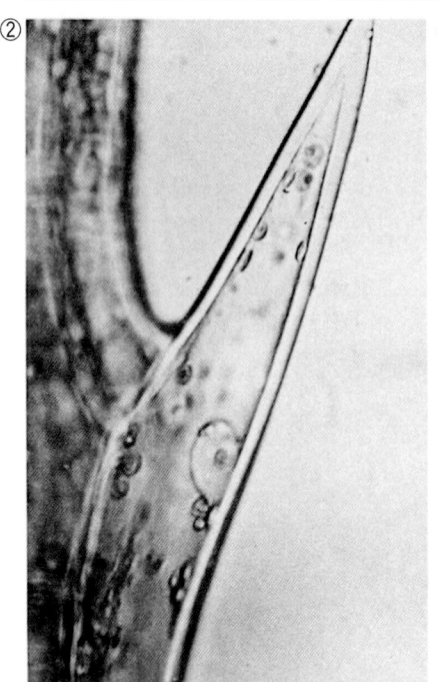

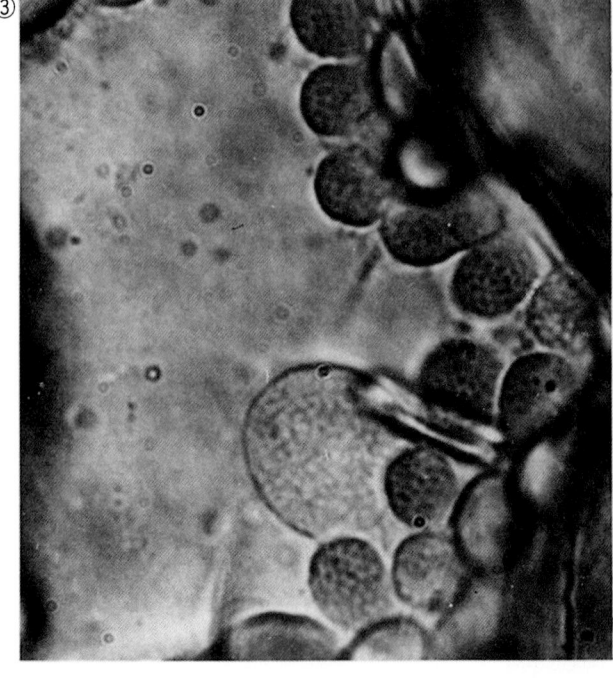

5 核

①〜③ **タマネギ**(Allium Cepa)**鱗片表皮細胞の核** タマネギ鱗片表皮の核は，生細胞ではふつうの顕微鏡では観察しにくい．しかし，位相差顕微鏡では細胞ごとに1個ずつあるのがよく観察できる①．酢酸カーミン(acetocarmin)液で固定染色すると，核は赤色に染まって観察され，その形は表面観では円形②，側面観では楕円形③で，全体として円盤状を呈していることがわかる．核の周辺にはミトコンドリアの小粒が観察される．[位相差顕 ①×150；光顕 ②③×400/植田]

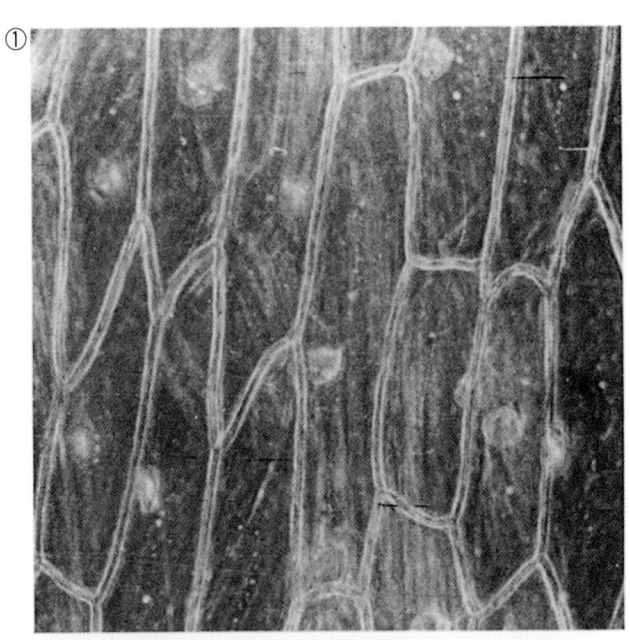

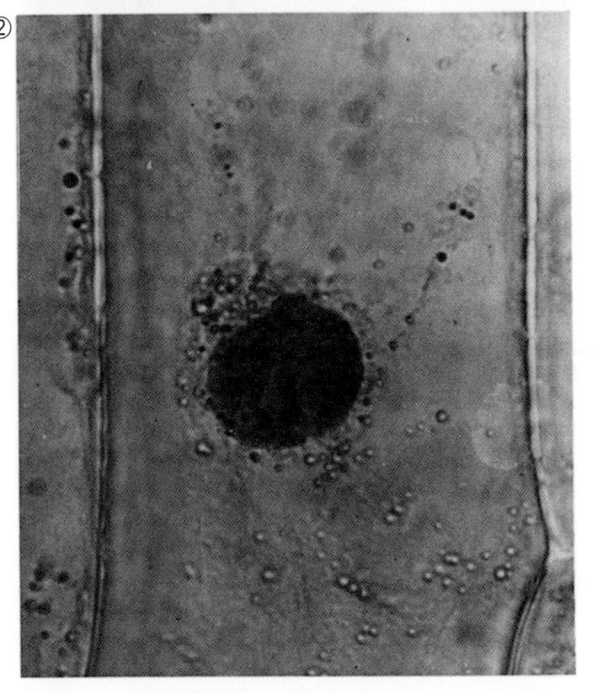

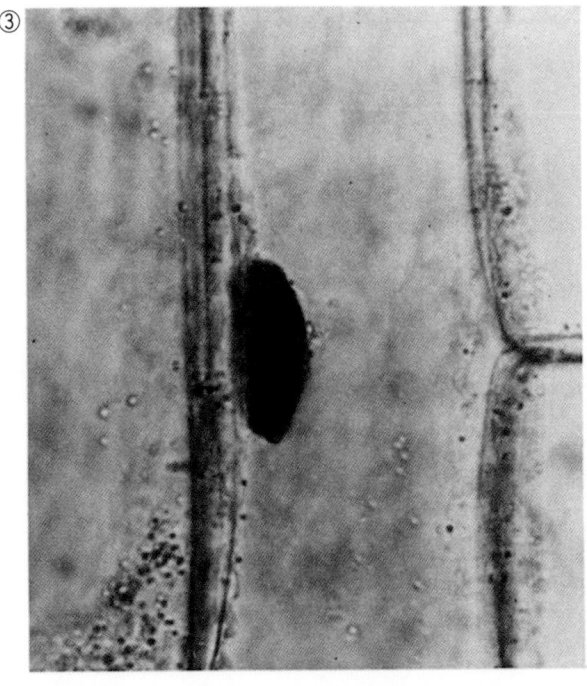

① 核の電顕的構造の模式図　電顕で観察すると，核はところどころに核(膜)孔のある二重の核膜(単位膜)で包まれ，内部は核質(核液)で満たされ，その中に1～数個の球形の仁(nucleolus)と数～数十個のらせん状の細長い染色糸(chromonema)がある．染色糸は核分裂の際には太く短かくなり，染色体(chromosome)と呼ばれる．[植田]

② ニンジン(Daucus carota)の核膜　写真の左下空白部が核の一部である．過マンガン酸カリ固定のため核質の構造は見られず，核膜だけが明瞭である．所々に核孔が見られる．核の外側にミトコンドリア，プラスチド，ゴルジ体，小胞体が観察される．[電顕(KMnO₄固定)　×18,000/遠山]

③ ヒヤシンス(Hyacinthus orientalis)の根端細胞の核　これはオスミウム酸固定されたもので仁(中央部)と染色糸の断面がよく観察される．[電顕(OsO₄固定)　×5,000/左貝]

④ スイレン(Nymphaea hybrida)の葉の細胞の核　細胞の中央部に1個の大きな核がある．核の内部は過マンガン酸カリ固定のため不明瞭である．核の周辺に葉緑体，ミトコンドリア，小胞体などが見られる．[電顕(KMnO₄固定)　×9,000/川松]

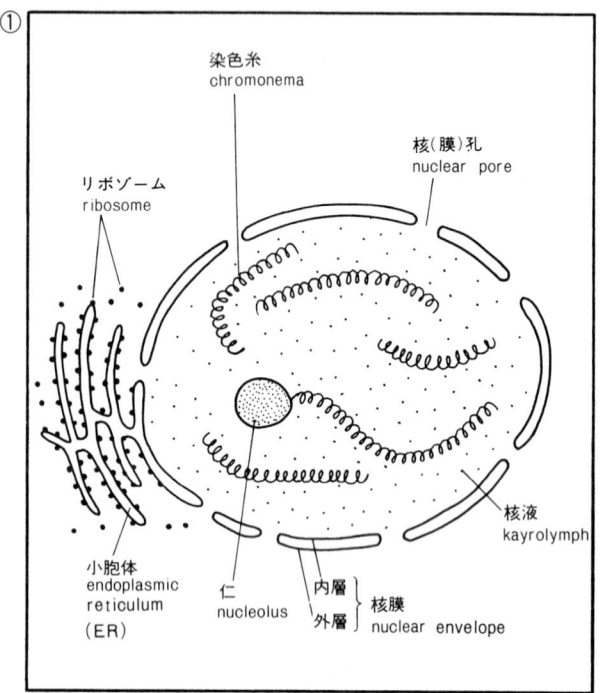

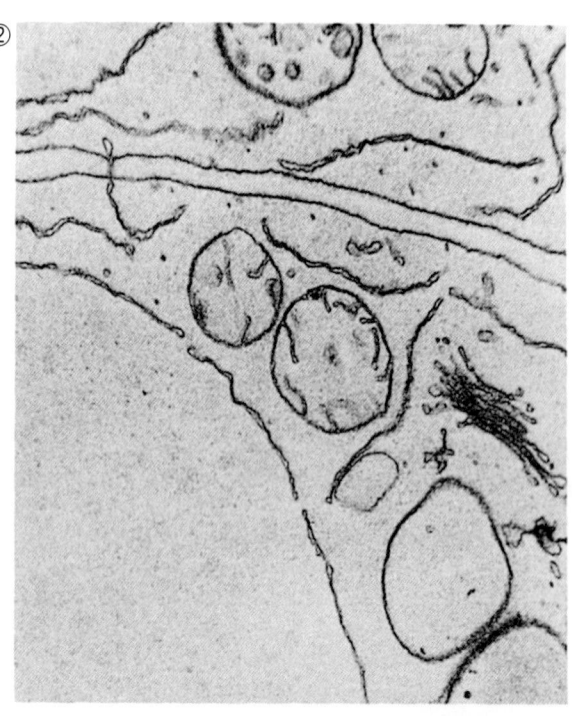

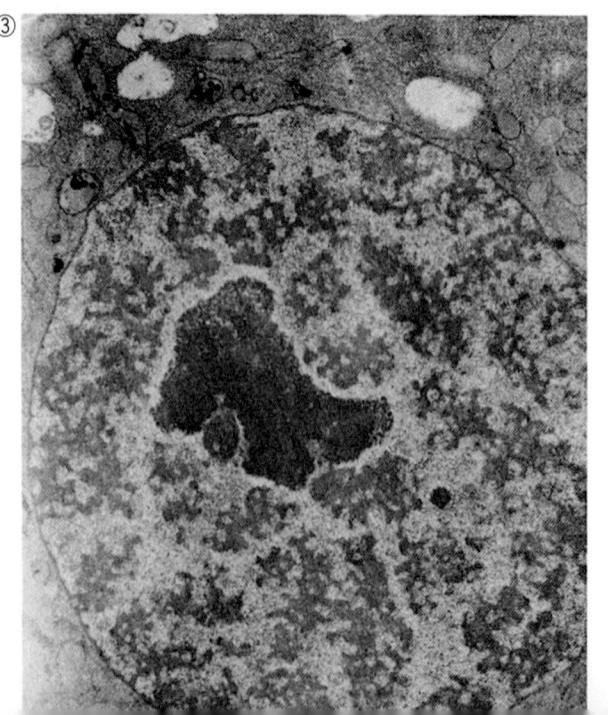

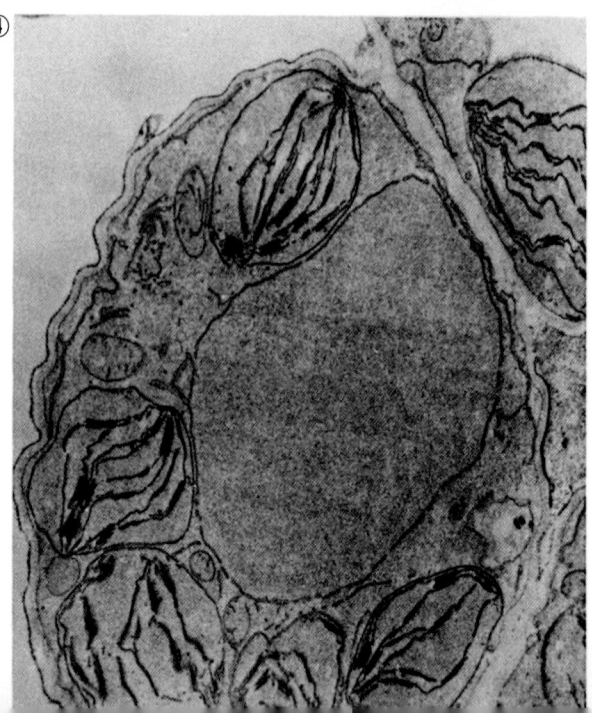

6 色素体（Plastid）

　色素体はその色によって緑色の葉緑体（chloroplast），無色の白色体（leucoplast），黄色や橙色の有色体（chromoplast）に分けられ，植物の組織や発達過程によって異なり，それぞれの機能を持っている．また，若い初期のものを前色素体（proplastid）という．しかし藻類などでは生活環（life cycle）を通じて，葉緑体のままのものもある．

(1) 葉緑体の形・大きさ・数（Form, Size and Number of Chloroplasts）

　形や大きさは藻類などでは種類によって特徴があり板状（ヒザオリ），星状（ホシミドロ），らせん状（アオミドロ）などで，1細胞内に1～数個である．高等植物では直径約5μ，高さ3μの凸レンズ状で，1細胞内に50～200個ぐらい含まれている．しかし，同一個体でも細胞によってその数が著しく異なることもある．

① ヒザオリ（Mougeotia sp.）の葉緑体　葉緑体は板状で，1細胞に1個ずつあり，光の強さで方向を変える特性がある．

② ホシミドロ（Zygnema sp.）の葉緑体　葉緑体は星状で，1細胞に2個ずつある．

③ アオミドロ（Spirogyra sp.）の葉緑体　葉緑体はらせん状で長く，種類によっては1細胞内に1～数本ある．

④ クロモ（Hydrilla verticillata）の葉の葉緑体　葉緑体は凸レンズ状で直径5μ，厚さ3μぐらいで1細胞内に多数ある．葉緑体にはこい緑色の小粒のグラナが多数含まれている．

⑤ サザンカ（Camellia Sasanqua）の柵状組織（palisade tissue）の葉緑体

⑥ オリヅルラン（Chlorophytum comosum）の柵状組織の葉緑体

［光顕　①②×300，③×80，④～⑥×800/植田］

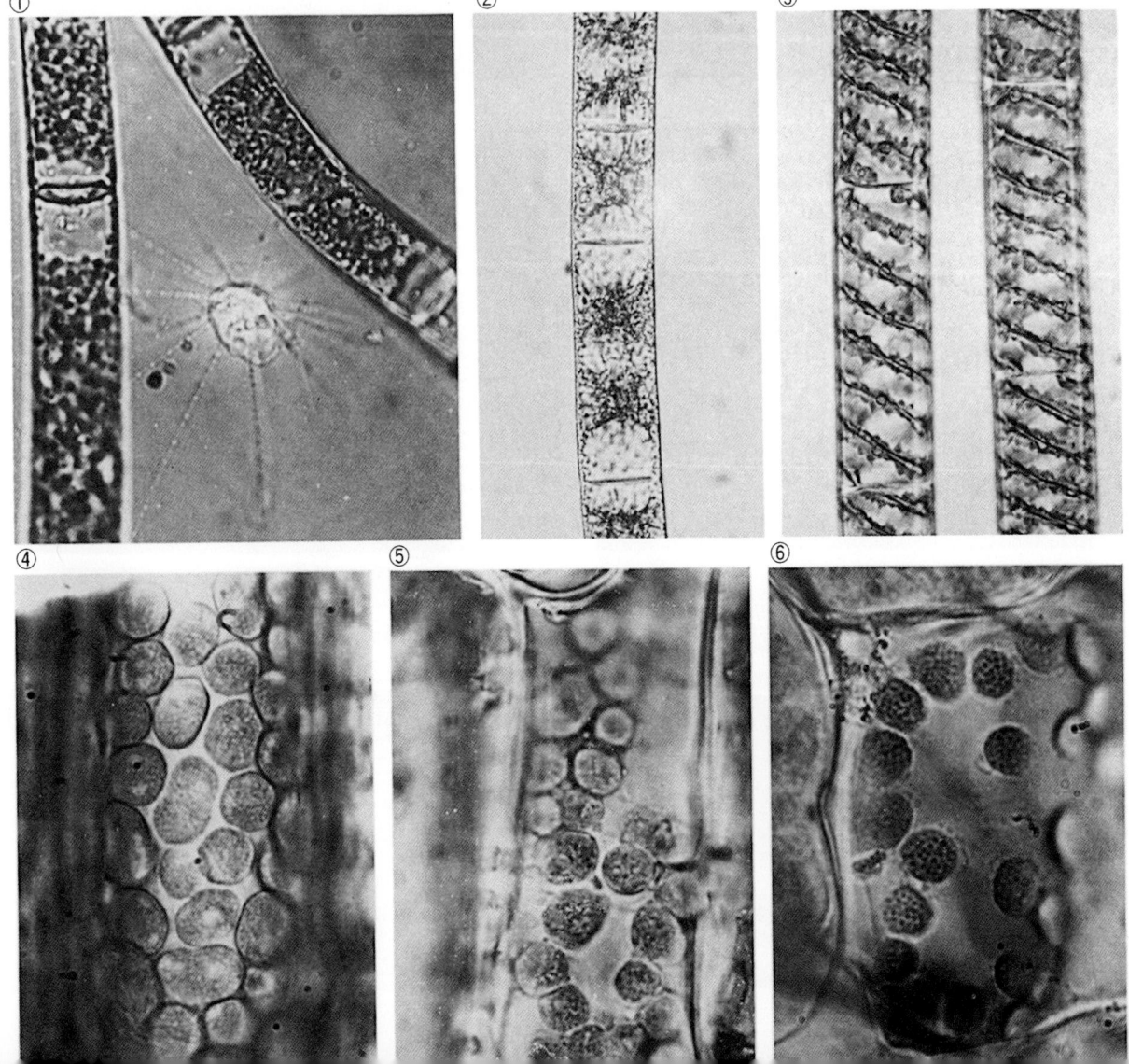

①～②　**ツノゴケ**(Anthoceros laevis)**の葉緑体**　この葉緑体は細胞ごとに1個ずつあり，光などの条件によって形を変えることがある．①は円板状，②は星状．葉緑体中に多数のデンプン粒を含んでいる．

③　**オオカナダモ**(Elodea densa)**の葉の葉緑体**　1個の細胞内に表面だけで100個ぐらいの葉緑体が見られる．

④　**シャジクモ**(Chara braunii)**の節間細胞**(internodal cell)**内の葉緑体**　シャジクモの節間細胞は長さ3～5cmもある大きい細胞で，その細胞内に5,000～10,000個ぐらいの葉緑体を持っていて，一定の方向に配列している．写真はその一部分を示している．

⑤～⑥　**コンテリクラマゴケ**(Selaginella uncinata)**の葉の表⑤，裏⑥細胞の葉緑体**　この葉は二層の細胞からなり，表の細胞には径約20 μ の葉緑体が2個ずつあるが⑤，裏細胞では径約5 μ の葉緑体が4～20個ぐらいある．⑥細胞の形も表と裏では異なる．

［光顕　①②×700，③④×300，⑤⑥×1,700/植田］

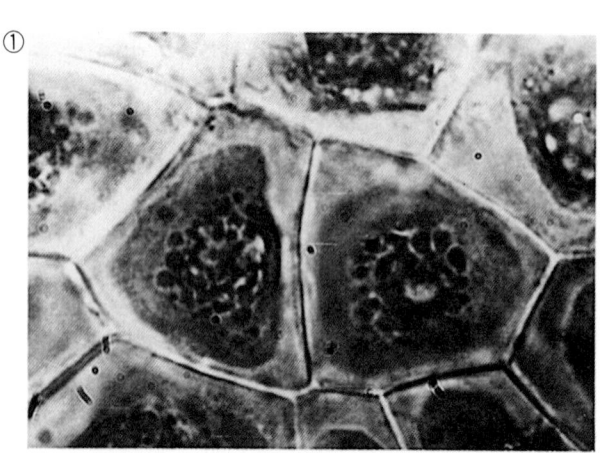
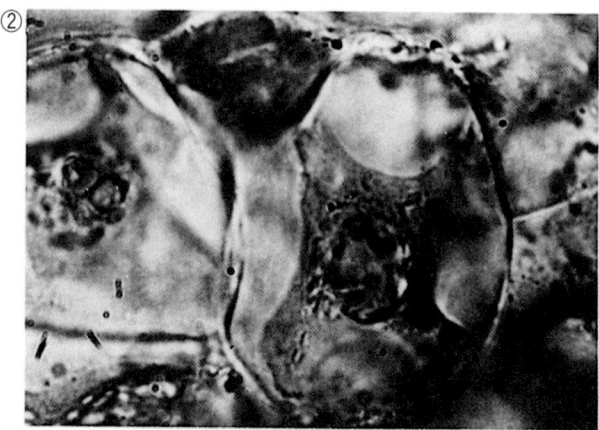
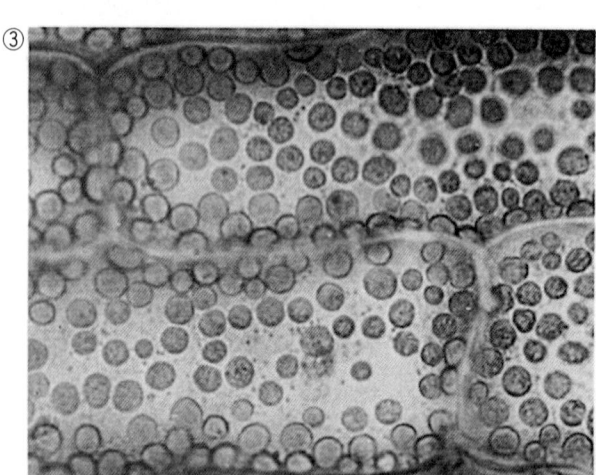
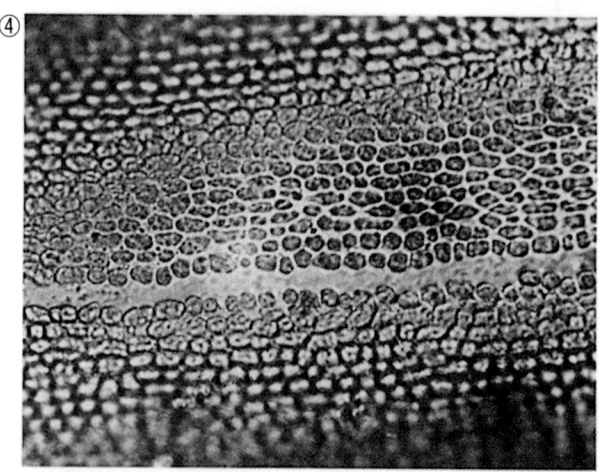
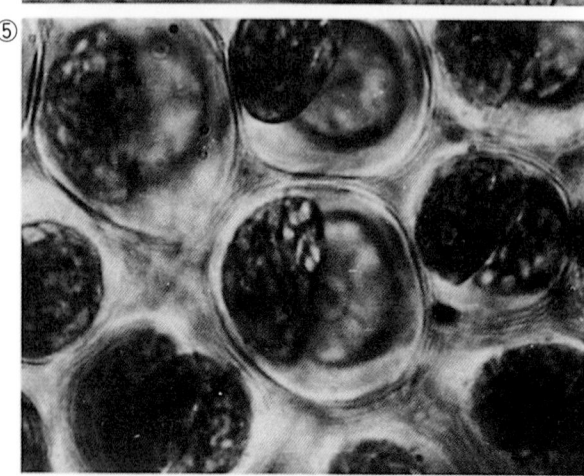
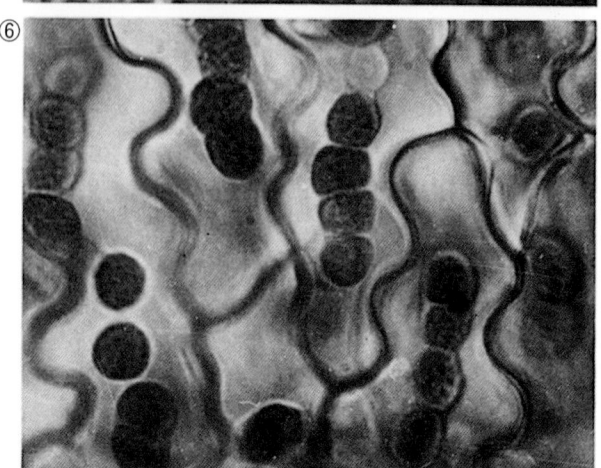

6 色素体

（2） 葉緑体の運動（Chloroplast Movement）

葉緑体は原形質流動によって動くほか，温度・光などの条件によって，その位置を変えることがある．

①～④ **ウォータースプライト（ミズワラビ，Ceratopteris Thalictroides）の葉の葉緑体の運動** 最初に葉緑体は細胞表面に一様に分布していたものが①，顕微鏡の光源を強くして5分ごとに観察すると②→④の順に表面細胞壁から側面細胞壁の方にしだいに移動しているのがわかる．

⑤～⑥ **オオカナダモ（Elodea densa）の葉緑体の核への集合（systroph）** 低温になると原形質の粘性が低下し，核の方に葉緑体が集まる．

［光顕　①～④×300，⑤⑥×130/植田］

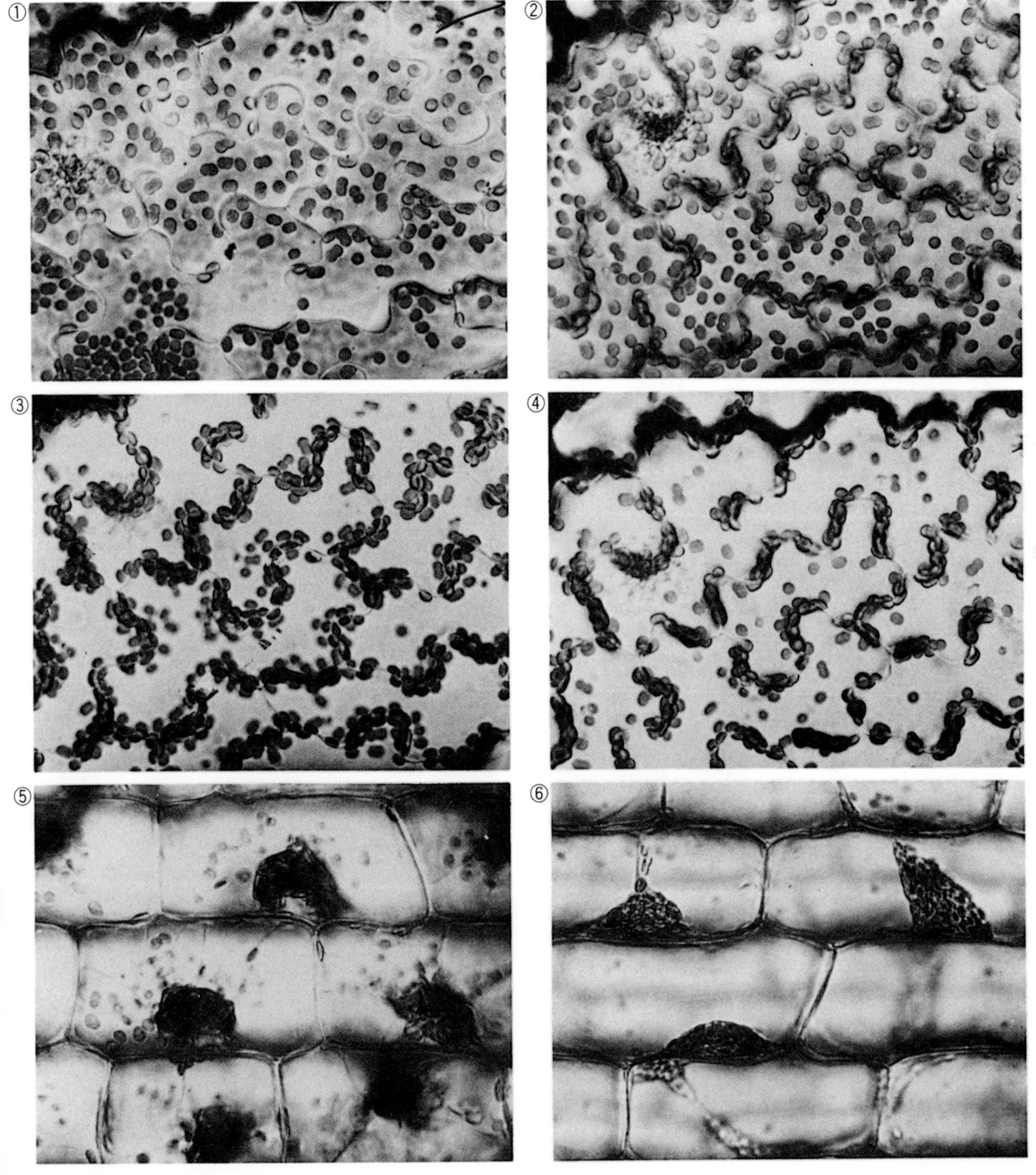

（3） 葉緑体の微細構造と発達（Fine Structure and Development of Chloroplasts）

高等植物の葉緑体を倍率1,000倍の光顕で観察するとグラナ（grana）とストロマ（stroma）が区別できるが（図①），それ以上の微細構造の観察は電顕によらなければならない．電顕的には葉緑体は二重の葉緑体膜で包まれた基質（ストロマ，stroma）内に大小のチラコイド（thylakoid，偏平胞）がある．また，小さいチラコイドの積み重なった全体がグラナ（grana）である．チラコイドの両面をラメラ（lamella）といい，グラナ内のものをグラナラメラ，ストロマ内のものをストロマラメラという．ストロマ内にはDNA繊維があり，デンプン粒や好オスミウム果粒を含むことがある．

葉緑体は光合成を行う細胞器官で，ラメラで明反応（light reaction），ストロマで暗反応（dark reaction）を行う．

① 光顕による葉緑体構造模式図　　　［植田］
② 電顕による葉緑体微細構造模式図　［植田★］
③ シロザ（Chenopodium album）の葉の葉緑体の電顕像

葉緑体は半凸レンズ形で二重の葉緑体膜（CE）に包まれ，内部にはグラナ（gr），オスミウム果粒（OG）のほか，中央部に大きなデンプン粒（S）が白くぬけて見える．V：液胞，CW：細胞壁．［電顕　×25,000/鈴木李］

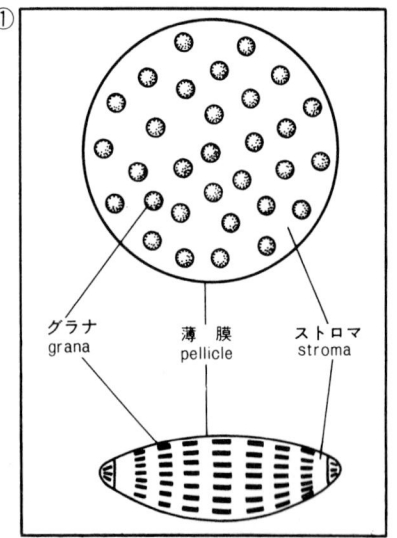

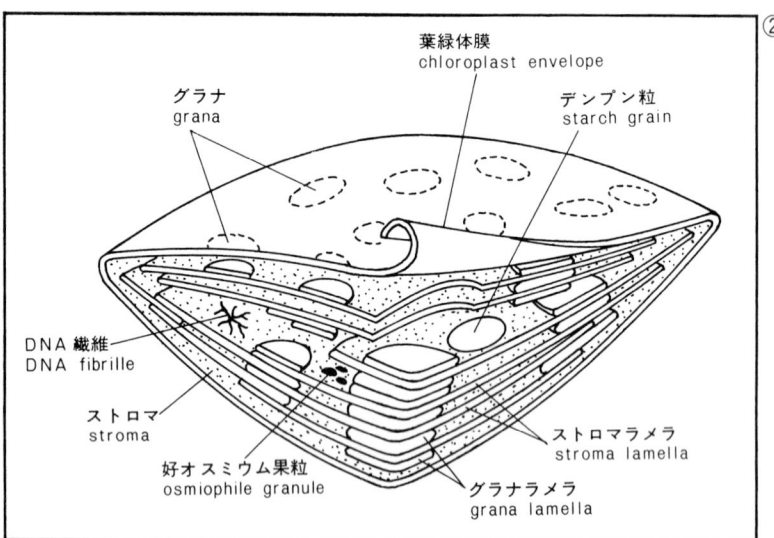

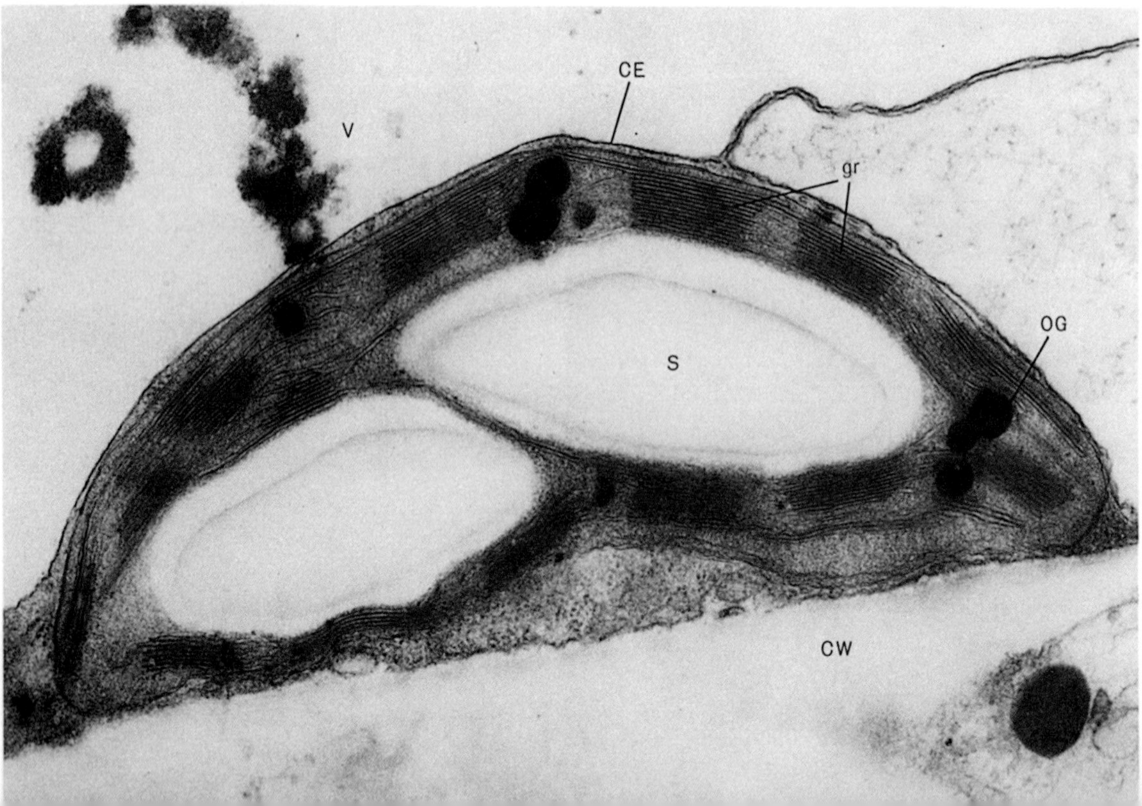

6 色素体

① トウモロコシ (Zea Mays) の葉の葉緑体
② ジャゴケ (Conocephalum conicum) の葉緑体
③〜④ スギナ (Equisetum arvense) の茎の葉緑体
[電顕 ($KMnO_4$ 固定) ①×18,000, ②×13,000, ③×15,000, ④×16,500/①藤野, ②〜④川松]

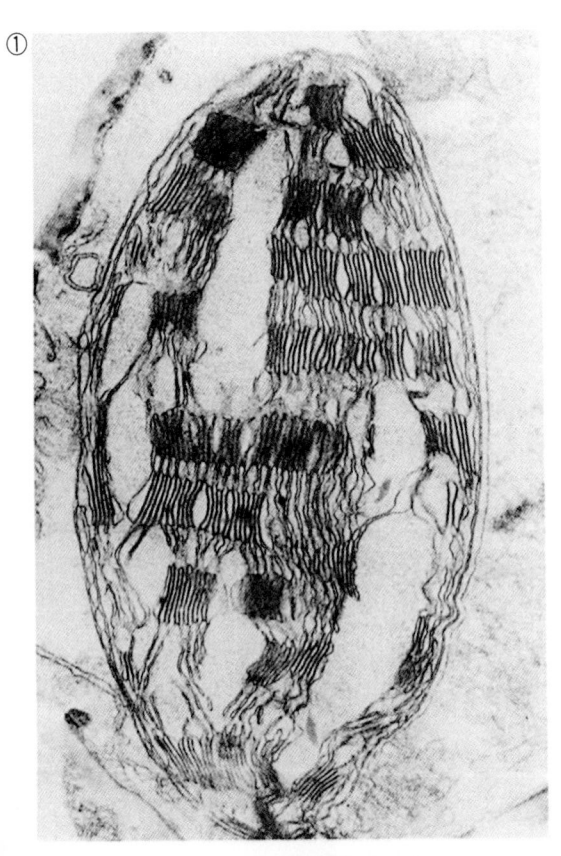

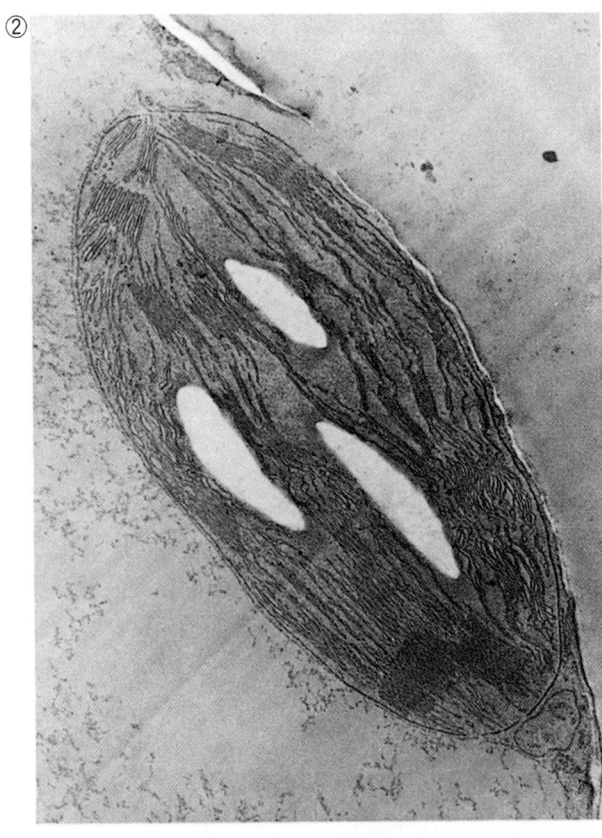

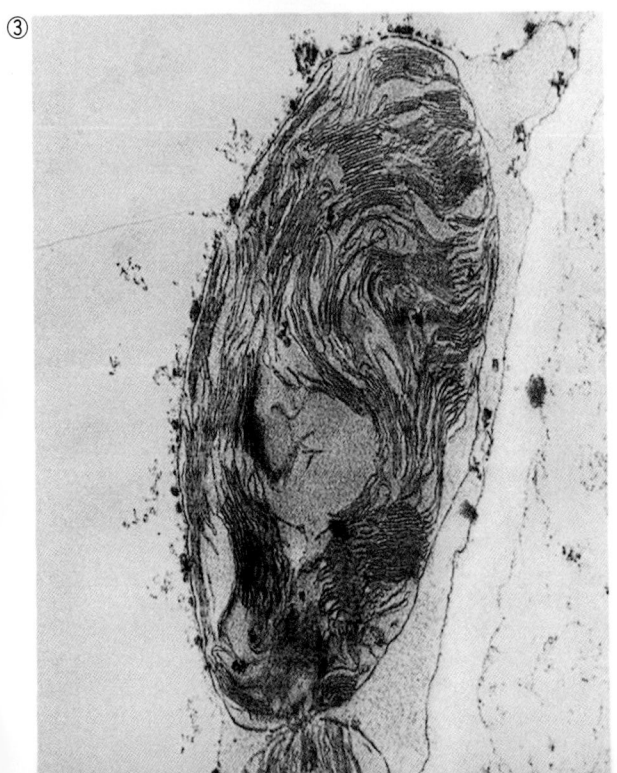

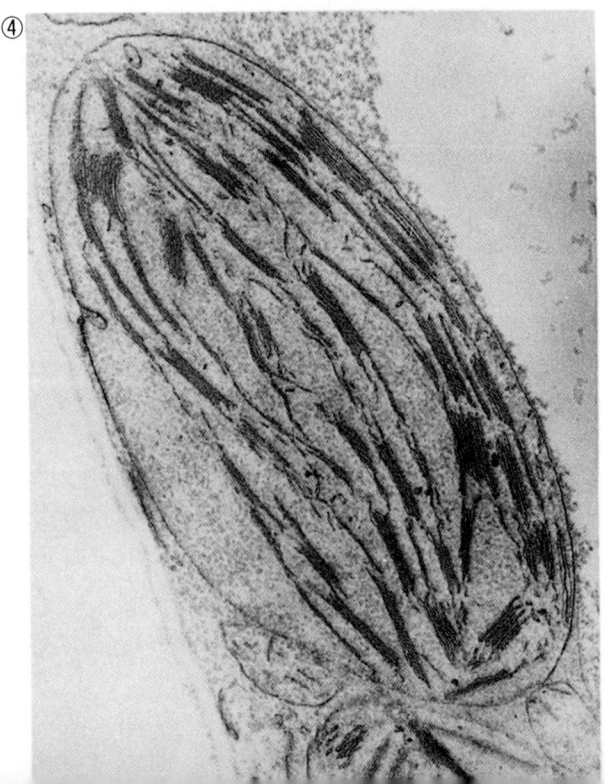

葉緑体内のグラナは，チラコイドが円筒状に重なったもの①であることが，特殊な方法によってチラコイドを解離して確かめることができる②．

またストロマラメラにはクロロフィル，カロチノイドなどの光合成色素のほかに，明反応に関係する光リン酸化反応を行う共役因子がある③④．

① ホウレンソウ（Spinacia oleracea）葉緑体内のチラコイドとグラナ　　［電顕　×30,000/遠山］
② ホウレンソウの葉緑体から遊離したグラナのチラコイド　円板状のチラコイドがずれて重なっているのがわかる．［電顕（ネガティブ染色）　×55,000/村上］
③〜④ ホウレンソウの葉緑体の光リン酸化共役因子の果粒　③遊離したチラコイド上のもの．④ストロマラメラ上のもの．グラナラメラにはない．［電顕　③×40,000，④×85,000/村上］

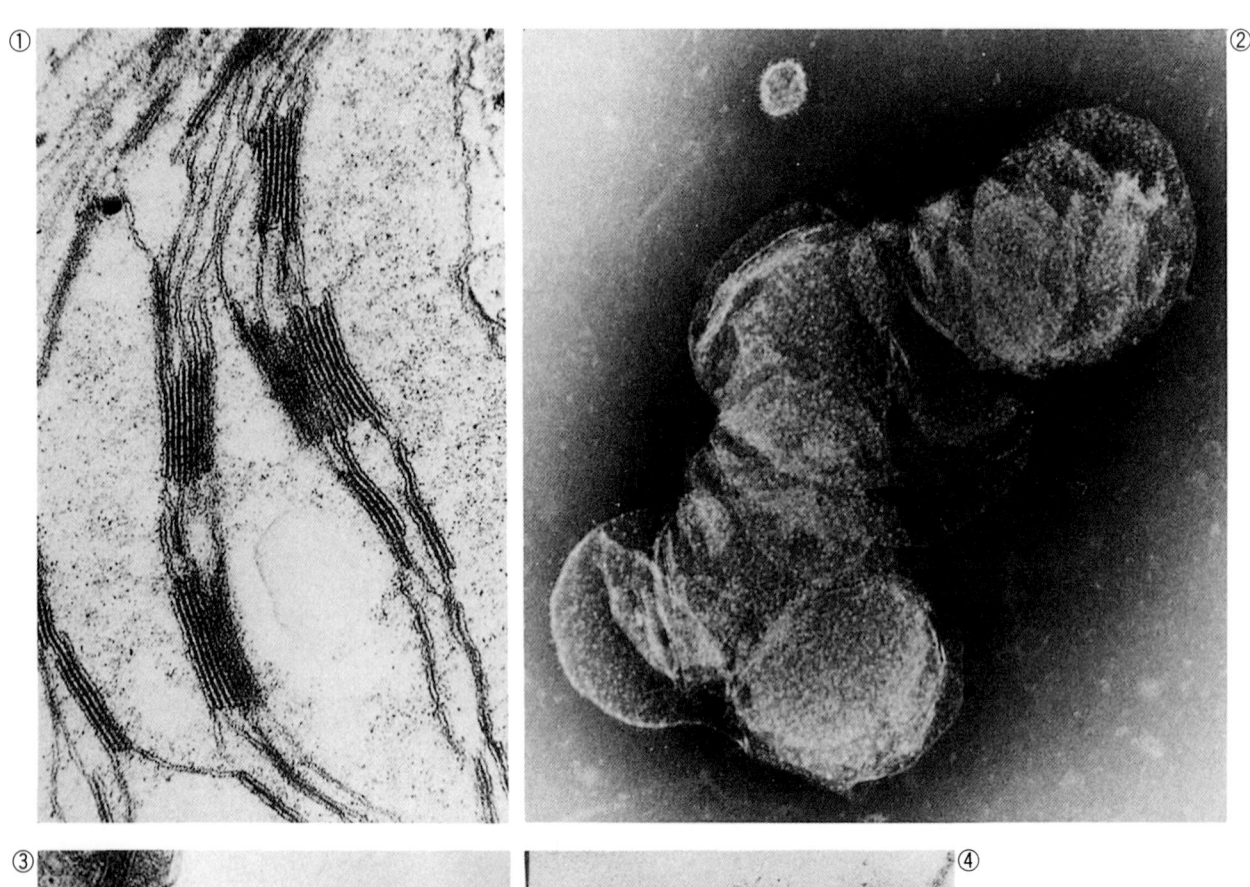

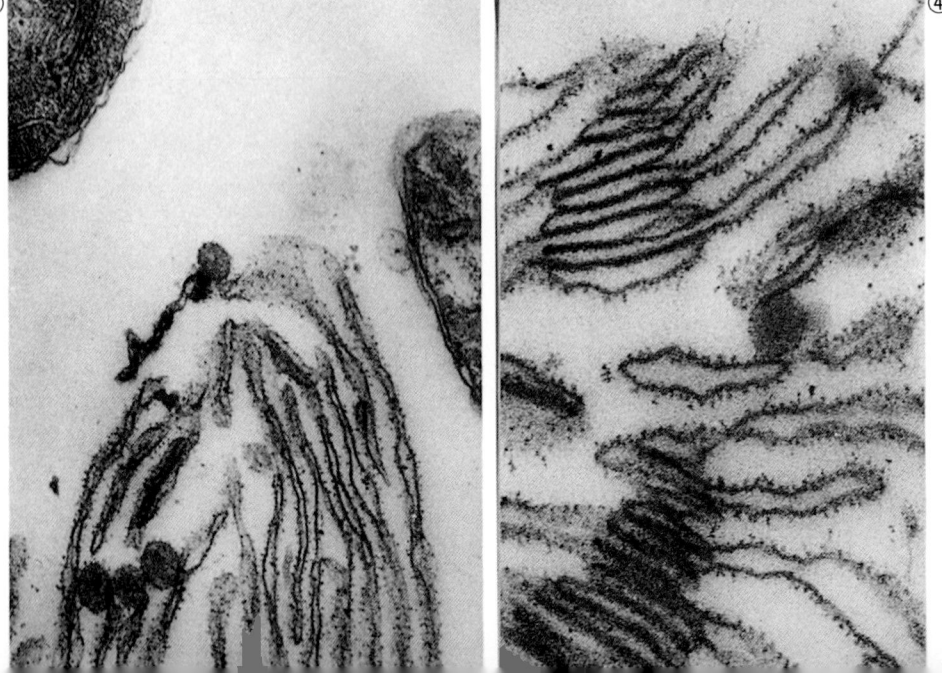

6 色素体

（4） 葉緑体の核酸（Nucleic Acid in Chloroplasts）

葉緑体には DNA（deoxyribonucleic acid）や RNA（ribonucleic acid）の核酸があり，核と同様に自己増殖を行う．葉緑体の DNA や RNA の観察には，染色反応，溶解反応などあるが，微細構造の観察は次のようにして行う．すなわち細胞から遊離させた葉緑体を DEP（diethylprocarbonate），SLS（sodium lauryl sulphate）やクロロフォルム（chloroform）などで葉緑体のタンパク質を解離した後，遠心抽出して電顕で観察する．

①〜⑥ ホウレンソウ（Spinacia oleracea）の葉緑体から遊離した DNA 分子　①自然状態に近い形で，やや大きい中心軸から輪状に DNA 分子が伸びている．②中心軸を小単位に解離したもの．③さらに小単位に解離したもの．④二重らせん構造がほどけた DNA 分子の一部．⑤DNA（糸）と rRNA（粒子）．⑥ ⑤をリボ核酸分解酵素（ribonuclease）で処理すると DNA だけが残る．

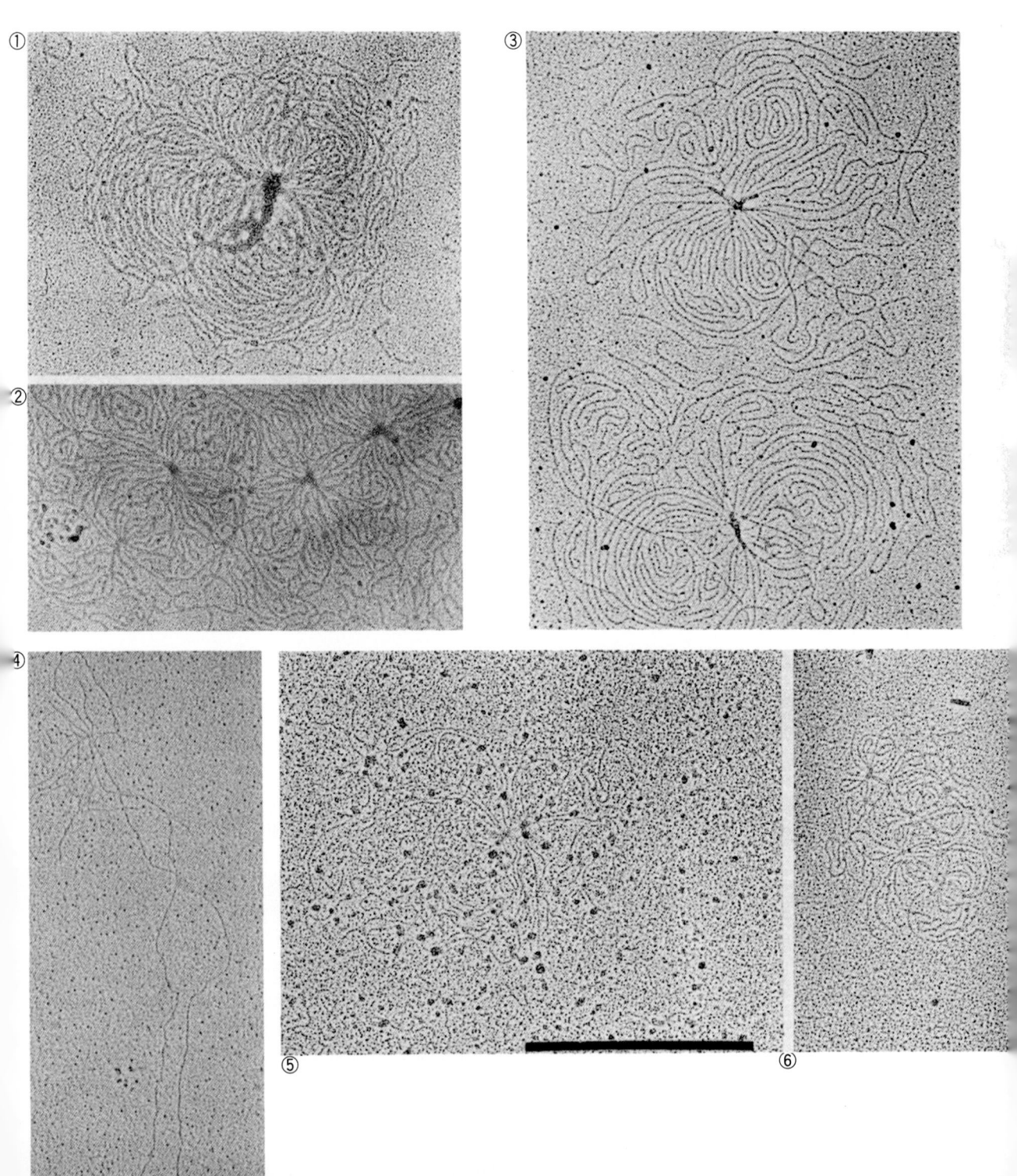

［電顕 ──1μ/吉田］

緑色であった若い果実が黄色や橙色に熟したり，緑葉が秋になって黄葉に変わるのは，葉緑体が有色体に変わったためである．有色体は紡錘形に変形したり，葉緑体よりも小さく球形になったりする．

①〜④　トウガラシ（Capsicum annuum）の果実の有色体
①赤色果実の有色体．有色体は紡錘形に変形している．②橙色果実の有色体．③黄色果実の有色体．④赤色果実の有色体の分裂像．［光顕　×800/植田］

⑤　イチョウ（Ginkgo biloba）の黄色の有色体　ラメラ構造が破壊され好オスミウム果粒が多数生じる．［電顕 ——1 μ/植田・遠山★］

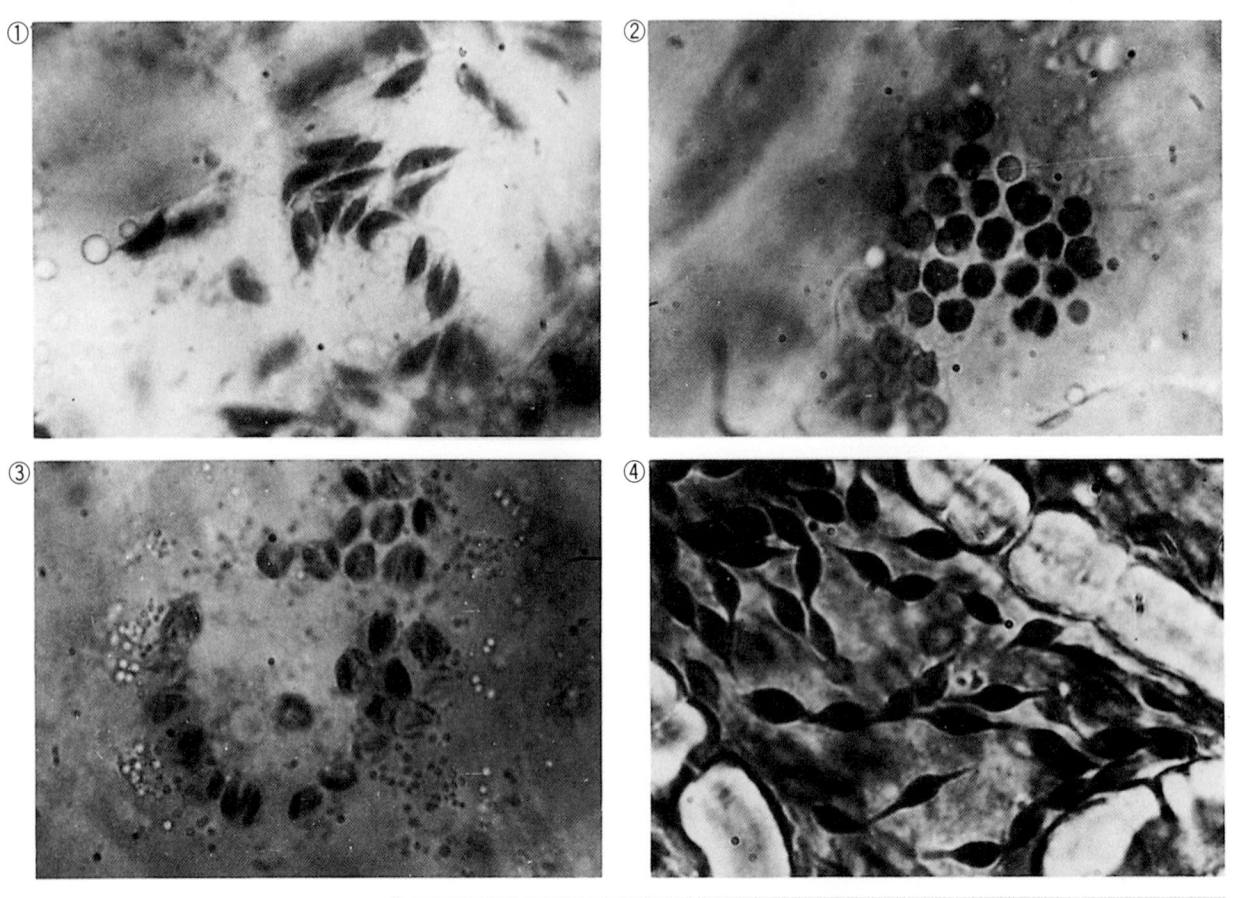

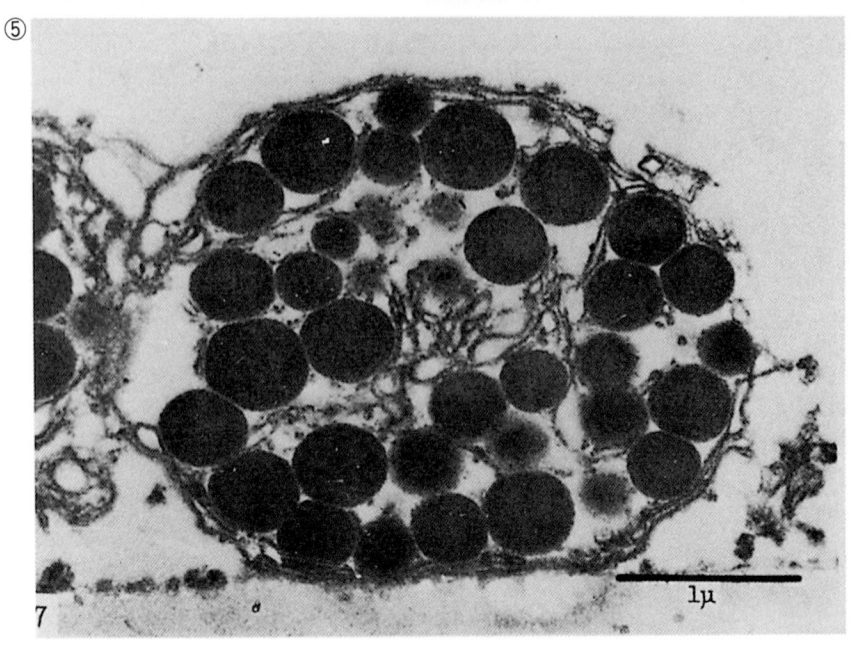

（5） 白色体（leucoplast）

　光の当たらない根や地下茎などでは色素体は無色で，前色素体あるいは白色体のままである．また，光が当たっても花弁や斑入葉などでは不完全な葉緑体や白色体のままで，完全な葉緑体にはならない．

①～②　エンドウ（Pisum sativum）の根端分裂組織細胞内の白色体　ラメラ構造はなく，デンプン粒（S）を少数①あるいは多数②含んでいることがある．［電顕（GA固定）——1 μ／鈴木賢・植田★］

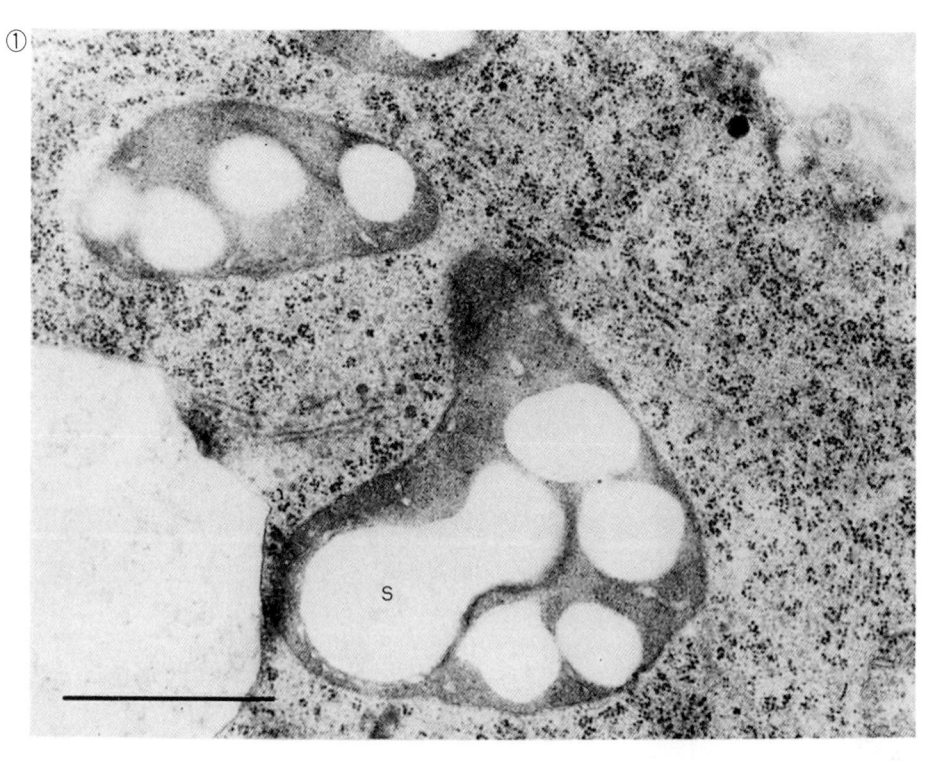

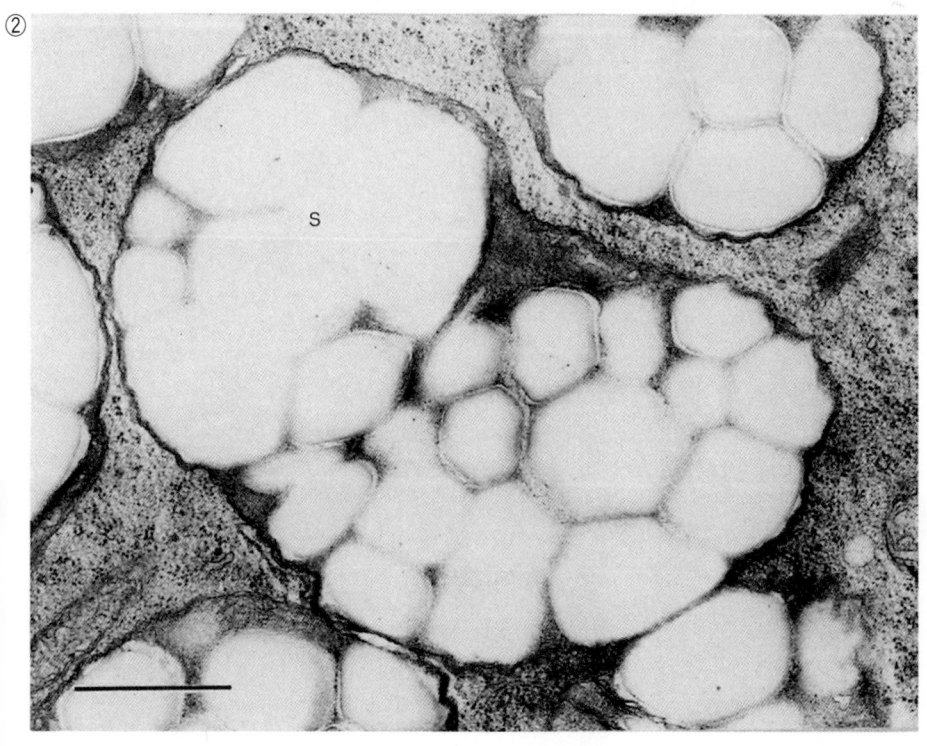

前色素体や白色体にも，葉緑体と同様に DNA を含むことが，タンパク質分解酵素（protease）処理で観察できる．

①〜④　エンドウ（Pisum sativum）の根の分裂組織内の前色素体①②と白色体③④．直径約 1 μ の小さい前色素体では DNA 含有域（DNA region）は 1 個であるが①，しだいに大きくなり白色体になるにつれて，その数が増える②〜④．④では 7 個の DNA 含有域とデンプン粒（S）が見られる．［電顕（GA 固定）　①②──0.5 μ，③④──1 μ／鈴木賢・植田★］

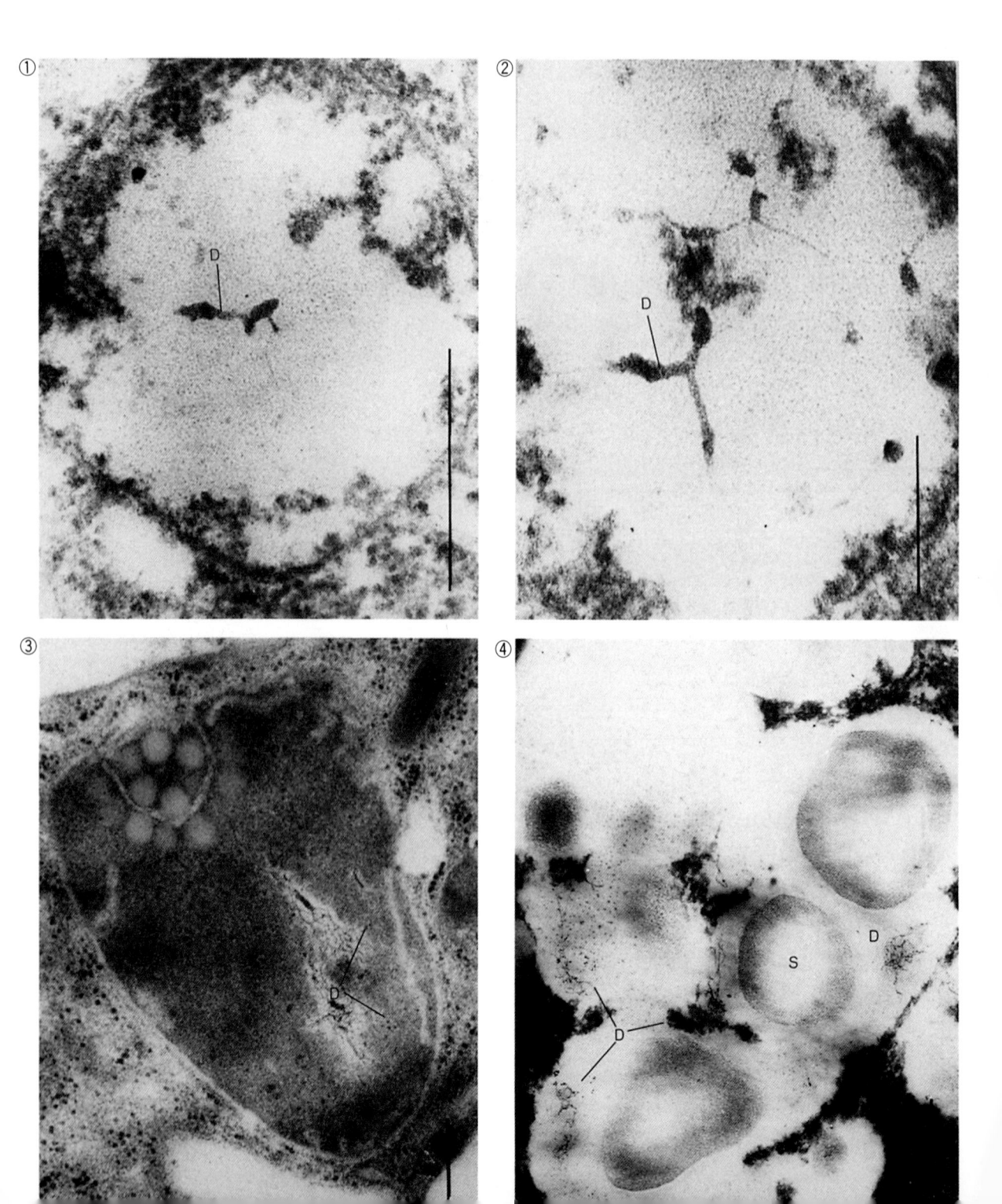

6 色素体

斑入葉の白色体は，その発達の程度により種々の構造が見られる．

① **斑入リュウゼツラン**（Agave americana var. variegata）**の正常（a）および斑入組織（b）の色素体の発達模式図** 葉は基部成長をし，基部ほど若く，先端部ほど成熟している．これを5段階の時期に分けて示したものがこの図である．初期では，どちらも共通の前色素体からなっている．［光顕 ×1,500/植田・和田★］

② **サザンカ**（Camellia Sasanqua）**の斑入葉の柵状組織の白色体** ［光顕 ×700/植田］

③ **クジャクシダ**（Adiantum pedatum）**の孔辺細胞の斑入色素体（左）と正常な葉緑体（右）** ［光顕 ×200/植田］

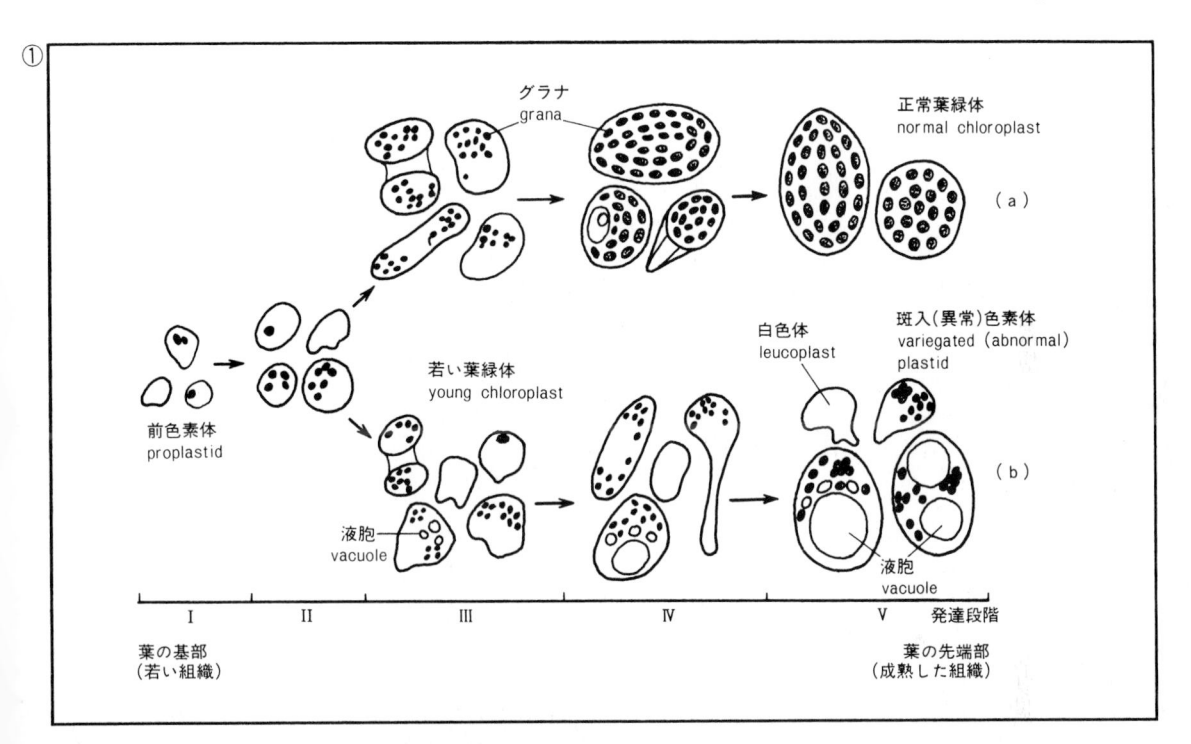

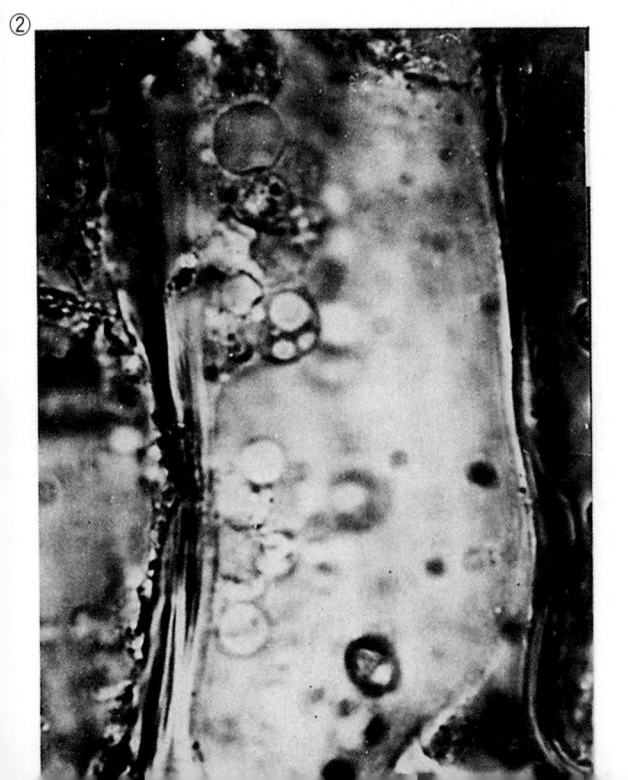

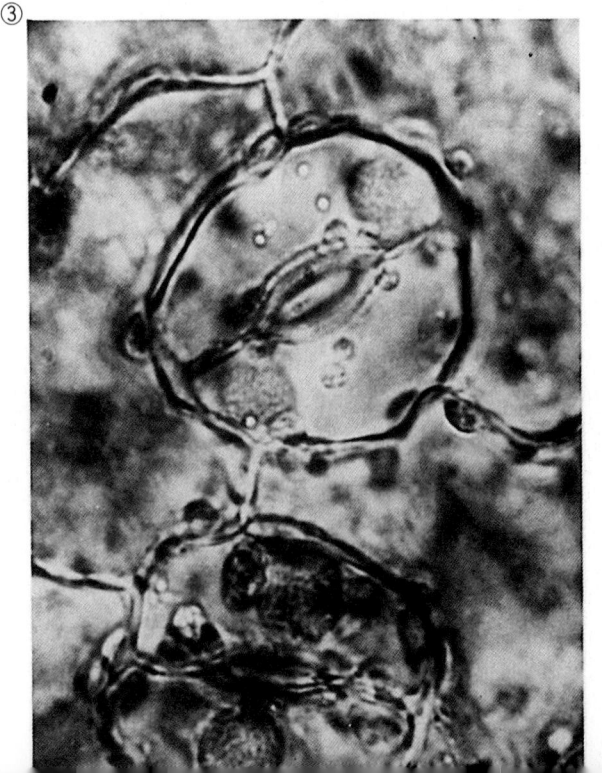

① フィリヤブラン（Liriope platyphylla form. variegata）の斑入色素体　左の白色体では葉緑体膜（PM），ラメラ形成体（PB），好オスミウム果粒（OG），および液胞（V）が明らかであるが，右の色素体には液胞は崩壊している．[電顕（OsO₄固定）――5μ/村上・植田★]

②～③　キンマサキ（Euonymus japonica）の斑入色素体　ラメラ形成体からわずかにラメラを放射状に生じているもの②と同心円状に生じているもの③．[電顕（GA固定）――1μ/犀川・植田★]

④　スジギボウシ（Hosta undulata）の同一細胞内における葉緑体（下）と変異白色体（上）　同一細胞内に2型の色素体を有した細胞を混合細胞（mixed cell）という．色素体には独自性があり，白色体は葉緑体から突然変異によって生ずるのではないかと考えられている．[電顕（KMnO₄固定）　×13,000/植田・藤野]

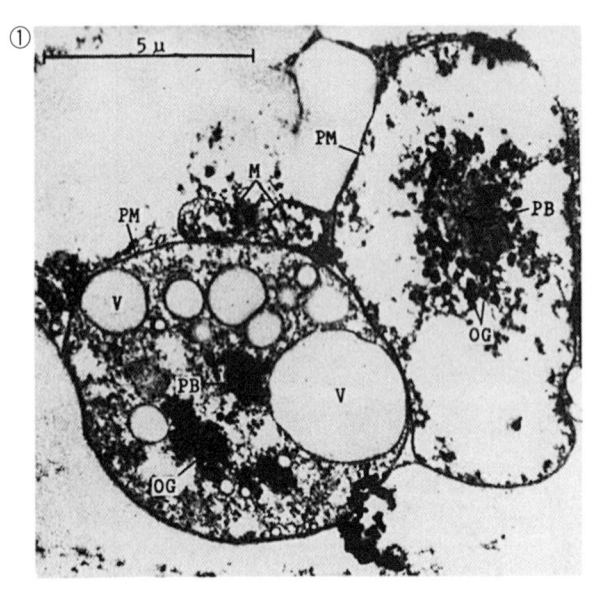

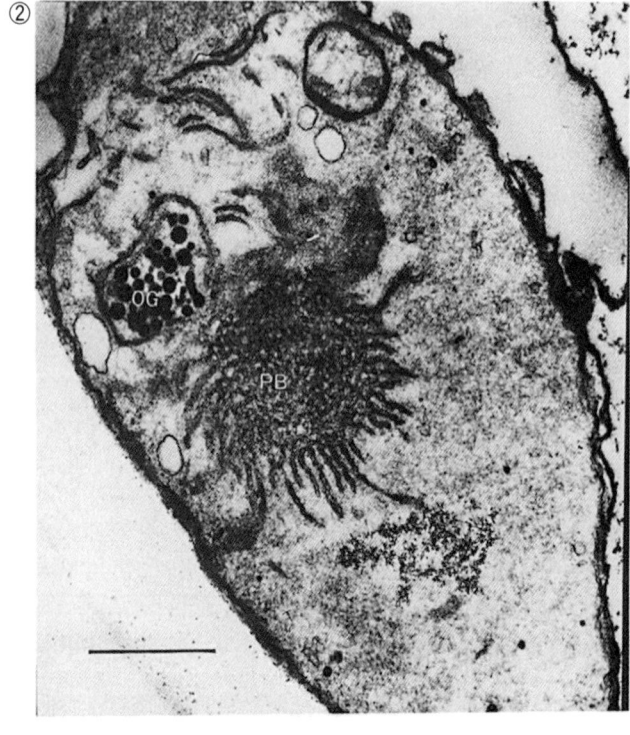

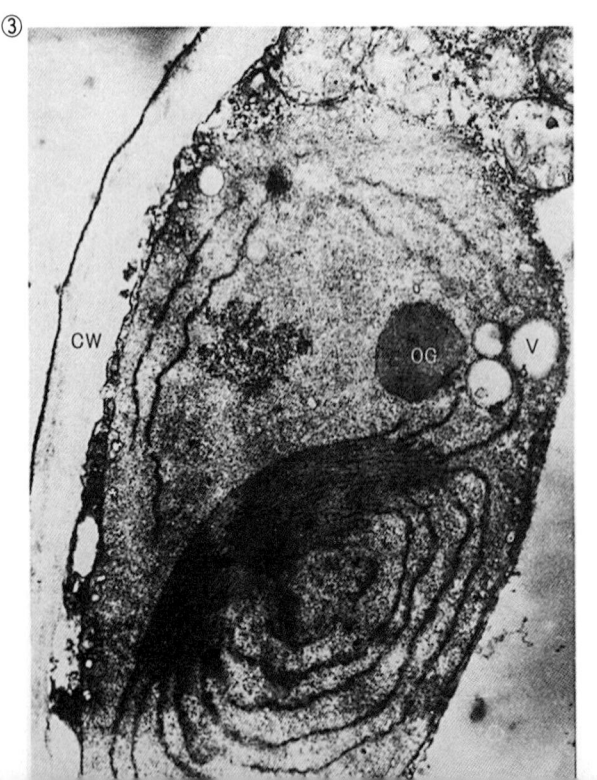

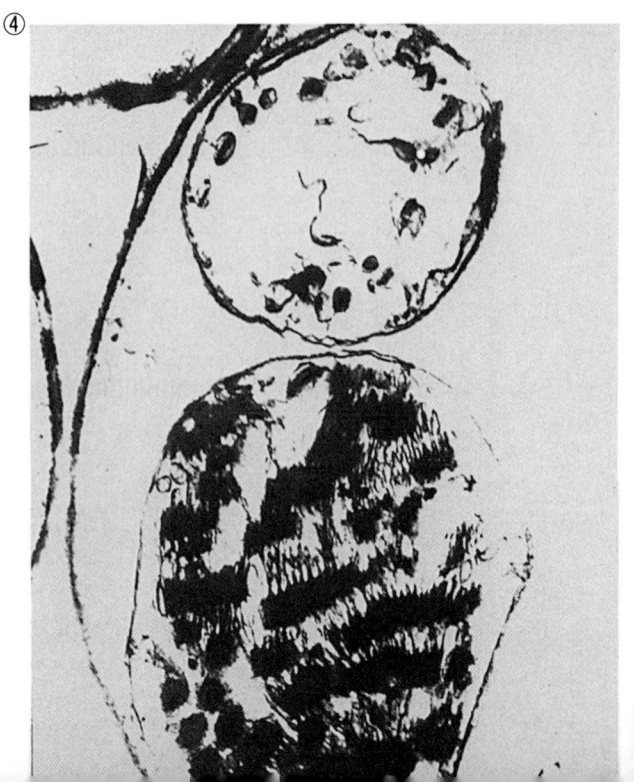

6 色素体

① マサキ（Euonymus japonica）の若い黄色斑入葉の色素体　核（N），仁（n），ミトコンドリア（M），ゴルジ体（G），液胞（V），細胞壁（CW），細胞間隙（IS）は正常であるが，色素体のラメラ系が未発達のままである．［電顕（KMnO₄固定）　×7,500/犀川］

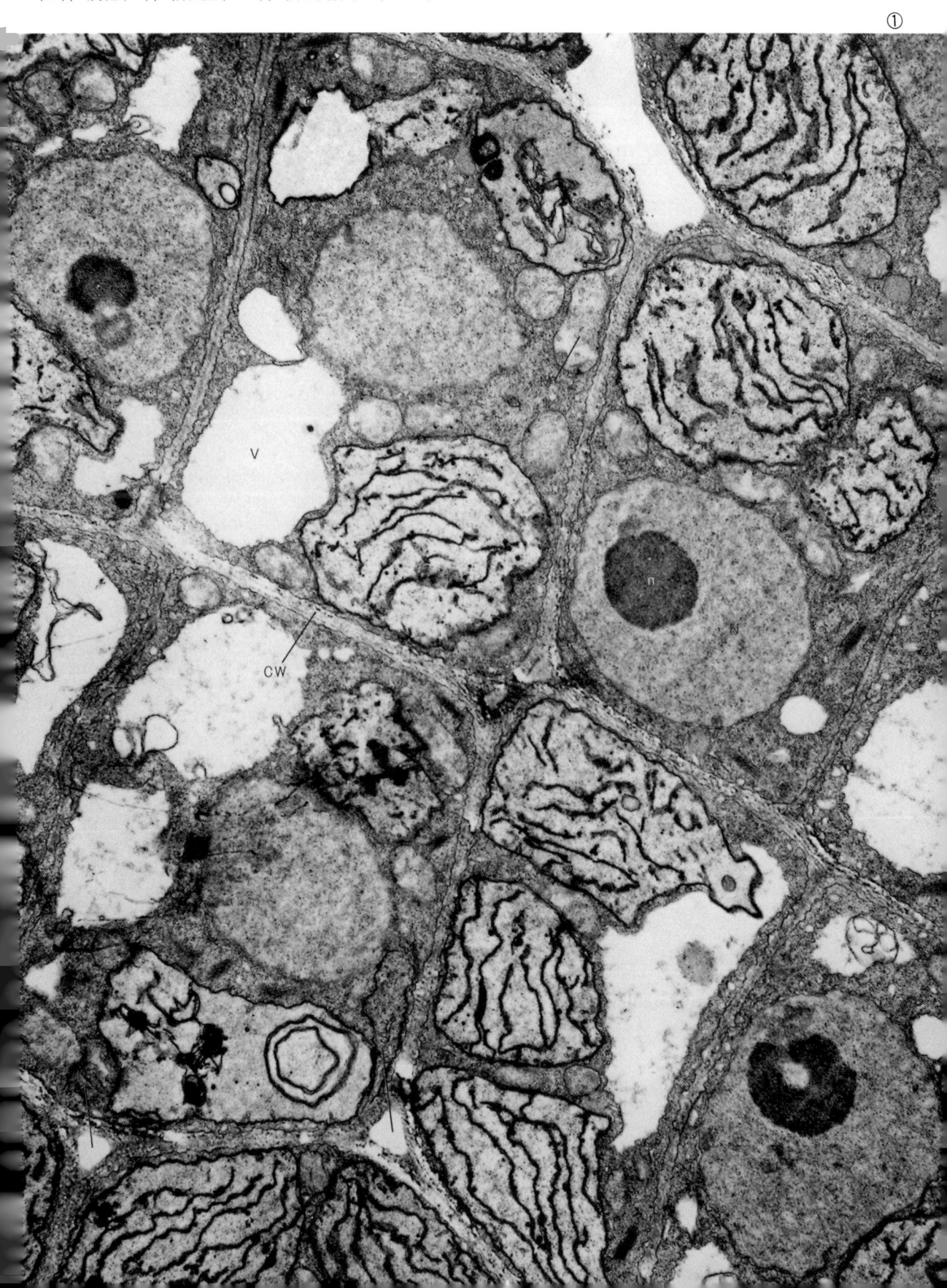

(6) 色素体の発達(Development of Plastids)
　高等植物の色素体は，図①に示すような過程を経て発達する．

① 高等植物の色素体発達過程模式図　　[植田★]

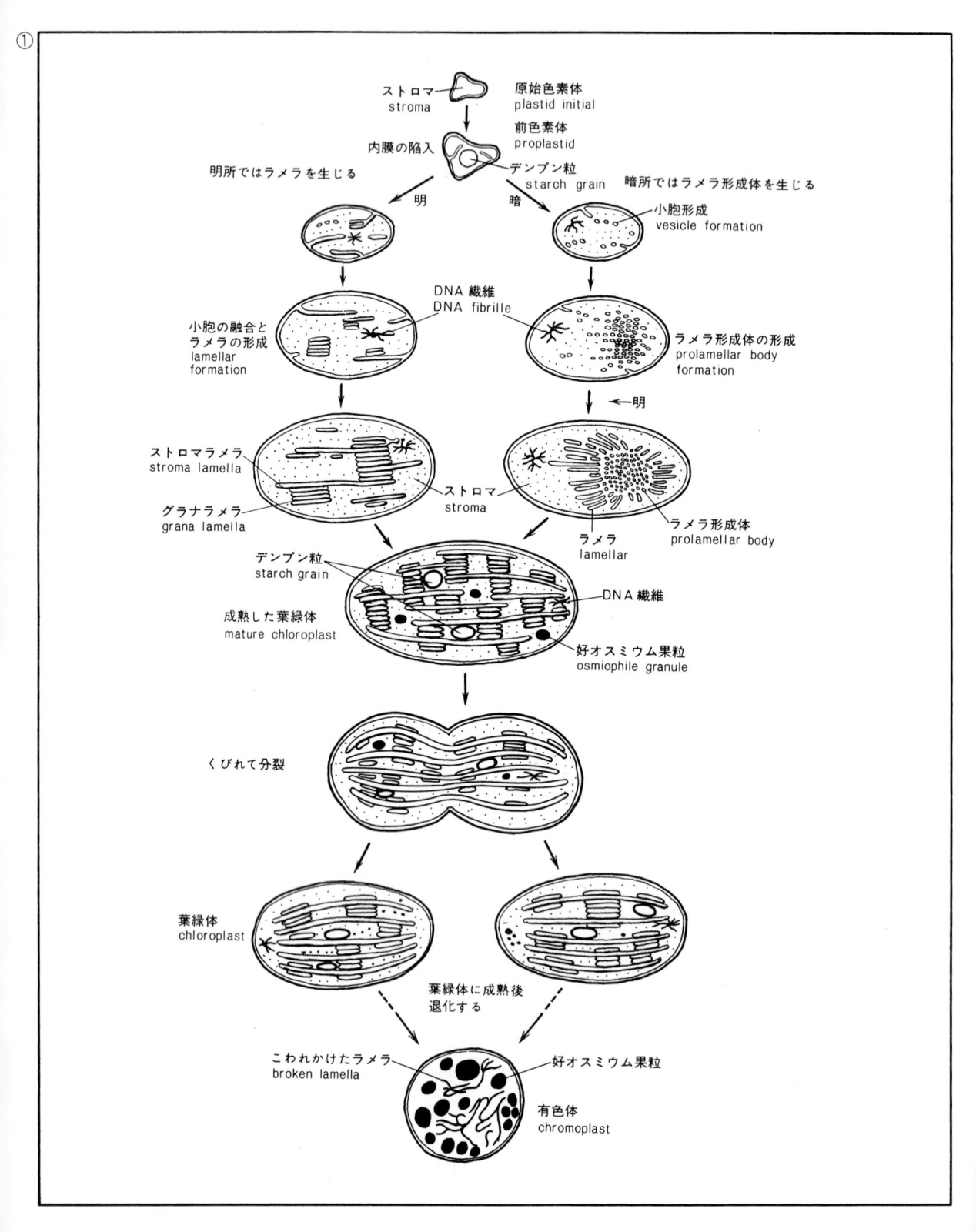

```
ストロマ　　　　　　　　　　原始色素体
stroma　　　　　　　　　　　plastid initial
　　　　　　　　　　　　　　前色素体
　　　　　　　　　　　　　　proplastid
内膜の陥入
　　　　　　　　　　　　　　デンプン粒
明所ではラメラを生じる　　　　starch grain　　暗所ではラメラ形成体を生じる
　　　　　明　　　　暗
　　　　　　　　　　　　　　　　　　　　　　小胞形成
　　　　　　　　　　　　　　　　　　　　　　vesicle formation

　　　　　　　　　　　　　　DNA繊維
　　　　　　　　　　　　　　DNA fibrille
小胞の融合と　　　　　　　　　　　　　　　　　ラメラ形成体の形成
ラメラの形成　　　　　　　　　　　　　　　　　prolamellar body
lamellar　　　　　　　　　　　　　　　　　　　formation
formation
　　　　　　　　　　　　　　　　　　　　　　←明

ストロマラメラ
stroma lamella
　　　　　　　　　　　　　　ストロマ
グラナラメラ　　　　　　　　stroma　　　　　　ラメラ形成体
grana lamella　　　　　　　　　　　　　　　　prolamellar body
　　　　　　　　　　　　　　　　　　　　　　　ラメラ
　　　　　　　　　　　　　　　　　　　　　　　lamellar

デンプン粒
starch grain
　　　　　　　　　　　　　　　　　　DNA繊維
成熟した葉緑体　　　　　　　　　　　DNA fibrille
mature chloroplast
　　　　　　　　　　　　　　　　　　好オスミウム果粒
　　　　　　　　　　　　　　　　　　osmiophile granule

くびれて分裂

葉緑体
chloroplast
　　　　　　　　　葉緑体に成熟後
　　　　　　　　　退化する

　　こわれかけたラメラ　　　　好オスミウム果粒
　　broken lamella　　　　　　osmiophile granule
　　　　　　　　　　　　　　　有色体
　　　　　　　　　　　　　　　chromoplast
```

6 色素体

色素体の発達は外的条件のほか，組織細胞の分化の違いによっても異なる．トウモロコシの葉の各組織で調べた結果は図①のようである．

① **明暗におけるトウモロコシ（Zea Mays）の第1葉の組織細胞の分化（A）と色素体の発達（B）模式図** トウモロコシの第1葉について，それが完全に開くまでの間に，維管束内柔組織と表皮細胞とでは色素体はほとんど分化発達しない．

著しい差の見られるのは，明所での維管束鞘と葉肉とである．前者の葉緑体にはグラナを生じないが，後者にはグラナが発達する．一般にこのようなことは C_4 植物で見られる．VB：維管束，Me：葉肉，BS：維管束鞘，GC：孔辺細胞，EC：表皮細胞　　　［鈴木李・植田★］

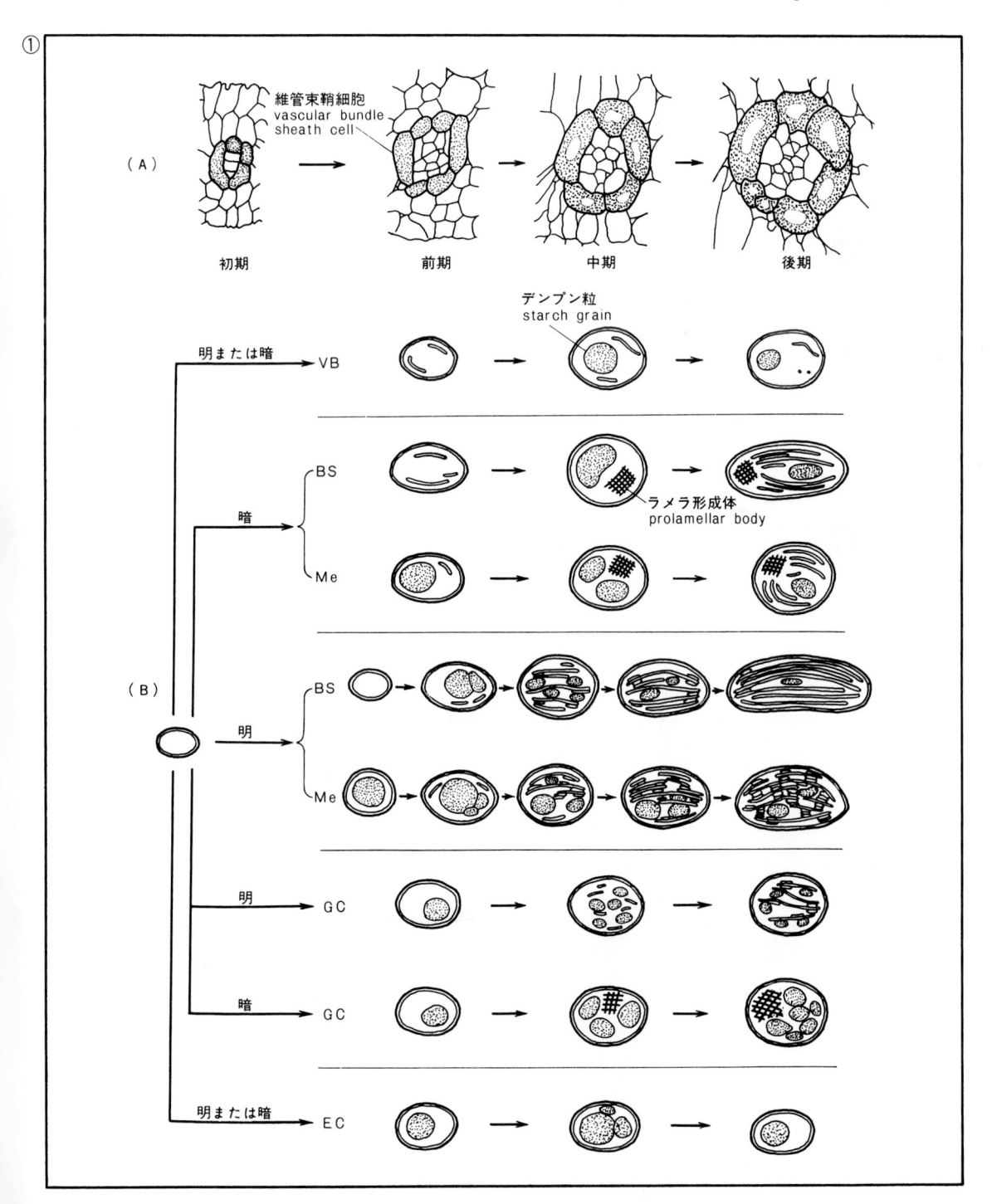

トウモロコシ (Zea Mays) の葉の色素体発達の電顕像 (GA + OsO₄固定)

① トウモロコシの暗発芽第1葉 (中期) の維管束鞘内色素体　ラメラ形成体 (PB) がつくられつつある. [電顕──1μ/鈴木季]

② トウモロコシの暗発芽第1葉 (後期) の維管束鞘内色素体　ラメラ形成体から第1次のラメラを生じている. SG: デンプン粒. [電顕──1μ/鈴木李・植田★]

③ トウモロコシの明発芽第1葉 (後期) の維管束鞘内葉緑体 (左) と葉肉内葉緑体 (右)　前者にはグラナ (gr) はないが後者にはグラナがよく発達している. [電顕　×14,500/鈴木季]

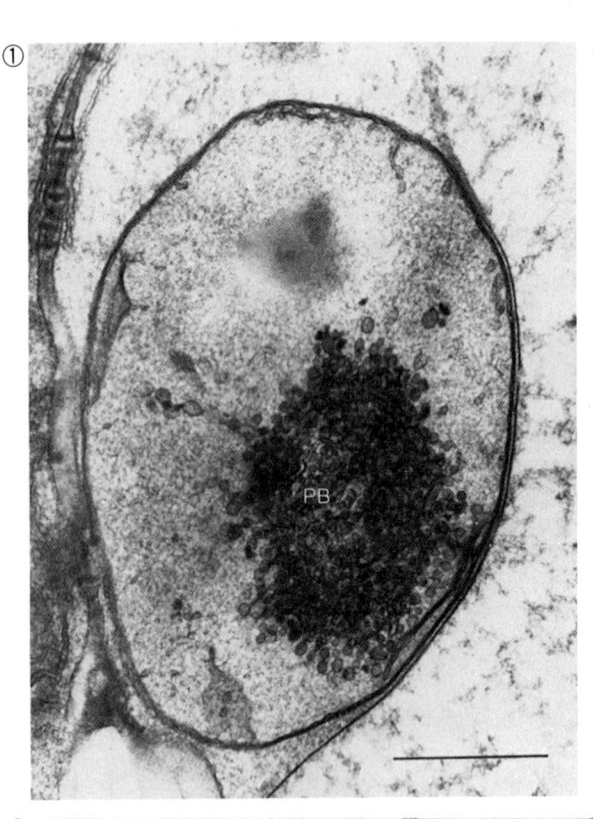

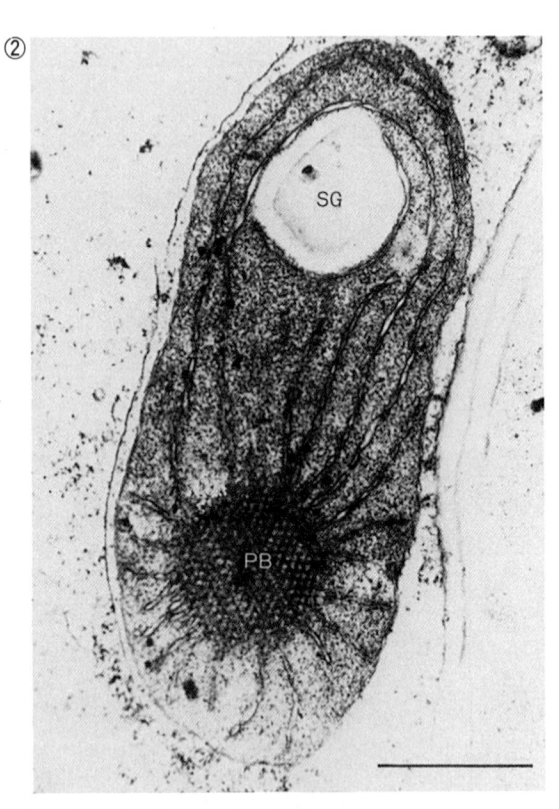

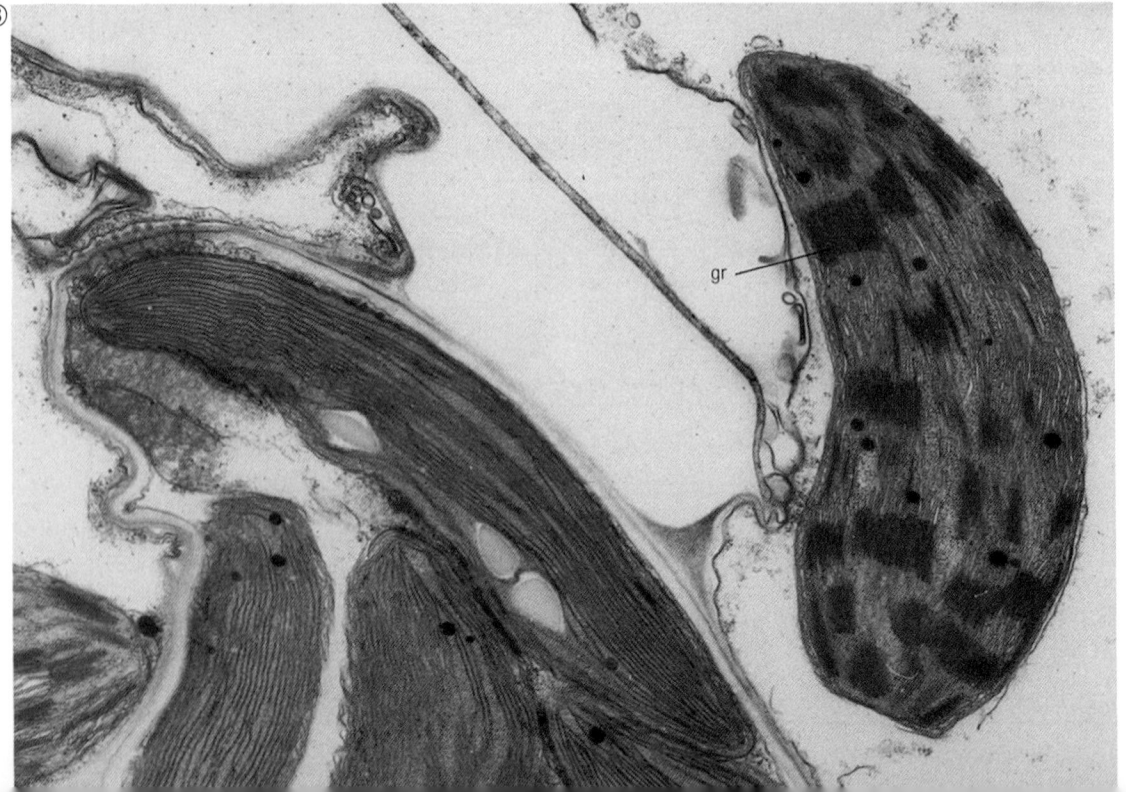

(7) 葉緑体の分裂 (Division of Chloroplasts)

アオミドロやホシミドロのように葉緑体は細胞分裂にともなって分裂するものもあるが，多くの植物では葉緑体は細胞分裂が起こらなくとも分裂して増殖する．すなわち，葉緑体の分裂能力は核分裂や細胞分裂よりも大である．多くはくびれをつくる二分裂法による．

① 葉緑体のくびれ二分裂法模式図　矢印は分裂過程を示す．[植田]
② シダの前葉体での葉緑体分裂　1細胞内で分裂過程のいろいろの時期のものが見られる．
③〜⑤ コンテリクラマゴケ (Selaginella uncinata) の葉の孔辺細胞内の葉緑体の分裂過程　葉緑体の分裂は，2個の孔辺細胞で同時に起こるとは限らない．
[光顕　②〜⑤×800/植田]

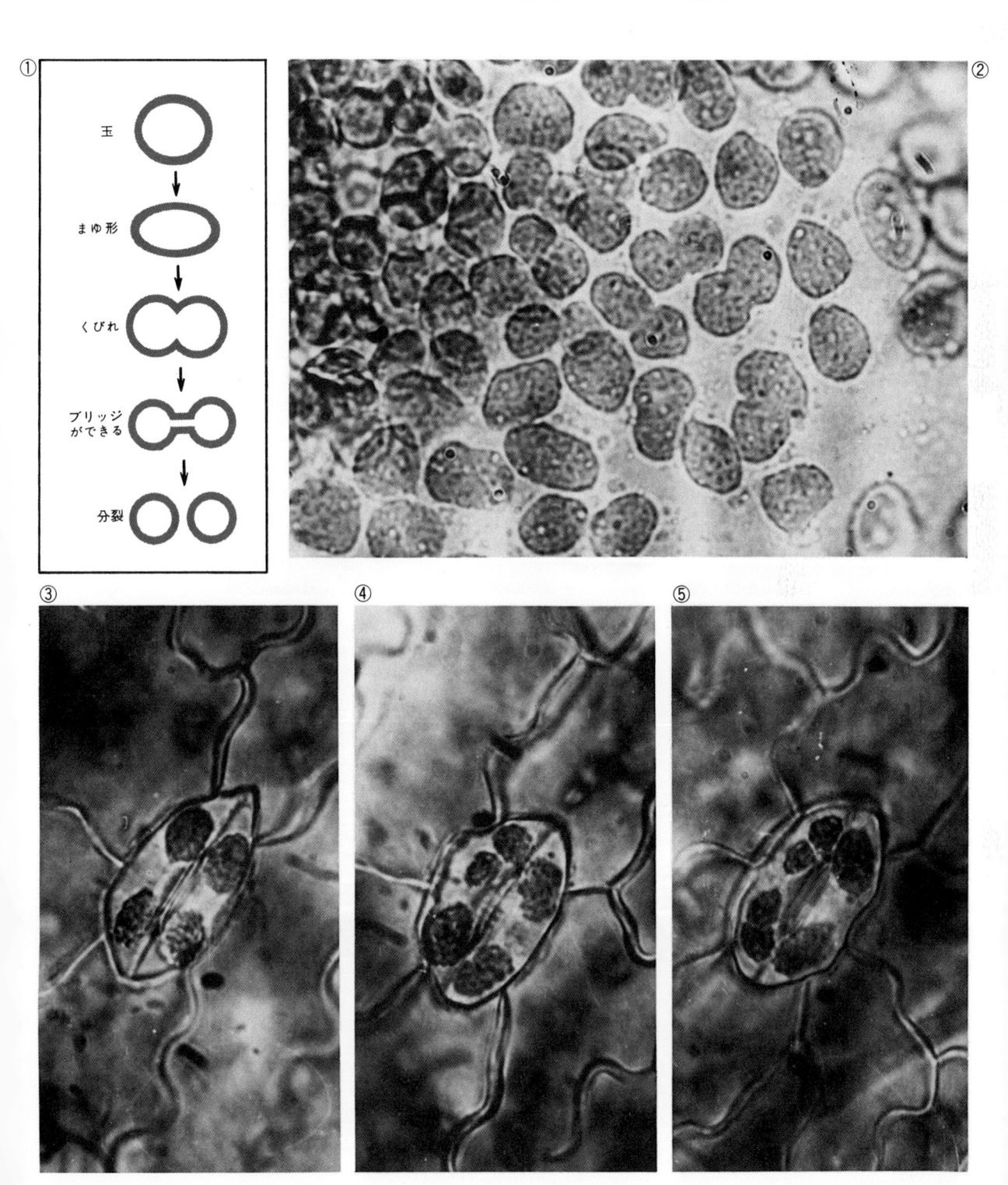

①〜⑫ コツボチョウチンゴケ(Mnium cuspidatum var. trichomanes)の葉の葉緑体分裂　同一細胞を微速度撮影したものの中から選び出したもの．①→⑫の順序で，約8日間を要している．700ルクス，26±1℃での観察であるが，⑤〜⑥の間で24時間の暗期を入れてある．a, b, cの葉緑体に注目すれば分裂過程がわかる．1個の細胞内でも葉緑体の分裂速度は異なり，独自性がある．[光顕　×1,000/植田・富永・田沼★]

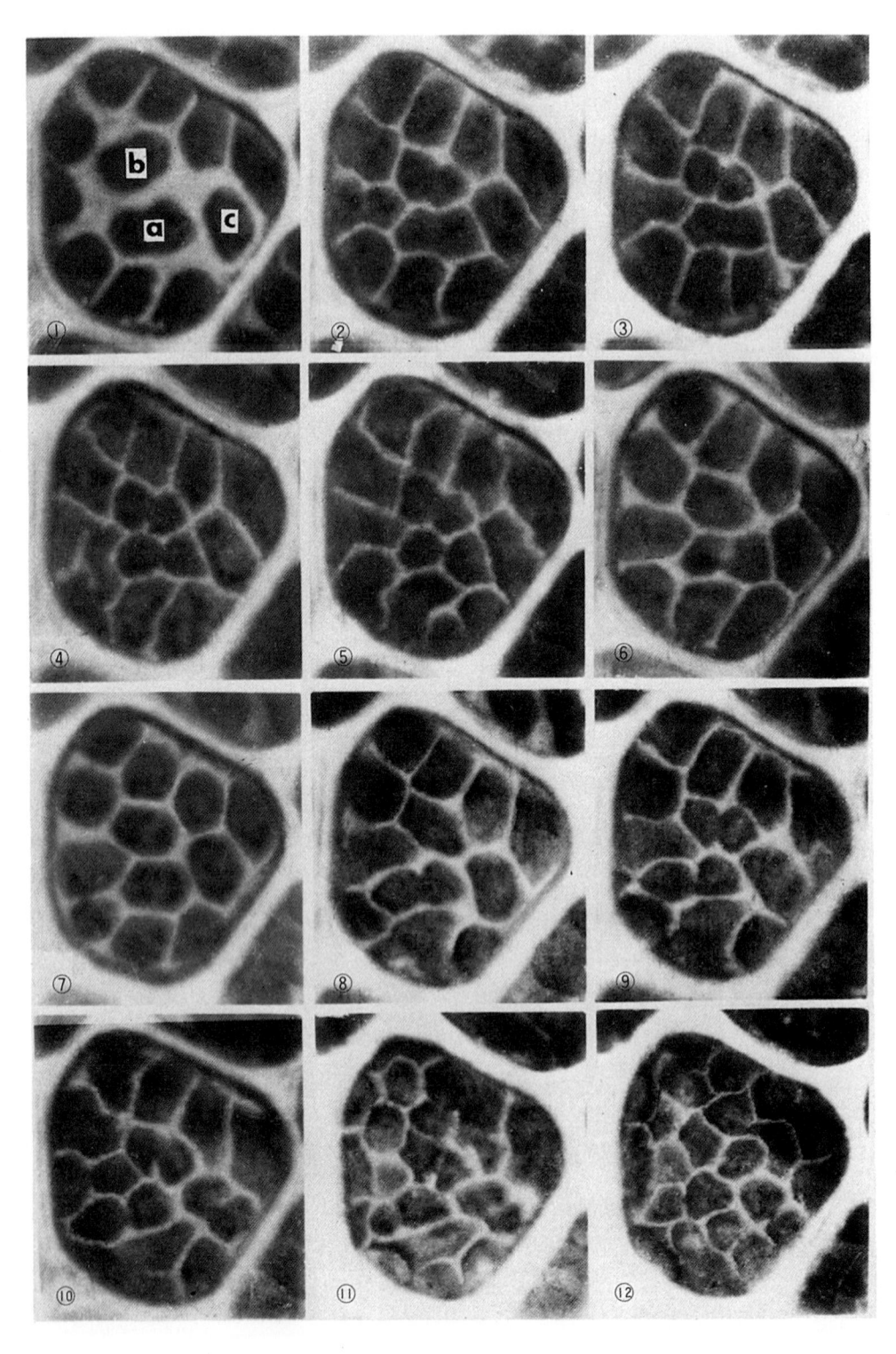

(8) 前色素体・白色体の分裂 (Division of Proplastids and Leucoplasts)

葉緑体ばかりでなく白色体でも分裂して増殖する．くびれ二分裂法によるが，エンドウの根では特殊な隔膜を生じて分裂する．

① エンドウ(Pisum Sativum)の根端細胞の前色素体の分裂　二分裂でせまくなった部分に隔膜(矢印)を生じている．

② エンドウの白色体の分裂　多数のデンプン粒(S)を有した白色体(amyloplast)でも同様に隔膜形成(矢印)が起こり，分裂する．

[電顕(GA+OsO$_4$)　①②——1 μ/鈴木賢・植田★]

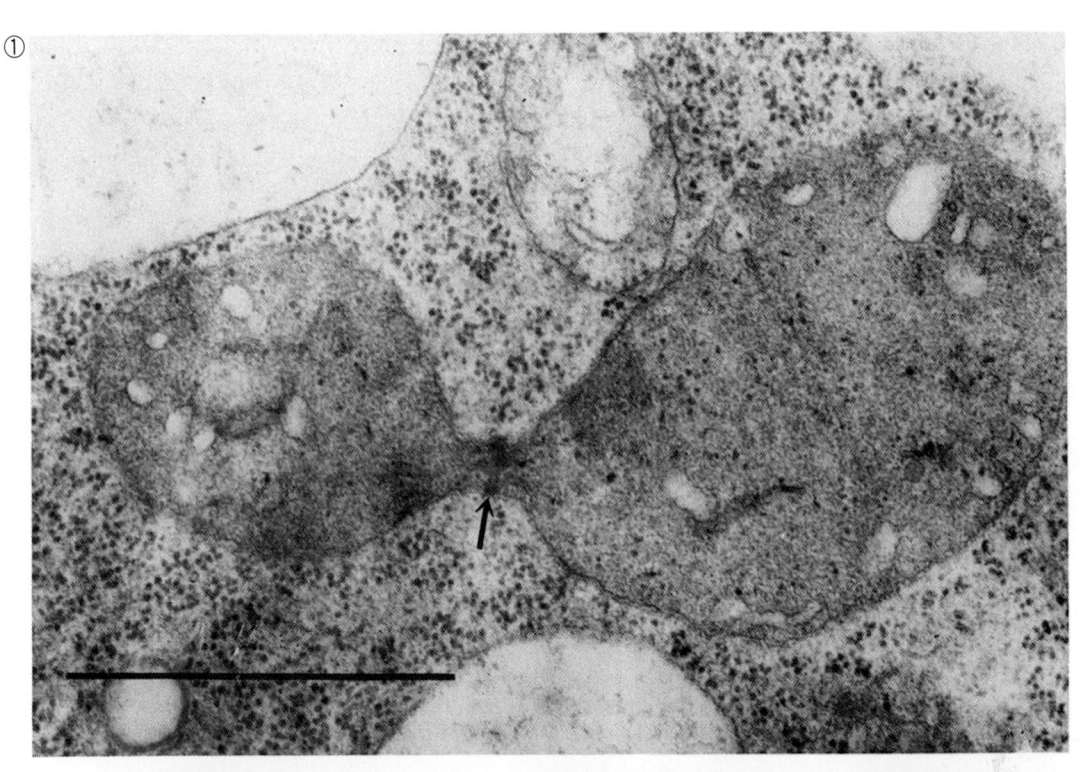

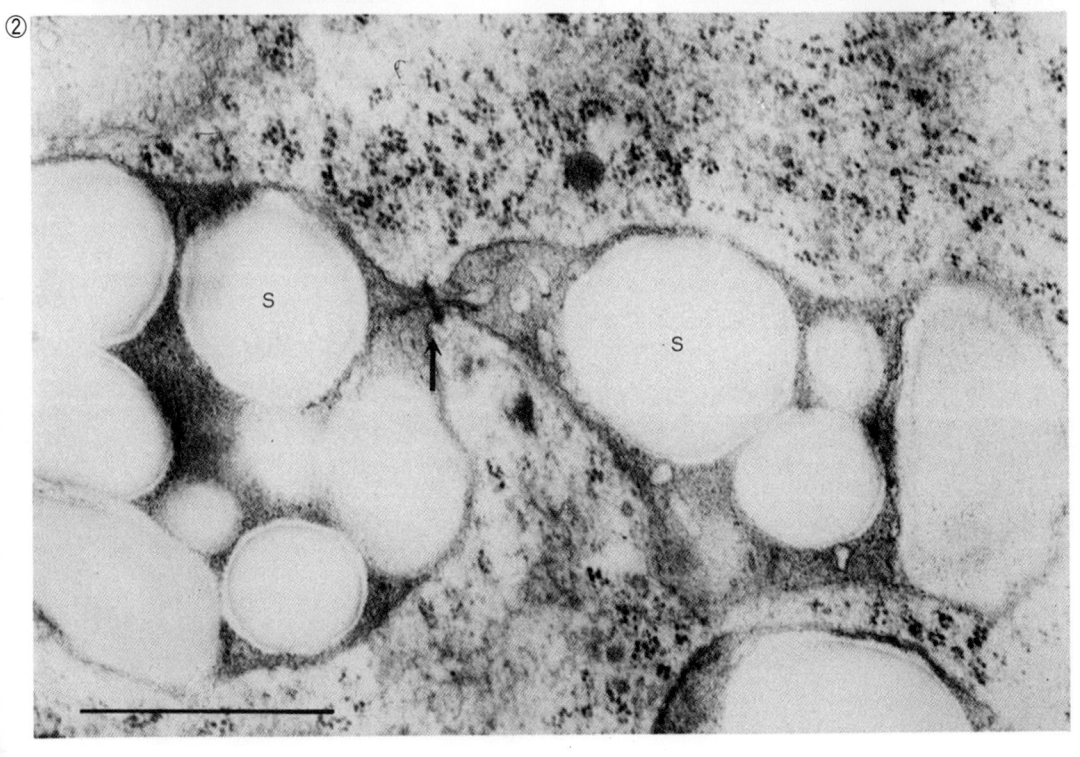

(9) 色素体の化学成分(Chemical Components of Plastids)

色素体はタンパク質,脂質,水を主成分としている.また,光合成色素としてのクロロフィル,カロチン,キサントフィルのほか,DNA,ファイトフェリチン,酵素などを含んでいる.このほかデンプン粒や油滴も形成する.

① コンテリクラマゴケ(Selaginella uncinata)の葉の裏側細胞有色体中に生じたデンプン粒とカロチノイド　秋になると紅葉し,デンプン粒を貯え,色素体の形も変形する.また,カロチノイド(carotenoid)の一種ロドキサンチン(rhodoxanthin)が生じ紅色になる.[光顕　×800/植田・百瀬★]

② コツボチョウチンゴケ(Mnium cuspidotumn var. trichomanes)の葉の葉緑体でのミエリン像　KOHやオレイン酸ナトリウムなどを作用させると脂質を含む細胞器官からはミミズ状の袋(ミエリン像, myelin figure)を生じる.これにより脂質の含有がたしかめられる.[光顕　×800/植田]

③ オオカナダモ(Elodea densa)の葉の葉緑体でのNTC反応　NTC反応により,葉緑体にも呼吸系の存在することが考えられ,色素体の自律性(autonomy)と関連して重要である.

④ コツボチョウチンゴケの葉の葉緑体でのNTC反応　[光顕　③④×800/植田・遠山★]

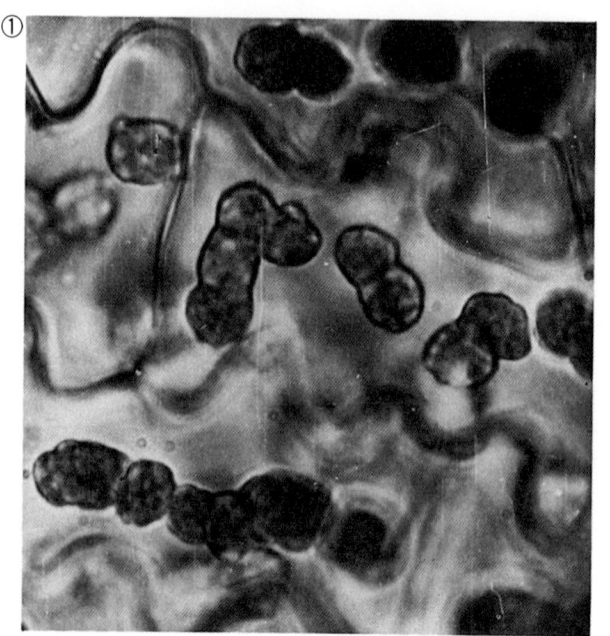

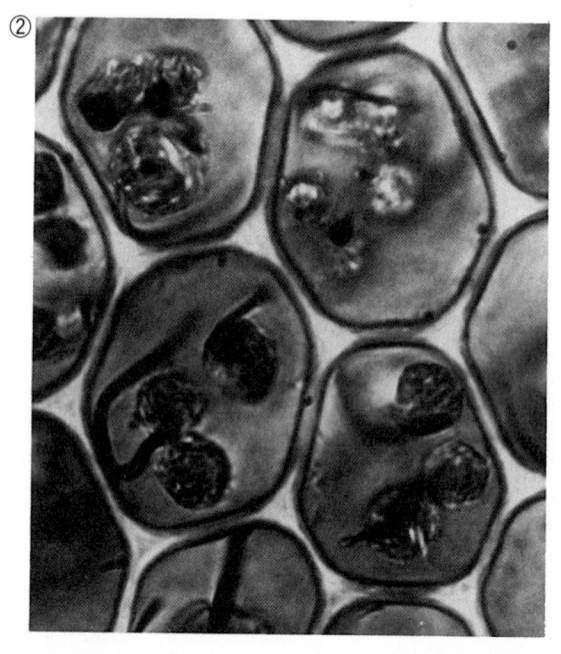

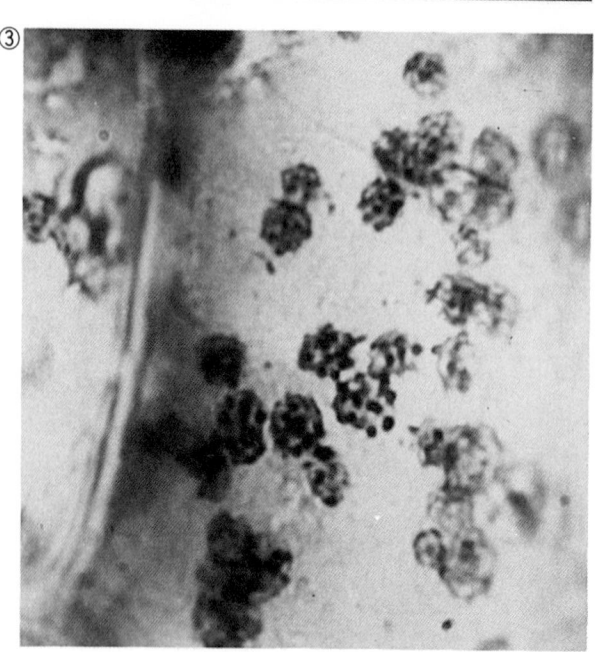

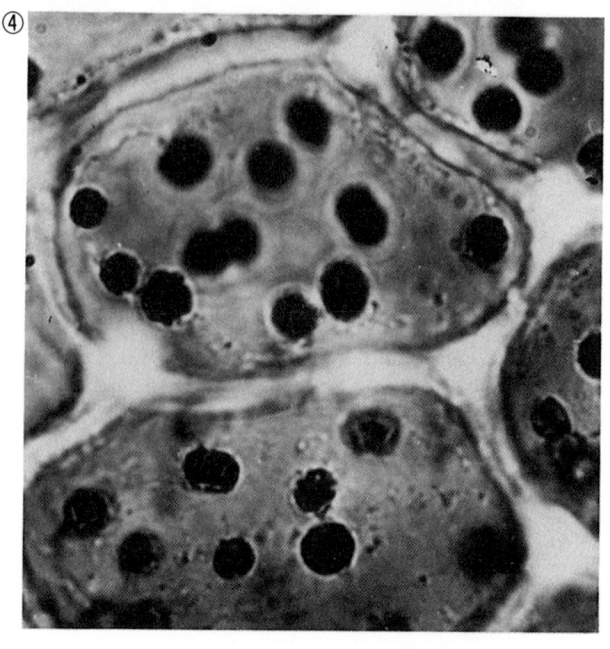

6 色素体

(10) 油体（oil plast, elaioplast, oleoplast, lipoplast）

色素体の一種か，あるいは単なる後形質か不明なものに油体がある．これは苔（たい）類の細胞に見られ，屈折率が高くやや光って見える．その形や数が種の特徴にされることもある．

① ゼニゴケ（Marchantia polymorpha）の油体
②〜③ ツボミゴケ（Jungermannia rosulans）の油体
④ 苔類の一種（Calobryum sp.）の油体
［光顕　①③×1,000，②④×400/植田］

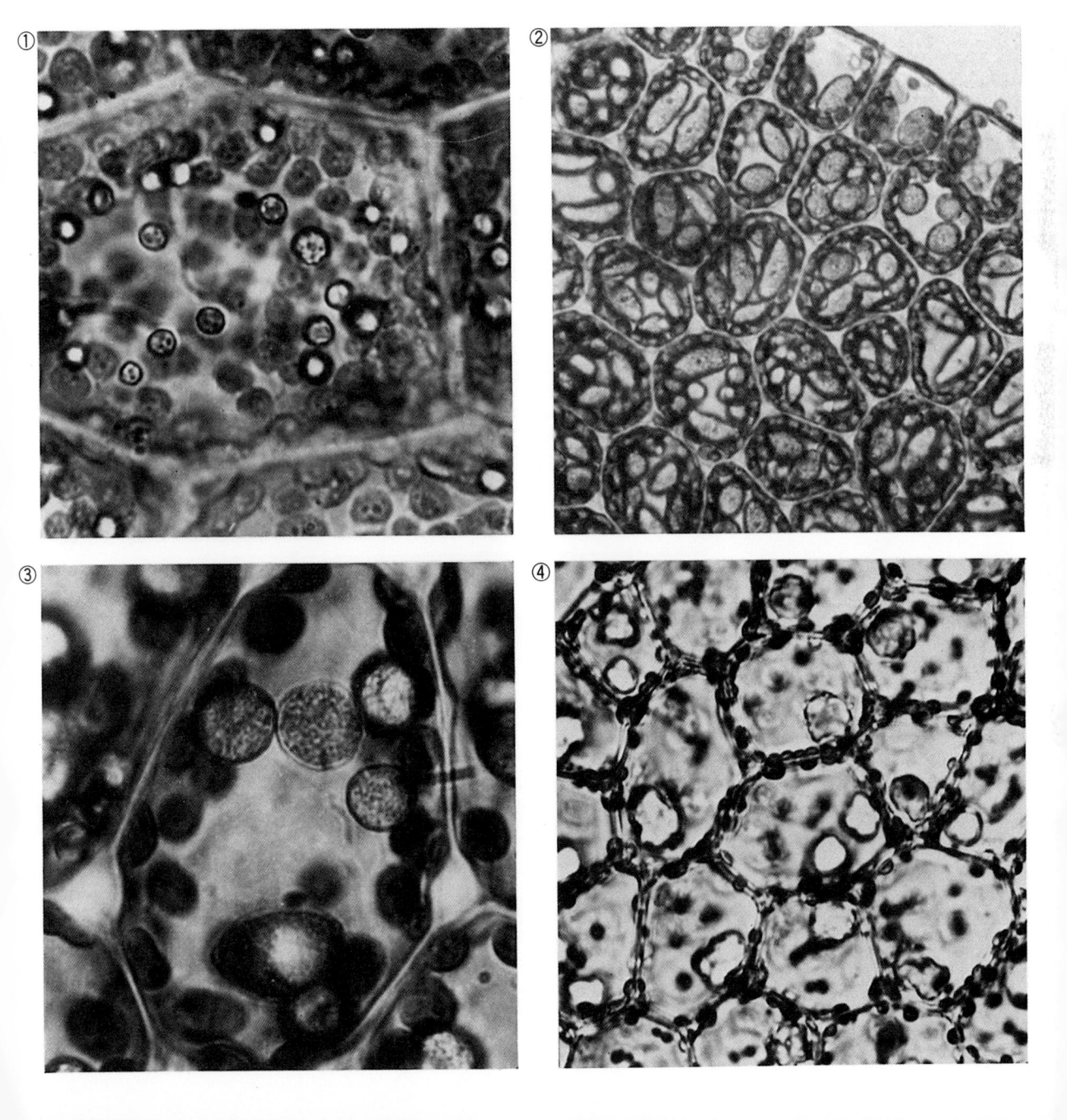

7 ミトコンドリア (Mitochondria)

糸粒体ともいわれ，1〜数10μの粒状〜糸状の小体で種々の形に変形することもある．ふつう1細胞内に多数含まれている．ヤヌスグリンBという色素で生体染色をすることができる．細胞内の酸素呼吸はおもにミトコンドリアで行われるから，エネルギー発生にあずかる重要な細胞器官である．分裂による自己増殖によって数を増すといわれている．

① ミトコンドリアの外形（A）と内部構造（B）の電顕模式図　ミトコンドリアは二重の単位膜構造で，内膜が小毛（villi）か櫛（くし，cristae），ときには網目構造になって内面に突出している．内部は基質で70Sのリボゾーム（ribosome）があり，DNA繊維も存在する．基質に酸素呼吸におけるクレブス回路が存在し，膜面には水素伝達系（電子伝達系，チトクローム系）が存在する．解糖系はミトコンドリア外の細胞質にある．［植田］

② ハス（Nelumbo nucifera）の幼葉柄細胞内のミトコンドリア（M）　PP：プロプラスチド．［電顕（KMnO₄固定）×10,000/川松］

③ シダ植物のミトコンドリア　網目状構造になっている．［電顕（KMnO₄固定）×20,000/犀川］

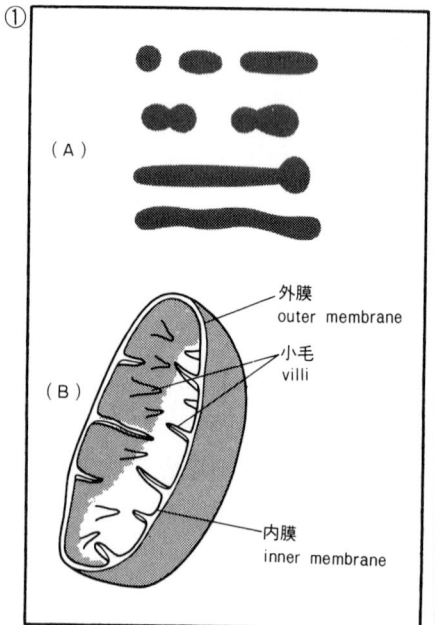

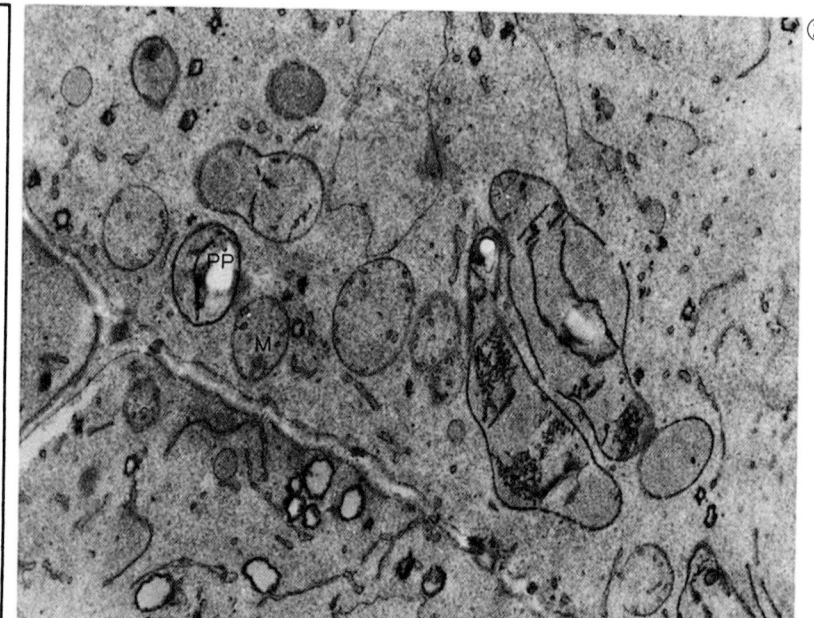

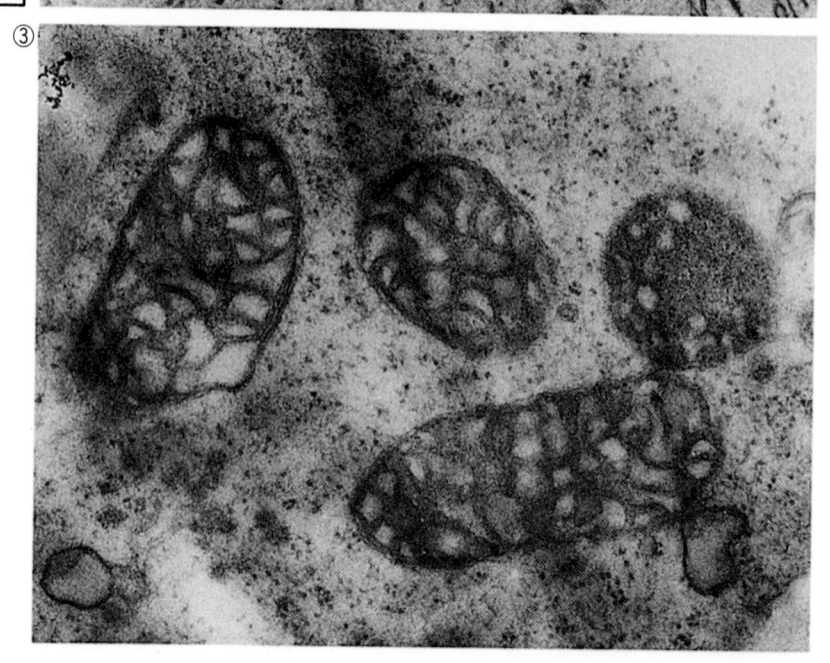

8 ゴルジ体 (Golgi's body)

ゴルジ体は，1898年にゴルジ（イタリア）によって動物細胞内で発見された細胞器官で，ゴルジ複合体（Golgi complex）またはゴルジ装置（Golgi apparatus）ともいわれ，偏平胞（ゴルジのう）系と小胞系でできていて，分泌の作用をする．

① ヌマムラサキツユクサ（Tradescantia paludosa）の花粉内のゴルジ体発達模式図　　[★]

② ニンジン（Daucus carota）の根の細胞のゴルジ体 ミトコンドリア，小胞体，細胞壁も見られる．
③ アサガオ（Pharbitis Nil）の根の細胞のゴルジ体　ミトコンドリアは数個所で見られる．
④ ハス（Nelumbo nucifera）の幼葉柄細胞内のゴルジ体
[電顕（KMnO₄固定）　②×20,000，③×10,000，④×11,000/②遠山，③④川松]
G：ゴルジ体，P：デンプン粒を含んだプラスチド，M：ミトコンドリア，CW：細胞壁

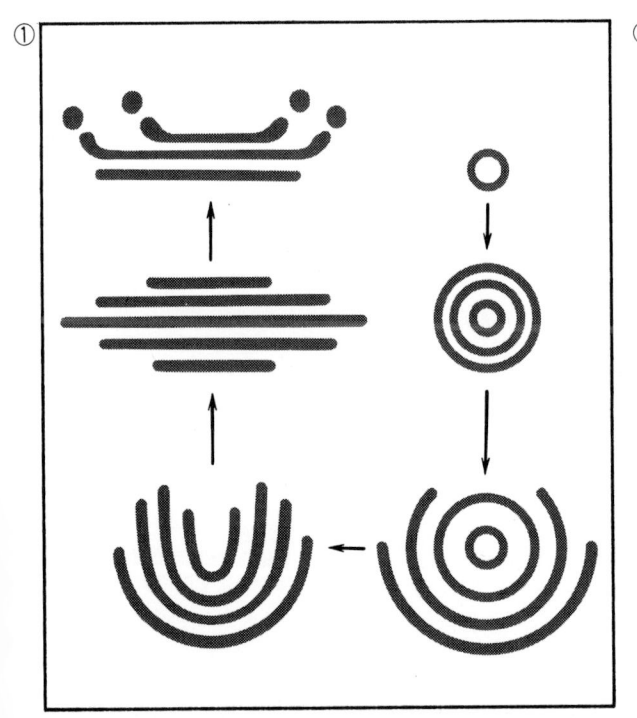

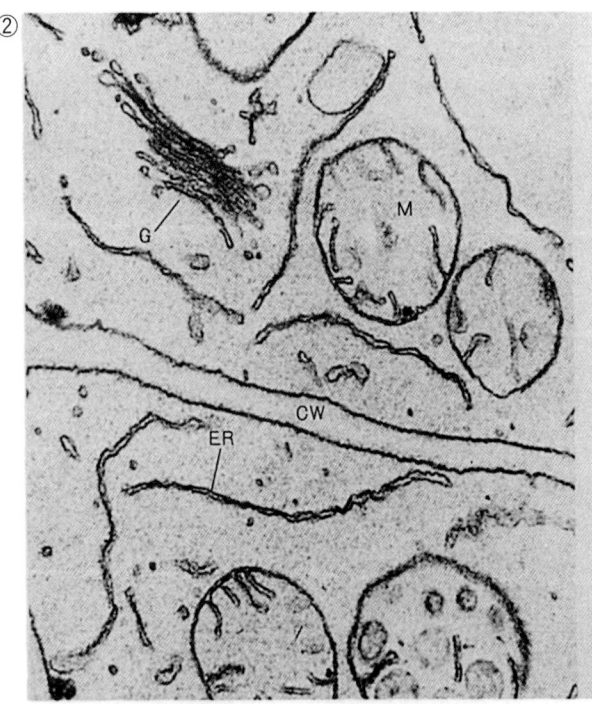

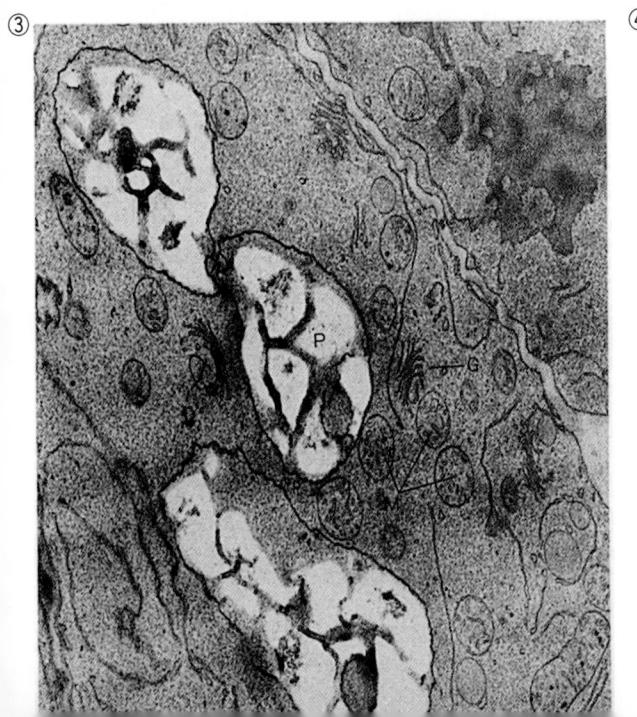

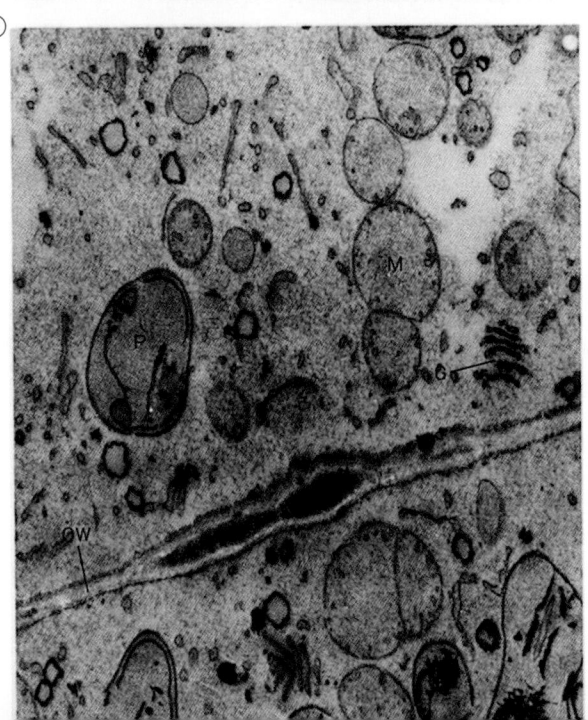

9 小胞体と液胞 (Endoplasmic Reticulum and Vacuole)

小胞体は偏平状や管状の袋が所々で連絡し網状になった構造で，その表面にリボゾームの粒子を付着させているもの（粗面小胞体）と，付着させていないもの（滑面小胞体）とがある．ともに細胞内での物質の移動通路として役立っている．

また，液胞は液胞膜（tonoplast）に包まれ，中に水を主成分とする細胞液（cell sap）を満たし，糖・有機酸・色素などを溶かしている．若い細胞では小さいが，細胞が成長するにつれて，多数集まり大きな中央液胞（central vacuole）に発達する．

① サンショウモ（Salvinia natans）の若い水中葉の小胞体（矢印）　　［電顕（$KMnO_4$ 固定）　×20,000/川松］
② アサガオ（Pharbitis Nil）の幼根細胞の小胞体（矢印）［電顕（$KMnO_4$ 固定）　×7,000/川松］
③ エンドウ（Pisum sativum）の根端細胞の液胞　　［電顕（GA 固定）　——1μ/鈴木賢］
④ コムギ（Triticum aestivum）の根端細胞の液胞　　［電顕（OsO_4 固定）　×7,000/遠山］

ER：小胞体，M：ミトコンドリア，CW：細胞壁，P：プラスチド（デンプン粒を含んだアミロプラスト），V：液胞，PP：デンプン粒を含んだ前色素体

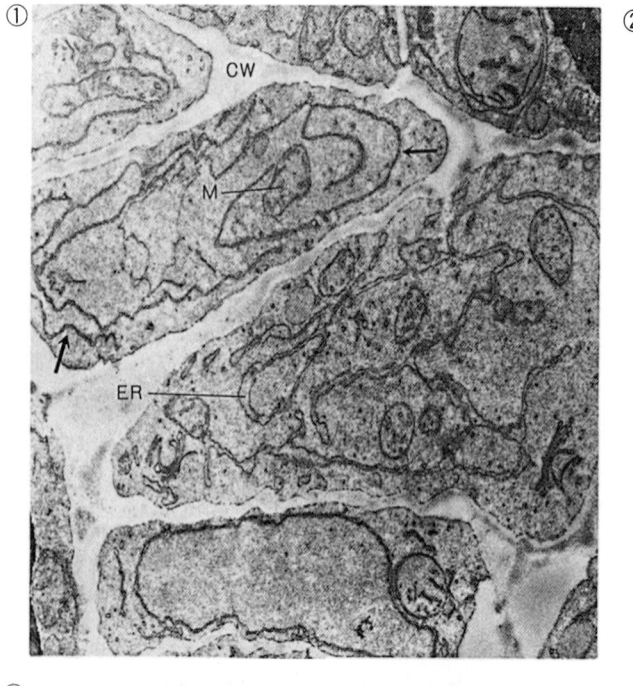

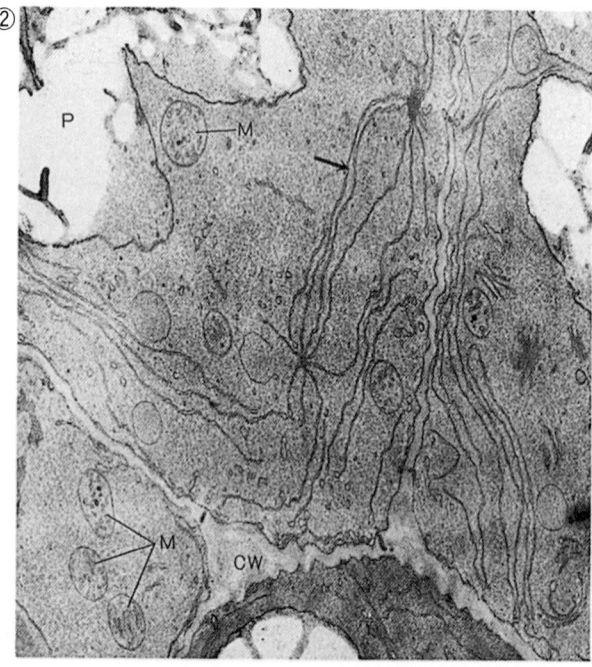

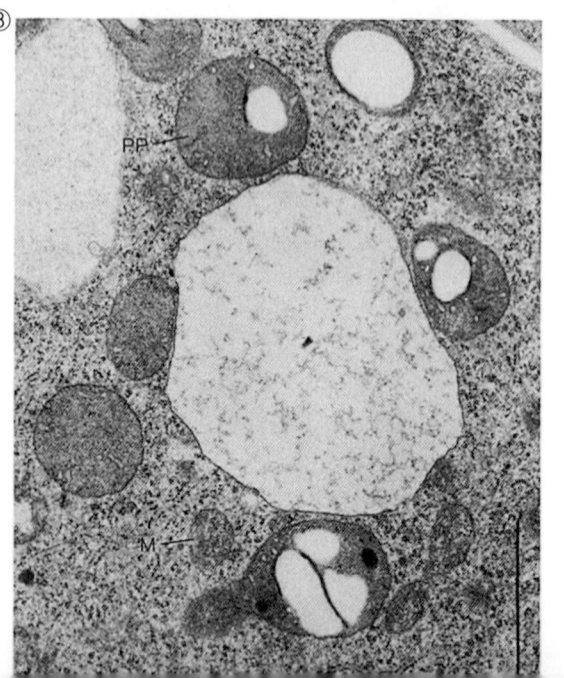

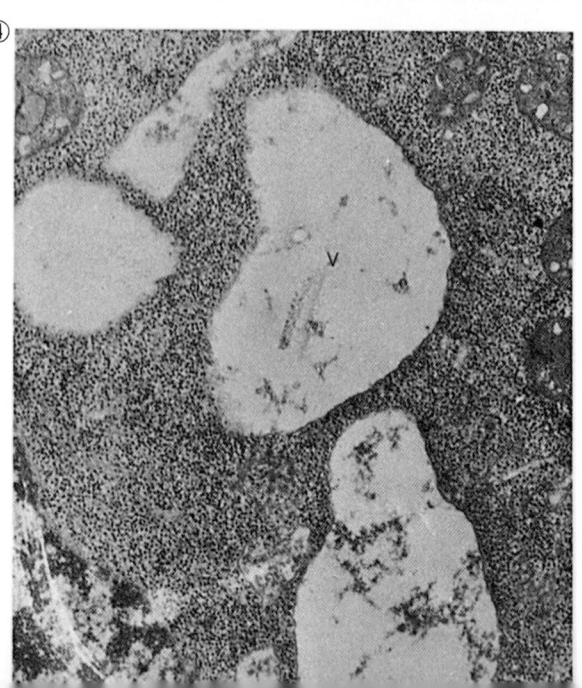

10 細胞膜と原形質連絡（Cell Membrane and Plasmodesm）

細胞膜は原形質膜（protoplasmic membrane）とも呼ばれ，原形質の表面を包む単位膜である．細胞膜の外部に細胞壁（cell wall）を形成し，また原形質の透過性（permeability）に重要な働きをする．

原形質連絡は，細胞壁に生じたタングル孔（Tangl's canal）または壁孔（pit）を通って隣接細胞に連絡している原形質である．

① 細胞膜の電顕構造（A）と分子構造（B）の模式図　電顕構造（A）では，暗・明・暗の3層に見える．これを分子レベルに拡大すると，B図のようにタンパク質・脂質（おもにレシチン）・タンパク質の3層からなり，所々に孔を有していると考えられている．[植田★]

② ゼニゴケ（Marchantia polymorpha）の表皮の細胞膜（矢印）　CW：細胞壁．

③ ホウレンソウ（Spinacia oleracea）の原形質連絡（矢印）　このような原形質連絡は細胞壁の所々にある．
[電顕（KMnO₄ 固定）　②③×20,000/遠山]

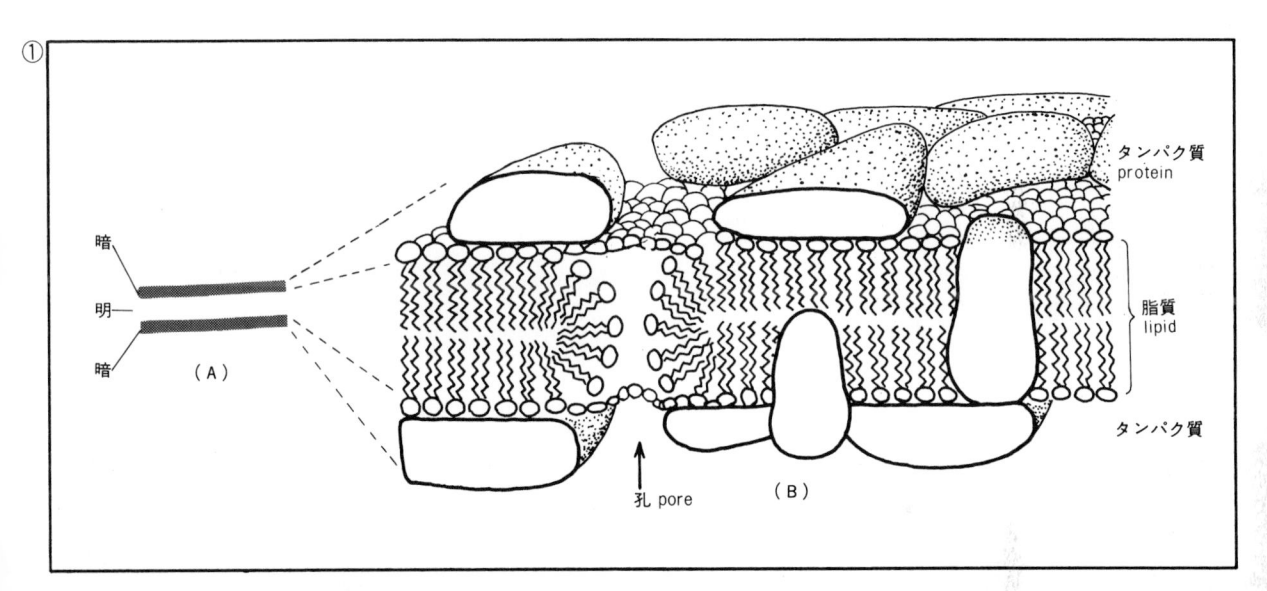

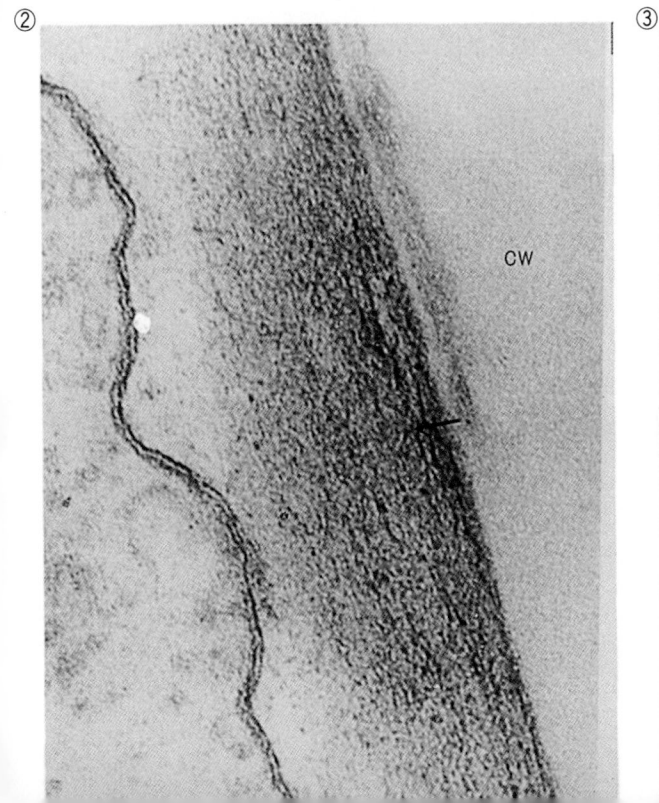

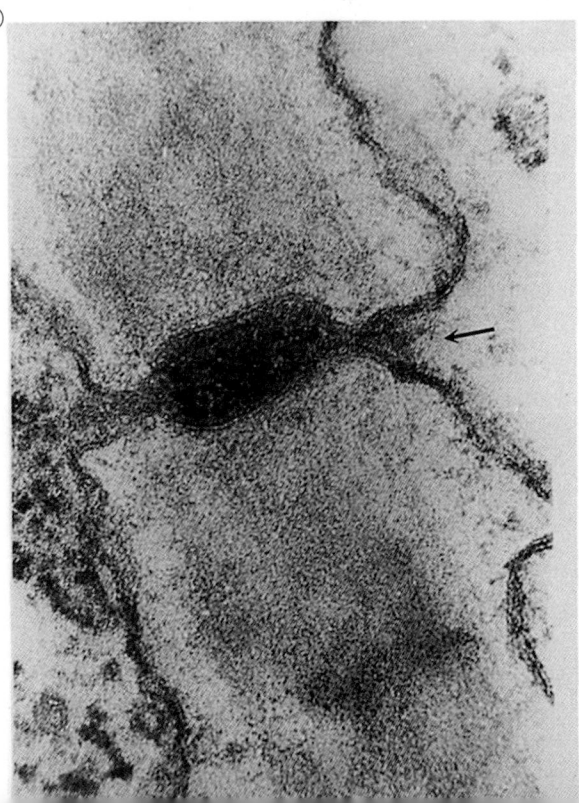

11 細胞壁（Cell Wall）

　細胞壁は植物細胞の周辺をかこみ，細胞の形態をつくり，骨格をなしている．おもにセルロース（cellulose，繊維素）からなり，隣接細胞壁との間はペクチン（pectin）質でセメントされている．所々に壁孔（pit）を持ち，原形質連絡を通している．細胞が分化するにつれて厚さを増すが，その際セルロースのほかリグニン（lignin，木質素）やスベリン（suberin，コルク質）などを含むものもある．

① ニワトコ（Sambucus Sieboldiana）の髄の細胞壁　細胞壁は薄く，球形をなしている．
② ムラサキツユクサ（Tradescantia reflexa）の葯（やく）組織の細胞壁　細胞壁は長方形で，壁幅は厚く，多数の壁孔がほぼ等距離間隔にある．
③〜④ トウガラシ（Capsium annuum）の果実表皮の細胞壁　③細胞壁は四角の形になり，壁孔が多数見られる．④壁孔の間隔は不規則である．細胞内には球形や楕円形の有色体が多数見られる．
［光顕　①×80，②③×300，④×800／植田］

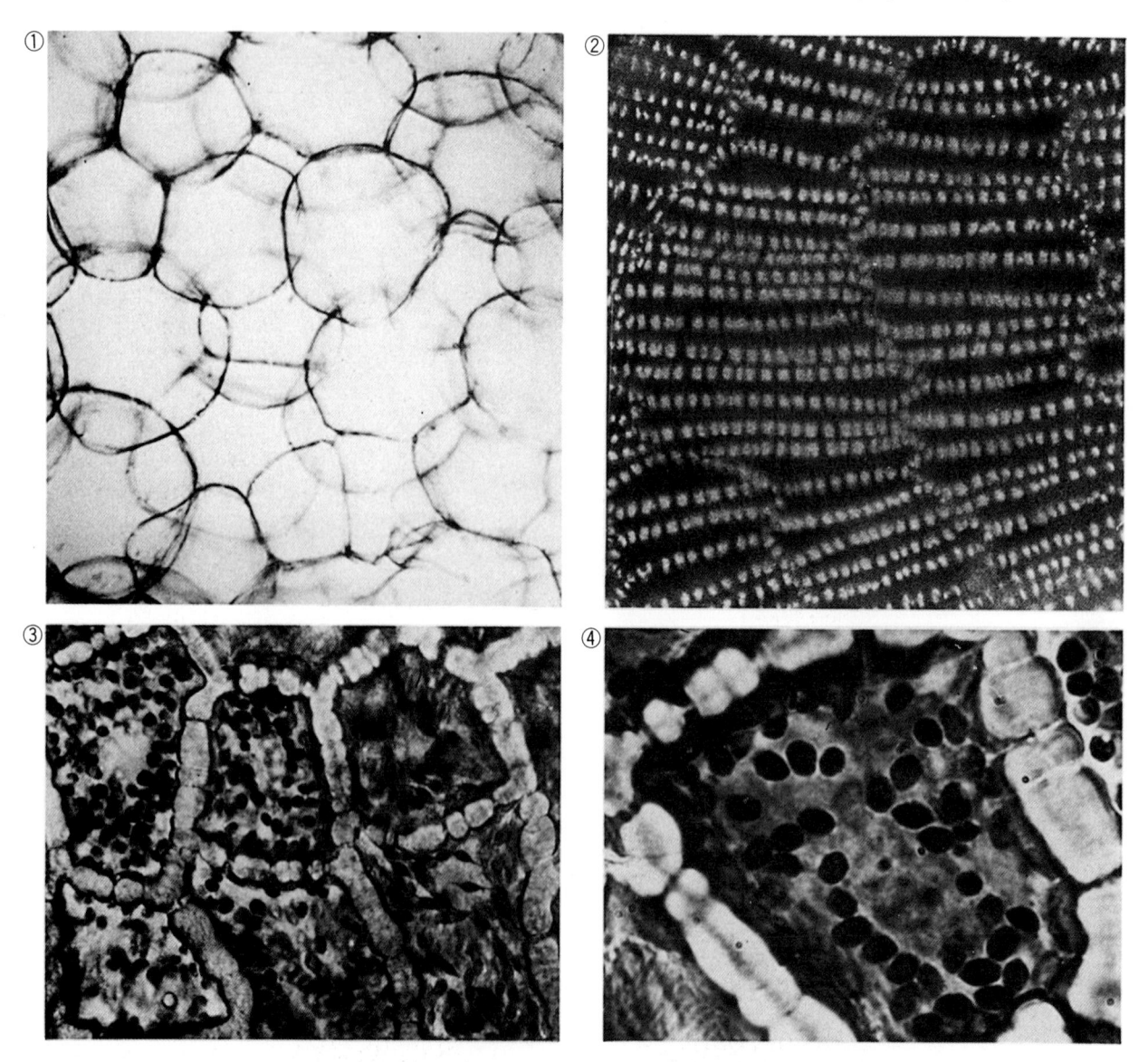

11 細胞壁

① **ツバキ**(Camellia japonica)の葉の異形細胞の細胞壁　細胞壁は厚く，不規則形をなし，木化している．

② **ナシ**(Pyrus serotina)果肉の石細胞(stone cell)の細胞壁　細胞壁は一様に厚く木化し，所々に壁孔がある．

③ **カボチャ**(Cucurbita moschata var. Toonas)の葉柄の厚角組織(collenchyma)の細胞壁　厚角組織では角部の細胞壁が厚くなり，機械組織として強固さを与える．

④ **コモチシダ**(Woodwardia orientalis)の胞子のうの環帯(annulus)の細胞壁　胞子のうの背部の一列の環帯細胞は細胞壁が厚く，乾燥するとそりかえり，胞子のうを破って胞子の散布に役立つ．

⑤ **クリハラン**(Polypodium ensatum)の前葉体(prothallium)の仮根の細胞壁　細胞壁は表皮などでは細胞の外方に成長して厚くなるが，この仮根で見られるように所々で内方に成長して突起になるものもある．

［光顕　①②⑤×300，③×600，④×800/植田］

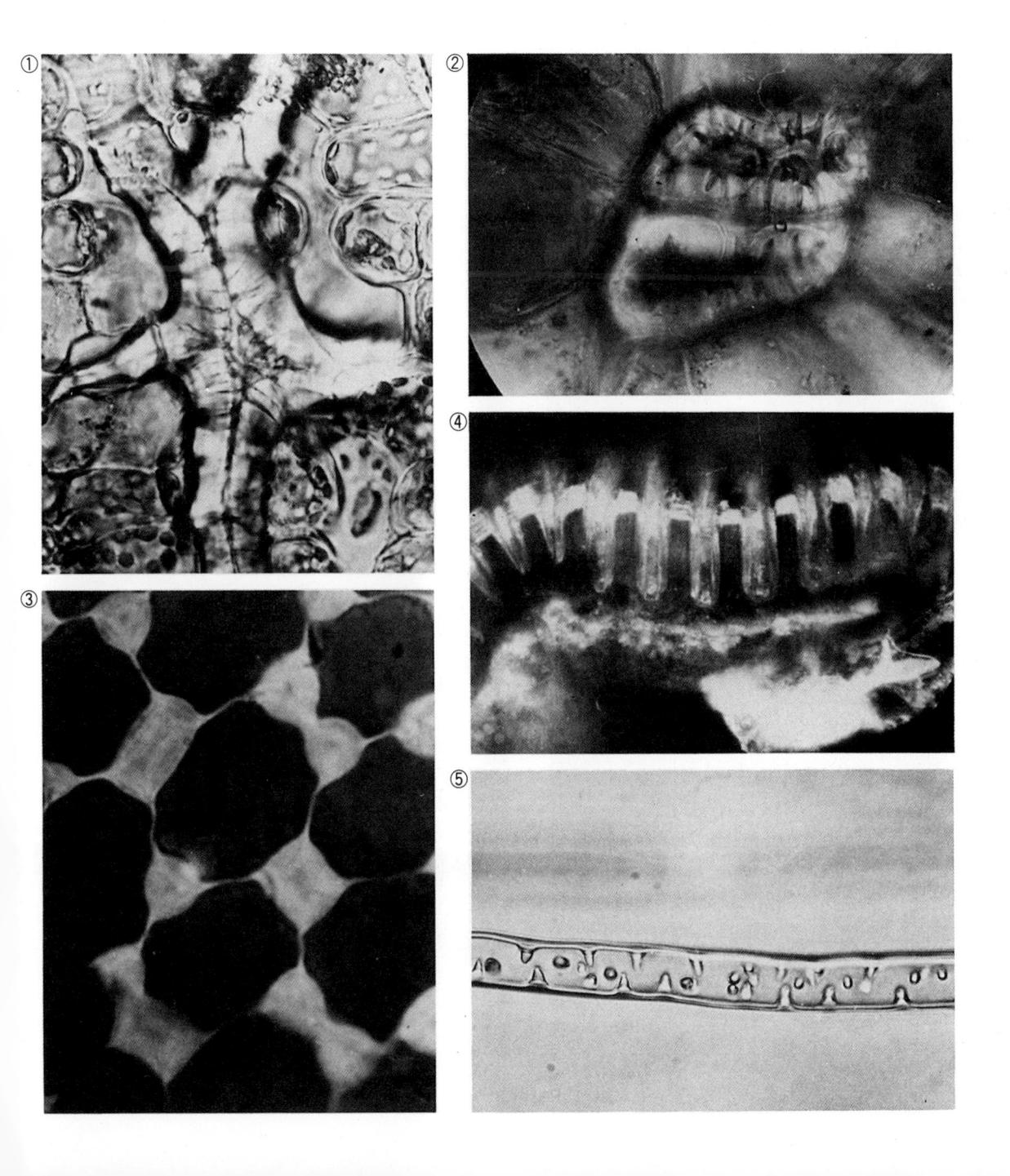

12 細胞含有物と排出物（Cell Inclusions and Exclusions）

植物細胞には貯蔵物質としてデンプン・脂油・タンパク質などが粒状体として，また液胞への排出物としてアントシアン色素が溶けていたり，シュウ酸カルシウムが結晶になって含まれることがある．

(1) 同化デンプン（Assimilation Starch）

光合成により葉緑体内でつくられたデンプンで，粒状をなし1～数個含まれる．

①～④　オオカナダモ（Elodea densa）の葉の細胞の同化デンプン粒　①は1個の葉緑体に数個含まれている．②は中央脈に近い細胞のもので，1個の葉緑体に1個ずつ含まれている．③，④は中央脈細胞のもの．③では1個の葉緑体に1個ずつ，しかも葉緑体に充満している．④はヨウ素染色をしないものでデンプン粒は白く光って見える．［光顕（①～③ヨウ素染色，④生細胞）×700/植田］

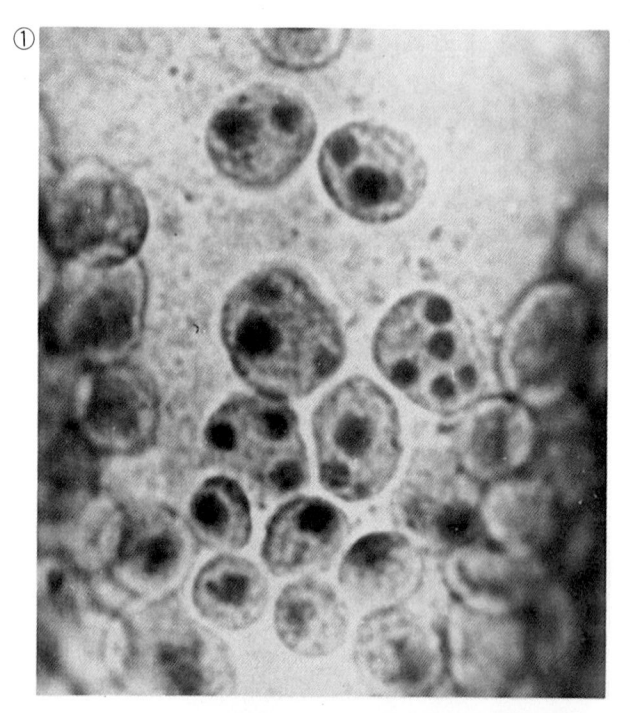

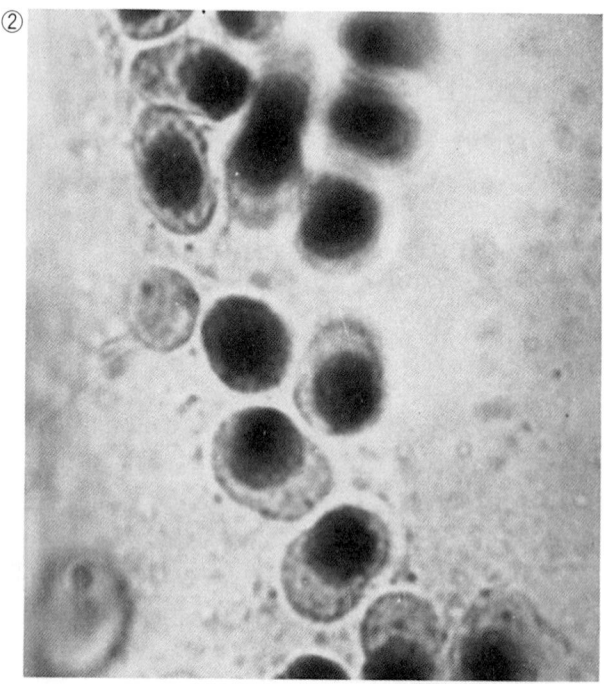

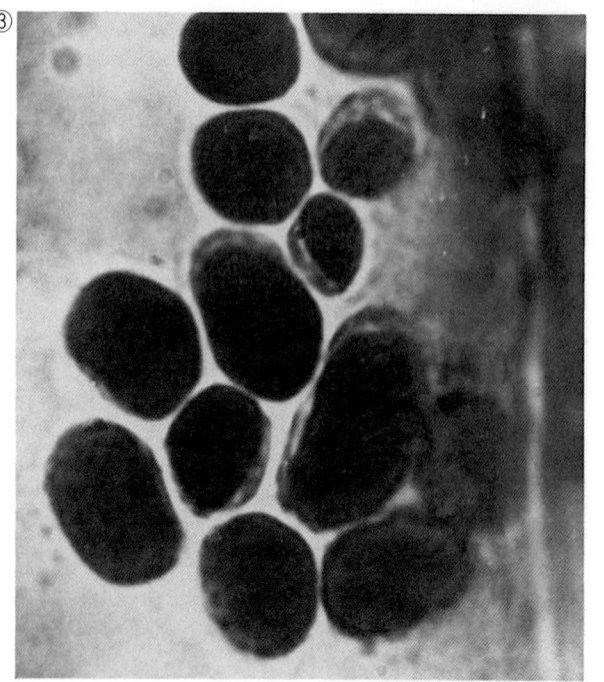

(2) 貯蔵デンプン (Storage Starch)

葉緑体以外の白色体などに貯蔵されたデンプンで，植物の種類によって特有の形態と模様を有している．

① ジャガイモ (Solanum tuberosum) の塊茎細胞内の貯蔵デンプン粒
②〜③ ジャガイモの塊茎から遊離した貯蔵デンプン粒 ②では偏同心円状の縞模様が見られる．③は偏光顕微鏡像．十字ニコルにした時の像で，結晶構造が明らかである．
④ バナナ (Musa paradisiaca var. sapientum) の果肉細胞内の貯蔵デンプン粒　デンプン粒は偏平で偏同心円状の縞模様が見られる．

[光顕　①〜④×150/植田]

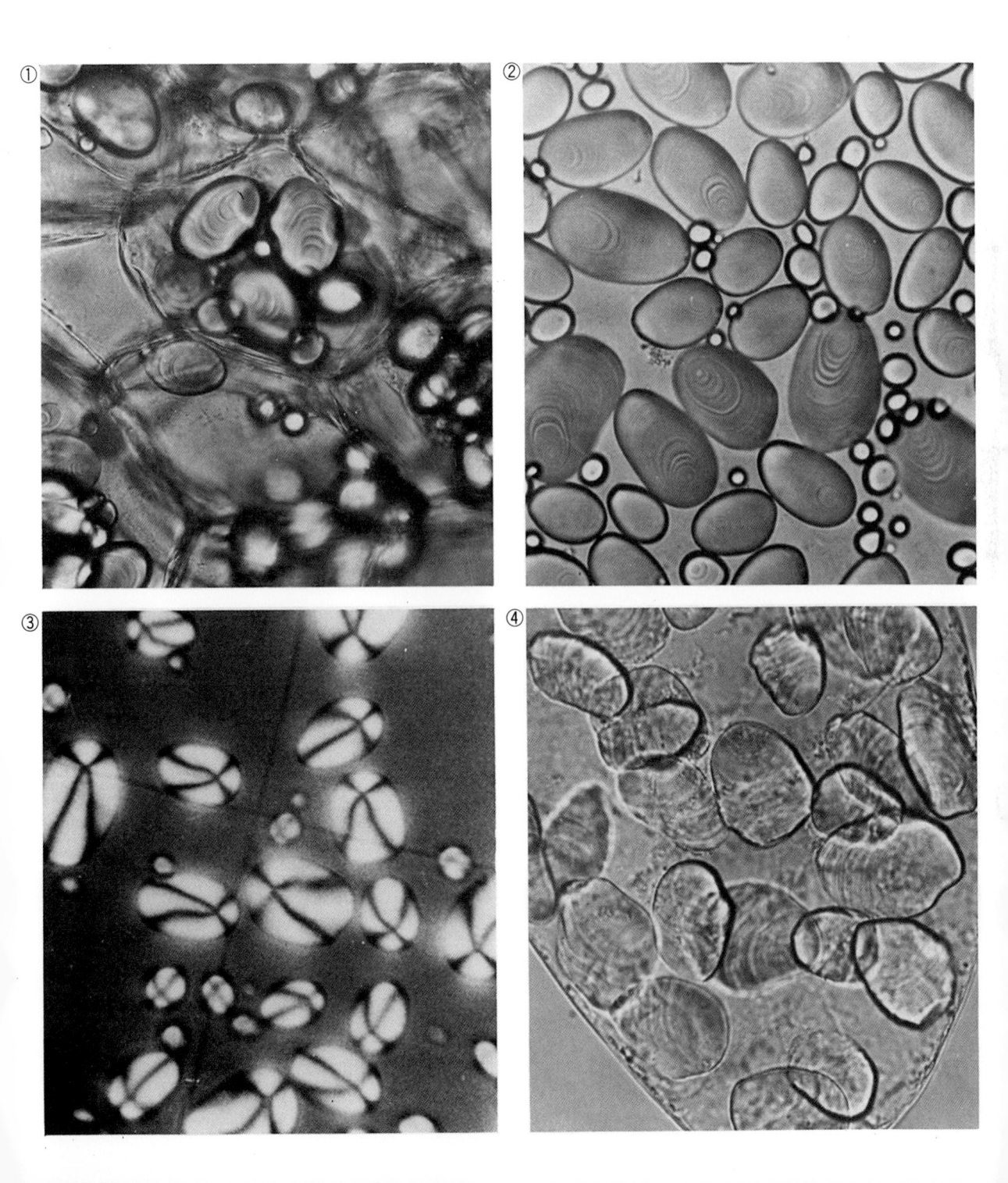

① サツマイモ(Ipomea Batatas)の塊根から遊離した貯蔵デンプン粒　球形や多面体で大小さまざまである．
② ツクネイモ(Dioscorea Batatas forma Tsukune)の塊茎から遊離した貯蔵デンプン粒　球形に近い形のものが多い．
③ ハス(Nelumbo nucifere)の蓮根から遊離した貯蔵デンプン粒　棒状で偏同心円状の縞模様がある．
④ クワイ(Sagittaria trifalia)の塊茎から遊離した貯蔵デンプン粒　だるま形のデンプン粒で，わずかに模様がある．

［光顕　①②×300，③④×150/植田］

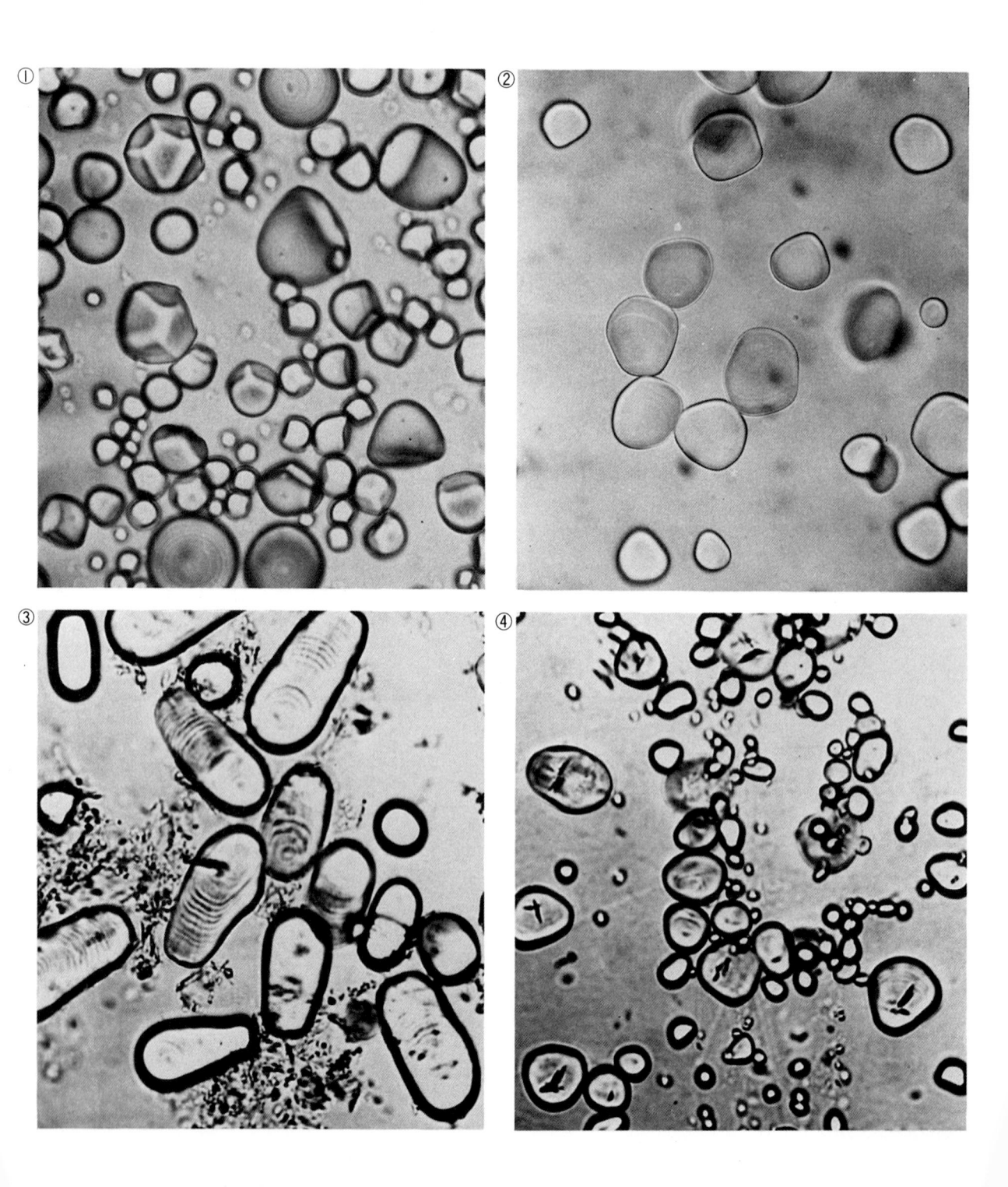

① サトイモ(Colocasia antiquorum)の塊茎から遊離した貯蔵デンプン粒　デンプン粒は小さいが比較的そろっている.
② オニユリ(Lilium lancifolum)の鱗茎から遊離した貯蔵デンプン粒　ややダルマ形で大小さまざまである.
③ アズキ(Phaseolus angularis)の種子から遊離した貯蔵デンプン粒　ややいびつな球形で内部に割目がある.
④ インゲンマメ(Phaseolus vulgaris var. humilis)の種子から遊離した貯蔵デンプン粒　インゲンの種子に近い形のものが多い.
［光顕　①〜④×300／植田］

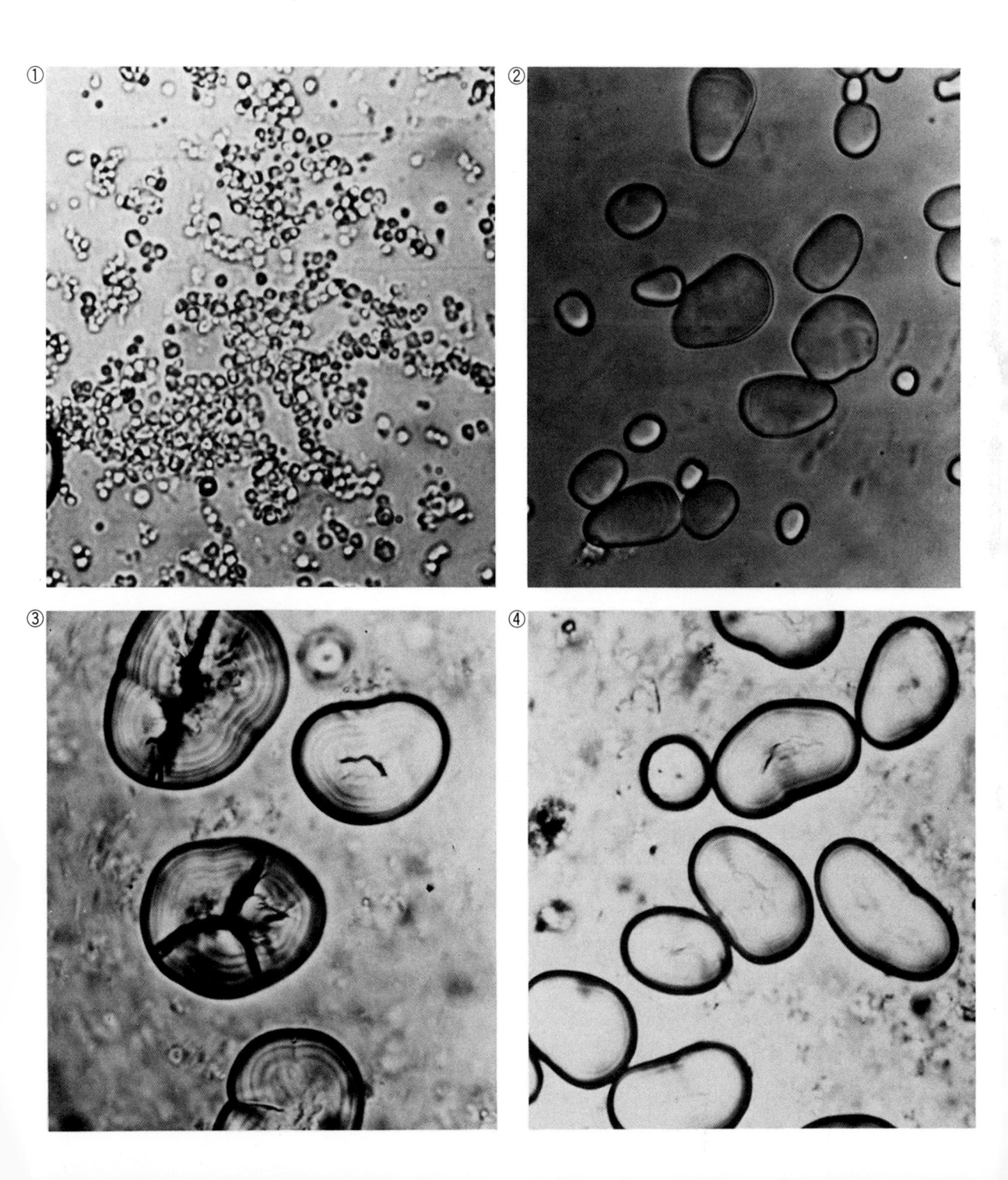

①〜② **イネ**(Oryza sativa)の種子から遊離した貯蔵デンプン粒　イネの種子(米)の胚乳細胞のプラスチド内には小さなデンプン粒(個粒)が多数含まれた複粒である．これを遊離すると多面体の個粒が得られる．
③ **オオムギ**(Hordeum valgare)の種子から遊離した貯蔵デンプン粒　球形に近いデンプン粒である．小粒は糊粉粒．
④ **トウモロコシ**(Zea Mays)の種子のデンプン粒　球形に近い小さいデンプン粒で，その中でも大小さまざまである．
［光顕(④ヨウ素反応で紫色)　①×300，②④×700，③×150/植田］

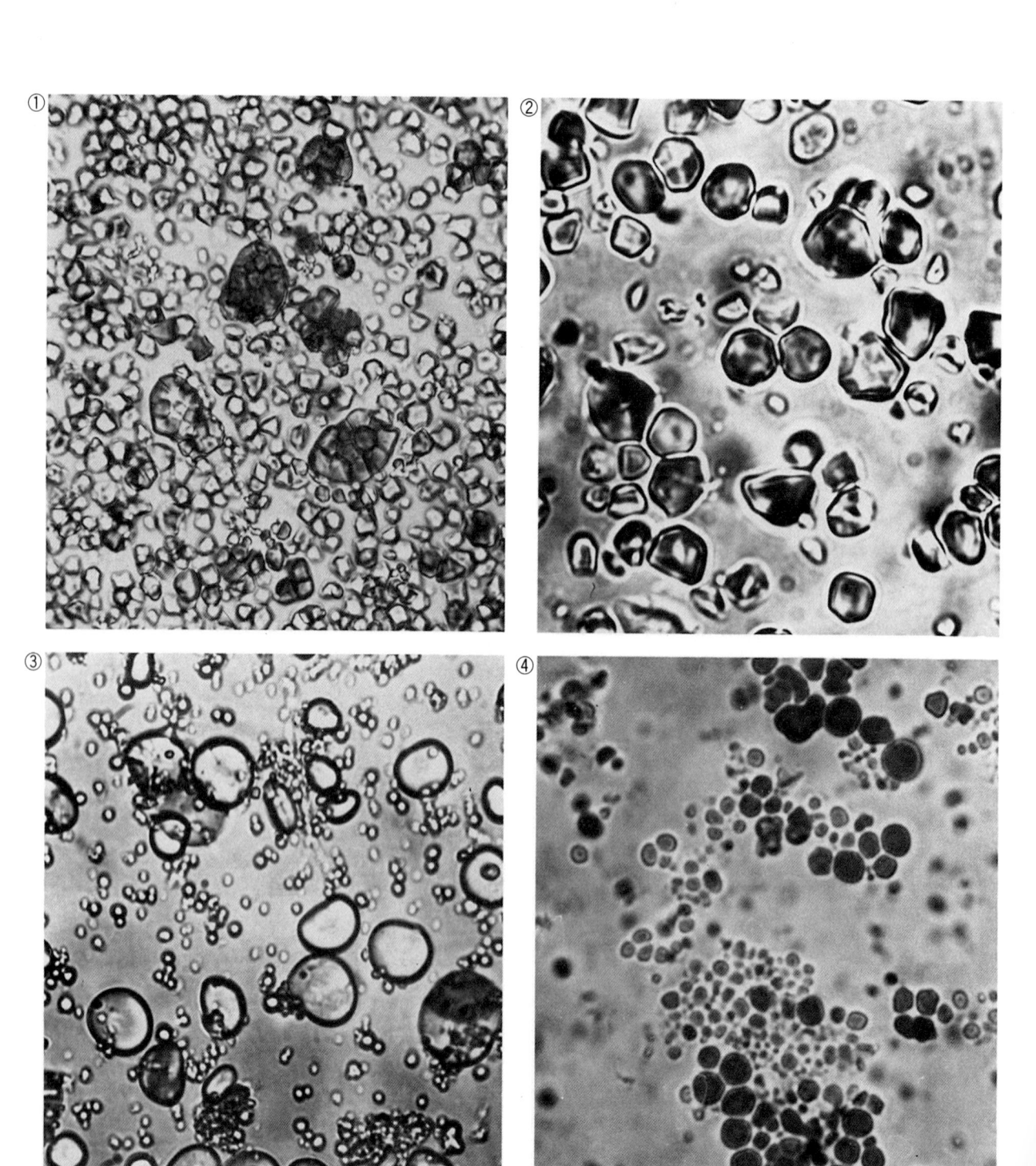

（3） 脂質（Lipid）

　脂質は細胞内では屈折率の高い光って見える球形の油滴として生ずることが多い．光顕下ではスーダンⅢで橙色に染色され，電顕下ではオスミウム酸で黒く電子染色される．

① スギ（Cryptomeria japonica）の葉の細胞内の油滴（矢印）　P：プラスチド．
② アオキ（Aucuba japonica）の斑入葉細胞内の油滴（矢印）
③ アボカド（Persea americana）の果肉細胞内の油滴（矢印）
④ アボカドの果肉から遊離してスーダンⅢ染色した油滴
⑤ ④を数時間放置した後，油滴内に生じたスーダンⅢの結晶
[光顕　①②×700，③〜⑤×300/植田]
⑥ ヒマ（Ricinus communis）の種子細胞の油滴（黒色粒状部）　[電顕（KMnO₄ 固定）　×10,000/川松]

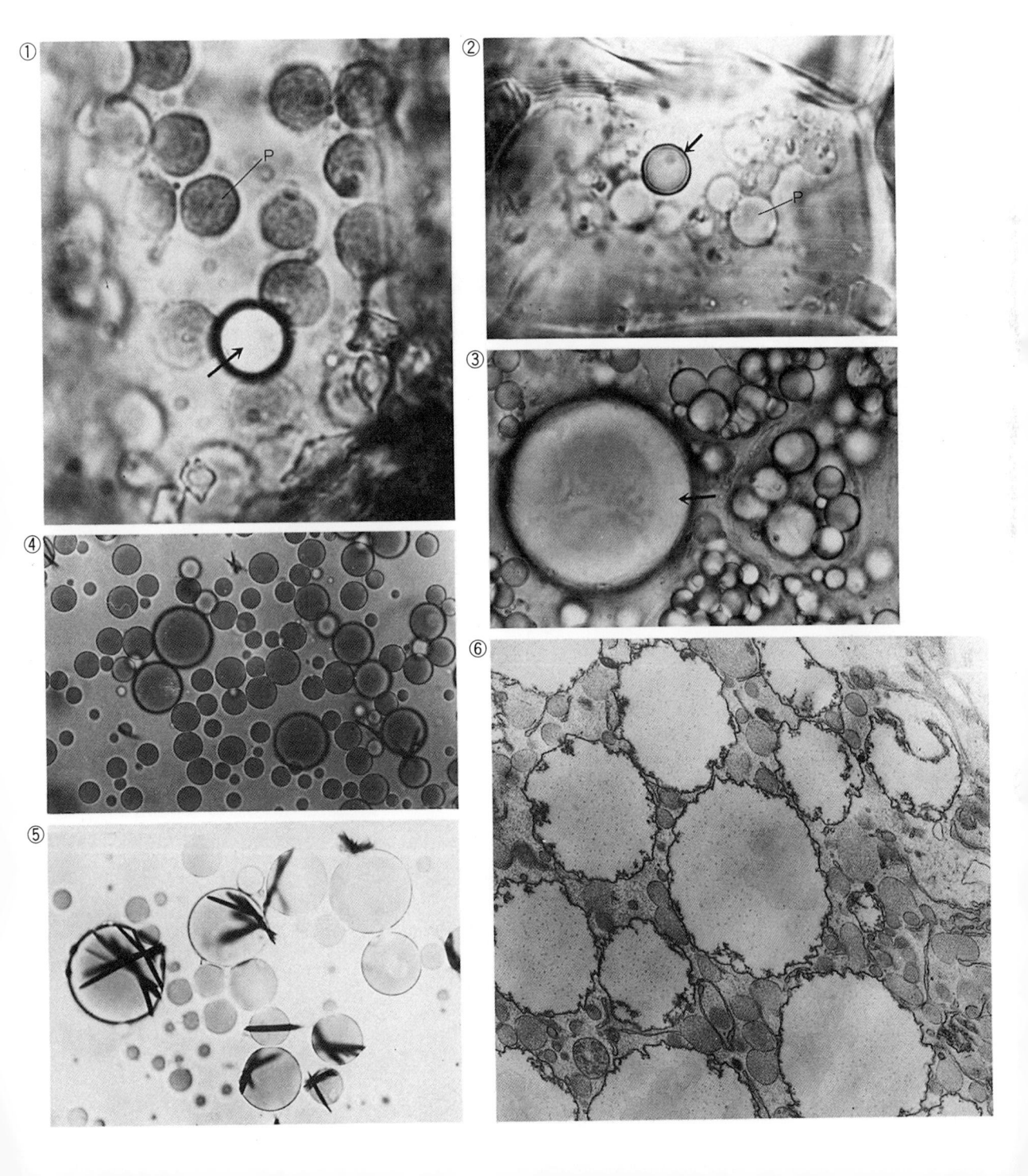

（4） タンパク質とリグニン（Protein and Lignin）

植物細胞内にはタンパク質のかたまり①や結晶②が後形質として出てくることがある．また，リグニンは木化した細胞壁③に含まれ，フロログルシンと硫酸で赤く染色することができる．

① オオカナダモ（Elodea densa）の葉の細胞のタンパク質塊（Pr）　近くに核（N）やプラスチド（P）が見られる．[光顕　×700/植田]

② タバコ（Nicotina Tabacum）の緑化カルス細胞内のマイクロボデー（microbody）内に生じたタンパク質の結晶　近くにミトコンドリア（M）が観察される．[電顕（GA+OsO$_4$固定）　×25,000/鈴木季]

③ ツバキ（Camellia japonica）の葉の異形細胞壁のリグニン反応　黒く見える所が赤色に反応する．[光顕（リグニン反応）　×300/植田]

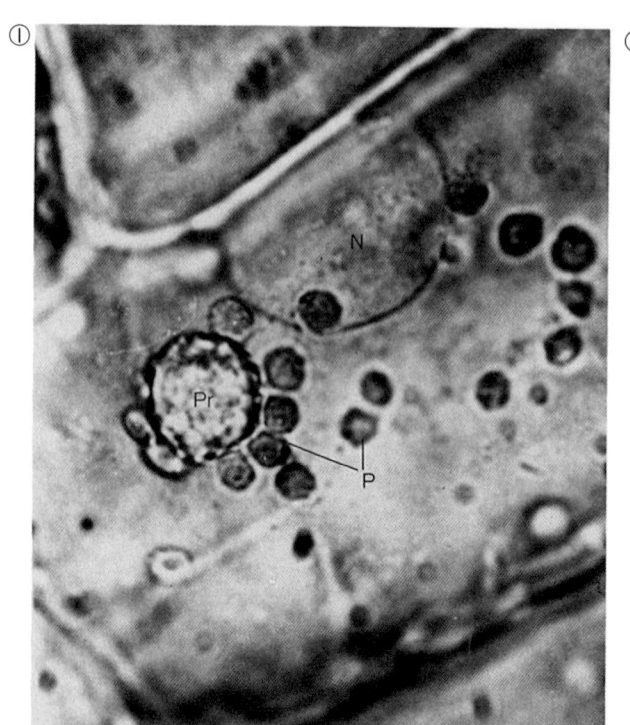

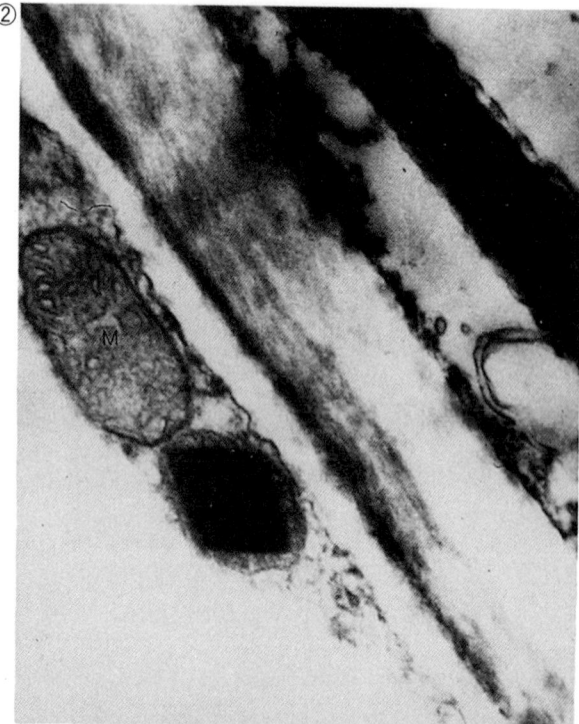

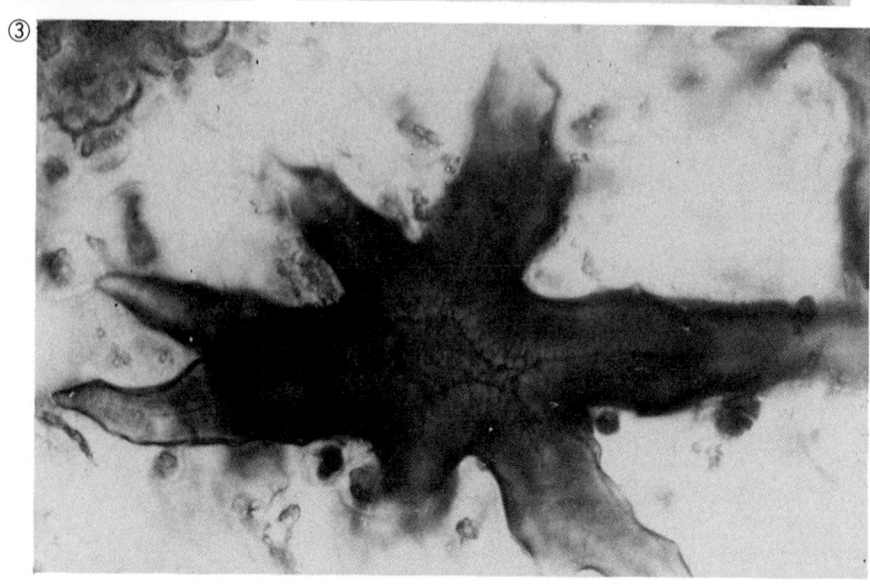

（5） シュウ酸カルシウム（Calcium Oxalate）

植物の呼吸などによる物質交代の結果，シュウ酸などの毒性物質が生じると，これを無毒にするためカルシウムと化合してシュウ酸カルシウムなどの結晶として液胞内に含まれるようになる．シュウ酸カルシウムの結晶は単独では8面体（双子葉植物）か針状（単子葉植物）結晶になるが，これらが集合して金平糖状や球晶などになって，特別の結晶細胞（crystal cell）中に含まれる．塩酸を作用させればこれらの結晶は溶解する．

① アカザ（Chenopodium album）の葉の柵状組織の結晶細胞内のシュウ酸カルシウムの球晶
② ホウレンソウ（Spinacia oleracea）の葉の海綿状組織の結晶細胞内のシュウ酸カルシウムの結晶
③ マサキ（Euonymus japonica）の葉の柵状組織の所々の結晶細胞内の金平糖状のシュウ酸カルシウムの結晶
④ サザンカ（Camellia Sasanqua）の葉の海綿状組織の結晶細胞内の金平糖状シュウ酸カルシウムの結晶
⑤ ウチワサボテン（Opuntia sp.）の茎の柔組織内の金平糖状シュウ酸カルシウムの結晶
⑥ アサガオ（Pharbitus Nil）の葉の海綿組織の金平糖状シュウ酸カルシウムの結晶

［光顕　①④×150，②③⑥×300，⑤×700／植田］

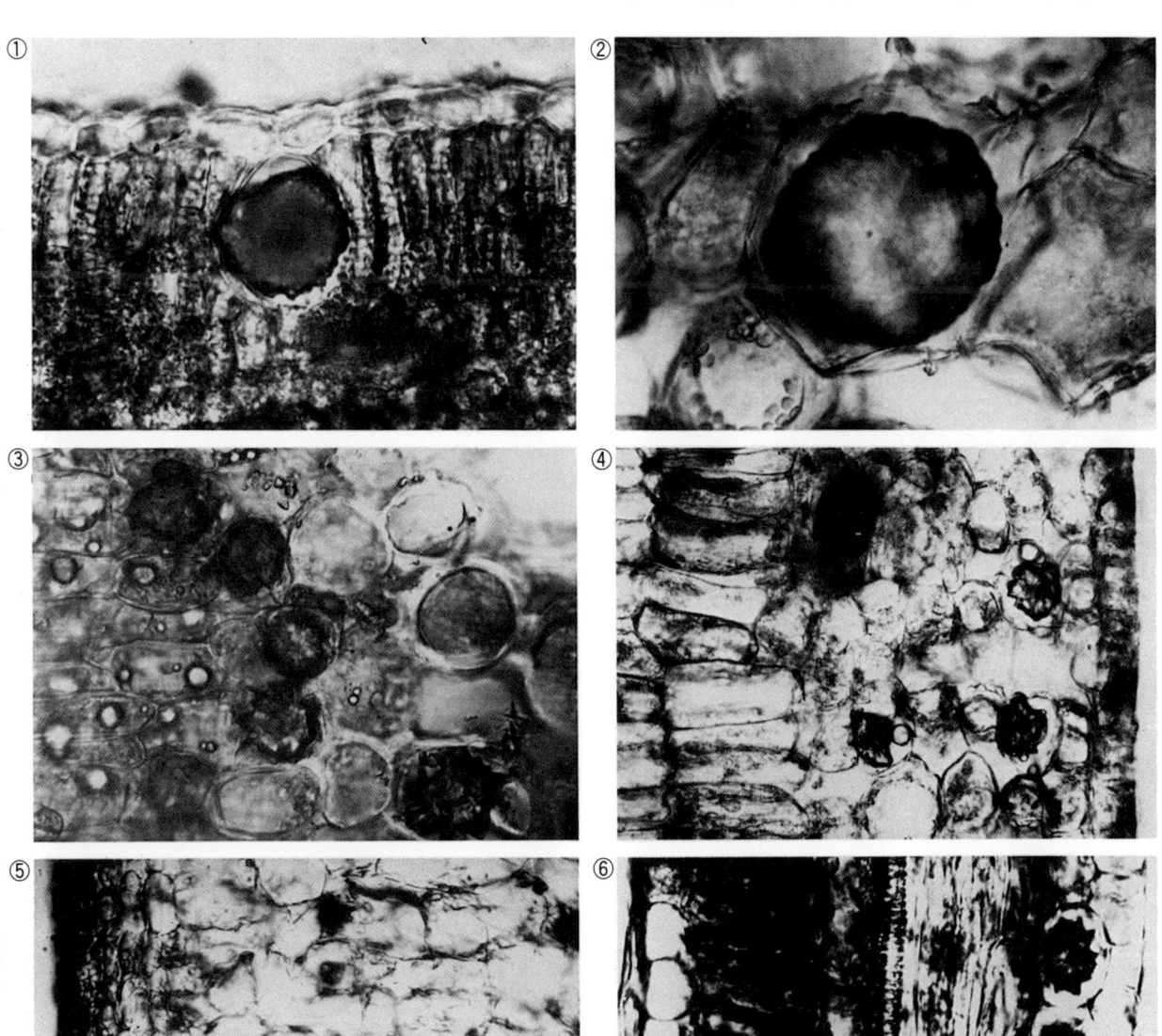

①〜③ ベゴニア(Begonia sp.)の葉柄のシュウ酸カルシウムの結晶　①金平糖状結晶．②球晶に近い金平糖状結晶．③棒状結晶．
④ ホウレンソウ(Spinacia oleracea var. grabra)のシュウ酸カルシウムの不規則形結晶
⑤ オオカナダモ(Elodea densa)の葉のシュウ酸カルシウムの8面体の単結晶
［光顕　①②④×150，③×200，⑤×900/植田］

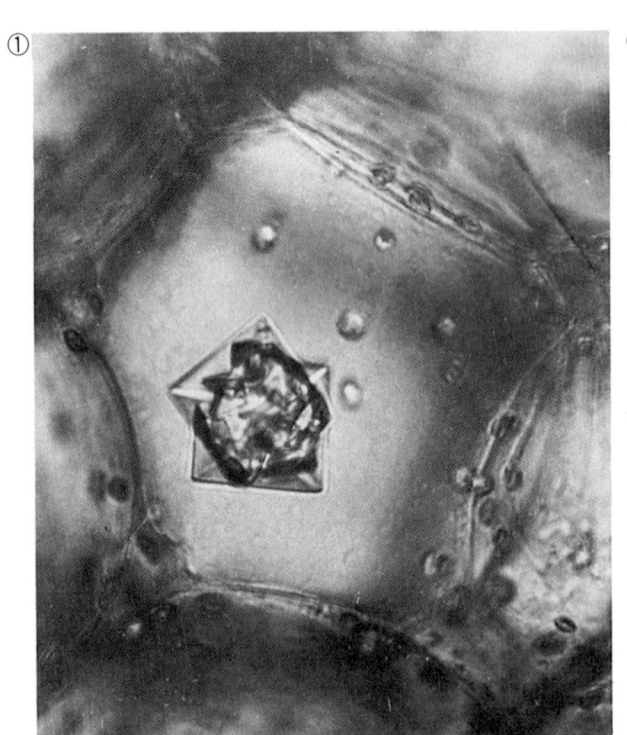

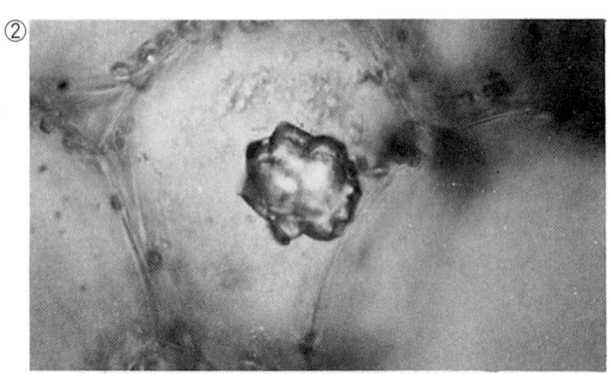

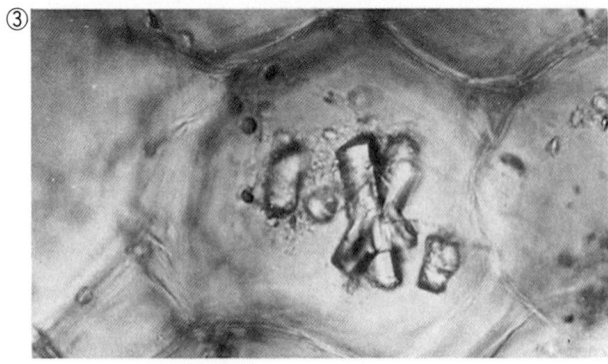

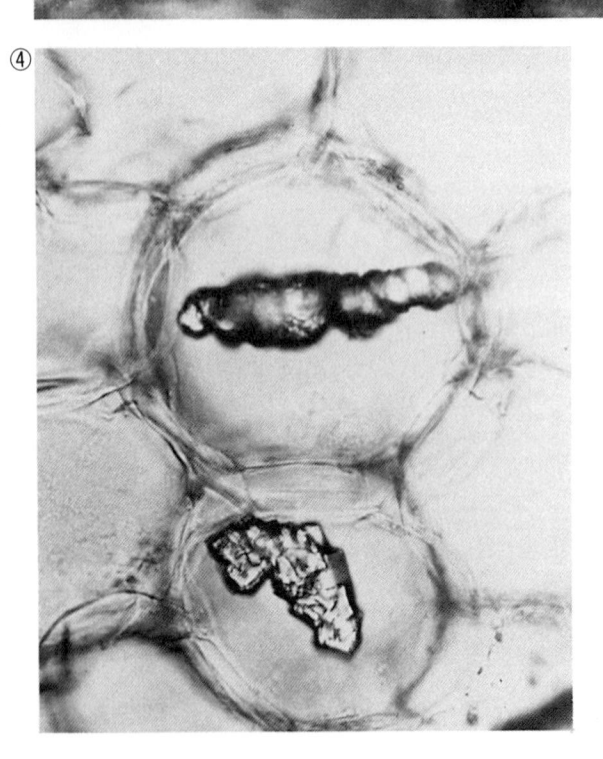

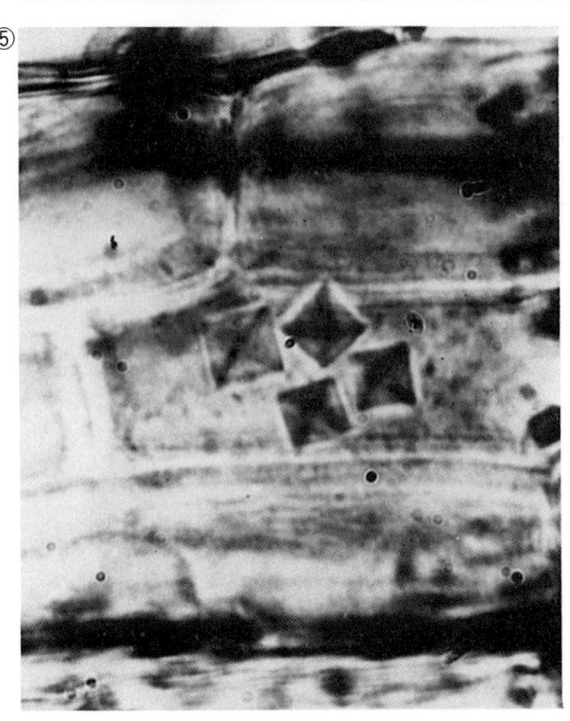

①〜②　スイセン（Narcissus sp. 房咲）の葉から遊離したシュウ酸カルシウムの結晶　①針状結晶．②棒状で放射状に集合した結晶．

③　バナナ（Musa paradisiaca var. sapientum）の中果皮から遊離したシュウ酸カルシウムの針状結晶

④〜⑤　ニホンスイセン（Narcissus cinensis）の葉から遊離したシュウ酸カルシウムの結晶　④針状とほうき状の結晶．⑤棒状で放射状に集合した結晶．

［光顕　①②×150, ③④⑤×300/植田］

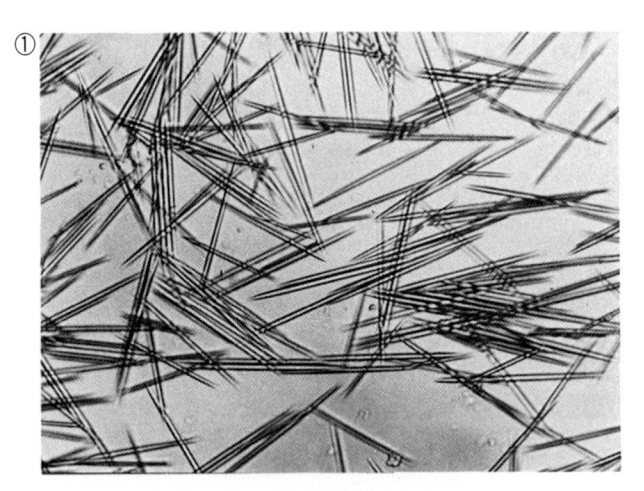

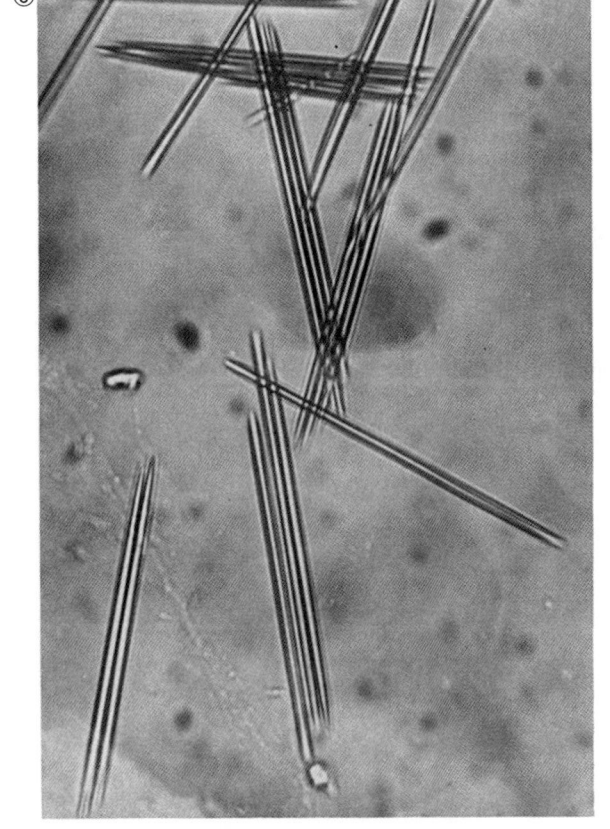

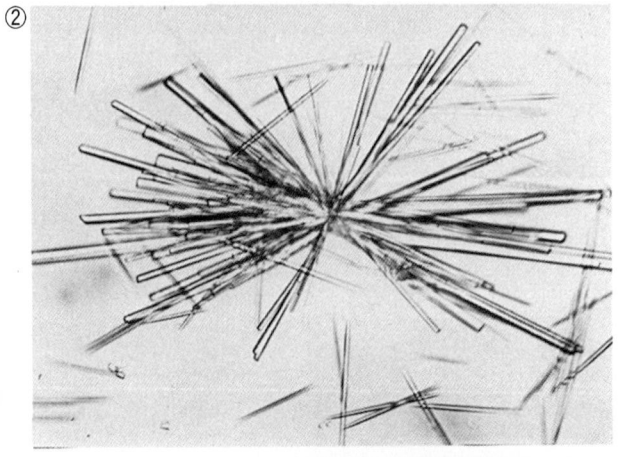

(6) イヌリン, 還元糖とタンニン (Inulin, Reduced Sugar and Tannin)

イヌリンはダリアの塊根, キクイモの塊茎などキク科植物などの細胞液中に溶解して存在するが, これらの組織を70％アルコールかグリセリンに浸しておくと, 細胞壁に接して球晶を生じる. ブドウ糖, 果糖などの還元糖はブドウその他の果実のほかタマネギの鱗片にも含まれ, 組織片をフェーリング液で熱して反応を見ることができる. また, タンニンはシブガキや種々の組織のタンニン細胞に含まれている.

① ダリア (Dahlia pinnata) の塊茎の細胞に生じたイヌリンの結晶

② タマネギ (Allium cepa) の鱗片細胞の還元糖反応
黒く見える多数の粒子は亜酸化銅の褐色粒子で, 還元糖の存在を示す.

③ タマネギの鱗片のしぼり汁中のブドウ糖　フェニールヒドラジン反応により glucose-phenylhydorazon の結晶をつくらせたもの.

④ バナナ (Musa paradisiaca var. sapientum) の中果皮の褐色のタンニン細胞　黒く見えている.

[光顕　①②×1,000, ③×150, ④×100/植田]

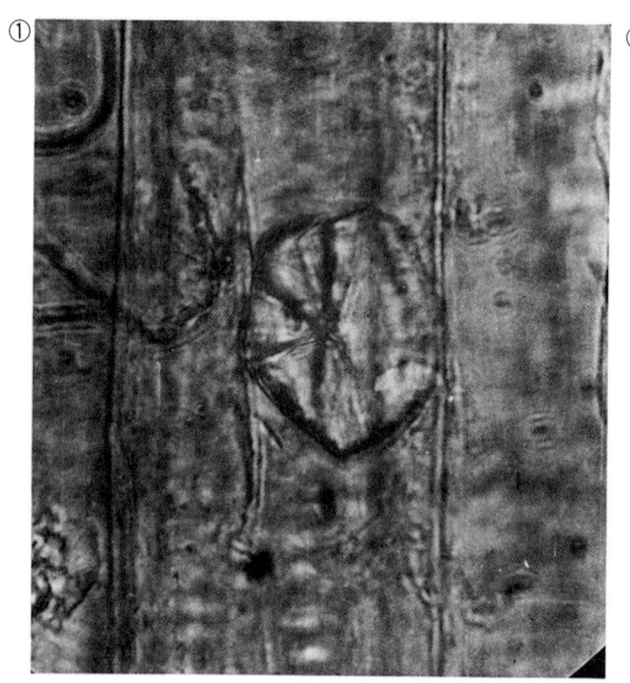

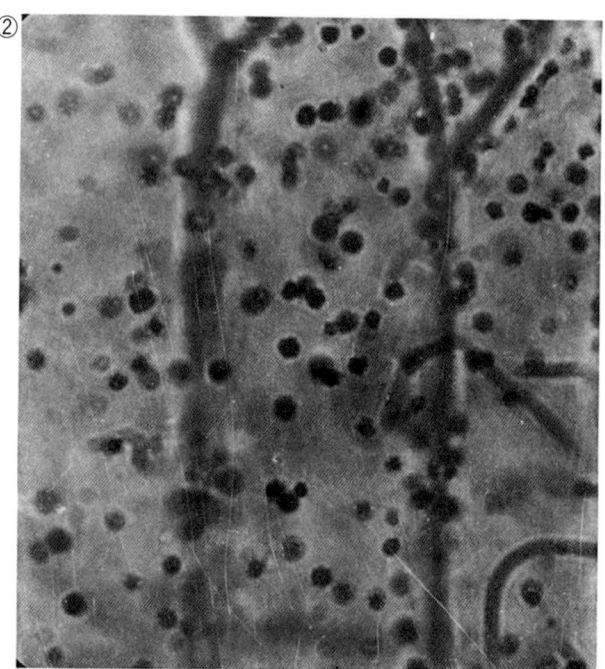

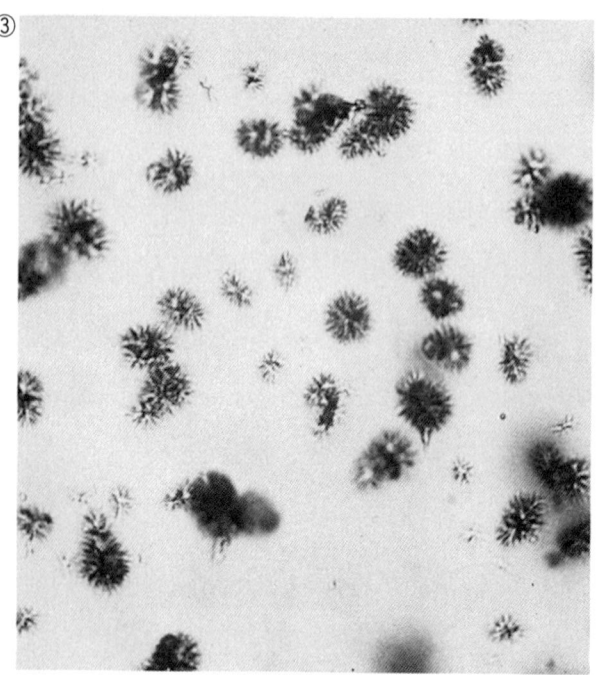

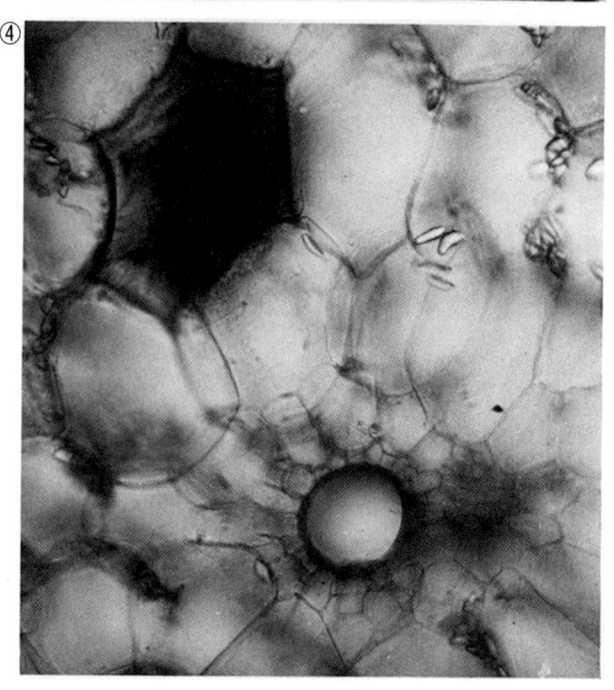

(7) 発芽時の貯蔵デンプンの消化 (Digestion of Storage Starch during Germination)

種子に貯蔵されたデンプン粉は発芽の際に消化され，呼吸材料となって成長などに用いられる．

①〜④ 播種後10日目のインゲンマメ (Phaseolus vulgaria var. humilis) の子葉のデンプンのヨウ素反応　①2個の維管束周辺にだけデンプンのヨウ素反応が見られ，他の柔組織のデンプンは消化されている．②維管束近くでわずかにデンプン粒が残っている細胞．③　①の維管束よりわずかに離れた細胞でデンプン粒の皮膜 (白色体膜) だけが残っているもの．④　①の維管束より遠く離れた細胞で，ほとんど完全にデンプン粒は消失し，消化されている．[光顕 (ヨウ素反応) ①×20, ②③④×300/植田]

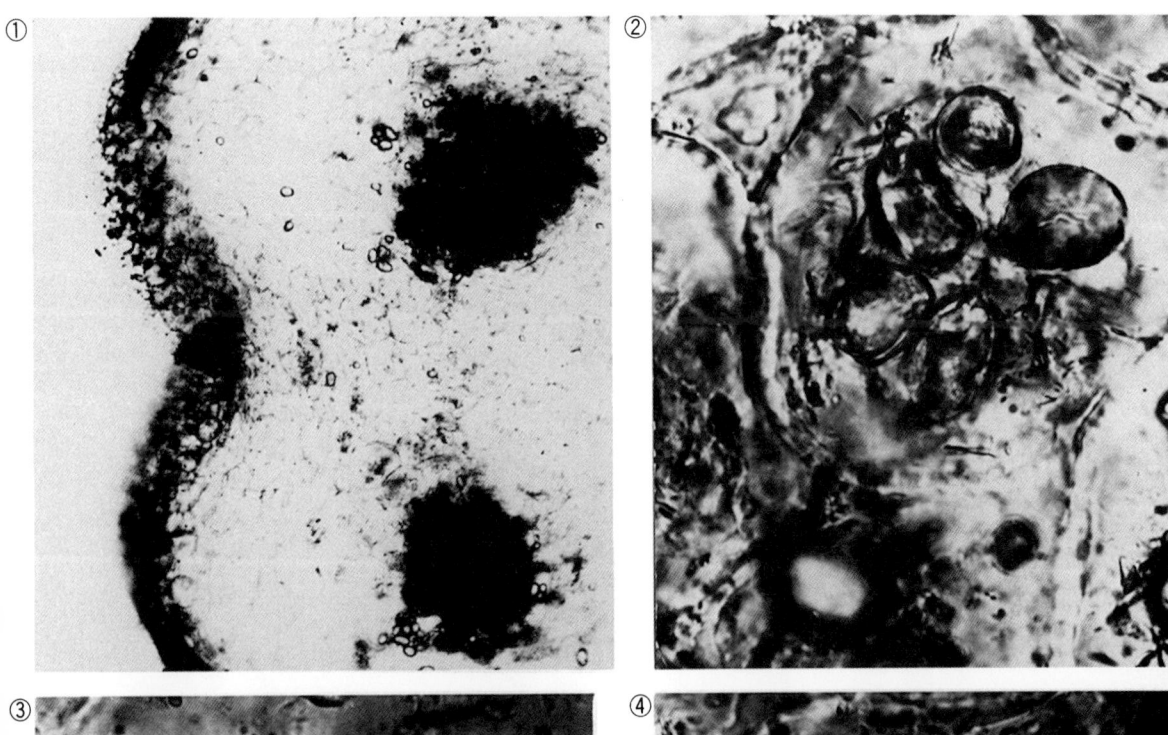

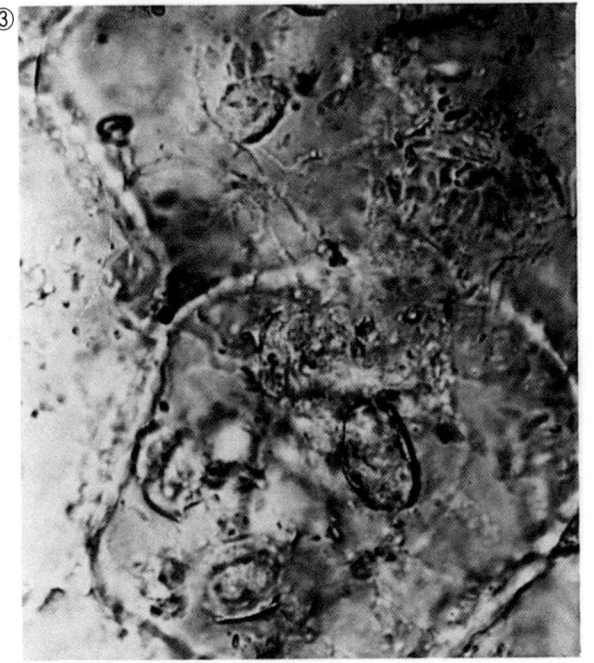

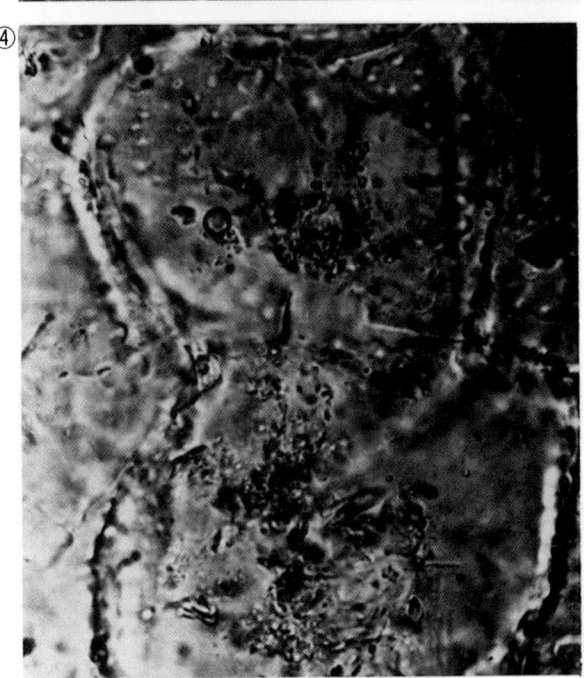

(8) 細胞外排出物(Excretion of Cells)

藻類などを培養液をとりかえないで長時間放置すると,表面にカルシウムなどが排出されて,種々の形の結晶になることがある.

① Edogonium(緑藻)の表面に生じた不規則な球晶
② Vaucheria(緑藻)の表面に生じ斜方晶形の結晶
③～④ オオカナダモ(Elodea densa)の葉の表面に生じた結晶　③立方体の結晶.　④亜鈴状結晶.
⑤～⑥ シャジクモ(Chara braunii)の表面に生じた結晶 ⑥は⑤の拡大.　1 M の HCl で気泡を出して溶解するから炭酸カルシウムの結晶と思われる.
[光顕　①③④×150,　②⑥×70,　⑤×30/植田]

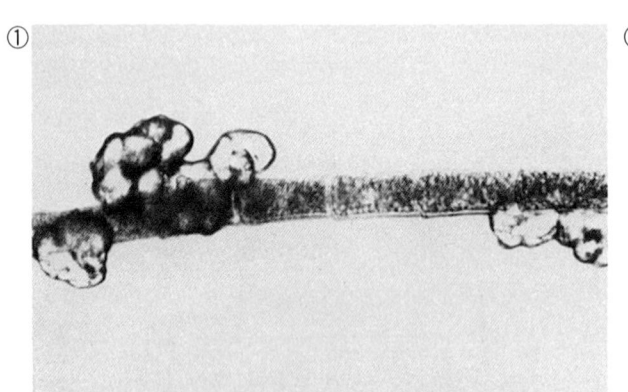

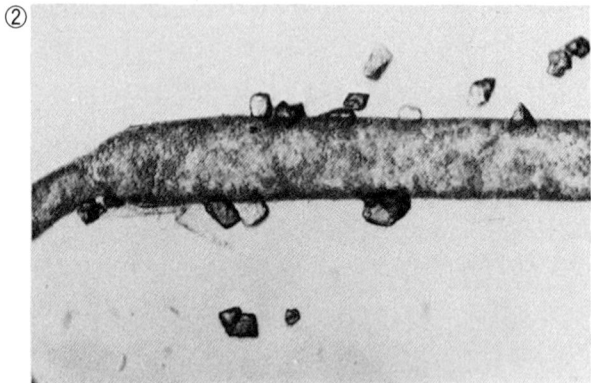

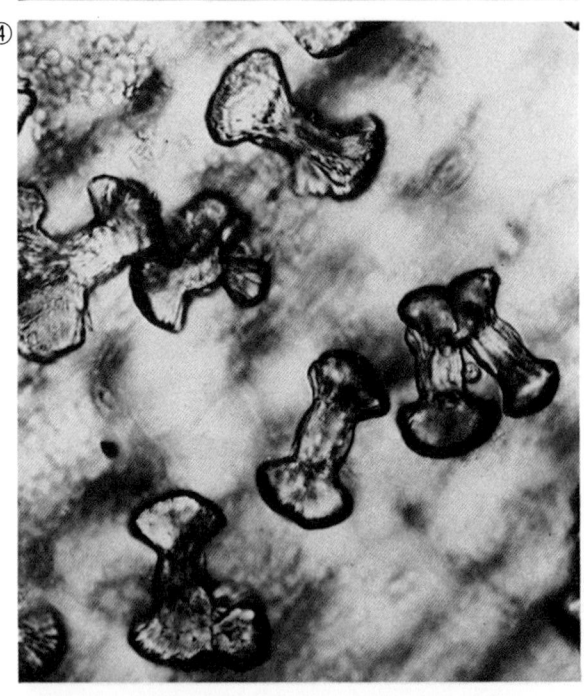

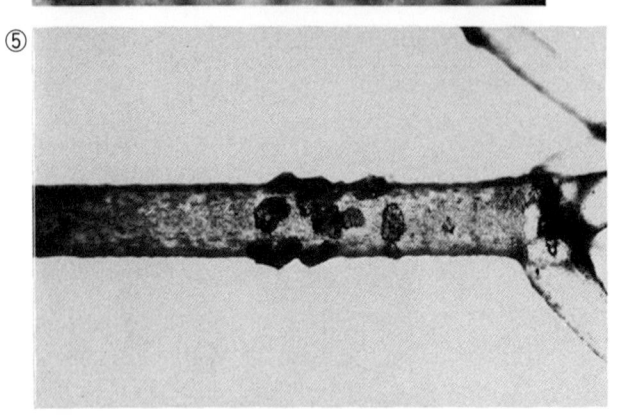

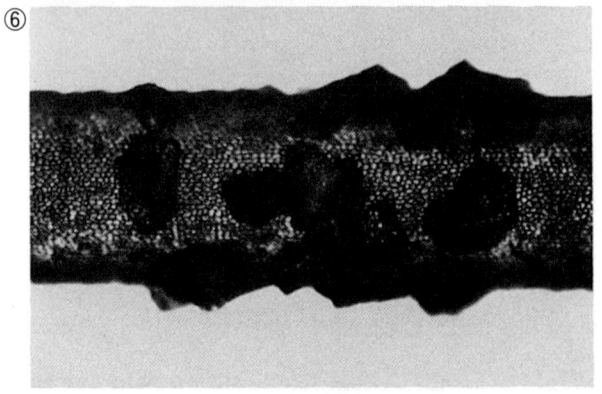

13 細胞分裂（Cell Division）

細胞は分裂によって増える．細胞分裂はふつうまず有糸核分裂（mitosis）が行われ，つづいて細胞質分裂が起こる．体細胞での分裂は根の先端などで観察でき，また生殖細胞での分裂は若いおしべの葯などで観察され，減数分裂（reduction division ; meiosis）といわれる．これらの観察には，おしつぶし法やパラフィン切片法などが用いられる．

(1) 体細胞での細胞分裂（Cell Division in Body Cells）

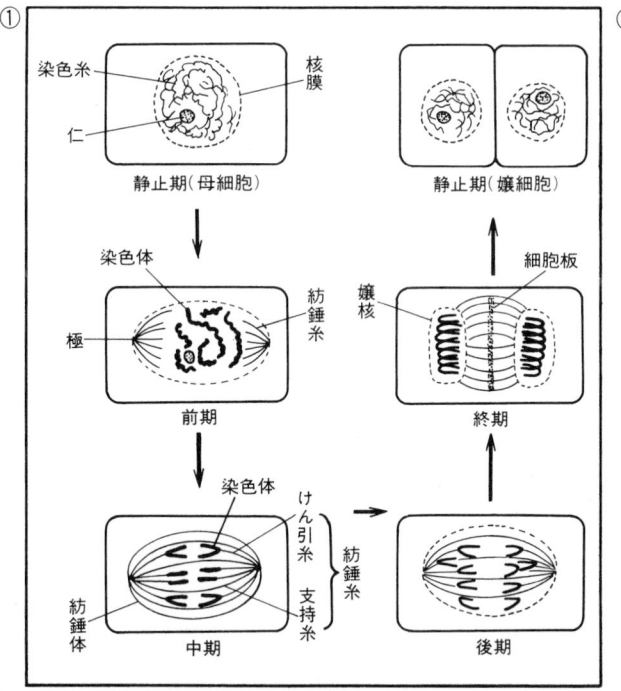

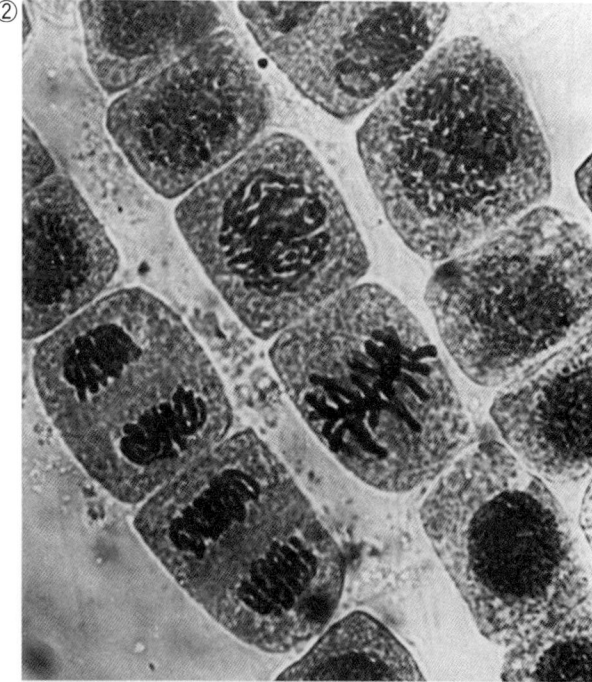

① 植物細胞分裂模式図　　　［植田★］
② タマネギ（Allium Cepa）の根端のおしつぶし法による細胞分裂の観察　　　［光顕（酢酸カーミン染色）　×300／植田］
③〜④　タマネギの根端のパラフィン切片による細胞分裂の観察　③は縦断像，④は横断像．［光顕（ヘマトキシリン染色）　×300／植田］

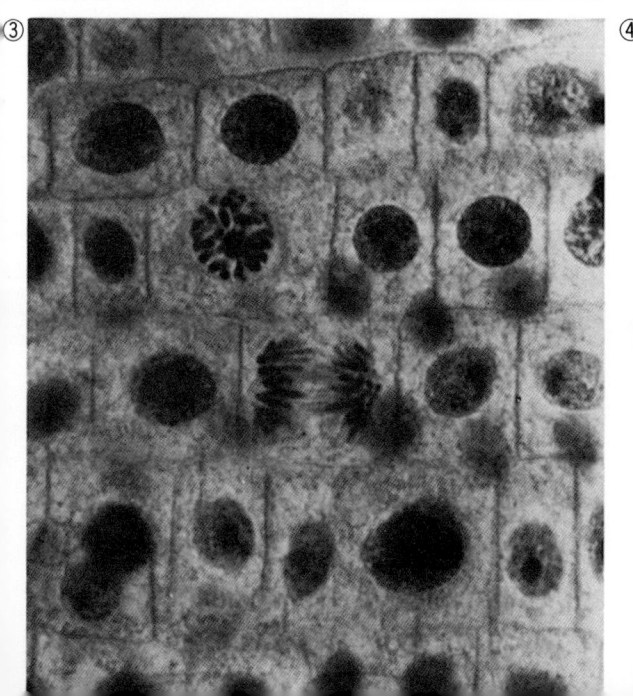

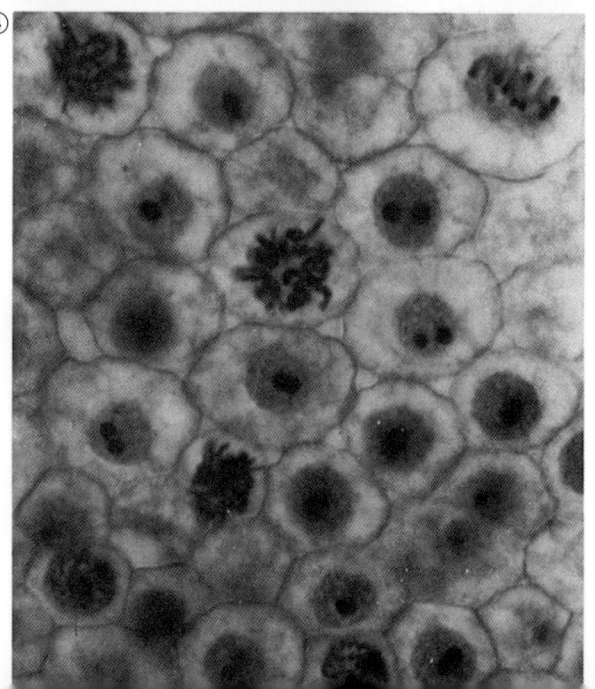

①～⑨　タマネギ（Allium Cepa）の根端における体細胞分裂の過程
①　**静止期**　分裂開始前の時期
②～⑤　**前期**　核の中の染色糸（chromonema）はらせん状に縮まり，しだいに太く短くなる．紡錘糸が出現する．
⑥　**中期**　太く短くなった染色体（chromosome）は赤道面に並ぶ．
⑦　**後期**　染色体は縦に割れ，細胞の両極に移動する．
⑧　**終期**　染色体は染色糸にもどり2つの嬢核がつくられる．嬢核の中間部にしだいに細胞板（cell plate）を生じる．
⑨　**細胞質分裂期**　細胞板は成長して新しい細胞壁になり細胞が2分される．
［光顕（酢酸オルセイン染色）　①～⑨×1,000/松田］

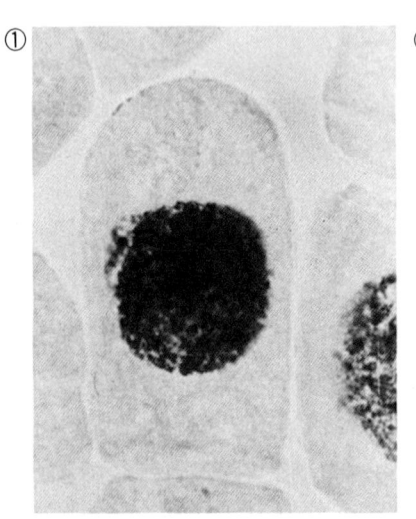

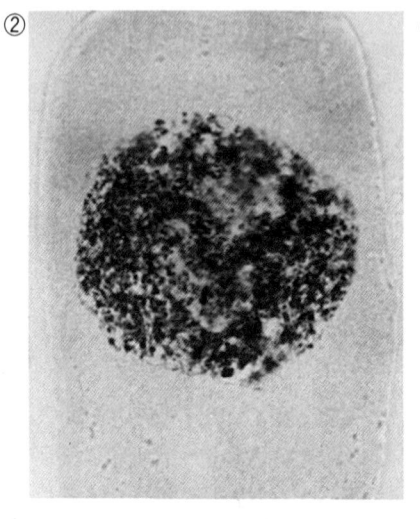

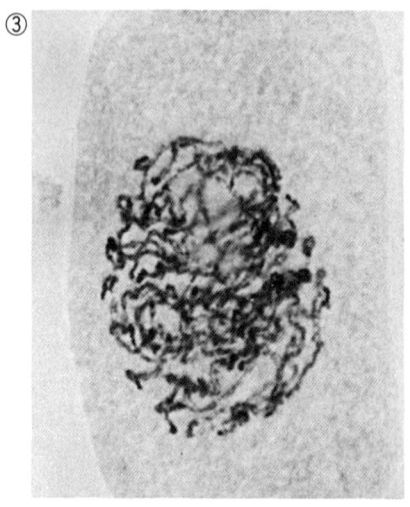

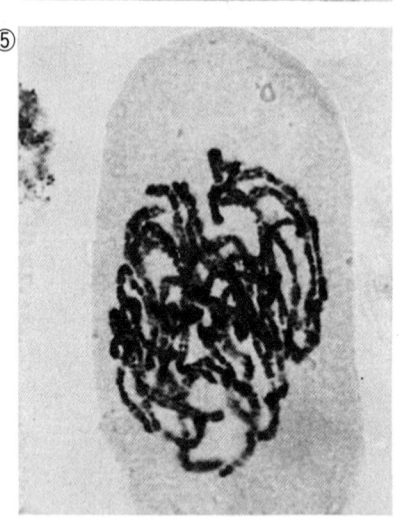

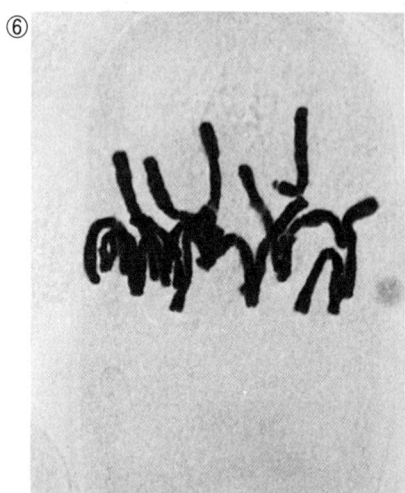

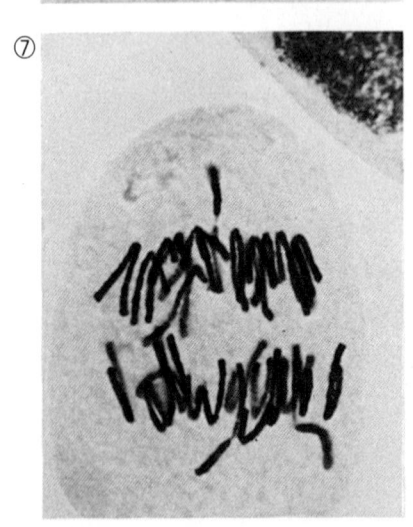

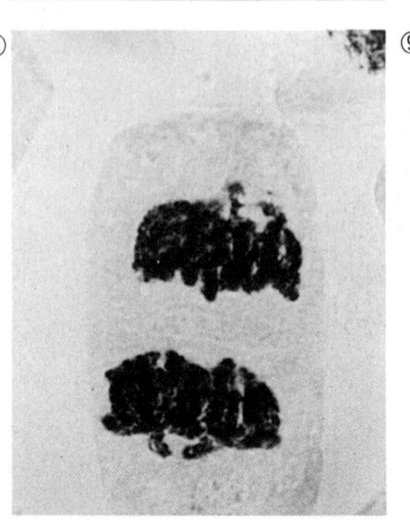

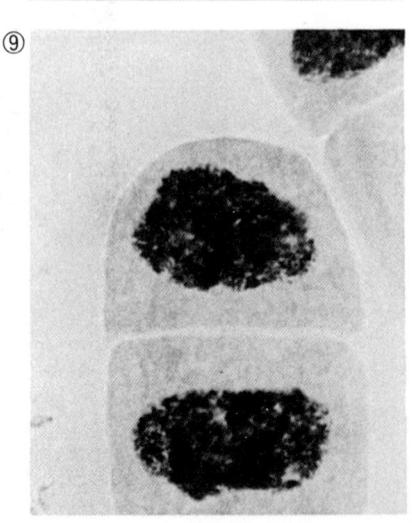

13 細胞分裂   55

①〜⑤ ソラマメ(Vicia Faba L. forma anacarpa)とネギ(Allium fistulosum)の根端における細胞分裂過程
① ソラマメの体細胞分裂　　A：静止期，B〜D：前期，E：中期，F〜I：後期，J：終期，K〜L：細胞質分裂期
［光顕(酢酸カーミン染色)　×1,000/左貝］

②〜⑤ ネギの体細胞分裂　　②静止期と前期，③中央に中期，④右に後期，⑤上下に終期の細胞が観察される．［光顕(酢酸カーミン染色)　×400/相沢］

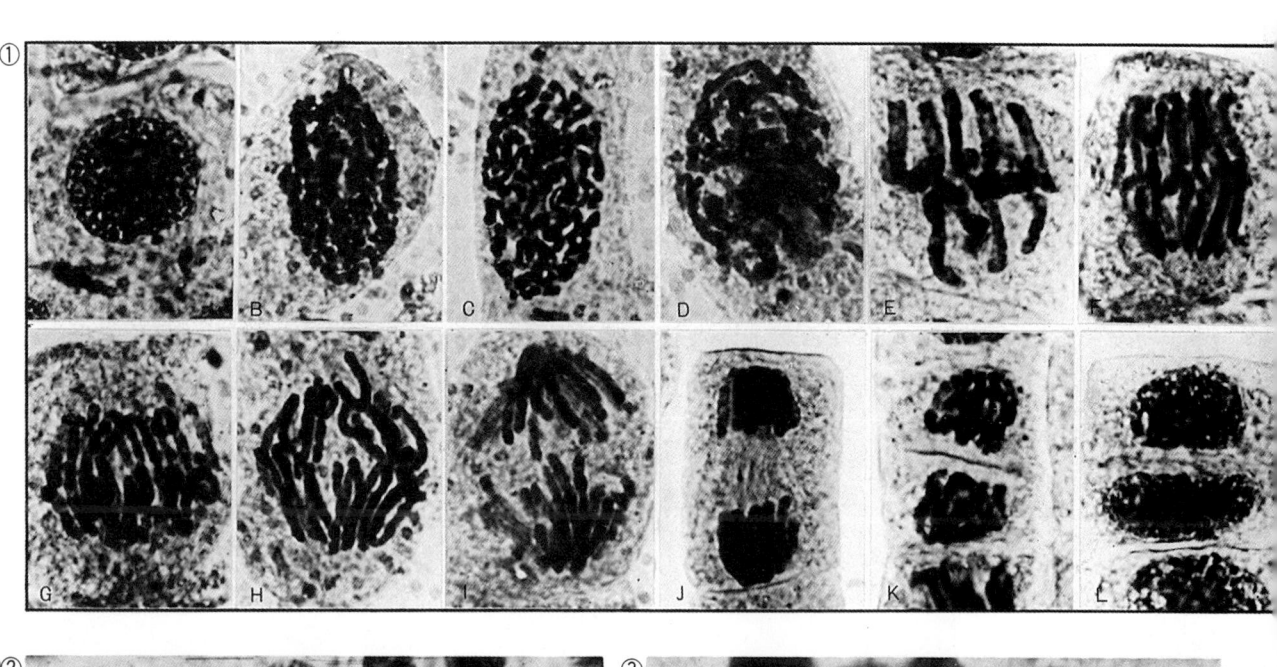

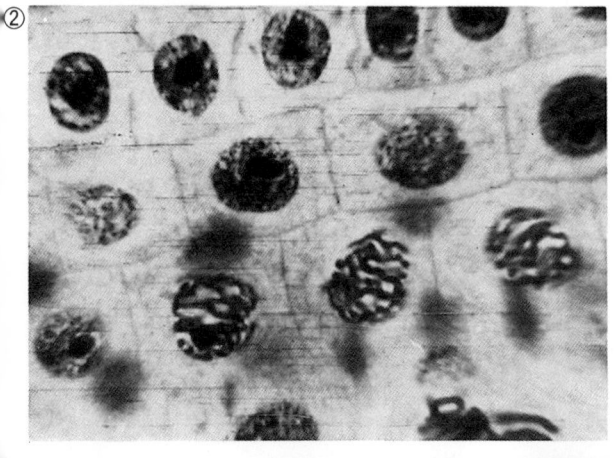

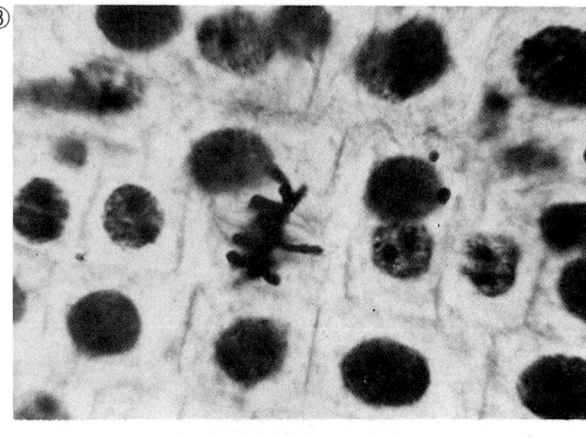

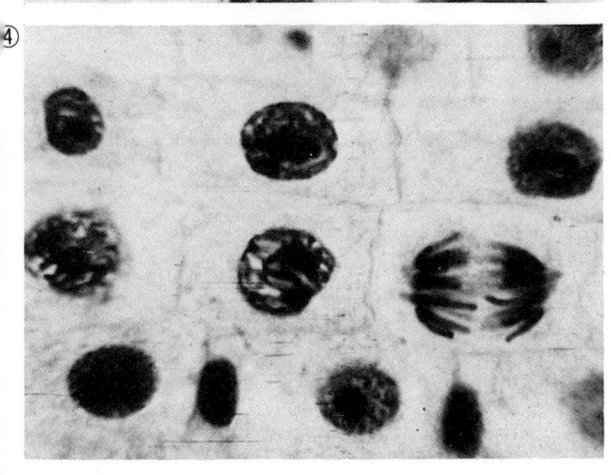

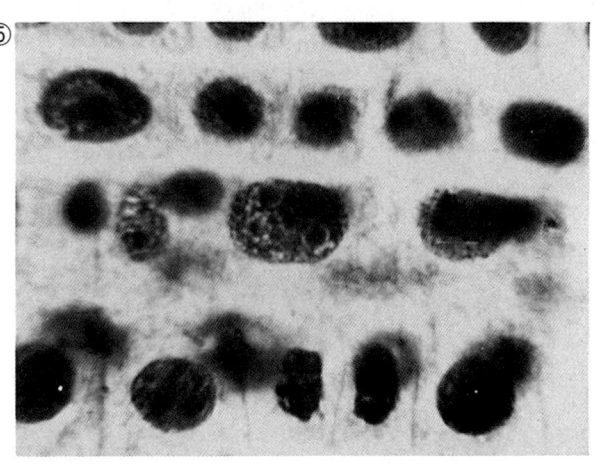

①〜④　ムラサキツユクサ（Tradescantia vulgare）の雄しべの毛の先端細胞での体細胞分裂の過程（23℃）　①　前期：午前10時10分，②　中期：11時35分，③　後期：11時47分，④　終期：12時．[光顕　×1,200/植田]

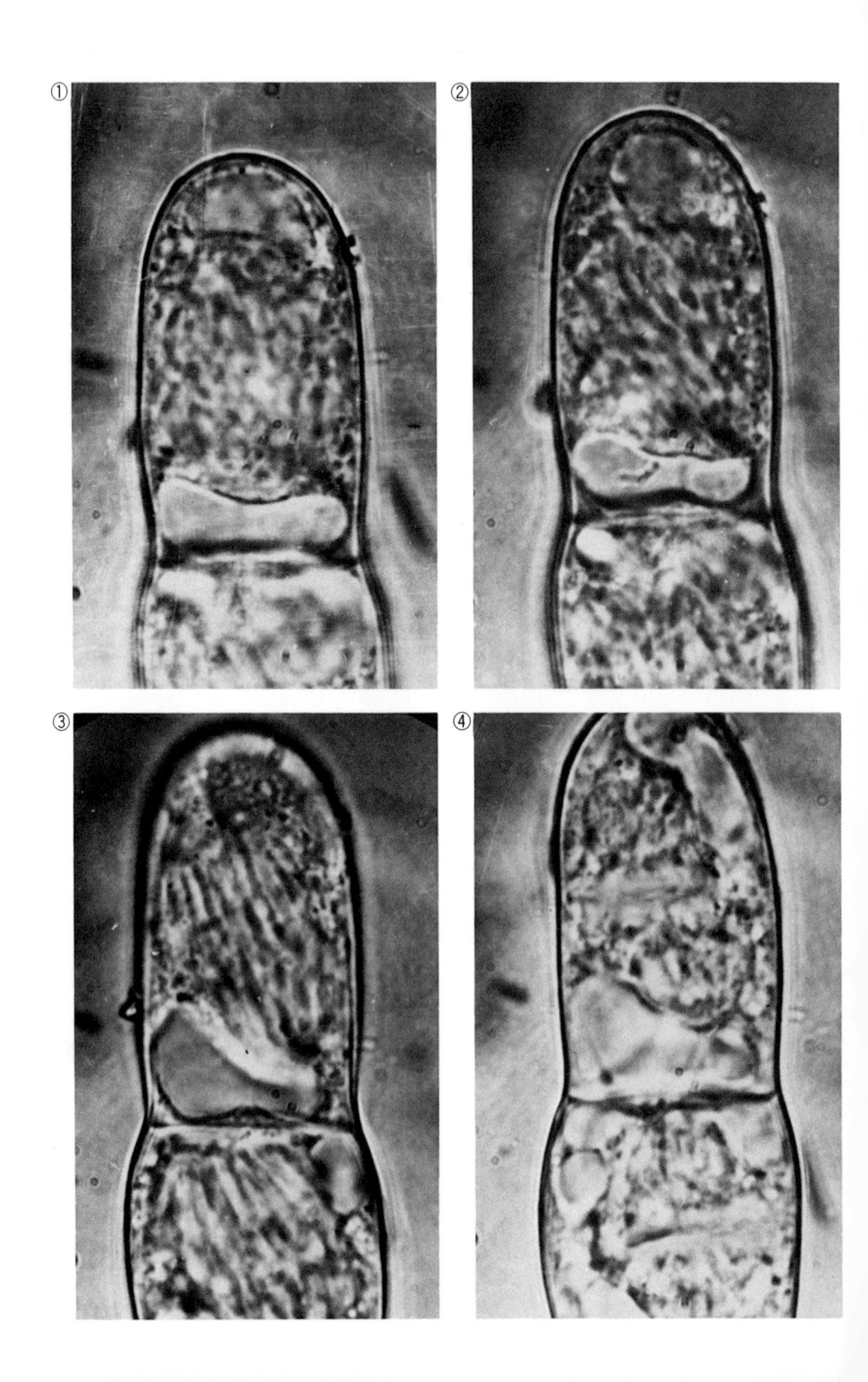

13 細胞分裂

①〜⑧ コウボ菌（Saccharomycis cerevisiae）の出芽法による体細胞分裂の過程（20℃）　①14時，②14時40分，③15時，④15時50分，⑤17時，⑥17時20分，⑦18時20分，⑧19時　［光顕　×1,000/植田］

⑨〜⑪ ムラサキツユクサ（Tradescantia vulgare）の茎の節間皮層細胞における直接（無糸）核分裂　⑨→⑪の過程が予測される．［光顕（酢酸カーミン染色）　×800/植田］

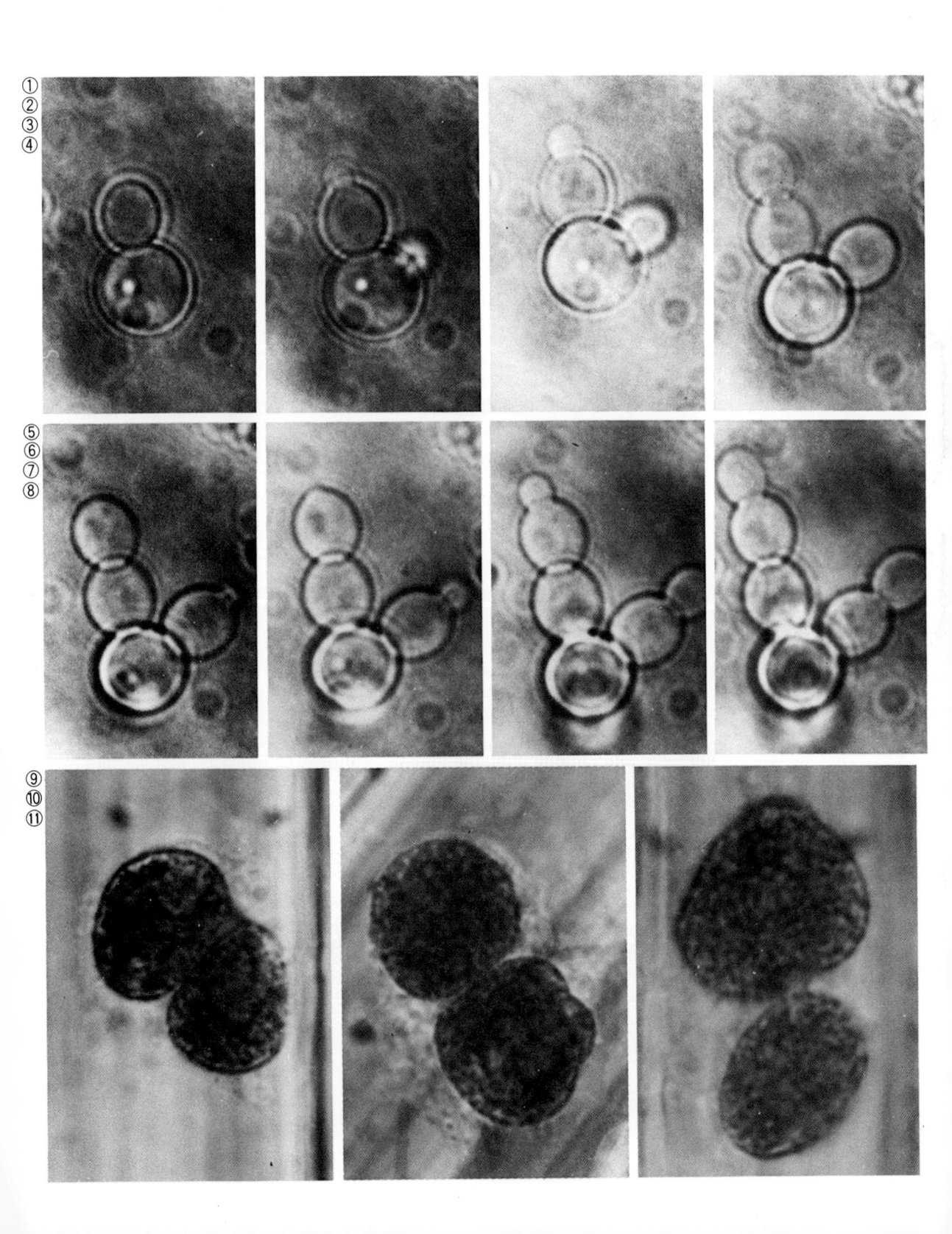

(2) 生殖細胞での減数分裂 (Meiosis in Reproductive Cells)

減数分裂は生殖母細胞が2回(第1分裂と第2分裂)ひきつづいて分裂し,染色体数が半減した4個の生殖細胞になる所に特徴がある.

ヌマムラサキツユクサ (Tradescantia paludosa) の花粉母細胞の減数分裂 (meiosis)　(p. 58〜59)

①〜⑤　**第1分裂前期 (I prophase)**　減数分裂の前期は長時間を要し,複雑な過程を経て相同染色体 (homologous chromosome) がくっついて2価染色体 (bivalent chromosome) をつくる.前期はまた次のように分けられる.

① 細糸期 (loeptotene stage)　染色糸は細い糸状で曲りくねっている.　② 接合期 (synapsis stage)　形や大きさなどの相同の染色糸が2本ずつ対になって並び (対合または接合という),2価染色体をつくる.　③ 太糸期 (pachytene stage)　2価染色体は太く短くなる.　④ 複糸期 (diplotene stage)　2価染色体は一層太く短くなり,互いに少し離れるが部分的に密着している.この密着点がキアズマ (chiasma) である.　⑤ 移動期 (diakinesis stage)　さらに太く短くなった2価染色体は核の周辺近くに移動する.

⑥　**第1分裂中期 (I metaphase)**　染色体は赤道面に平面的に配列する.これを核板 (nuclear plate) という.この植物では2価染色体は6個ある.

[光顕(酢酸カーミン染色)　①〜⑥×800/新津・寺坂]

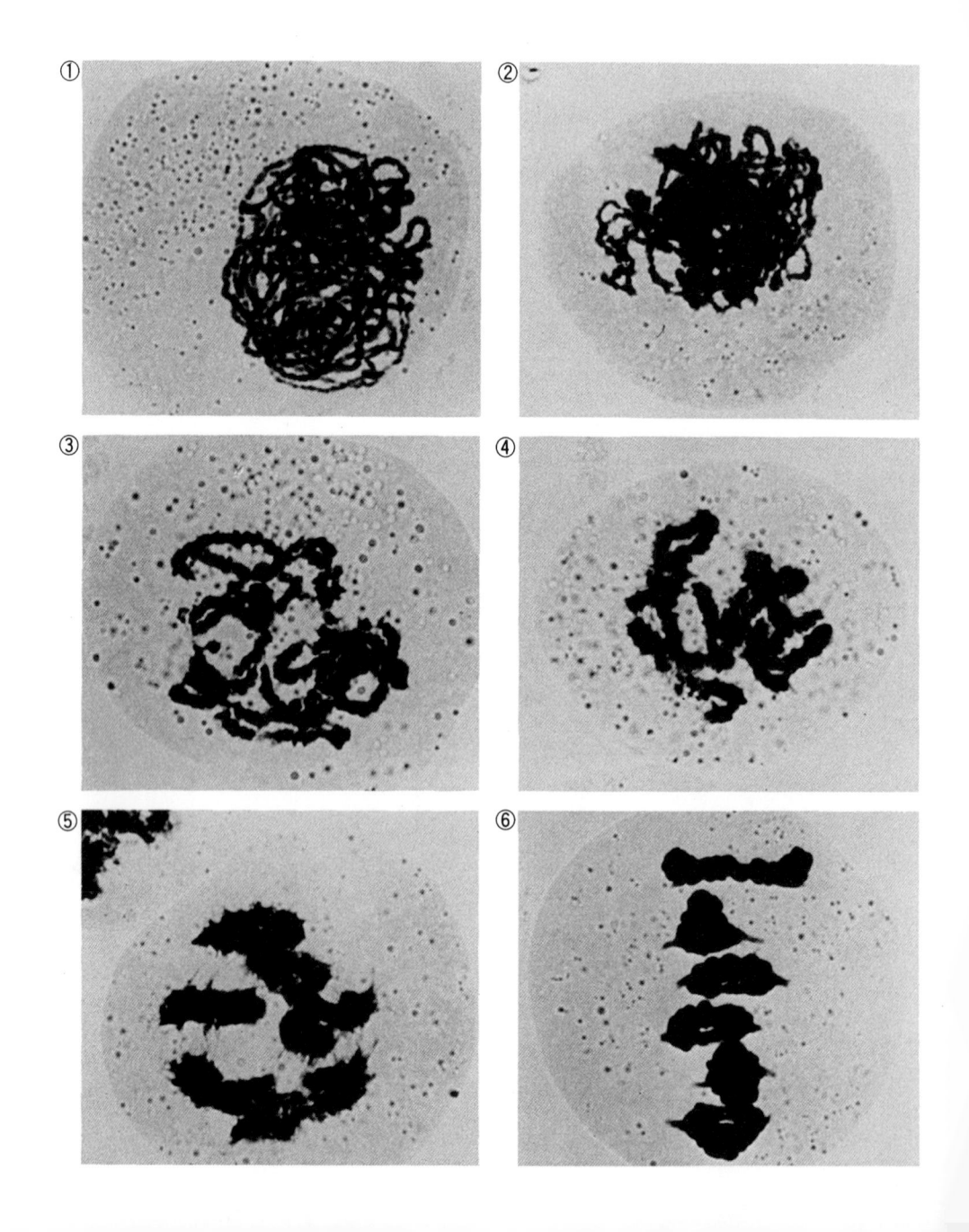

① **第1分裂後期（Ⅰ anaphase）** 2価染色体はそれぞれ分裂し，別々の極に移動し始める．
② **第1分裂終期（Ⅰ telophase）** 極に達した染色体は細く長くなり始める．
③ **第2分裂前期（Ⅱ prophase）** 染色体は細く長くなり，中間期（interphase）を経て第2分裂に入る．この時期の2細胞を二分子（diad）という．
④ **第2分裂中期（Ⅱ metaphase）** 染色体は赤道面に並び核板を形成する．
⑤ **第2分裂後期（Ⅱ anaphase）** 染色体は各々縦裂して両極に移動する．
⑥ **第2分裂完了** 4核が生じ，それぞれに細胞壁ができて全体として四分子（tetrad）になる．つづいて各々が花粉形成に入る．

［光顕（酢酸カーミン染色）　①〜⑥×800/新津・寺坂］

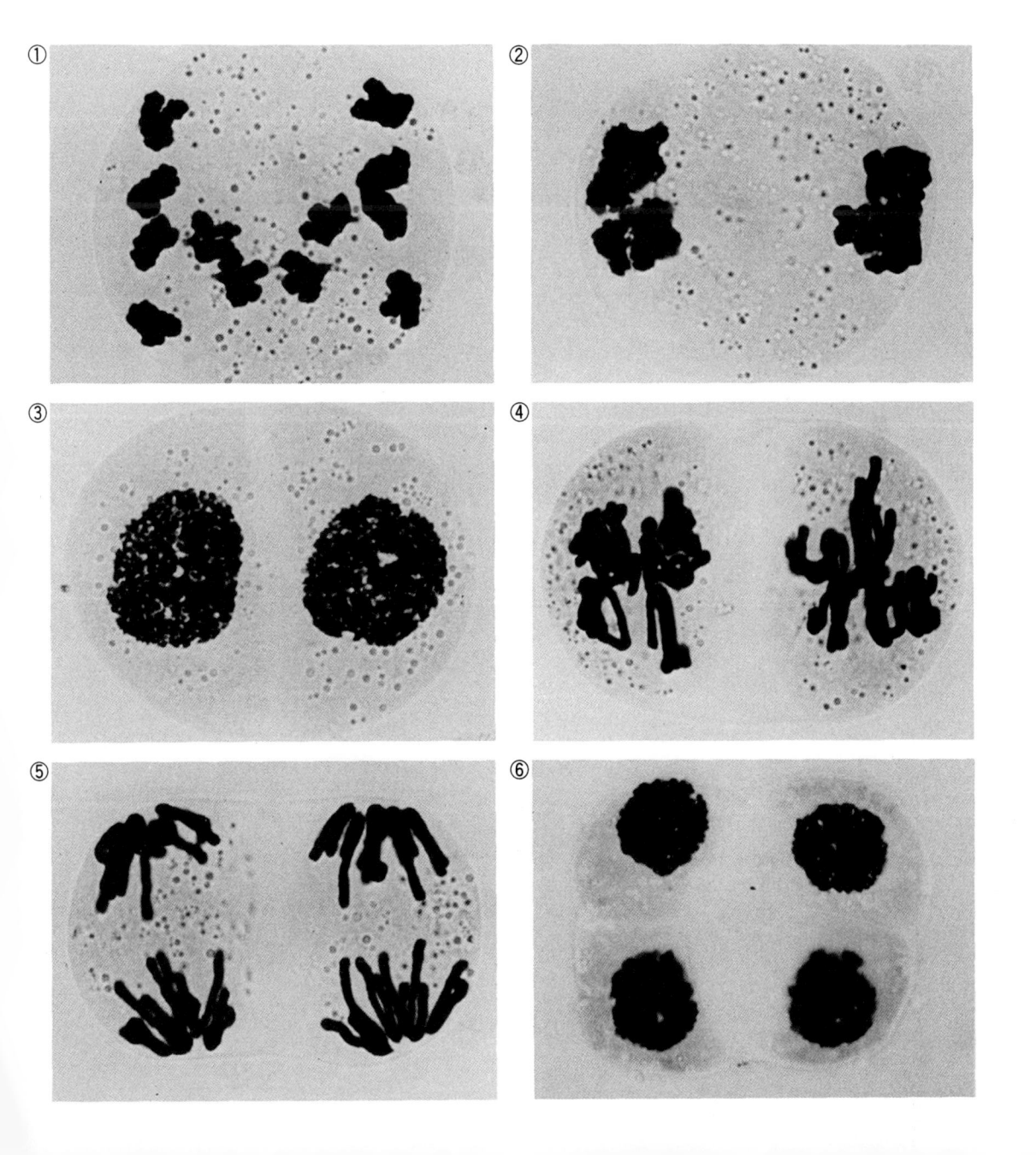

ヌマムラサキツユクサ(Tradescantia paludosa)の花粉形成
① 花粉になる四分子の1個(前期)
② 花粉形成中の中期　6個の染色体が見られる．
③ 花粉形成中の後期
④ 花粉形成中の終期
⑤ 花粉形成中の生殖核(上)と栄養核(下)
⑥ 細胞壁の生成と花粉の完成　栄養核は細長い半月形に変形している．
[光顕(酢酸カーミン染色)　①～⑥×800/新津・寺坂]

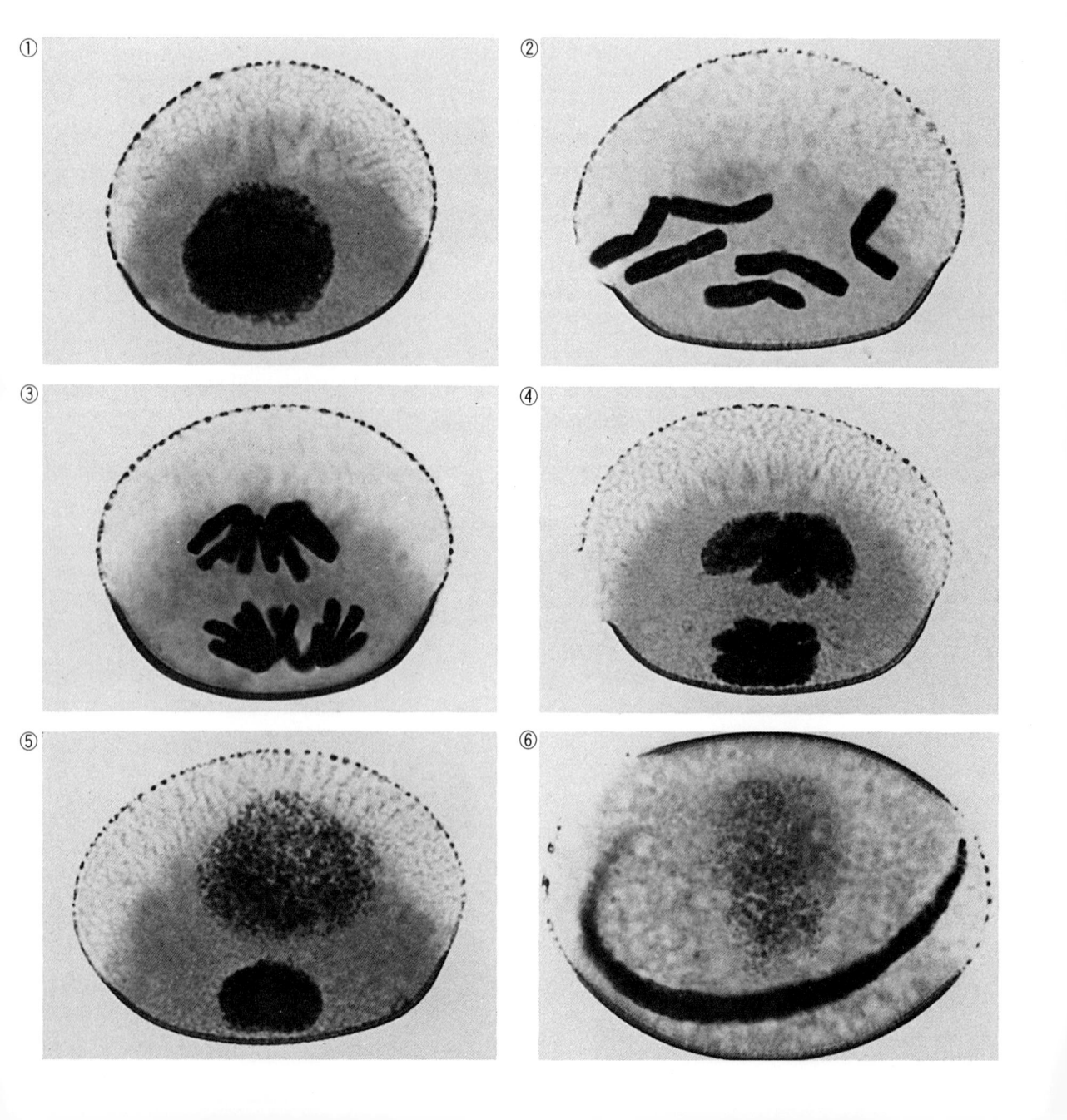

（3） 染色体の構造と核型（Chromosome Structure and Karyotype）

染色体にはDNAがあり，染色体の構造と行動は遺伝学上重要である．また，染色体の形や大きさあるいは染色状態は染色体ごとに特徴があり，生物によって一定しているので，染色体の型すなわち核型が分析でき，これに基づいて進化のみちすじをたどることもできる．したがって染色体には祖先の系図が書かれているといわれる．

① **染色体の光顕的構造模式図** （a）核分裂前期の染色体は細長く伸びて，まがりくねっていて染色糸と呼ばれる．（b）中，後期では染色体は太く短くなり，染色体ごとに構造上の特徴を持っている．したがってこの頃の染色体で核型分析（karyotype analysis）を行う．

SF：紡錘糸（spindle fibre），KC：動原体（kinetochore）．紡錘糸の付着点で，後期に染色体が極分離するとき，ここから動き始める．Chr：染色分体（chromatid），m：基質（matrix），S：付随体（satellite），矢印：くびれ（constriction）　　［★］

② **タマネギ（Allium Cepa）の根端の横断面における核分裂中期の染色体の配列**　核分裂中期の細胞を極の方から観察すると，染色体は写真のように放射状に配列し，個々の染色体の形や大きさが区別できる．［光顕（ヘマトキシリン染色）　×700/植田］

③～④ **シロヨメナ（Aster agaratoides var. adustus）の核型分析**　おしつぶし法によって染色体を遊離し平面に配列（核板を形成）させて，核型を分析しやすくする．2n＝18．④はB染色体（矢印）6個を余分に含んだもの．［光顕（酢酸オルセイン染色）　×2,400/松田］

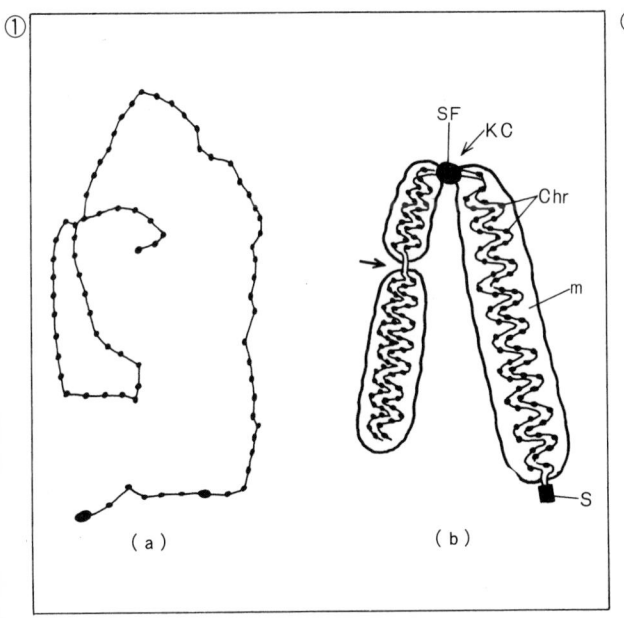

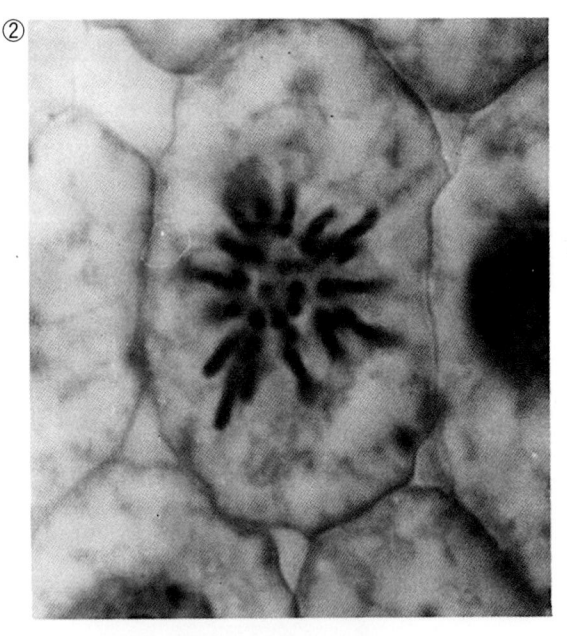

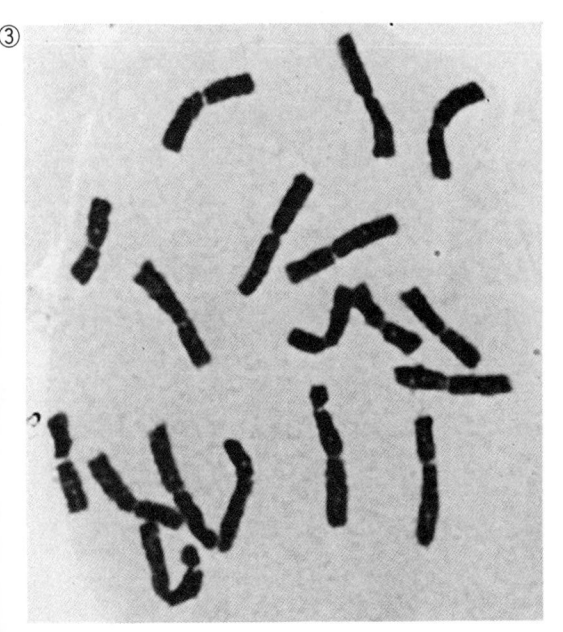

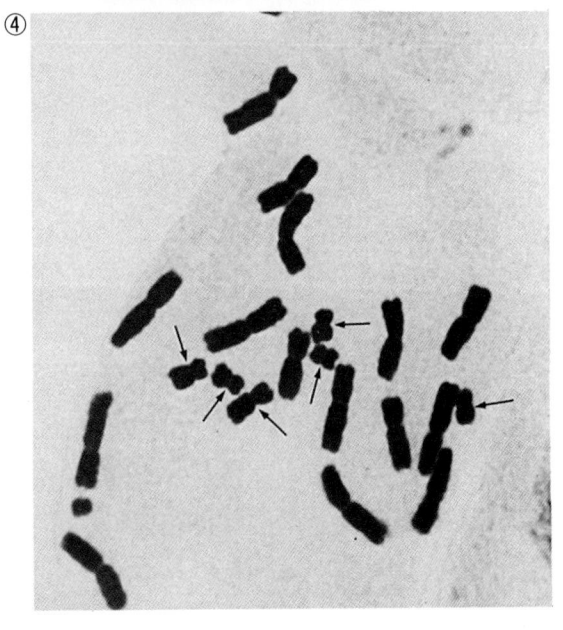

(4) 染色体とその周辺の電顕像 (Electron Microscope Figures of Chromosomes and their Neighoboring Components)

① タマネギ (Allium Cepa) の根端分裂細胞 (後期) の電顕像　染色体 (Chr) のほか, ゴルジ体 (G), ミトコンドリア (M), 前色素体 (PP), 液胞 (V), 細胞壁 (CW) などが観察される. [電顕 (OsO$_4$ 固定)　×7,000/左貝]

② ムラサキツユクサ (Tradescantia reflexa) の根端分裂細胞 (終期) の電顕像　染色体が両極で集合し核 (N) ができ, その中に仁 (n) も生じている. 両核の中間部に新しい細胞壁 (NCW) すなわち細胞板 (cell plate) が形成されている. ゴルジ体 (G), ミトコンドリア (M), 前色素体 (PP), 液胞 (V), 細胞壁 (CW) も観察される.

③~④ ムラサキツユクサの根端細胞の新しい細胞壁が形成される途上のもの
[電顕 (KMnO$_4$+OsO$_4$ 固定)　②×4,500, ③×1,700, ④×12,000/左貝]

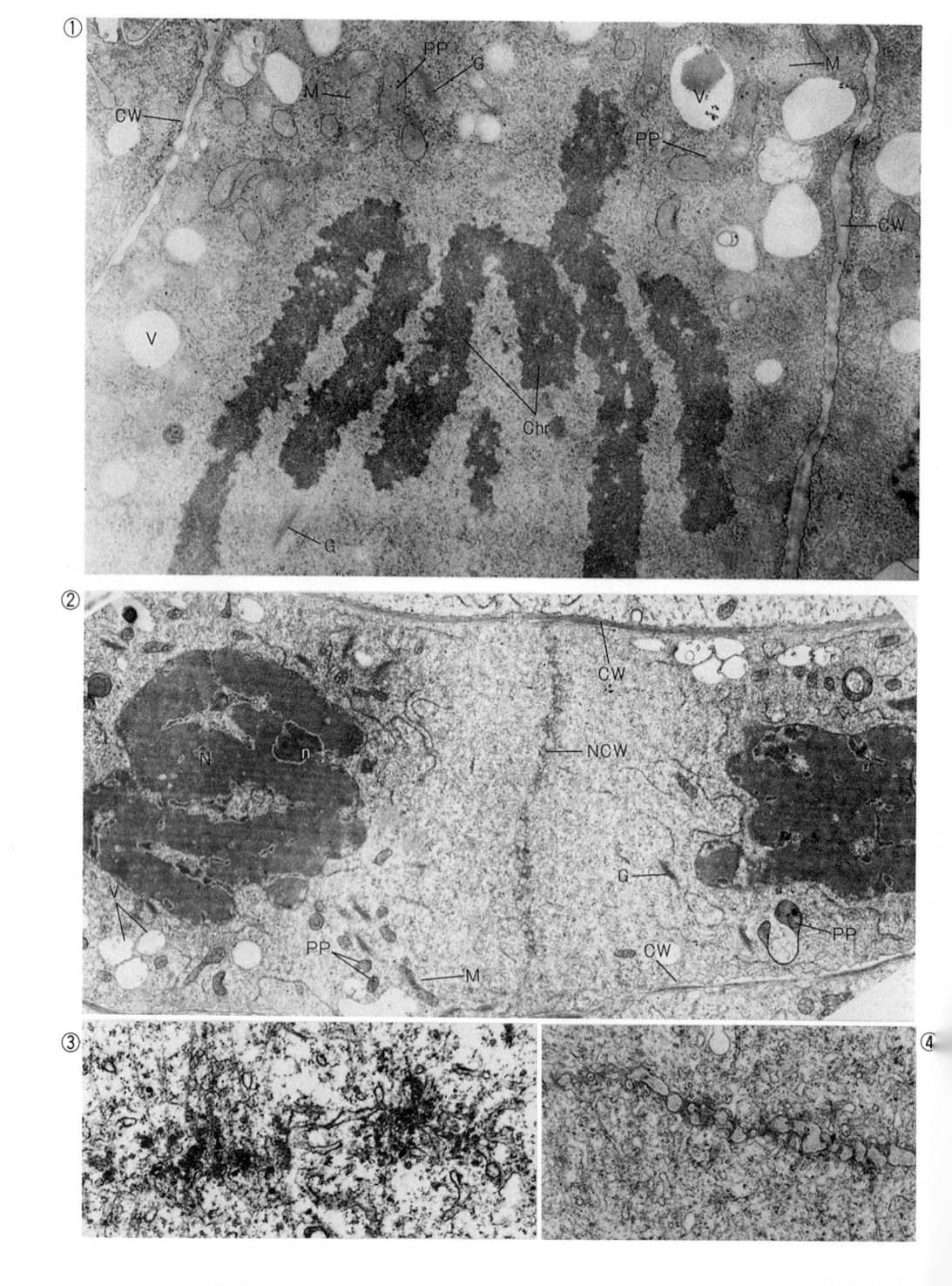

13 細胞分裂

① ムラサキツユクサ(Tradescantia reflexa)の花粉母細胞の減数第2分裂中期　染色体(Chr)から紡錘糸(SF)が出ており、ゴルジ体(G)、ミトコンドリア(M)、前色素体(PP)、小胞体(ER)、液胞(V)も観察される。挿入図は染色体の動原体(KC)に紡錘糸が付着していることを示している。[電顕(KMnO$_4$＋OsO$_4$固定)　×14,000/左貝]

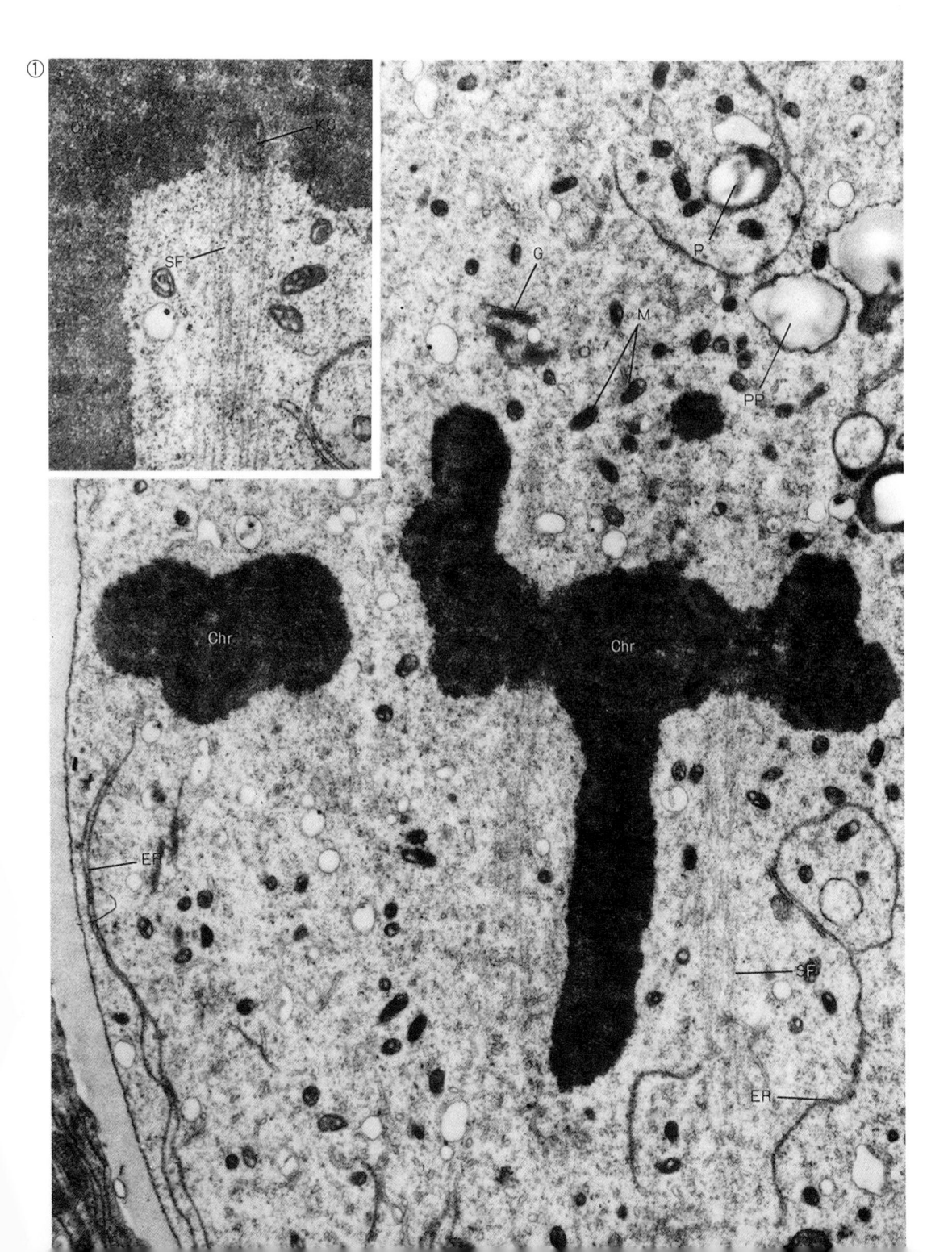

2 組　　　織（Tissues）

　単細胞生物（unicellular organism）では細胞はひとつひとつ遊離し，細胞自身個体であり，その中ですべての生活活動が行われている．これに対して多細胞生物（multicellular organism）では多くの細胞が集って組織を形成している．しかし同じ多細胞生物でも藻類，菌類，コケ類など，いわゆる下等植物の組織は，比較的単純で分化の程度は低く，これらの植物を葉状植物（thallophyta）と呼んでいる．これに対して，シダ植物，裸子植物，被子植物の高等植物の組織は複雑で，分化の程度は高く，単純組織（simple tissue）が集まって複合組織（compound tissue）をなし，根・茎・葉の区別も生じている．それでこれらの植物を茎葉植物（cormophyta）と呼んでいる．

　組織についての学問，すなわち組織学（histology）または解剖学（anatomy）の対象になるのは主として茎葉植物である．

　植物の組織はふつう種々の観点から次のように分けられる．

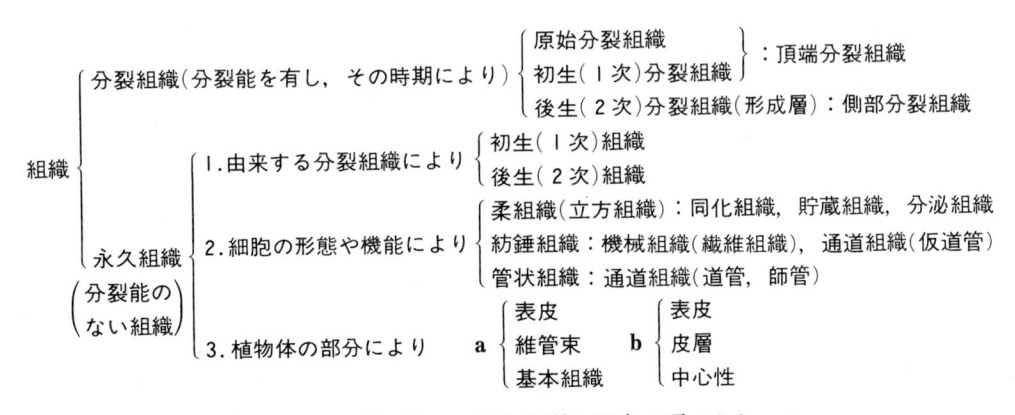

```
          ┌ 分裂組織（分裂能を有し，その時期により）┌ 原始分裂組織 ┐
          │                                        │ 初生（1次）分裂組織 ├ ：頂端分裂組織
          │                                        └ 後生（2次）分裂組織（形成層）：側部分裂組織
          │
組織 ┤           ┌ 1. 由来する分裂組織により ┌ 初生（1次）組織
          │           │                              └ 後生（2次）組織
          │           │                              ┌ 柔組織（立方組織）：同化組織，貯蔵組織，分泌組織
          └ 永久組織  ┤ 2. 細胞の形態や機能により ┤ 紡錘組織：機械組織（繊維組織），通道組織（仮道管）
            (分裂能の)│                              └ 管状組織：通道組織（道管，師管）
            (ない組織)│                              ┌ 表皮      ┌ 表皮
                     └ 3. 植物体の部分により  a ┤ 維管束  b ┤ 皮層
                                                  └ 基本組織  └ 中心柱
```

　以上のうち分裂組織は，細胞分裂や器官の項でふれ，ここでは，永久組織の第3の観点から表皮・維管束・中心柱・基本組織の順に観察していこう．

1 表皮 (Epidermis)

　表皮はピンセットやカミソリの刃ではぎとったり，スンプ法 (SUMP method) その他によって顕微鏡観察をすることができる.

　表皮は植物体の表面をおおい，内部を保護する組織で葉緑体のあるもの (シダ植物) やないもの (単子葉植物) がある．ふつうタイルをはりつめたように隙間なく並ぶ一層の表皮細胞 (epidermal cell) のほか，所々に気孔 (stoma) があったり，とげや毛 (hair) を生じたりしている．

① トベラ (Pittosporum Tobira) の葉の上面表皮　六角形に近い表皮細胞が石垣のように組み合わさっている．この細胞には白色体はあるが葉緑体はない．

② コンテリクラマゴケ (Selaginella uncinata) の葉の下面表皮　細胞壁は波状に組み合わさっている．この表皮細胞には葉緑体がある．

③ ホウセンカ (Impatient Balsamina) の葉の下面表皮　波状の細胞壁で組み合わさった表皮細胞のほか所々に2個の孔辺細胞 (guard cell) でかこまれた気孔がある．孔辺細胞には葉緑体がある．

④ オオカナダモ (Elodea densa) の葉の表皮　オオカナダモの葉は中央部とヘリとを除いては2層の細胞からなり，葉緑体を持っている．しかし所々に葉緑体のない粘液細胞と葉のヘリにとげ細胞が分化している．

[光顕　①②×1,000，③④×150/植田]

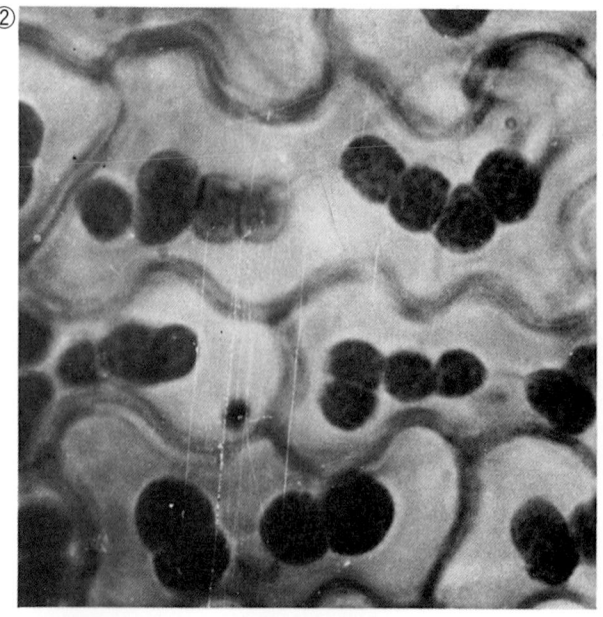

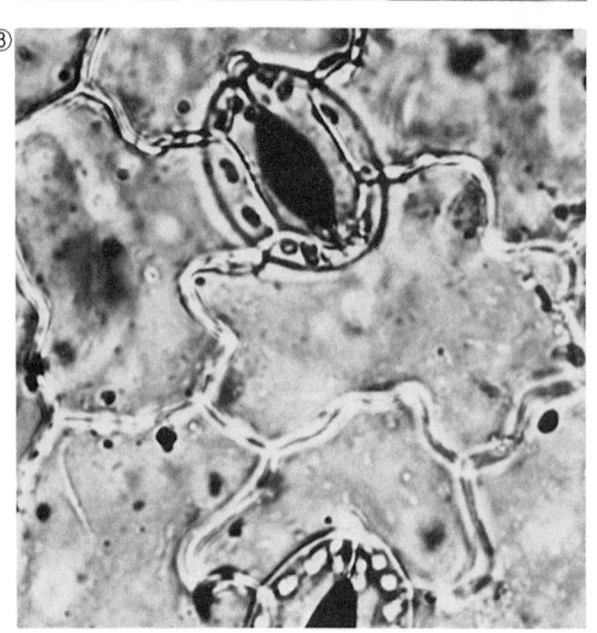

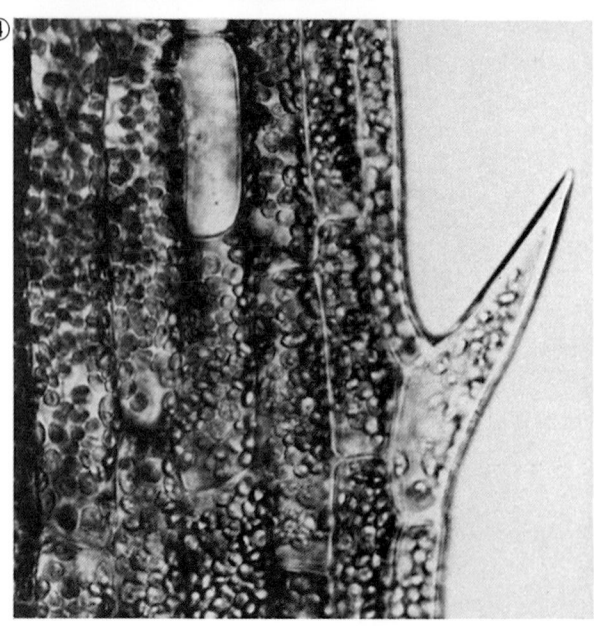

1 表皮

(1) 表皮の構造 (Structure of Tissues)

気孔は水分の蒸散や酸素や二酸化炭素のガス交換をする上で植物にとって重要である．気孔は葉の上面になく下面にだけあるもの，葉の両面にあるが下面に多いものなどがある．

①～② ガクアジサイ (Hydrangea macrophylla) の葉の上面①と下面② 気孔は葉の下面にだけある．
③～④ トベラ (Pittasporm Tobira) の葉の上面①と下面② 気孔は葉の下面にだけある．
[光顕 ①②×150, ③④×400/植田]

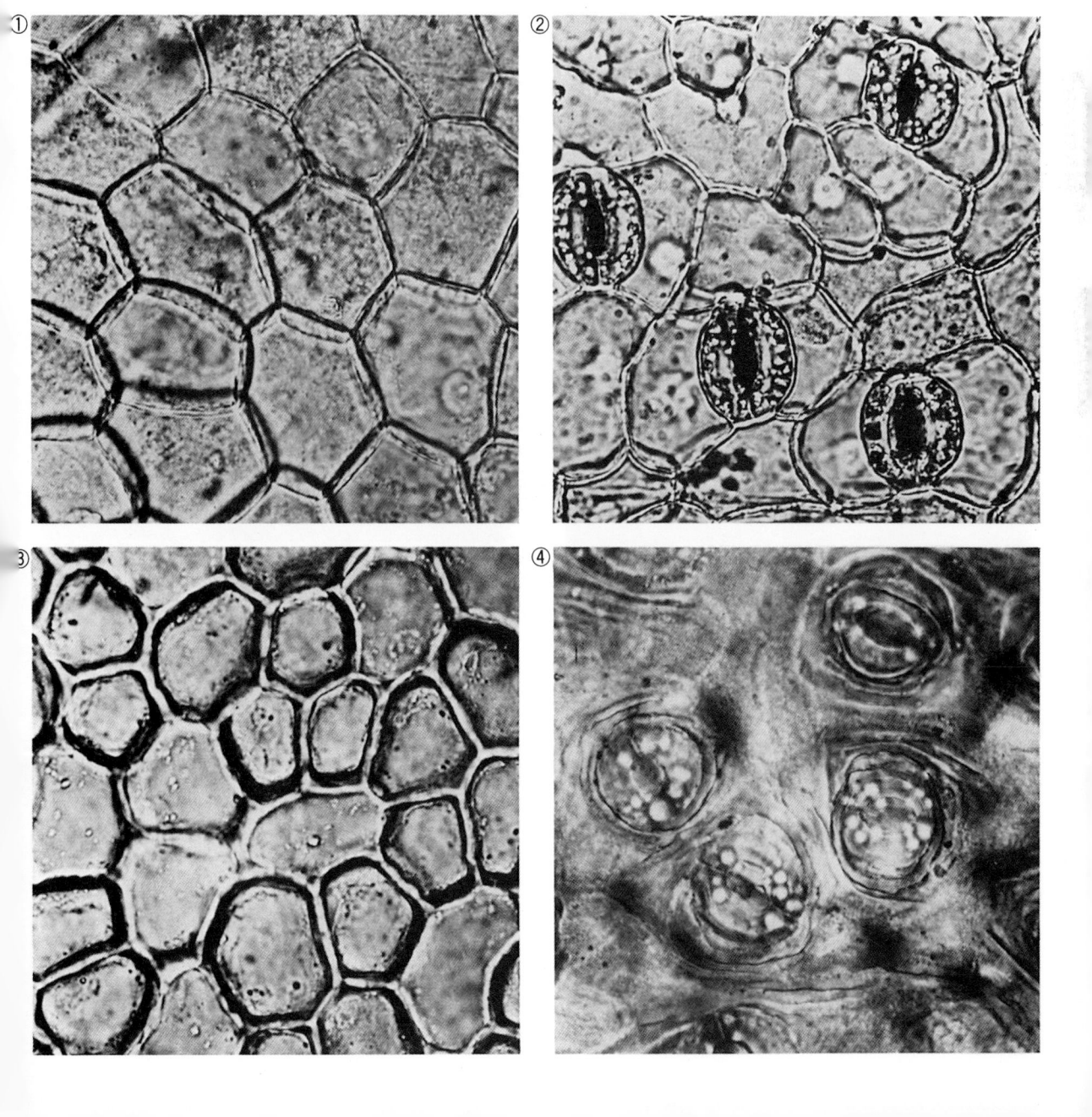

①〜② ガクアジサイ（Hydrangea macrophylla）の葉の上面①と下面②　下面にだけ気孔がある．
③〜④ ホウセンカ（Impatiens Balsamina）の葉の上面③と下面②　上面にも気孔はあるが下面より少ない．
［光顕　①〜④×300／植田］

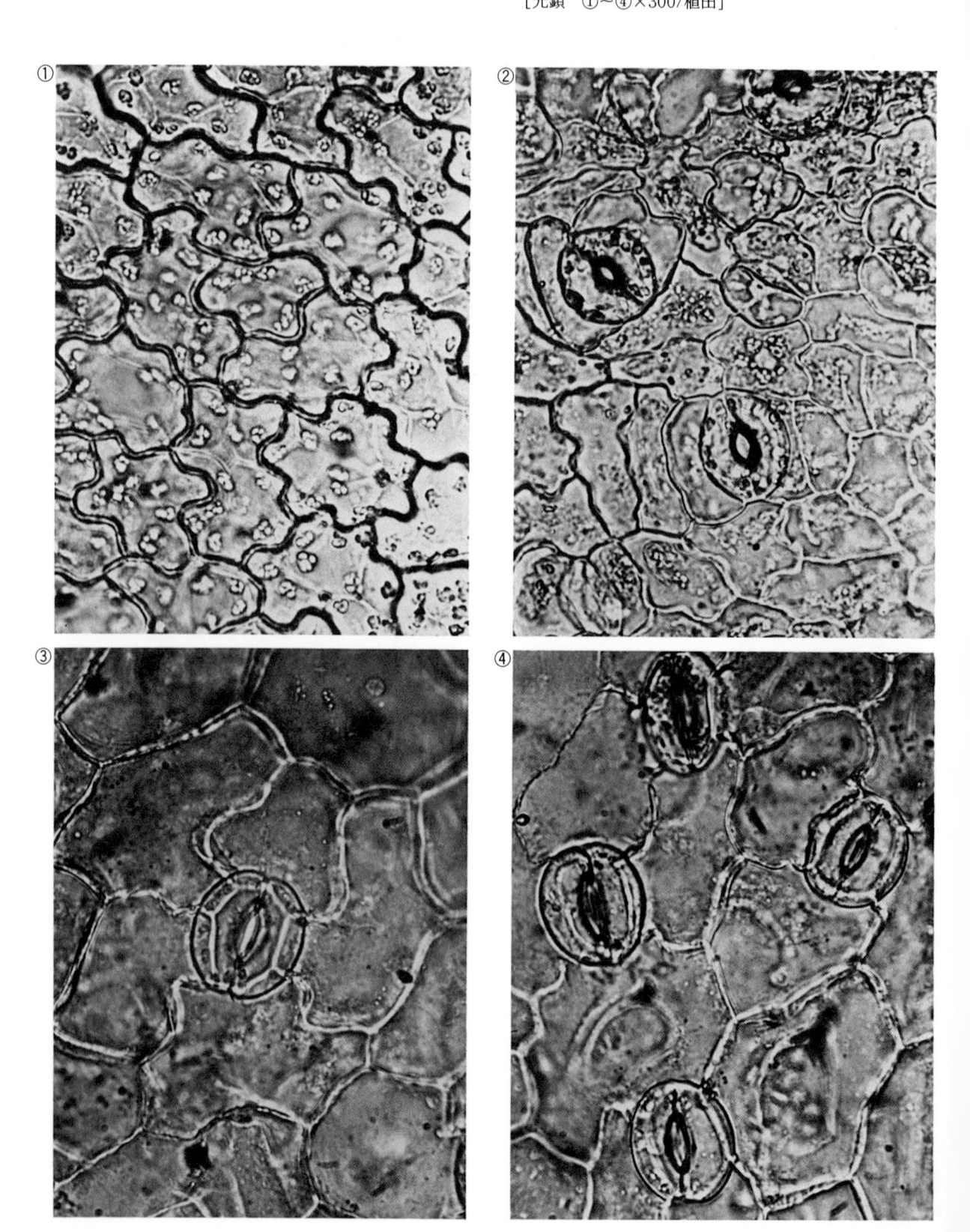

1 表皮

①〜② アサガオ（Pharbitis Nil）の葉の上面①と下面②
上面は下面より気孔の数は少ない．［走顕　×300/山田］
③　ムラサキツユクサ（Tradescantia reflexa）の葉の下面
の表皮　維管束部（図の両端）には気孔はなく，維管束間
だけに気孔が観察される．［光顕　×200/植田］

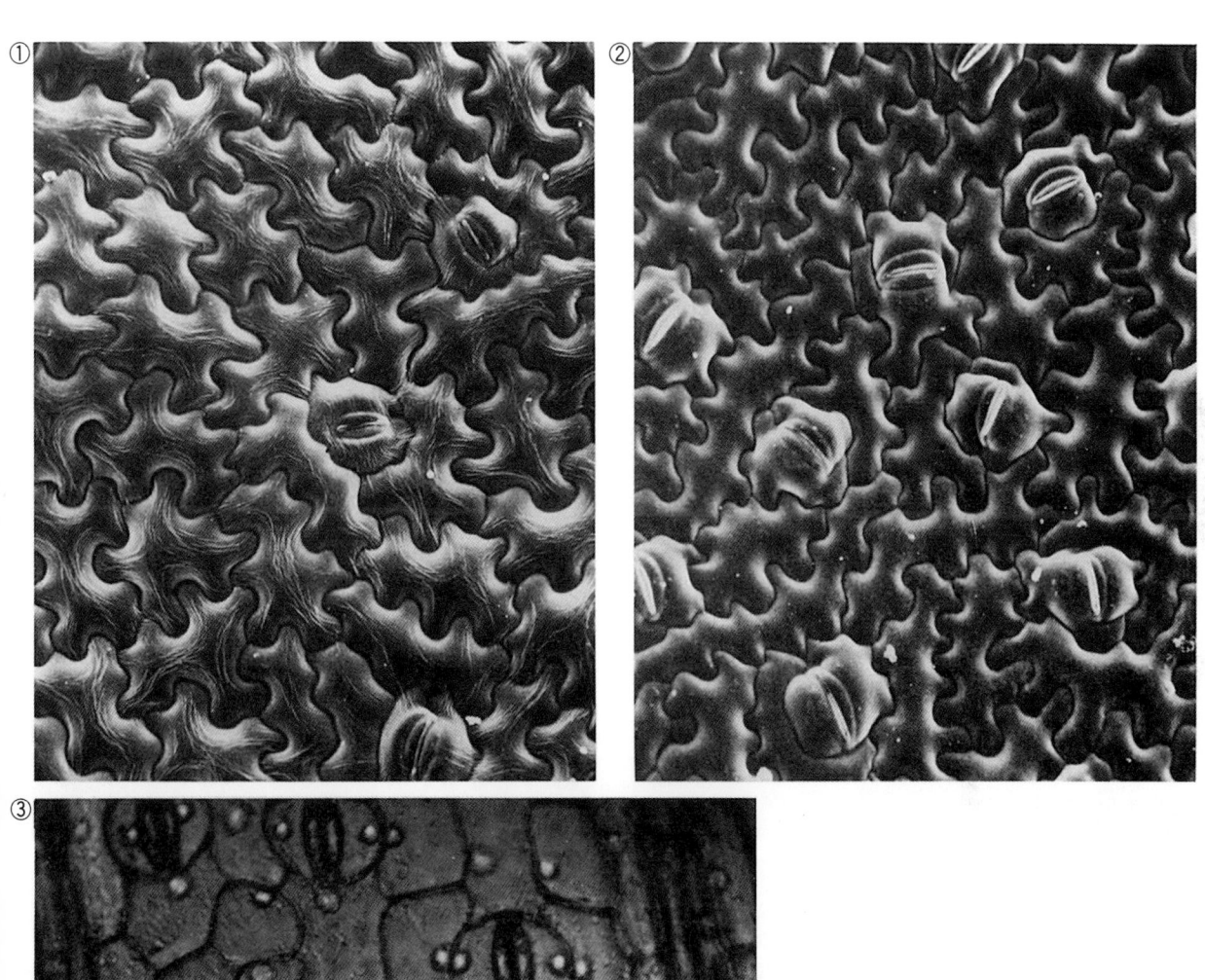

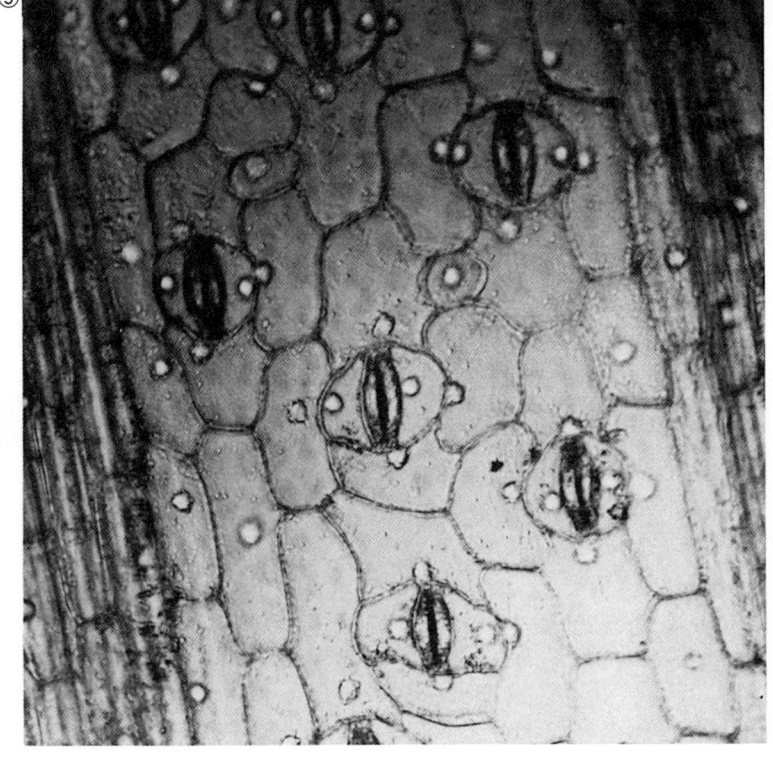

（2） 表皮細胞の形（Forms of Epidermal Cells）

表皮細胞の形は，植物の種類によって似ていたり異っていたりする．これに対し孔辺細胞は半月形のものが多い．

① クマワラビ（Dryapteris lacera）の葉の下面の表皮　表皮細胞の周辺は波形をなしている．
② ベニシダ（Dryopteris erythrosora）の葉の下面の表皮　表皮細胞の周辺は波形をなしている．
［光顕（スンプ法）　①②×200/植田］

③ ソラマメ（Vicia Faba）の葉の上面の表皮　上面にも気孔があり，表皮細胞の周辺は波形をなしている．［光顕　×400/植田］
④ ムラサキツユクサ（Tradescantia reflexa）の葉の下面の表皮　気孔は大きく開き，半月形の孔辺細胞の周囲に4個の副細胞（subsidiary cell）を持っている．［光顕　×400/相沢］

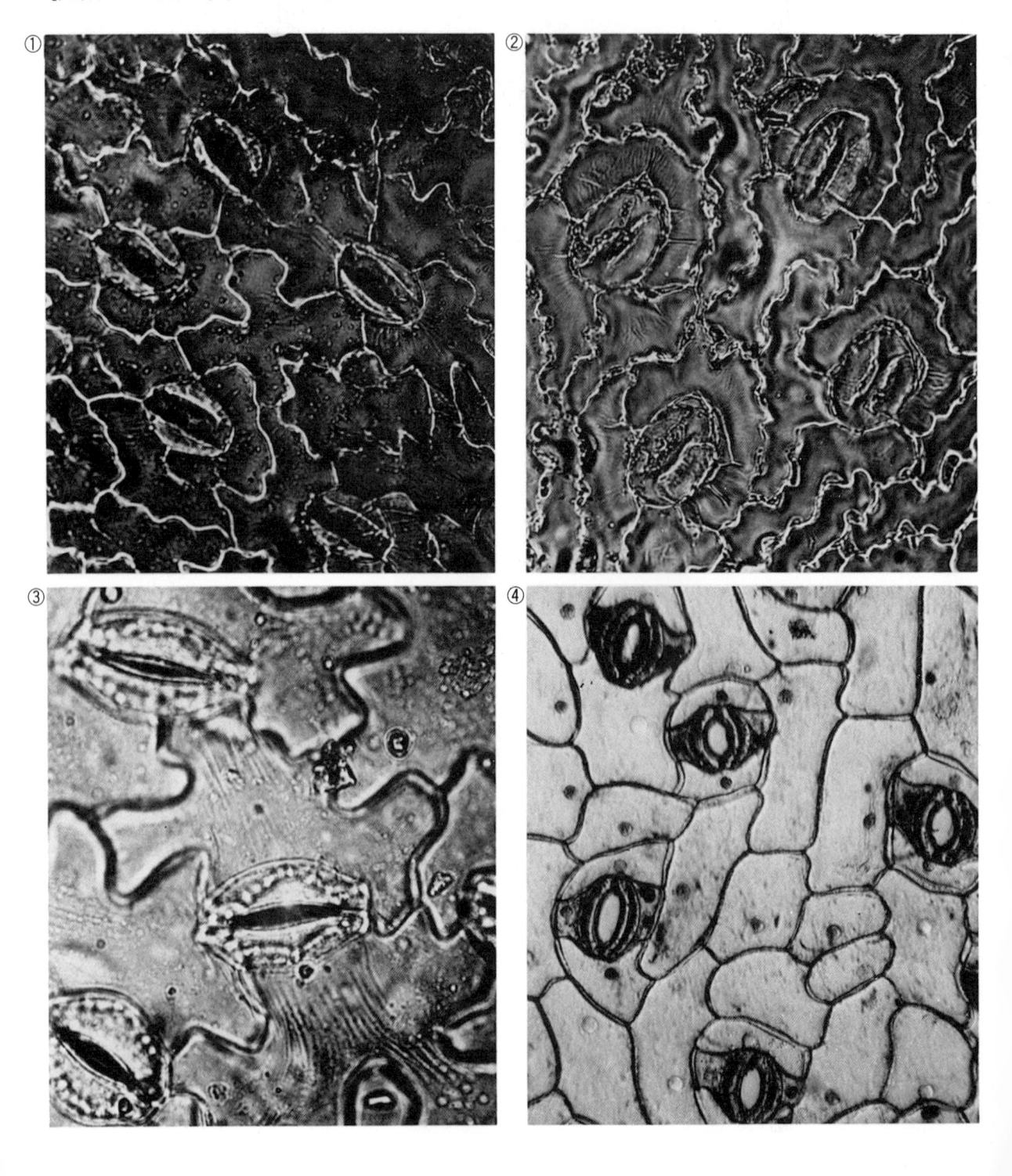

1 表皮

① **ツバキ**（Camellia japonica）の葉の下面の表皮
② **ビワ**（Eriobotrya japonica）の葉の下面の表皮　表面に微細な模様が見られる．
③ **オオムギ**（Hordeum vulgare）の葉の下面の表皮　気孔は縦に列をなしている．
④ **シャガ**（Iris japonica）の葉の下面の表皮
［光顕（スンプ法）　①～④×200/植田］

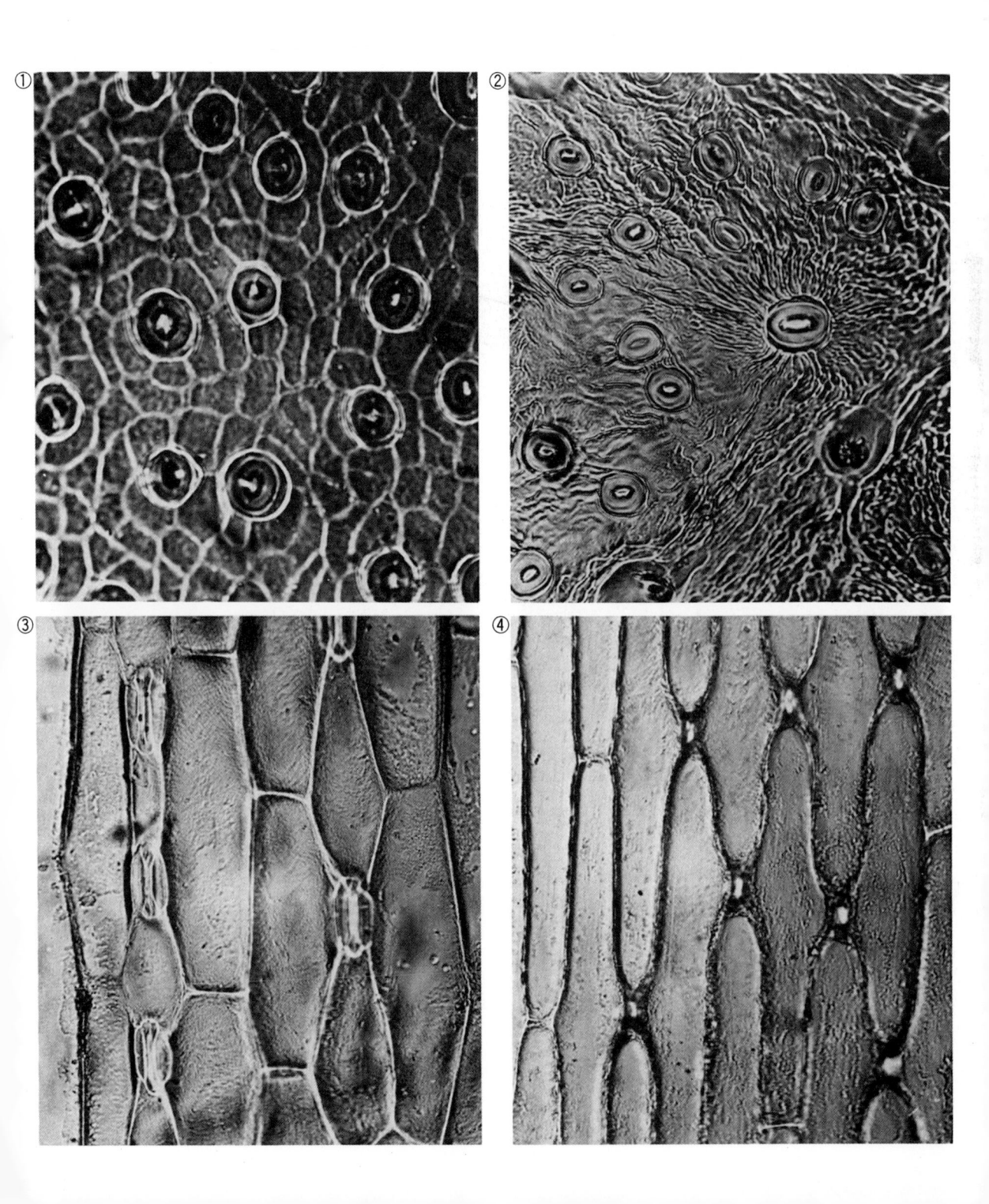

(3) 表皮の微細構造(Fine Structure of Epidermal Cells)

表皮を走査電顕で観察すると，細胞膜表面に出されたロウ質や種々の模様などにより微細な構造を観察することができる．

①〜③　ネギ(Allium fistulosum)の葉の上面　①気孔の部分はやや突出している．②閉じた気孔とその周辺の結晶状構造．③ロウ質と思われる結晶状構造の拡大．〔走顕　①×200，②×2,000，③×4,000/山田〕

④〜⑥　ヌマムラサキツユクサ(Tradescantia paldosa)の葉の下面表皮　④光顕で観察すると図の左端に気孔，副細胞の核や葉緑体がわずかに見られ，細胞壁表面にすじがかすかに見える．⑤⑥スンプ法による走顕観察では表面のすじが明瞭に観察される．拡大して走顕で観察するとすじはやや結晶のようになっている⑥．〔光顕　④×700；走顕(スンプ法)　⑤×700，⑥×2,000/植田・山根★〕

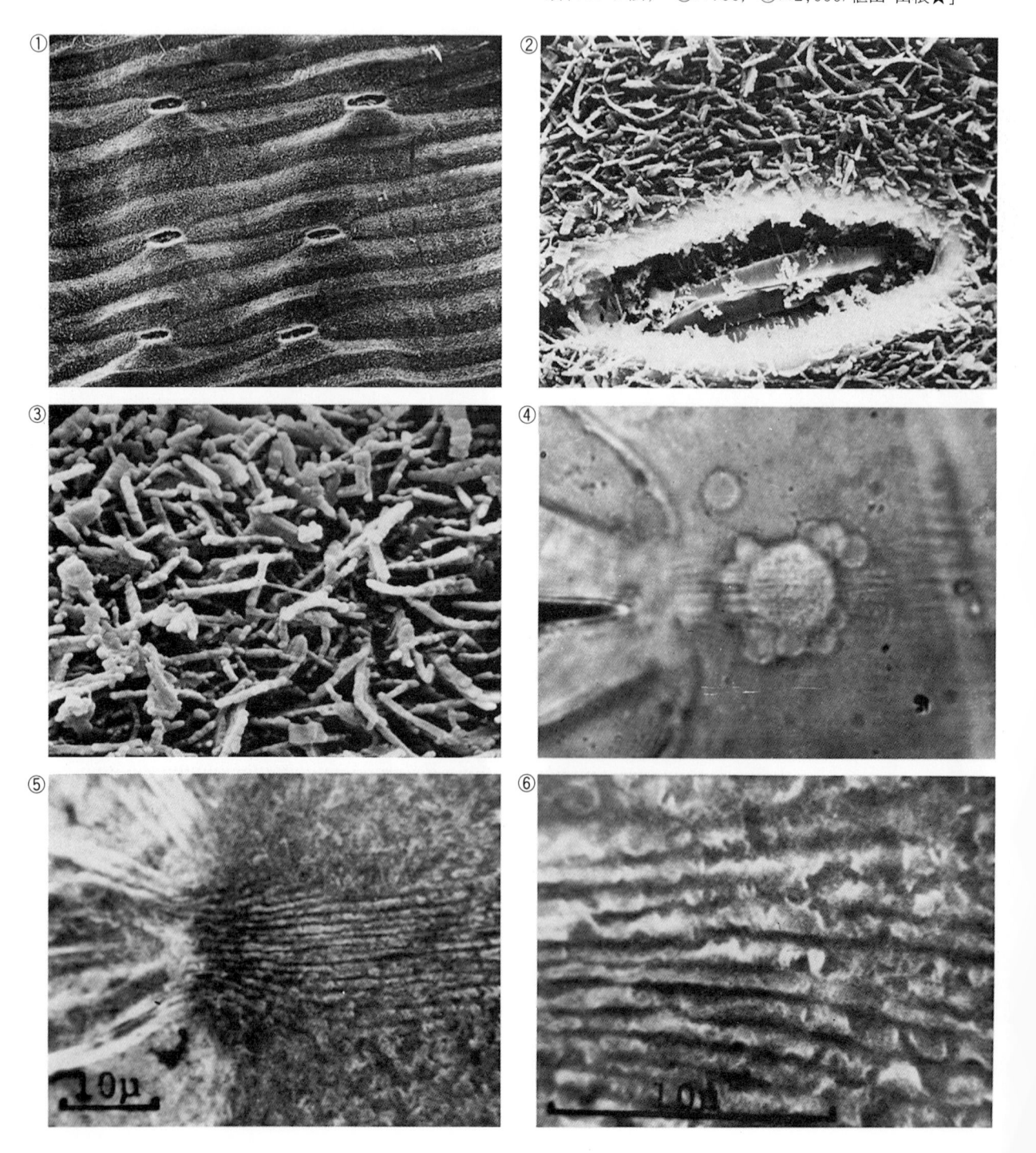

1 表皮

① ソメイヨシノ（Prunus yedoensis）の葉の下面　気孔から放射状にすじが多数観察される．
② ホウセンカ（Impatiens Balsamina）の葉の下面
③ スギ（Cryptomeria japonica）の葉の上面　気孔部はロウ物質でふさがれているように見える．
④ コメツガ（Tsuga diversifolia）の葉の上面　スギと同様なロウ物質でふさがっていた気孔部を3時間ベンジン処理し，陥入孔が明らかになったもの．
[走顕（②スンプ法，④ベンジン処理）　①×800，②〜④×700/山根・植田]

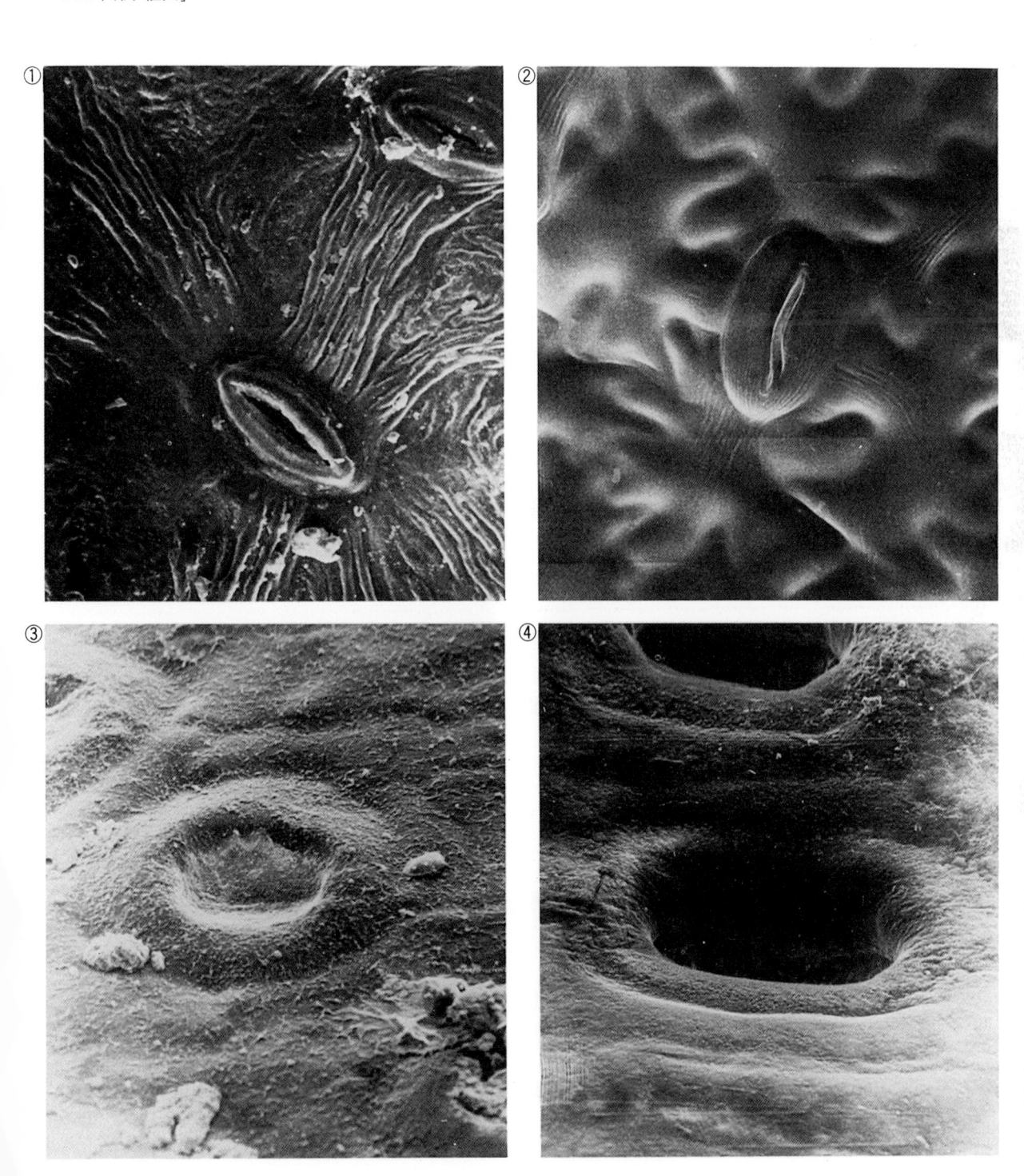

① 陥入気孔模式図　乾燥地の植物（リュウゼツランなど）や冬期の乾燥に耐えなければならない植物（マツなどの裸子植物）などでは気孔が葉の表面よりも奥深く入り込んでいる．［植田］

② アロエ（キダチロカイ，Aloe arborescens）の陥入気孔　葉の表面には孔があるだけで孔辺細胞は見当たらない．周辺はロウ物質でおおわれている．

③～④　シロマツ（白松，Pinus bungeana）の陥入気孔③とスンプ法による外呼吸腔内面と孔辺細胞を表したもの④．
［走顕　②～④×2,000／山根・植田］

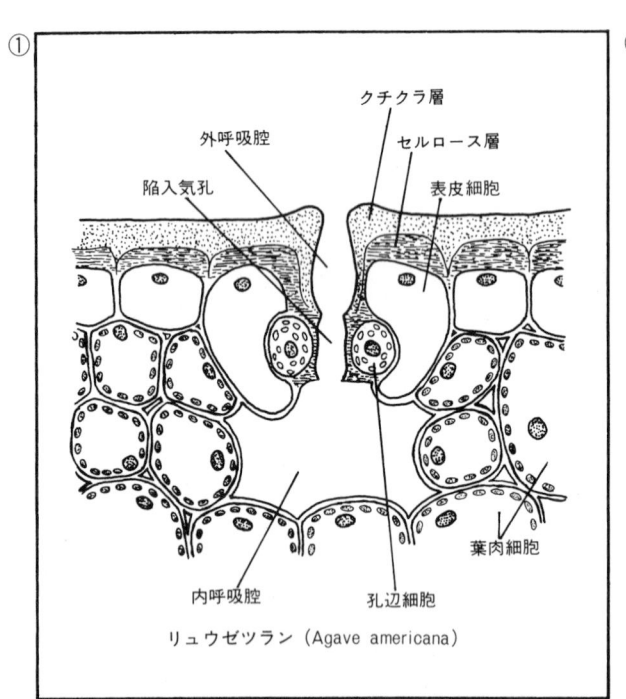

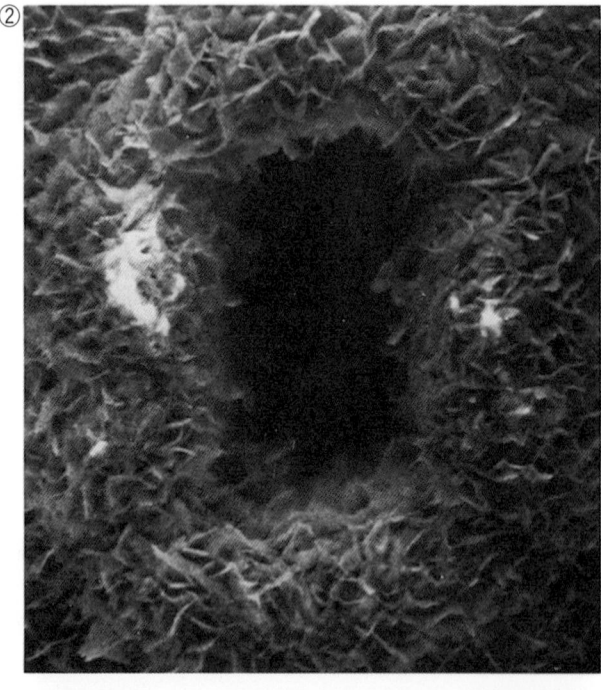

リュウゼツラン（Agave americana）

1 表皮

①〜② ヒマラヤスギ(Cedrus Deodara)の陥入気孔①とスンプ法による陥入部内面②
③〜④ カヤ(Torreya nucifera)の陥入気孔③とスンプ法による陥入部内面④
[走顕 ①〜④×700/山根・植田]

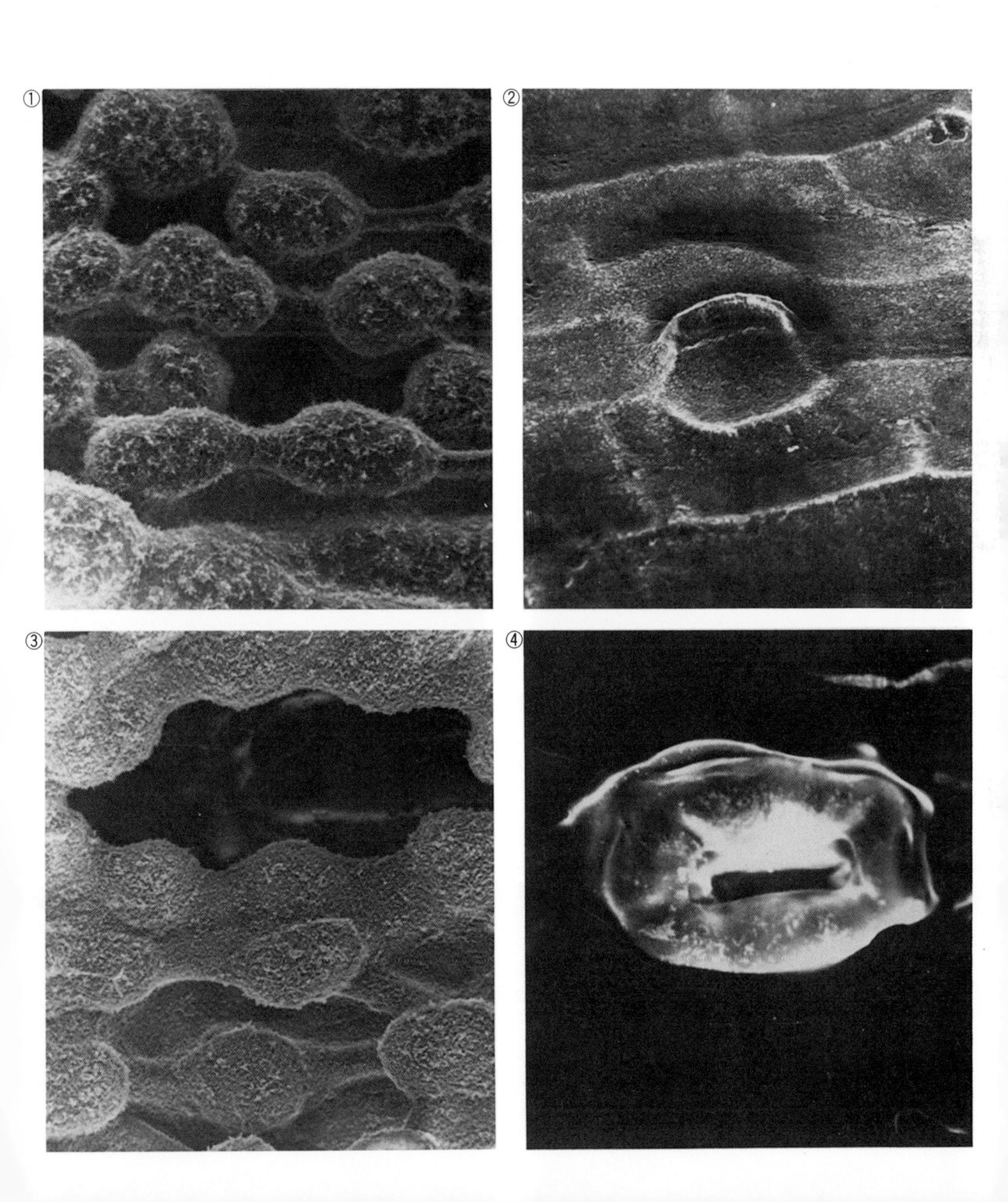

（4）孔辺細胞と表皮細胞の内部構造（Internal Structures of Guard Cells and Epidermal Cells）

孔辺細胞には1個の核のほか数個の葉緑体を有し，光合成を行い，膨圧の変化により気孔の開閉を行う．これに対して，表皮細胞には葉緑体はなく，白色体だけのもの（単子葉植物・裸子植物）や，葉緑体はある程度しか発達していないもの（被子植物）や，かなりよく発達しているものもある（シダ植物，水生植物）．また成熟した果実などでは有色体を含んでいるものもある．

①〜③　ガクアジサイ（Hydrangea macrophylla）の葉　①葉の下面の孔辺細胞．②若い葉の下面の孔辺細胞．③葉の上面表皮細胞の葉緑体．葉緑体はやや小さいが，デンプン粒を含んでいる．
④　ソメイヨシノ（Prunus yedoensis）の葉の上面表皮細胞　小さい葉緑体がある．
［光顕　①〜④×700/植田］

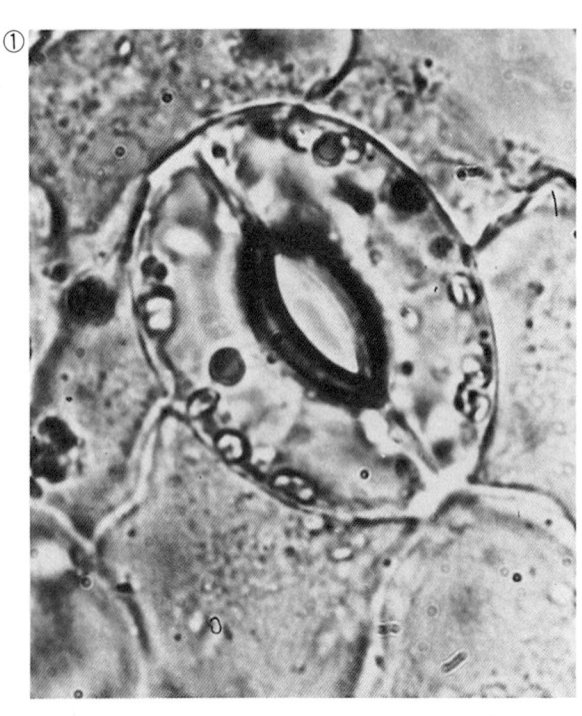

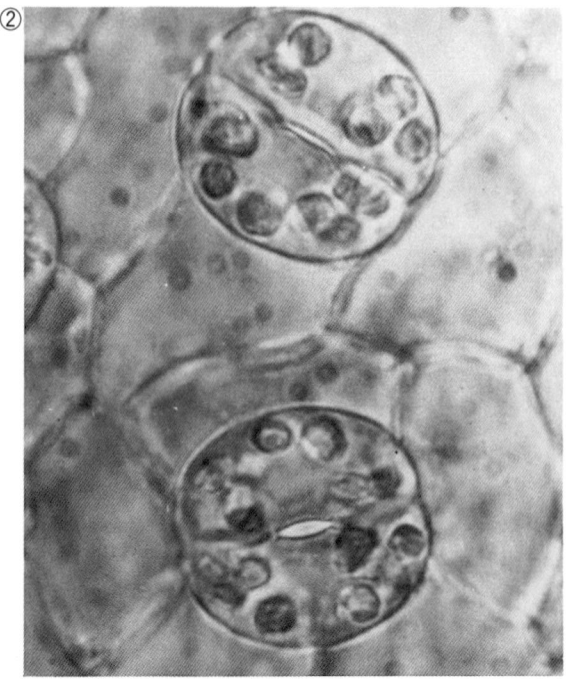

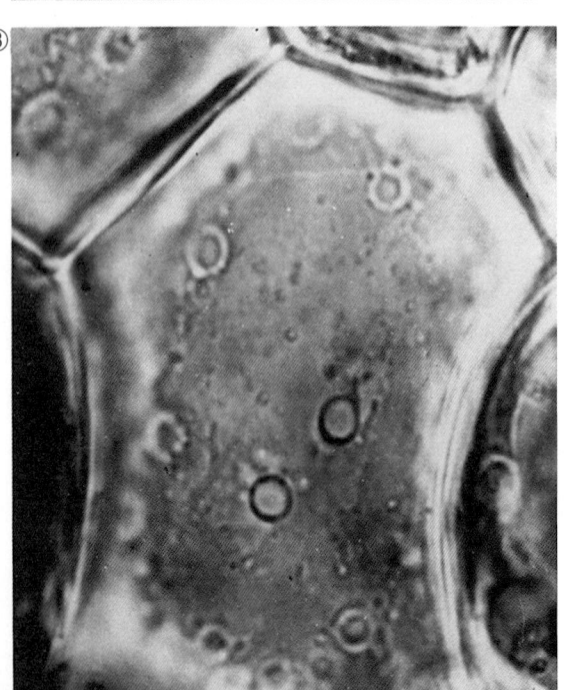

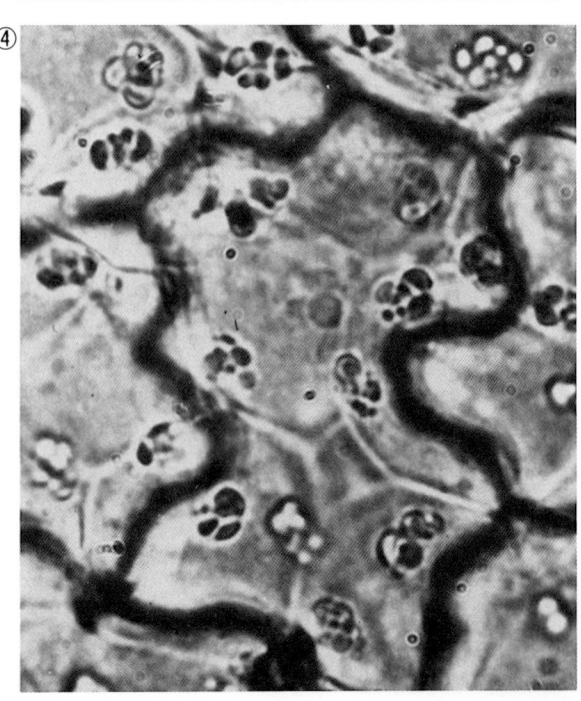

1 表皮

①〜② ウォータースプライト（ミズワラビ，Ceratopteris thalictroides）の葉の表皮　葉の上面①でも，下面②でも葉緑体はよく発達している．水中植物でありながら下面に気孔があり，孔辺細胞には葉緑体はほとんど発達していない②．

③ オオカナダモ（Elodea densa）の葉の上面表皮細胞の葉緑体　ヨウ素反応によりデンプン粒が青色に染まる．

④〜⑤ トウガラシ（Capsicum annuum）の果実表皮の有色体　④黄色種の黄色で丸い有色体．⑤赤色種の紅色で紡錘形の有色体

［光顕（③ヨウ素反応）　①×400，②×200，③×300，④⑤×700/植田］

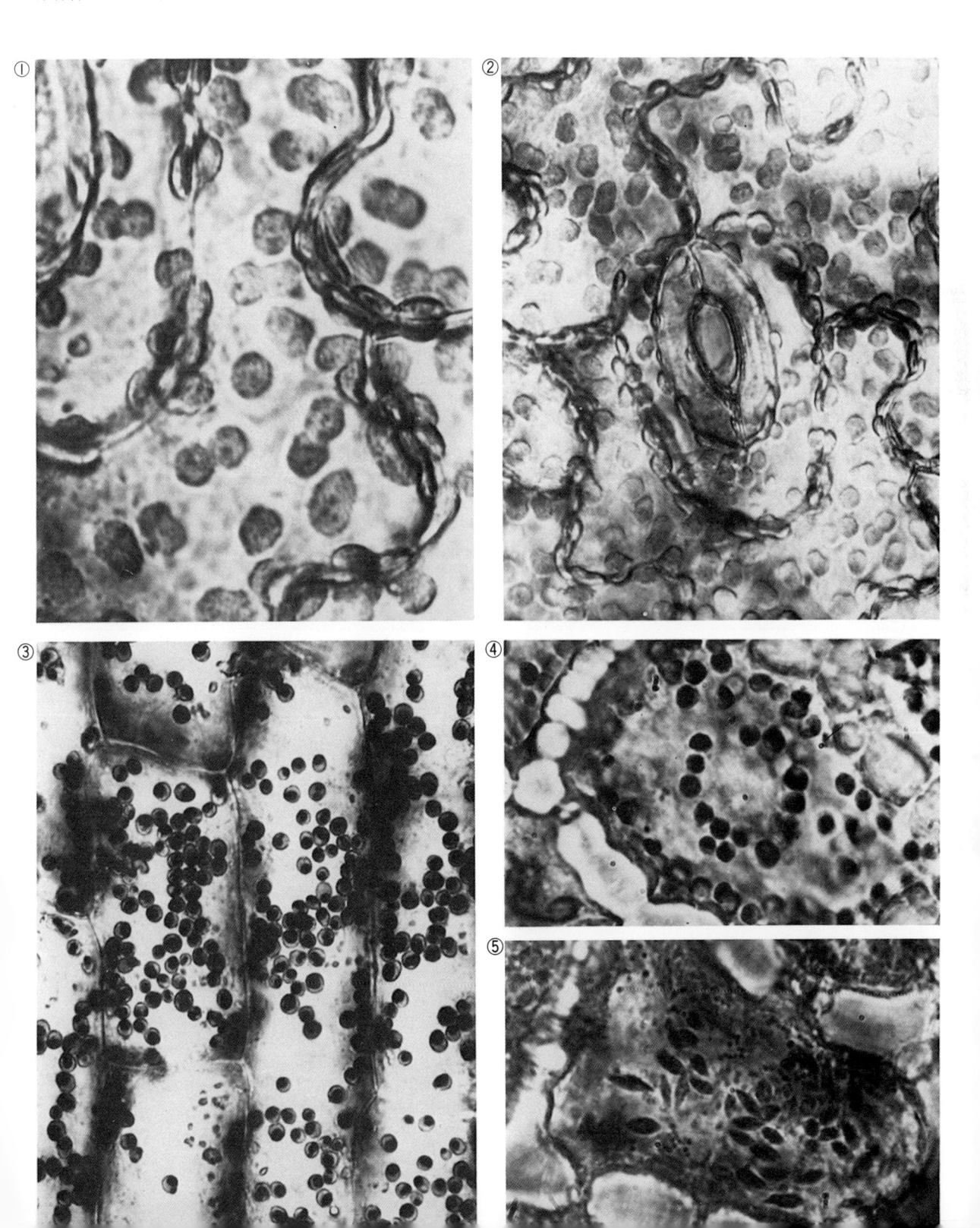

(5) 気孔の開閉(Opening and Closing of a Stoma)

気孔はおもに光の明暗により開閉し，葉の蒸散(transpiration)やガス交換(gas exchange)に役立っている．図の左が開いた気孔，右が閉じた気孔．

①～② キンセンカ(Calendula arvensis)の葉の上面の気孔の開閉
③～④ アサガオ(Pharbitis Nil)の葉の下面の気孔の開閉
⑤～⑥ ムラサキツユクサ(Tradescantia reflexa)の葉の下面の気孔の開閉
⑦～⑧ オオムギ(Hordeum vulgare)の葉の下面の気孔の開閉

[光顕 ①②×700, ③～⑧×250/植田]

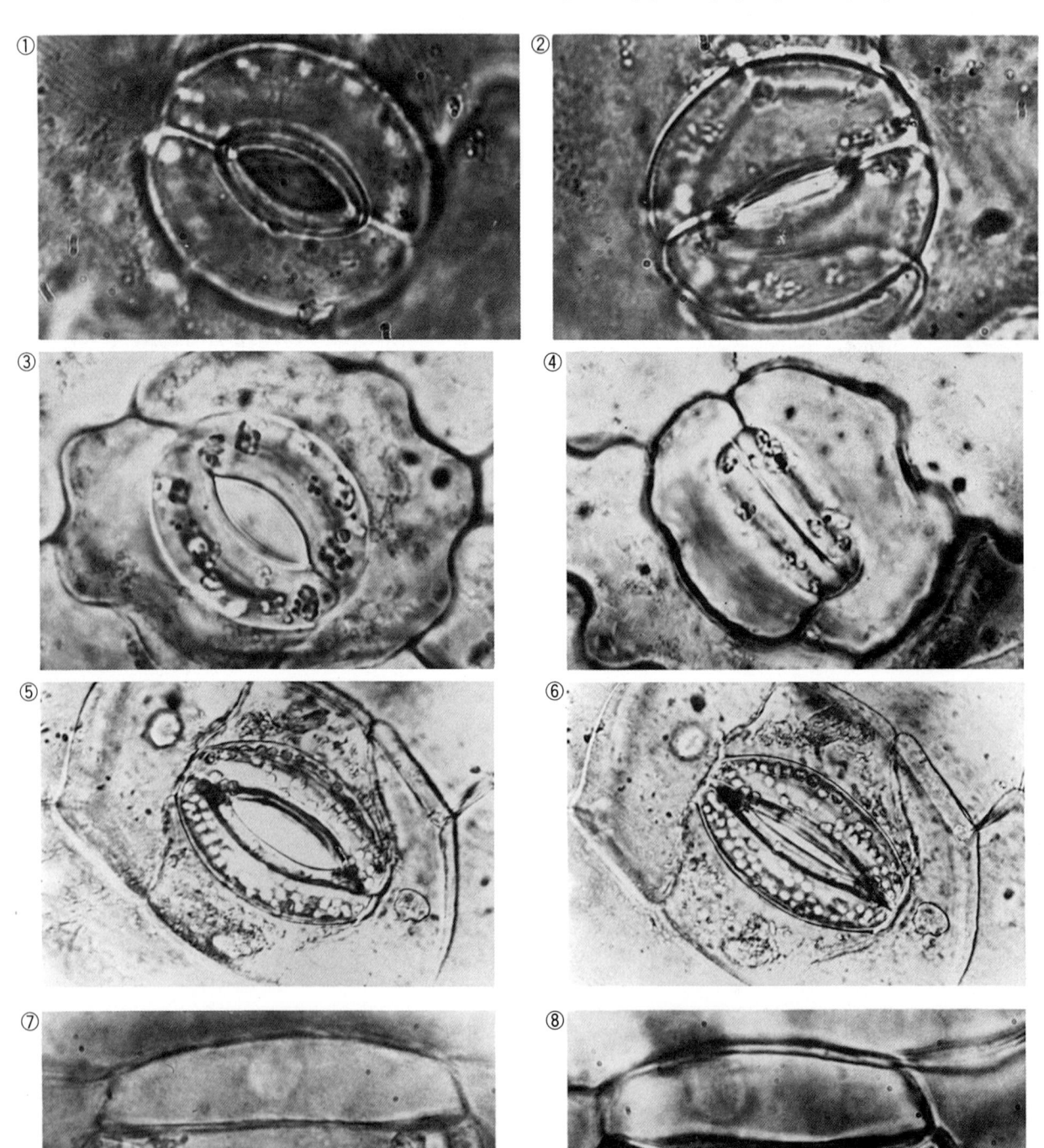

（6） 気孔の発生（Morphogenesis of a Stoma）

気孔は，1）気孔原始細胞（initial cell of a stoma）がそのまま孔辺母細胞（guard mother cell）になり，これが2分して孔辺細胞を生じ，その間に細胞間隙を生じて気孔が形成される場合と，2）気孔原始細胞が1～数回分裂した後，孔辺母細胞を生じ，これから気孔を生ずる場合と，さらに，3）気孔を生じた後，表皮細胞に細胞分裂が起こり，孔辺細胞をとりまく場合とがある．後二者では孔辺細胞のほかに副細胞（subsidiary cell）をその周辺に持つことになる．

①～② ドクダミ（Houttuynia cordata）の葉の下面表皮での気孔発生　①は気孔原始細胞が数回分裂して副細胞を生じ，中央のものが孔辺母細胞になったもの，②は孔辺母細胞が2分して孔辺細胞を生じたもの．

③～⑤ ムラサキツユクサ（Tradescantia reflexa）の葉の下面表皮での気孔発生過程　③は副細胞2個のもの，④は4個のもの，⑤は6個のものを示す．

⑥～⑦ エンドウ（Pisum sativum）の小葉下面の気孔発生　気孔原始細胞がそのまま孔辺母細胞になり気孔を生じたもの．通常は気孔はある程度離れて生じるが⑥，時には接して生じることもある⑦．

［光顕　①②⑥⑦×700，③④×300，⑤×150/⑤相沢，他は植田］

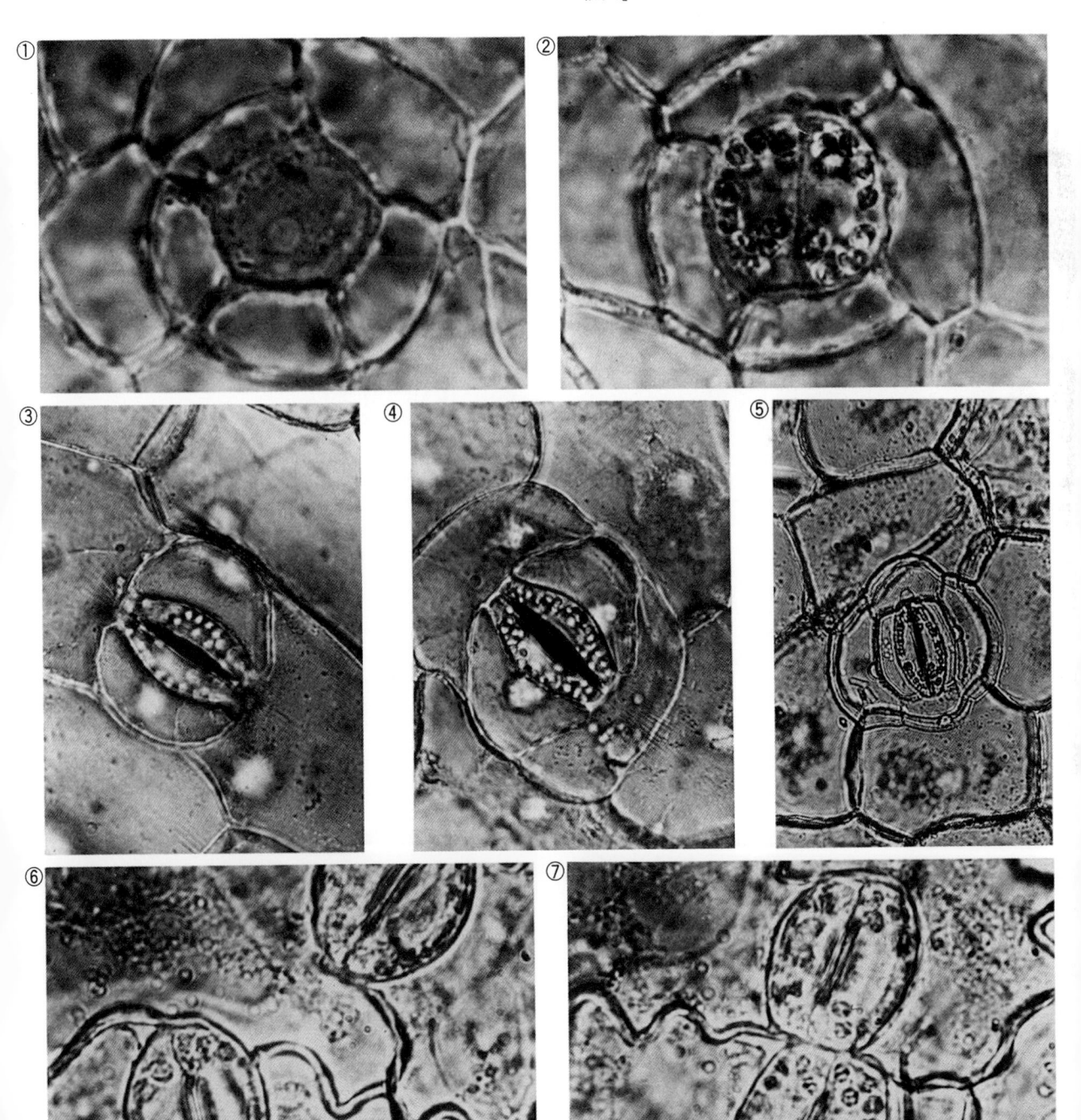

(7) 表皮細胞と気孔の横断構造（Transveroal Structures of Epidermal Cells and Stomata）

表皮細胞の外表面細胞壁には，最外層にクチクラ（角皮質，cticle）を含み，蒸散を防いだり，紫外線を吸収して内部を保護する役をしている．また，気孔は突出したり陥入したりして蒸散を調節しているものもある．

① アロエ（キダチロカイ，Aloe arborescens）の葉の表皮細胞断面　表皮細胞の外壁は厚く，3層に分かれ，外層はクチクラからなる角皮層で，中間層は角皮質とセルロースからなり，内層はセルロース層からなっている．側壁や内壁はいずれもセルロース層である．

② コウヤマキ（Sciadopitys verticillata）の葉の表皮細胞断面　表皮細胞の外壁は厚い．表皮細胞の下に，細胞壁が一様に厚い下皮細胞層が1層と部分的に2層が見られる．それより下は葉肉組織である．

③ ハカタガラクサ（Zebrina pendula）の葉の下面にある気孔断面

④ アサガオ（Pharbitis Nil）の葉の気孔断面　気孔部はやや突出している．

⑤ ホウレンソウ（Spinacea oleracea）の葉の気孔断面　孔辺細胞の細胞壁は上下壁が特に厚い．

⑥ アロエの葉の気孔断面　気孔は陥入気孔になり孔辺細胞は小さい．外呼吸腔（external respiratory cavity）と内呼吸腔（internal respisatory cavity）に分化している．

⑦ ダイオウマツ（Pinus australis）の葉の気孔断面　気孔は陥入気孔になっている．

[光顕　①②③⑥⑦×300，④⑤×700/植田]
RC：呼吸腔，Me：葉肉組織，ERC：外呼吸腔，IRC：内呼吸腔

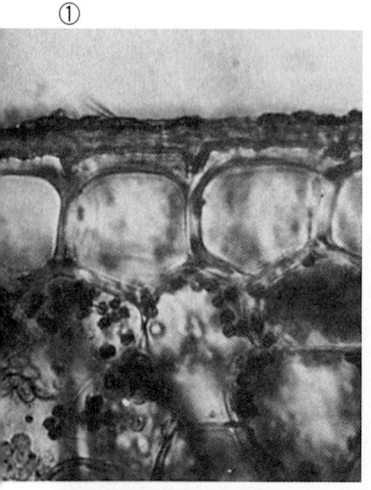

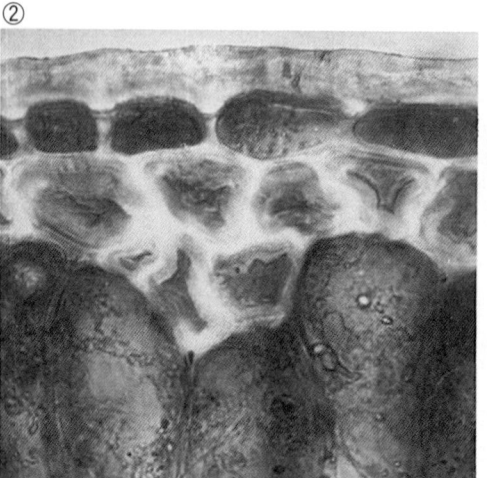

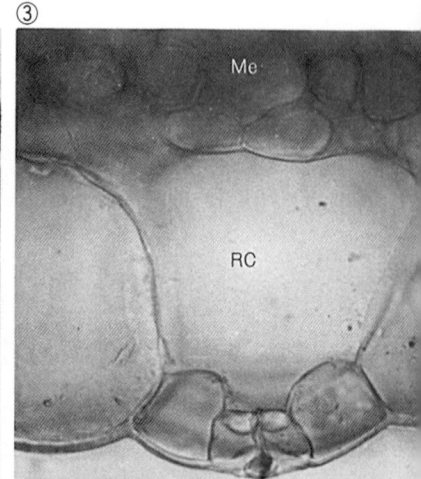

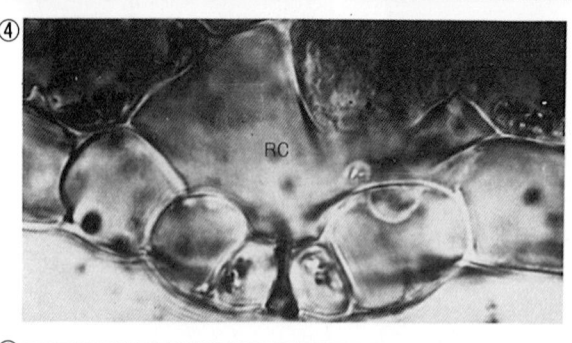

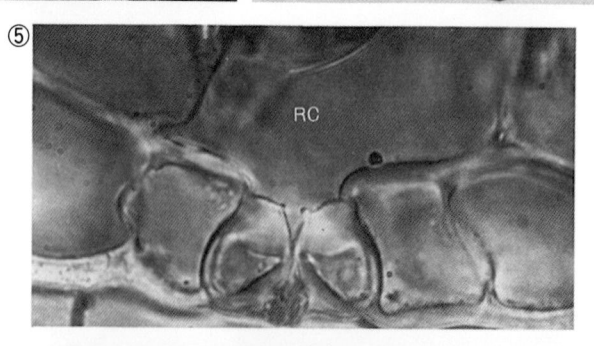

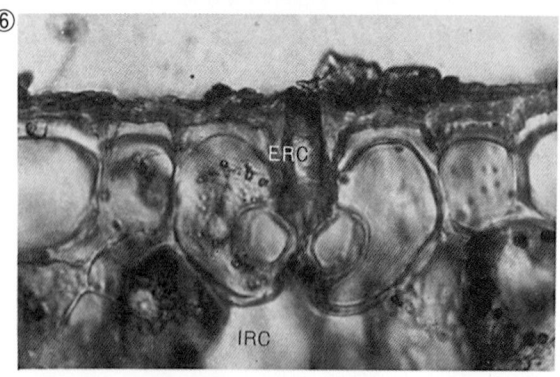

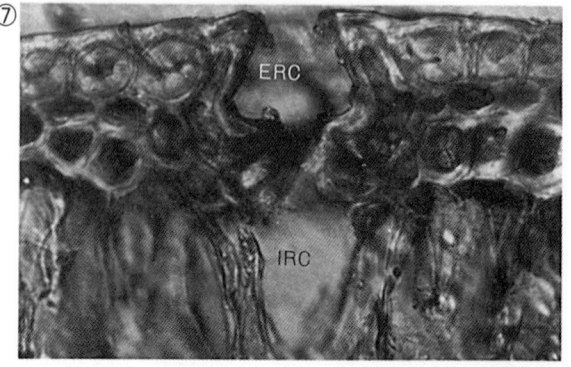

1 表皮

(8) 貯水組織と鐘乳体 (Water Tissue and Cystolith)

表皮細胞は貯水組織になって水を貯えたり、多層表皮になって特殊な鐘乳体を生じたりすることがある。

① ハカタガラクサ (Zebrina pendula) の葉の貯水組織の断面　貯水細胞は葉肉細胞の10倍以上も大きいことがある。葉の上面の貯水細胞は下面のものよりも大きい。[光顕 ×200/植田]

②〜③ インドゴムノキ (Ficus elastica) の葉 (断面) の多層表皮と鐘乳体　②葉の上面多層表皮の細胞は大きく、ここではその中に2個の大きな異形細胞 (idioblast) が見られ、それぞれ鐘乳体が1個ずつある。③鐘乳体の拡大。鐘乳体は細胞壁が細胞の内側に突出し、その上に炭酸カルシウムの結晶が沈着している。[光顕 ×25/喜多山]

④ キツネノマゴ (Justicia procumbens) の葉 (平面観) の鐘乳体　[光顕 ×200/植田]

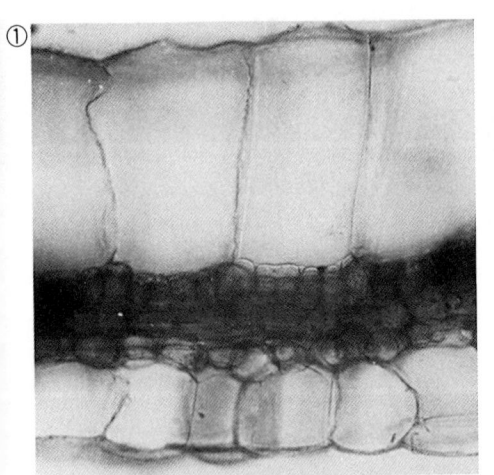

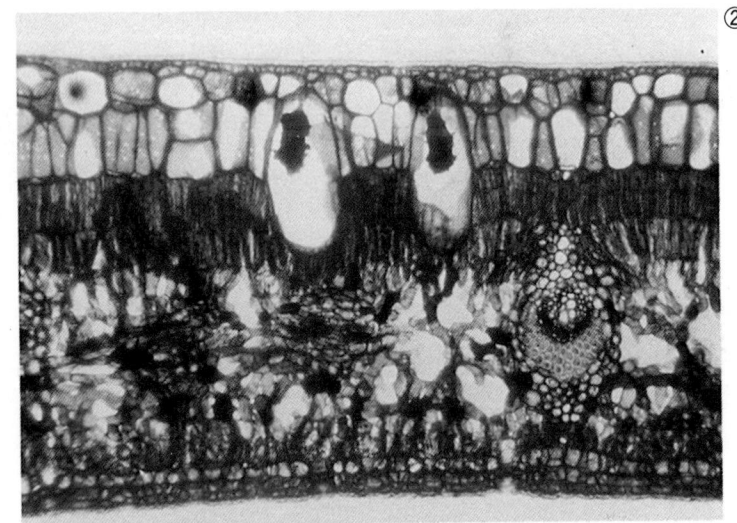

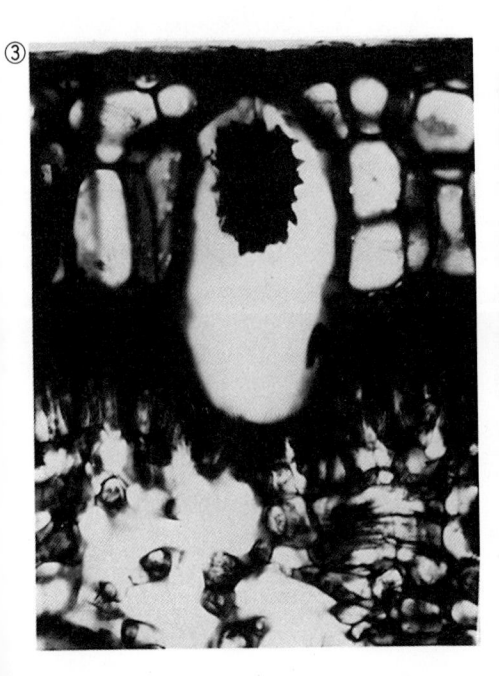

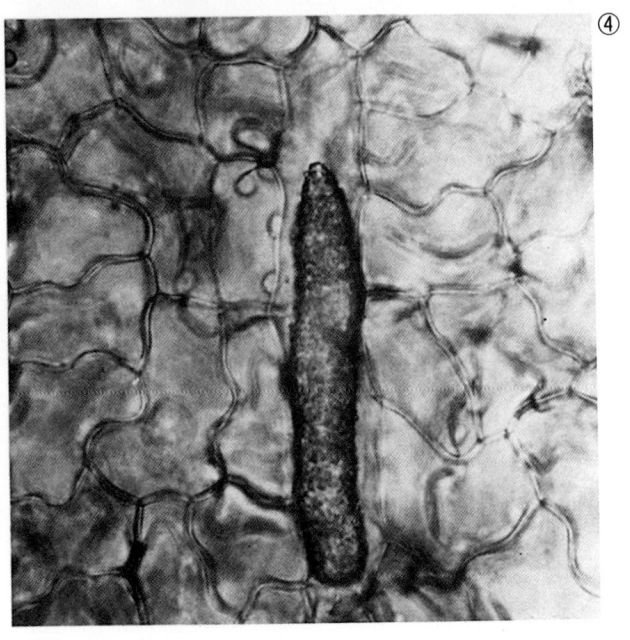

(9) 毛(Hairs)

　表皮細胞は外側にわずかに突出して突起毛(trichome)になったり，長く伸びて毛になったりする．このような毛には単細胞でできている単細胞毛と多細胞でできている多細胞毛とがあり，これらは形や機能によって星状毛，鱗毛，腺毛，蜜腺，散布毛などと呼ばれる．

① アブラナ(Brassica campestris)の花弁表面の突起毛
②～④ アブラナの花弁の突起毛の上部②，中部③，下部④に焦点を合わせたもの　上部②と中部③では粒状の色素体と細胞壁に放射状のすじが見える．
〔光顕　①×15，②～④×800/植田〕

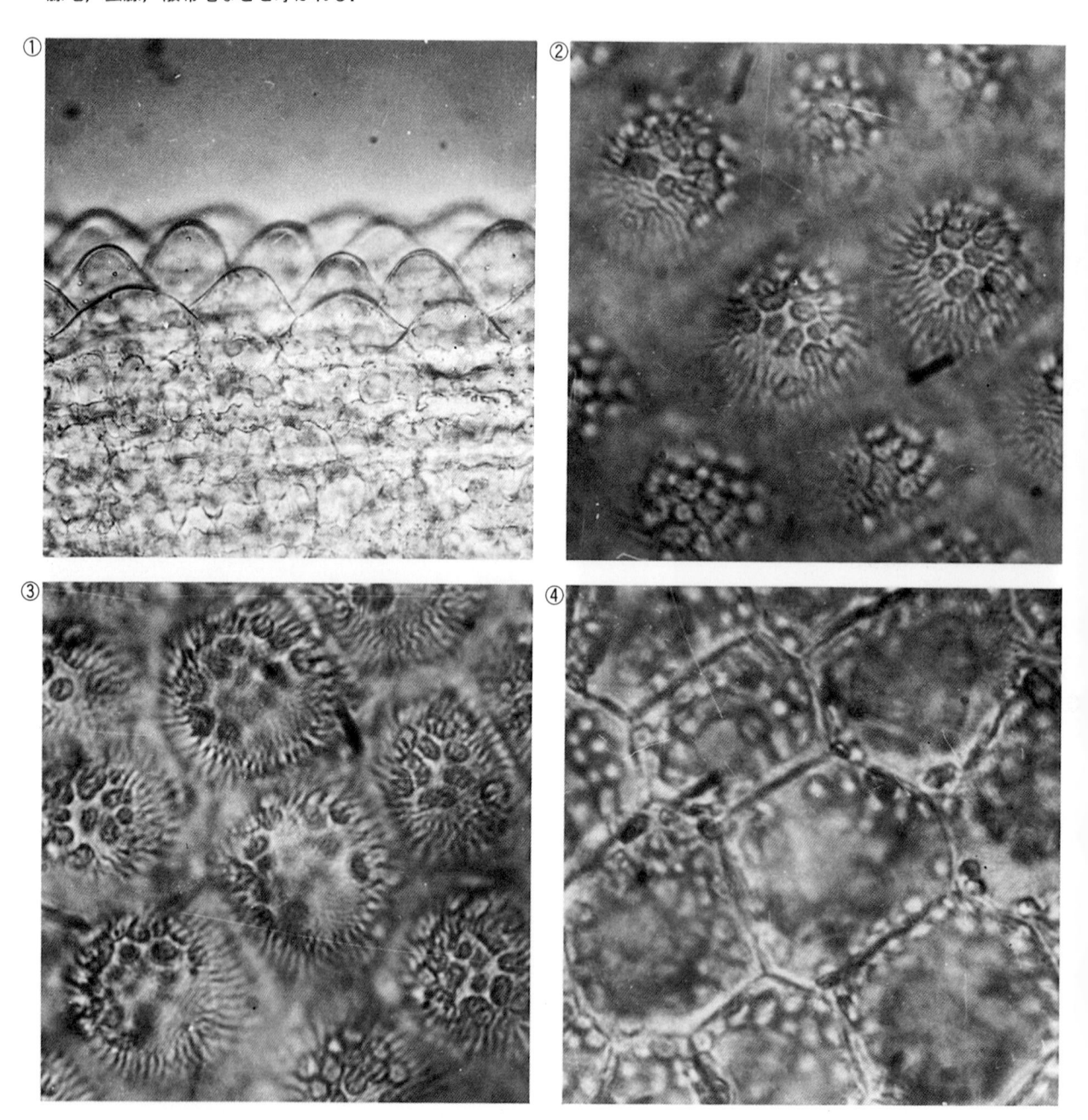

1 表皮

①~② **ガクアジサイ**(Hydrangea macrophylla)のがく片の突起毛　表面に模様が見られる．[走顕(スンプ法)　①×200，②×700/植田]

③~④ **トマト**(Lycopersicon esculentum)の葉の毛　③多細胞毛，④腺毛(粒液を分泌する)．[光顕　③×150，④×300/植田]

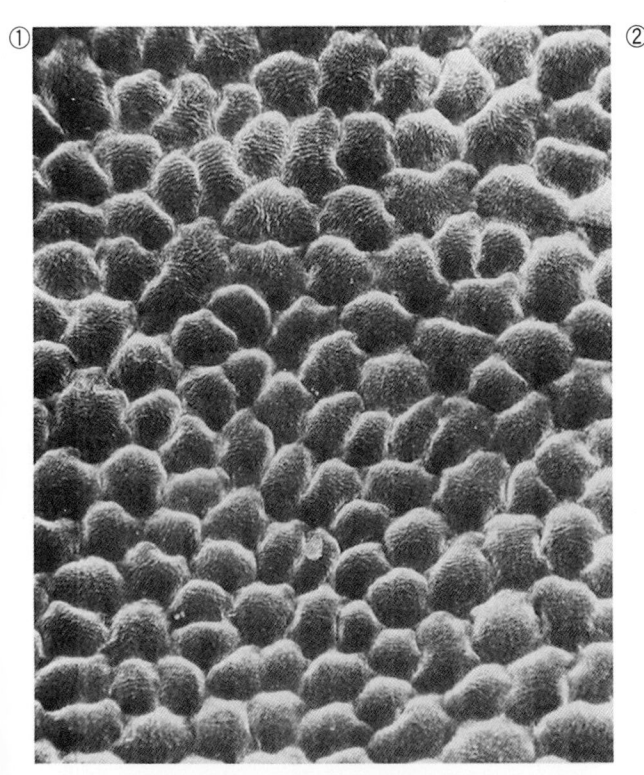

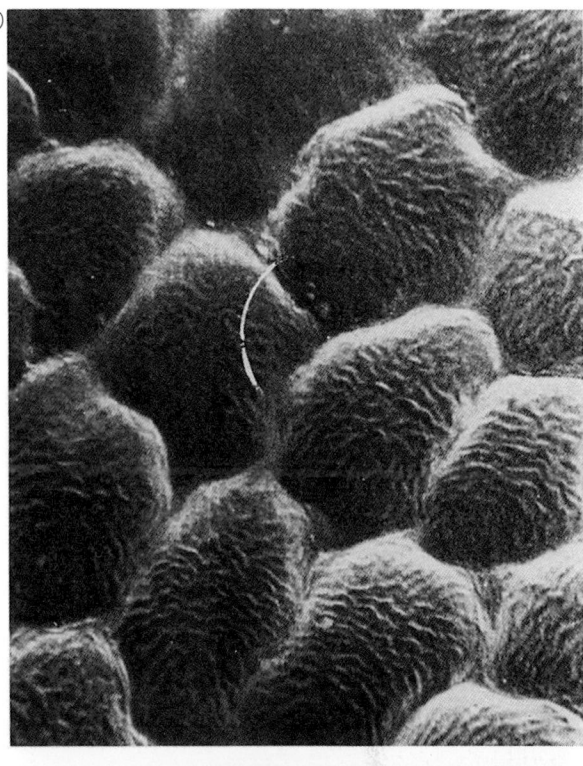

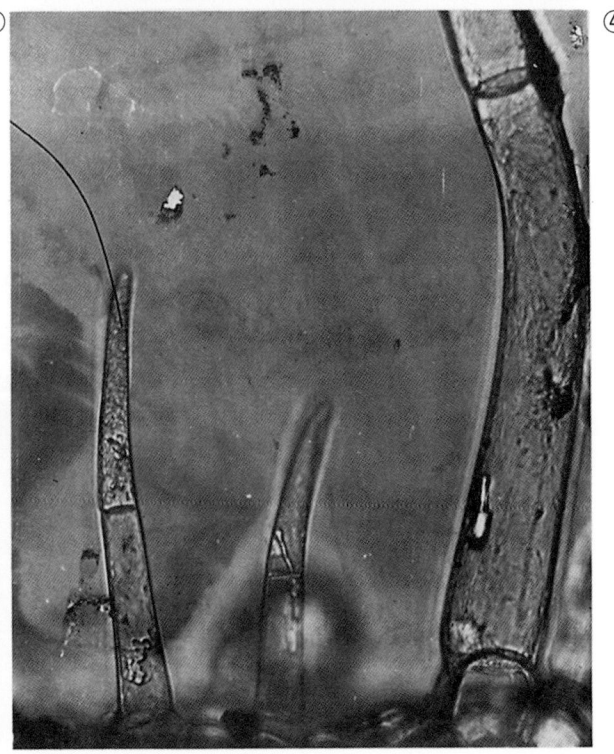

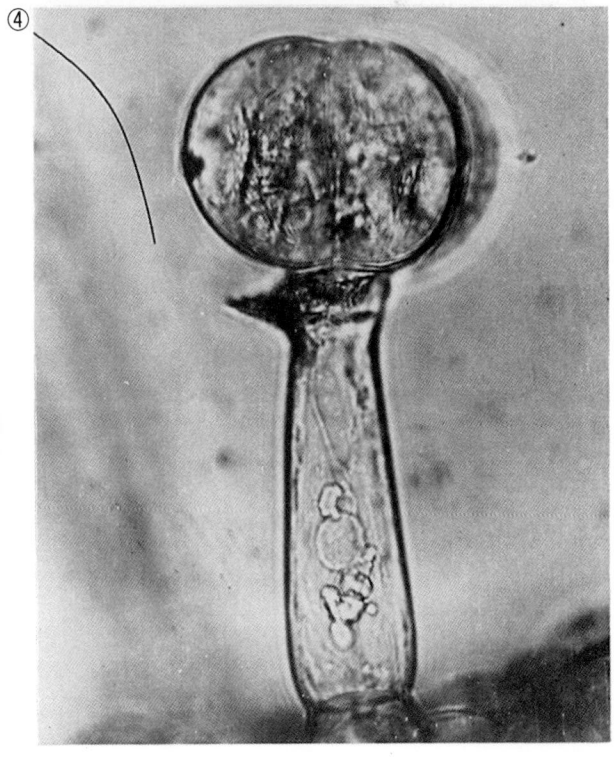

組織

①〜⑤ **カボチャ**(Cucurbita moschata)の花弁と葉の毛
①花弁の特異な形をした多細胞毛，②葉の普通毛と腺毛，
③腺毛の先端部，④腺毛の中基部，⑤腺毛の基部の拡大
[光顕 ①②×80，③④×350，⑤×700/植田]

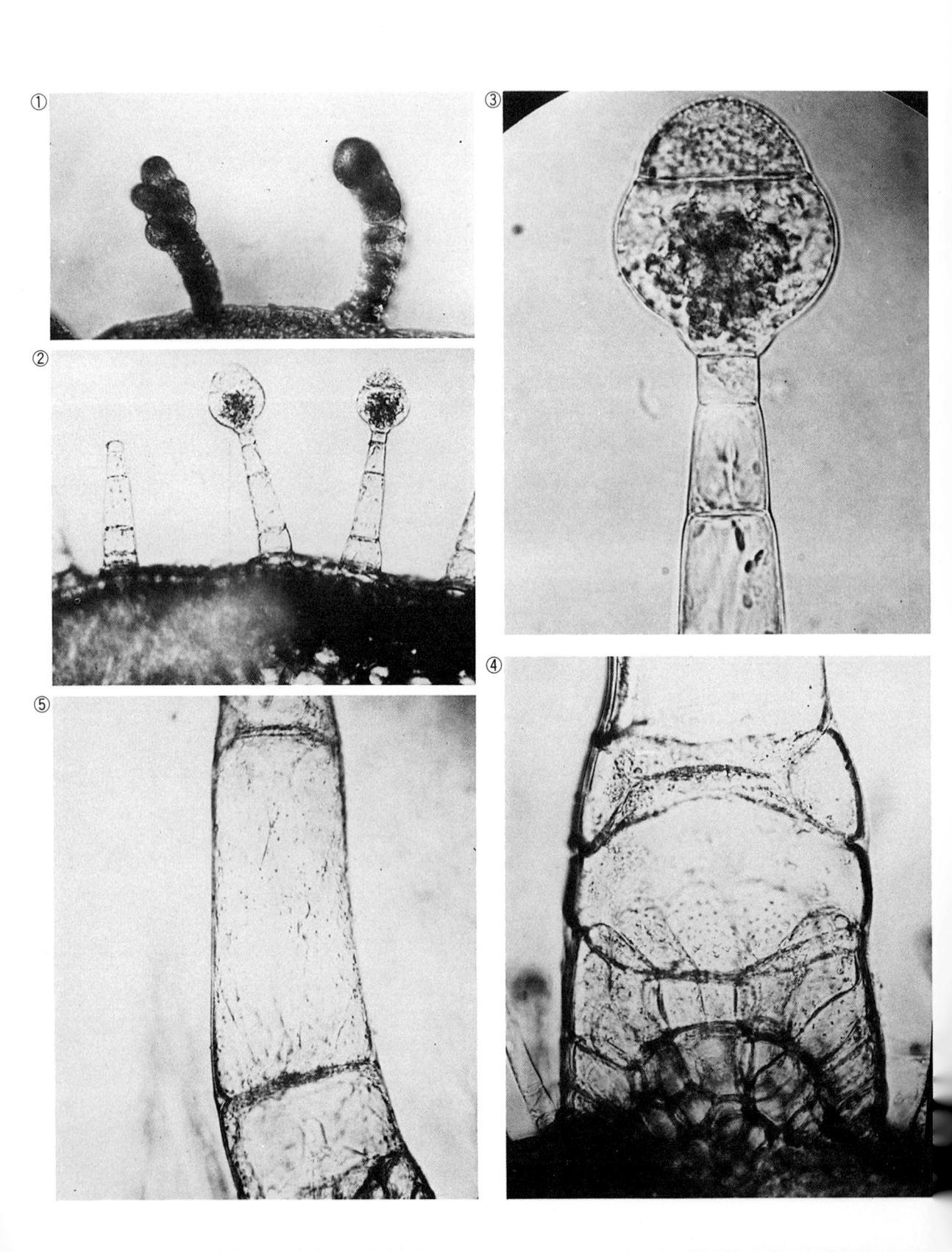

1 表皮

①〜③　ユキノシタ(Saxifraga stolonifera)の葉の多細胞毛　①毛の先端部,②毛の基部と小さい腺毛,③腺毛の拡大.
④　アサガオ(Pharbitis Nil)の葉の下面の腺毛
[光顕　①②×80,③④×300/植田]

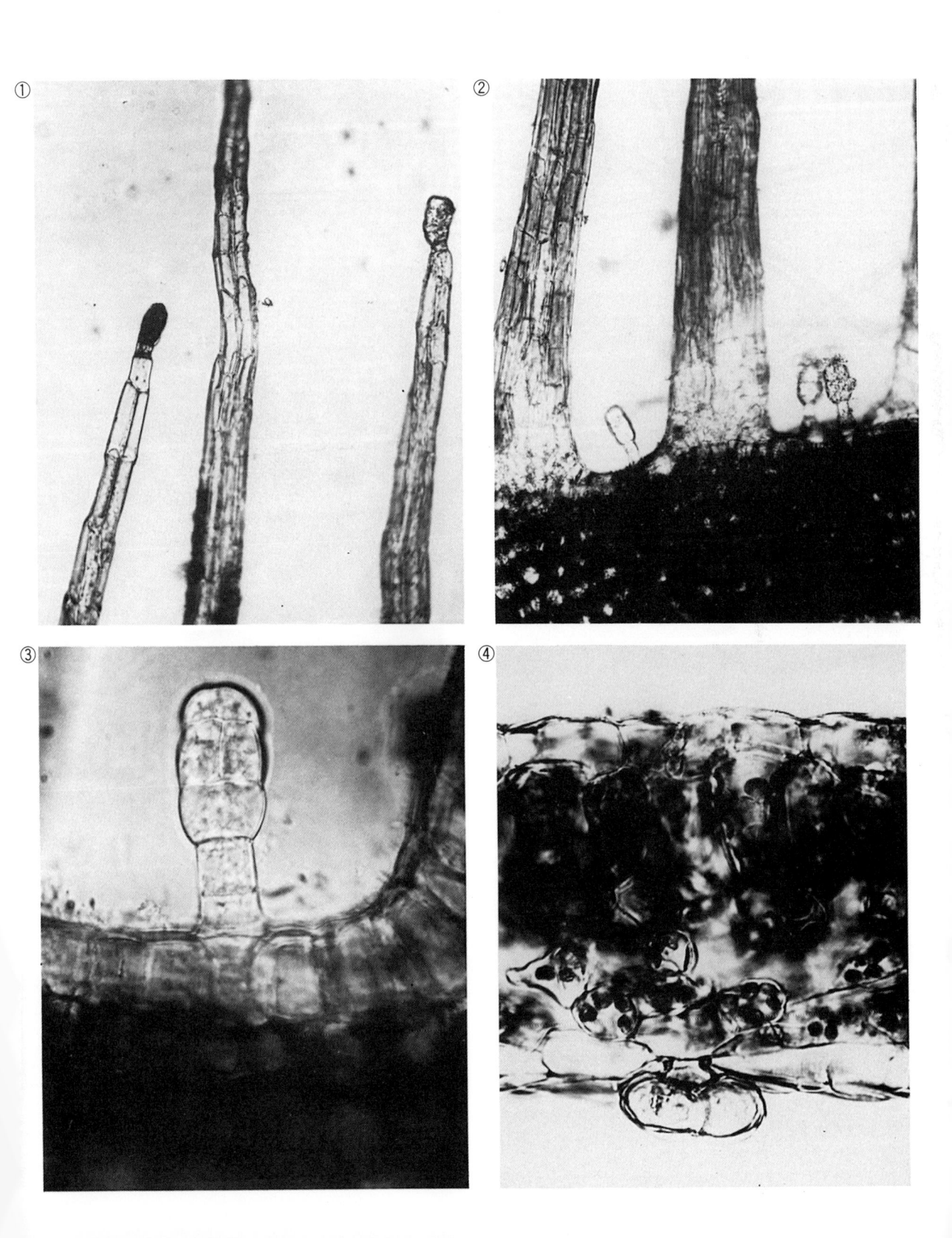

① ナス(Solanum melongena)の葉の星状毛(束毛)
② シノブゴケ(Thuidium sp.)の枝分かれした毛
③ ミズキ(Cornus controversa)の葉の下面のT字毛(上面観)
[光顕(③スンプ法) ①×80, ②③×150/植田]

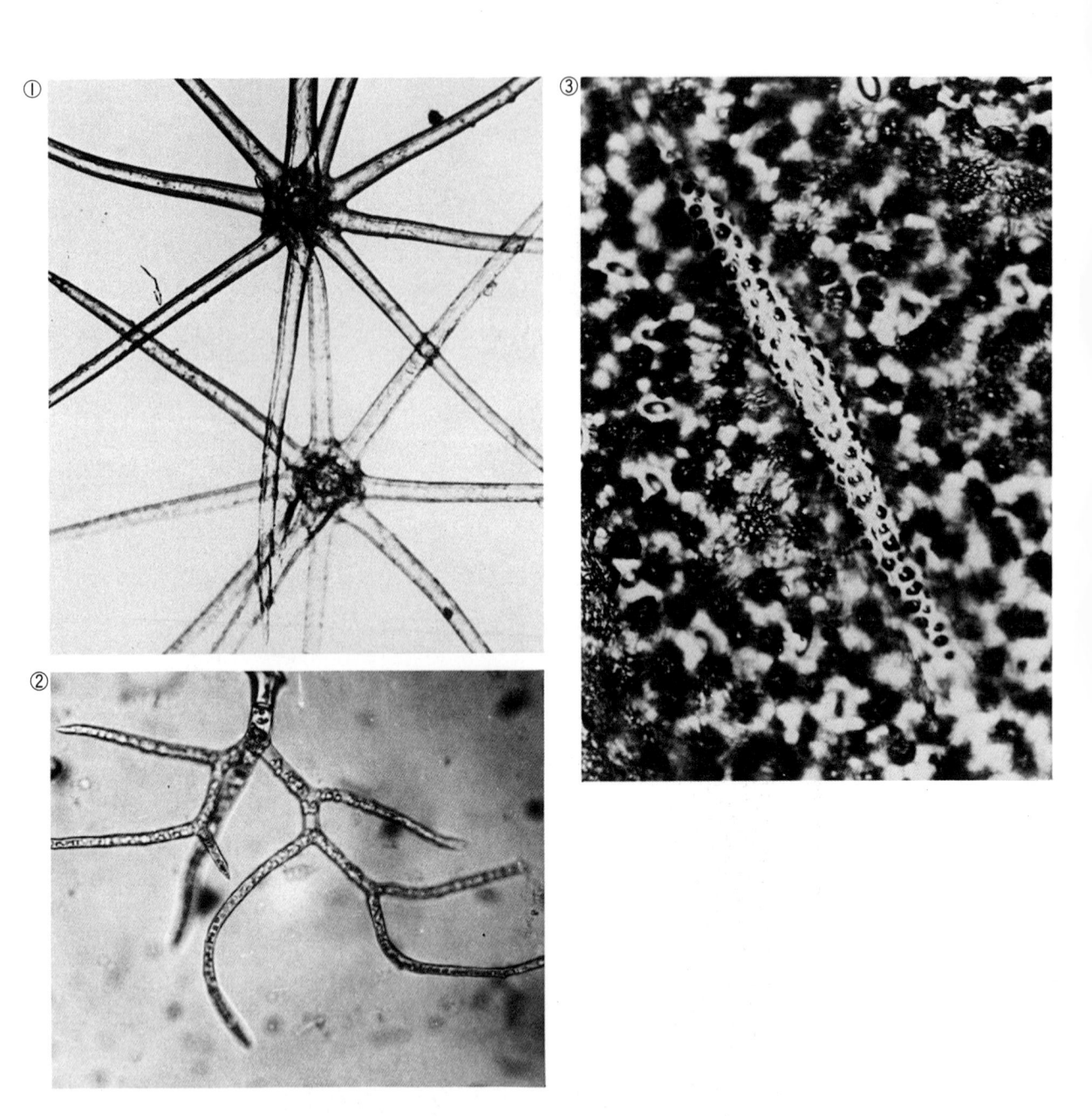

1 表皮

(10) コルク層(Cork Layer)

樹木のような木本茎では，表皮にかわって後生組織としてコルク層を生じて外側を包み，植物体を保護するようになる．

コルク層は木本茎の表皮の下部の皮層にコルク形成層(cork cambium)という分裂組織を生じ，この細胞の分裂によって外方にコルク層を，内方にコルク皮層(cork cortex)を生じる．この3者を合わせて周皮(periderm)という．また，コルク層はコルク皮層より多量につくられ，樹皮としてしだいにはがれ落ちるか，コルクガシのように長く残り，人間がはぎとって利用する場合もある．

① 周皮の模式図　[植田★]

② コルク栓(市販)の組織　コルクガシやアベマキのコルク層でつくられるコルク栓のコルク細胞は原形質を失い，細胞壁だけが残り，空間は空気で満たされている．細胞壁はコルク質を含み化学的に強固である．[光顕　×150/植田]

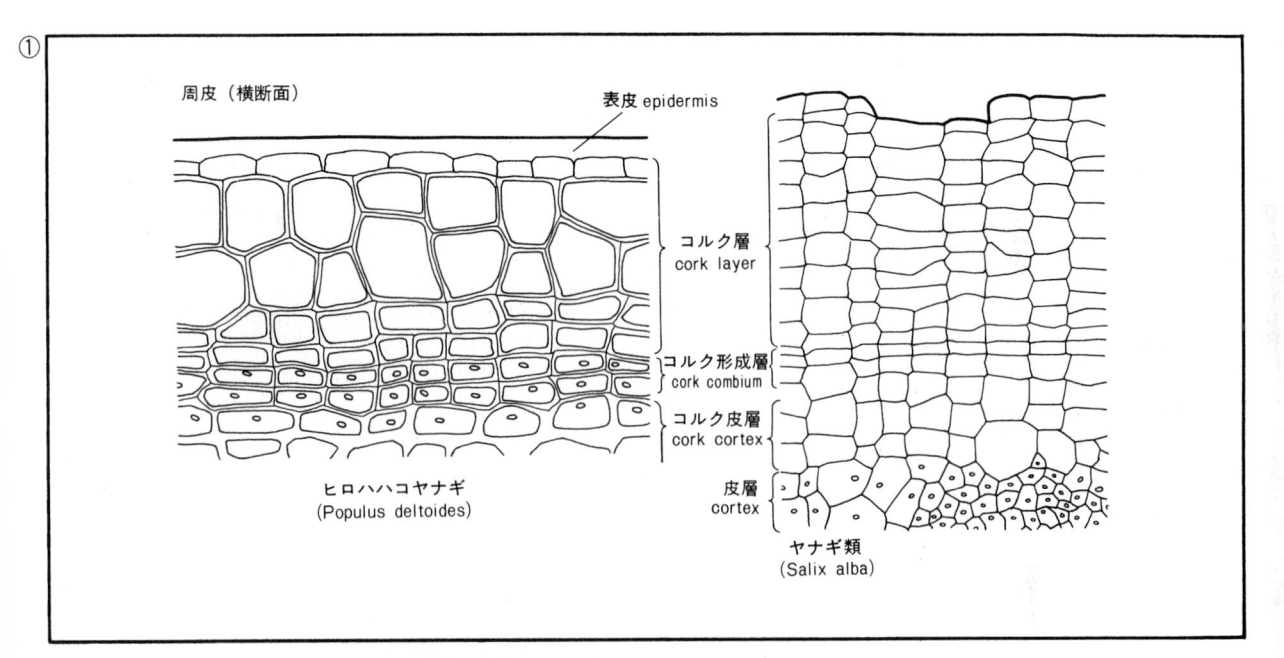

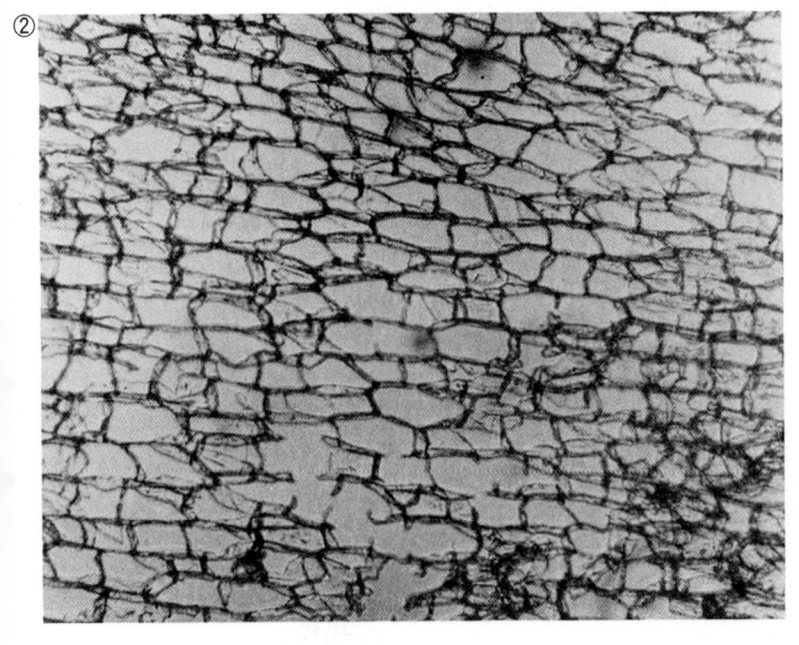

① 周皮（横断面）　表皮 epidermis
コルク層 cork layer
コルク形成層 cork combium
コルク皮層 cork cortex
皮層 cortex
ヒロハハコヤナギ (Populus deltoides)
ヤナギ類 (Salix alba)

②

2 維管束（Vascular Bundles）

維管束は木部（xylem）と師部（phloem）よりなる複合組織で，おもに管状や紡錘状の細胞からなり，植物体の骨組と水分や養分を通す通道の役割をする．

(1) 輪状維管束と散在維管束（Ring and Diffuse Vascular Bundles）

裸子植物や双子葉植物の茎では数個の維管束は輪状に配列するが単子葉植物の茎では散在している．

① ホウセンカ（Impatiens Balsamina）の茎の一部の輪状維管束　維管束の所々に太い道管がある．
② トウモロコシ（Zea Mays）の茎の一部の散在維管束　道管が規則正しく配列した維管束が散在している．
［光顕　①×30，②×35／植田］

① ←表皮

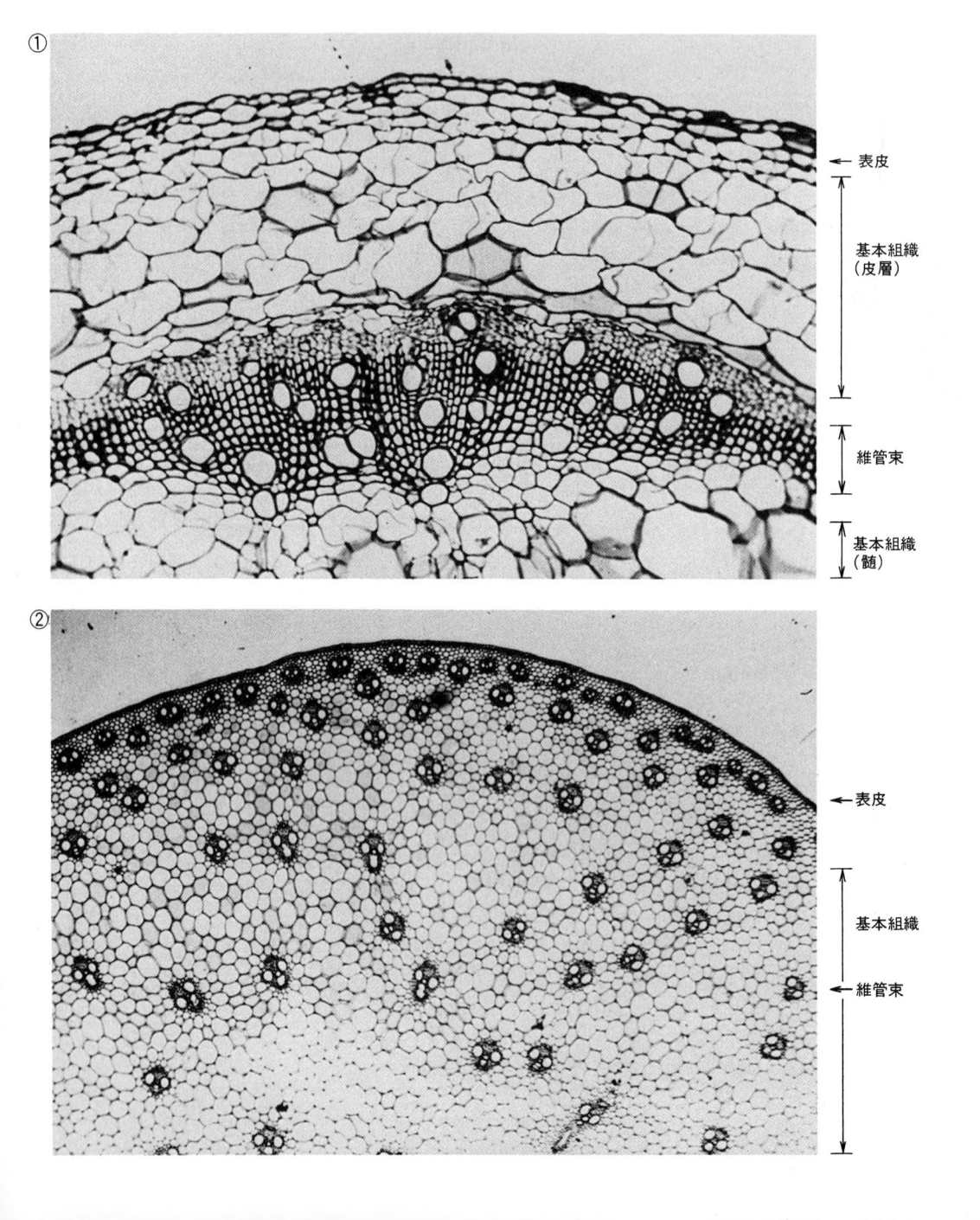

基本組織（皮層）

維管束

基本組織（髄）

② ←表皮

基本組織

維管束

2 維管束

(2) 輪状維管束の例 (Examples of Ring Vascular Bundles)

ホウセンカのほか，次の例などがある．

① ブドウ (Vitis vinifera) の茎の輪状維管束　太い道管を持つ維管束がほぼ輪状に配列し，これらをとりまいて厚角組織が輪をなしている．

② アサガオ (Pharbitis Nil) の茎の輪状維管束
[光顕　①×7，②×15/鈴木昭]

③ アブラナ (Brassica campestris var. nippo-oleifera) の茎の一部の輪状維管束　数個の維管束が輪状に配列している．[光顕　×35/植田]

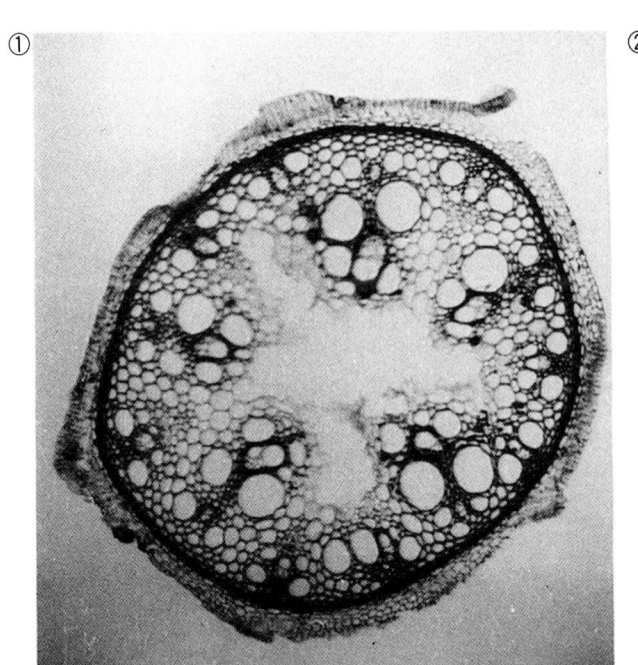

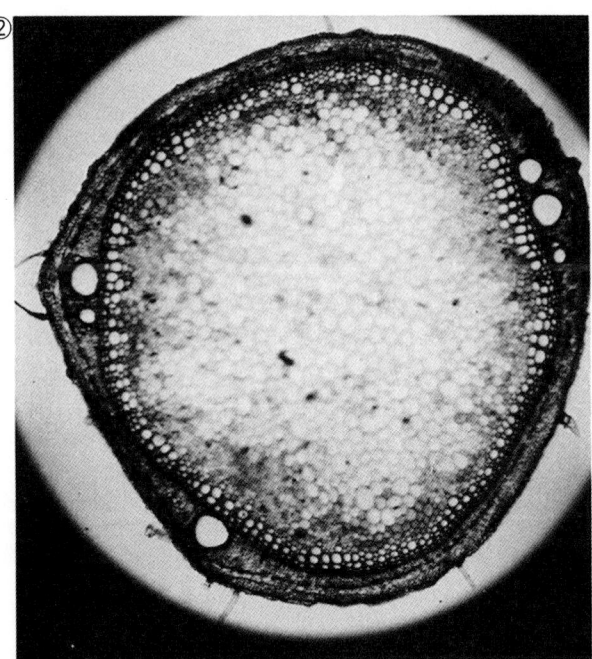

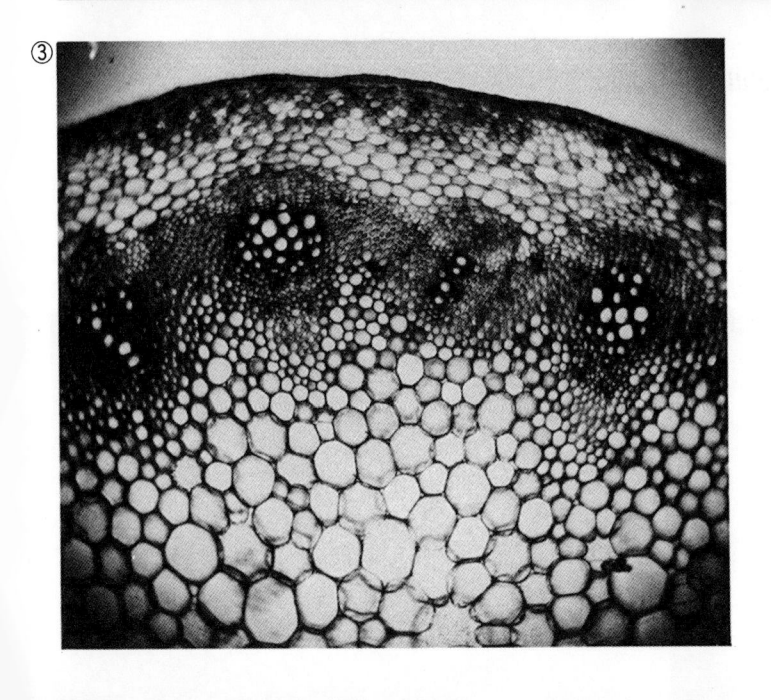

（3） 散在維管束の例（Examples of Diffuse Vascular Bundles）

トウモロコシのほか，次の例などがある．

① アズマササ（Sasa ramosa）の茎の散在維管束　［光顕　×20/鈴木昭］

② ネコジャラシ（Setaria viridis）の茎の散在維管束

③ ムラサキツユクサ（Tradescantia reflexa）の茎の散在維管束

［光顕　②×70，③×100/植田］

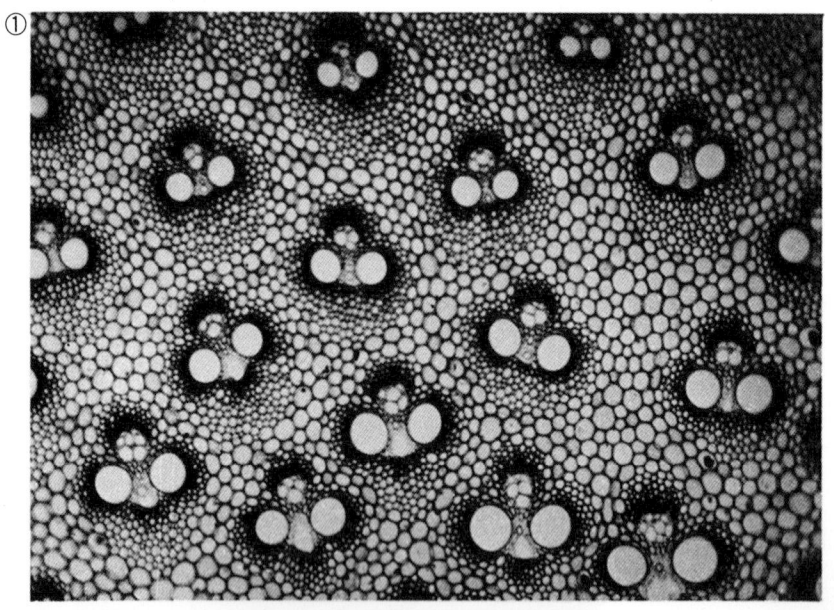

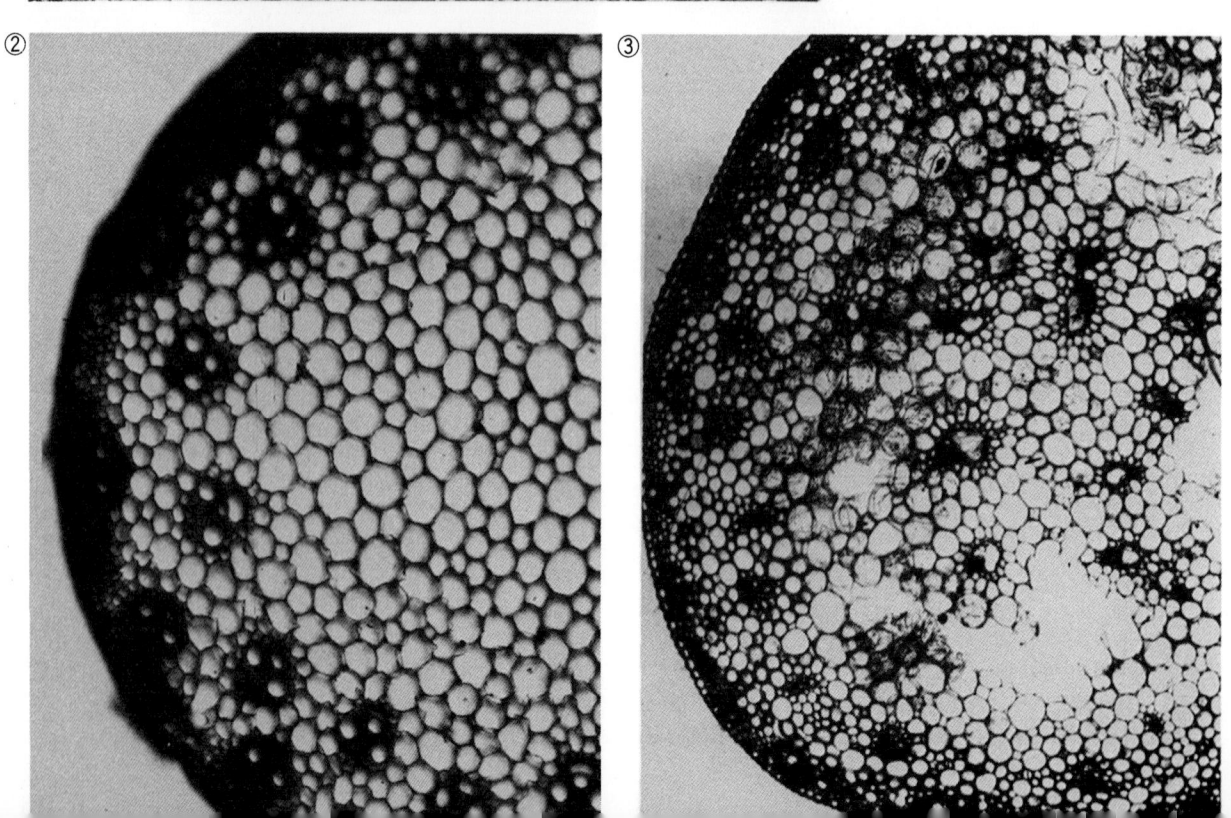

2 維管束

(4) 木部と師部の配列による維管束の種類 (Valious Types of Vascular Bundle in View of the Arrangement of Xylem and Phloem)

維管束はその構成成分の木部 (xylem) と師部 (phloem) とが茎や根の内外のどちら側にあるかによって種々の型が見られる.

① 木部と師部の配列による維管束の型の模式図　黒は木部, 白は師部を示す. (a) 並立 (bilateral), (b) 複並立 (bicolateral), (c) 外師同心 (exophloric concentric), (d) 外木同心 (exoxylar concentric), (e) 放射 (radial) の各維管束で (a)〜(d) は茎に, (e) は根に見られる. なお木部と師部との間に形成層 (cambium) を生じる場合 (開放維管束, open vascular bundle) と生じない場合 (閉鎖維管束, closed vascular bundle) とがある.　[植田]

② ヤブガラシ (Cayratia japonica) の茎の並立維管束
③ カボチャ (Cucurbita moschata var. Toonas) の茎の複並立維管束
④ トマト (Lycopersicon esculentum) の茎の複並立維管束
⑤ ソメイヨシノ (Prunus yedoensis) の茎の並立維管束
[光顕　②③⑤×300, ④×150/植田]
Phl : 師部, Cam : 形成層, Xyl : 木部, Ves : 道管

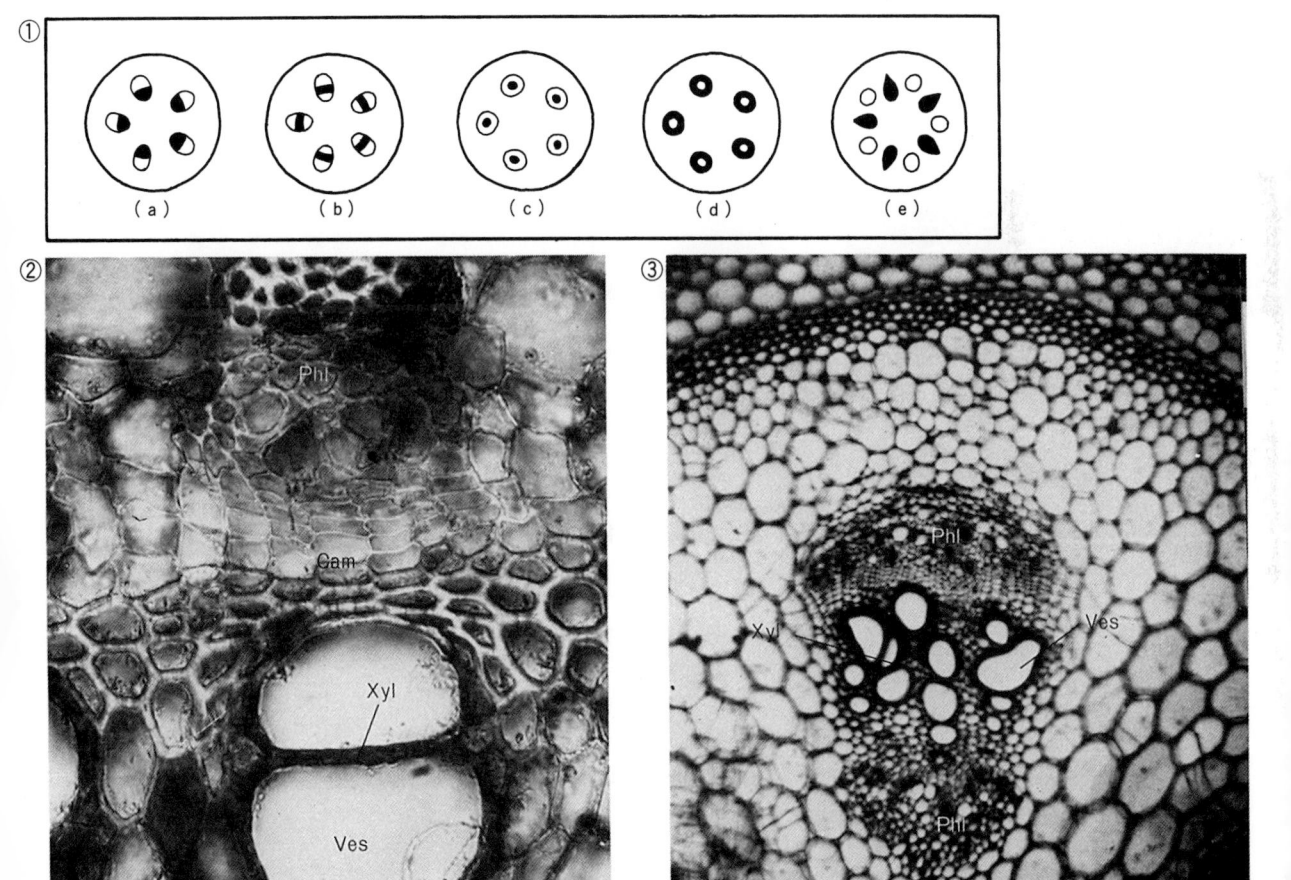

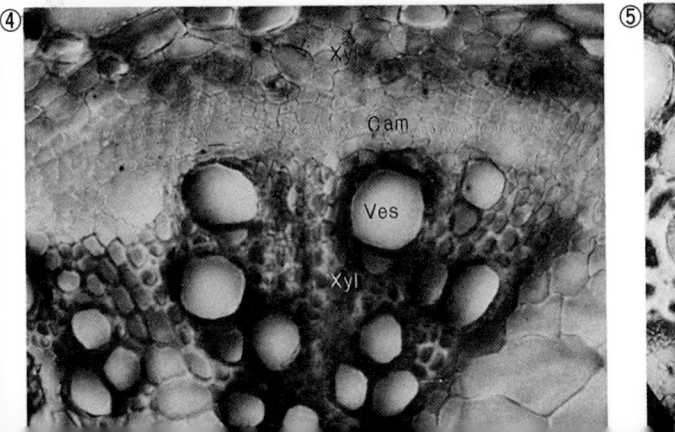

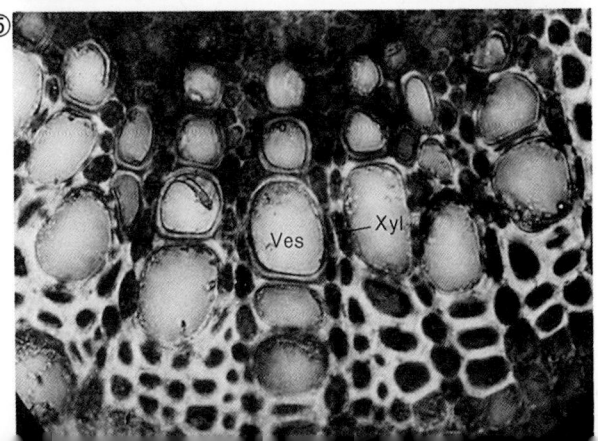

① ハラン(Aspidistra elatior)の茎の並立維管束　繊維細胞がよく発達している.
② ネコジャラシ(Setaria viridis)の茎の並立維管束
③ トウモロコシ(Zea Mays)の茎の並立維管束
［光顕　①×80, ②③×150/①相沢, ②③植田］
④ トウモロコシの葉の並立維管束　葉では木部が上,師部が下になる．［電顕(GA固定)　×5,000/鈴木季・植田★］
Phl：師部, Xyl：木部, Ves：道管

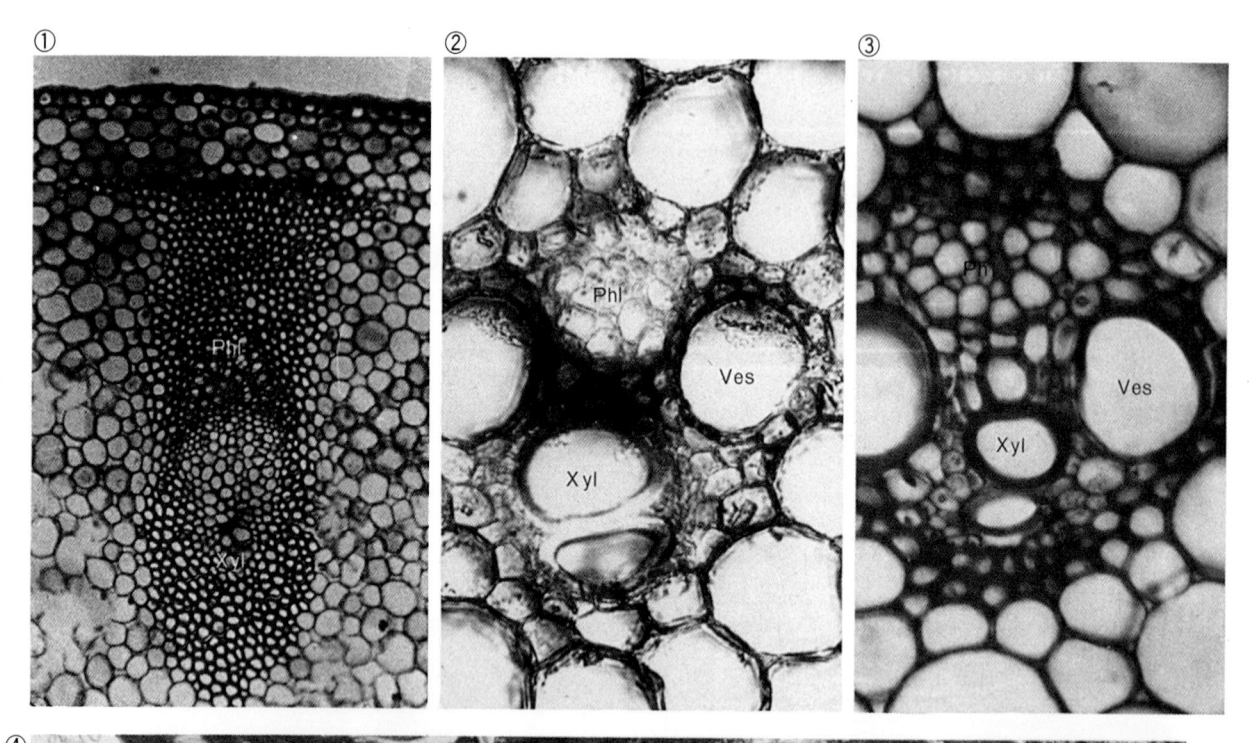

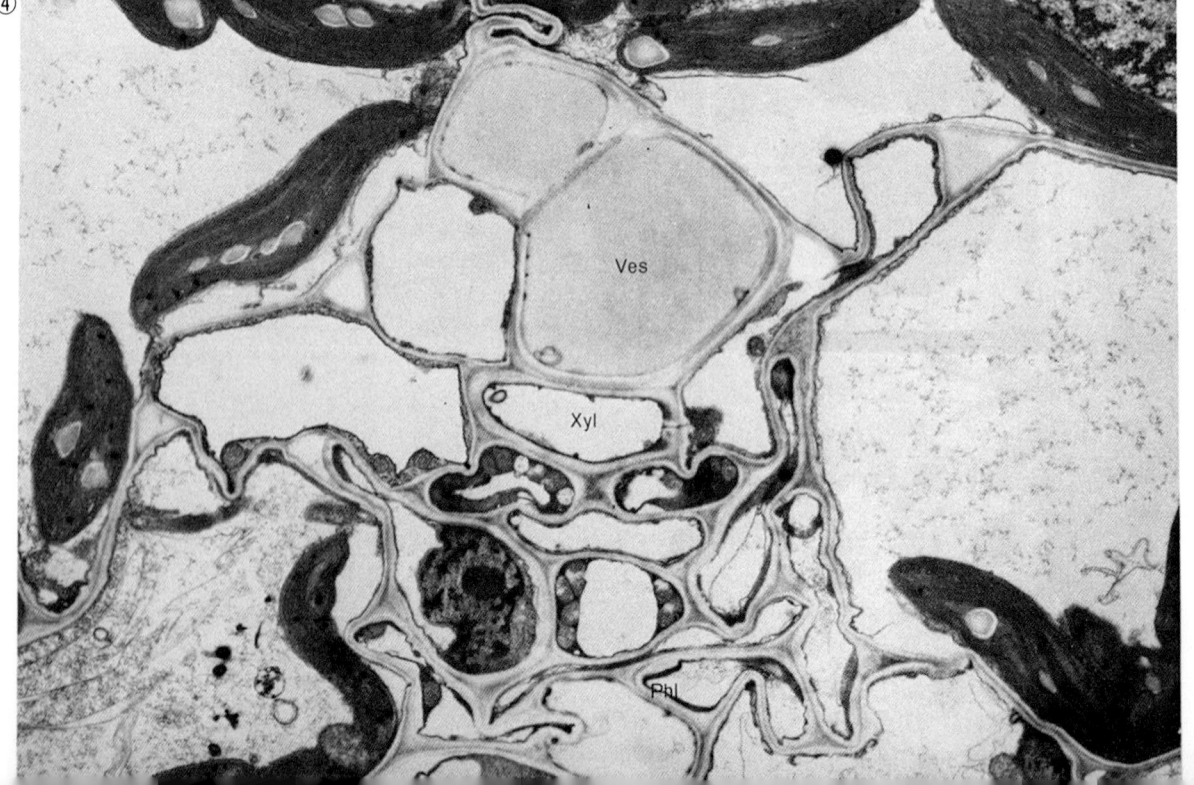

(5) 木部の構造と要素(Structures and Components of Xylem)

木部は道管(vessel), 仮道管(tracheid), 木部繊維(xylem fiber), 木部柔組織(xylem parenchyma)からなるが, 植物群により表のように多少異なっている(表中+－は有無を示す).

また, 道管や仮道管には側壁に, 細胞壁の肥厚による種々の紋様を有している.

植物群	道管	仮道管	木部繊維	木部柔組織
シダ植物	－(ワラビ +)	+	－	+
裸子植物	－(マオウ +)	+	－	+
被子植物	+(葉 －)	+	+	+

a) 道管(Vessel)

①～② ホウセンカ(Impatiens Balsamina)の茎の木部 ①横断面. 左が茎の外側. 横断面では道管は明瞭であるが, 他の要素は不明瞭で混在している. ②縦断面. 4本の道管が見られる. 左から環紋, らせん紋, らせん紋, 環紋とらせん紋の混在.
③ ホウセンカの茎の網紋道管
④ ジャガイモ(Salanum tuberosum)の茎の網紋道管
⑤ トウガラシ(Capsicum annuum)の茎の孔紋道管
[光顕 ①②×70, ③×300, ④×150, ⑤×700/②相沢, 他は植田]

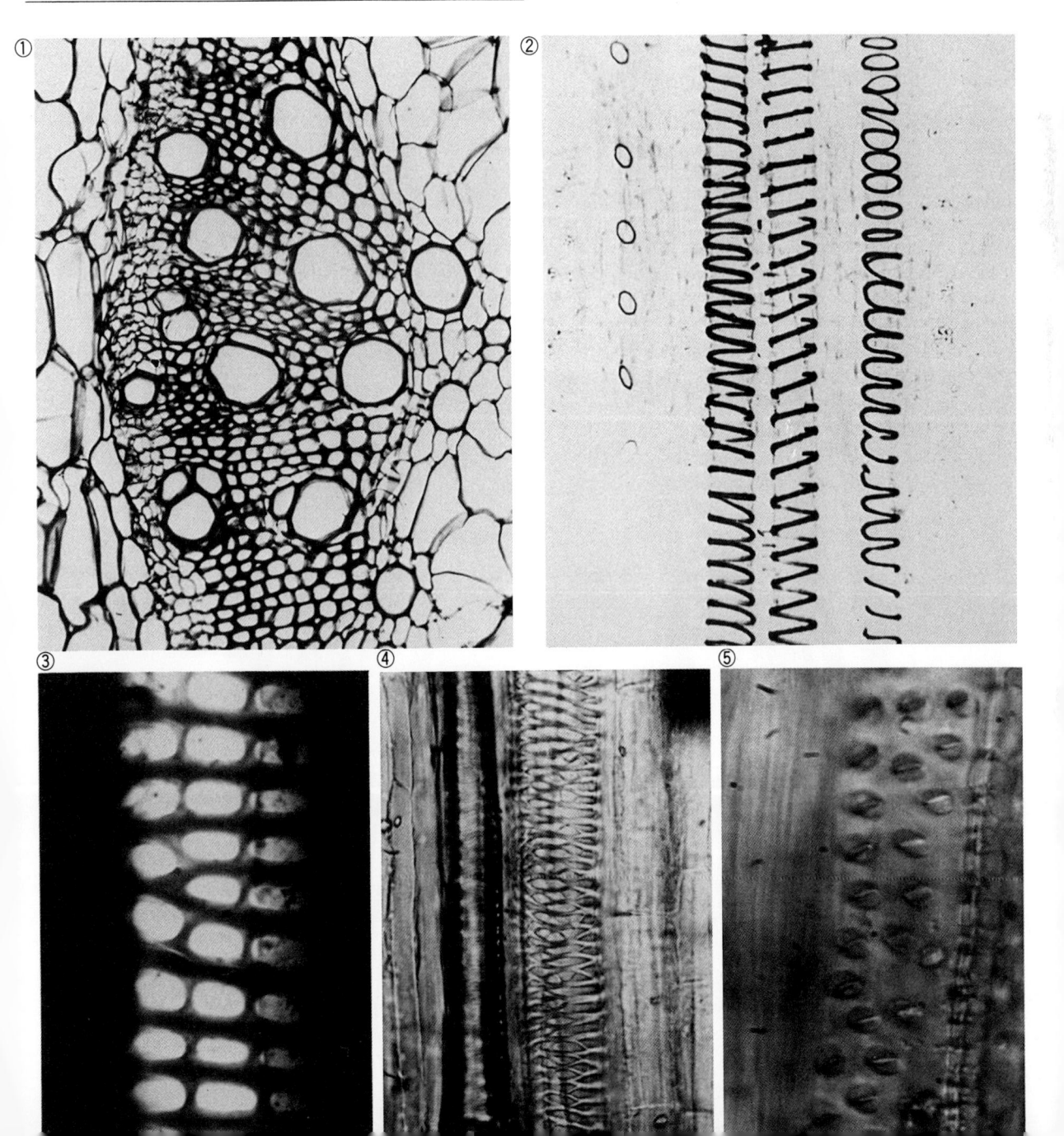

b) 仮道管（Tracheid）　仮道管が道管と違うところは，上下細胞間に隔膜（細胞壁）が有るか無いかである．すなわち，仮道管には有るが道管には無い．

① ヒカゲノカズラ（Lycopodium clavatum）の茎の仮道管　多数の仮道管が見られるが，中央の一か所に斜の隔膜が明らかである．
② ウラジロ（Gleichenia glauca）の地下茎の仮道管　中央部に斜めの隔膜が見られる．
③ ワラビ（Pteridium aquilinum）の階紋仮道管
④ スギ（Cryptomeria japonica）の茎の有縁孔紋仮道管
⑤ ジャガイモ（Salanum tuberosum）の茎のらせん紋仮道管　中央部に斜めの隔膜が見られる．
［光顕　①〜③⑤×150，④×300/③喜多山，他は植田］

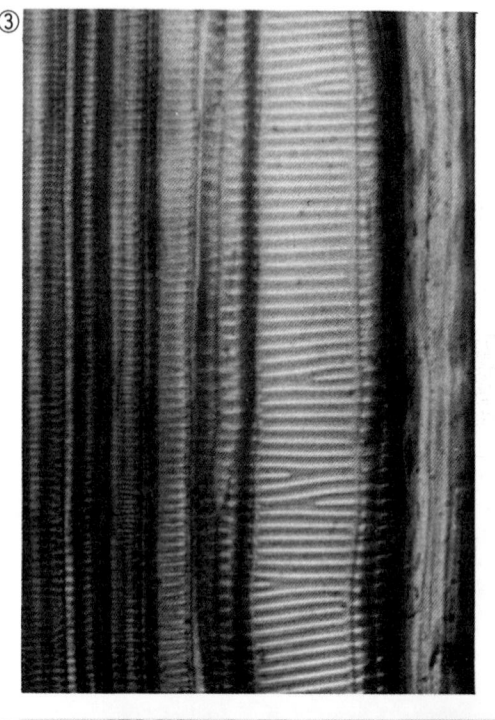

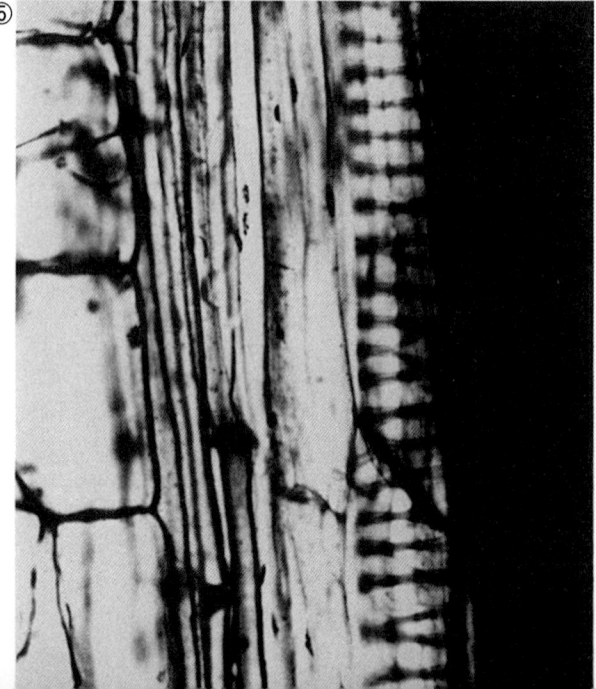

（6）師部の構造と要素（Structures and Components of Phloem）

師部は師管（sieve tube），伴細胞（companion cell），師部繊維（phloem fiber），師部柔組織（phloem parenchyma）よりなっている．これらのうち師部繊維は遠心側に集団をなし，また伴細胞はつねに師管に伴って存在する．

① トウガラシ（Capsicum annuum）の茎の師部（横断面） 左半が遠心側で師部，右半（求心側）は木部で2個の道管が見られる．

② トウガラシの茎の師部繊維（横断面） 細胞壁は厚く白く光って見える．

③ トウガラシの茎の師管（縦断面，左が上方向） 2本の師管が見られ，その1本には師板にカルス（callus）が蓄積しカルス板（callus plate）になっている．

④ ホウセンカ（Impatiens Balsamina）の茎の師管（縦断面） 2本の師管が見られ，これに接して伴細胞がある．

⑤ カボチャ（Cucurbita moschata var. Toonas）の師管（横断面） 多数の師孔を持った師板が見られる．

［光顕 ①②×300，③⑤×800，④×700/⑤喜多山，他は植田］

(7) 2次木部 (Secondary Xylem)

木本茎では形成層によってつくられる2次維管束 (secondary vascular bundle) のうち, 木部は師部より多量に形成され, 茎や根の肥大成長にあづかり年輪 (annual ring) をつくる. このような2次木部を材 (wood) と称し, その要素は1次木部と同じであるが, その配列は1次木部より整然とし, 放射状に配列する.

① 木本茎の2次維管束形成による肥大成長模式図
Cam: 形成層, Xyl-1: 1次木部, Xyl-2: 2次木部, Phl-1: 1次師部, Phl-2: 2次師部　　　　　[植田]

② トウヒ (Picea jezoensis) の材 (横断面)　年輪の境は2個所であり, 下部に樹脂道が見られる. トウヒは裸子植物で, 道管を生ぜず, かなり均一な細胞が放射状に配列している. このような材を無孔材という.

③ イチジク (Ficus Carica) の茎 (横断面)　2次木部の道管が数個ずつ接し, 放射状に配列している.

④ ミズキ (Cornus controversa) の茎 (横断面)　下部の髄から放射組織が出ており, それに直角に走る第1年目の年輪の境が見られる.

⑤ ムベ (Stauntonia hexaphylla) の茎 (横断面)　皮層 (上半) と師部 (下半) との境は不明瞭である.

[光顕　②×70, ③～⑤×35/植田]

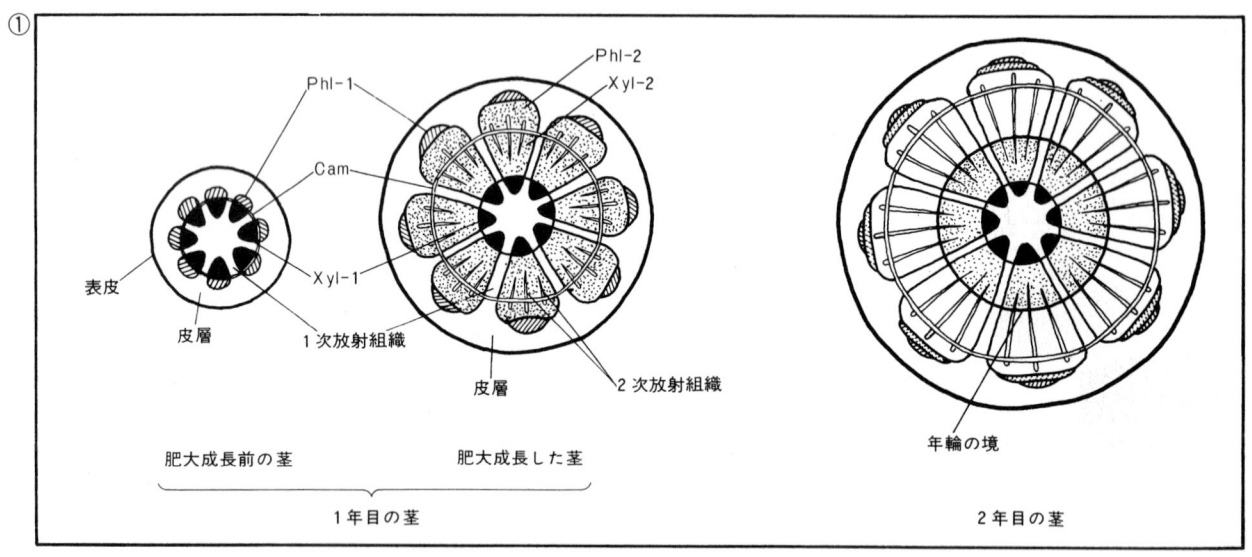

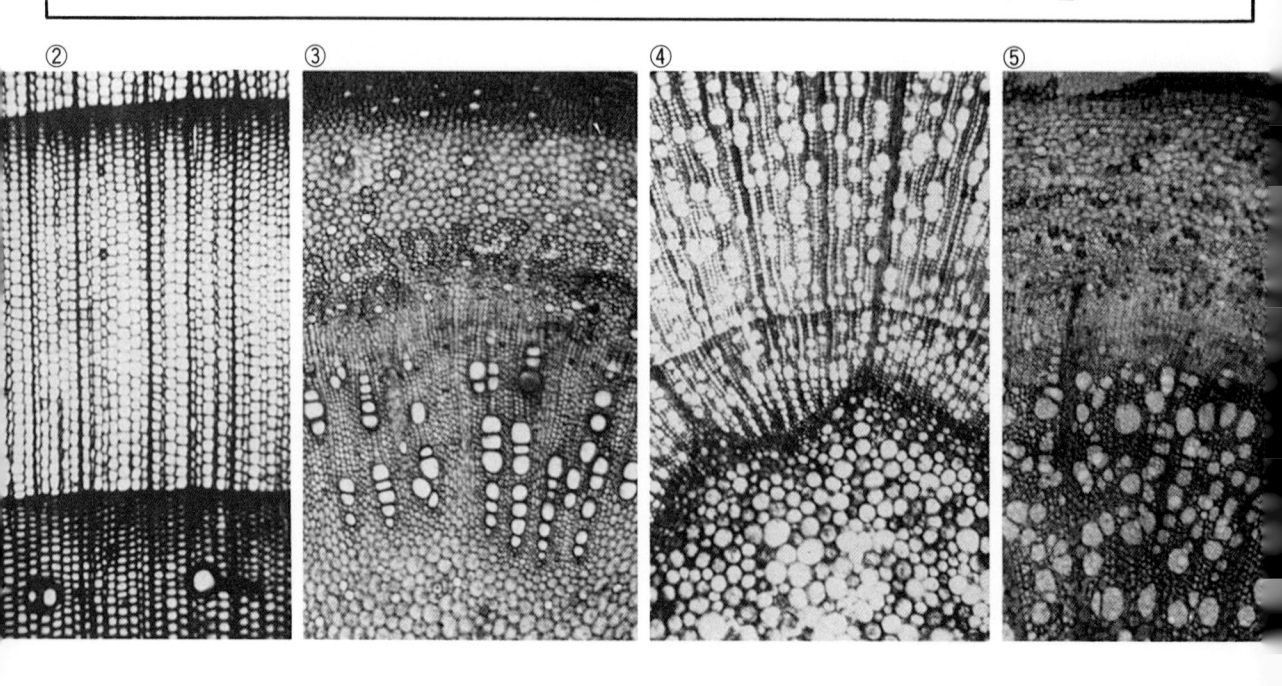

2 維管束

① **ヤマグルマ**（Trochodendron aralioides）の茎の 2 次木部　無孔材で，年輪と放射組織が見られる．
② **クリ**（Castanea crenata）の茎の 2 次木部（横断面）　図右が茎の中心方向．太い道管の部分（春材）がしだいに細い道管の部分（秋材）に移り 1 つの年輪をつくっている．
③ **コメバツガザクラ**（Arcterica nana）の茎の中心部（横断面）　髄から放射組織が周辺に出ている．
④ **ベニサラサドウダン**（Enkianthus campanulatas var. Pilibinii）の茎の 2 次木部（横断面）　右が茎の中心方向．
⑤ **トウガラシ**（Capsicum annuum）の茎の 2 次木部（横断面）　中央の道管内に周囲の柔組織から突出してきた塡充体（tylosis）が見られる．
⑥ **スギ**（Cryptomeria japonica）の茎の 2 次木部（切線の縦断面）　仮道管が縦に走り，放射組織が紙面に直角に走っている断面が見られる．

［光顕　①×60，②×80，③×100，④×150，⑤×300，⑥×250／②相沢，他は植田］

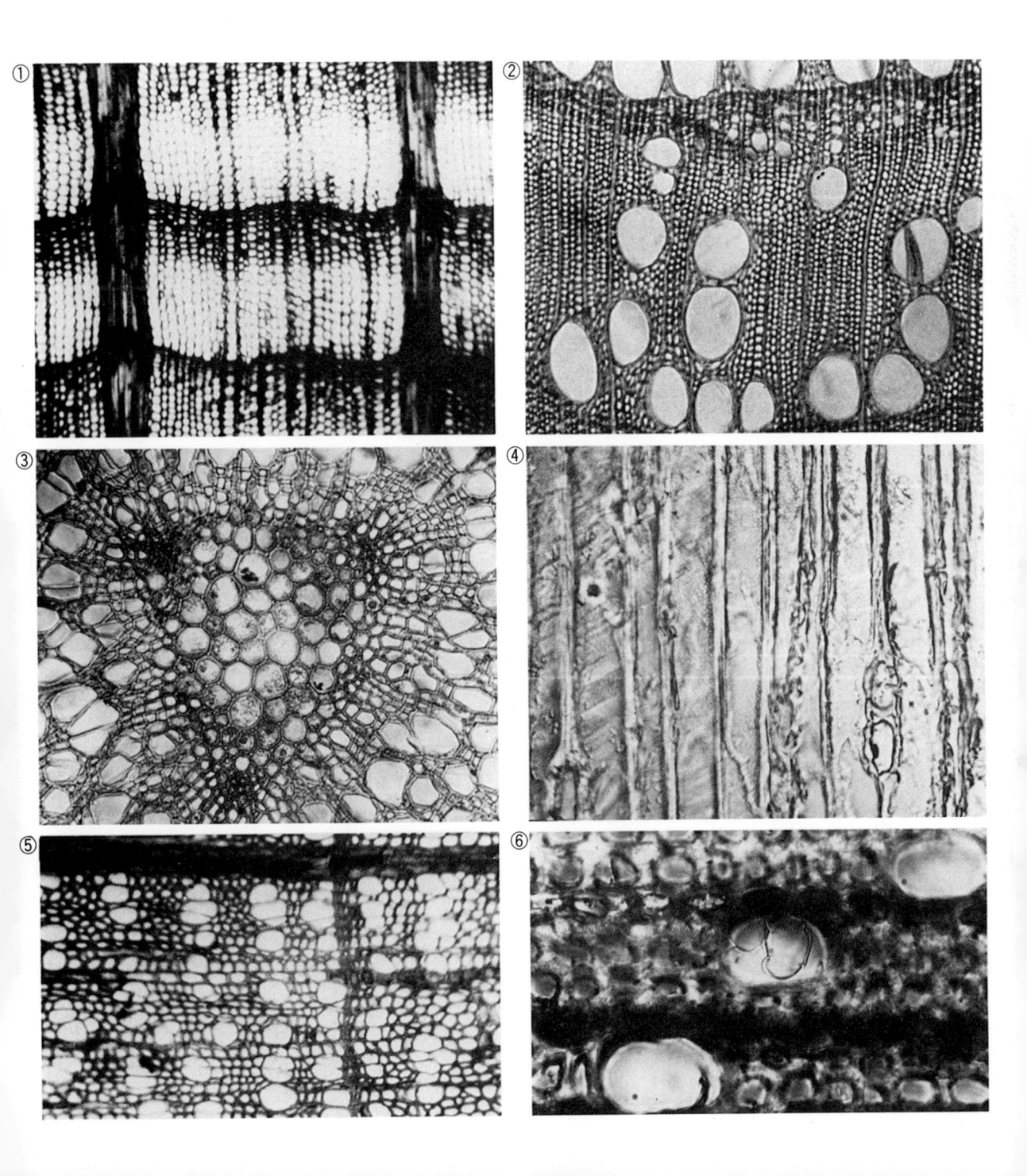

3 中心柱（Central Cylinder; Stele）

根・茎・葉で，内皮（endodermis）という一層の細胞に包まれた部分を中心柱といい，維管束と基本組織（髄・放射組織・内鞘）を含んでいる．中心柱は植物の進化の道すじを知る上の手がかりにもなる（中心柱説）．

中心柱には，図のような種々の型があり，図のa～fはシダ植物の茎に，g～kは裸子植物と被子植物の茎に，lはすべての維管束植物の根やある種のシダ植物の茎に見られる型である．

① 中心柱模式図　（a）原生中心柱（protostele），（b）～（c）管状中心柱（solenostele），（d）網状中心柱（dictyostele）：断面では図のようであるが立体的には網状になる．（e）～（f）多環中心柱（polycyclic stele），（g）退行中心柱（hysterostele）：外観上は（a）と同じであるが，（h）の真正中心柱の維管束が中央に集まり，退化して生じたと考えられている．水生植物などに見られる．（h）真正中心柱（eustele）：裸子植物と双子葉植物の茎に最も広く見られる．（i）分裂真正中心柱（separated eustele），（j）多条中心柱（polystele），（k）不整中心柱（atactostele）：単子葉植物の茎にふつう見られる．（l）放射中心柱（actinostele）：シダ植物・裸子植物・被子植物すべての根に見られる．　　［植田★］

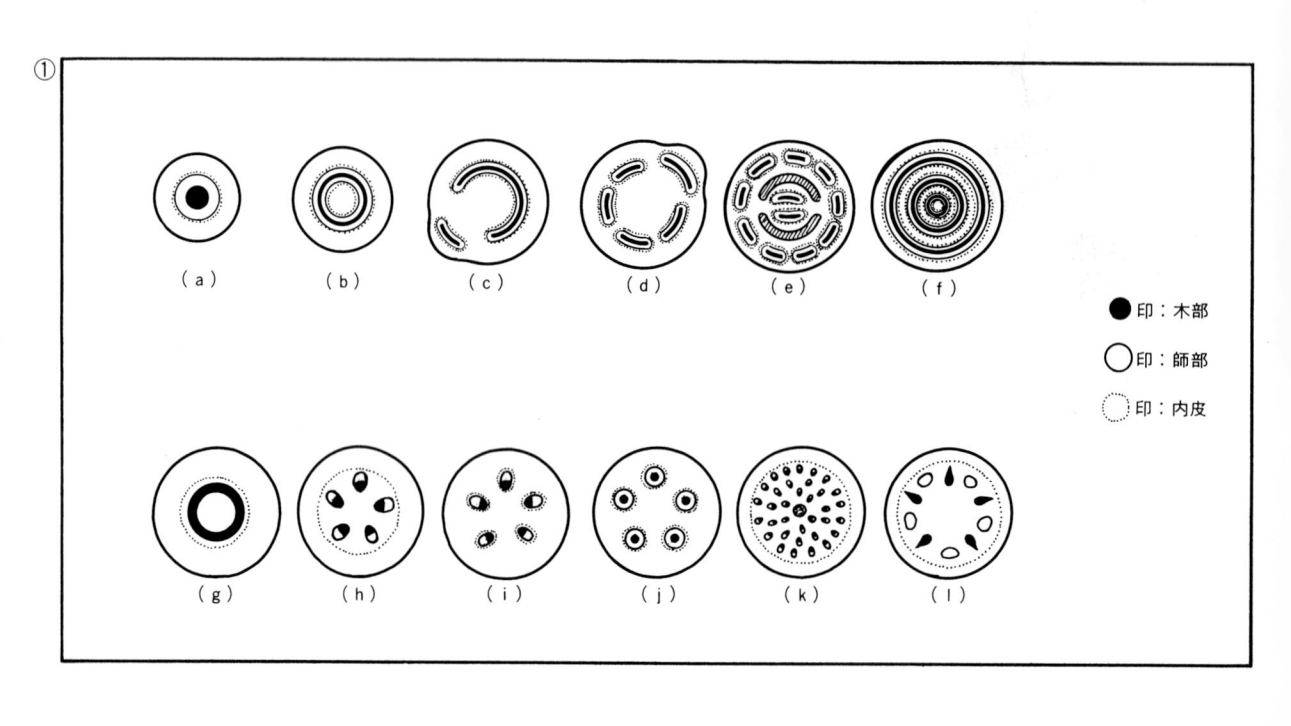

①

(a)　(b)　(c)　(d)　(e)　(f)

● 印：木部
○ 印：師部
○ 印：内皮

(g)　(h)　(i)　(j)　(k)　(l)

3 中心柱

① ウラジロ（Gleichenia glauca）の地下茎の原生中心柱（横断面）
② ウラジロの原生中心柱の一部（横断面，拡大）
③ コシダ（Gleichenia dichotoma）の地下茎の原生中心柱（横断面）
④ フモトシダ（Microlepia marginata）の茎の管状中心柱（横断面）
［光顕　①③④×20，②×70/相馬］

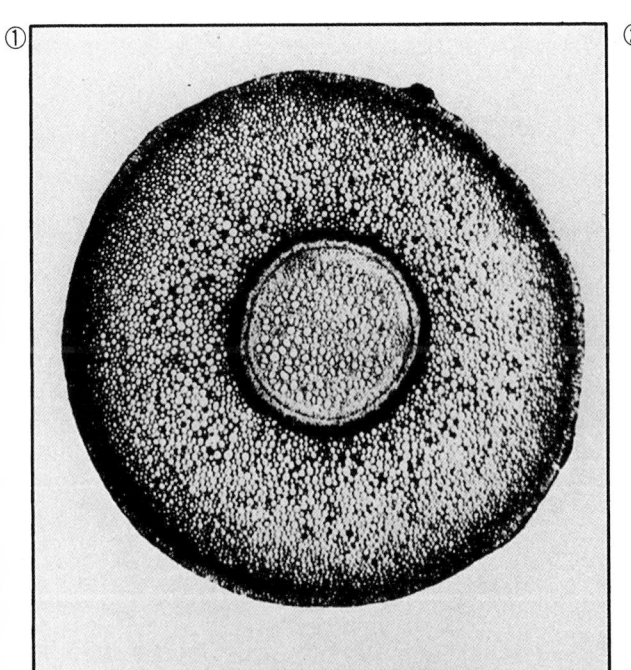

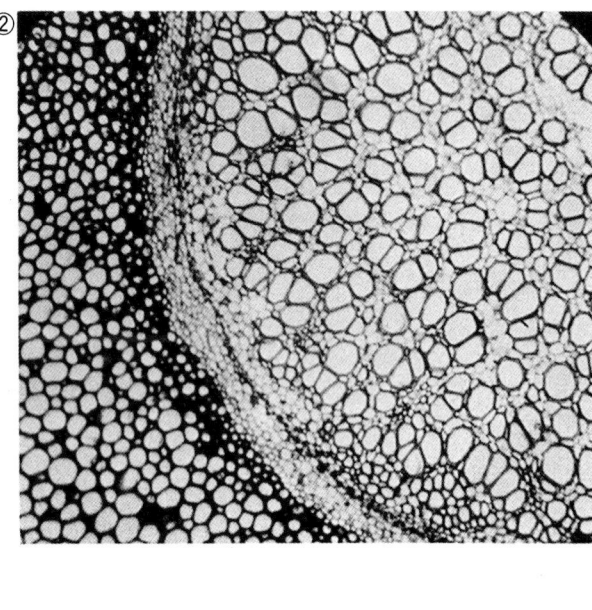

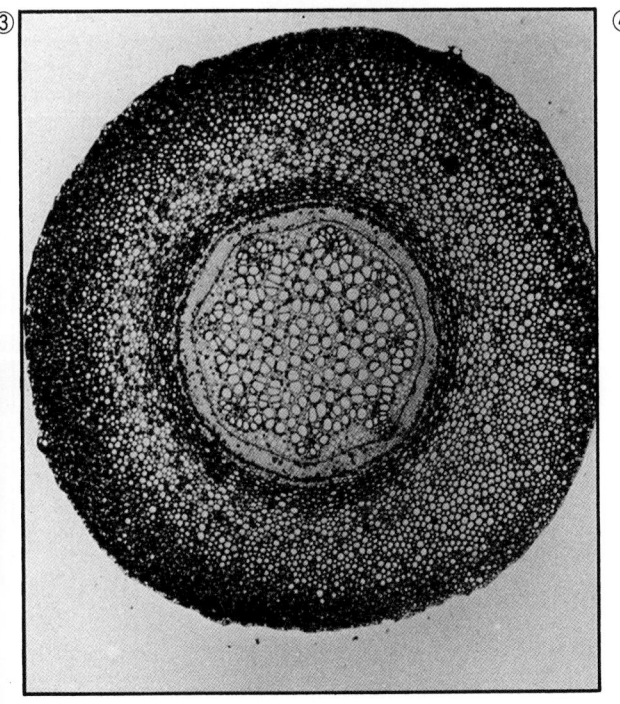

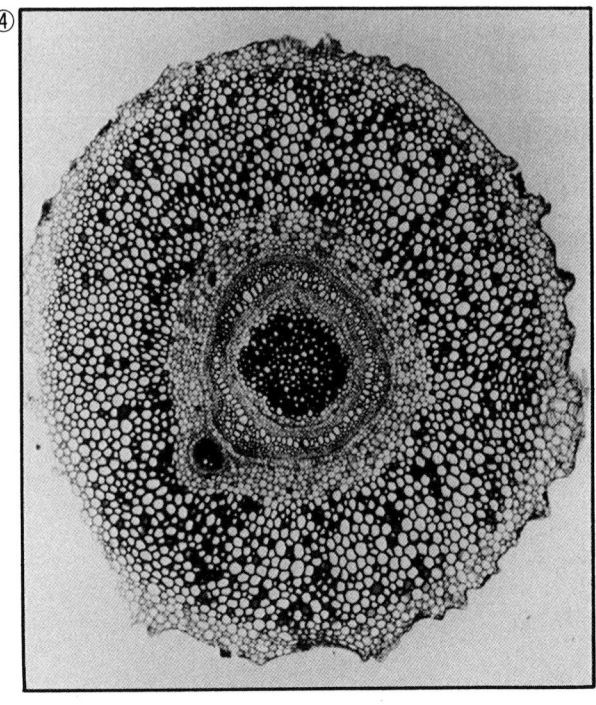

① フモトシダ(Microlepia marginata)の葉柄の管状中心柱(横断面)　茎から葉柄に中心柱が移行するときには,一部に欠けた所(葉隙, leaf gap)を生じる.
② タチシノブ(Onychium japonicum)の茎の網状中心柱(横断面)
③ ヒトツバ(Pyrrosia lingua)の茎の網状中心柱(横断面)
④ クリハラン(Polypodium ensatum)の茎の網状中心柱(横断面)
［光顕　①×70, ②～④×20/①②植田, ③④相馬］

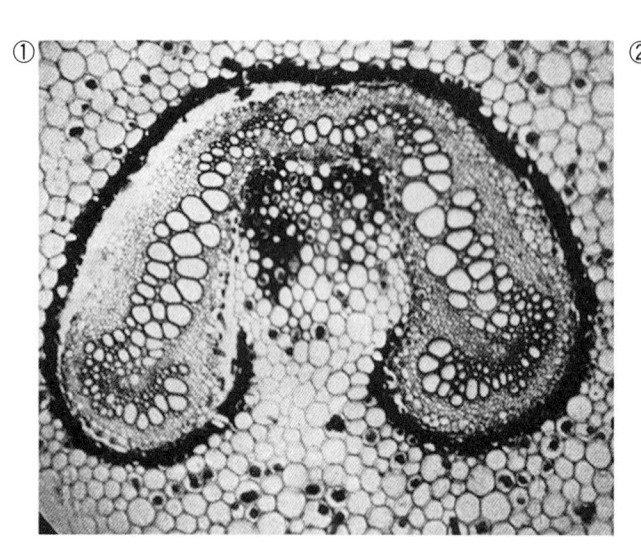

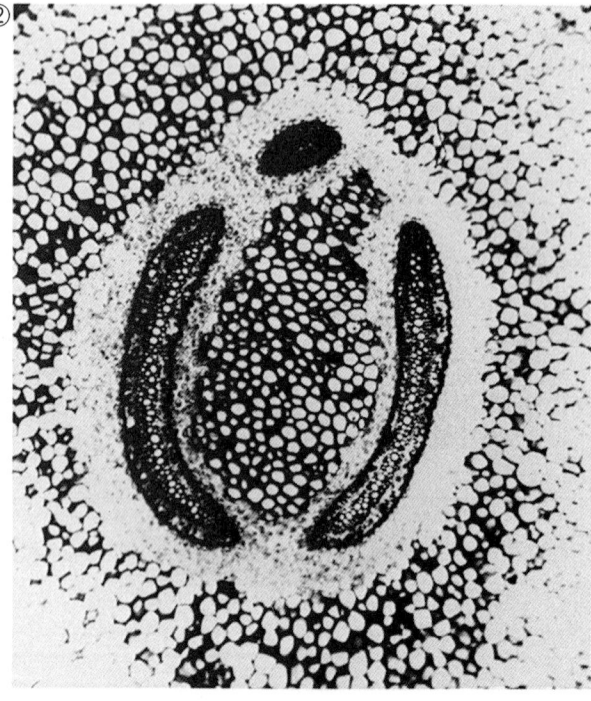

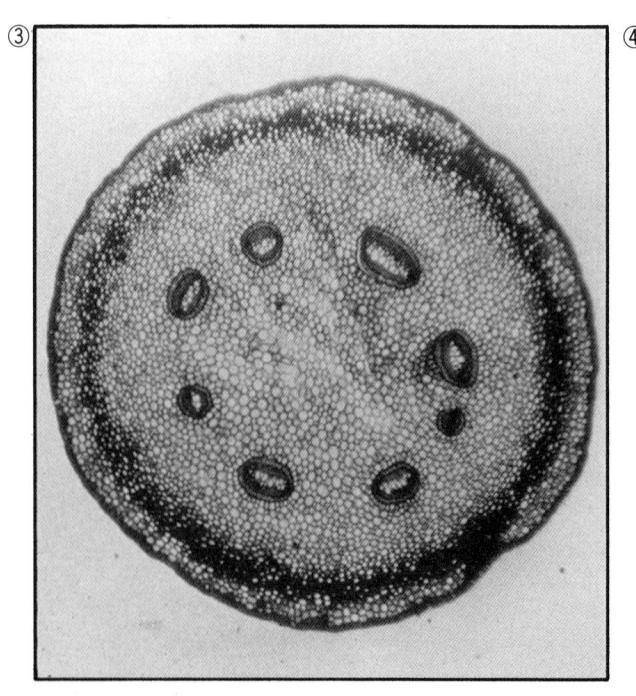

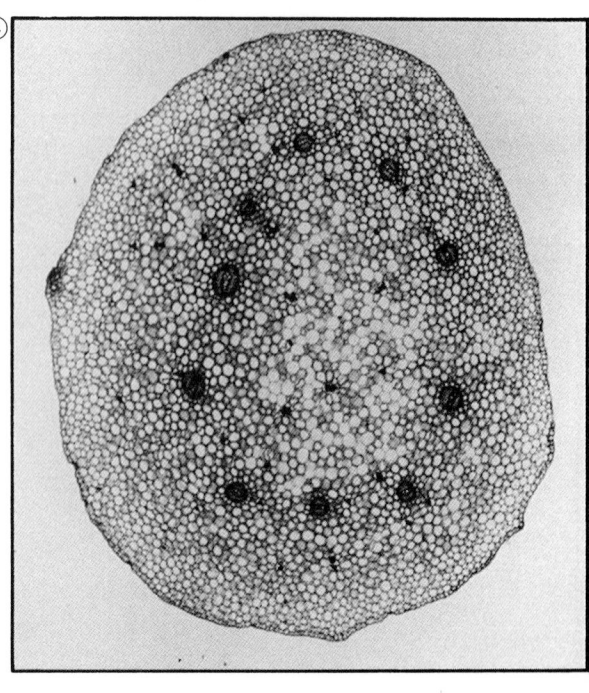

3 中心柱

① ワラビ(Pteridium aquilinum)の地下茎の多環網状中心柱(横断面)
② マトニア(Matonia sp.)の茎の多環管状中心柱(横断面)
③ センニンソウ(Clematis paniculata)の茎の真正中心柱(横断面)
④ ウマノスズクサ(Aristolochia debilis)の茎の真正中心柱

［光顕　①×15，②×7，③④×35/相馬］

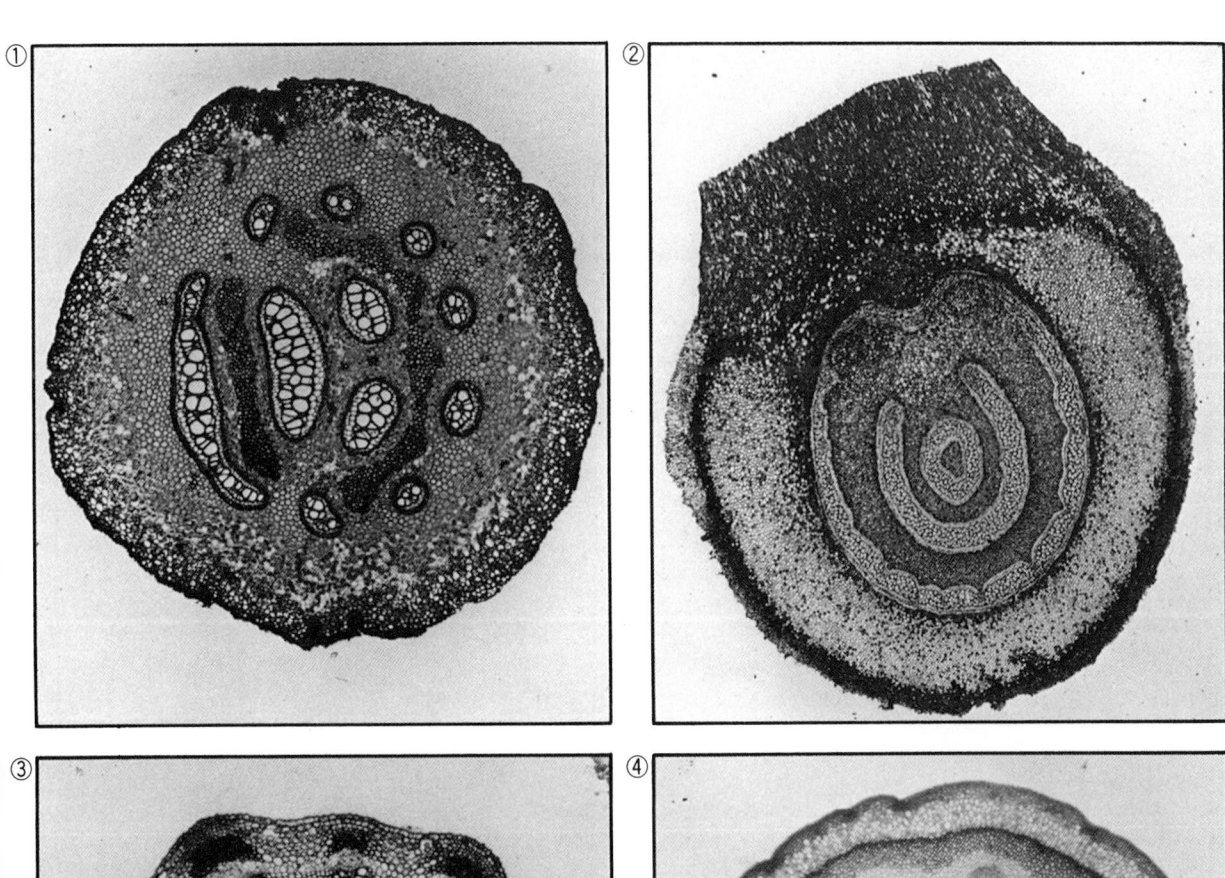

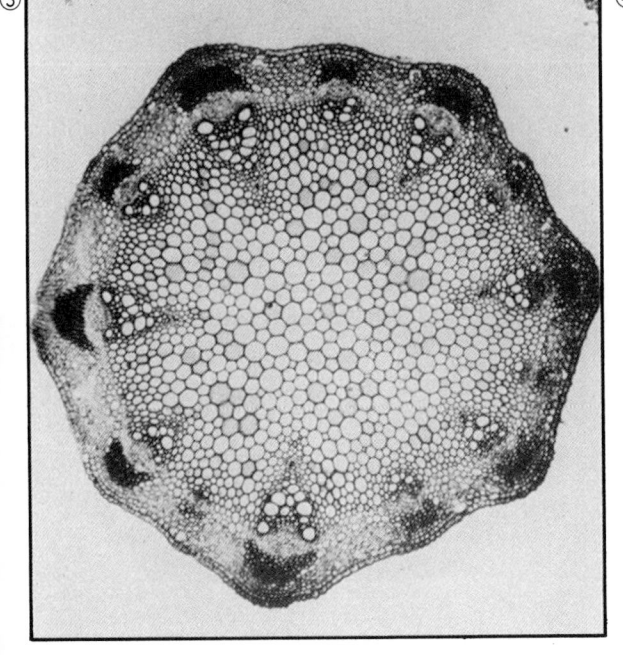

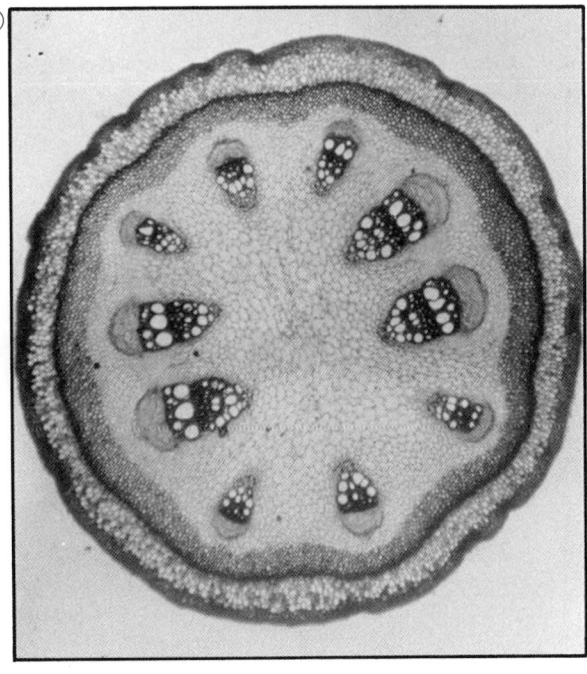

① ブタクサ(Ambrosia elatrior)の茎の真正中心柱(横断面)
② ヘチマ(Luffa cylindrica)の茎の真正中心柱(横断面)
③ ニワトコ(Sambucus Sieboldiana)の茎の真正中心柱(横断面)　2次木部がやや発達している.
④ キク(Chrysanthemum morifolium)の茎の真正中心柱(横断面)
[光顕　①×30，②③×20，④×15/①〜③相馬，④鈴木昭]

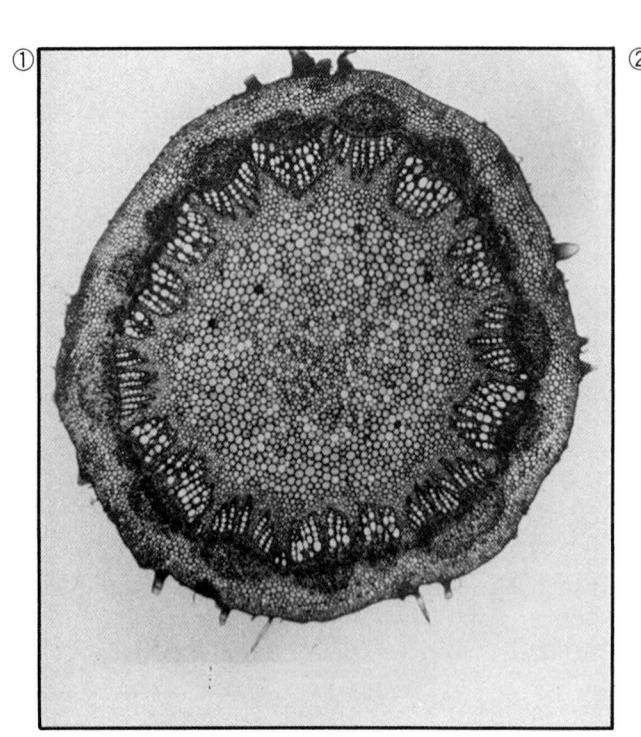

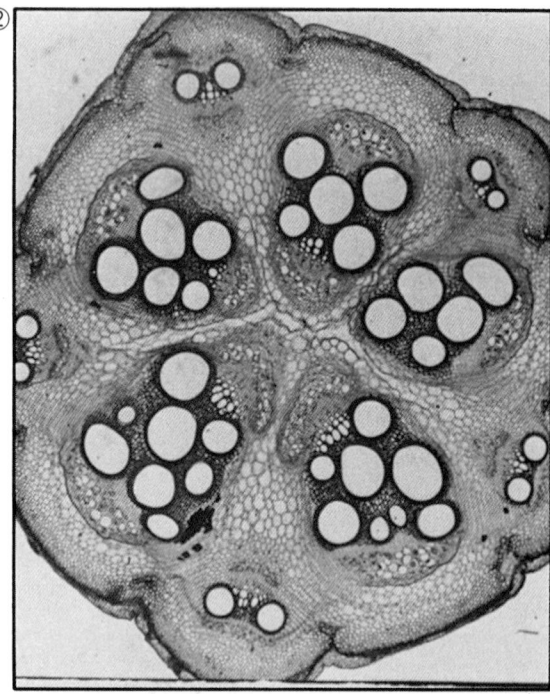

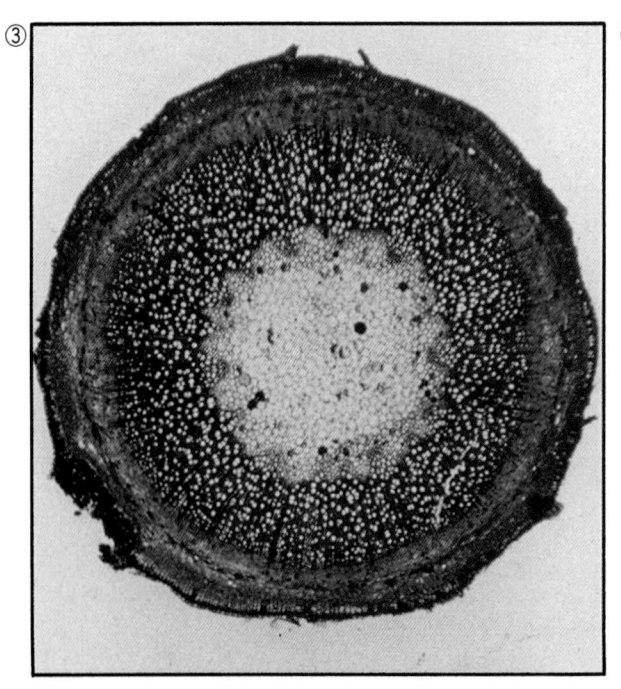

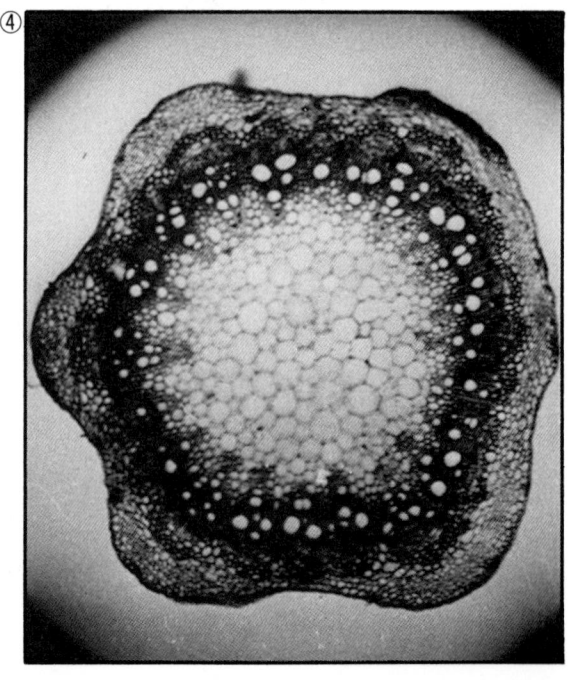

3 中心柱

① トウモロコシ(Zea Mays)の茎の不整中心柱(横断面)
② サルトリイバラ(Smilax China)の茎の不整中心柱(横断面)
③ シャガ(Iris japonica)の根の放射中心柱(横断面)
④ ネギ(Allium fistulosum)の根の放射中心柱(横断面)
[光顕 ①×10, ②×18, ③×70, ④×23/①④喜多山, ②③相馬]

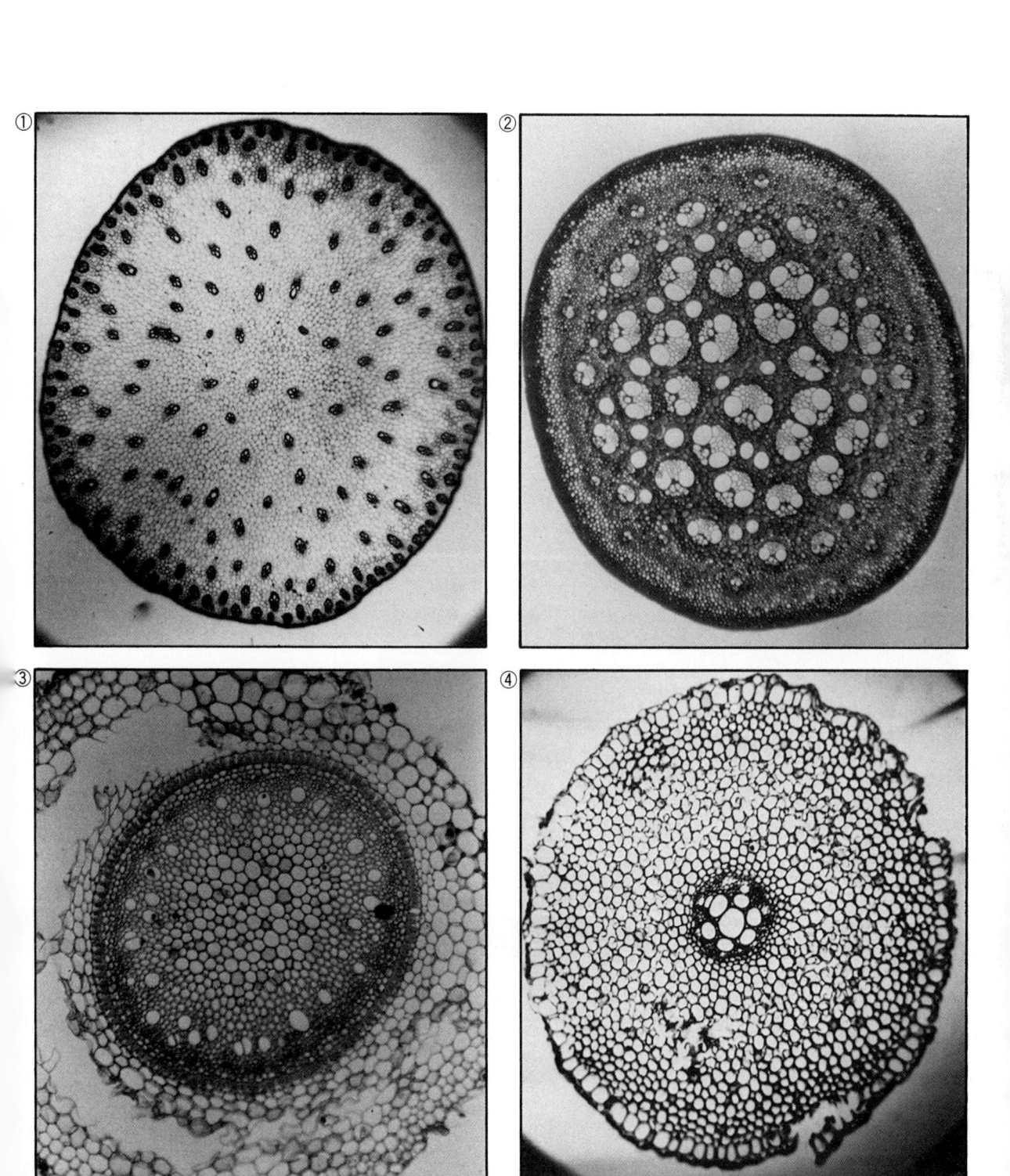

① ヒカゲノカズラ(Lycopodium clavatum)の茎の放射中心柱(横断面)　放射維管束の木部が所々で直結したと考えられるもの.
② スイカズラ(Lonicera japonica)の茎の放射中心柱(横断面)　放射維管束の木部が平行に直結したと考えられるもの.
③ マンネンスギ(Lycopodium obscurum)の茎の放射中心柱(横断面)
[光顕　①×20, ②③×70/①相馬, ②③植田]

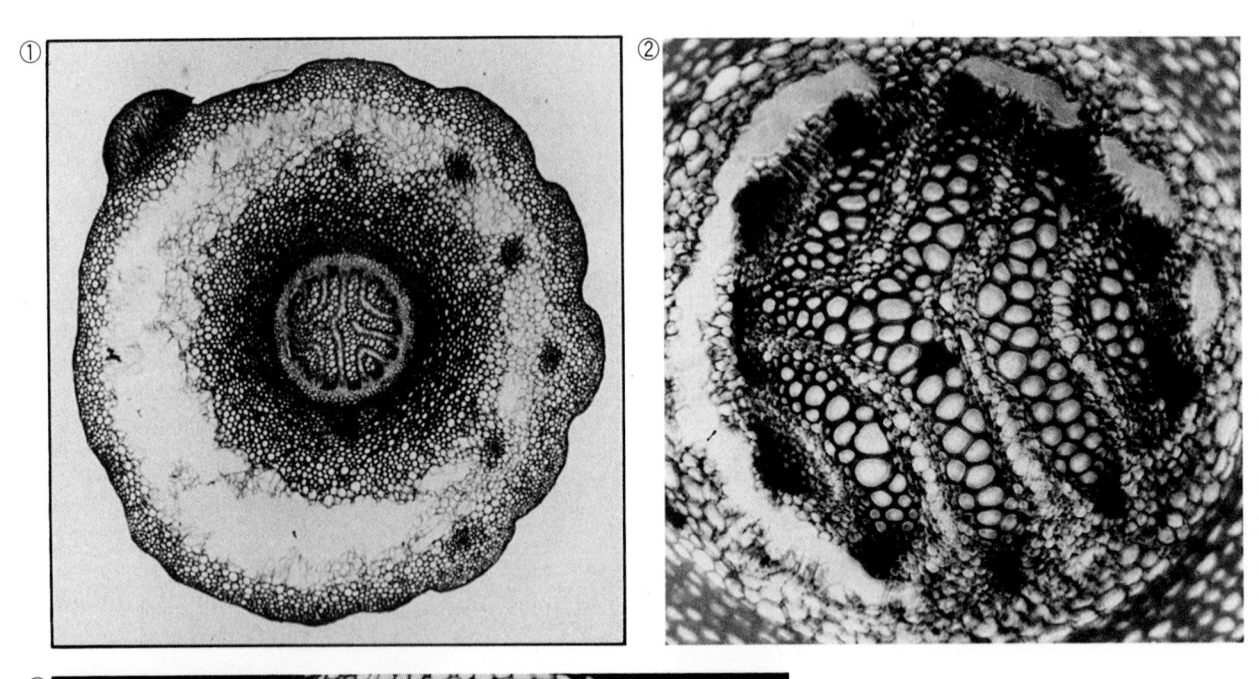

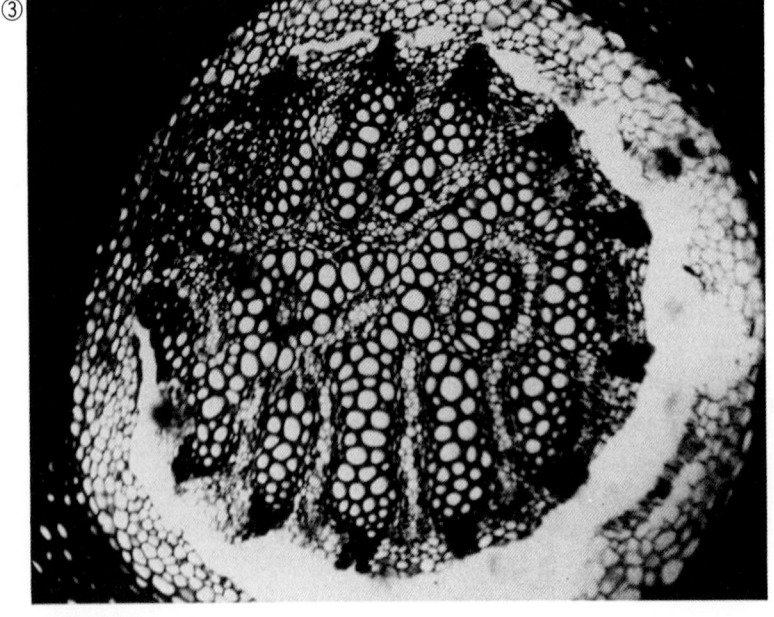

4 基本組織（Fundamental Tissue）

　植物体の組織のうち，表皮と維管束とを除いた残りの組織が基本組織である．根や茎では部分的には中軸から順に髄，放射組織，内鞘，内皮，皮層に分けられ，また葉では葉肉がこれに属している．さらに組織細胞の形態からは，柔組織（立方組織）がこれに属している．

　基本組織は，形態的な差異の少ないにもかかわらず，機能的には分化が著しく機械組織（mechanical tissue），同化組織（assimilation tissue），貯蔵組織（storage tissue），分泌組織（secretory tissue），通気組織（aerenchyma tissue），運動組織（motion tissue）などがある．

① ソメイヨシノ（Prunus yedoensis）の茎の髄の柔組織
　断面で六角形に近い形をしている．
② ニワトコ（Sambucus Sieboldiana）の茎の髄の柔組織
③ ホウショウチク（Bambusa nana var. normalis）の若い茎の髄の柔組織
④～⑤ オジギソウ（Mimosa pudica）の葉枕の運動組織
　所々の細胞にある光った球体はタンニンを含んだ液胞である．
［光顕　①③⑤×300，②×100，④×150/植田］

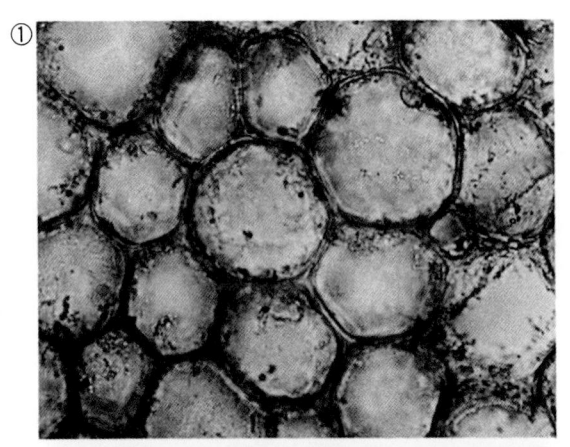

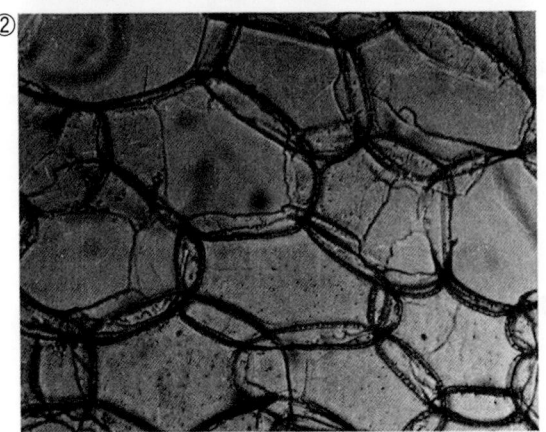

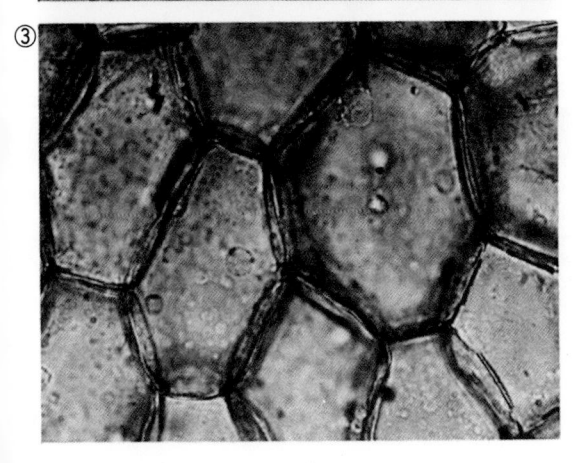

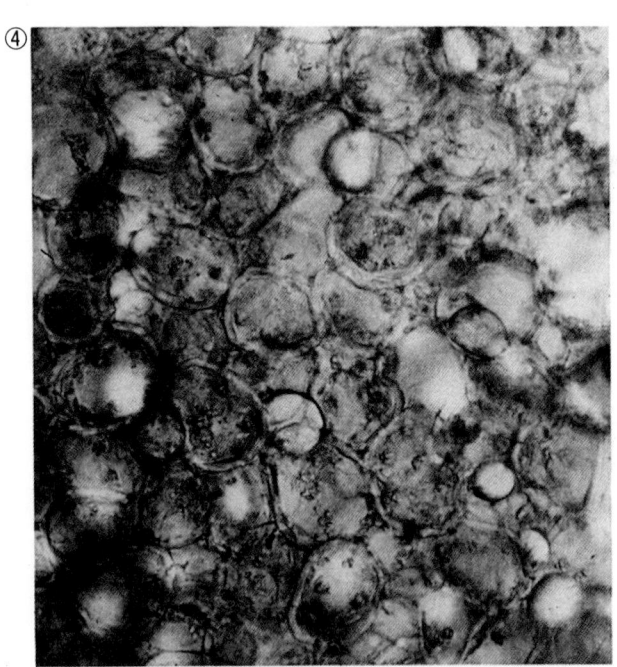

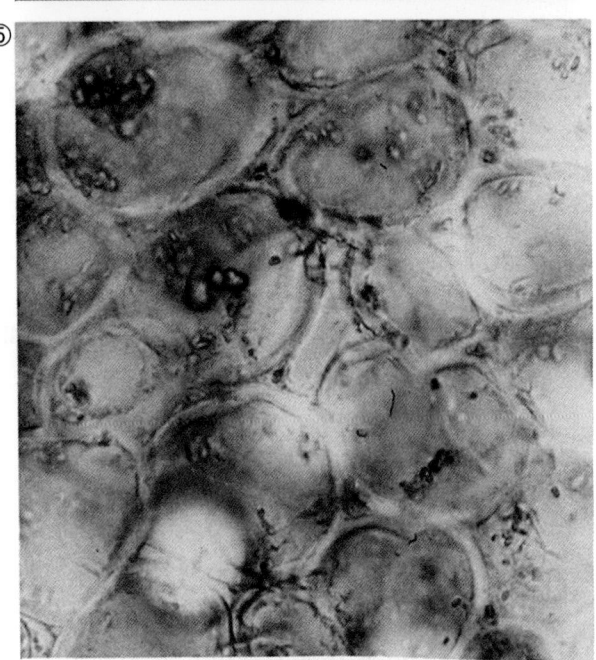

① カボチャ(Cucurbita moschata)の茎の厚角組織(横断面)　細胞の角の細胞壁が厚くなり機械組織の役をしている．
② ツバキ(Camellia japonica)の葉の異形細胞(idioblast)　他の細胞よりはるかに大きく，不規則形で細胞壁も厚い．
③ トウガラシ(Capsicum annuum)の茎の厚角組織　表皮に接して存在し機械組織の役をしている．
④ ナ シ(Pyrus serotina)の果肉の石細胞(stone cell)　細胞壁は厚く一種の異形細胞で機械組織の役をしている．
[光顕　①②×150，③×350，④×200/植田]

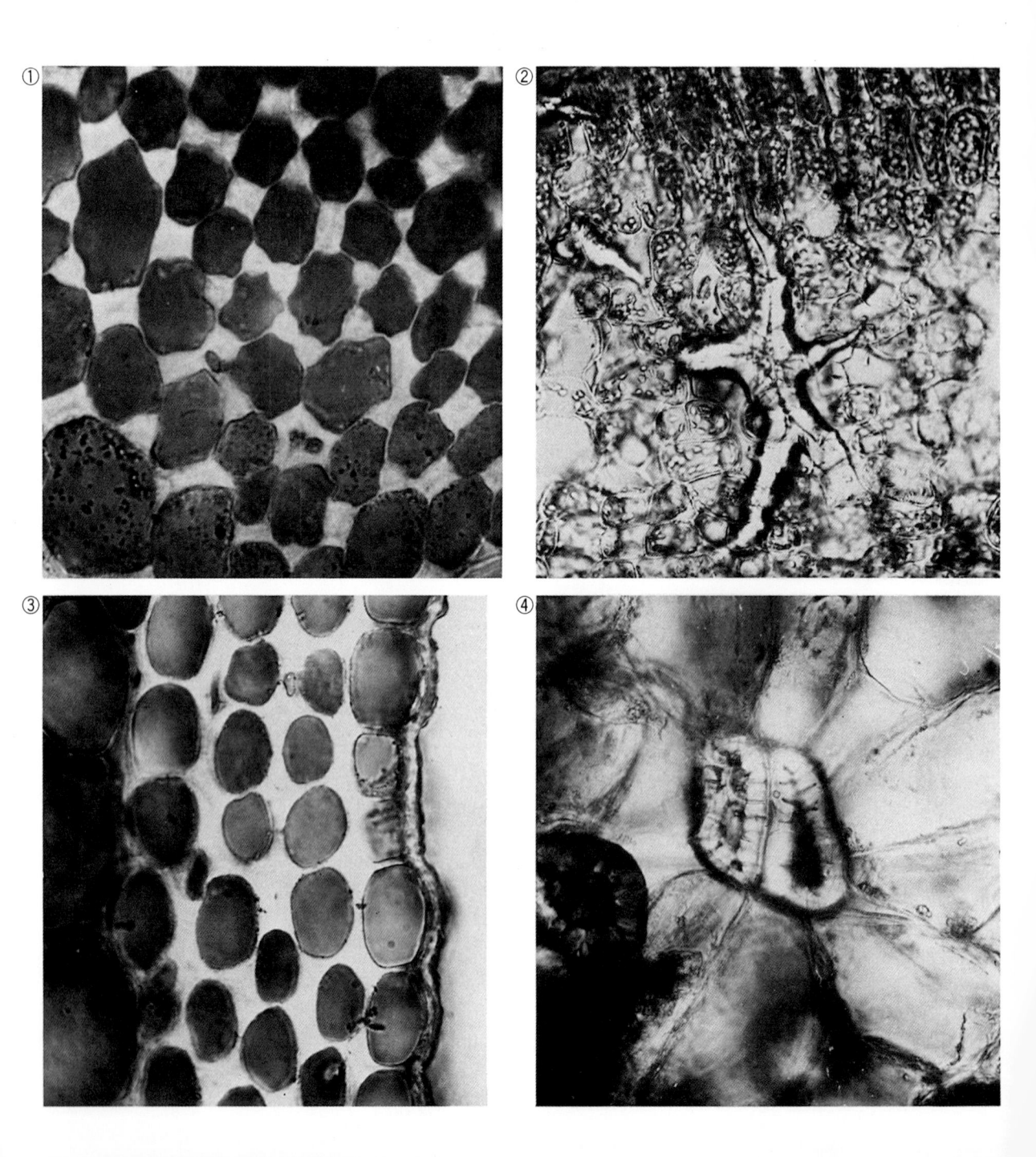

4 基本組織

① **オオカナダモ**(Elodea densa)の茎の通気組織 オオカナダモのように水生植物では細胞間隙(inter cellular space)がよく発達した通気組織を持っている.

② **セキショウ**(Acorus gramineus)の葉の通気組織

③ **コウヤマキ**(Sciadopitys verticillata)の葉の樹脂道 樹脂道(resin canal)は細胞間隙であるが,その周辺の分泌細胞からこれに樹脂が分泌される.

④ **ハイマツ**(Pinus pumila)の葉の樹脂道 周辺に分泌細胞がある.

[光顕 ①×6, ②×150, ③×100, ④×300/植田]

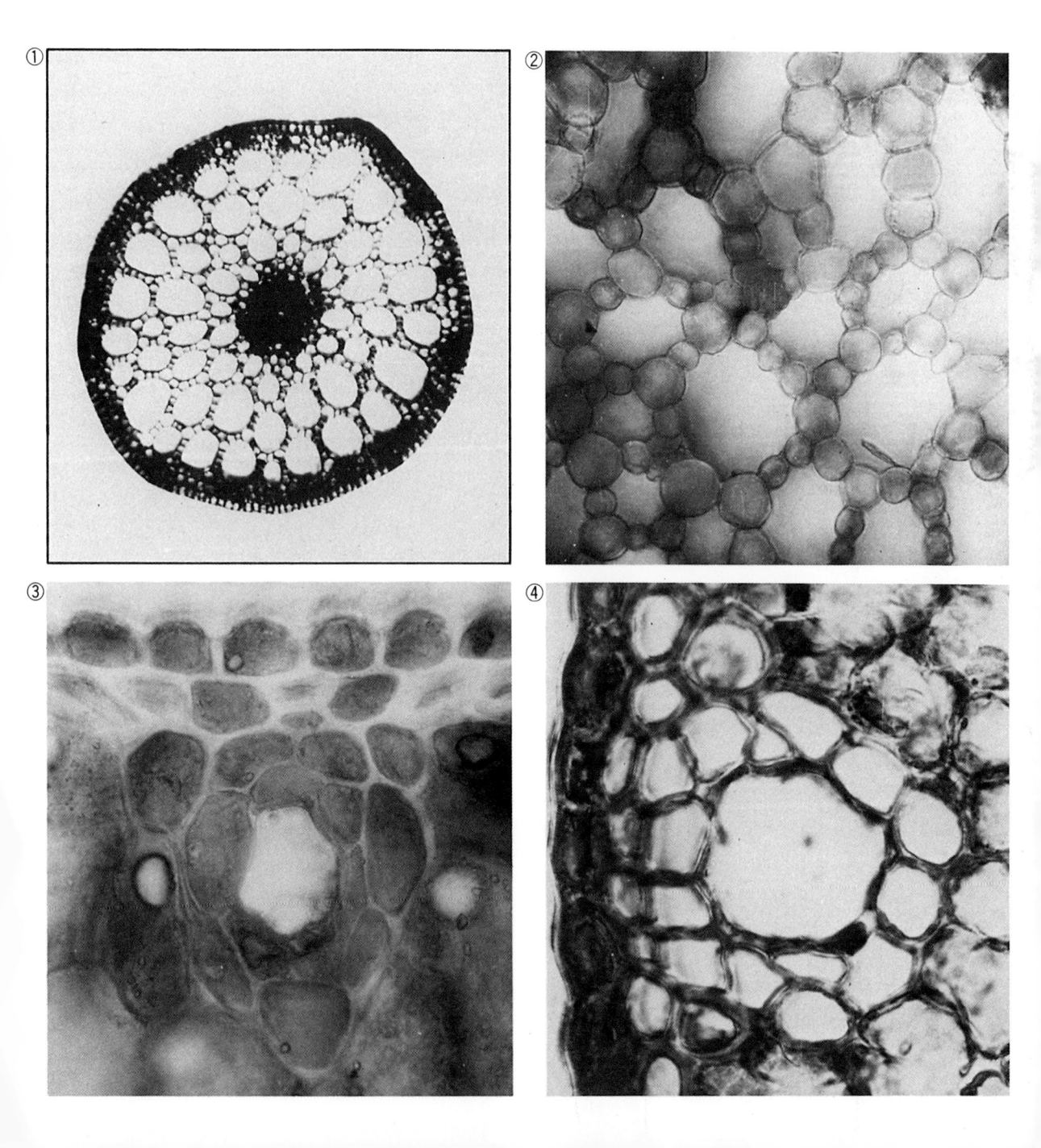

3 器官 (Organs)

植物体は通常，根(root)，茎(stem)，葉(leaf)の栄養器官(vegetative organ)によって成長し，その後，花(flower)，果実(fruit)，種子(seed)の生殖器官(reproductive organ)をつくって種族の維持を行っている．植物体の各器官の配列と構造の概要は図①のごとくである．

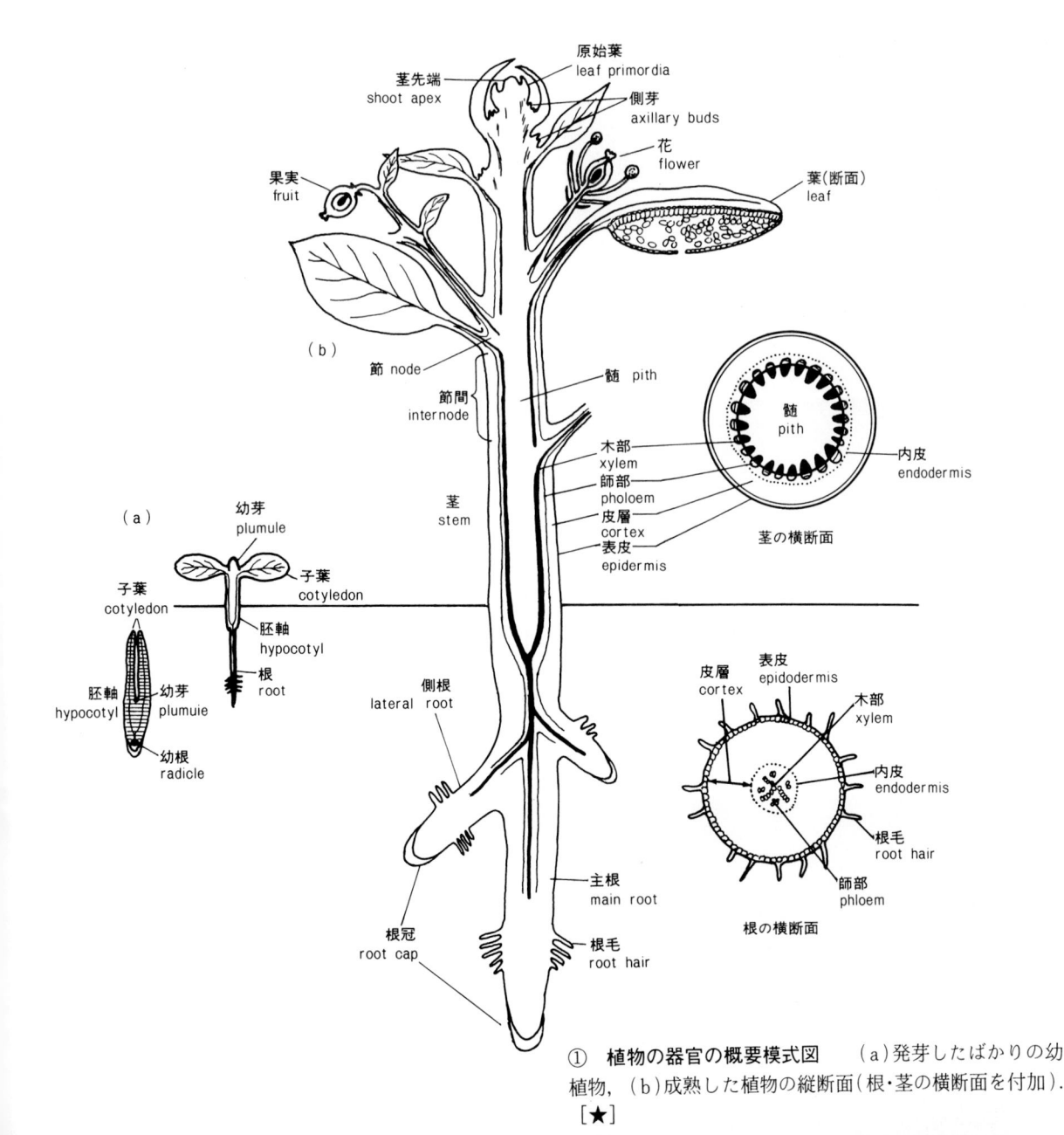

① **植物の器官の概要模式図** (a)発芽したばかりの幼植物，(b)成熟した植物の縦断面(根・茎の横断面を付加)．
[★]

1 根の構造 (Structure of Roots)

(1) 根の外形と構造 (External and Internal Structure of Roots)

根(root)は，通常地中にあって植物体を固着させて，支持し，水分や無機養分の吸収と茎への輸送をしている．時には養分の貯蔵なども行う．

根には主根(main root)と側根(lateral root)の区別のある直根を有するもの(裸子植物・双子葉植物の根)と，その区別がなく，ひげ根(fibrous root)だけのもの(シダ植物・単子葉植物の根)とがある．しかし，いずれもその先端は根冠(root cap)で保護され，根毛(root hair)を多数生じて，地中からの水分や養分の吸収に役立っている．

① ナズナ(Capsella Bursa-pastoris)の直根(左)とスズメノテッポウ(Alopecurus aegualis)のひげ根(右)　[接写　×0.7/植田]

② 根の構造模式図　根は先端から根冠(root cap)，成長点(growing point)と分裂組織(meristem)を含む分裂域(division zone)，成長域(growing zone)，根毛域(root hair zone)または，分化域(differentiation zone)に分けられる．[★]

③ ダイコン(Raphanus sativus)の種子の発芽によって生じた根毛　[接写　×3.5/喜多山]

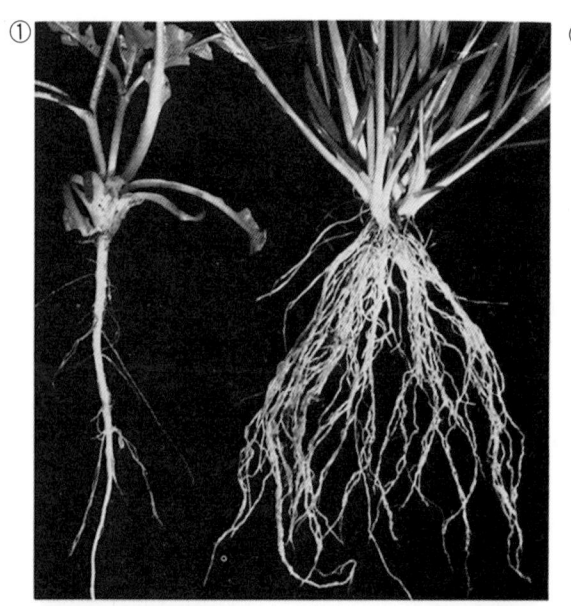

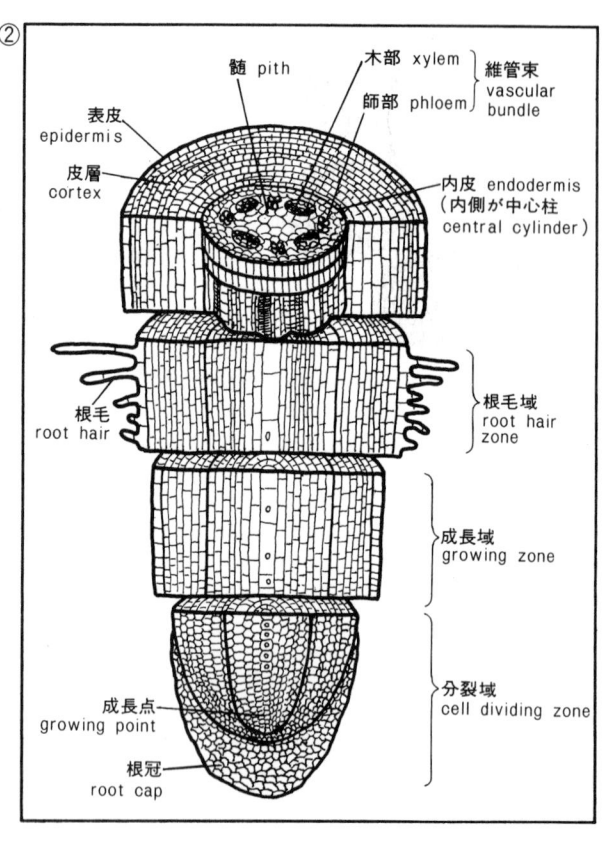

1 根の構造

① **タマネギ**(Allium Cepa)の根の分裂域(横断面) 周辺に根冠の細胞の2層が見られ、中心に髄の細胞がある.

② **タマネギの根端分裂域(縦断面)** 外側から、根冠を含めた、原表皮(dermatogen, 将来表皮になるもの)、原皮層(periblem)、原中心柱(plerom)の3層が概略区別できる. (Hansteinの原組織説(histogen theory)). しかし、Sehmidtによる鞘層－内体説(tunica-corpus theory)によって2層に区別することもある.

③ **トウモロコシ**(Zea Mays)の根端分裂域(透心縦断面) 下部に根冠、中軸に髄の細胞列が見られる.

④ **イネ**(Oryza sativa)の根端部 根冠細胞は古くなるとはがれ落ちる.

［光顕 ①×70, ②×30, ③④×150／植田］

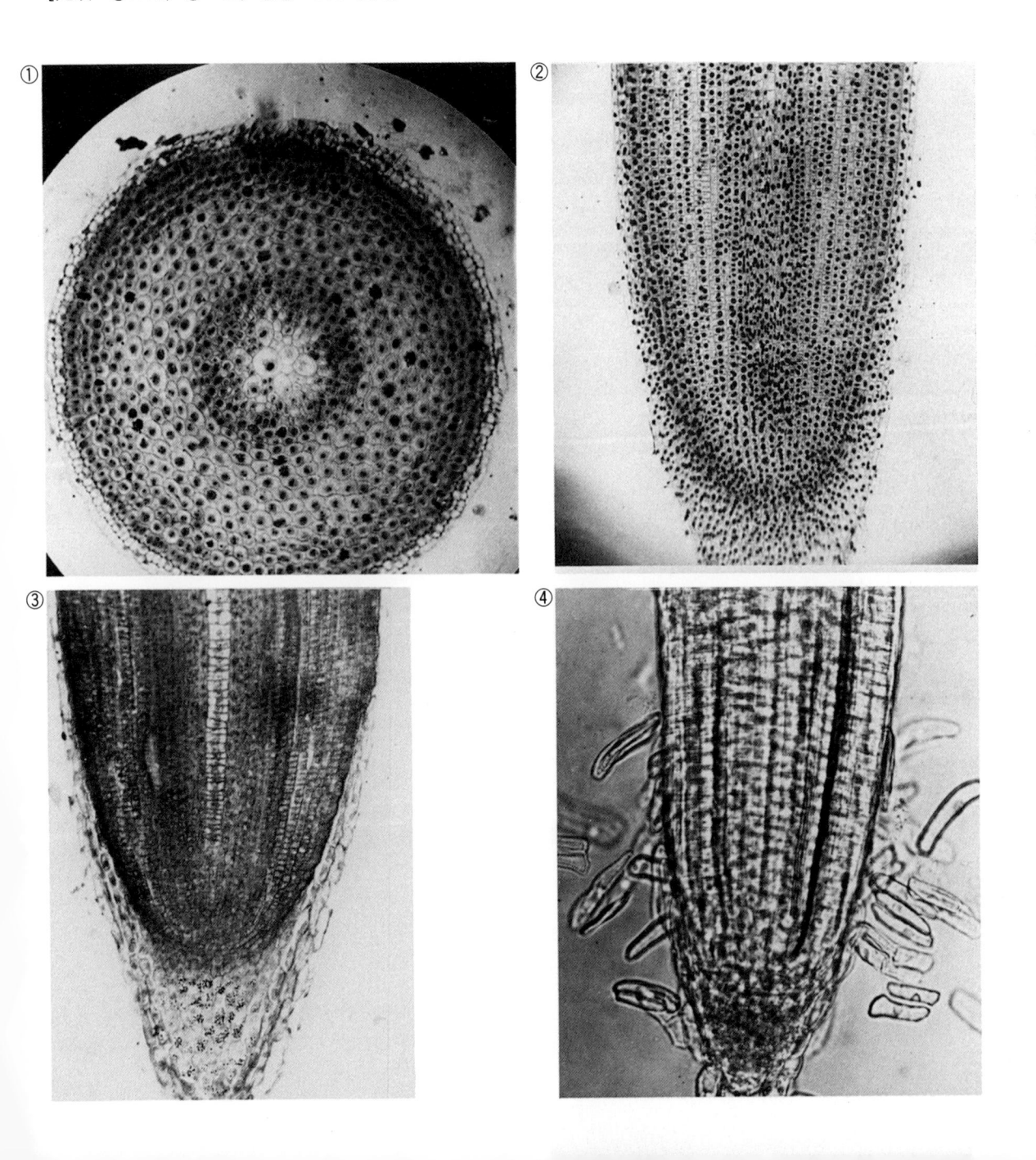

（2） 根の構造分化（Differentiation of Root Structures）

① アブラナ（Brassica campestris）の根の根毛域　　根毛は根の下部で短く上部で長い．
② アブラナの根の分裂域（下部）と成長域（上部）
③ ホテイアオイ（Eichhornia crassipes）の根の先端よりやや後部　　ホテイアオイやウキクサのような水生植物では根毛や根冠を欠き，根の先端部は根のう（root pocket）で包まれている．図は根の成長につれて根のうが途中で切断された部分を示している．
④ ホテイアオイの根の根のうで包まれた先端部
［光顕　①②×30，③④×120/植田］

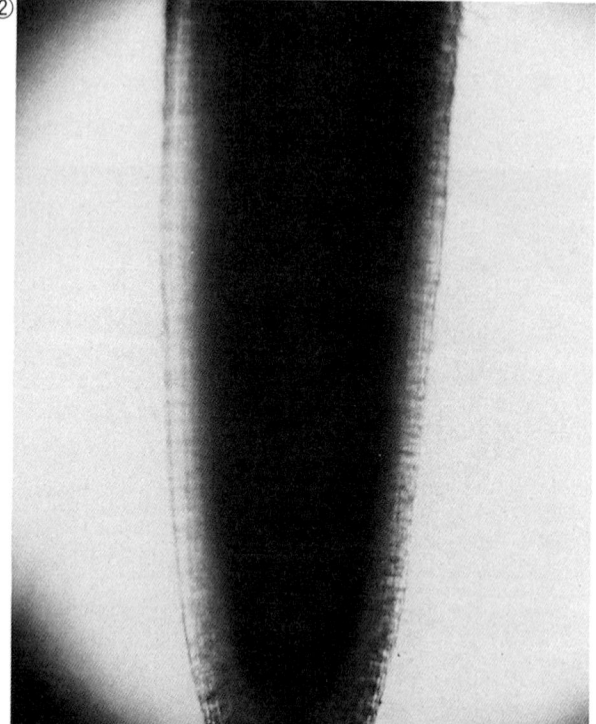

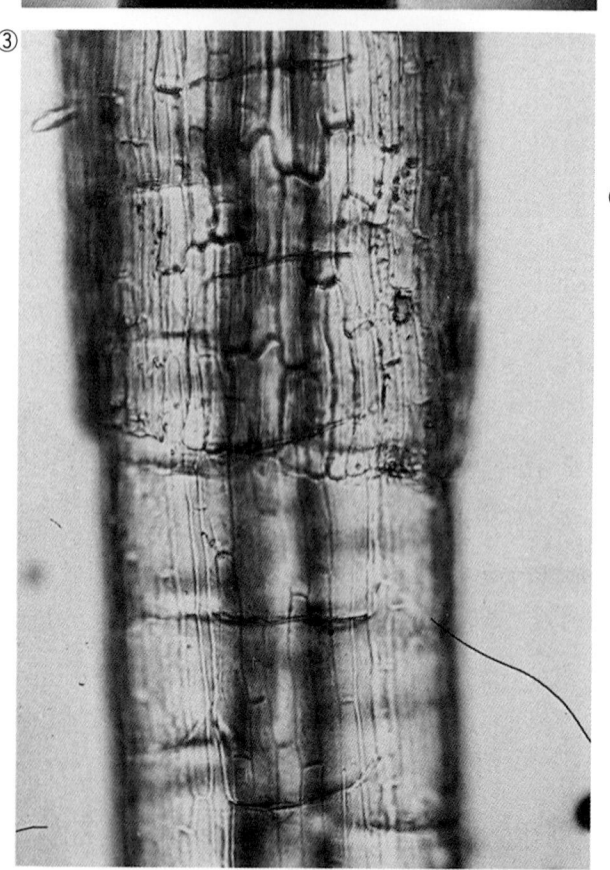

(3) 根毛の成長 (Growth of Root Hairs)

①～② **イネ (Oryza sativa) の根毛** 左側が根の先端部に近く，根毛は小さいが右側に行くほど長い．しかしさらに先端から離れると根毛は枯死する．すなわち，根毛は先端に近い部分から生じ始めしだいに成長し，ついに枯死することが知られる．

③～⑧ **イネ根毛の成長過程** ③12°32′，④13°2′(30分後)，⑤13°40′(68分後)，⑥14°15′(103分後)，⑦14°26′(114分後)，⑧14°43′(131分後)．(いずれも水温20℃)
[光顕 ①②×150，③～⑧×700/植田]

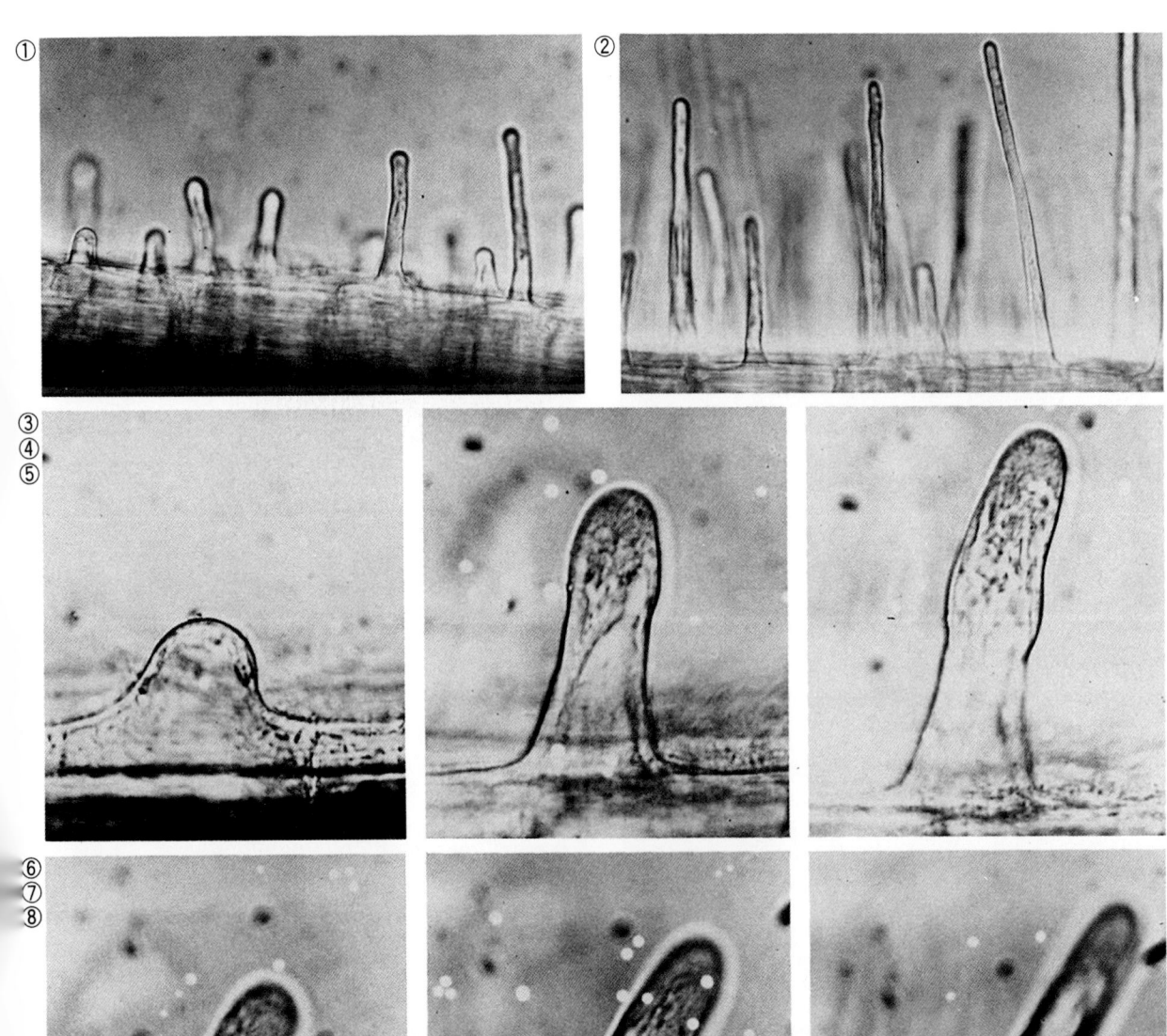

(4) 根の組織 (Root Tissue)

根は放射中心柱を持ち，木部の数により1原型，2原型……多原型とよばれる．側根は内生的 (endogenous) で中心柱の内鞘から発生する．

① ムラサキツユクサ (Tradescantia reflexa) の若い分化域 (横断面)　周辺は一層の表皮で包まれ，その内部の皮層が大部分を占め，中央に中心柱が分化し始めている．

② ネギ (Allium fistulosum) の根の分化域 (横断面)　中央部に放射状に4個の道管が見られ4原型である．

③〜④ ガガブタ (Nymphoides indica) の根の分化域 (横断面)　皮層は規則正しい放射同心配列をなしている．④は③の中心柱の拡大．放射状に5つの木部が見られ，さらに側根らしいものが発生している．

[光顕　①②×30，③×60，④×100/②喜多山，他は植田]

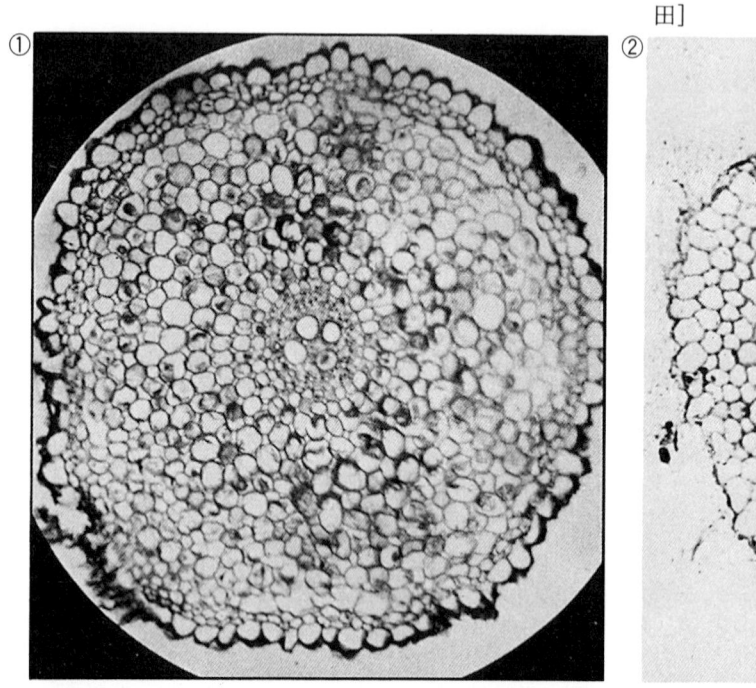

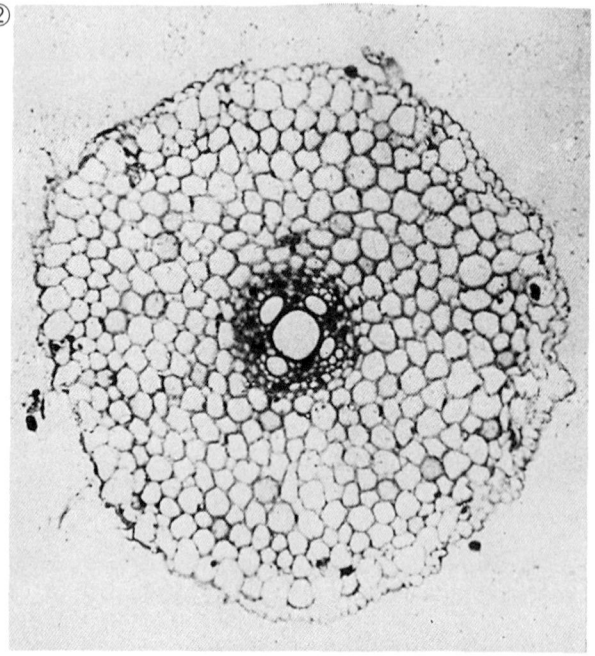

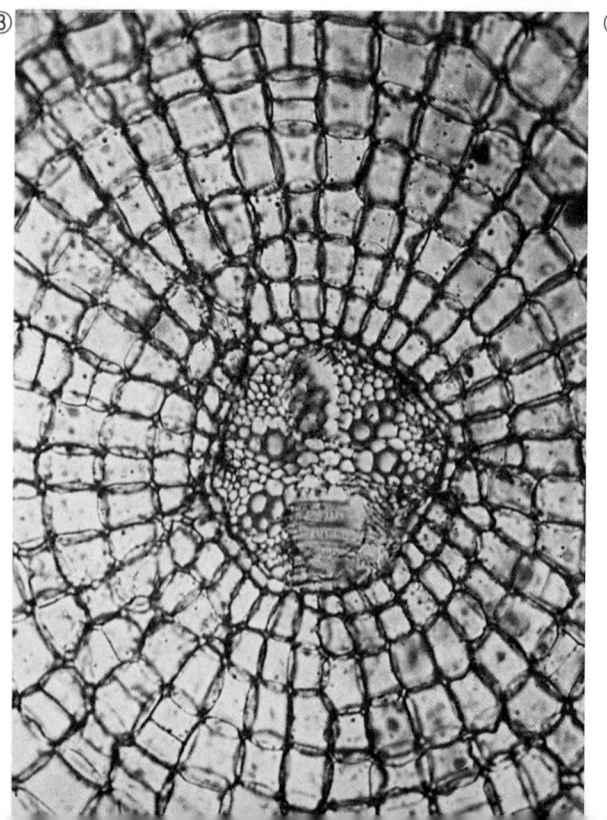

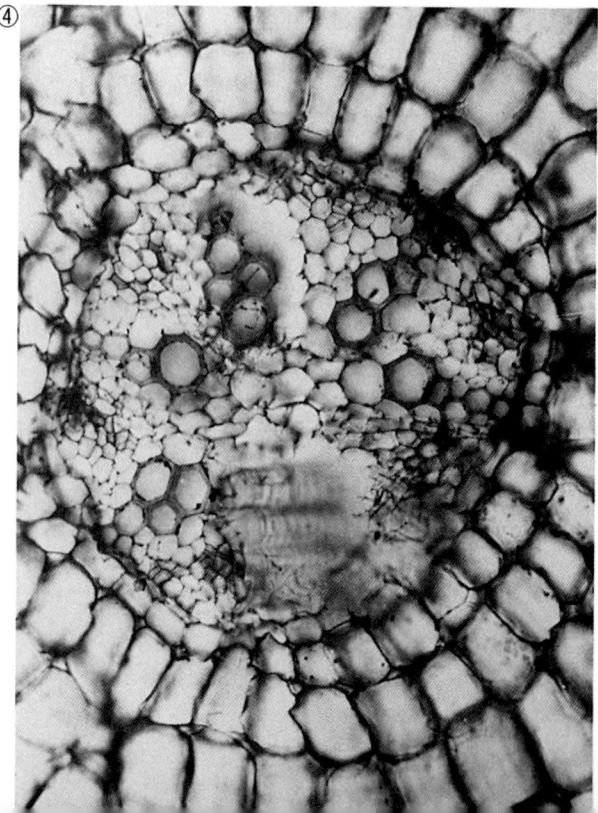

1 根の構造

① ガガブタ(Nymphoides indica)(前頁③)の皮層の拡大
② ガガブタの側根(縦断面) 側根は皮層をつきぬけて内生的に発生し,成長する.
③~④ ハダカムギ(Hordeum vulgare var. nudum)の根の根毛域(横断面) 中心柱には細胞間隙が2個見られる.④は③の拡大.一層の細胞からなる内皮が既に分化し,これより内部の中心柱に維管束が分化してくる.
[光顕 ①×100, ②×30, ③×70, ④×300/植田]

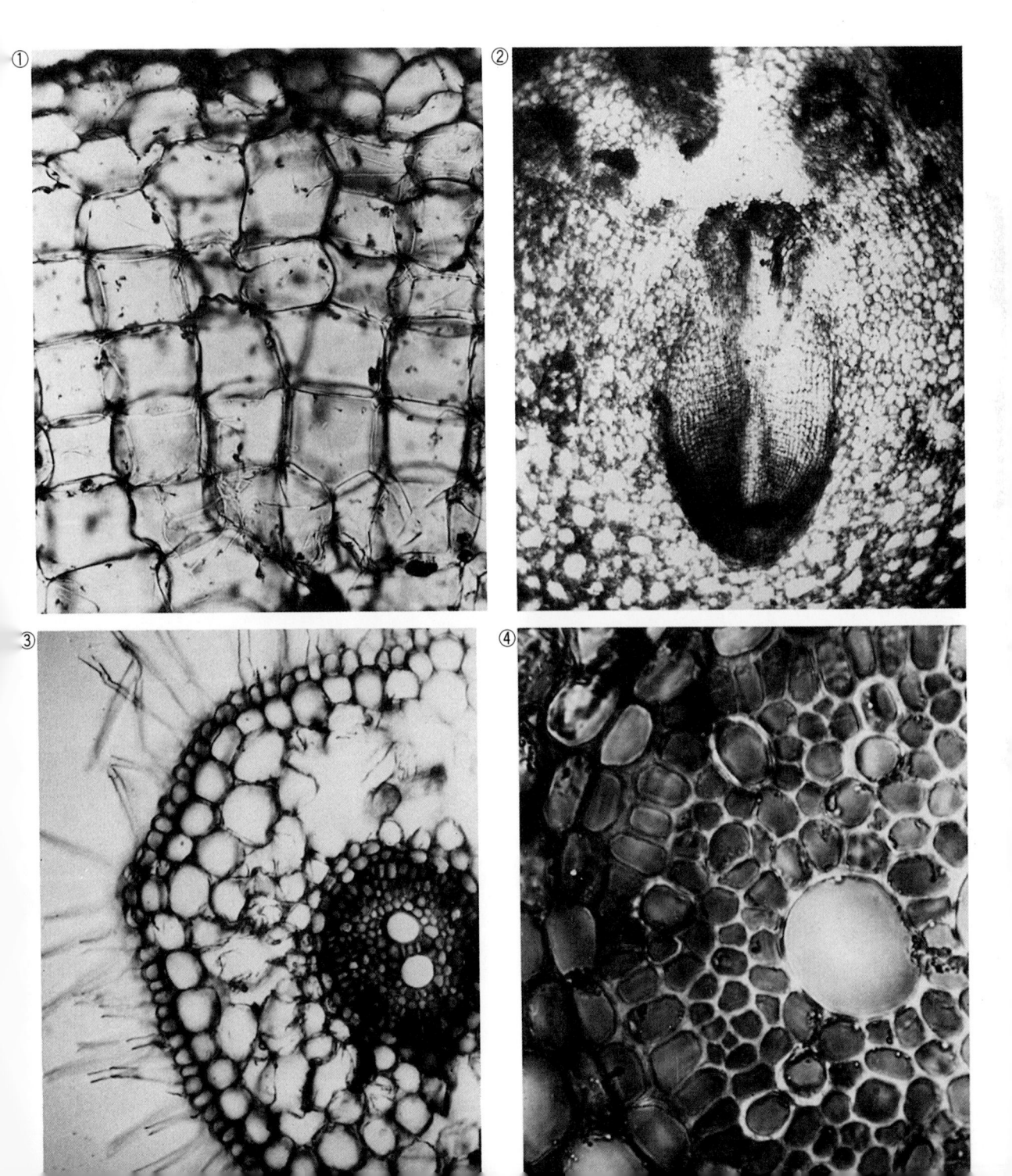

① ハダカムギ(Hordeum vulgare var. nudum)の根(横断面)の表皮と根毛
② ホテイアオイ(Eichhornia crassipes)の根の維管束中軸にらせん紋様の道管が見られる．
③～④ タマネギ(Allium Cepa)の根の分裂組織　③縦断面．各種の分裂期の細胞が見られる．④横断面．左から2層の根冠細胞層，一層の原表皮，その他は原皮層．
[光顕　①③④×150, ②×20/植田]

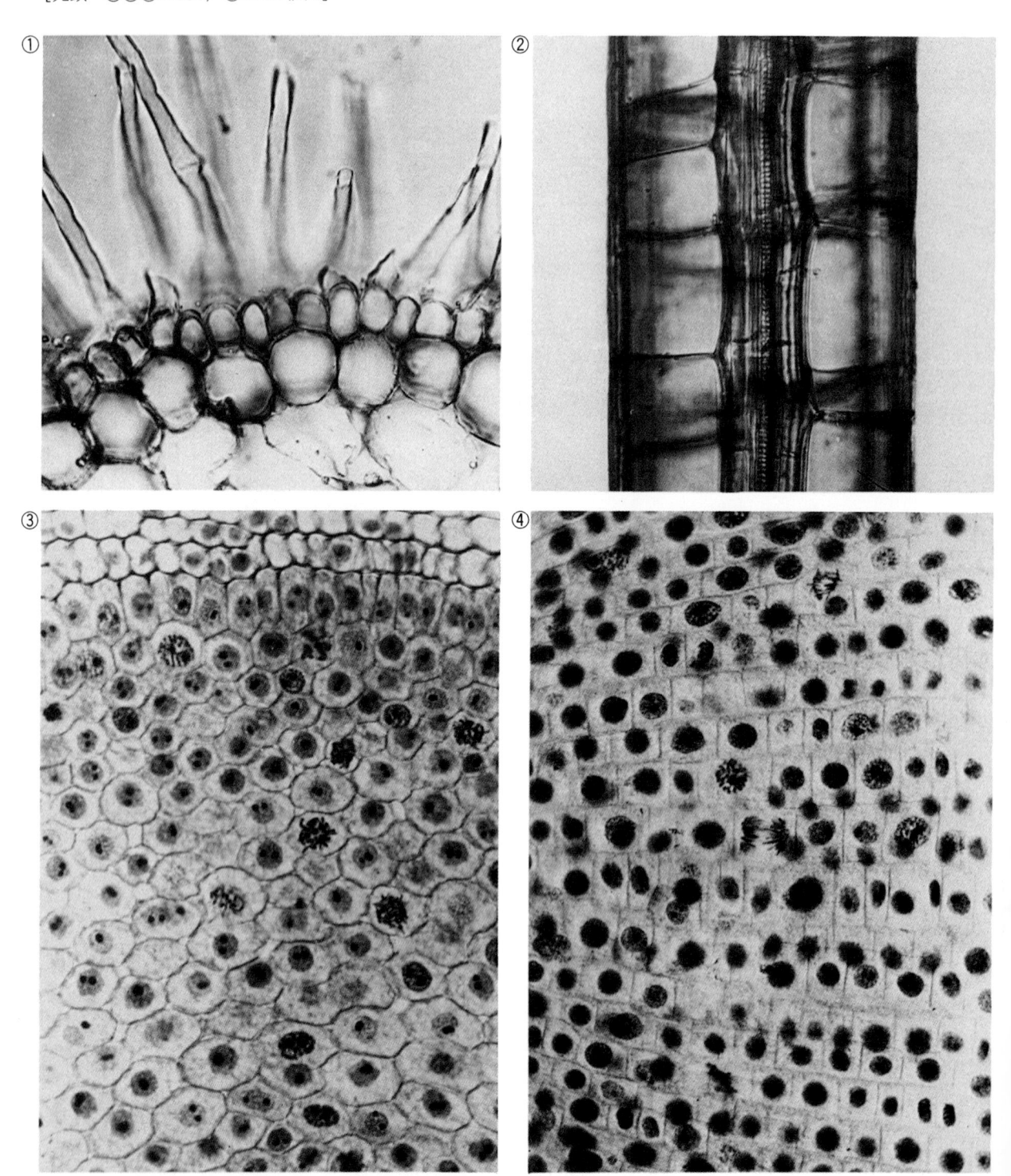

1 根の構造

(5) 根の分裂組織における細胞分裂 (Root Meristem)

①～⑨ タマネギ (Allium Cepa) の根の細胞分裂　①静止期, ②前期, ③中期, ④後期の初め, ⑤後期の終り, ⑥終期, ⑦細胞板形成期, ⑧細胞質分裂期, ⑨静止期 (嬢細胞2個を生じる). [光顕 (ヘマトキシリン染色)　×600/植田]

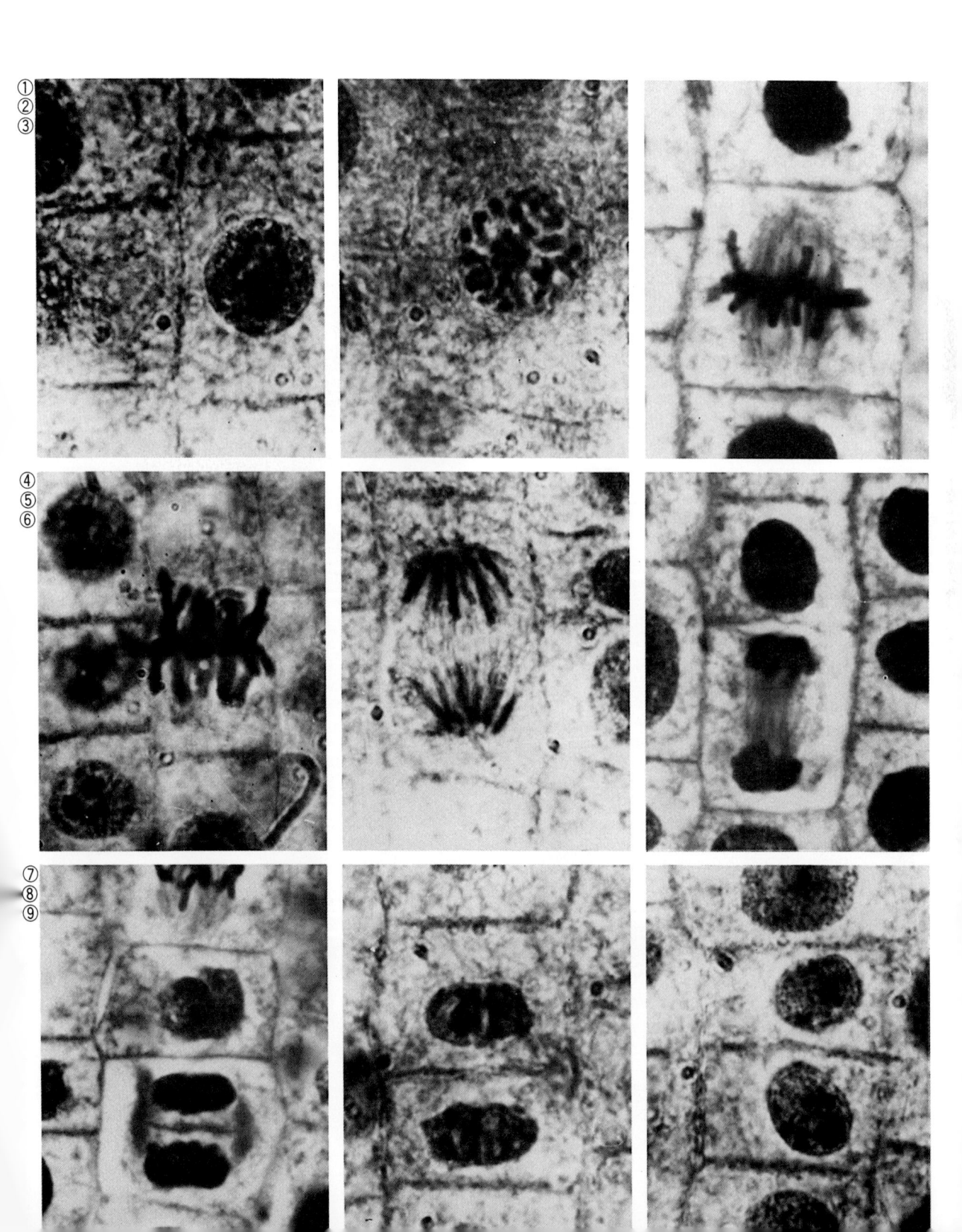

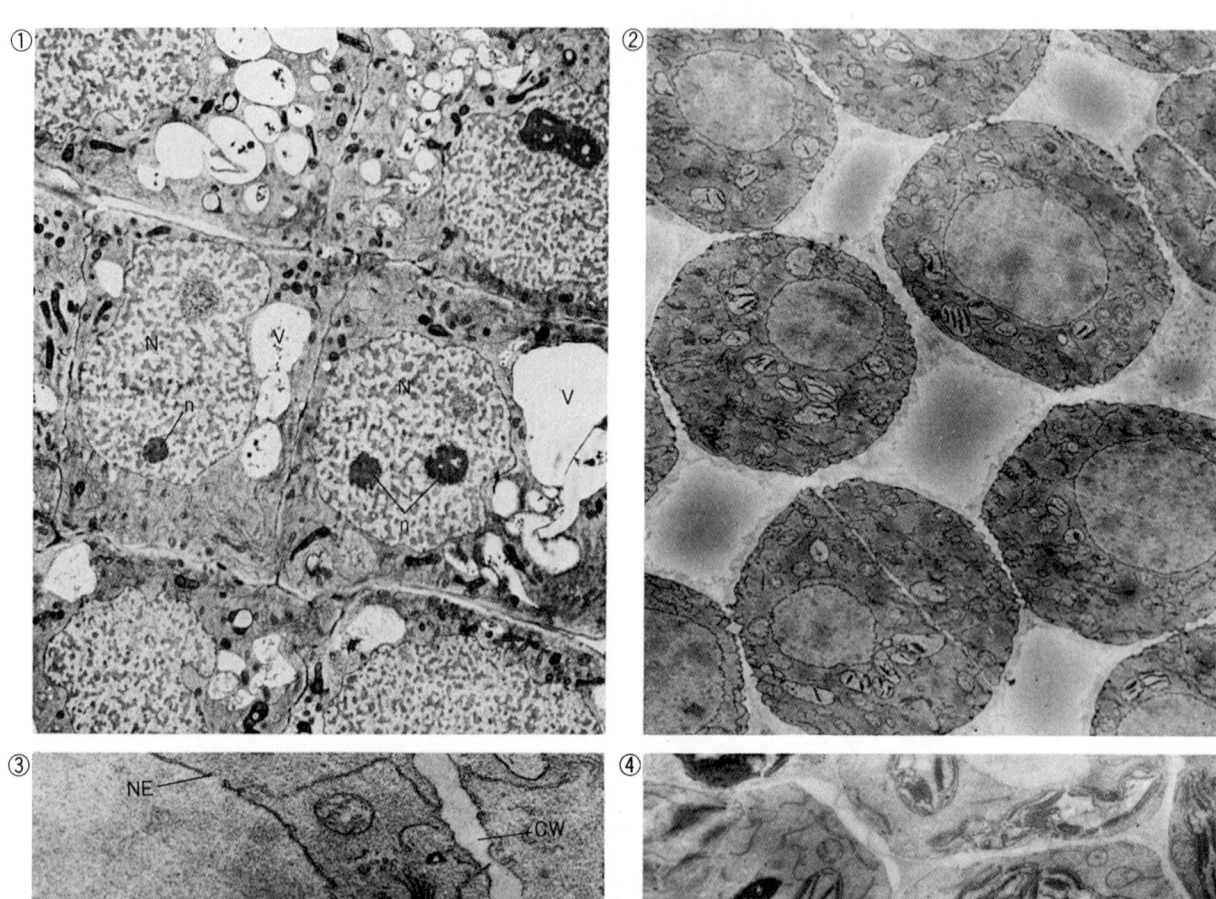

(6) 根の細胞の微細構造 (Fine Structure of Root Cells)

① ムラサキツユクサ (Tradescantia reflexa) の根の若い細胞　細胞壁は薄く，比較的小さい液胞 (V) が多数存在する．核 (N) 内には仁 (n) や染色糸も見られる．[電顕 (OsO₄ 酸固定) ×1,800/左貝]

②～③ ガガブタ (Nymphoides indica) の根の細胞　② 細胞間隙が発達してる．③は②の拡大．色素体 (P) にラメラがわずかに発達している．ゴルジ体 (G)，ミトコンドリア (M)，小胞体 (ER) も存在する．核膜 (NE) は明瞭であるが，KMnO₄ 固定では染色糸は見られない．細胞壁 (CW) には原形質連絡が見られる．

④ ヒシ (Trapa natans) の根の細胞　根には一般に葉緑体はないが，ヒシのような水生植物で根に光を受けるものには葉緑体を生じる．葉緑体 (C) にはラメラがかなりよく発達している．
[電顕 (KMnO₄ 固定) ②×3,700, ③×2,000, ④×9,400 /川松]

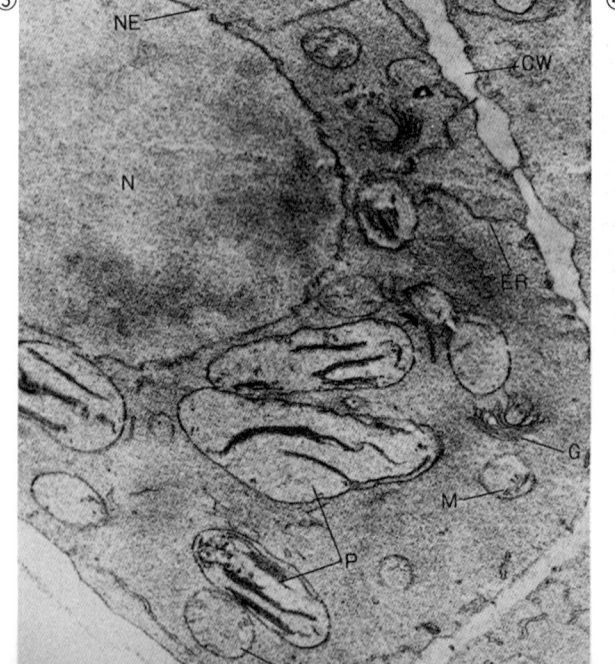

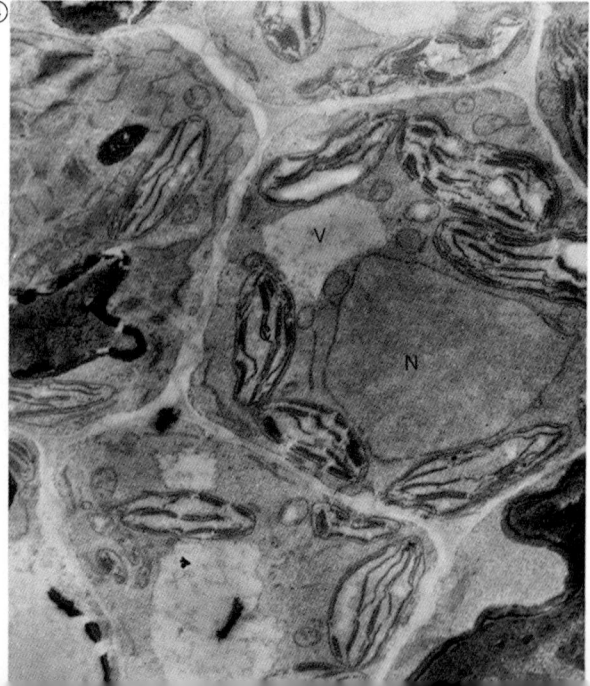

2 茎の構造 (Structure of Stems)

茎は根に連なっていて，枝や葉を生じ植物体を支えるとともに水分や養分の通路になる．木本茎では肥大成長をして年輪を生じる．また変態をして特殊な構造と機能を有するものもある．

茎の構造とその肥大成長を模式化すると図①のようである．

① 木本茎の構造と肥大成長模式図　　［相沢］

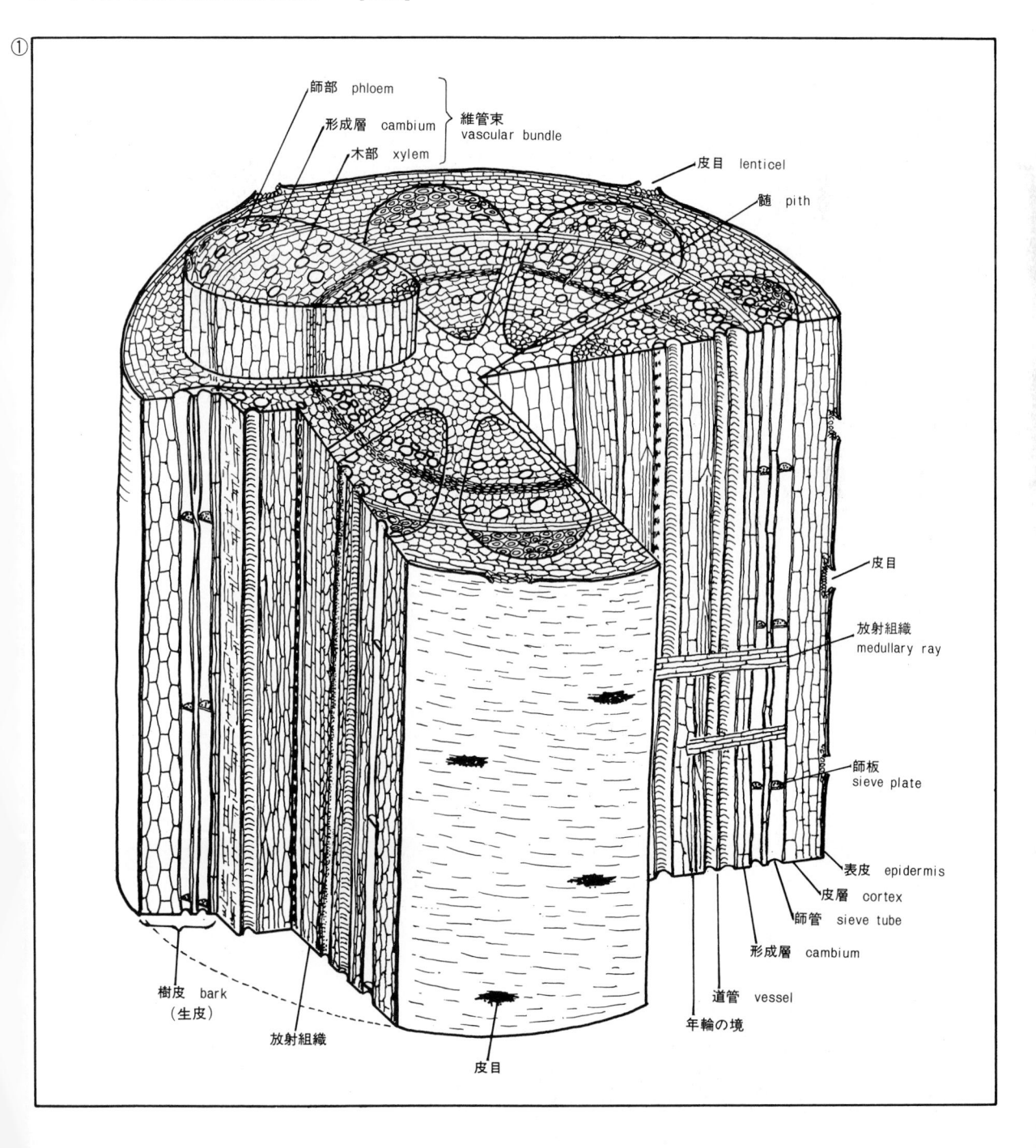

(1) 茎の成長点（Growing Points of Stems）

茎の先端の成長点は根と異なり根冠のようなものはなく，若い葉で包まれて保護されている．成長点は円錐形をなし，下方に順次若い葉と枝を表面からふくらんで生じる．すなわち外生的（exogenous）な発生をする．

① オオカナダモ（Elodea densa）の茎の先端部（縦断面）
茎の成長点から少し下った所に小さなふくらみとしての葉の原基（leaf primordia）を，またやや下ではこれの上部に枝（茎）の成長点原基を生じる．そのでき方は側根が組織内部から生じる内生的に対して葉や枝では外生的である．

② マサキ（Euonymus japonica）の茎の成長点（縦断面）
若い葉が成長点を周囲からおおっている．

③～④ コンテリクラマゴケ（Selaginella uncinatum）の茎の成長点　若い葉を開くと円錐状の成長点が観察される．④は③の拡大．成長点から少し離れた所に葉の原基が所々でふくらんでいる．

[光顕　①×100，②×60，③×70，④×150/①左貝，他は植田]

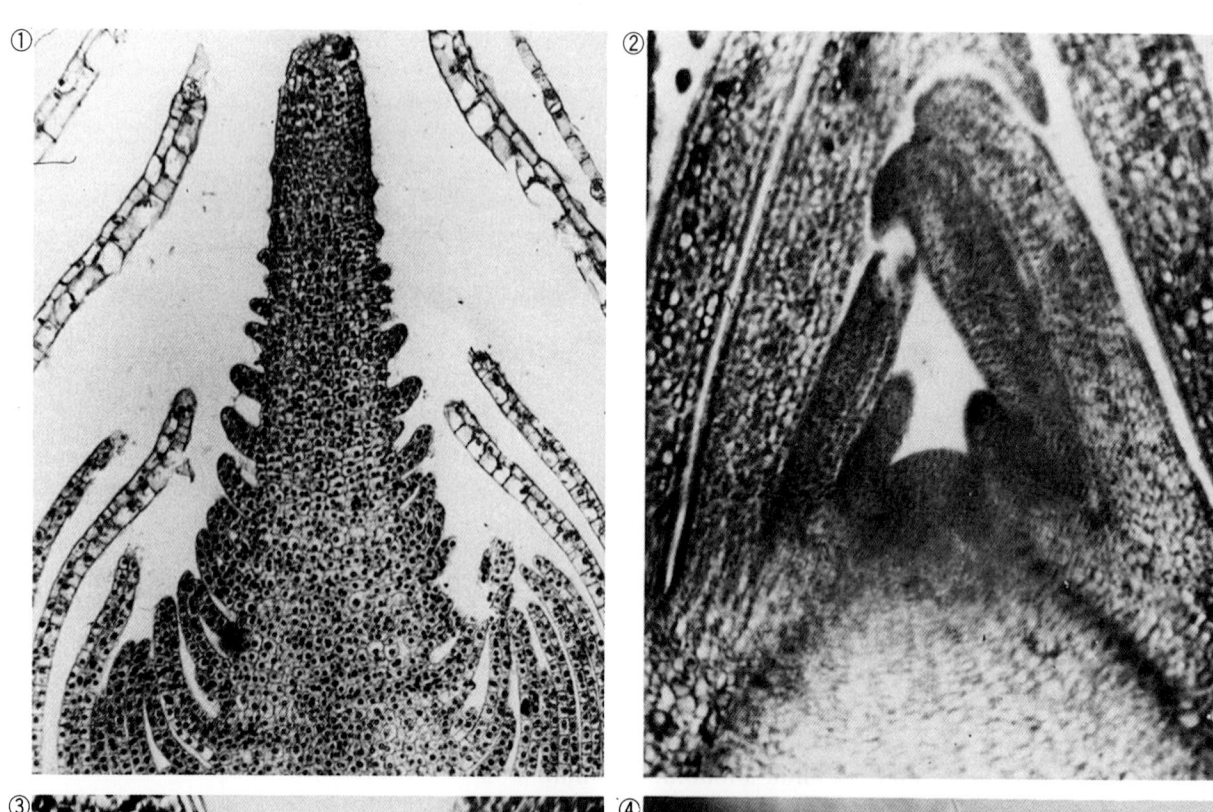

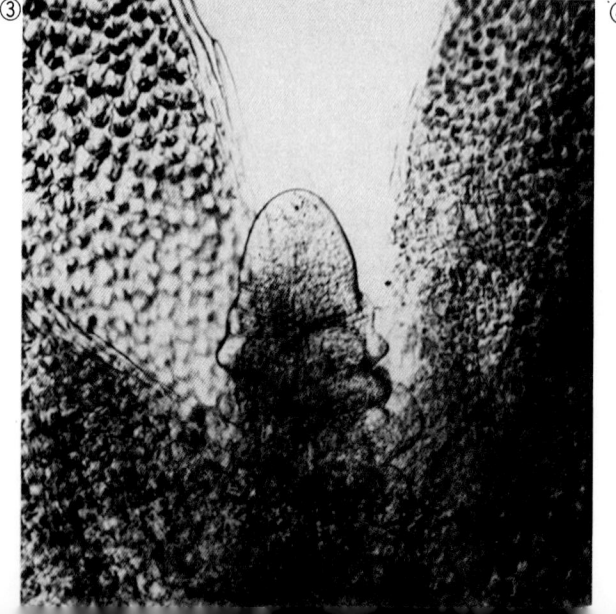

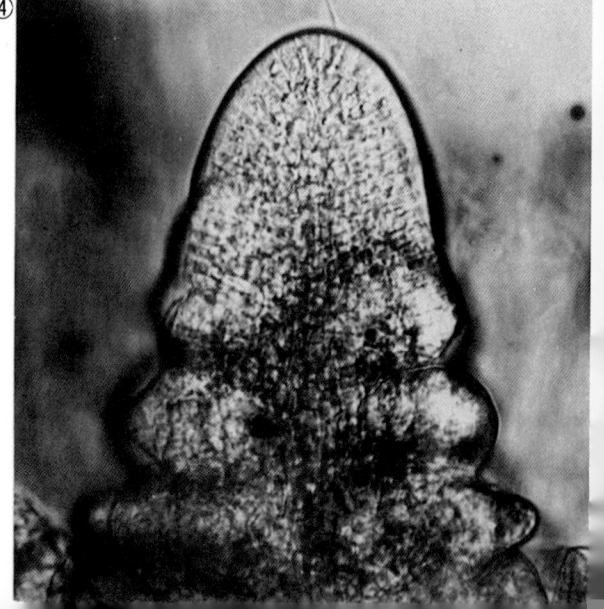

①〜③ マダケ(Phyllostachys bambusoides)のたけのこの先端部(縦断面)　たけのこは竹の皮(変態葉)によって保護されている．竹の茎には節(node)と節間(internode)とが分化し，節からは葉と枝を生じ，節間は細胞間隙が破生的に(細胞が破壊されて)生じ，節間の基上部で節間成長をする．①先端部は竹の皮で包まれている．②節部と節間部が階段状になっている．③は②の拡大．[接写　①②×0.7，③×1.5/植田]

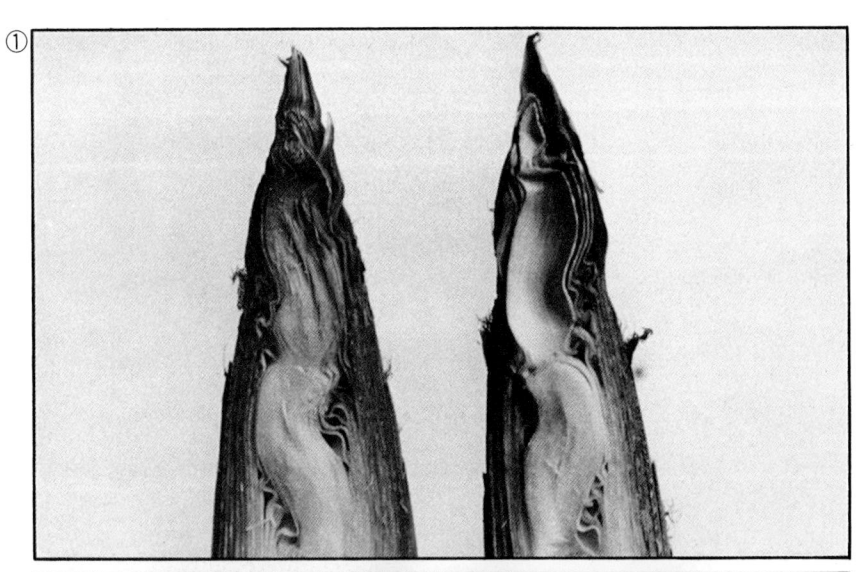

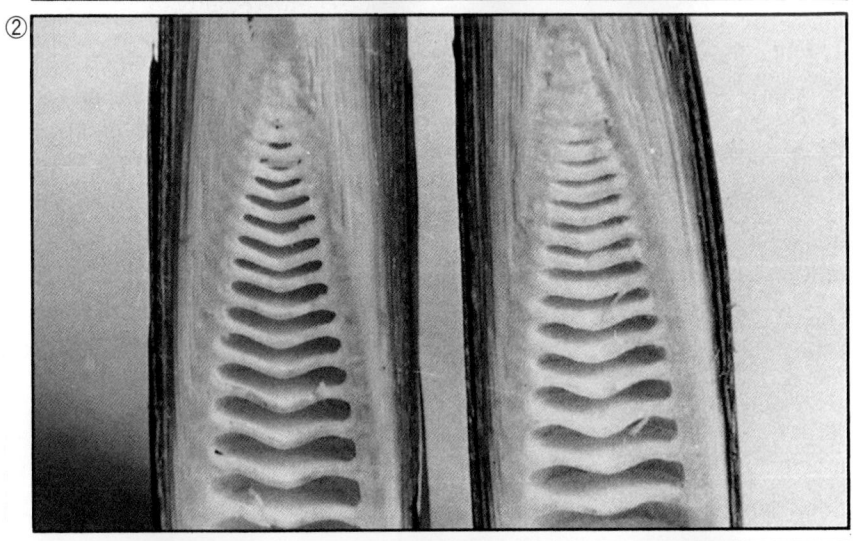

(2) 草本茎の構造 (Structure of Herbaceous Stems)

草本茎は一般に形成層を持たないか, あるいは形成層があってもわずかに活動して通常1～2年で茎は枯死し肥大成長は著しくない.

①～⑥はいずれも茎の横断面構造である.

① アブラナ (Brassica campestris) の輪状維管束
② トマト (Lycopersicon esculentum) の輪状維管束 形成層が若干発達している.
③ コスモス (Cosmos bipinnatus) の輪状維管束 髄の細胞は破壊されている.
④ クマガイソウ (Cypripedium japonicum) の散在維管束
⑤ マダケ (Phyllostachys bambusoides) の散在維管束 各維管束は木部と師部が明瞭である.
⑥ トウモロコシ (Zea Mays) の散在維管束

[光顕 ①③～⑥×30, ②×25/植田]

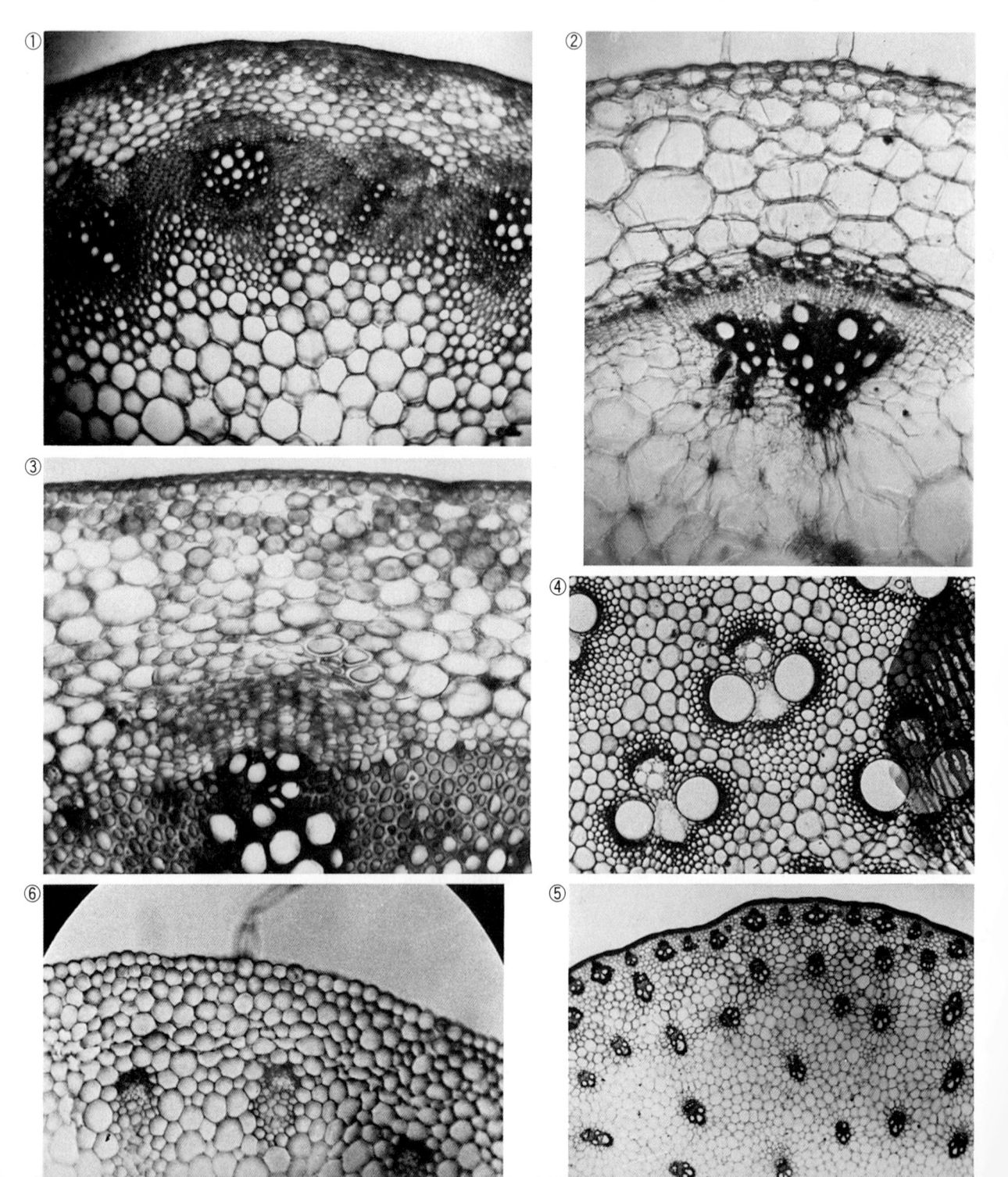

2 茎の構造

①〜⑦ **トウガラシ（Capsicum annuum）の茎の構造**（①〜⑤は横断面，⑥⑦は縦断面）　①形成層の活動によりかなりの量の 2 次木部を生じている．2 次木部は規則正しく放射方向に配列し，太い道管が散在している．②厚角組織．表皮下の皮層に生じる．③師部と木部．師部の最外部に細胞壁の厚い師部繊維の集団がある．形成層は 1〜2 層の細胞層である．④2 次木部．⑤内部師部．トウガラシはナス科植物でウリ科植物と同様に複並立維管束であるため木部の内外に師部がある．この図は髄に近い内部の師部で，師部繊維もわずかに見られる．⑥表皮と皮層．⑦2 次木部．有縁孔紋道管や網紋導管などが見られる．［光顕　①×30，②〜⑤×300，⑥⑦×150/植田］

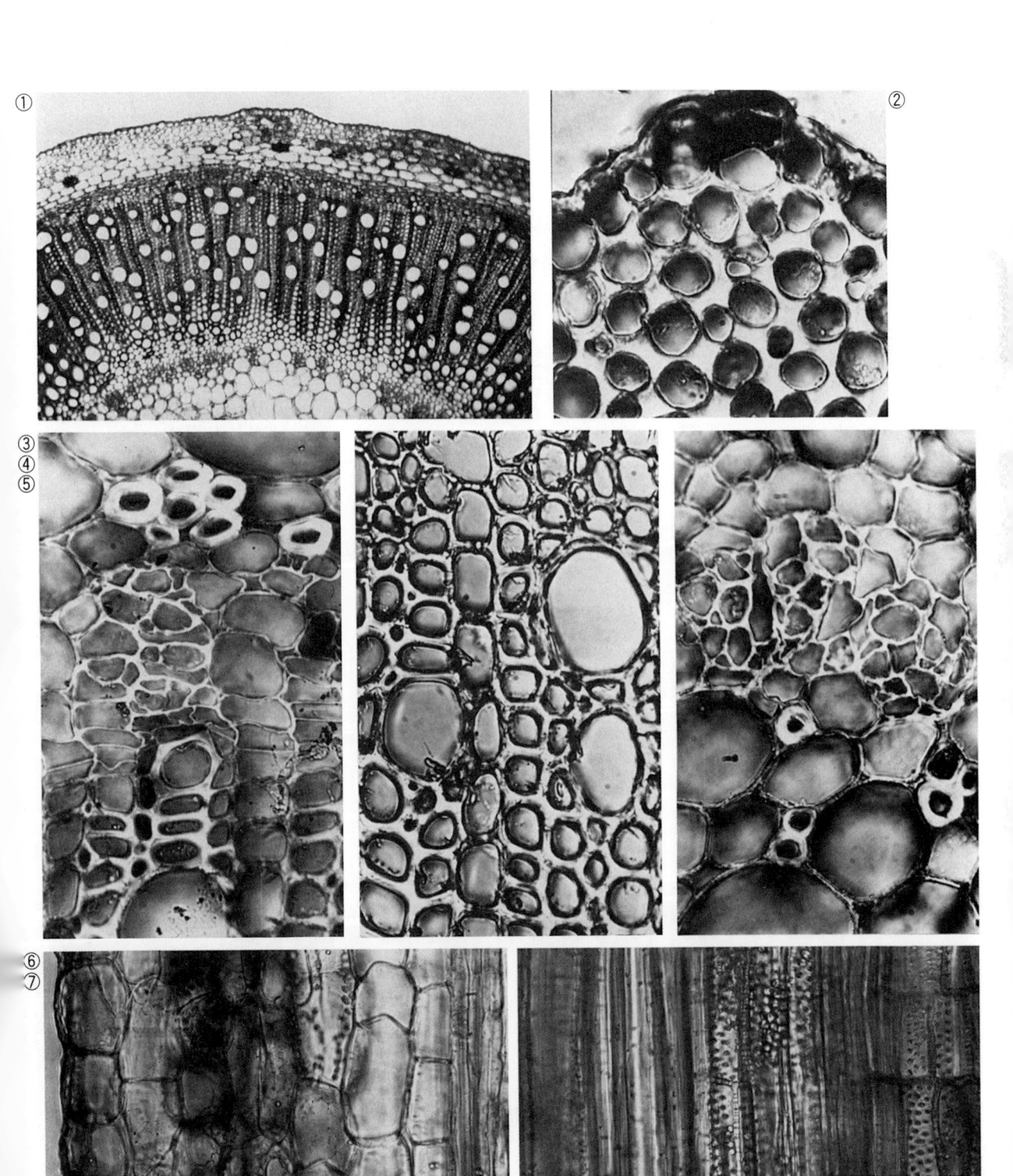

(3) 木本茎の構造 (Structure of Woody Stems)

① ミネヤナギ (Salix Reinii) の茎の構造（横断面） 1年目の2次木部を生じている.
② ハイマツ (Pinus pumila) の茎の中心柱（横断面） 1年目の2次木部を生じている.
③〜⑥ ネコヤナギ (Salix gracilistyla) の茎の構造（横断面） ③3年目の茎で年輪の境が3本見られる. ④〜⑥は③の部分的拡大. ④外部. ⑤中部. ⑥内部.
［光顕 ①×70, ②×80, ③×13, ④〜⑥×300/植田］

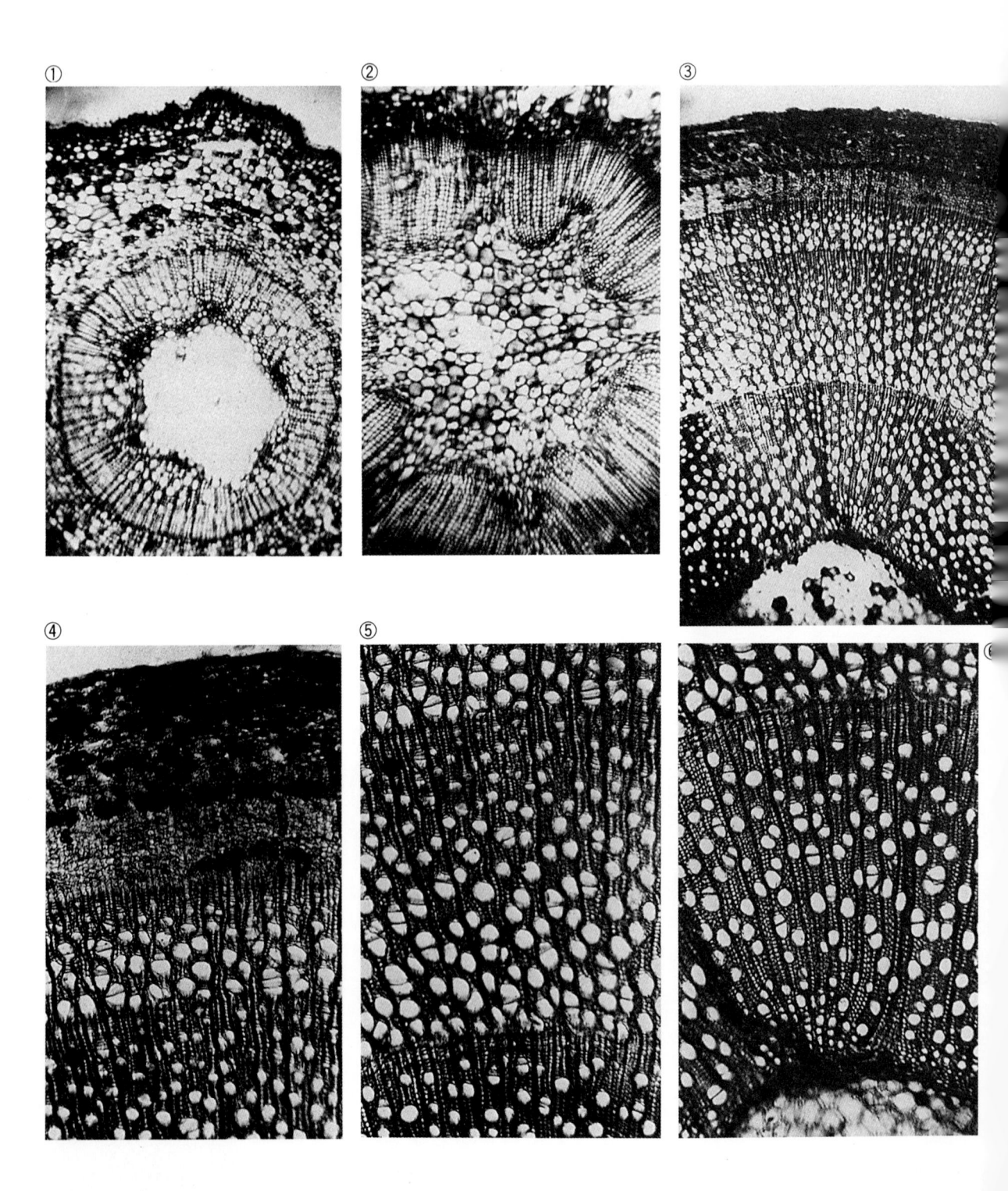

2 茎の構造

① アラカシ(Quercus glauca)の茎の構造図(横断面)

外側(図で上側)より順に,コルク層,コルク形成層,コルク皮層からなる周皮(peridesm)と,師部,維管束形成層(単に形成層ともいう),木部が見られる.コルク層には皮目(lenticel)がありガス交換をここで行う.コルク皮層内には結晶を含んだ結晶細胞(crystal cell)や厚膜細胞(sclerenchymatous cell)がある.木部の道管(V)は太い.
[光顕 ×700/左貝]

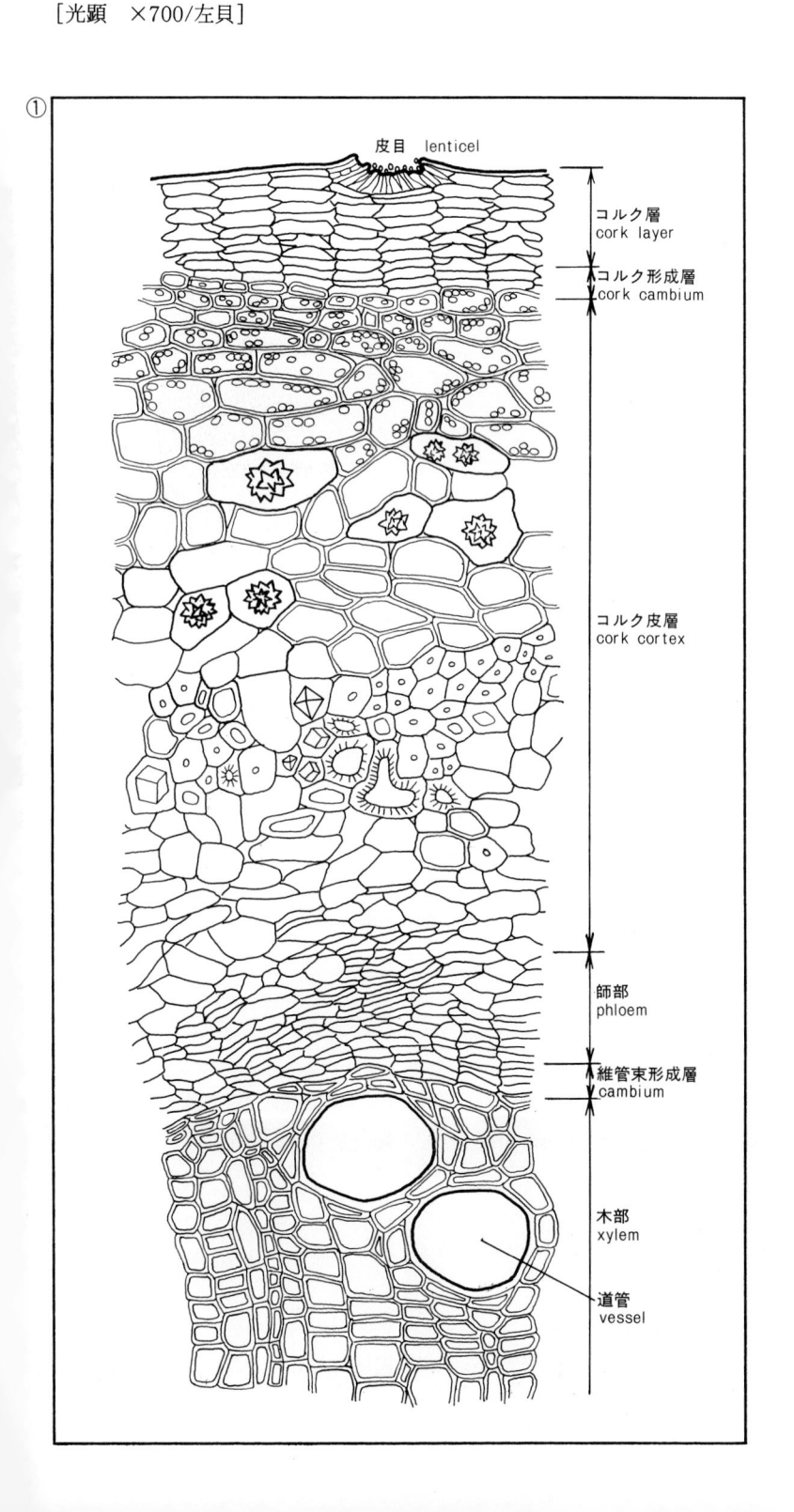

(4) 木本茎の肥大成長と年輪 (Growth in Thickness and Annual Ring of Woody Stem)

木本茎の肥大成長は維管束形成層だけでなくコルク形成層によっても行われる．しかし，維管束形成層の働きによる木部の形成が最も活発であるが季節や気候に左右されて明瞭な年輪を生じる．

①～③ ケヤキ (Zelkova serrata) の周皮 (横断面)　外側 (図の上部) から順にコルク層，コルク形成層，コルク皮層からなる周皮と，師部，維管束形成層，木部からなる維管束が観察される．②コルク形成層周辺の拡大．③維管束形成層周辺の拡大．［光顕　①×150，②×280，③×180／左貝］

④ スギ (Cryptomeria japonica) の年輪 (横断面)　木部に4年間の年輪が刻まれている．年輪の成長は一様でなく，日当りのよい暖かい南側と日陰で寒い北側とで異なり，樹木の切株の年輪の発達程度によって方位を知ることもできる．［光顕　×10／前田］

⑤ ギンヨウアカシア (Acacia Baileyana) の年輪 (横断面)　アカシアの年輪には中心部の褐色部 (赤材，心材；heart wood) と周辺の白色部 (白材，辺材；splint wood, sap wood) とが区別できる．前者は水分が少なく色素沈着を起こし化学変化を受けているが，後者は水分が多く，木部本来の機能を営んでいる．［接写　×0.5／植田］

⑥ キリ (Paulownia tomentosa) の年輪 (透心縦断面)　中軸の髄部は細胞が破壊され，髄孔になっている．年輪の厚さは左右で異なっている．［接写　×0.6／植田］

2 茎の構造

(5) 樹皮の表面構造 (Surface Structure of Barks)

コルク層を含んだ周皮は樹木の外周を包み，内部を保護する樹皮をつくっているが，年とともに表面の古いものからしだいに剥落する．樹皮の表面観は植物の種類により特徴があり，繊維状，レンガ状，鱗状，網状，輪状，粒状などに分けられる．

① スギ (Cryptoneria japonica) の繊維状樹皮
② ヒマラヤスギ (Cedrus Deodara) のレンガ状樹皮
③ クロマツ (Pinus Thunbergii) の鱗状樹皮
④ カヤ (Torreya nucifera) の繊維状樹皮

[接写　①〜④×0.7/植田]

① アカメガシワ(Mallotus japonicus)の網状樹皮
② アカシア(Acacia Baileyana)の鱗状樹皮
③ クスノキ(Cinnamomum Camphora)の網状樹皮
④ アキニレ(Ulmus parvifolia)の繊維状樹皮
⑤〜⑥ キリ(Paulownia tomentosa)の網状樹皮　⑥は⑤の拡大.
［接写　①〜⑤×0.6, ⑥×2/植田］

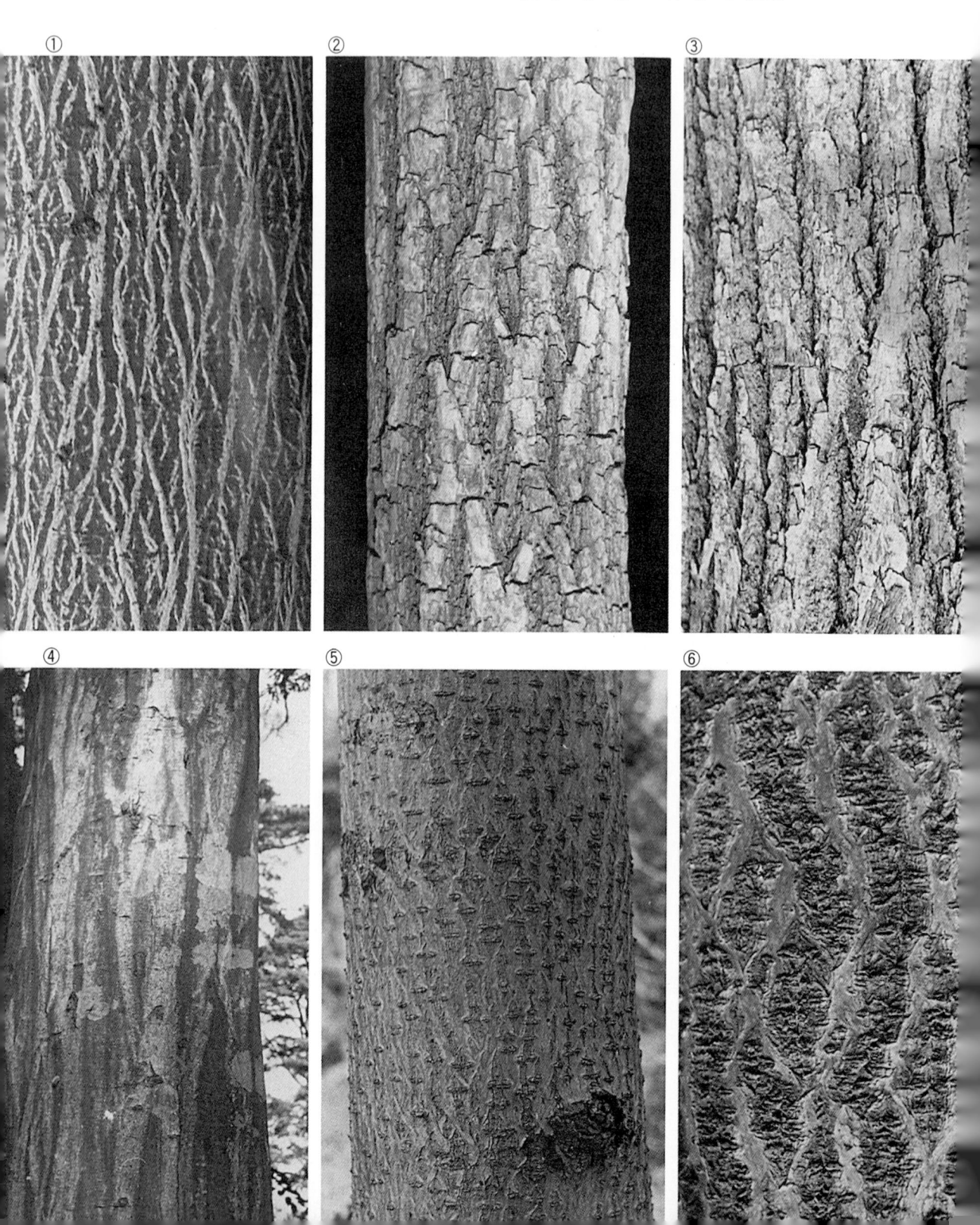

① コナラ(Quercus serrata)の棒状樹皮
② クヌギ(Quercus acutissima)の棒状樹皮
③ ミズナラ(Quercus crispula)の網状樹皮
④ トチノキ(Aesculus turbinata)の不規則状樹皮
⑤ アラカシ(Quercus glauca)の粒状樹皮
⑥ ウメ(Prunus Mume)の鱗状樹皮
[接写 ①×0.5, ②⑥×0.3, ③〜⑤×0.6/植田]

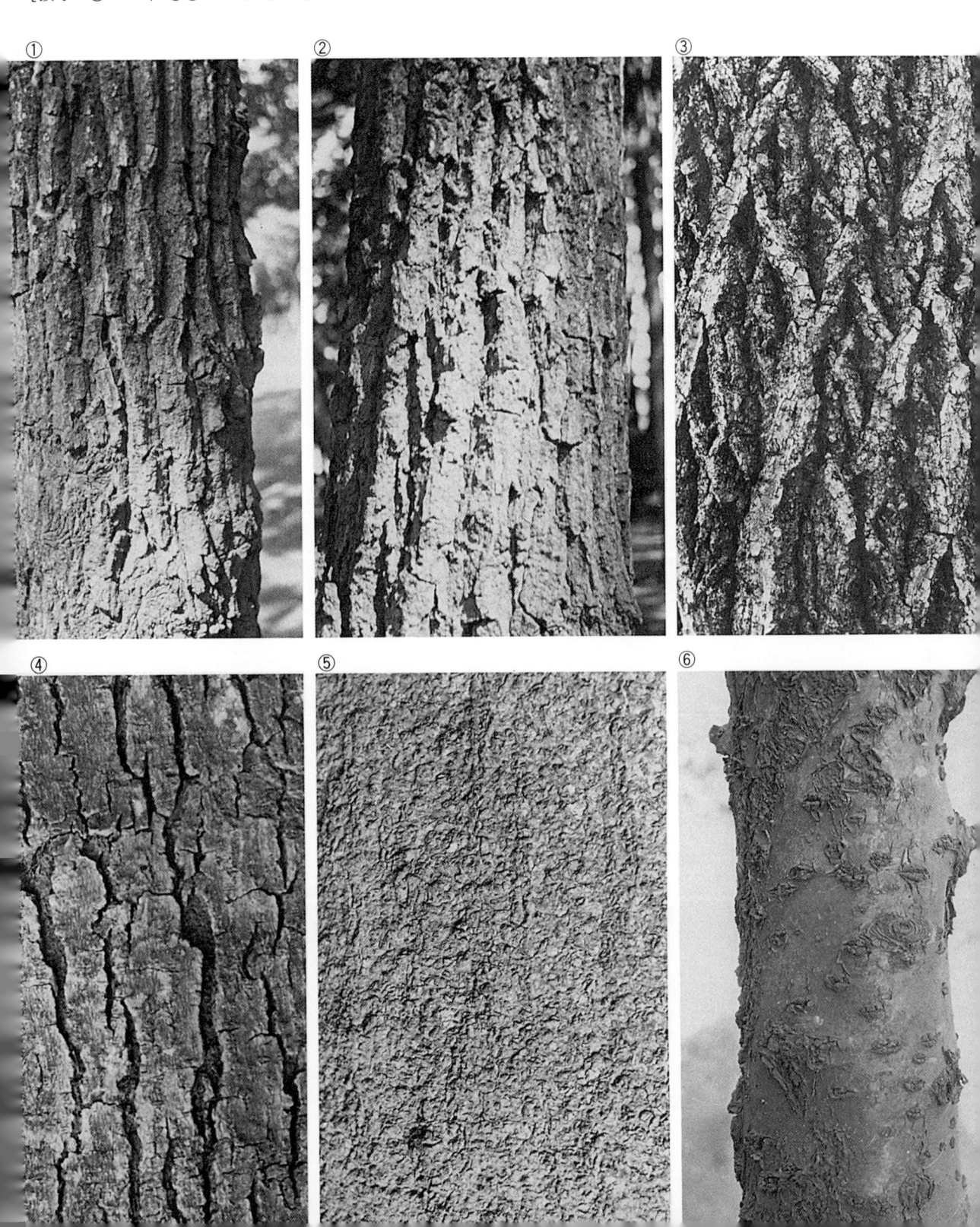

① ソメイヨシノ（Prunus yedoensis）の輪状樹皮
② ケヤキ（Zelkova serrata）の粒状樹皮
③ ムクエノキ（Aphananthe aspera）の粒状樹皮
④ クサギ（Clerodendron trichotemum）の鱗状樹皮
⑤ モモ（Prunus Persica）の輪状樹皮
⑥ カキ（Diospyros Kaki）の鱗状樹皮
⑦ サンショウ（Xanthoxyum piperitum）のこぶ状樹皮
［接写　①②×1.2，③〜⑦×0.6/植田］

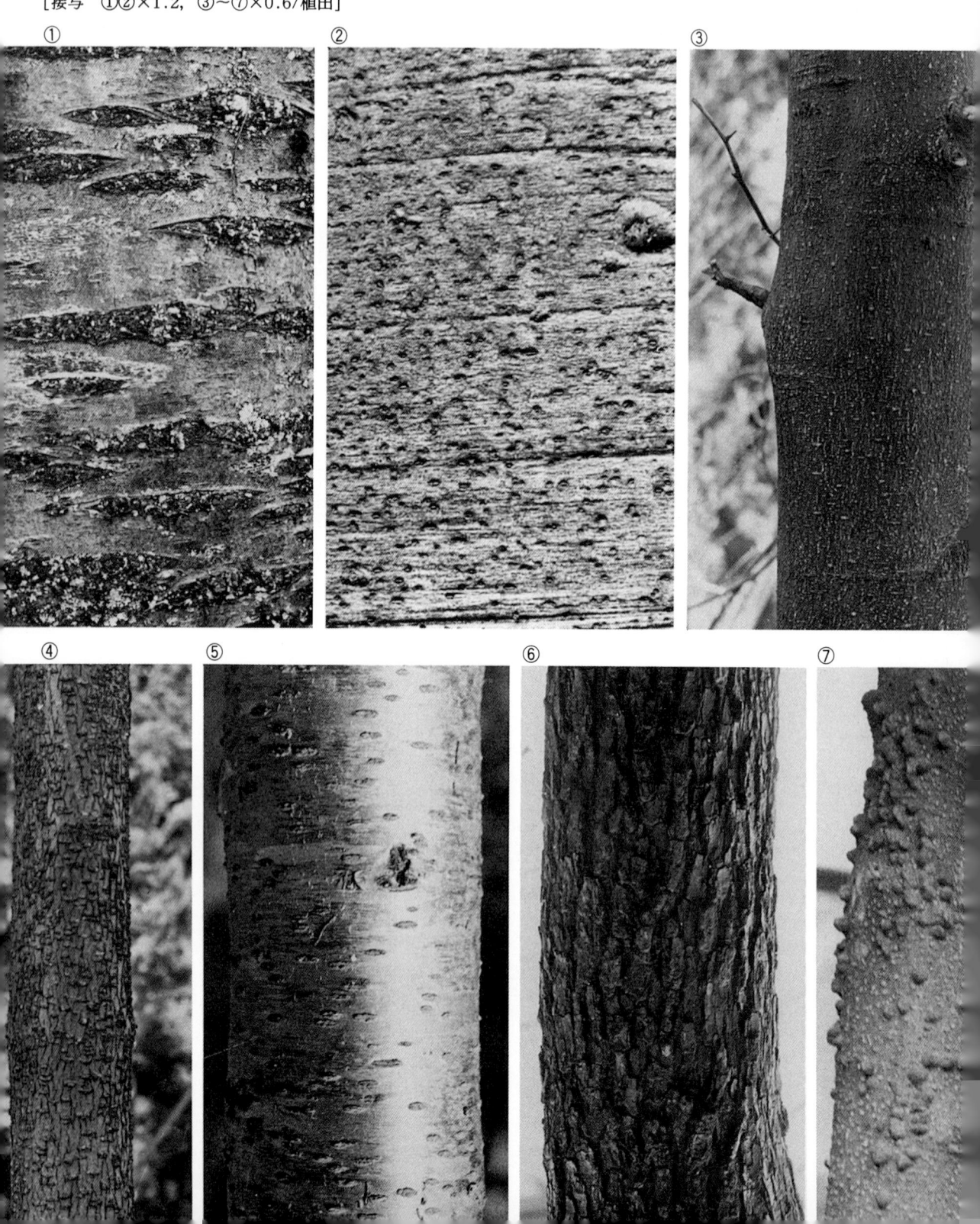

3 葉の構造 (Structure of Leaves)

葉は茎の一定の位置に規則正しく配列し，その形が偏平なものが多いが，中には剣状，針状，鱗片状のものもある．一般に緑色で葉緑体を有し光合成を営むほか，蒸散や呼吸も行っている．冬期に落葉するものとしないものとがあり，種々の変態をして特殊な働きをするものもある．

葉の内部構造は茎に準じているが，図①のように葉に特有な構造変化をしている．また一般に肥大成長はしない．

① 葉の外形と内部構造模式図　(a)単葉(サクラ)，(b)複葉(エンドウ)，(c)内部構造の立体模式図　　［植田・相沢］

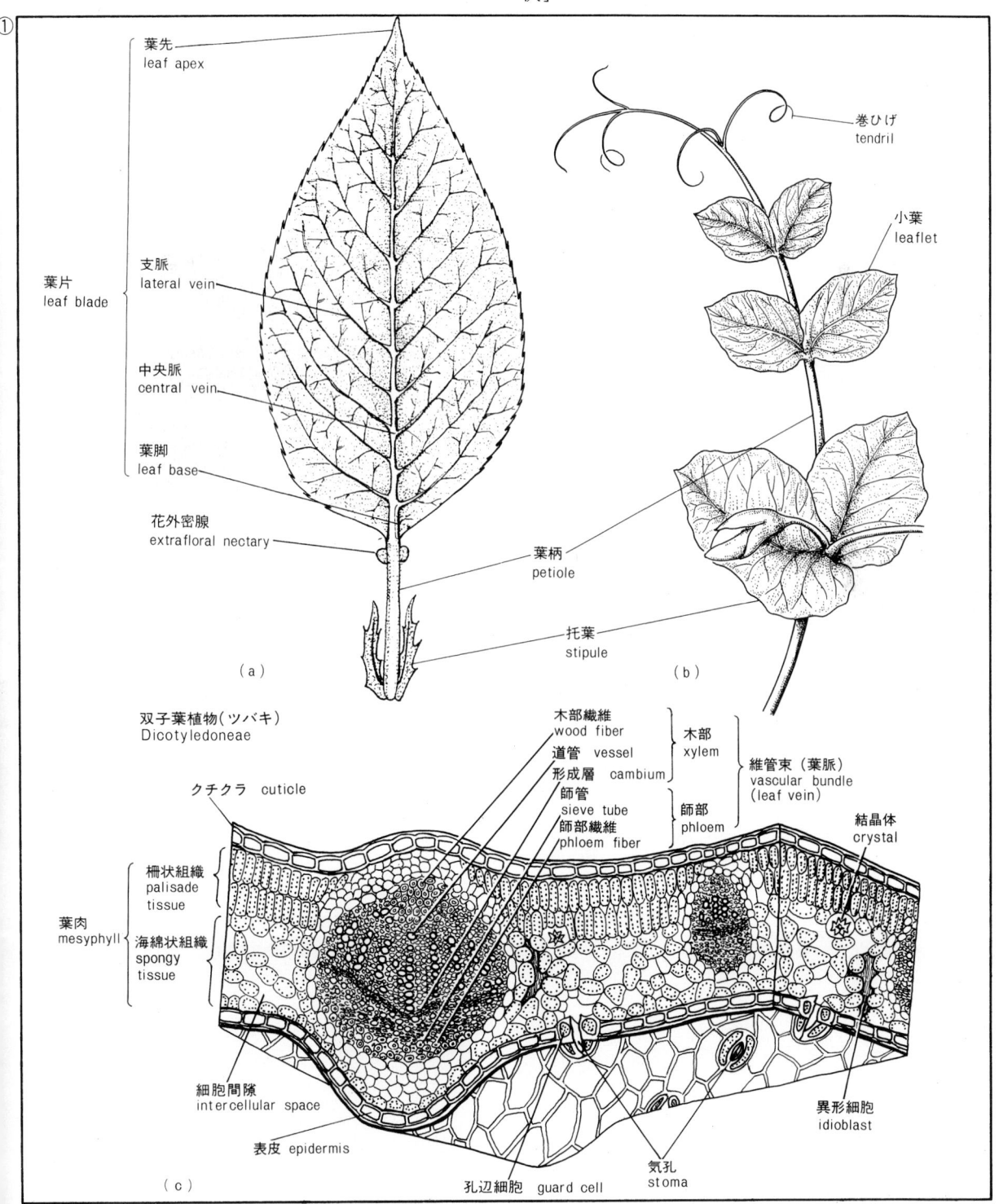

(1) 葉の表面構造(Surface Structure of Leaves)

葉の表面はふつう, 一層の細胞でできている表皮でおおわれ, 内部を保護している. 表皮は表面にクチクラ(角皮)やロウ質をかぶった表皮細胞(epidermal cell)がタイル張りのように隙間なく配列しているほか, 所々で孔辺細胞間に間隙を生じて気孔(stoma)をつくり, ここで蒸散や呼吸のガス交換が行われる. また表皮細胞は種々に変形して突起や毛などになり, 害虫その他の防除などに役立っている.

①~④ **サトイモ**(Colocasia antiquorum)の葉の上面①と下面②の走顕像　表皮細胞は突起毛(papilla)になり, 雨水をはじく. ③, ④はそれぞれ①, ②の拡大. ③ロウ質が結晶状になって表面をおおっている. これによって雨水をはじく. ④葉の下面には気孔(閉じている)がある. [走顕①②×300, ③④×3,000/山田]

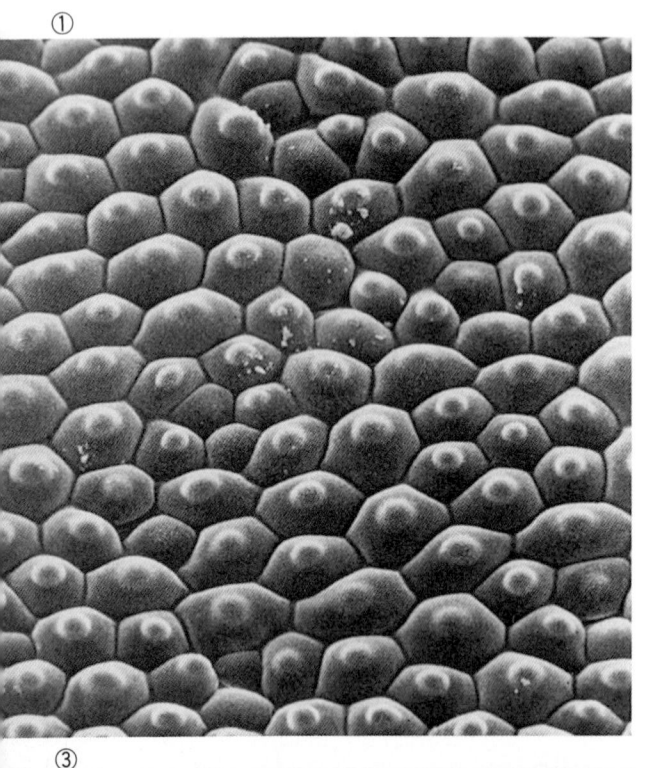

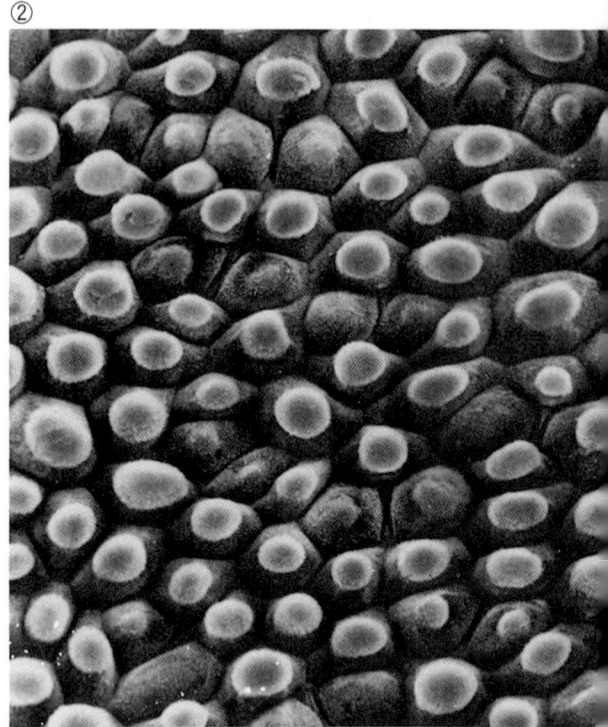

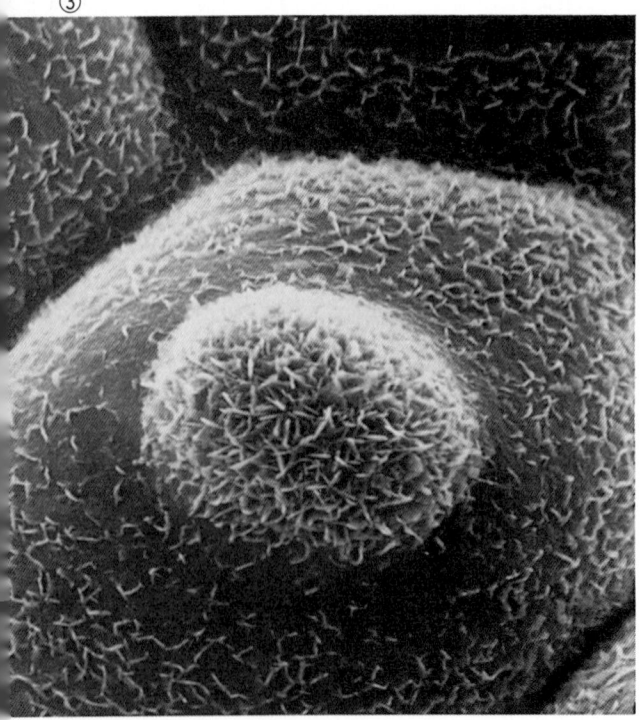

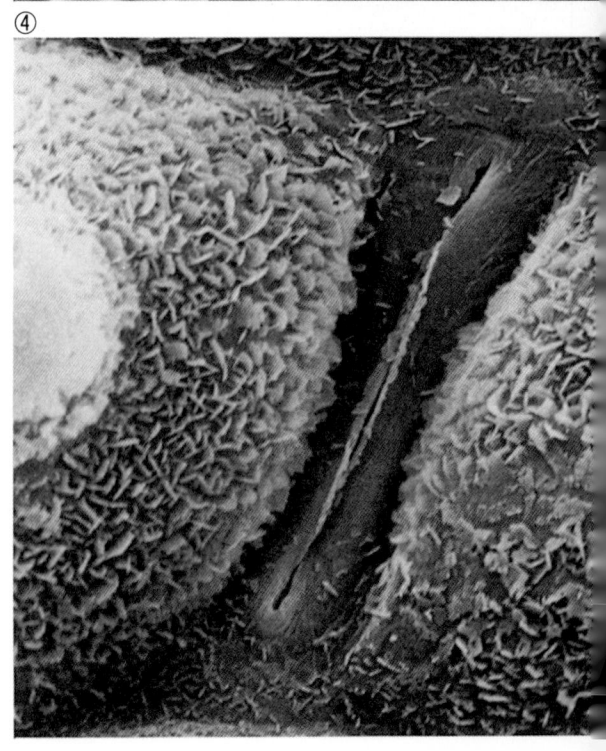

3 葉の構造

①〜④ **イネ**(Oryza sativa)の葉の上面①と下面②の走顕像　いずれも表面に毛や模様がある．③，④は①，②の拡大．葉の上面③にも下面④にも気孔があり，結晶状のロウ質が集合して粒状にもり上っている．[走顕　①②×300，③④×6,000/山田]

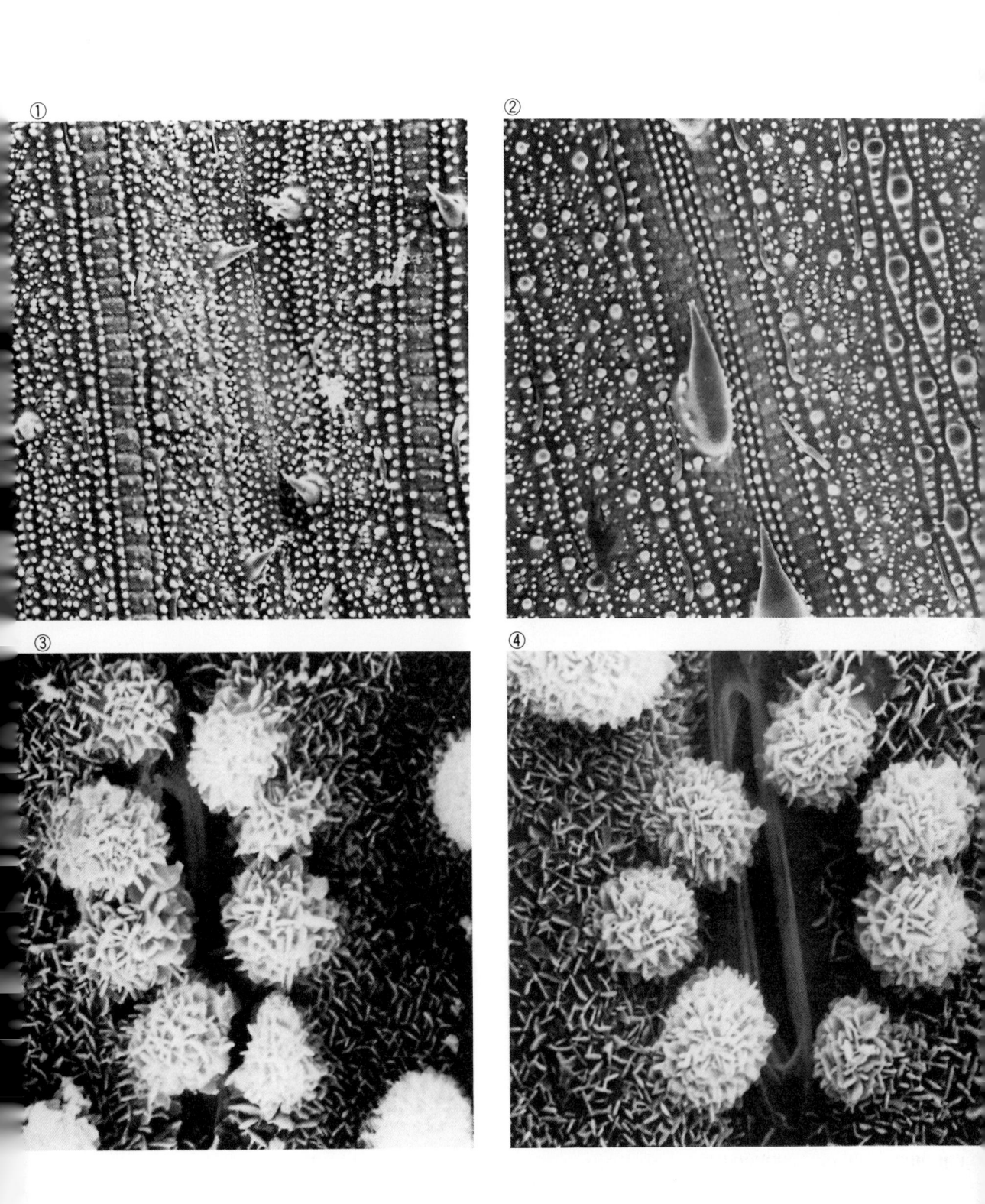

①〜② ペチュニア(ツクバネアサガオ, Petunia hybrida)の葉の下面構造　①所々に毛がある．②は①の毛の拡大．毛の先端は丸く，粘液を分泌する(分泌毛)．［走顕　①×100，②×1,000/山田］

③　カボチャ(Cucurbita moschata)の若い葉の葉柄の分泌毛(左2本)と角状毛(右1本)　　［光顕　×150/植田］

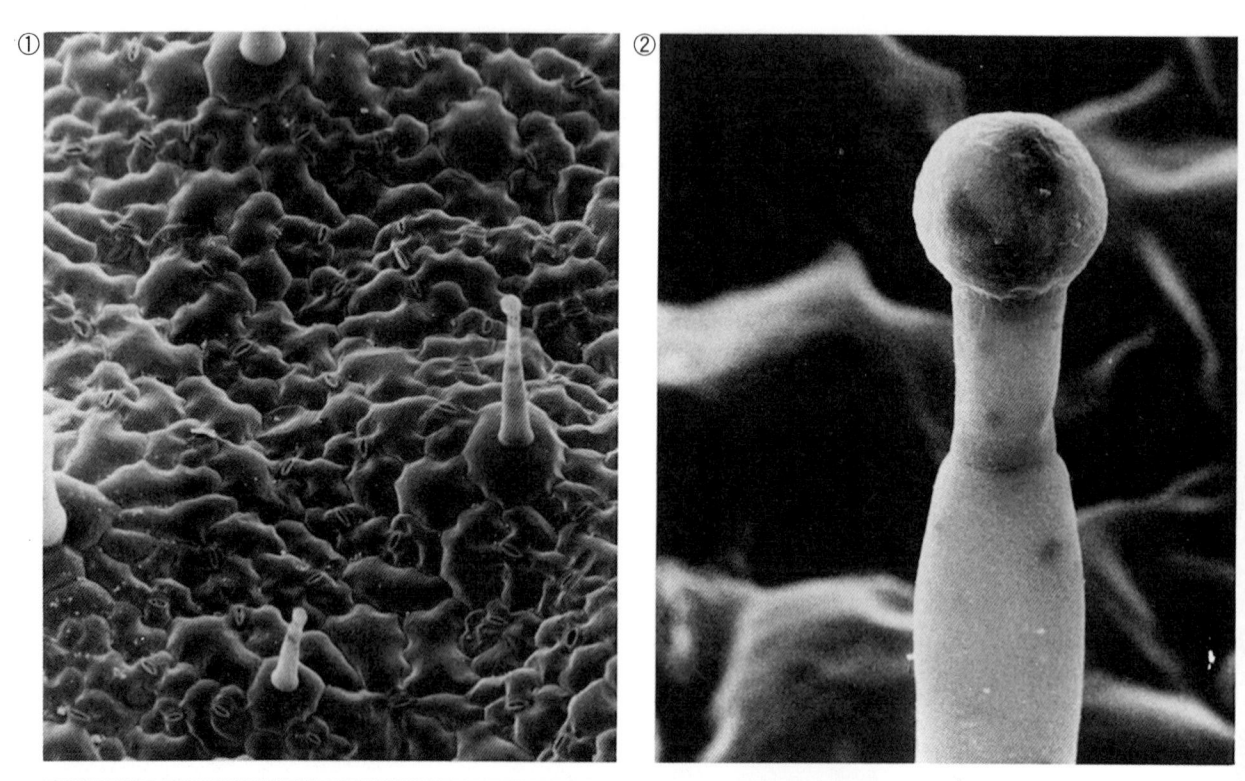

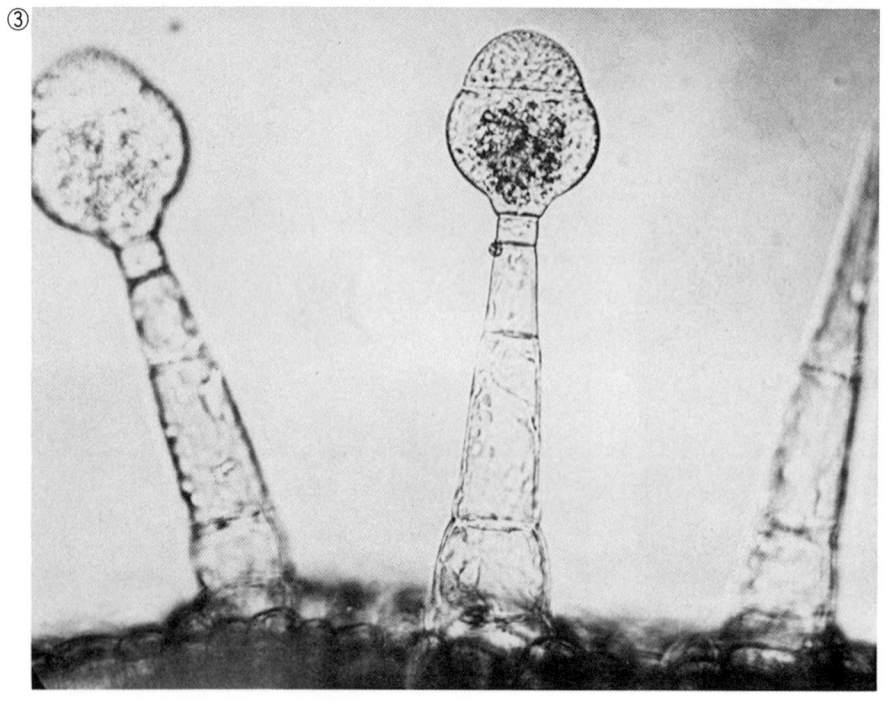

3 葉の構造

（2） 気孔の分布 (Distribution of Stomata)

　気孔は一般に葉の下面に多く，上面にはないか少ない．しかし水生の浮葉植物（ヒツジグサなど）では下面になく上面にだけ存在する．また葉脈上にはなく，帯状（単子葉植物），島状（ユキノシタなど）に集まって分布するものもある．なお気孔は環境条件によって，その数が異なってくることもある．

①〜② **ホウセンカ**（Impatiens Balsamina）の葉の気孔分布　葉の上面①よりも下面②に気孔が多い．気孔の方向は不定である．

③〜④ **ムラサキツユクサ**（Tradescantia reflexa）の葉の気孔分布　葉の上面③よりも下面④に気孔が多い．気孔の方向は一定している．

［光顕　①〜④×400/植田］

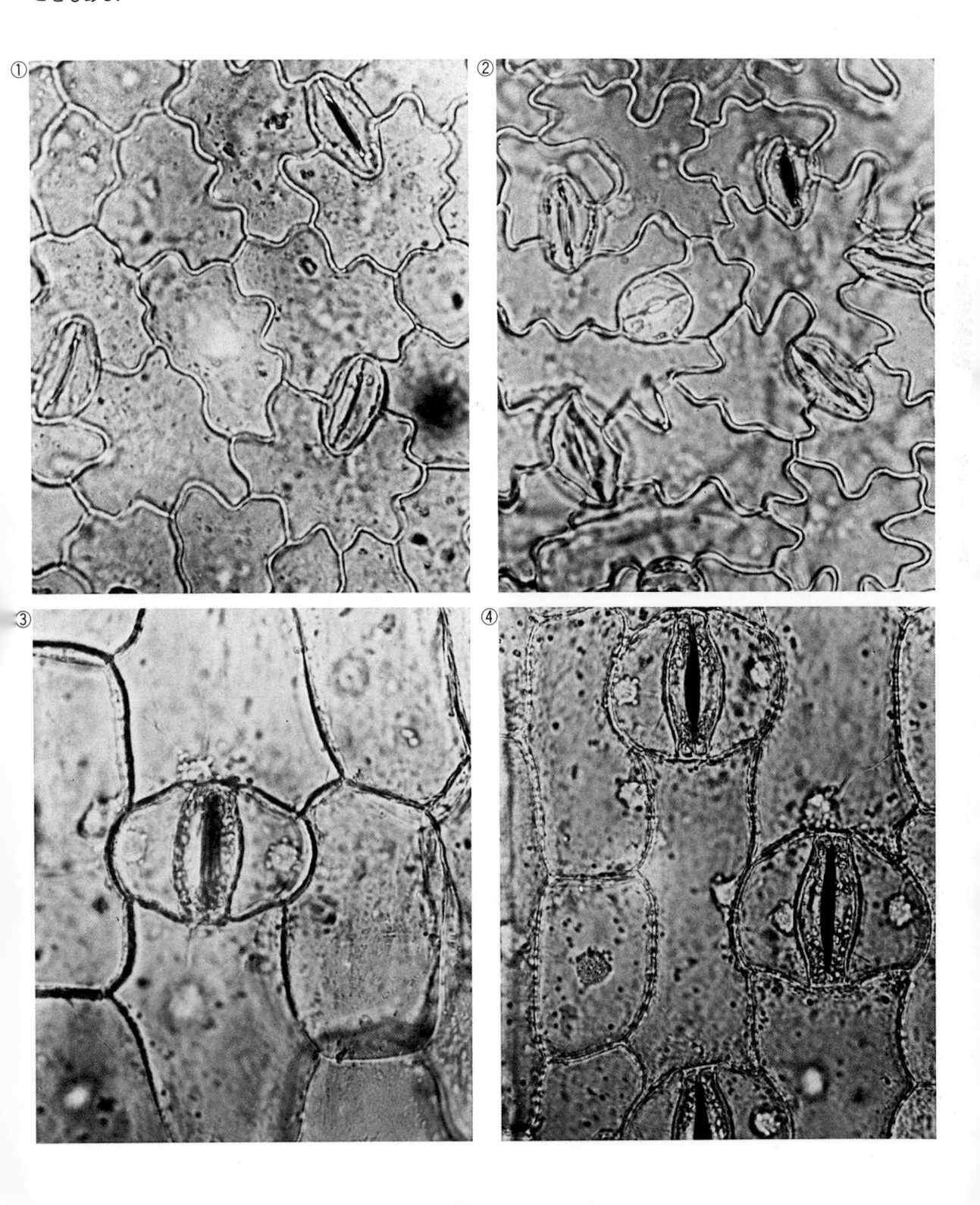

①~②　モッコク（Ternstroemia japonica）の陽葉①と陰葉②の下面の気孔分布　気孔の数は陽葉の方がやや多い．
③~④　ツバキ（Camellia japonica）の陽葉③と陰葉④の葉の下面の気孔分布　気孔の数は陽葉の方が多い．
[光顕　①②×200，③④×400/植田]

（3） 葉脈（Leaf Vein）

葉脈の走り方を知るには，葉を光にすかせて観察するか，印画紙に直接焼きつけても見られるが，葉脈標本によると一層明瞭である．

①～⑤ 種々の葉の葉脈標本　①ソメイヨシノ（Prunus yedoensis）　②ヒイラギモクセイ（Osmanthus Fortunei）　③キンモクセイ（Osmanthus fragrans var. aurantiacus）　④クスノキ（Cinnamomum Camphora）　⑤ビワ（Eriobotrya japonica）．いずれも網状脈で，中央脈（主脈），側脈，細脈が区別できる．［接写　×0.8/植田］

(4) 葉の内部構造(Internal Structure of Leaves)

① マサキ(Euonymus japonica)の葉の中央脈部の構造(横断面)　中央にある維管束の上半は木部，下半は師部である．

② マサキの葉の柵状組織の構造(横断面)　柵状組織は3層からなり，多数の油滴が見られ，結晶細胞もある．

③ インドゴムノキ(Ficus elastica)の葉の構造(横断面)　葉の上面多層表皮中に鐘乳体(cystolith)を含んでいる異形細胞が観察される．

④〜⑤ ツバキ(Camellia japonica)の葉の横断面　④維管束は縦断面．⑤維管束は横断されている．

[光顕　①×35，②×300，③×30，④⑤×100/①③相沢，②④⑤植田]

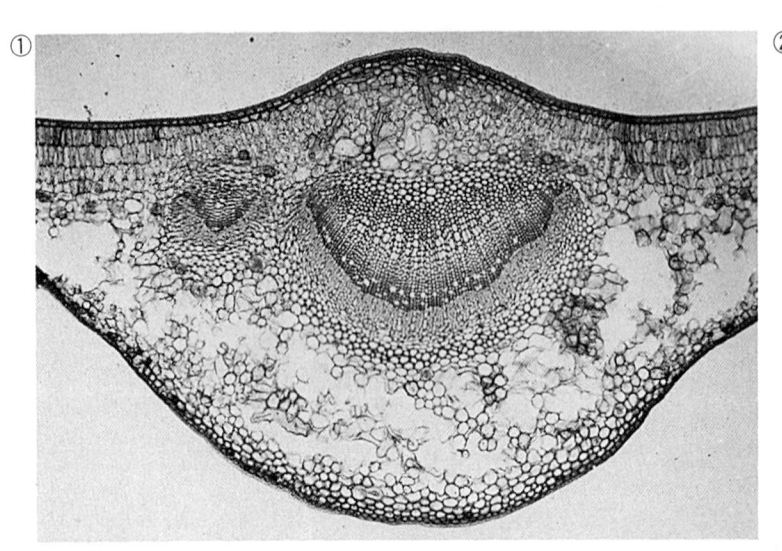

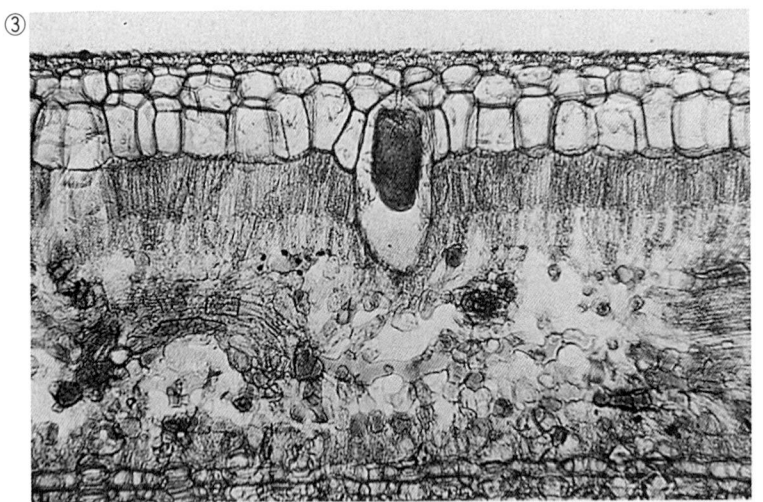

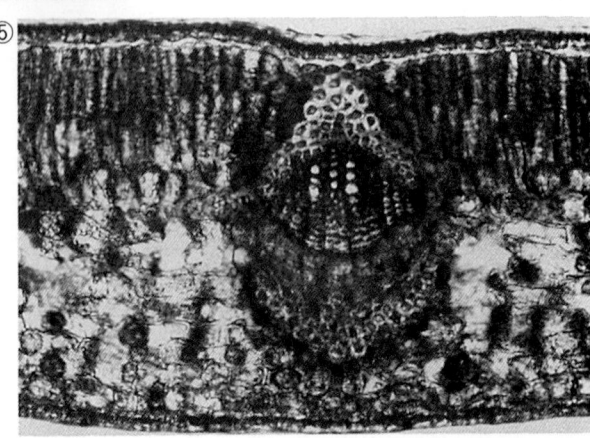

3 葉の構造

① **スダジイ**（Shiia sieboldii）の葉の横断面　表皮と柵状組織は2層ずつある．
② **アオキ**（Aucuba japonica）の葉の横断面　柵状組織の細胞は棒状でないのが特徴．

③〜④ **モッコク**（Ternstroemia japonica）の陽葉③と陰葉④　陽葉は陰葉の約1.5倍の厚さがある．表面積はその逆になっている．このことは光に対する適応を示している．またモッコクの葉の海綿状組織には不規則な星状形の異形細胞（idioblast）が散在している．
［光顕　①②×200，③④×100／植田］

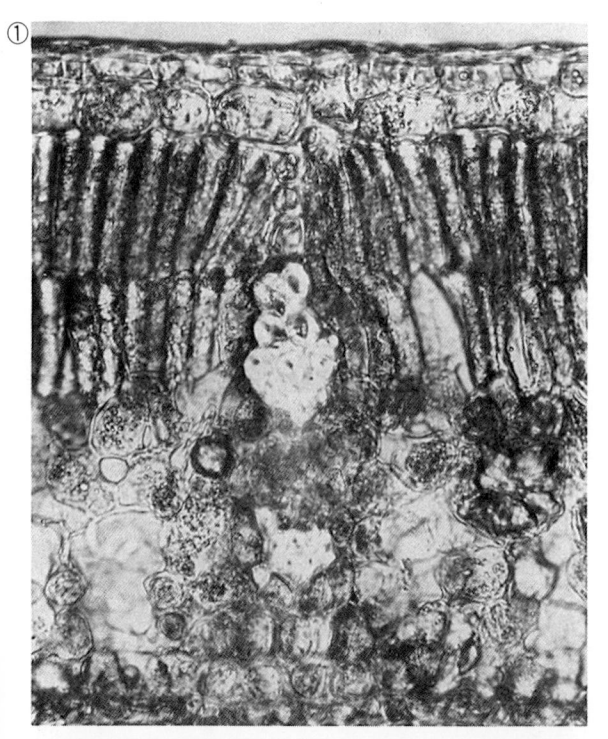

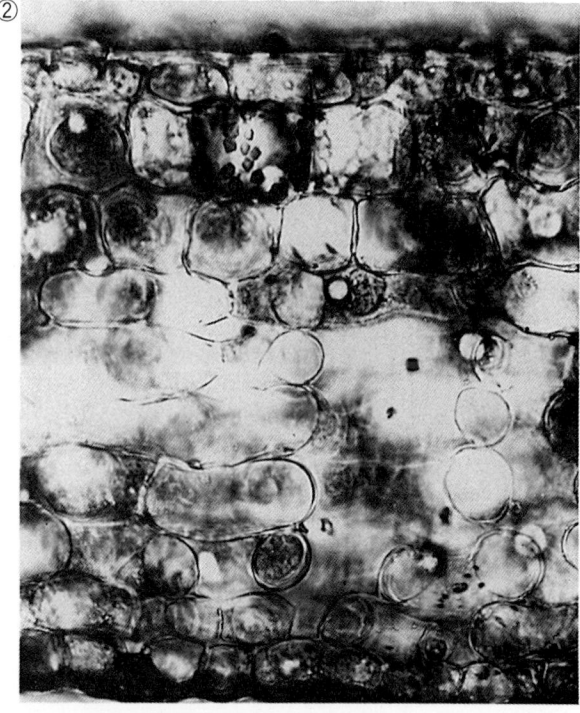

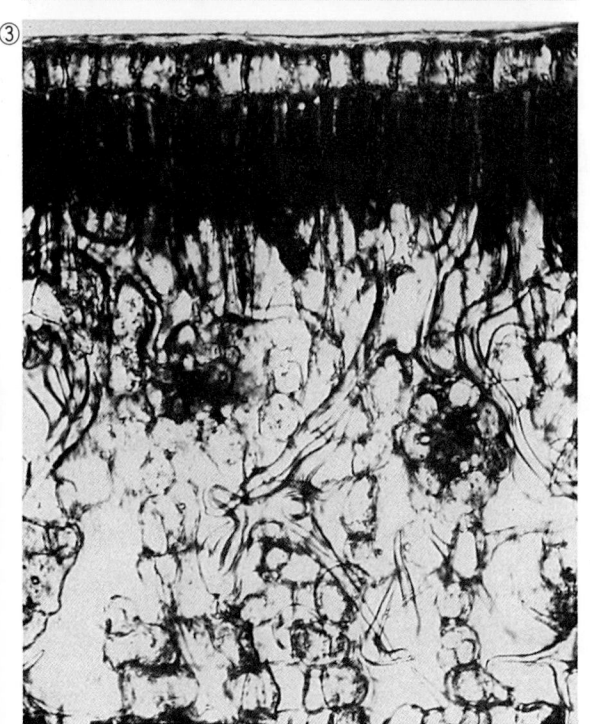

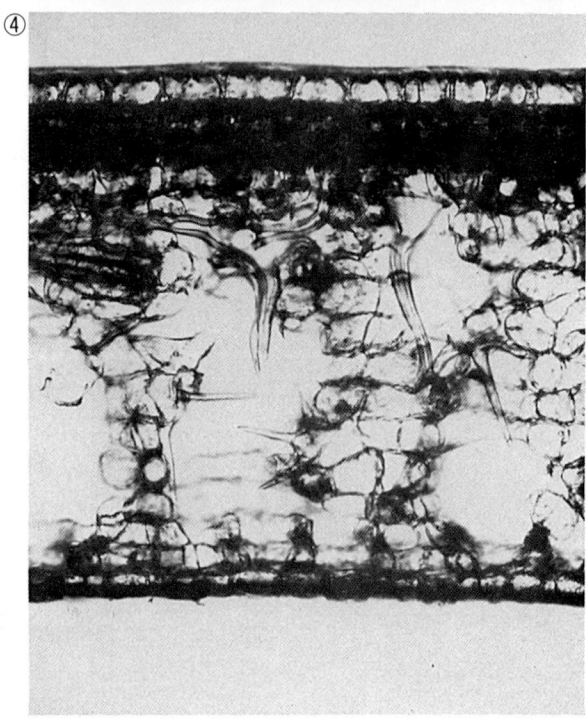

①〜② アサガオ(Pharbitis Nil)の葉の横断面　①海綿状組織にシュウ酸カルシウムの結晶を含む結晶細胞がある．②波の下面表皮に気孔が見られる．

③　ホウセンカ(Impatiens Balsamina)の葉の横断面

④　ヤブガラシ(Cayratia japonica)の葉の横断面

⑤〜⑥　トウモロコシ(Zea Mays)の葉の横断面　太い維管束は葉の厚さのほとんどすべてを占めている．また下面表皮細胞のいくつかは特に大きい．葉が枯れると葉が縦に湾曲するのはこの部分の水分を失い収縮するためで，この部分の細胞は運動細胞(motor cell)と呼ばれる．
［光顕　①②×350，③〜⑥×100/植田］

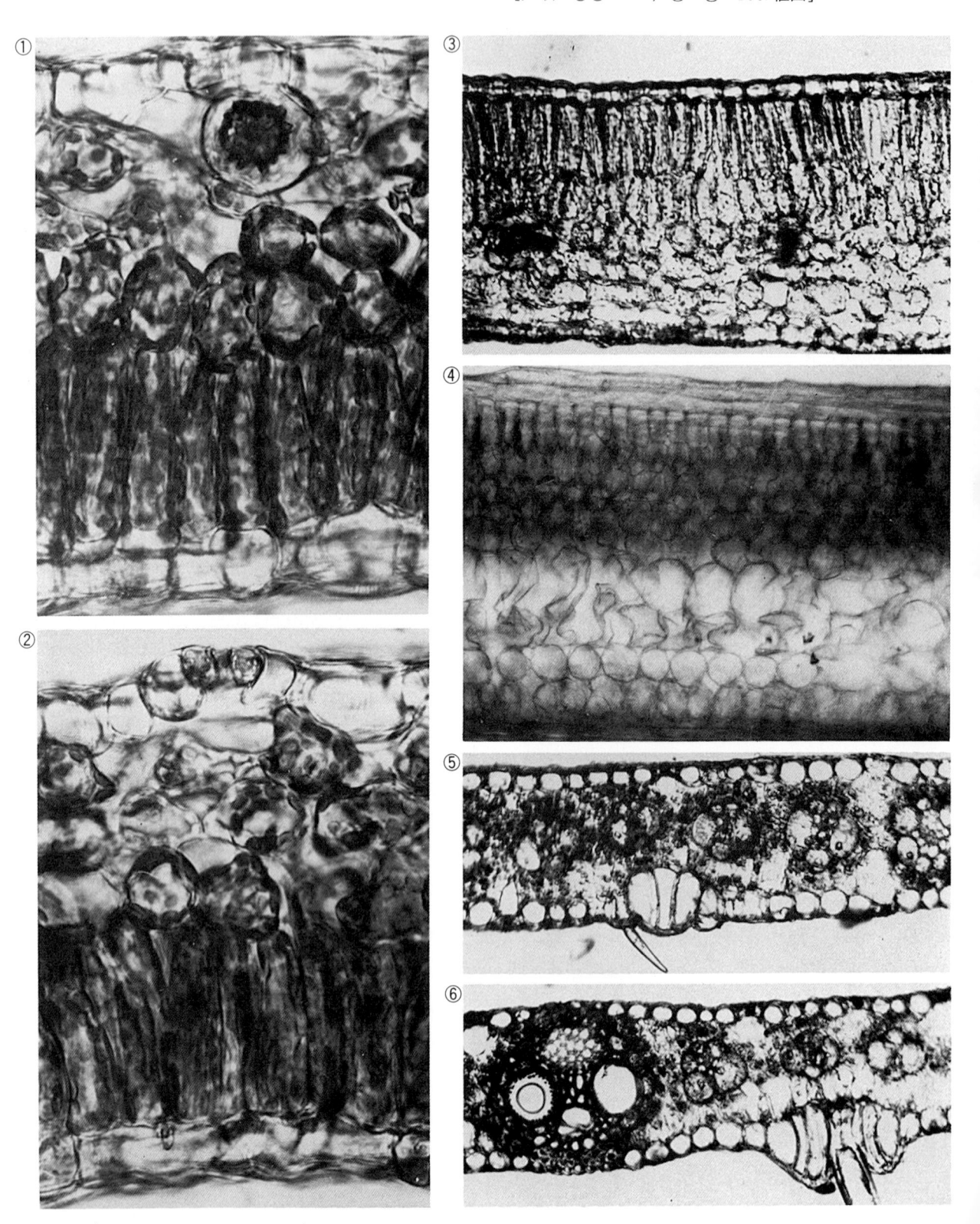

3 葉の構造

① サトイモ（Colocasia antiquorum）の葉の構造（縦断面）　乾燥のため細胞がやや収縮した感があるが表皮細胞が突起毛になっていることが知られる．［走顕　×200/山田］

② シャガ（Iris japonica）の葉の構造　維管束は維管束鞘によって包まれている．シャガは単子葉植物で剣状葉であるが背腹性（dorsiventral，裏表の区別）がある．しかし構造上，柵状組織と海綿状組織の区別が明瞭でないのは，本来の剣状葉の特性（背腹性がない，両面とも葉の下面）を維持している．［光顕　×40/相沢］

③〜④　セキショウ（Acorus gramineus）の葉の構造（横断面）　③セキショウの葉は剣状葉で背腹性がない．したがって構造上柵状組織と海綿状組織の区別は認められない．内部の組織は，水生植物によく見られるように通気組織としての細胞間隙が発達している．④は③の縦断面拡大．縦断面では細胞間隙が不明瞭である．［光顕　③×80，④×150/植田］

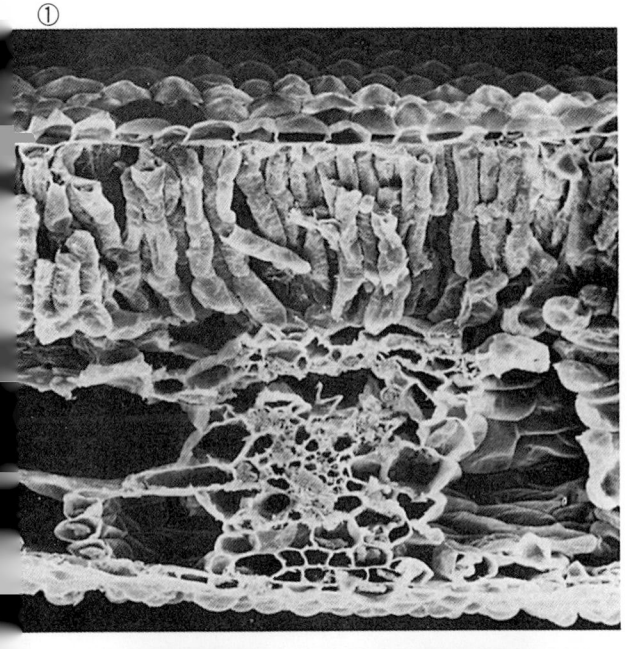

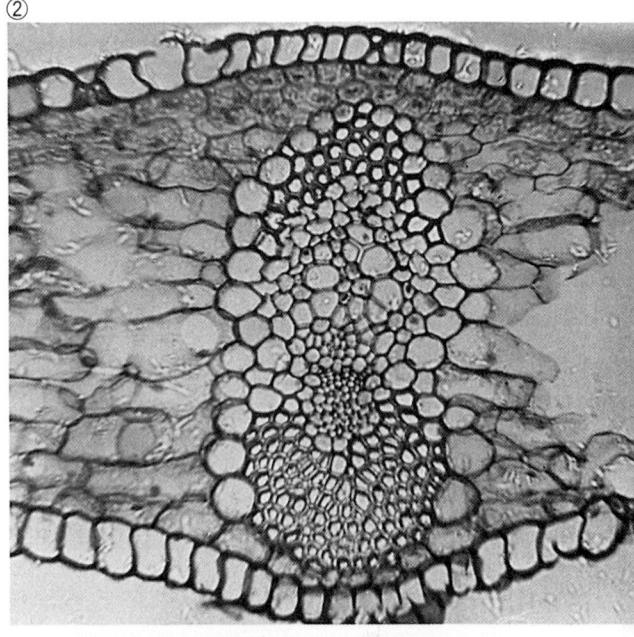

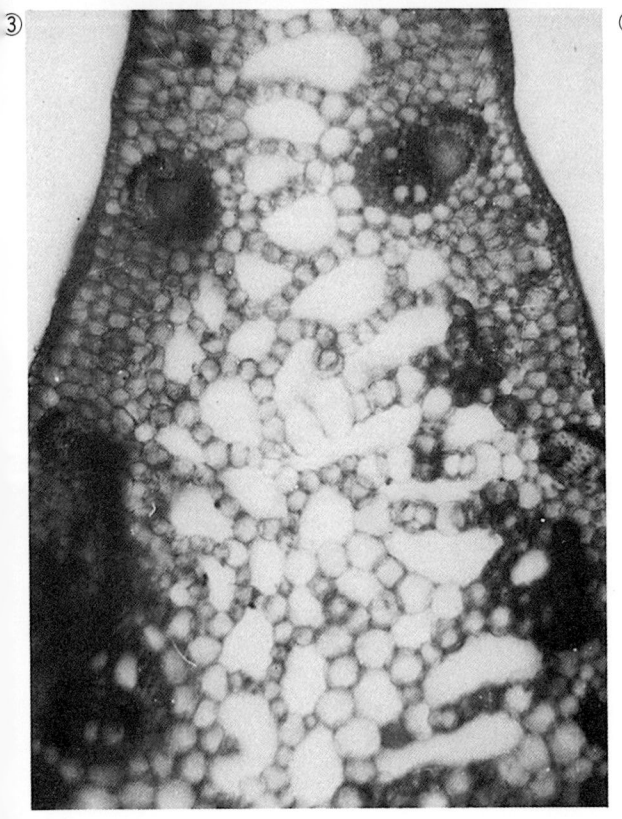

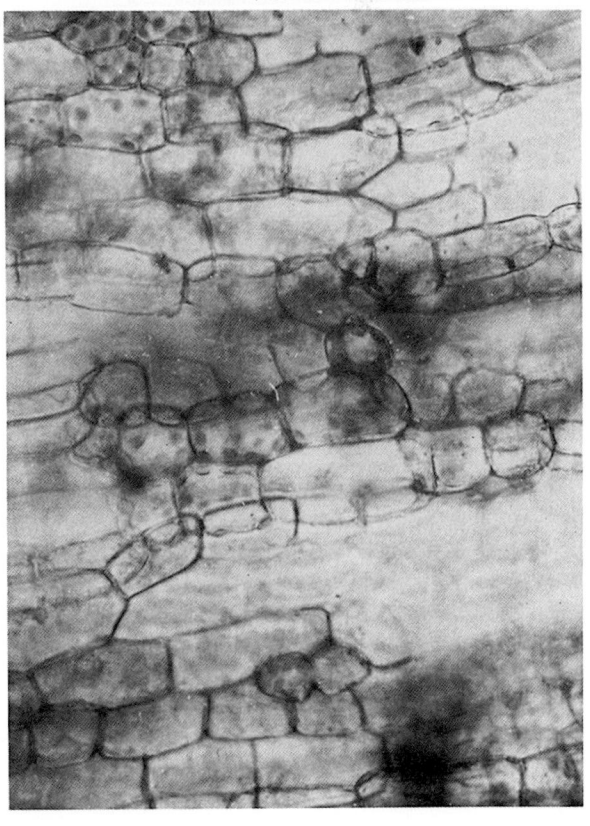

①〜②　**ハイマツ**（Pinus pumila）の葉　①維管束（横断面）．上半が木部，下半が師部．②葉の陥入気孔と葉肉（横断面）．葉肉の腕細胞（arm cell）の細胞壁が所々で内側に腕のように突出している．

③　**カボチャ**（Cucurbita moschata）の葉の横断面　維管束は縦断され，らせん紋仮道管が見られる（葉では一般に道管はない）．

④　**ジャガイモ**（Solanum tuberosum）の葉の横断面　ヨウ素染色したもので1層の柵状組織と数層の海綿状組織にはデンプンが多量に含まれている．

［光顕（④ヨウ素反応）　①×150，②×300，③×200，④×400/植田］

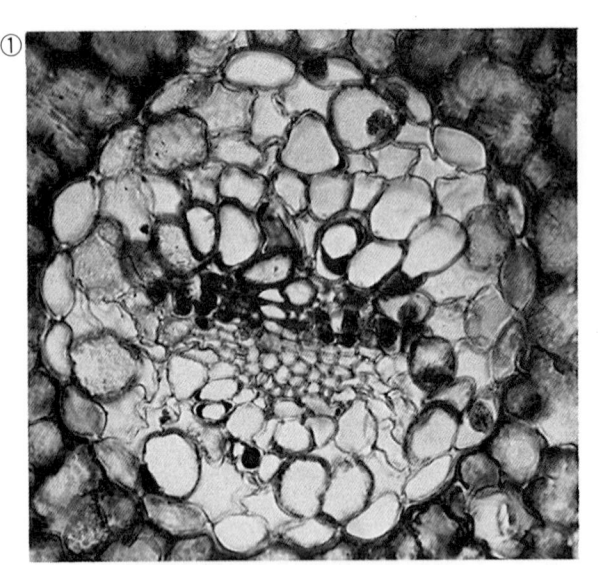

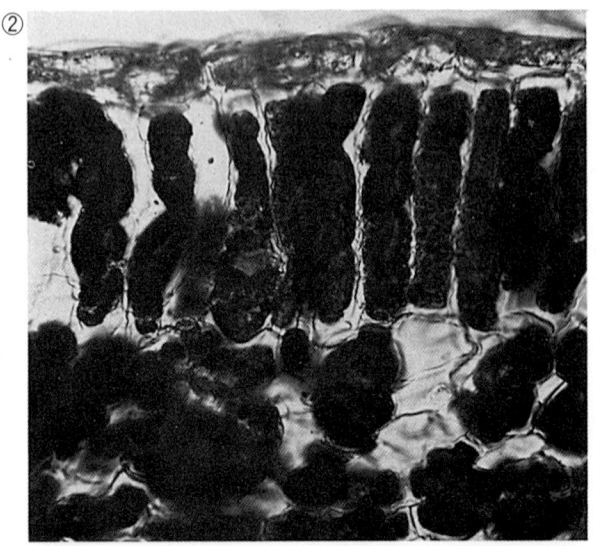

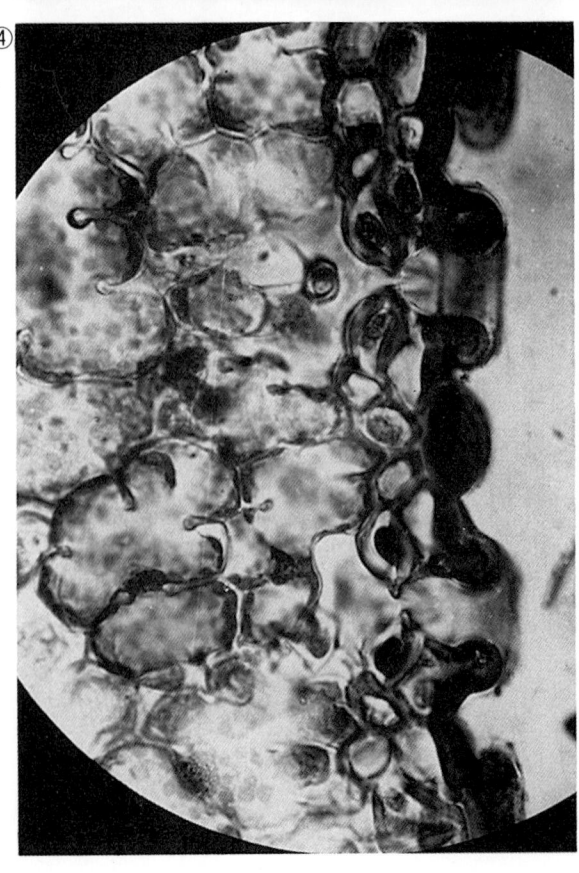

(5) 斑入葉の内部構造 (Internal Structure of Variegated Leaves)

斑入葉には外見上種々の型があり，その原因も遺伝的なものや，病的なものなどがあって複雑である．しかし組織学的には葉肉組織のどれかの細胞にクロロフィルを生じないことによって起こる．

① **アオキ**(Aucuba japonica)**の斑入葉の模式図** 一口にアオキの斑入といっても図のように種々様々である．図の1〜3は遺伝性と考えられ，組織は緑白の境が明瞭である．4〜6は病的のようで組織の境は不明瞭である．[植田]

② **モンテンジクアオイ**(Pelargonium zonale)**の斑入葉の横断面** 葉の周辺部の白い覆輪といわれる斑入は周辺キメラとも称し，葉肉の周辺組織にクロロフィル欠乏を起こしている．ここでは柵状組織の上部1層と海綿状組織の下部1層にクロロフィルを欠いている．

③ **ハラン**(Aspidistra elatior)**の斑入葉の横断面** 葉肉は柵状組織と海綿状組織の区別がない．斑入部では所々に葉緑体を有した細胞が散在しているだけである．

④〜⑤ **ツワブキ**(Ligularia fussilaginea)**の葉の緑色部④と斑入部⑤の構造（横断面）** 緑色部の葉肉組織にはすべて葉緑体を有しているが，斑入部では全部欠けている．
[光顕　②×150，③〜⑤×80/植田]

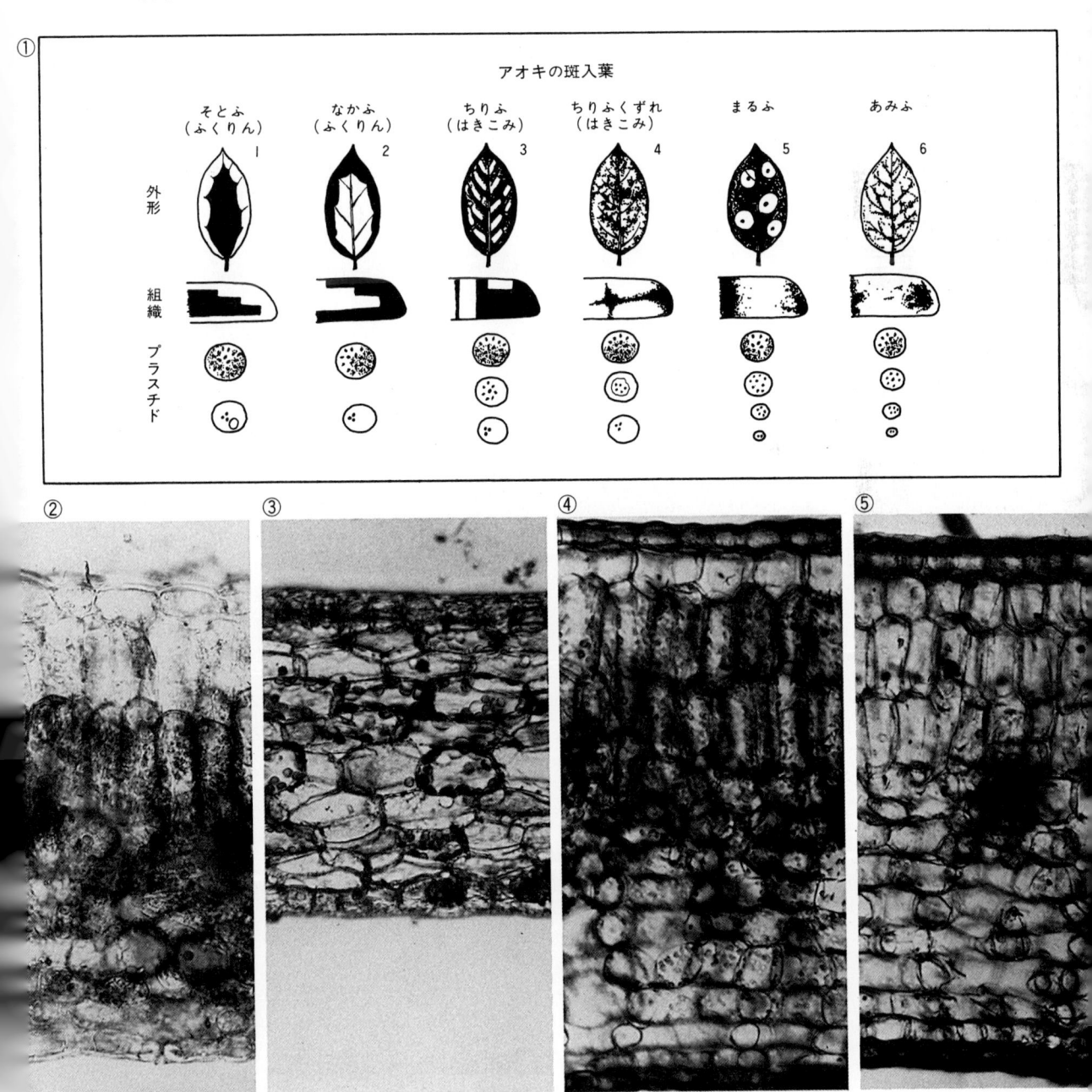

(6) 斑入葉の細胞のプラスチド(色素体)(Plastids of Variegated Leaf Cells)

斑入葉細胞のプラスチドは正常な葉緑体に比し，形は小さく，液胞を有し，グラナやラメラが発達せず，そのためクロロフィルを欠乏し，白色体のままでとどまっているのが特徴的である．

①～② ツワブキ(Ligularia tussilaginea)の柵状組織の葉緑体①と斑入プラスチド②　斑入プラスチドには液胞が数個ずつある．

③～④ アオキ(Aucuba japonica)の柵状組織の葉緑体③と斑入プラスチド④　斑入プラスチドでは液胞がプラスチドの大部分を占めている．

⑤ スジキボウシ(Hosta undulata)の海綿状組織の斑入プラスチド　プラスチドには多数の液胞がある．

[光顕　①～⑤×800/植田]

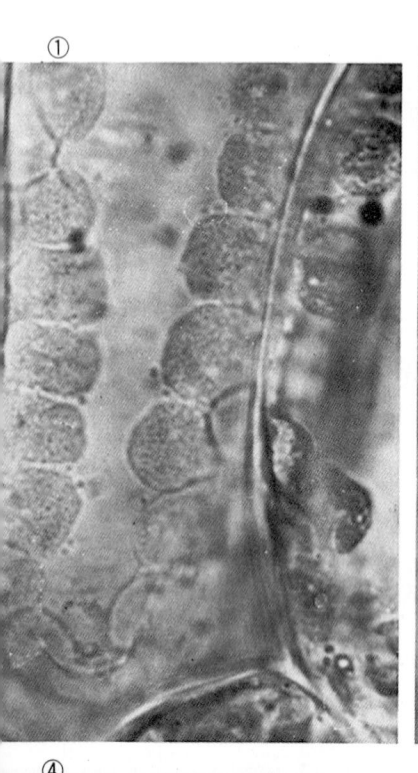

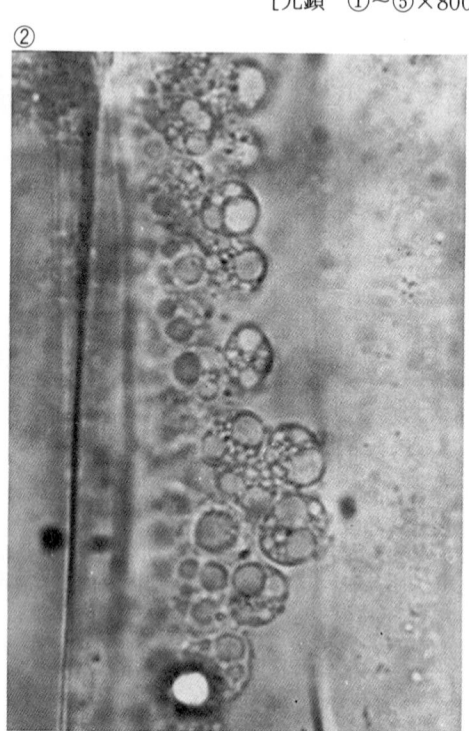

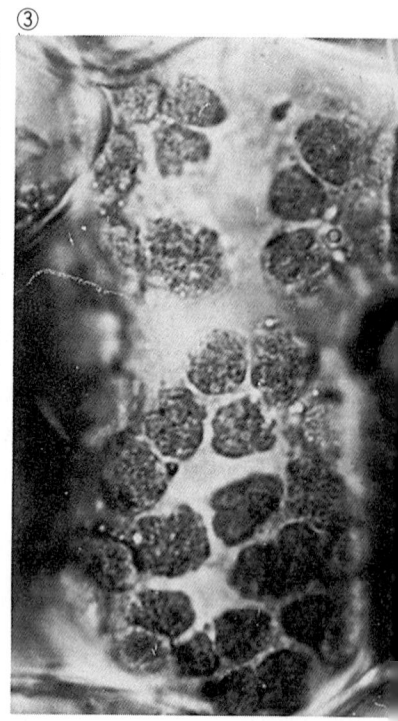

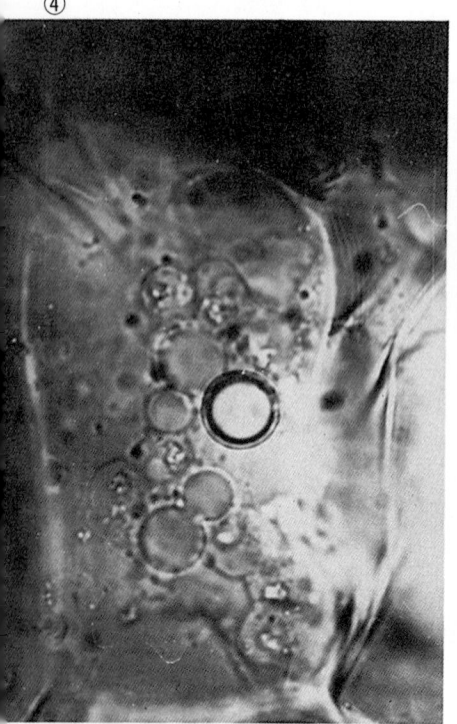

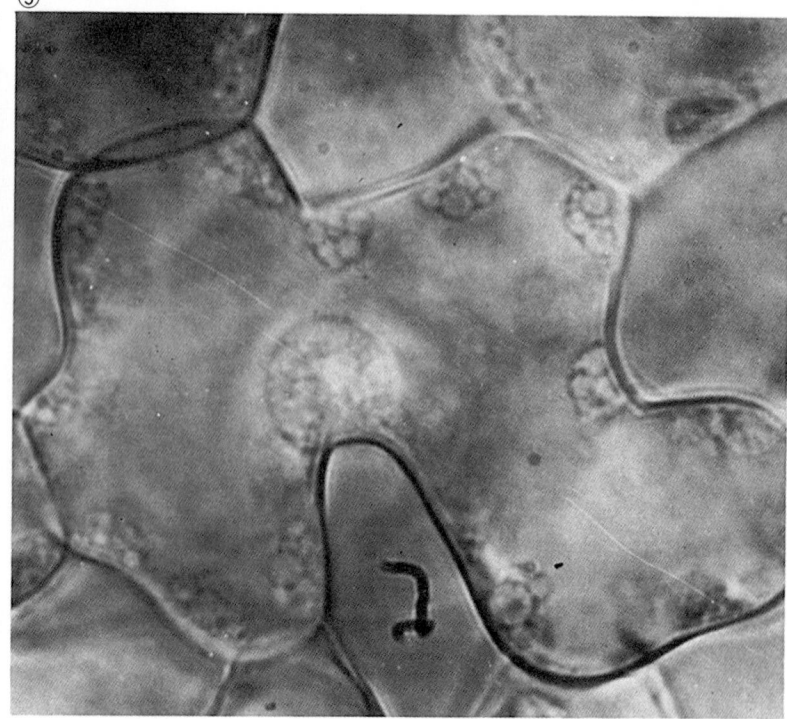

3 葉の構造

(7) 葉のプラスチドの微細構造 (Fine Structure of Leaf Plastids)

葉の葉肉組織の細胞は，その機能と関連して葉緑体で原形質の大部分が占められ，葉緑体にはラメラ構造が発達している．しかしその発生初期では小形でラメラも少ない．斑入葉ではプラスチドは体積は増大するがラメラ構造は未発達のままである．

①～②　ヒツジグサ (Nymphaea tetragona) の葉のプラスチド　①若い葉（デンプン粒を含む），②やや成熟した葉．
③～④　ヒシ (Trapa natans) の葉のプラスチド　③若い葉，④成熟した葉（デンプン粒を含む）．
〔電顕 (KMnO$_4$ 固定)　①②×12,400，③×9,400，④×13,500／川松〕

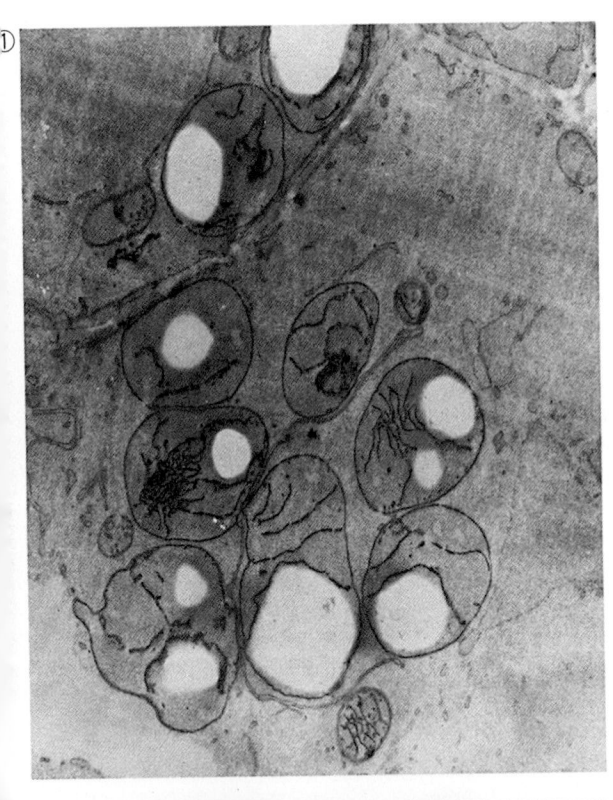

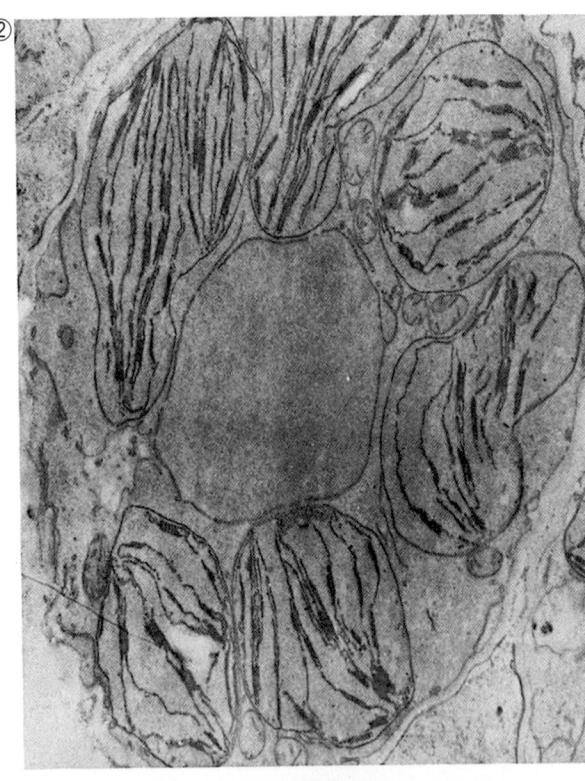

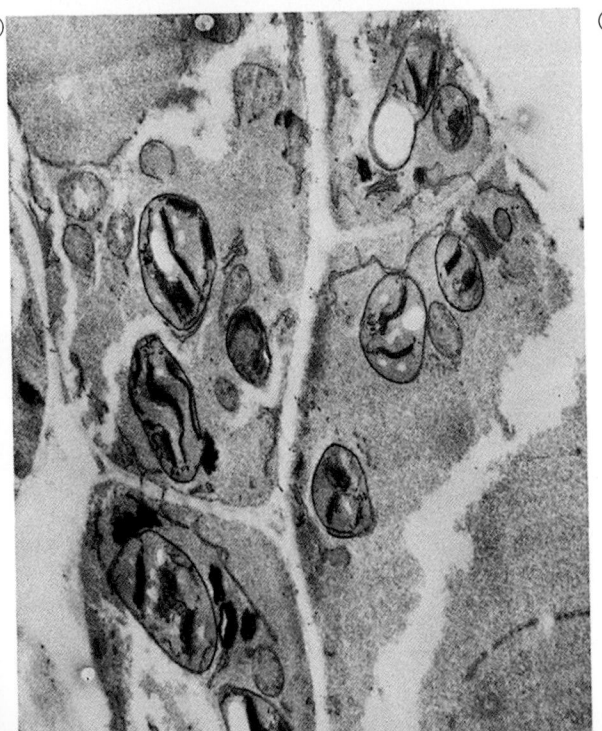

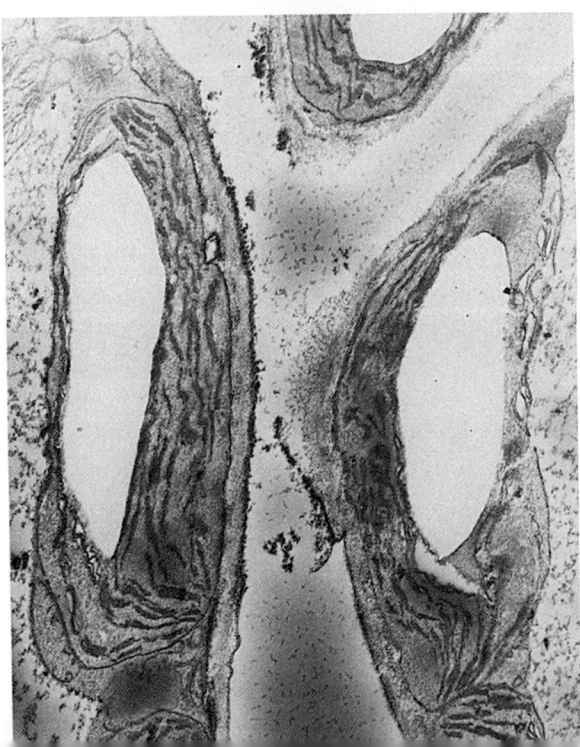

①〜② マツモ(Ceratophyllum demersum)の葉のプラスチド　①若い葉，②成熟した葉　[電顕(KMnO₄固定)①×8,000, ②×18,000/川松]

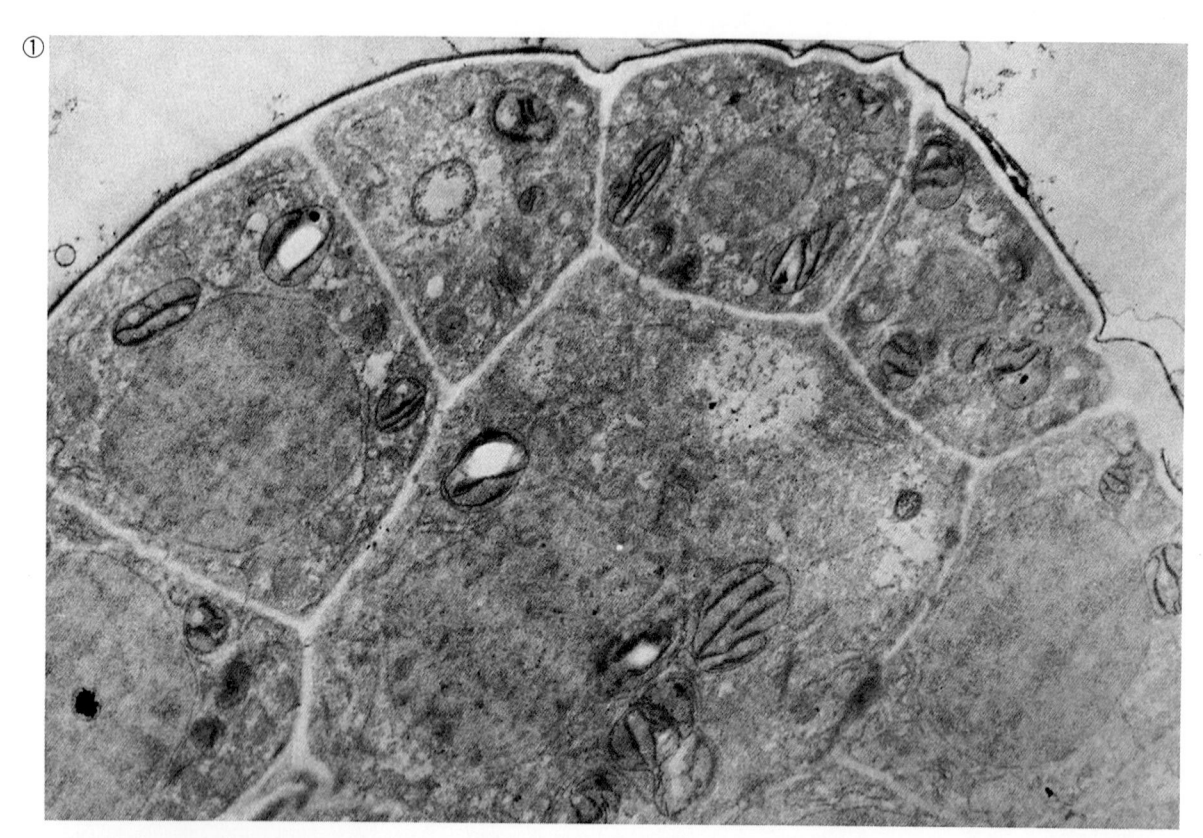

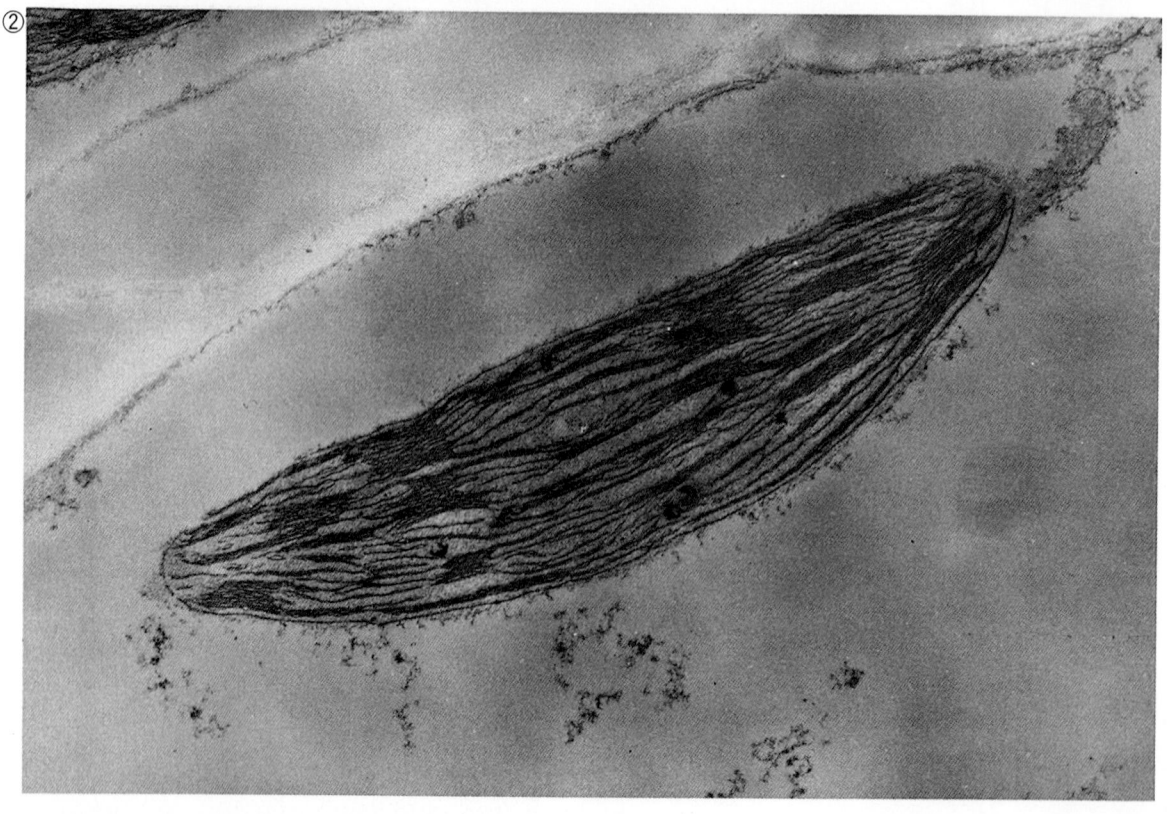

3 葉の構造

①～② マサキ(キンマサキ,Euorymas japonica)の正常葉①と黄色斑入葉②のプラスチド　［電顕(GA固定)×10,000/犀川］

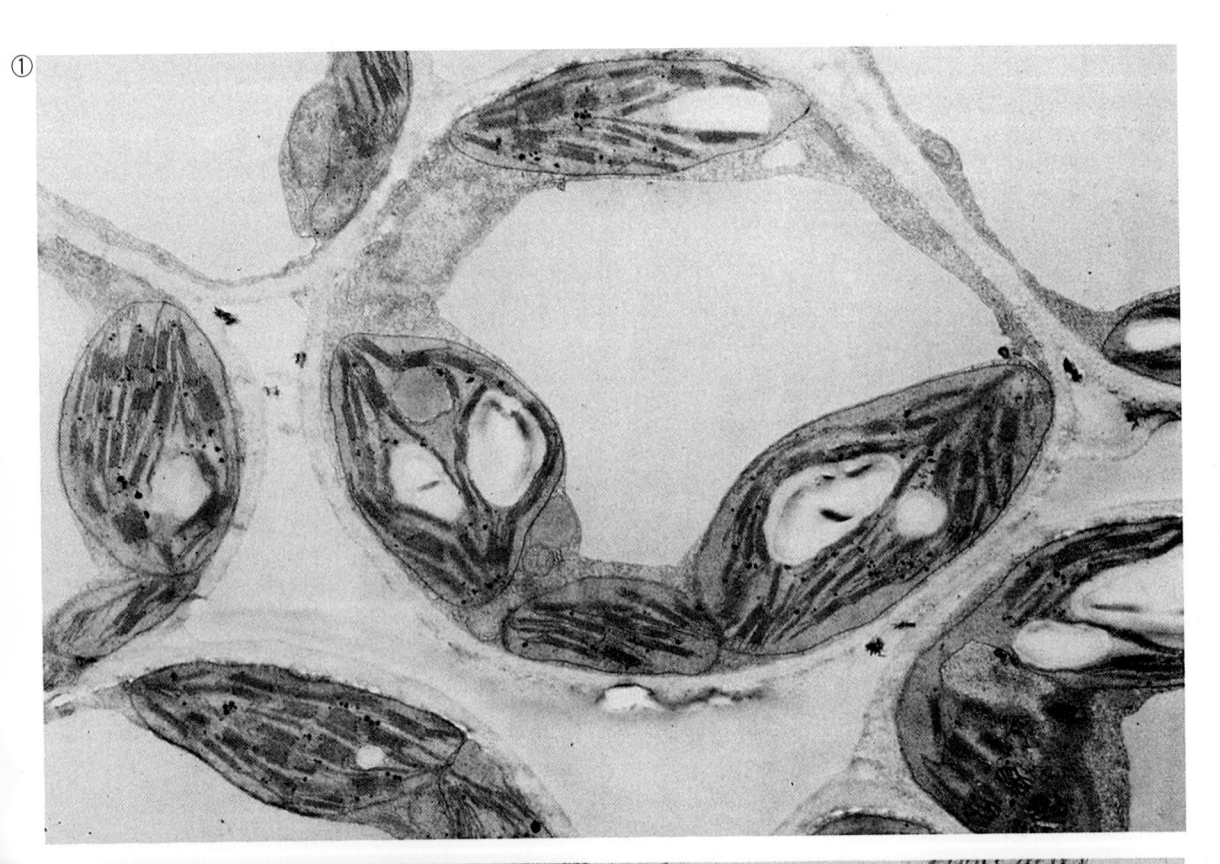

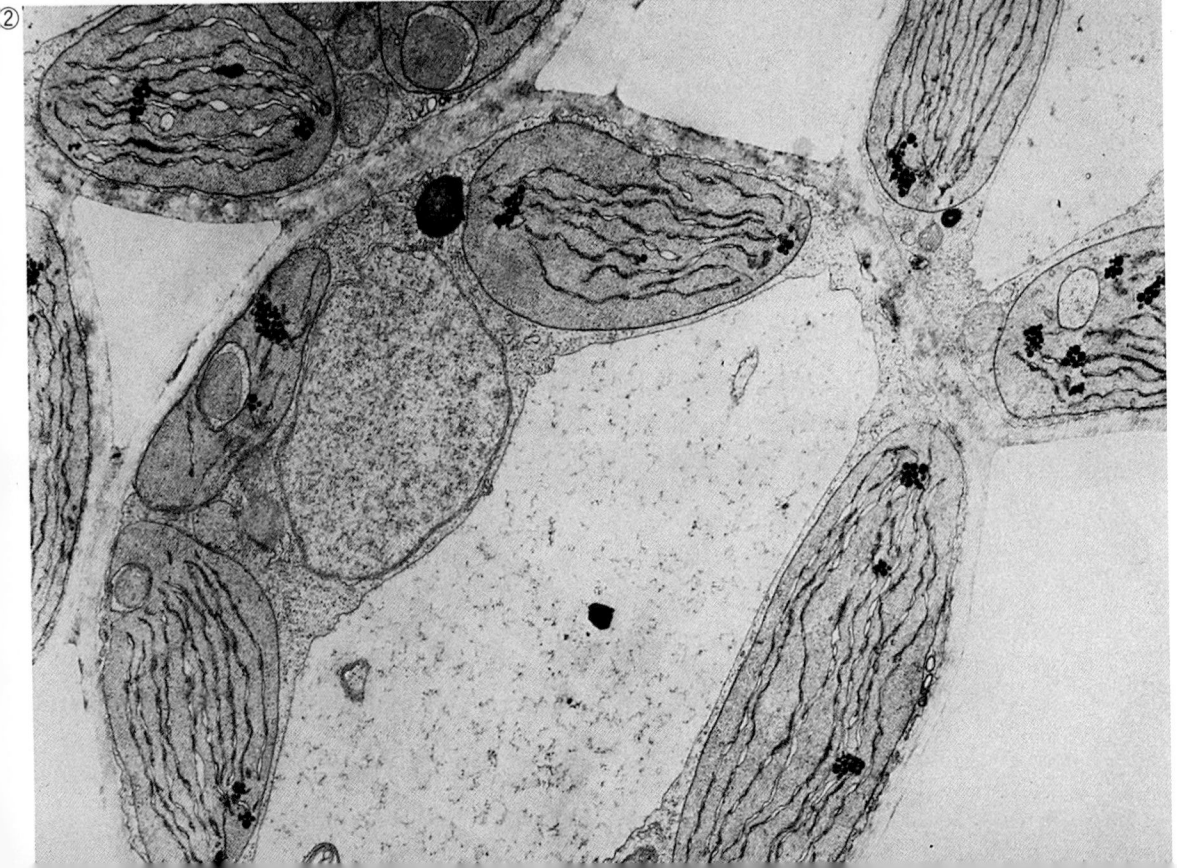

(8) 変態葉の構造 (Structure of Metamorphosed Leaves)

葉は変態をし光合成以外の働きをすることがある．葉の変態には巻ひげ（エンドウ，サルトリイバラ），針（サボテン，メギ），鱗片（タマネギ，ユリ）などあるが，ここでは補虫葉（insectivorous leaf）になったタヌキモとウツボカズラの葉の構造を観察しよう．

①～③ **タヌキモ**（Utricularia japonica）**の補虫葉の発達** 補虫葉は袋状で中にミジンコなどをさそい入れて消化する．
④ **タヌキモの補虫葉の入口** 枝分かれした毛をもち，入口は漏斗状で内部に陥入し，入口から一度入ったミジンコなどは出られなくなり，内部で消化吸収される．
〔光顕 ①～③×18, ④×50/植田〕

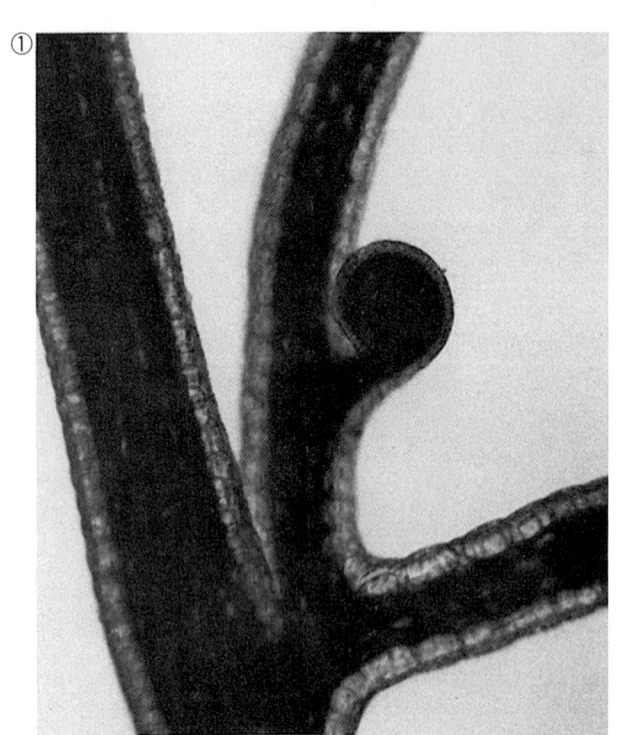

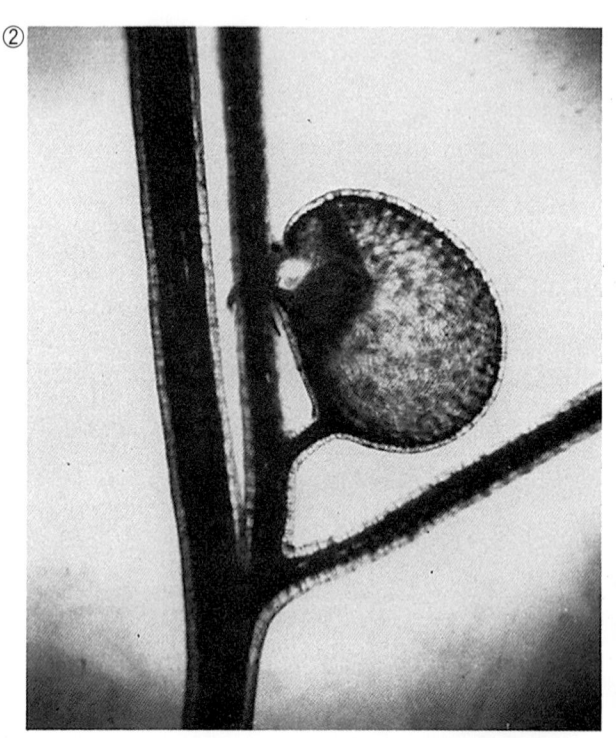

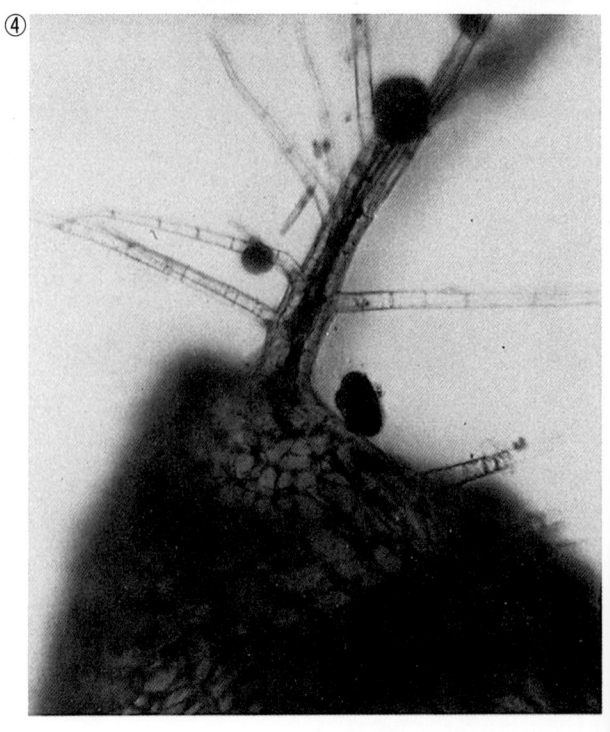

3 葉の構造

①〜④ **ウツボカズラ**(Nepenthes mirabilis)の捕虫葉の構造　①袋状の捕虫葉の壁の縦断面．左側が内面で，下向きに鱗状片が重なっている．右側は外面で枝分かれした毛をもっている．②内面の表面観，③内面の縦断面の拡大，④は③の拡大(消化液分泌組織がある)．
[光顕　①②×15，③×50，④×100/植田]

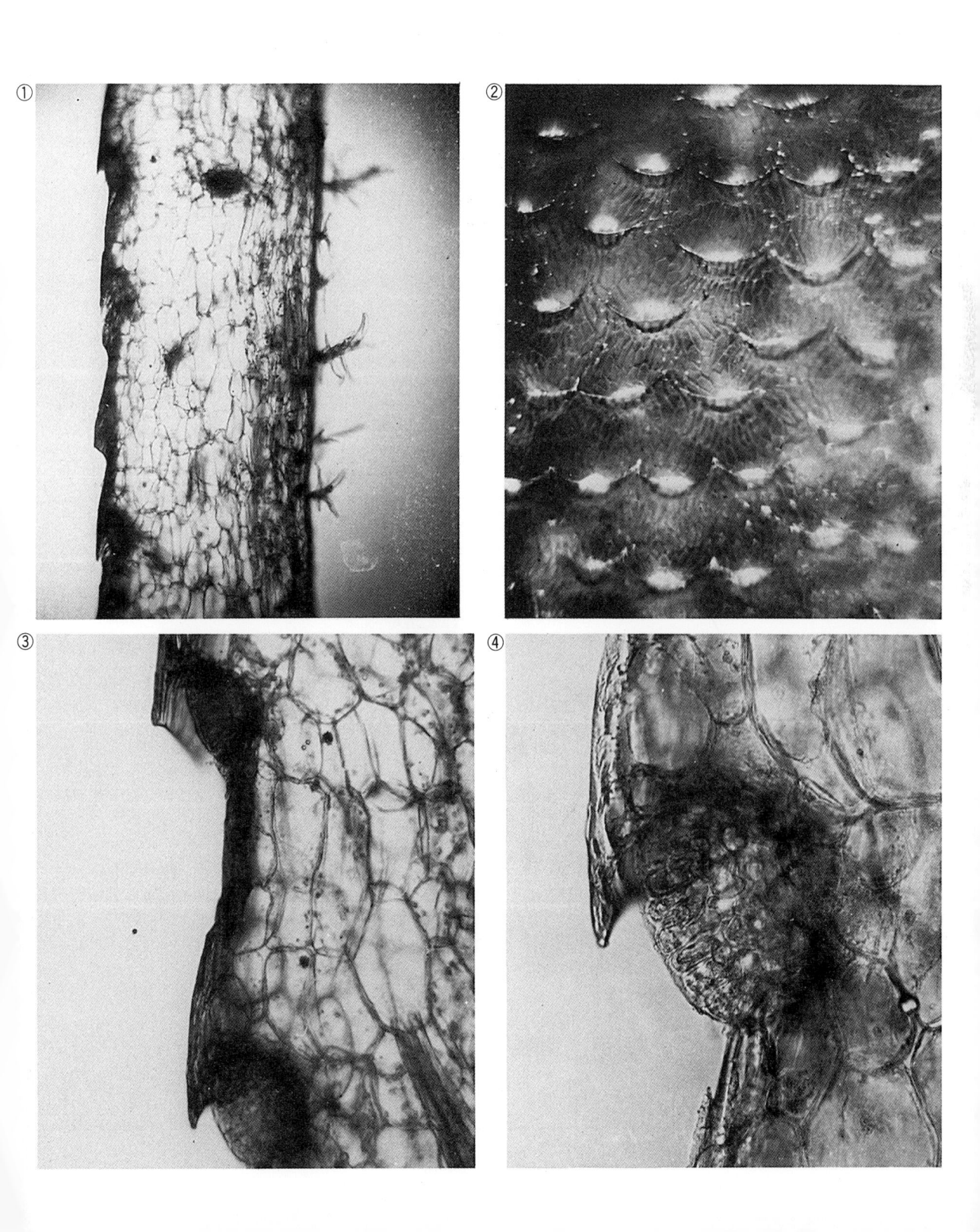

4 花の構造 (Structure of Flowers)

花は裸子植物と被子植物の生殖器官で，葉の変形した花葉 (floral leaf) が花柄という茎の先端に集着したもので，ふつう表のような要素から構成され，下図に示す通りである．しかしこれらのどれかを欠いているものもある．また花は受精後，果実や種子をつくる．

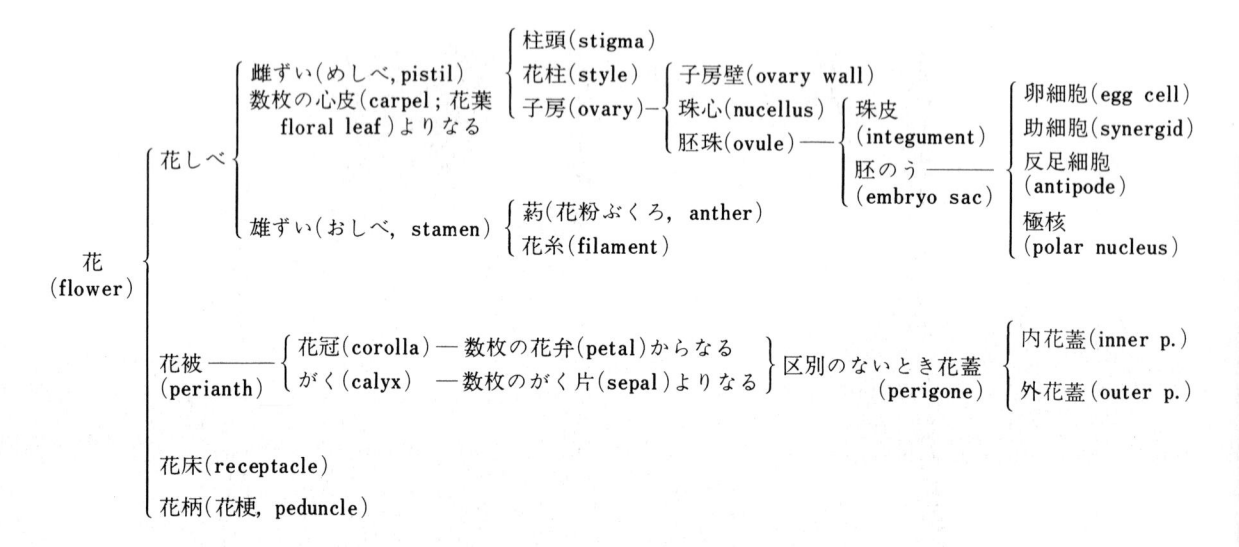

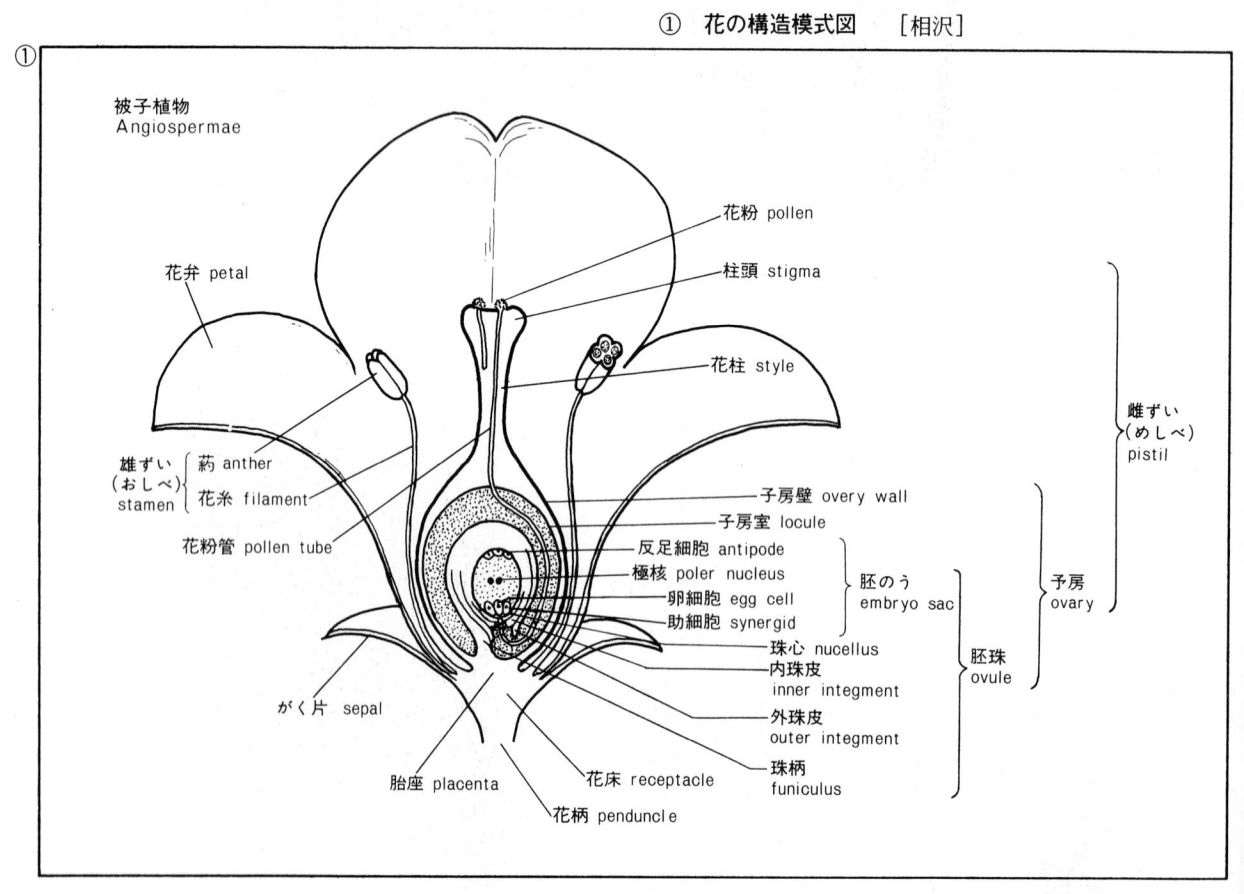

花 (flower)
- 花しべ
  - 雌ずい (めしべ, pistil); 数枚の心皮 (carpel; 花葉 floral leaf) よりなる
    - 柱頭 (stigma)
    - 花柱 (style)
    - 子房 (ovary)
      - 子房壁 (ovary wall)
      - 珠心 (nucellus)
      - 胚珠 (ovule)
        - 珠皮 (integument)
        - 胚のう (embryo sac)
          - 卵細胞 (egg cell)
          - 助細胞 (synergid)
          - 反足細胞 (antipode)
          - 極核 (polar nucleus)
  - 雄ずい (おしべ, stamen)
    - 葯 (花粉ぶくろ, anther)
    - 花糸 (filament)
- 花被 (perianth)
  - 花冠 (corolla) — 数枚の花弁 (petal) からなる
  - がく (calyx) — 数枚のがく片 (sepal) よりなる

  区別のないとき花蓋 (perigone)
  - 内花蓋 (inner p.)
  - 外花蓋 (outer p.)
- 花床 (receptacle)
- 花柄 (花梗, peduncle)

① 花の構造模式図　　［相沢］

4 花の構造

(1) 裸子植物の花(Flower of Gymnospermae)

裸子植物の花は，花びらやがく片はなく，花らしくない花である．雌雄異株(イチョウ，ソテツ)，あるいは同株(マツ，スギ)であるが，雌ずいを持つ雌花(female flower)と雄ずいを持つ雄花(male flower)とが別々になっている単性花(unisexual flower)である．しかも雌ずいには，子房はなく，胚珠がむき出しになっている．

①〜② **イチョウ(Ginkgo biloba)の雌花①と雄花②**
雌花は1本の花柄先端に左右2個ずつ着く胚珠だけの花である．雄花は花柄に葯を多数着け，房状になっている．
[接写 ×0.8/植田]

③ 裸子植物(イチョウ)の花の構造模式図

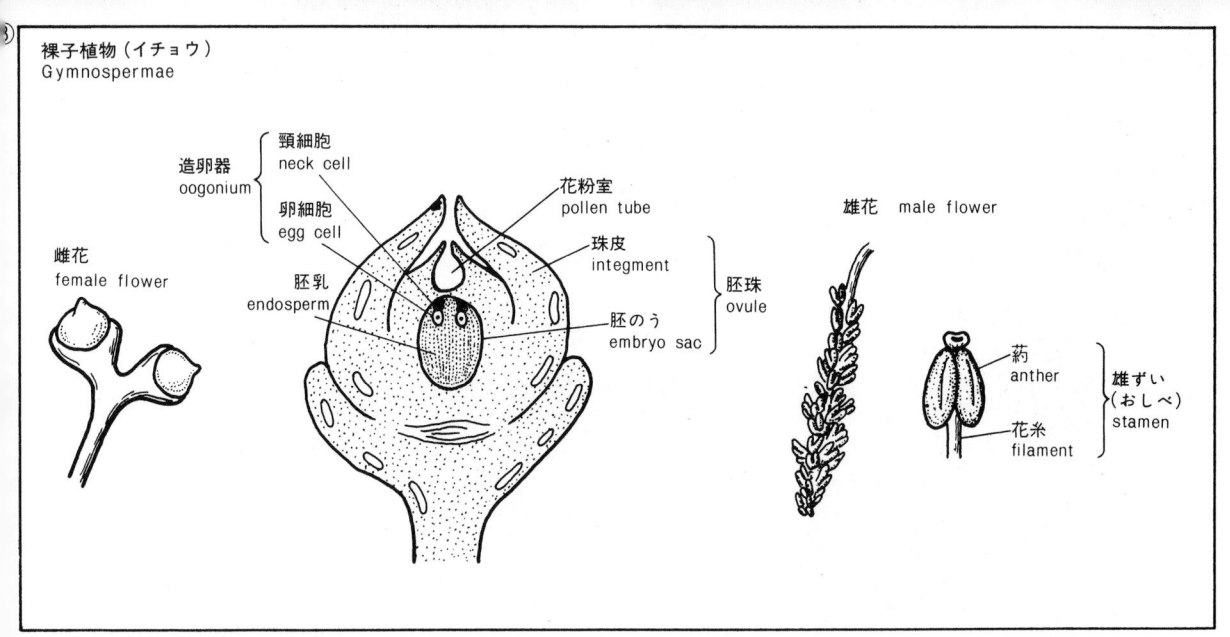

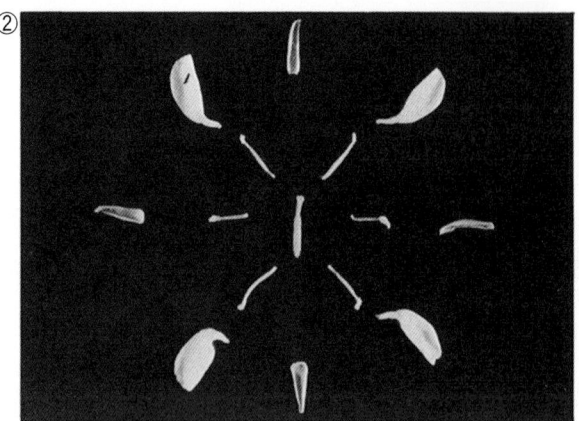

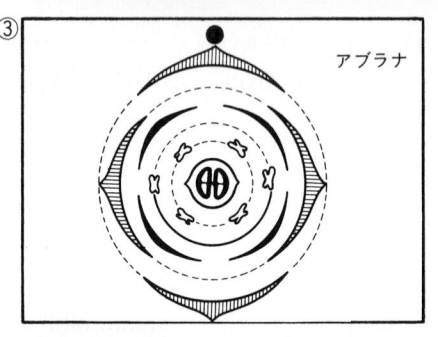

(2) 被子植物双子葉類の花 (Dicot Flower of Angiospermae)

双子葉類の花には雌雄異株や同株，したがって単性花のものもあるが多くは雌ずい，雄ずいが1個の花の中にある両性花 (bisexual flower) である．花の要素は各4～5個のものが多く，これが基本数と考えられる．

①～②　アブラナ (Brassica campestris) の花とその展開図　①自然の花．②花の要素をそれらの位置関係をくずさないように展開したもの．[接写　①×3.5, ②×0.7/喜多山]

③　アブラナの花式図　②に基づいて花の各要素の位置関係を示した花式図 (floral diagram) は，その植物の特徴をとらえ，また他と比較して進化の道すじを考える上にも重要である．すなわちアブラナの花式図から知られるようにがく片4，花びら4であるから4が基本数のように思われるが，①でのがく片の出方や雄ずいが2+4，子房は2室（心皮が2枚）からわかるように，この植物は2が基本数で十字対生の配列をしている．4枚の花弁と内輪の4本の雄ずいとはもともと対生の2個のものが分離して4枚と4本になったと考えられる．　　　　[植田]

④～⑥　ソメイヨシノ (Prunus yedoensis) の花④，展開図⑤，花弁を除いた花の縦断面⑥　子房は中位．[接写　④×1.5, ⑤×0.7, ⑥×2/喜多山]

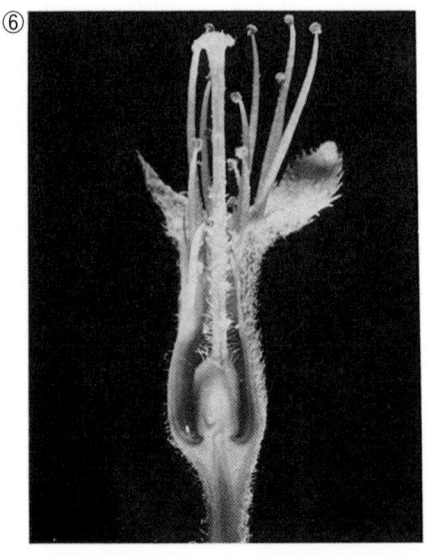

4 花の構造

（3） 被子植物単子葉類の花（Monocot Flower of Angiospermae）

単子葉類の花の基本数は3である．しかし花弁やがく片のないもの，がく片が花びらのように変わったと思われるもの（外花蓋）などがある．

① **イネ**（Oriza sativa）**の花** イネの花は内外2枚の穎（えい，もみがら）で包まれ明確ながく片や花弁はなく，挿入図に示すように中央に先端の柱頭が2又に分かれて羽状になった1個の子房と，その周辺に6本の雄ずいが出ており，下部に2個の鱗皮（花弁の変形）がある．鱗皮の膨圧により外穎が動かされて開花する．[接写 ×10/喜多山]

② **クチベニスイセン**（Narcissus poeticus）**のX線写真像** 単子葉類では花弁とがく片の区別のないものが多くスイセンもその一つである．クチベニスイセンの内花蓋の基部には花冠のような突起，すなわち副冠（paracorolla）を持っている．[接写 ×0.7/植田]

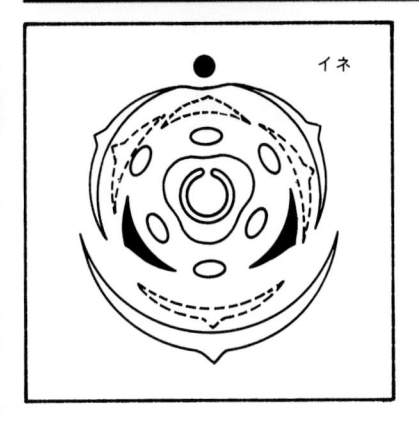

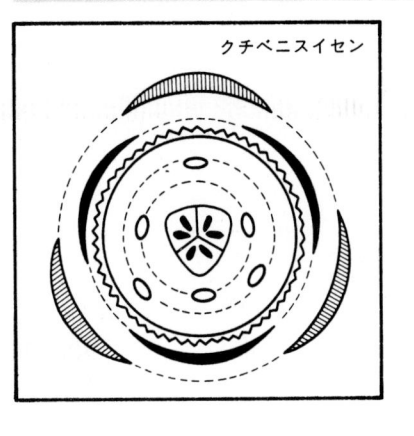

（4） 花芽（Floral Buds）

芽には将来花になる花芽，葉になる葉芽，花と葉を生じる混芽とがある．一般に花芽は葉芽に比し大きく，ほぼ球状にふくらんでいる．

① ツバキ（Camellia japonica）の花芽（縦断面）　10数枚の鱗片（葉の変態）で包まれて，休眠中の寒気に耐えるしくみになっている．中に多数の雄ずいと1本の雌ずいとでぎっしりつまっている．［接写　×7/喜多山］

② ガガブタ（Nymphoides indica）の花芽（縦断面）［光顕　×30/植田］

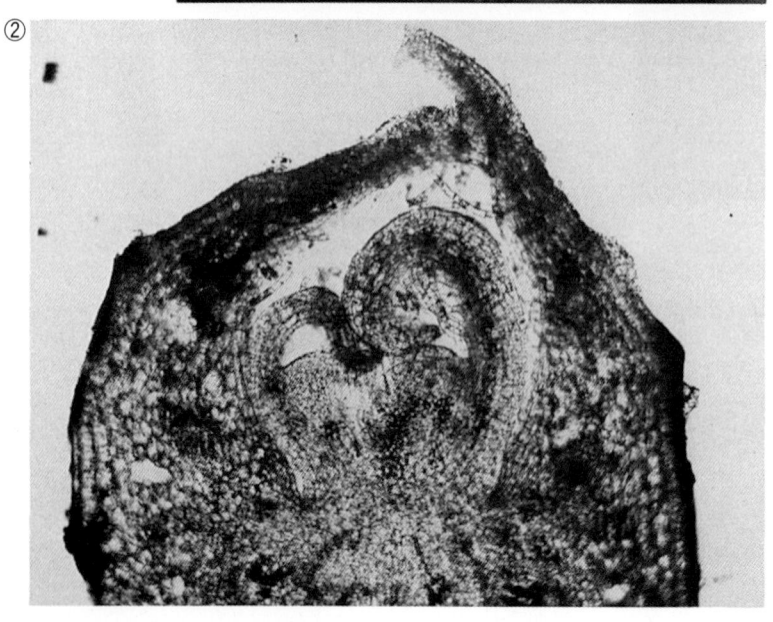

（5） 花弁の表面構造（Surface Structure of Petals）

①～② ヒャクニチソウ（Zinnia elegans）の花弁の表皮細胞と毛　②は①の拡大．表皮細胞は半球状に突出し，表面に放射状の縞模様を有している．

③ ホウセンカ（Impatiens Balsamina）の花弁の表皮細胞　いずれも突起毛になっている．

④ ヒマワリ（Helianthus annuus）の花弁の表皮細胞　わずかに外側にふくらみ表面に放射状の縞模様を有している．

［走顕　①×150，②×3,000，③×200，④×700／①②山田，③④植田］

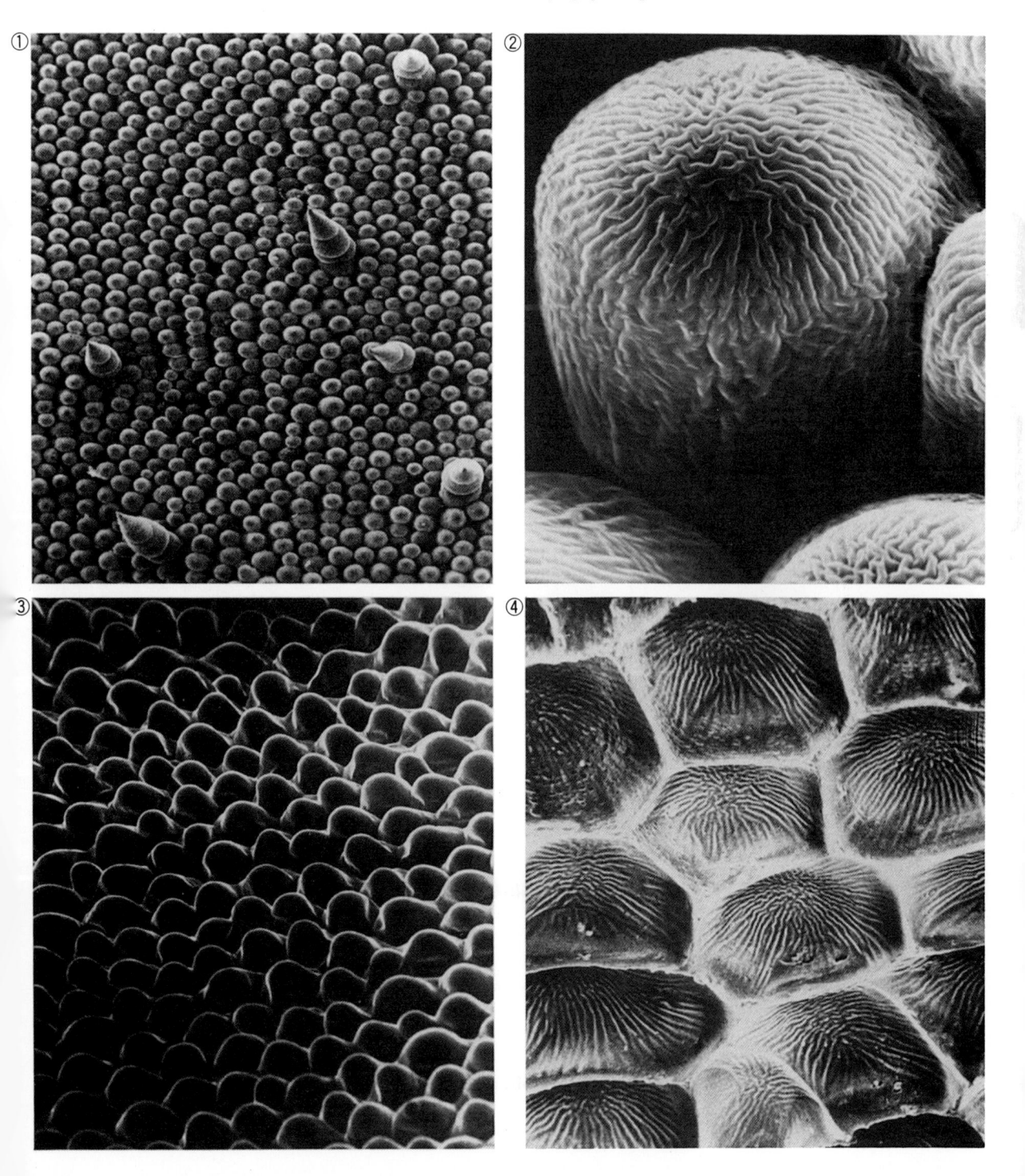

(6) 花弁，花糸，がく片の内部構造 (Internal Structure of Petals, Filaments and Sepals)

① **スイートピー(Lathyrus odoratus)の花弁** 花弁は白色のほか一般に赤，青，紫などの色を持っている．これは細胞液にアントチアン系の色素を溶かしているからである．スイートピーの花弁も同じで，赤いアントチアンは写真では黒く現れている．白い部分は核などである．また黄色の花弁の場合はプラスチド内のキサントフィル系の色素による．

② **ソメイヨシノ(Prunus yedoensis)の花糸細胞** 花糸の細胞は細長く，中に油滴を1個ずつ含んでいる．
[光顕 ①②×300/植田]

③ **コウホネ(Nuphar japonicum)の若いがく片細胞(電顕像)** コウホネのがく片は5枚で大きく，花弁状で，はじめ黄色であるが後に緑色になる．花弁は小さくて10個ある．コウホネの若いがく片ではプラスチドは十分に発達していない．

④ **コウホネの成熟したがく片細胞(電顕像)** 核，ミトコンドリアのほかラメラの発達した葉緑体が見られる．
[電顕(KMnO₄ 固定) ③×9,000, ④×10,000/川松]

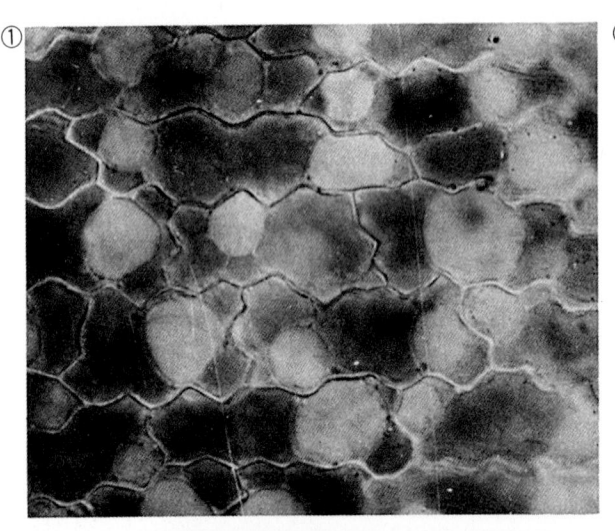

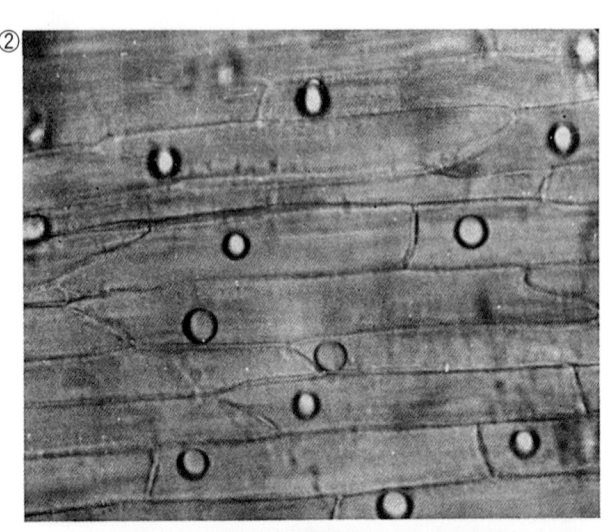

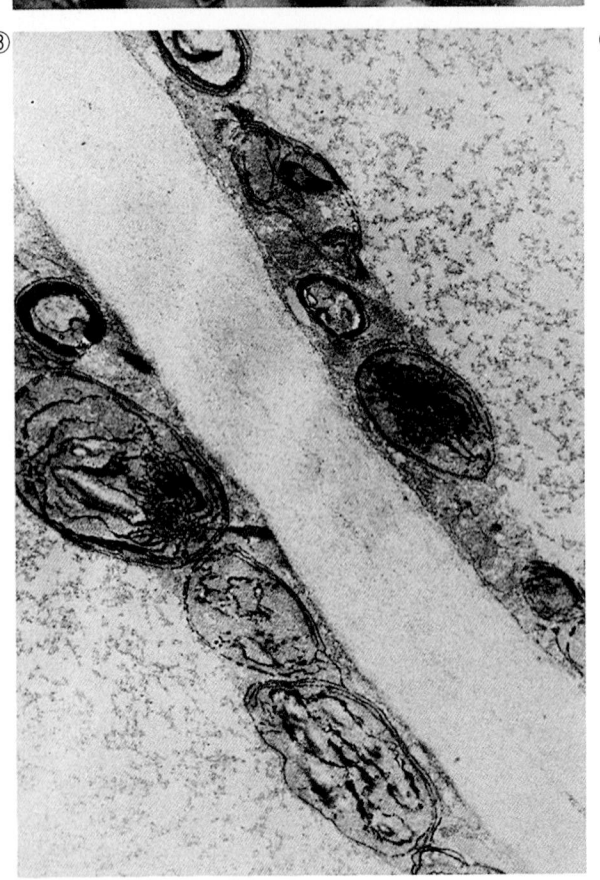

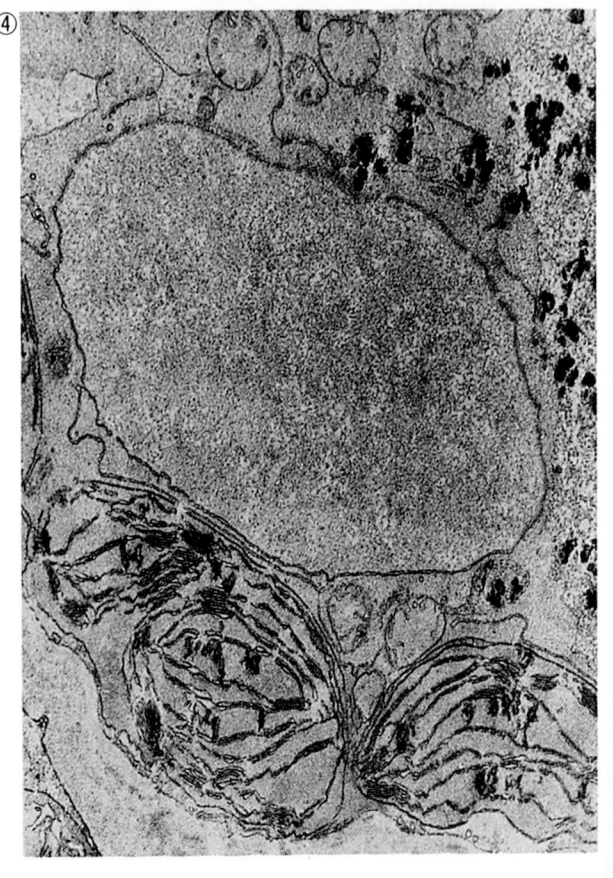

(7) 花粉形成 (Morphogenesis of Pollen)

花粉形成は葯内における花粉母細胞 (pollen mother cell : PMC) の減数分裂に始まり，花本来の生殖機能上重要である．減数分裂については既にヌマムラサキツユクサの例を取り扱ったが，ここではその他の植物について観察しよう．

①〜⑥ オリズルラン (Chlorophytum comosum) の減数分裂　①第1分裂前期，細糸期，②第1分裂親交期，③第1分裂中期，④第1分裂後期，⑤第2分裂前期，⑥第2分裂終期　　[光顕 (酢酸カーミン染色)　×700/植田]

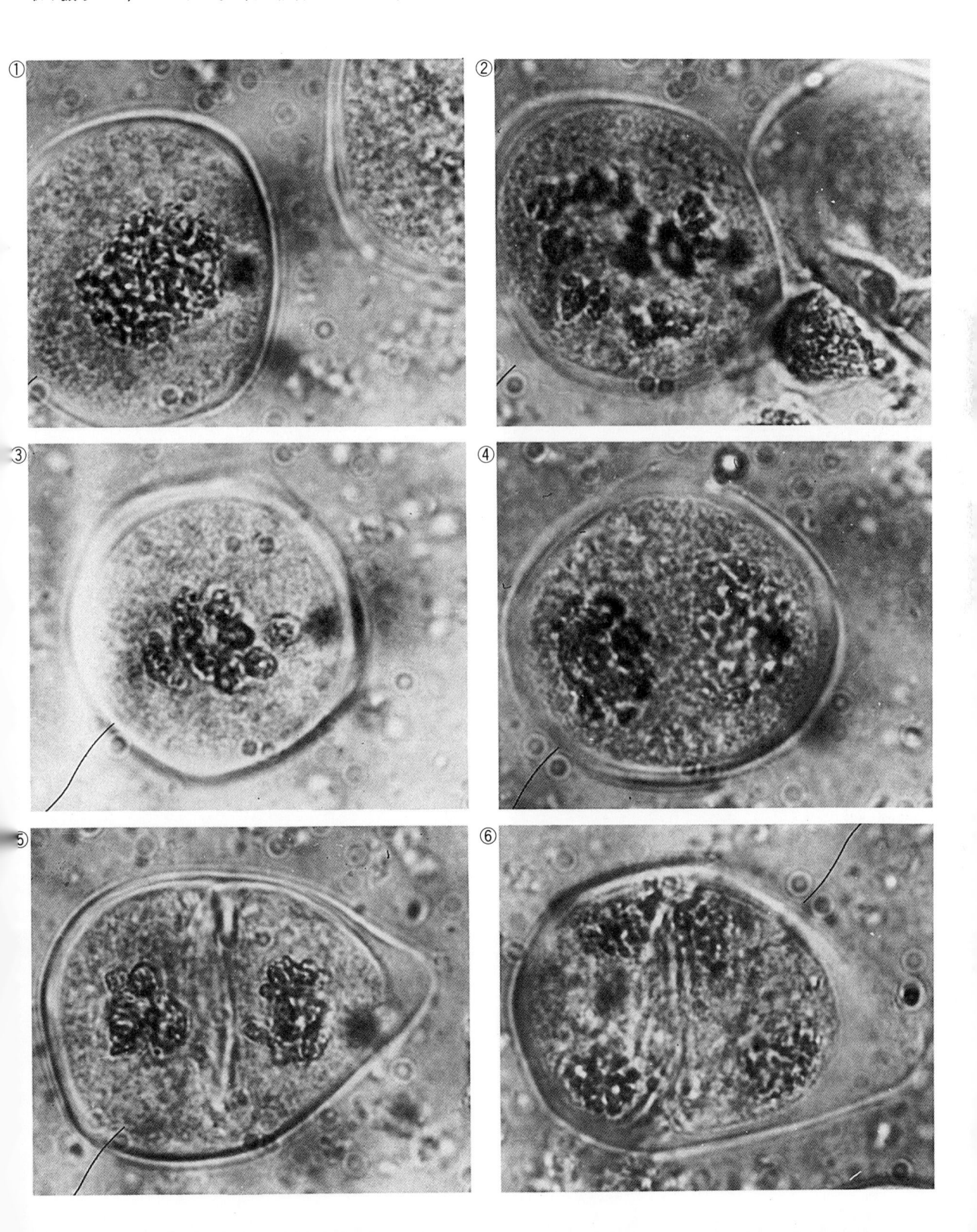

テッポウユリ(Lilium longiflorum)の花粉形成の電顕像

① テッポウユリのじゅうたん細胞(tapetal cell, 左上)と花粉母細胞(右下)
② テッポウユリのじゅうたん細胞内の細胞器官　プロプラスチド(PP), ゴルジ体(G), 滑面小胞体(sER), ミトコンドリア(M), リボゾーム(R)が見られる.
[電顕　①×3,300, ②×28,000/三木]

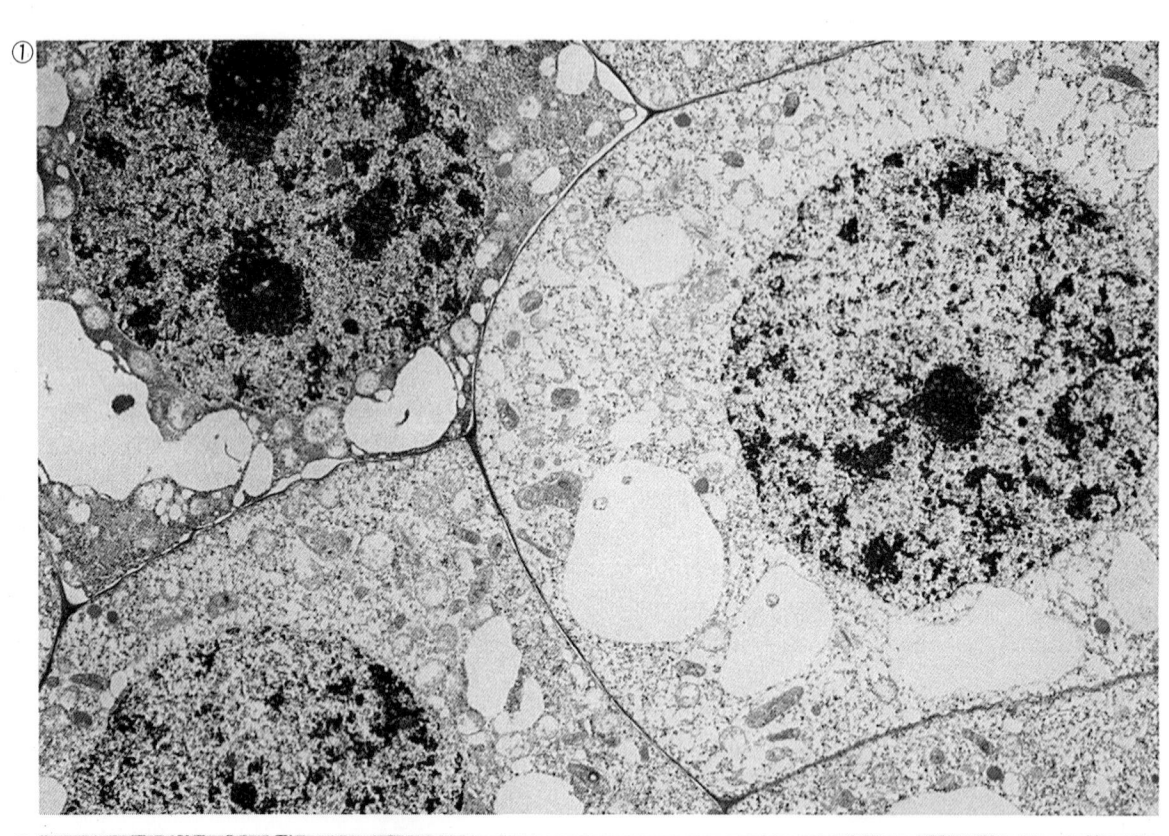

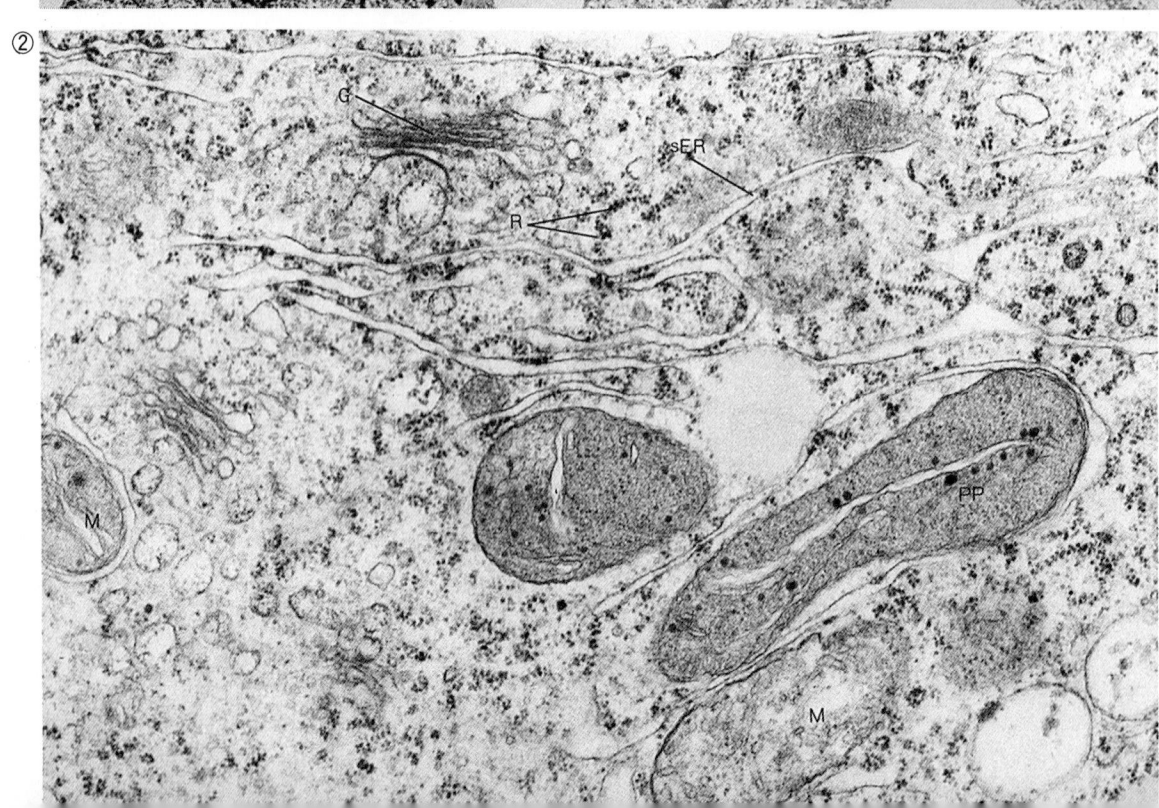

4 花の構造

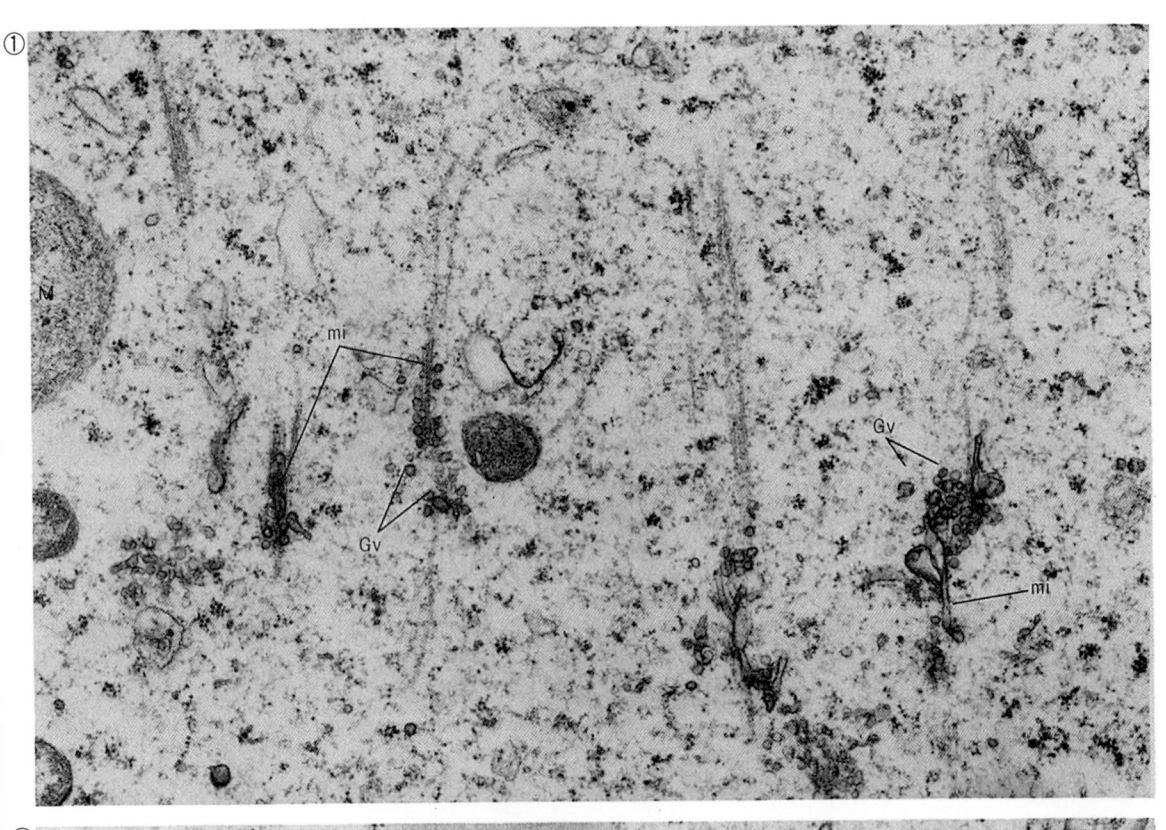

①〜② テッポウユリ(Lilium longiflorum)の細胞板形成
①減数第1分裂終期における細胞板(cell plate, 中央水平面)形成初期. 微小管(microtubule, mi)のまわりにゴルジ小胞(Golgi vesicle, Gv)が集まっている. ②同上中期細胞板(右上へから左下への面)がかなり形成されたところ.
[電顕 ①×22,000, ②×3,700/三木]

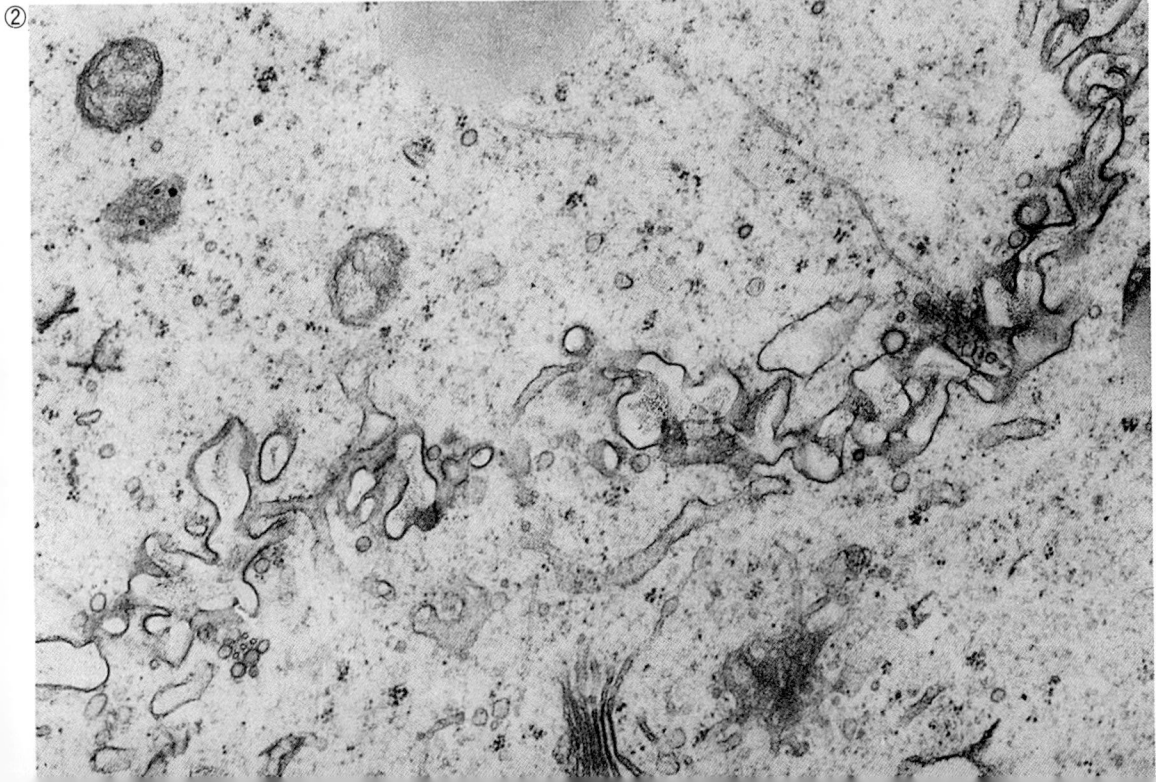

①〜② テッポウユリ（Lilium longiflorum）の二分子と四分子の形成　①減数第1分裂で細胞板（右上から左下）がほとんど完成し，減数第1分裂が終了し二分子（diad）を生じた直後．②同上減数第2分裂を終わり四分子（tetrad）を生じたもの．［電顕　①×2,300，②×4,000/三木］

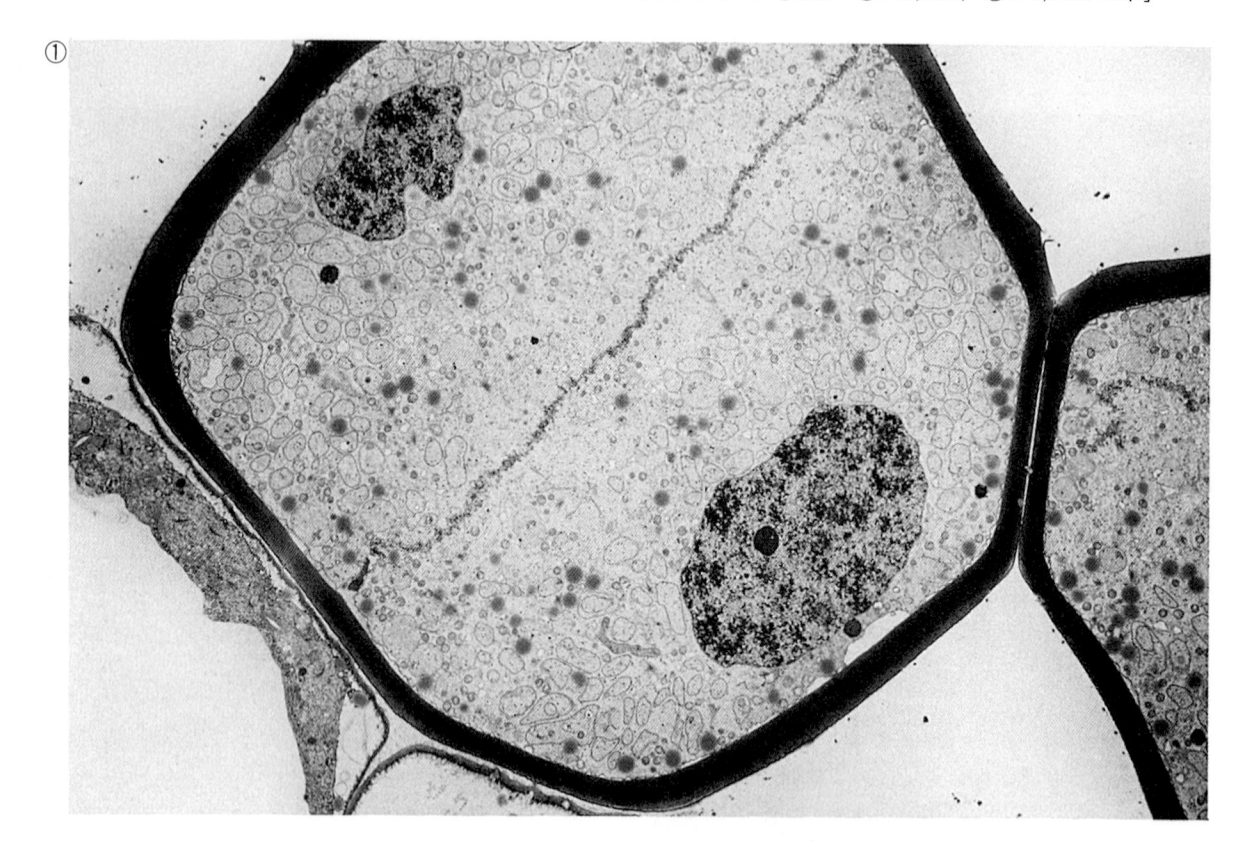

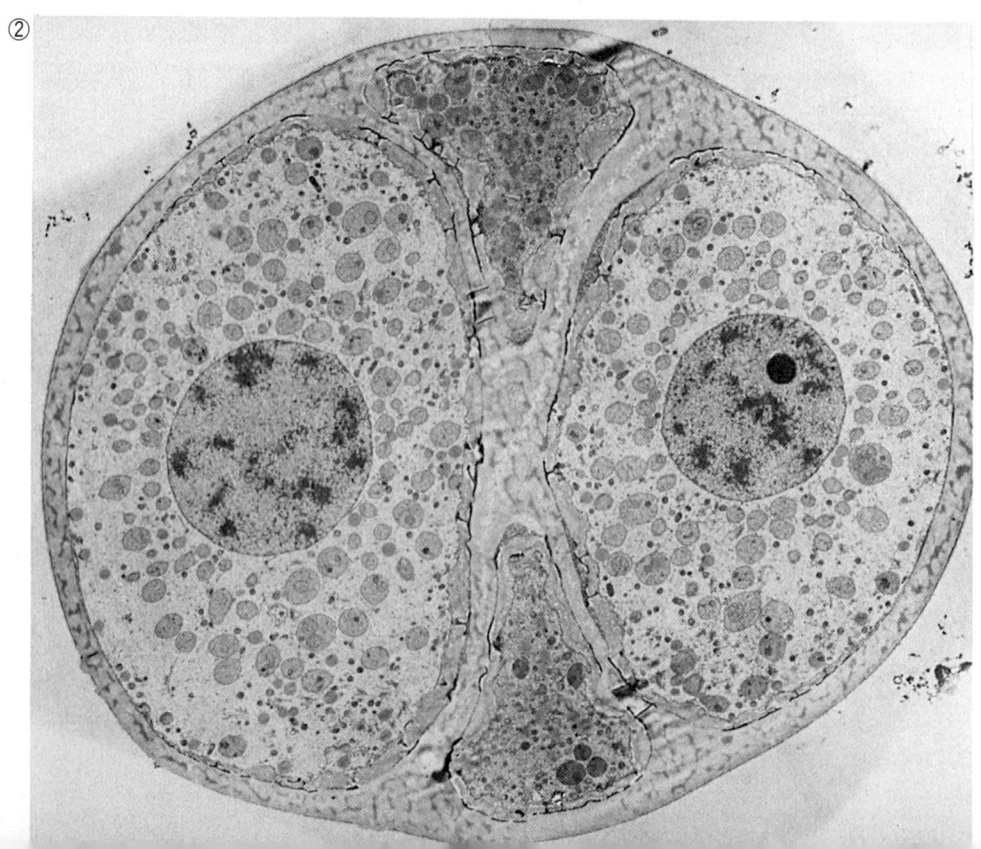

4 花の構造

① テッポウユリ(Lilium longiflorum)の成熟した花粉
　細胞壁(CW)は厚く，液胞(左上，V)も生じている．原形質内には核(上部)，アミロプラスト(ammyloplast, A；デンプン粒を含んだ白色体)やミトコンドリア(M)などが見られる．
VE：液胞膜，NE：核膜，R：リボゾーム，n：仁

② 脂質体(lipid body, LB)を多数含んだテッポウユリの花粉　ミトコンドリアや小胞体(ER)も多数見られる．
[電顕　①×18,000，②×7,700/三木]

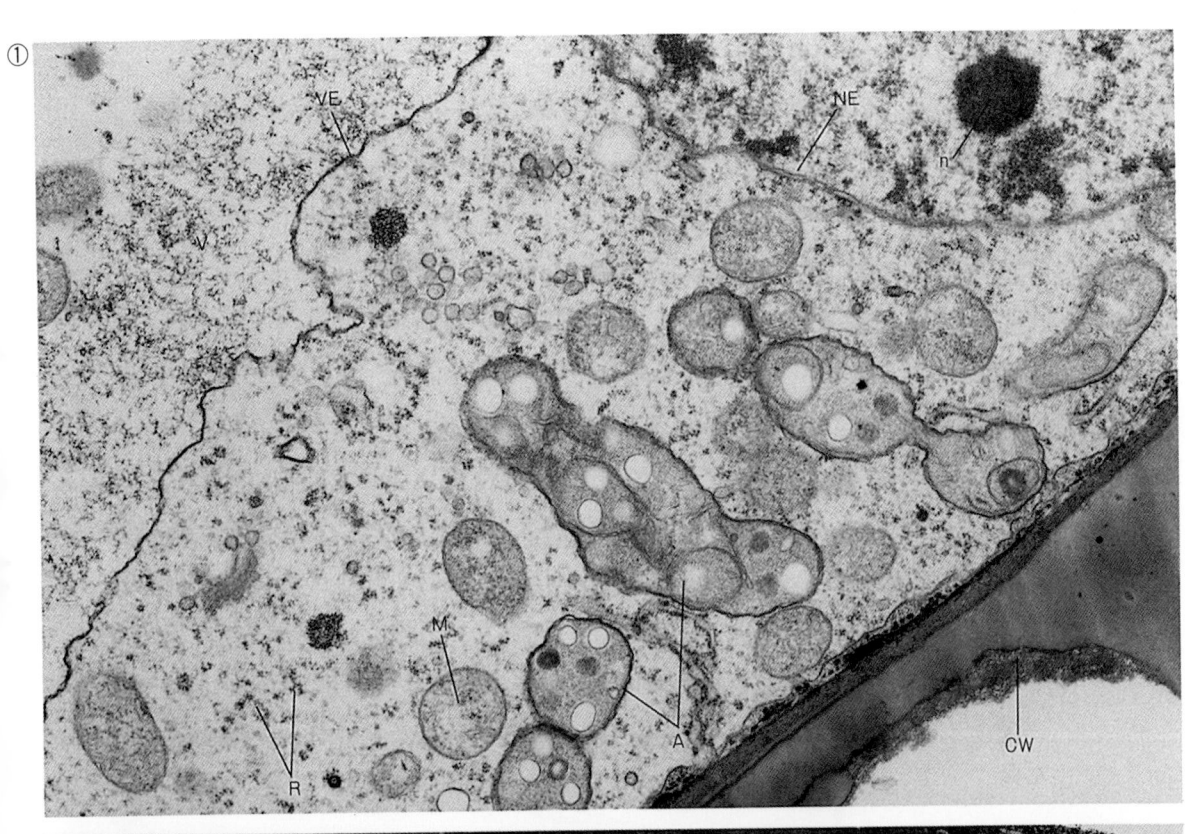

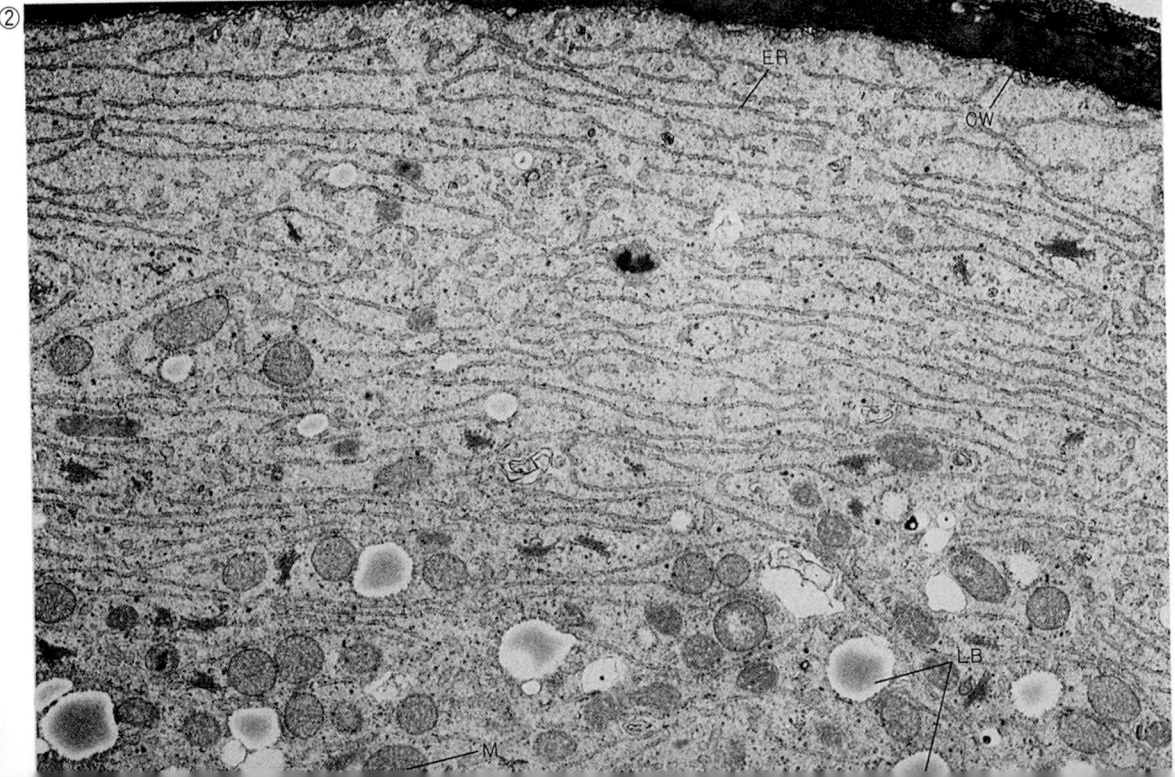

①〜② ムラサキツユクサ(Tradescantia reflexa)の花粉
①生殖核(左上)と栄養核(右下)が見られ，花粉細胞壁の薄くなった発芽溝(左下)も観察される．②成熟した花粉．偏平な生殖核(上)と不規則形の栄養核(下)が観察される．
[電顕 ①×4,000, ②×3,500/三木]

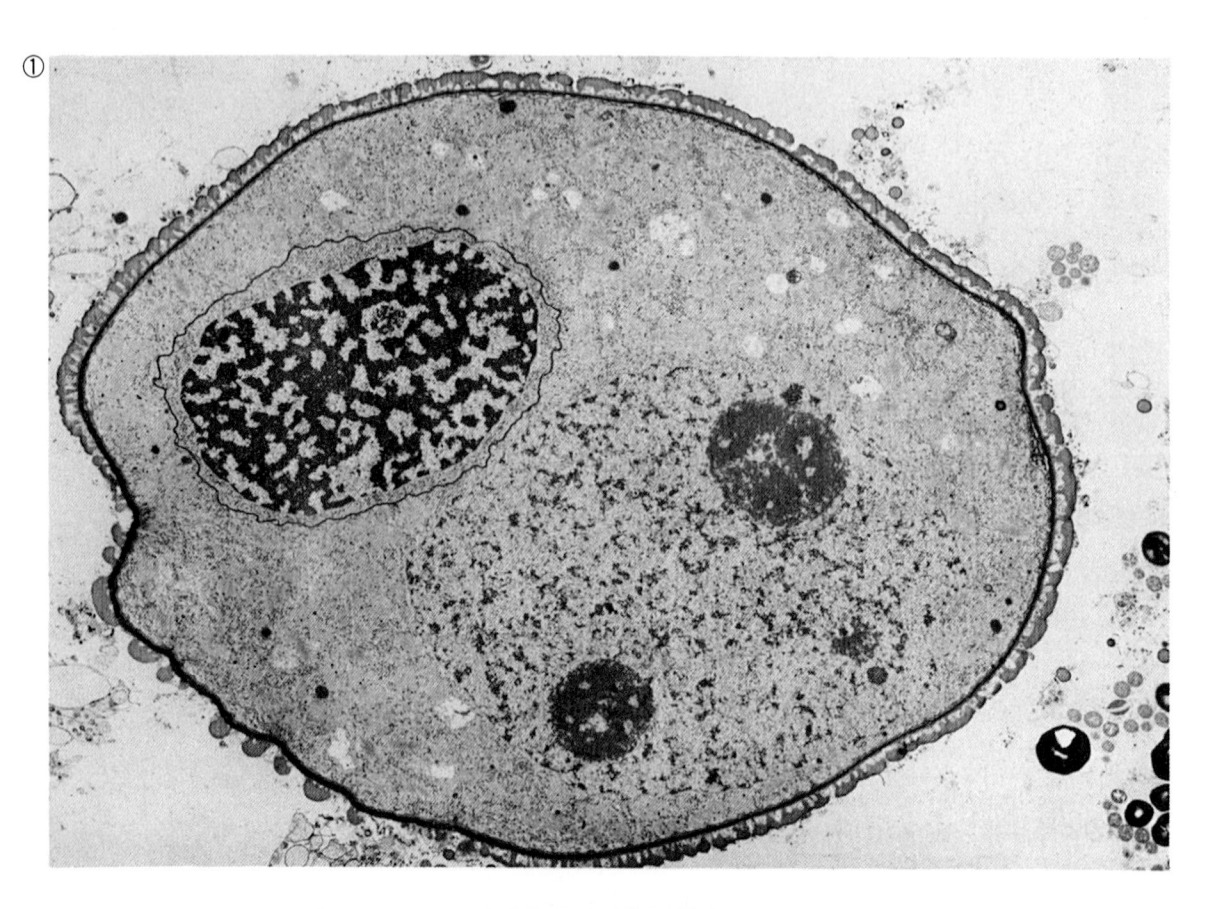

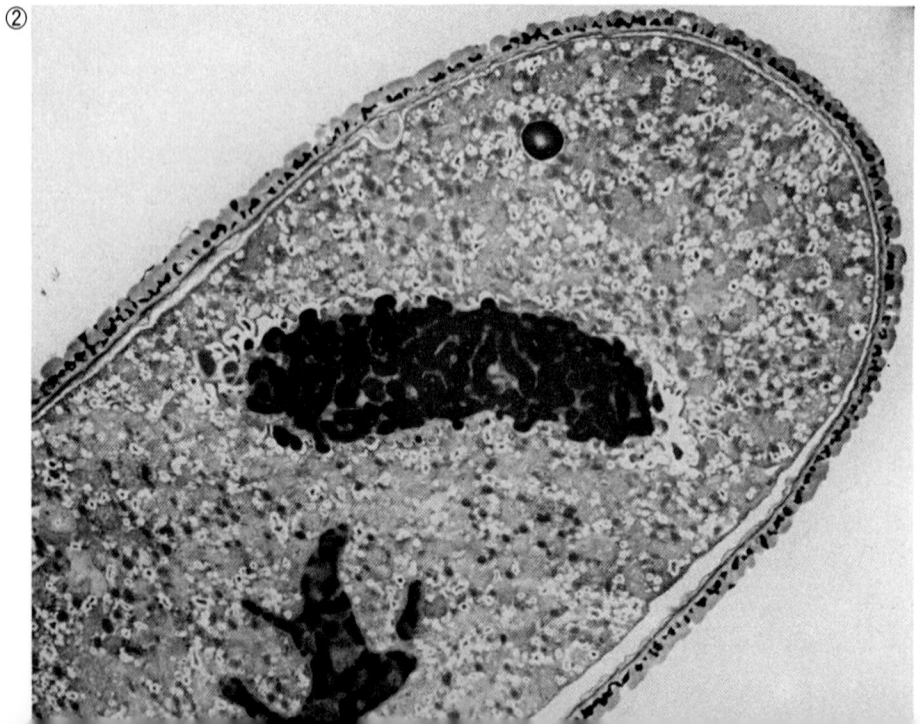

(8) 花粉 (Pollen)

　花粉は雄ずいの葯の中にできる雄性の生殖細胞で小胞子に相当し, 遊離していることから球形に近い形態を有しているが, 植物の種によって少しずつ異なっている. ことに乾燥時には楕円体に近いが浸水時には球形になるものが多い. 大きさは直径 20〜50μ で, 細胞壁は外被 (exine) と内被 (intine) の 2 層からなり, 外被は厚く 3 層に分かれて硬く, 角皮質が主で突起や網状構造を示すものがある. 内被は薄くて弾力がありセルロース質でできている. また外被にいくつかの丸い発芽孔や細長い発芽溝を有し, ここから花粉管を出して発芽し, 受精に役立つ.

a) 双子葉類の花粉 (Dicot Pollen)

①〜③　デイゴ (Erythrina indica) の花粉　①乾燥花粉, ②浸水花粉, ③は②の拡大, 表面に模様が見られる. [光顕　①②×300, ③×700/植田]

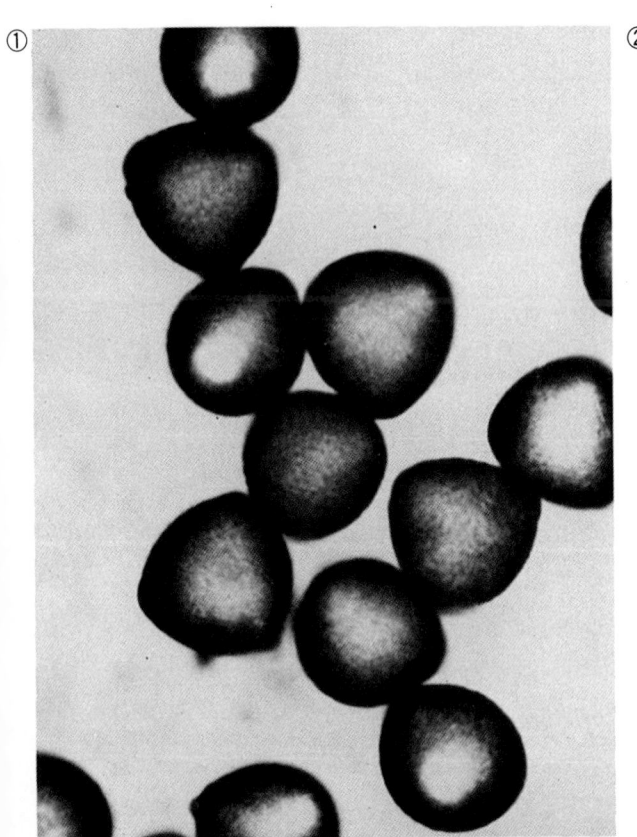

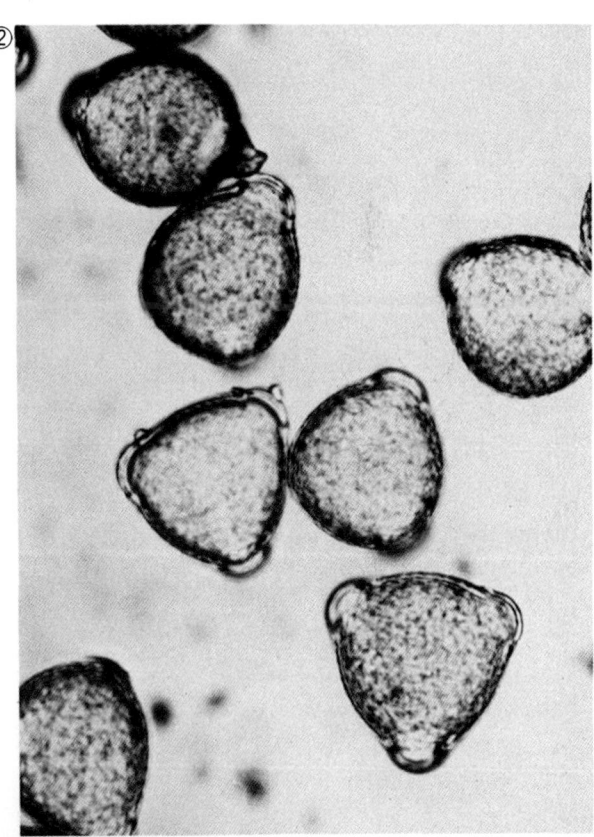

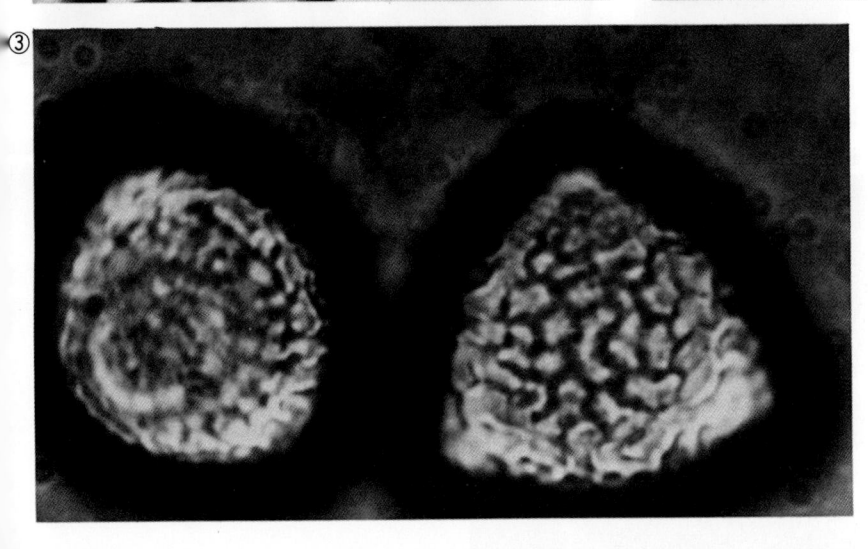

①〜⑤　ハコベ(Stellaria media)の花粉　①乾燥花粉，②浸水花粉，③〜⑤電顕像，表面に複雑な模様が観察される．［光顕　①②×300；走顕　③×200，④×700，⑤×2,000/植田］

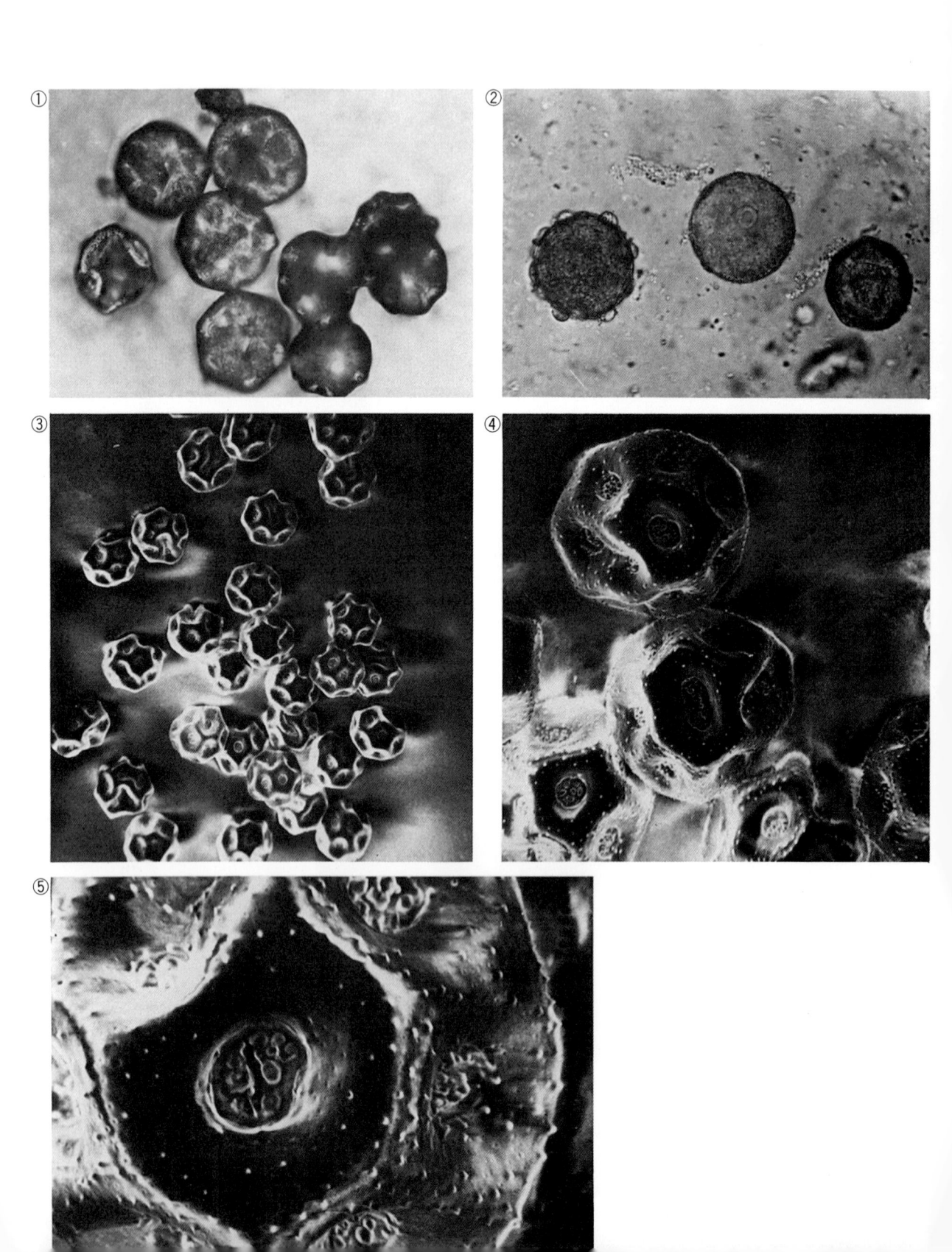

4 花の構造

①〜②　**ホオノキ**（Magnolia obovata）の花粉
③〜④　**ソメイヨシノ**（Prunus yedoensis）の花粉
⑤〜⑧　**ウメ**（Prunus Mume）の花粉
[光顕（左列：乾燥時，右列：浸水時）　①〜⑥×300，⑦
⑧×800/植田]

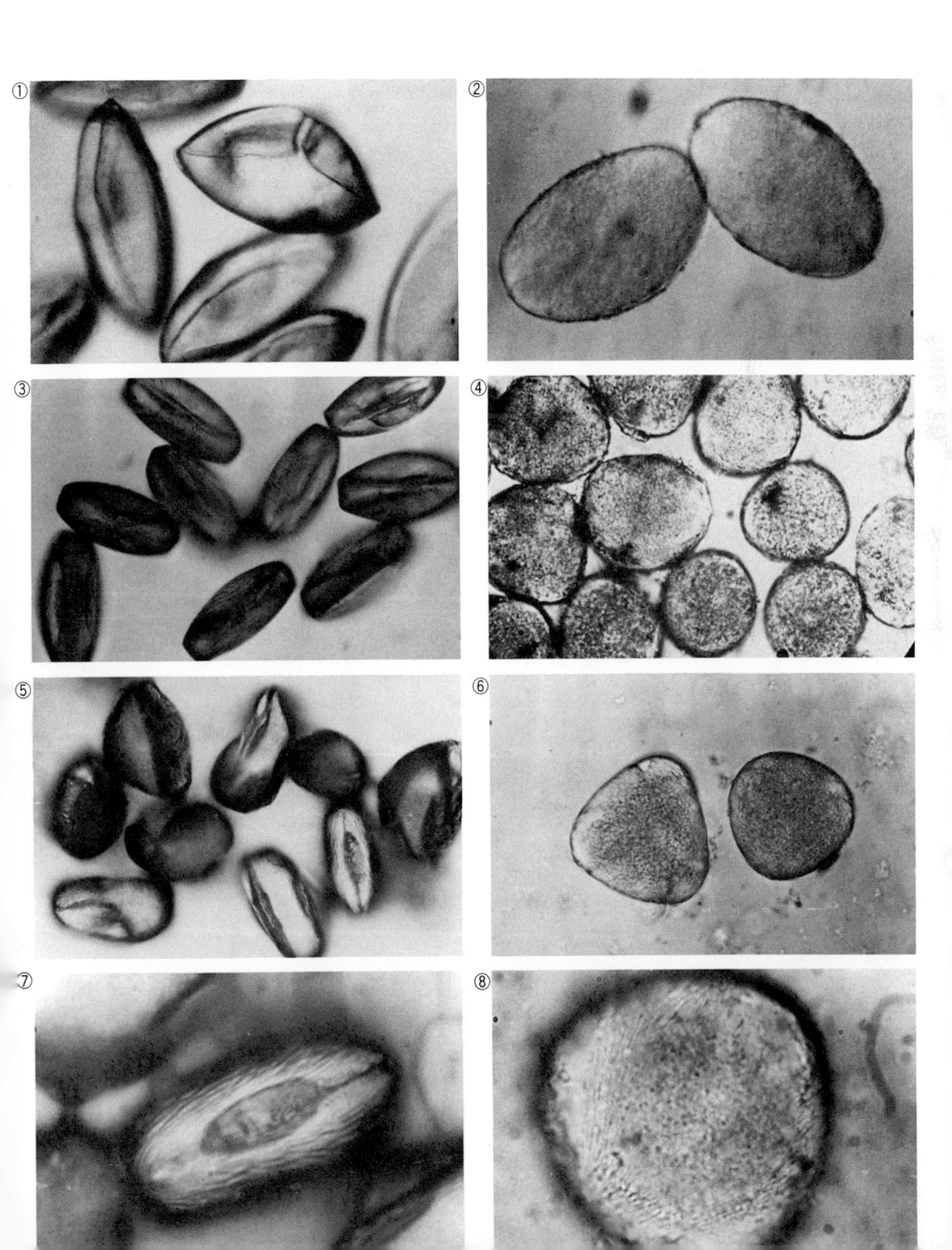

①〜⑤ **カボチャ**(Cucurbita moschata)の花粉　①②永久プレパラート標本，③乾燥花粉，④⑤浸水花粉，⑤は発芽孔周辺の拡大．［光顕　①×6，②×20，③×80，④×150，⑤×700/①②相沢，③〜⑤植田］

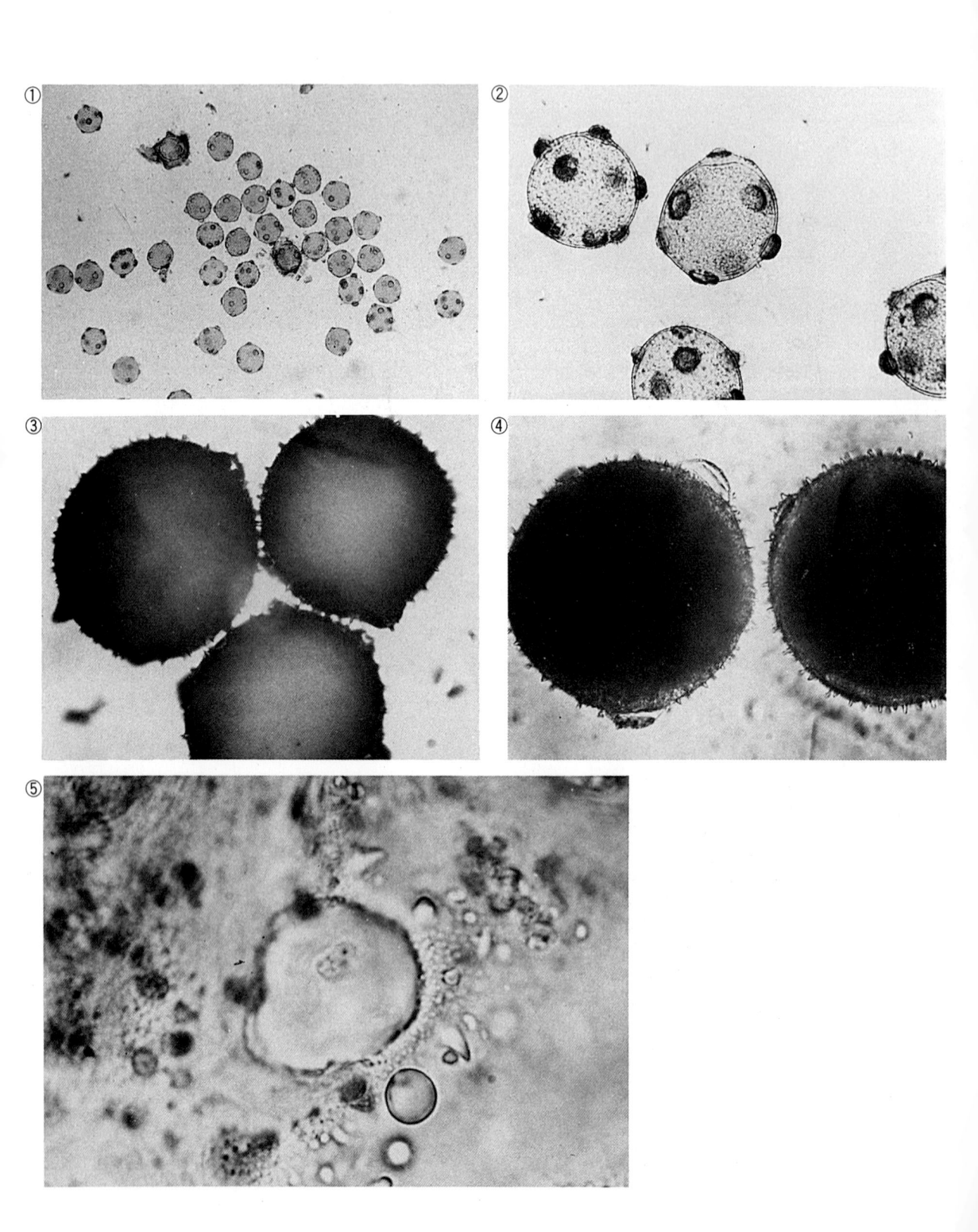

4 花の構造

①〜④ **オオマツヨイグサ**(Oenothera lamarckiana)の花粉　浸水花粉①と走顕像②〜④．①花粉は3角形で先がふくれている．大小の花粉が見られる．③は②の拡大で花粉のほかに糸状構造が見える．④花粉の表面拡大像で，粒状構造のほか，小粒が連続して糸状構造をつくっていることがわかる．[光顕　①×140；走顕　②×180，③×450，④×900/①上原，②〜④山田]

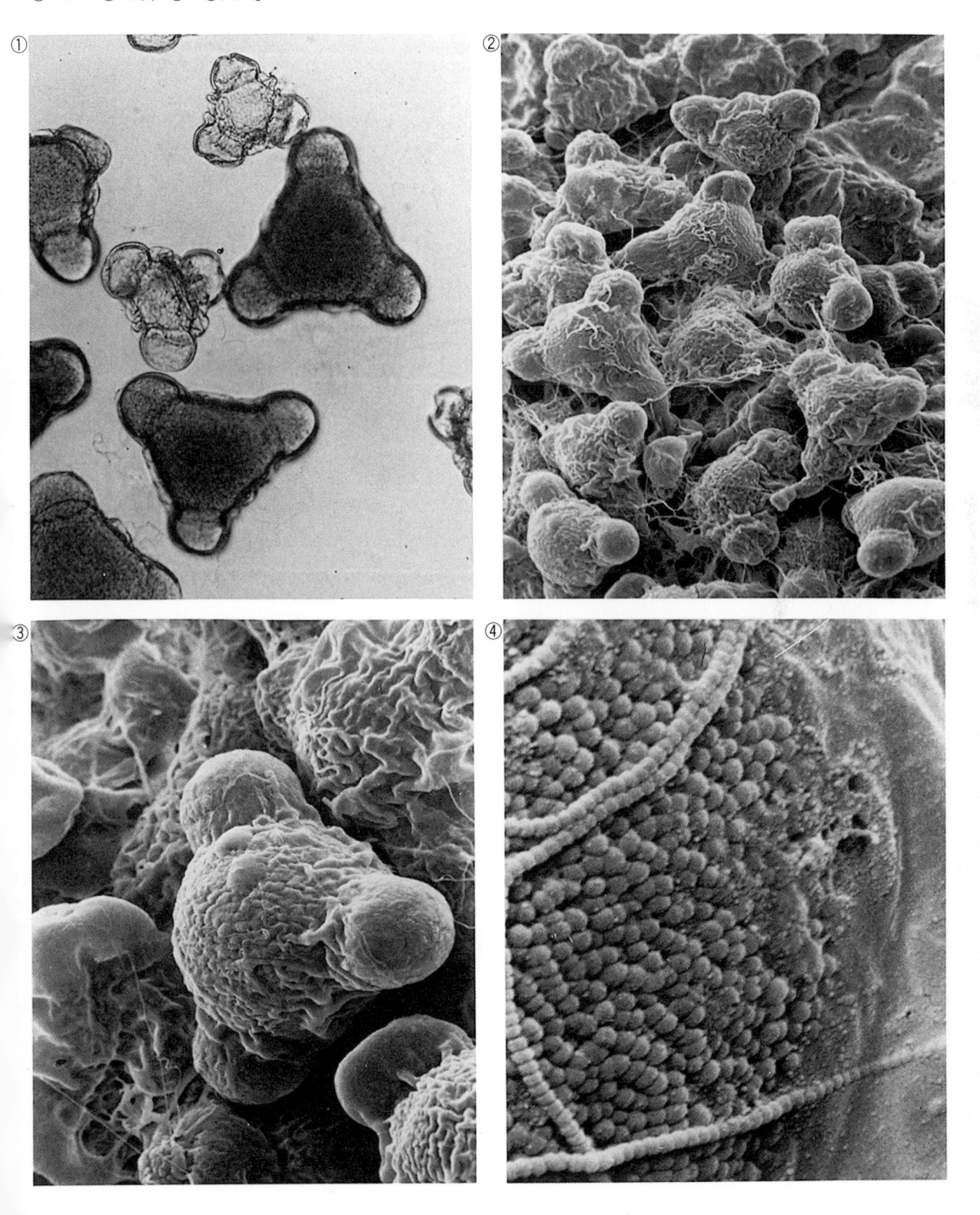

168　　　　　　　　　　　　　　　　　　　　　　　　　　　　　　　　　　　　　　器　官

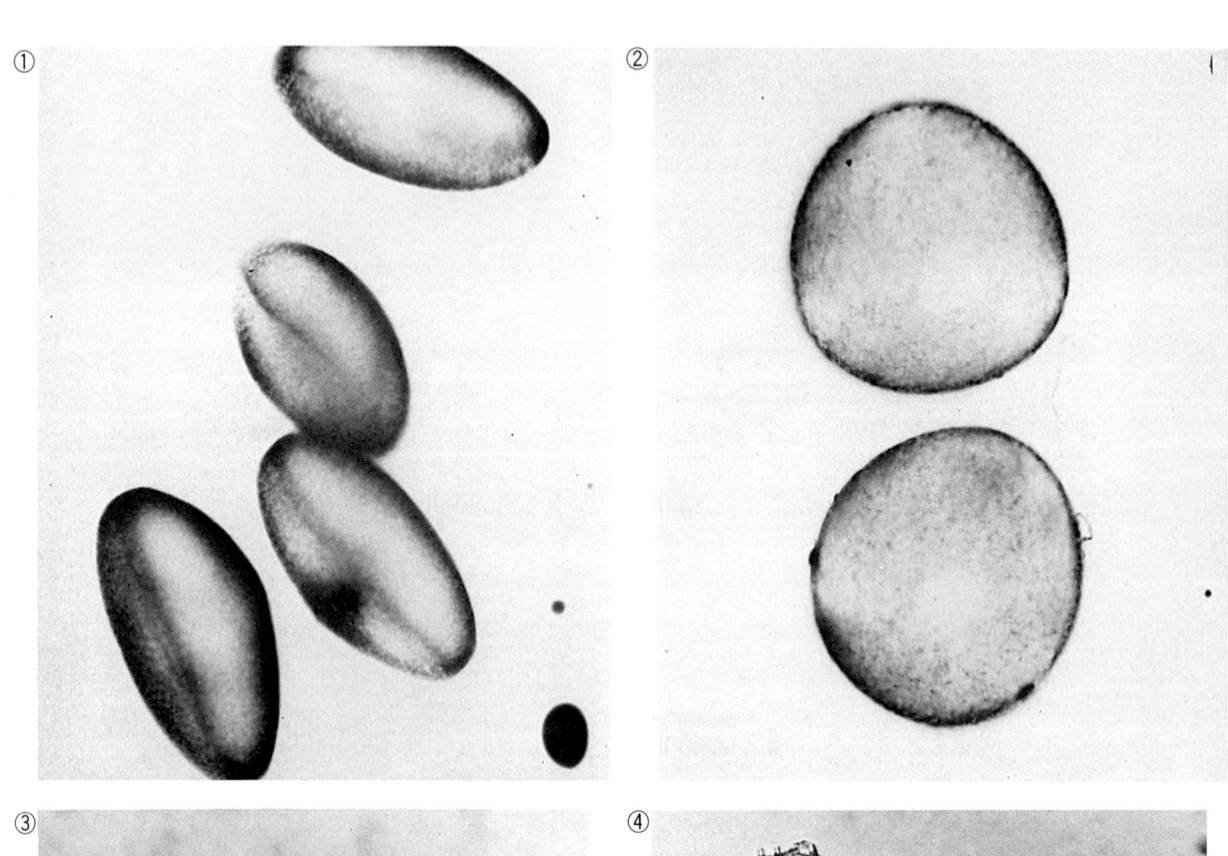

①〜②　ツバキ（Camellia japonica）の花粉　①乾燥花粉，②浸水花粉
③　レンギョウ（Forsythia suspensa）の浸水花粉
④　ハコネウツギ（Weigela coraeensis）の浸水花粉
［光顕　①〜③×300，④×150/植田］

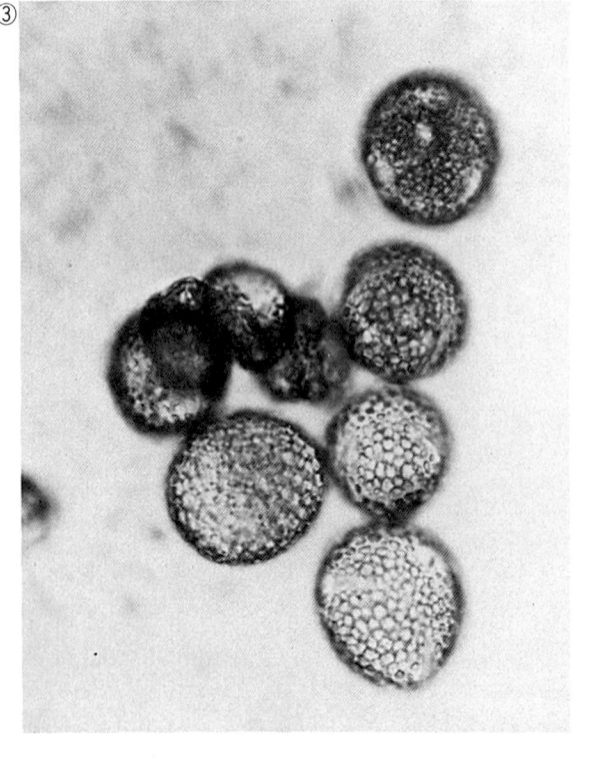

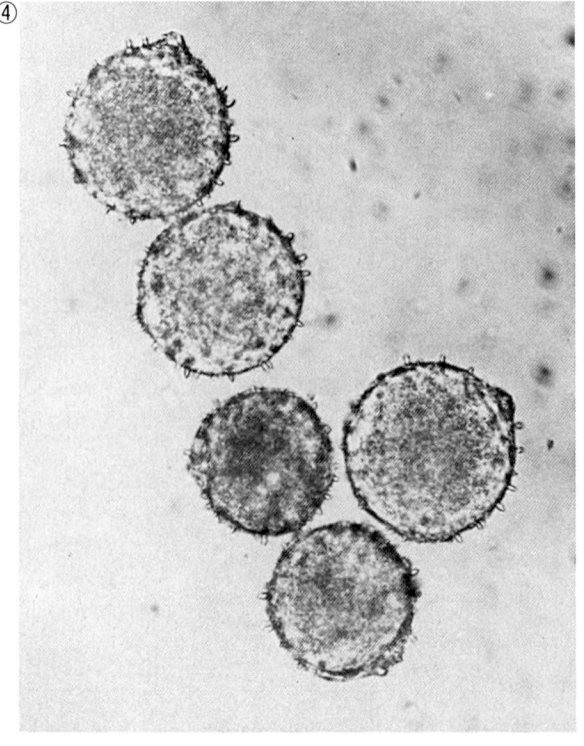

4　花の構造

①~②　ナンテン(Nandina domestica)の花粉　①乾燥花粉，②浸水花粉
③　ホウセンカ(Impatiens Balsamina)の乾燥花粉
④~⑤　エンドウ(Pisum sativum)の浸水花粉　花粉の表面④と周辺⑤に焦点を合わせたもの
［光顕　①~⑤×300/植田］

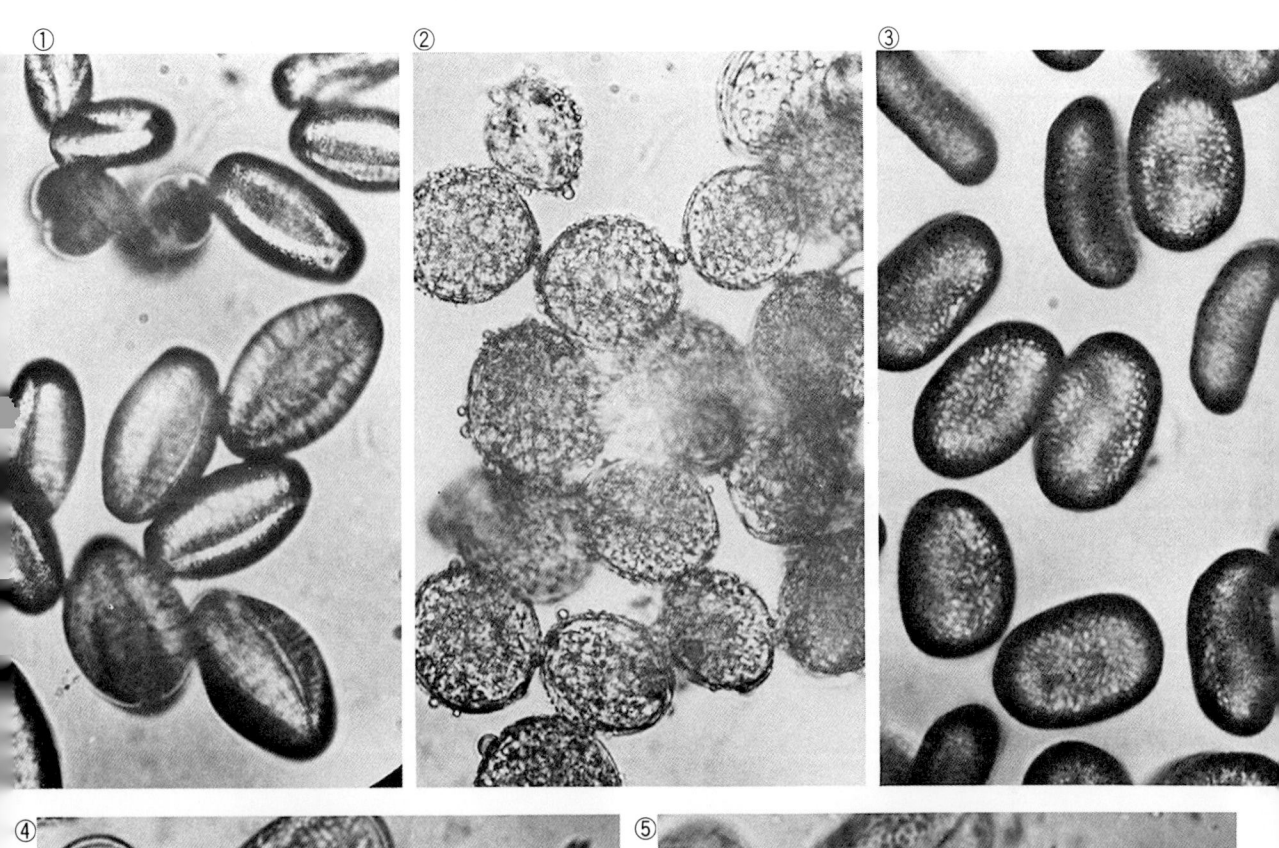

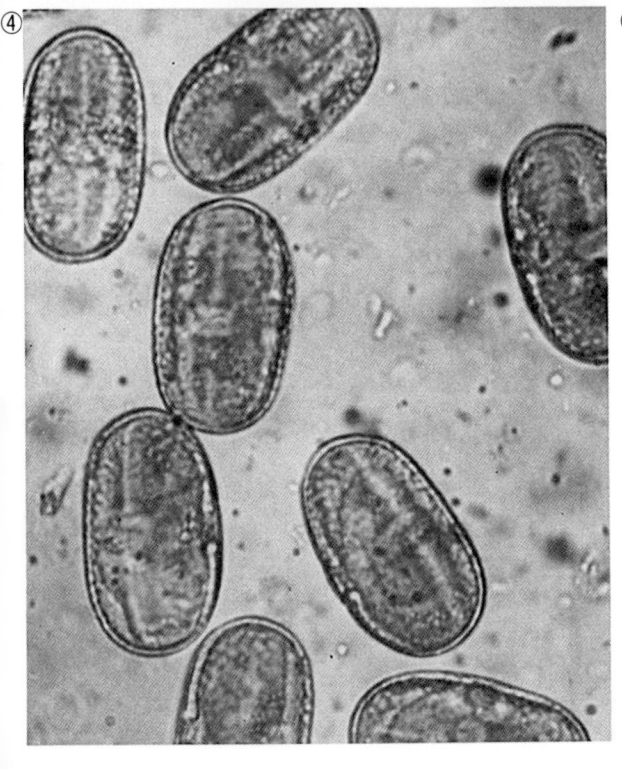

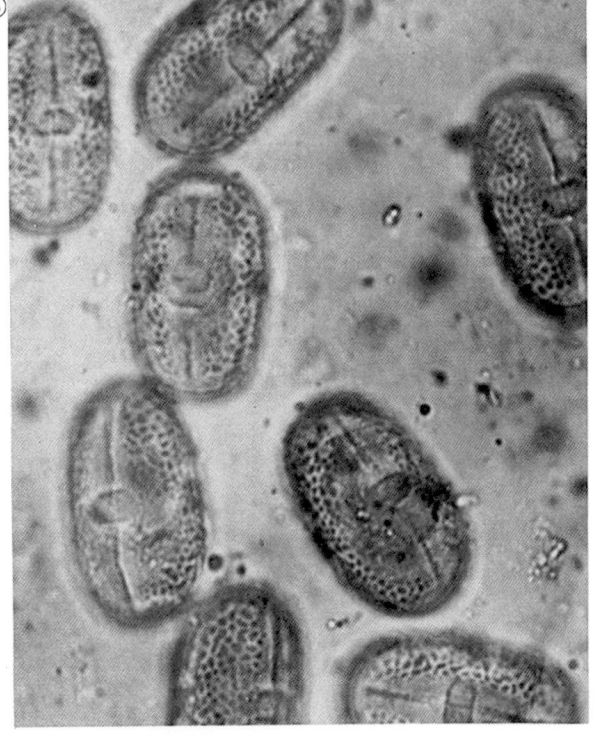

①〜② ヤマツツジ(Rhododendron Kaempferi)の浸水花粉塊　4個の花粉が遊離せず一団となっている花粉塊の表面①と周辺②に焦点を合わせたもの．
③　ウグイスカグラ(Lonicera gracilipes)の浸水花粉
④　ダリア(Dahlia pinnata)の浸水花粉
［光顕　①③×300，②×200，④×700/①③植田，②上原，④喜多山］

⑤　アブラナ(Brassica campestris)の花粉
⑥　マルバアサガオ(Pharbitis purpurea)の花粉
［走顕　⑤⑥×1,800/山田］

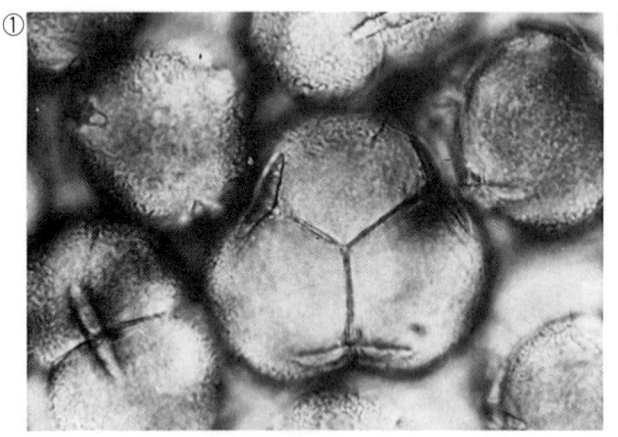

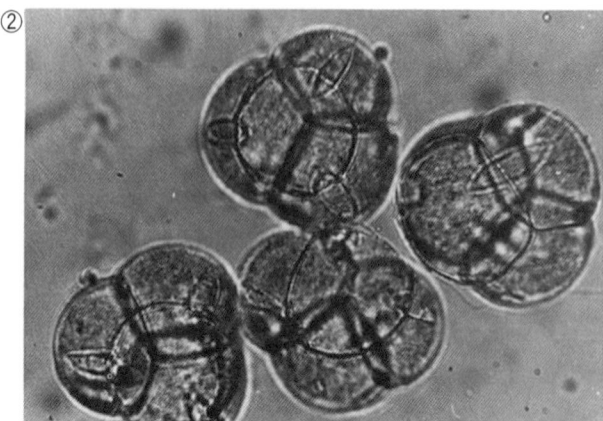

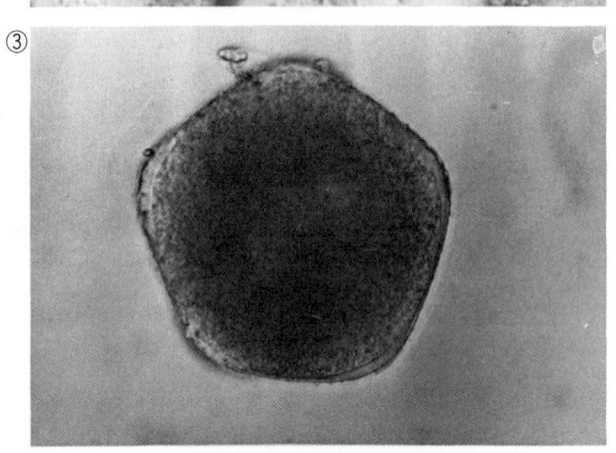

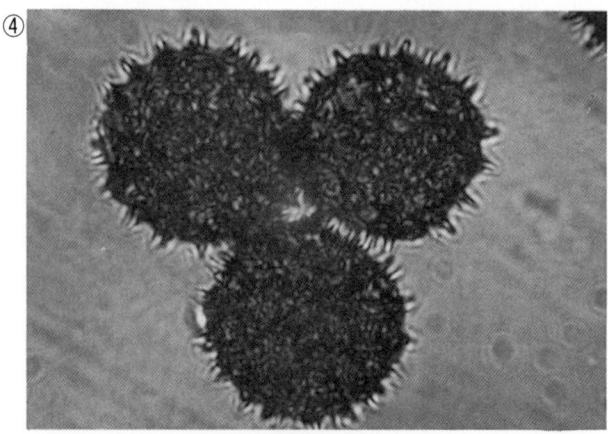

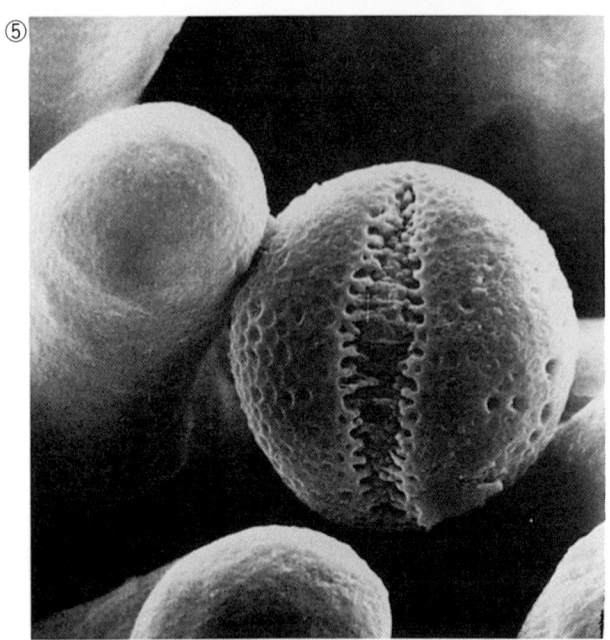

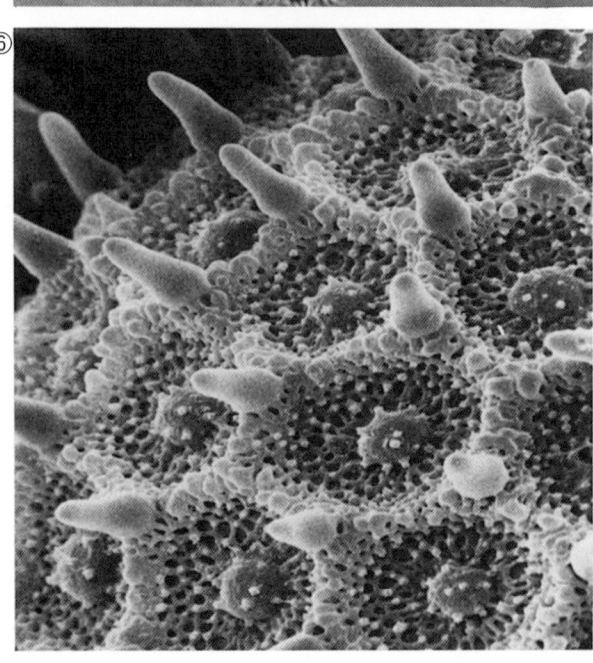

4 花の構造

① ポインセチア(Euphorbia pulcherrima)
② ニワトコ(Sambucus Sieboldiana)の花粉
③ キリ(Paulownia tomentosa)の花粉
④ ハナカタバミ(Oxalis Bowieana)の花粉
[走顕　①③④×200，②×2,000/①相沢，②④植田，③浜田]

①〜②　オシロイバナ(Mirabilis Jalapa)の花粉
③　ヒョウタン(Lagenaria leucantha)の花粉
④　ヒユウガミズキ(Corylopsis pauciflora)の花粉
[走顕　①×200，②×4,500，③④×200/②山田，他は相沢]

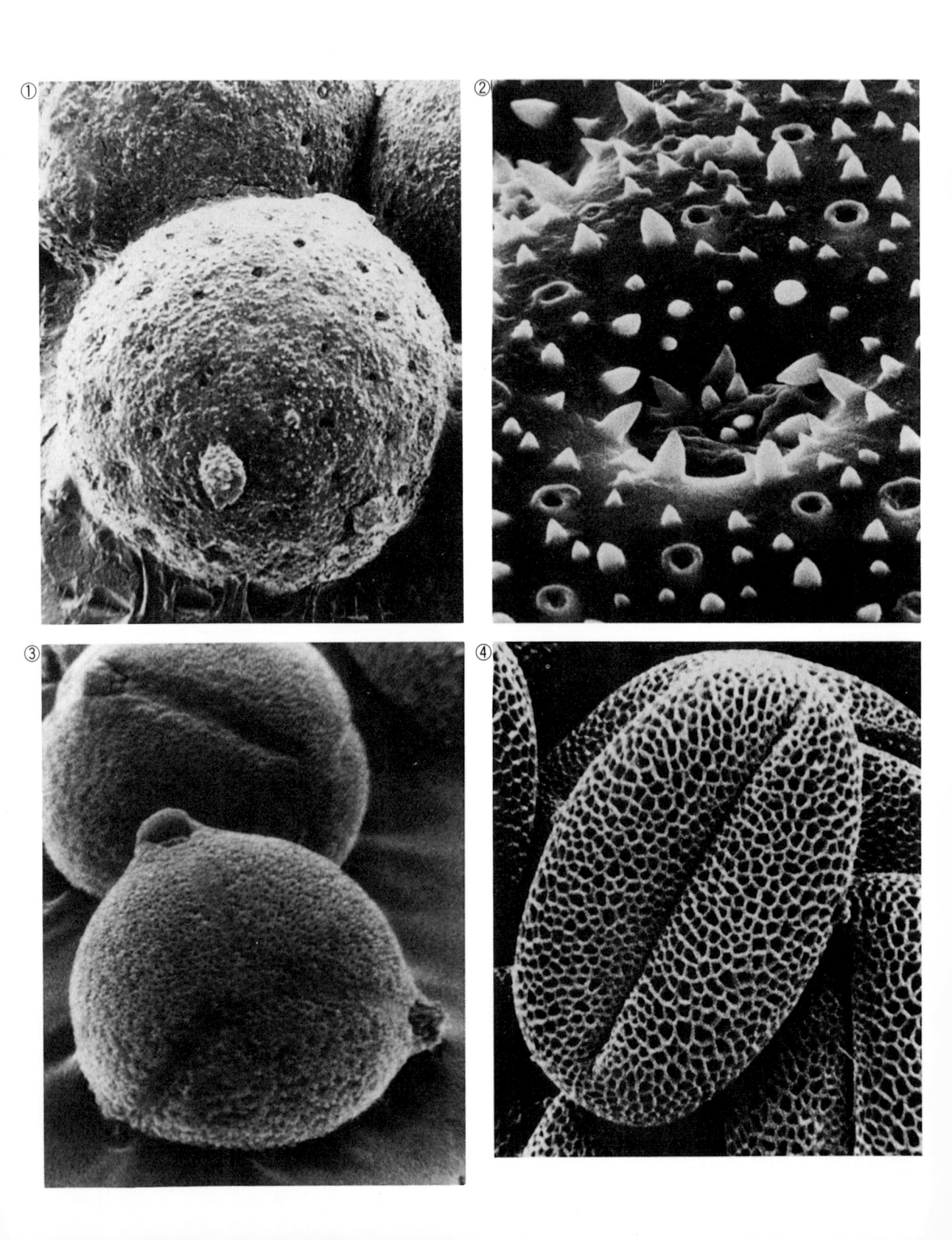

4 花の構造

① ムクゲ(Hibiscus syriacus)の花粉
② ハハコグサ(Gnaphalium multiceps)の花粉
③ シバザクラ(Phlox subulata)の花粉
④ サボテン(Opuntia Ficus-indica)の花粉
〔走顕 ①×500, ②×3,000. ③×2,000, ④×800/相沢〕

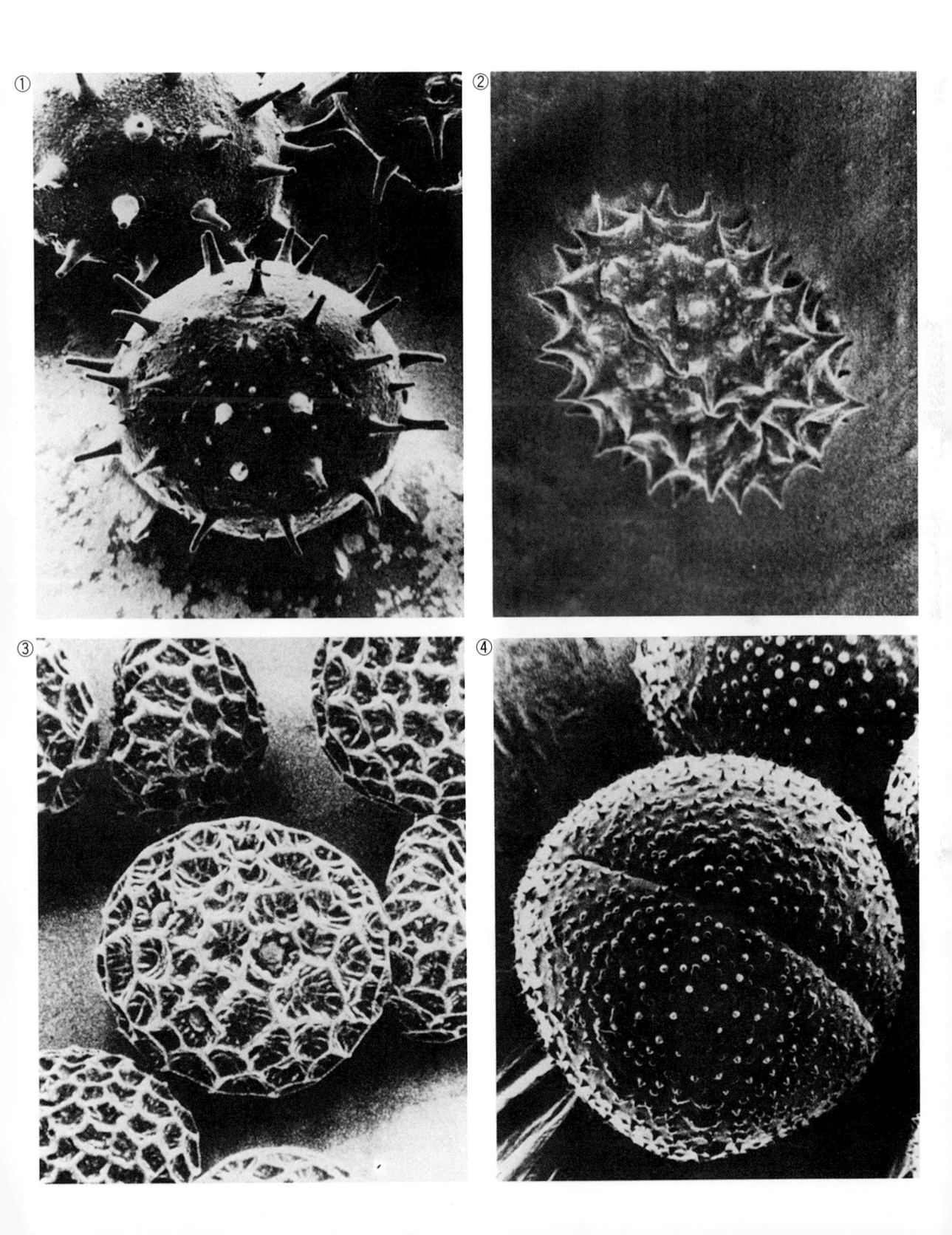

① ペチュニア(ツクバネアサガオ, Petunia hybrida)の花粉
② ユキヤナギ(Spiraea Thunbergii)の花粉
③ ハナビシソウ(Eschscholzia californica)の花粉
[走顕　①×4,000，②×2,000，③×1,200/①山田，②植田，③相沢]

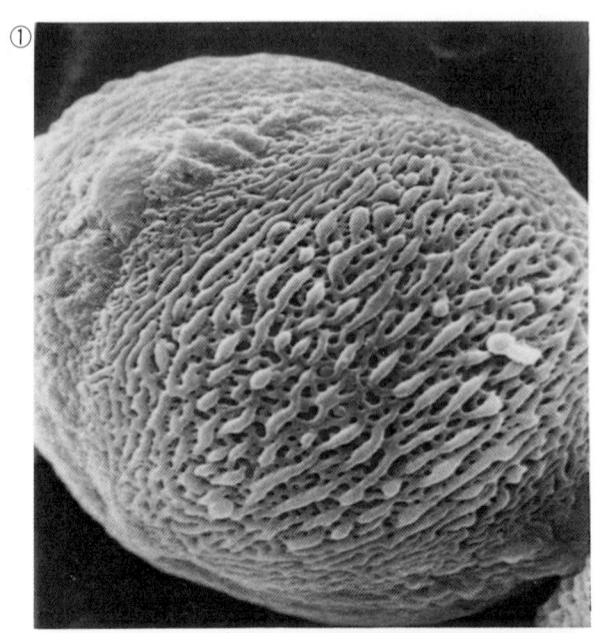

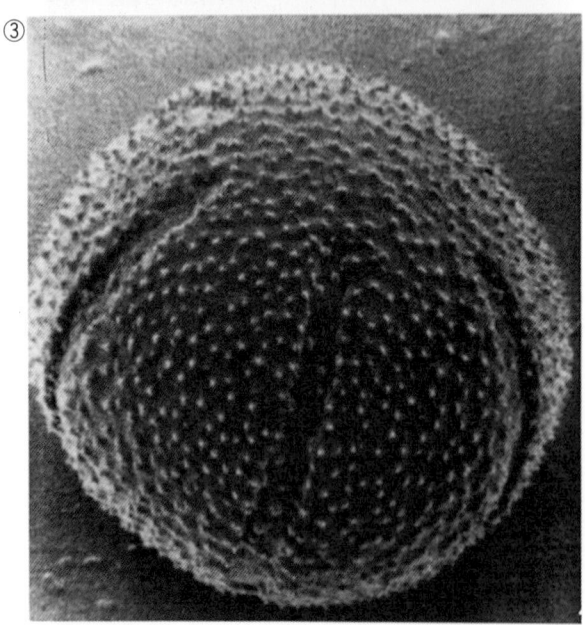

4 花の構造

b) 単子葉類の花粉 (Monocot Pollen)

① ヤマユリ (Lilium auratum) の浸水花粉
② テッポウユリ (Lilium longiflorum) の乾燥花粉
③ ムラサキツユクサ (Tradescantia reflexa) の浸水花粉 双生児花粉も見られる．
④ スイセン (flower carpet 種) の花粉

[光顕 ①×300, ②×70, ③×150；走顕 ④×200/①喜多山，他は植田]

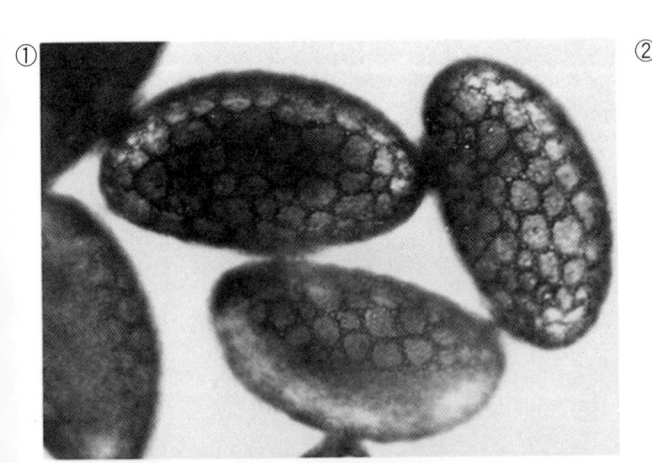

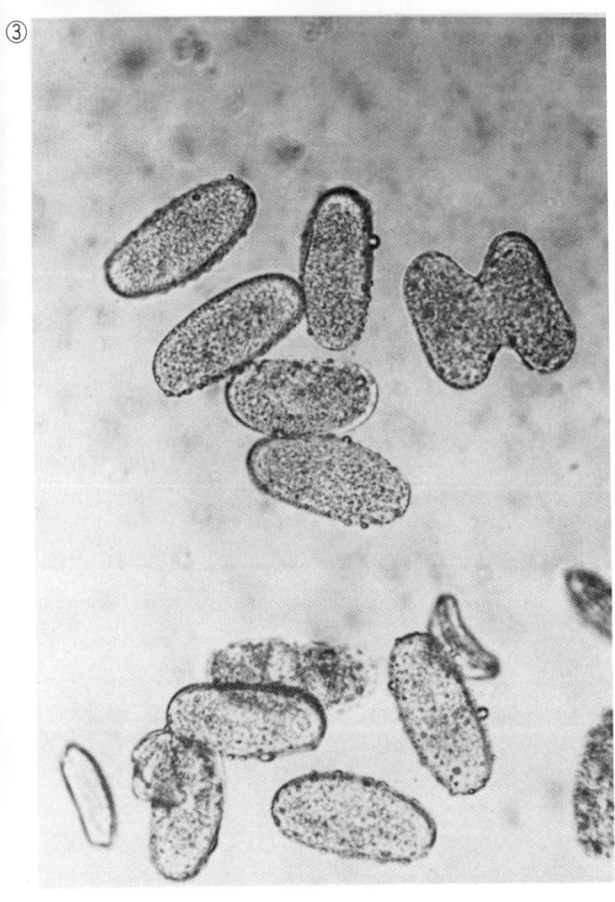

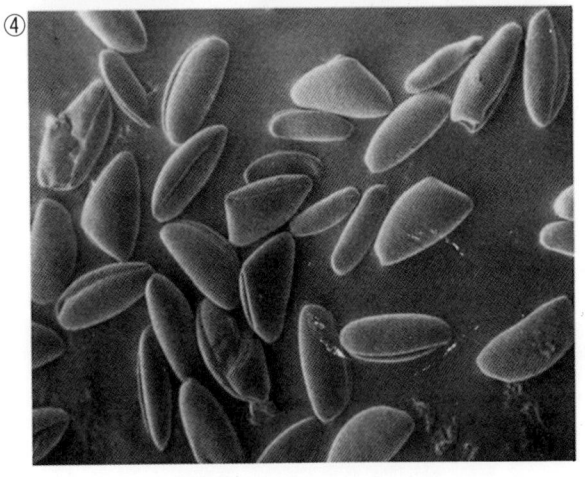

①〜⑥ **スイセン**（Narcissus）の花粉　　①King Alfred 種，②は①の表面拡大，網目構造，③Dick Wellband 種，④は③の拡大，⑤ニホンスイセン（Narcissus Tazetta var. chinensis），⑥は⑤の拡大
［走顕　①×200，②④⑥×6,000，③⑤×600／植田］

4 花の構造

① ヒメユリ(Lilium concolor)の花粉
② ラッパスイセン(Narcissus pseudonarcissus)の花粉
③ ミズバショウ(Lysichiton camtschatense)の花粉
[走顕 ①②×1,500, ③×4,000/相沢]
④ ラン(Epidendron radicaus)の花粉塊(pollinium)
　ランの花粉は1個ずつ遊離せず多数の花粉が一団となって花粉塊をつくる. [走顕 ×700/植田]

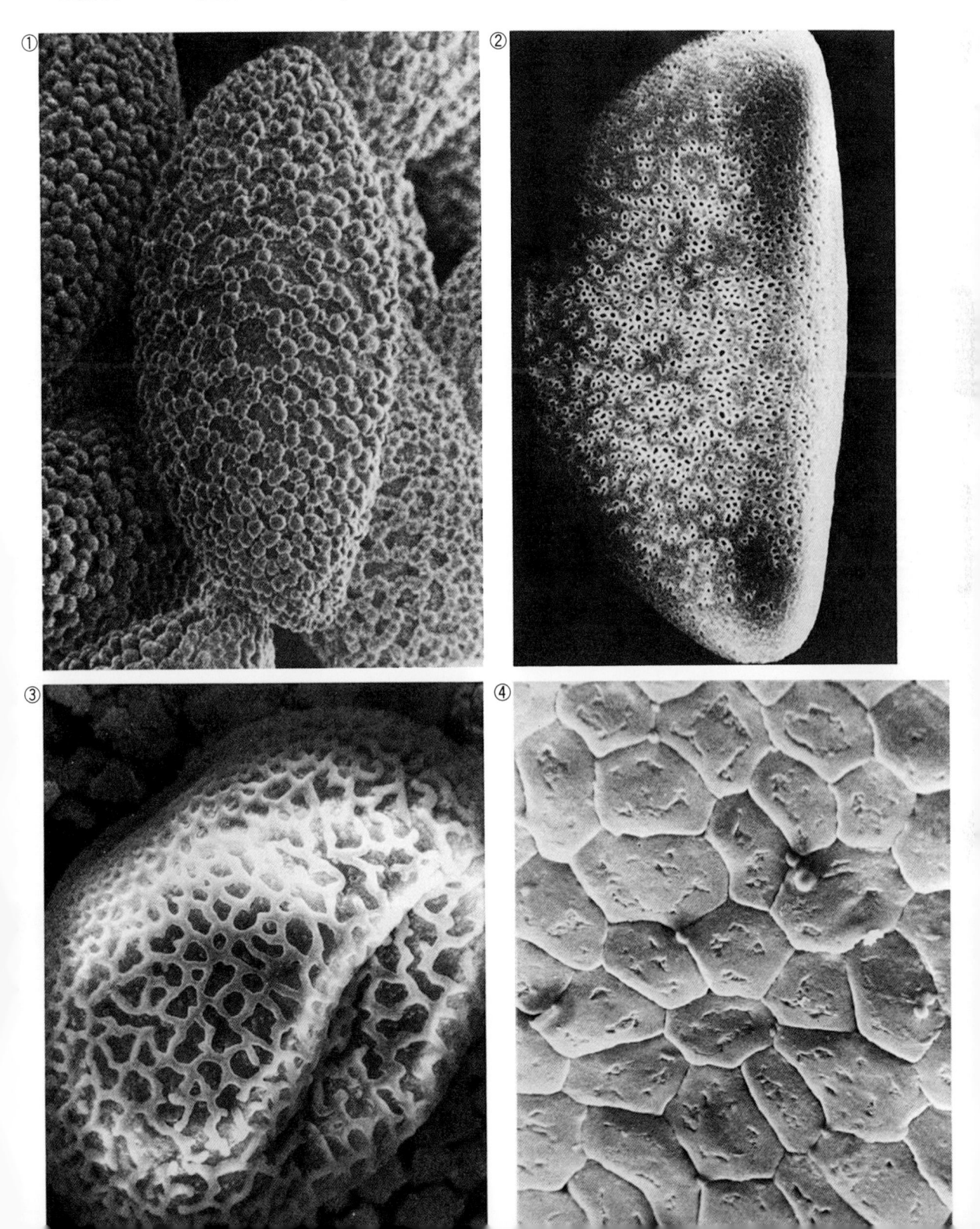

①〜② オオカナダモ(Elodea densa)の花粉
③ ムシトリナデシコ(Silene Armeria)の花粉
④ カンナ(Canna generalis)の花粉
[走顕 ①×300, ②③×1,200, ④×1,500/相沢]

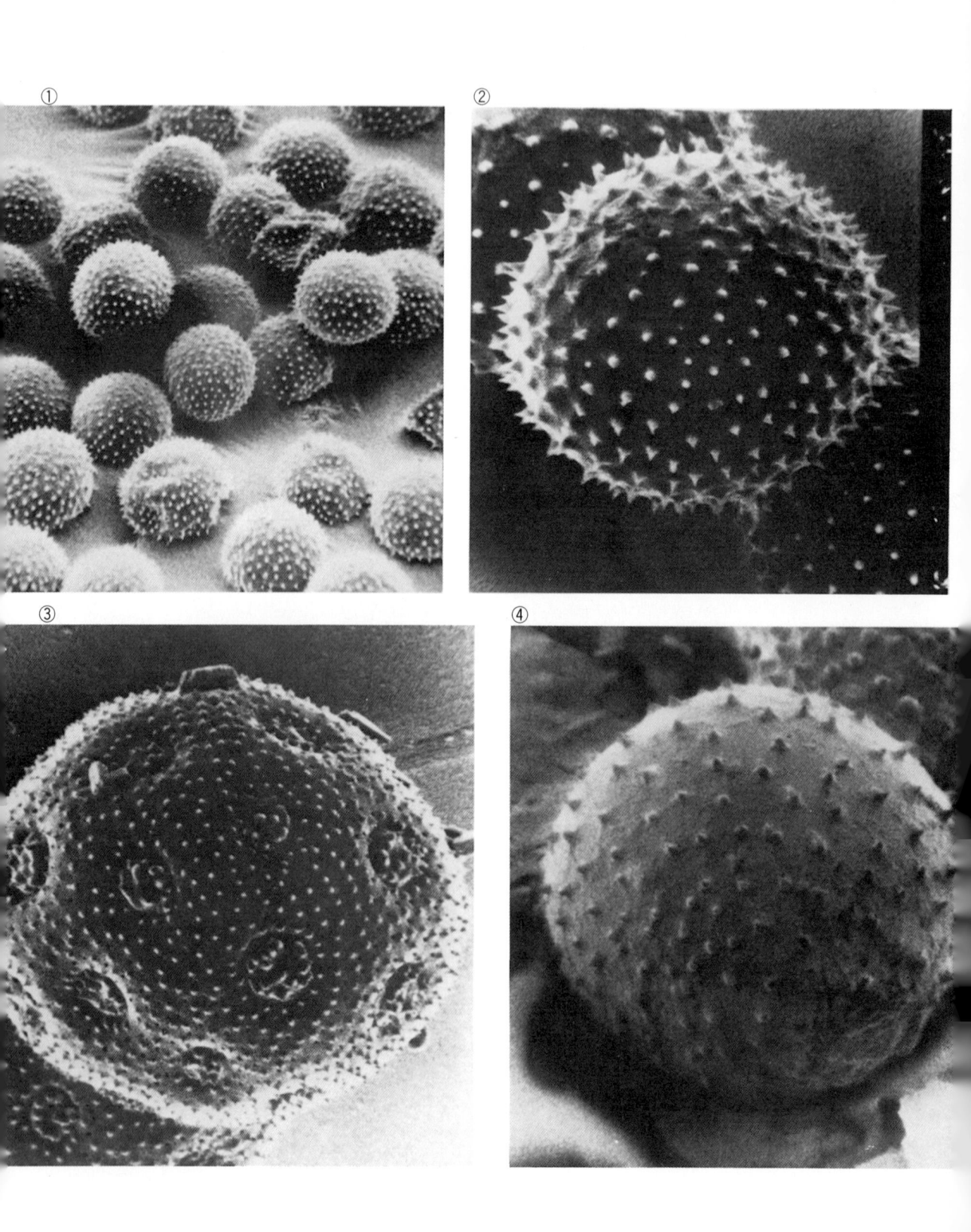

4 花の構造

c) 花粉の発芽 (Germination of Pollen)

花粉の発芽を観察するには，通常10%ショ糖液に1～1.5%になるよう寒天を加えた寒天培地に花粉をまき，適時に顕微鏡観察をすればよい．また雌ずいの柱頭上でも花粉の発芽が観察される．

①～③ ミョウガ (Zingiber Mioga) の花粉　①②発芽．③10%HClで処理し，外膜だけをとりだしたもの．外膜のらせん模様が明瞭に見られる．[光顕　×500/上原]

④～⑥ キュウリ (Cucumis sativus) の花粉の発芽過程　室温25℃で5分ごとの花粉管の成長．[光顕　×300/植田]

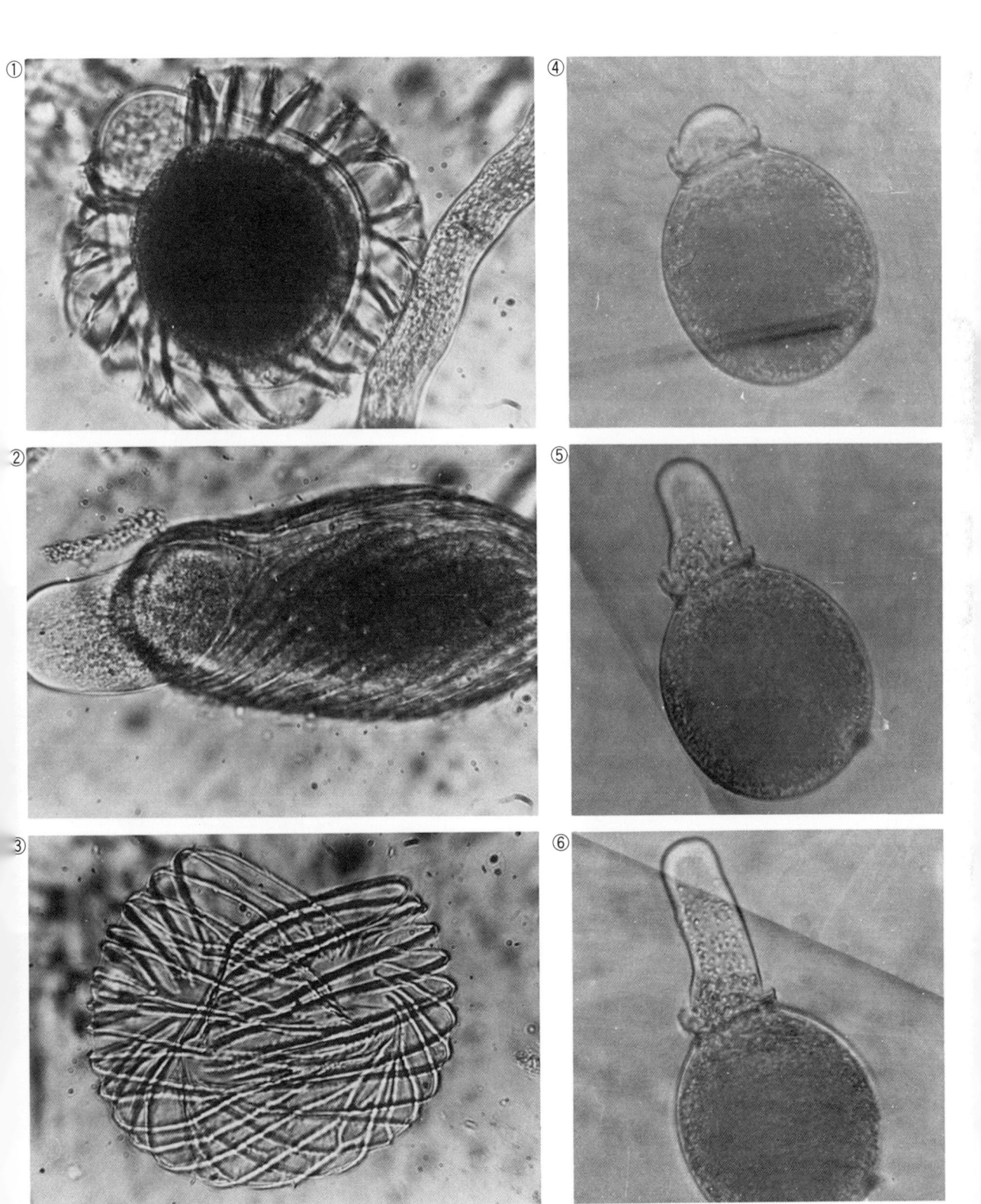

①〜④　ホウセンカ（Impatiens Balsamina）の花粉の発芽　室温27℃で2分ごとの花粉管の成長．［光顕　×150/植田］

⑤　カボチャ（Cucurbita moschata）の花粉の吐出（plasmoptysis）　花粉を低張液（ここでは水）に入れると水を吸収して膨潤しすぎて，ついに花粉の発芽孔から原形質がミミズ状に吐き出される．（右上の丸いのがもとの花粉）．［光顕　×100/植田］

⑥　マツバボタン（Portulaca grandiflora）の花粉の柱頭上での発芽　花粉管はいずれも子房（基部）の方向に伸長している．［光顕　×60/喜多山］

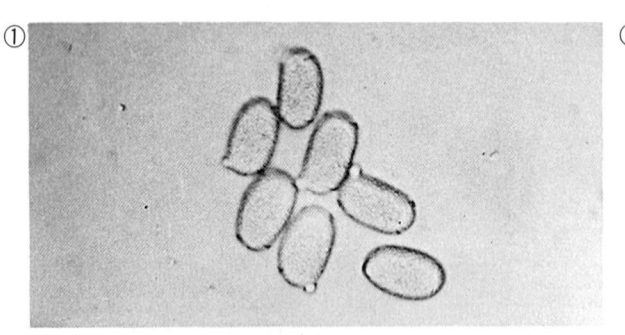

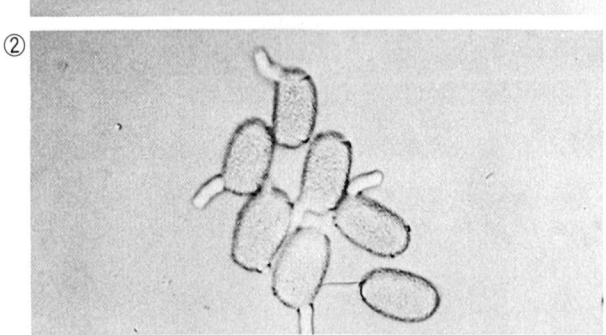

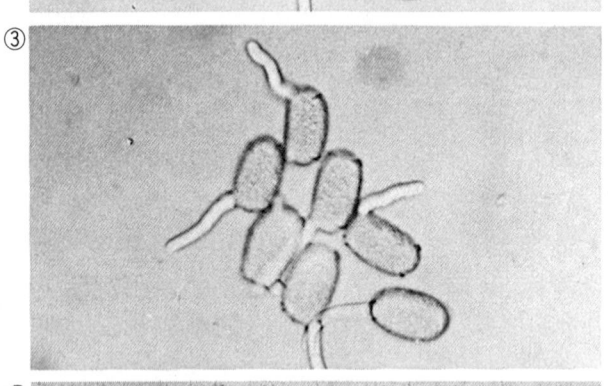

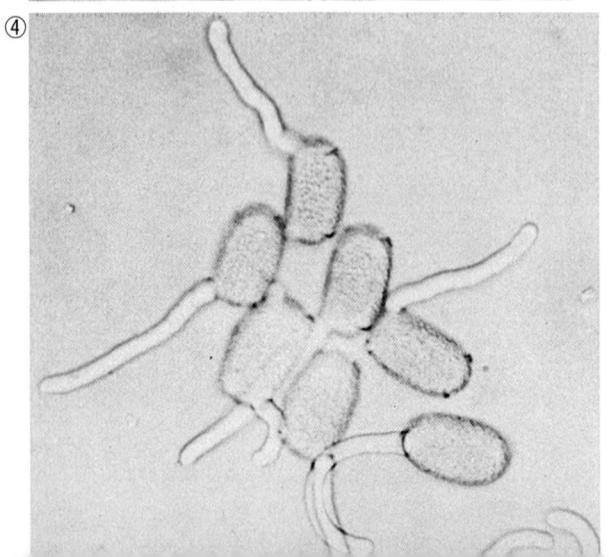

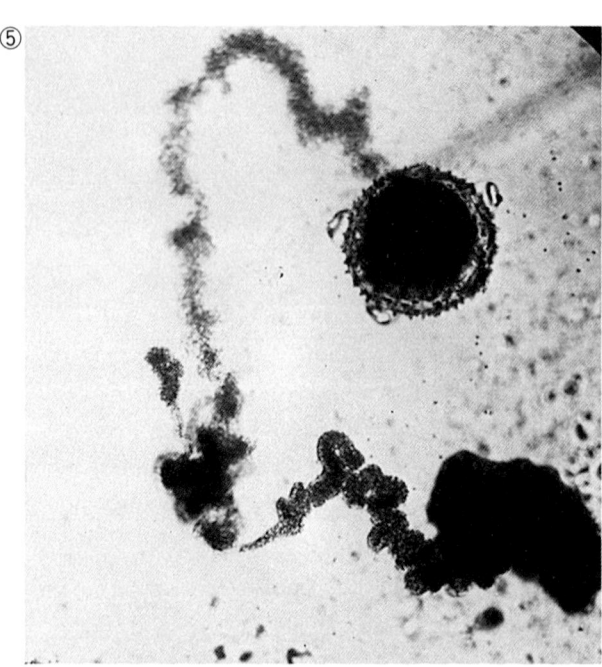

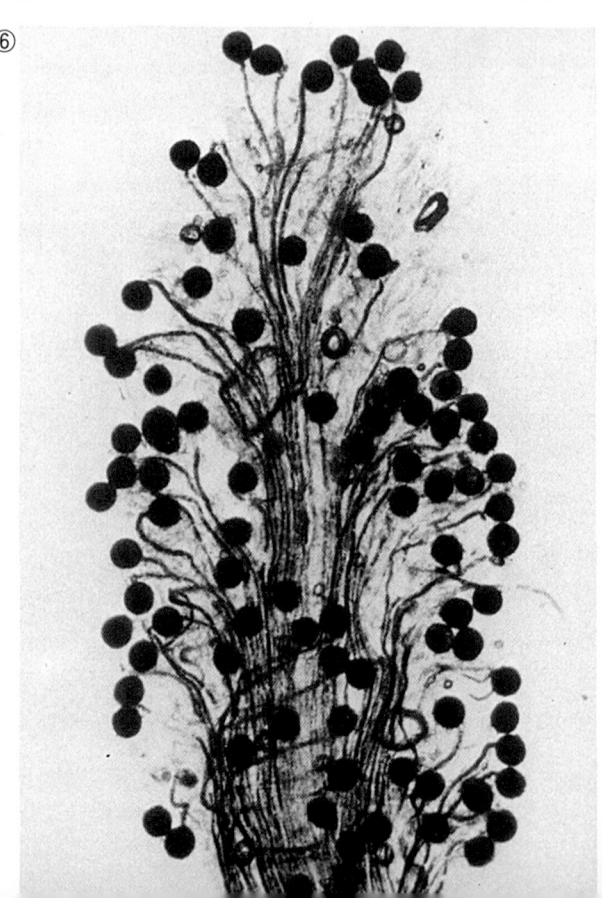

4 花の構造

①〜④ ヤマツツジ(Rhododendron Kaempferi)の花粉の発芽の走顕像　①柱頭上での多数の花粉の発芽，②は①の一部拡大，③柱頭につづく花柱の横断面．花柱には5方向に分かれた隙間があり花粉管はここを通って下に伸びる．④は③の一部拡大．隙間に花粉管が通り，その断面が見られる．[走顕　①×40，②×150，③×100，④×800/山田]

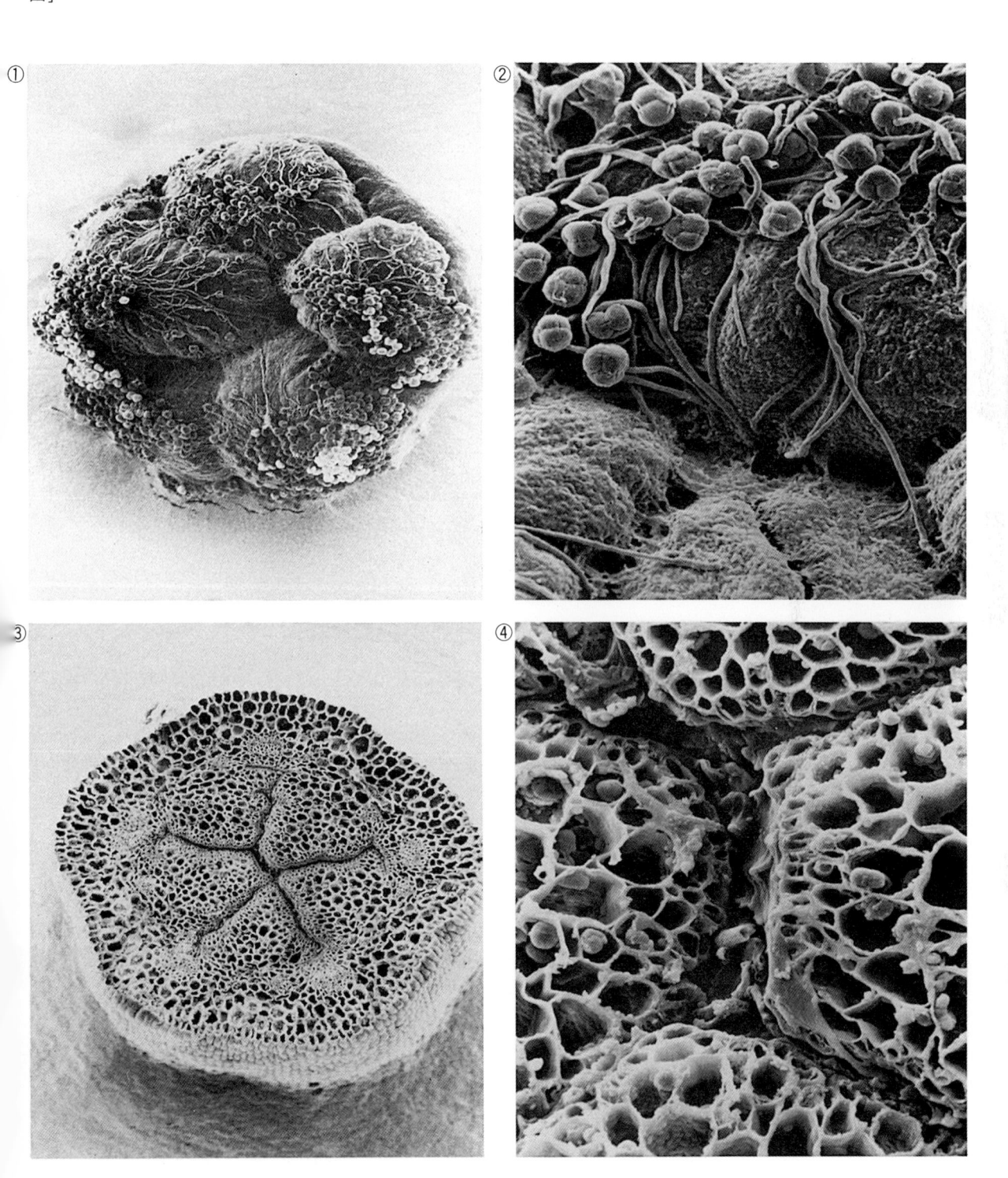

①〜③　ペチュニア(ツクバネアサガオ, Petunia hybrida)の花粉が柱頭上に落ちたもの　①花粉の表面には油様体(lipoid)が分泌されている．②柱頭の粘液中に落ちた花粉．③は②の一部拡大．
④　チョウセンアサガオ(Datura metel)の柱頭上の花粉の発芽　［走顕　①③×1,000，②×300，④×500/山田］

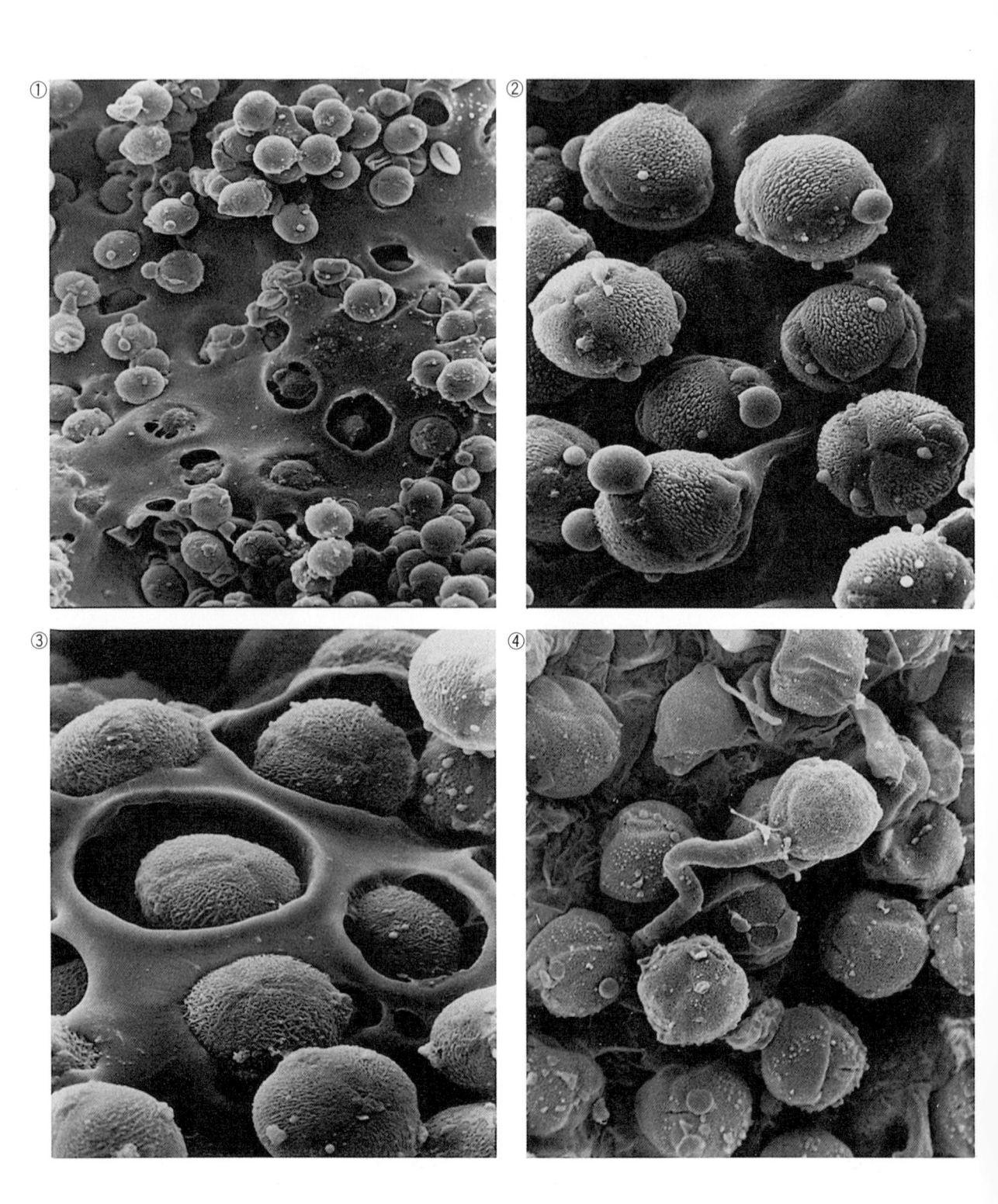

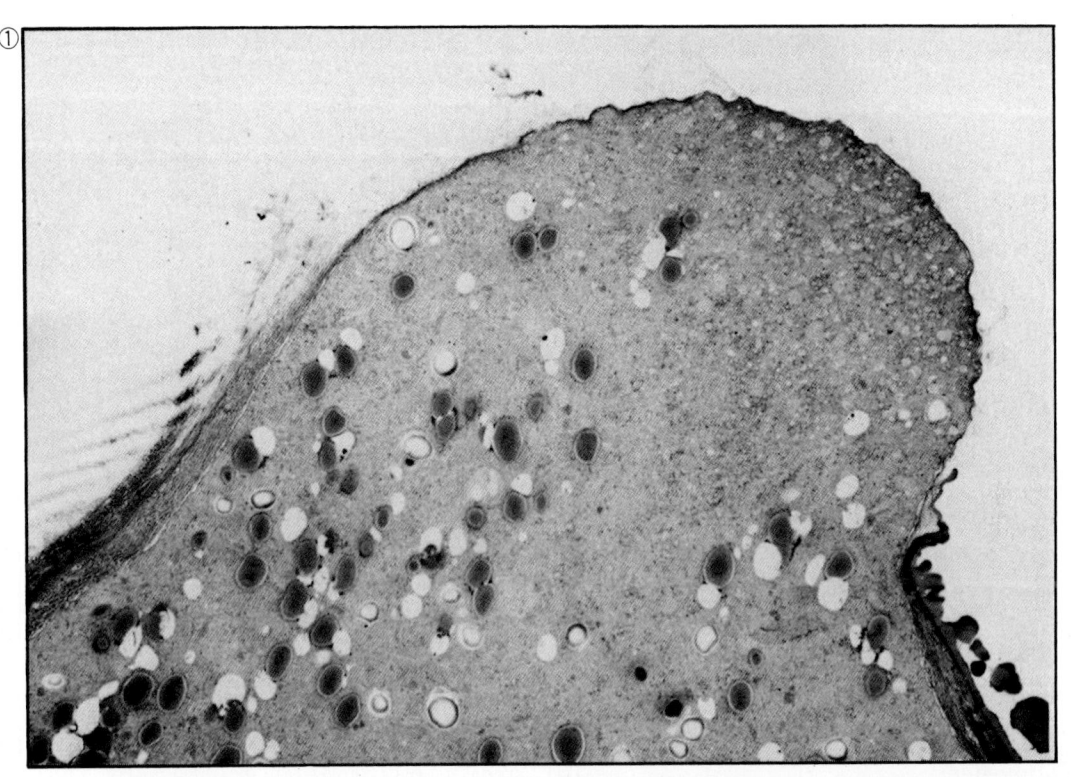

① テッポウユリ(Lilium longiflorum)の花粉の発芽(電顕像) 花粉の細胞壁が破れ花粉管が伸び出した先端部.原形質内にデンプン粒(黒色部)が散在している.

②~③ テッポウユリの花粉管につづく左側部②と右側部
③ もとの花粉粒の細胞壁と花粉管に新たにつくられる細胞壁に注意.
[電顕 ①×3,000, ②③×4,000/三木]

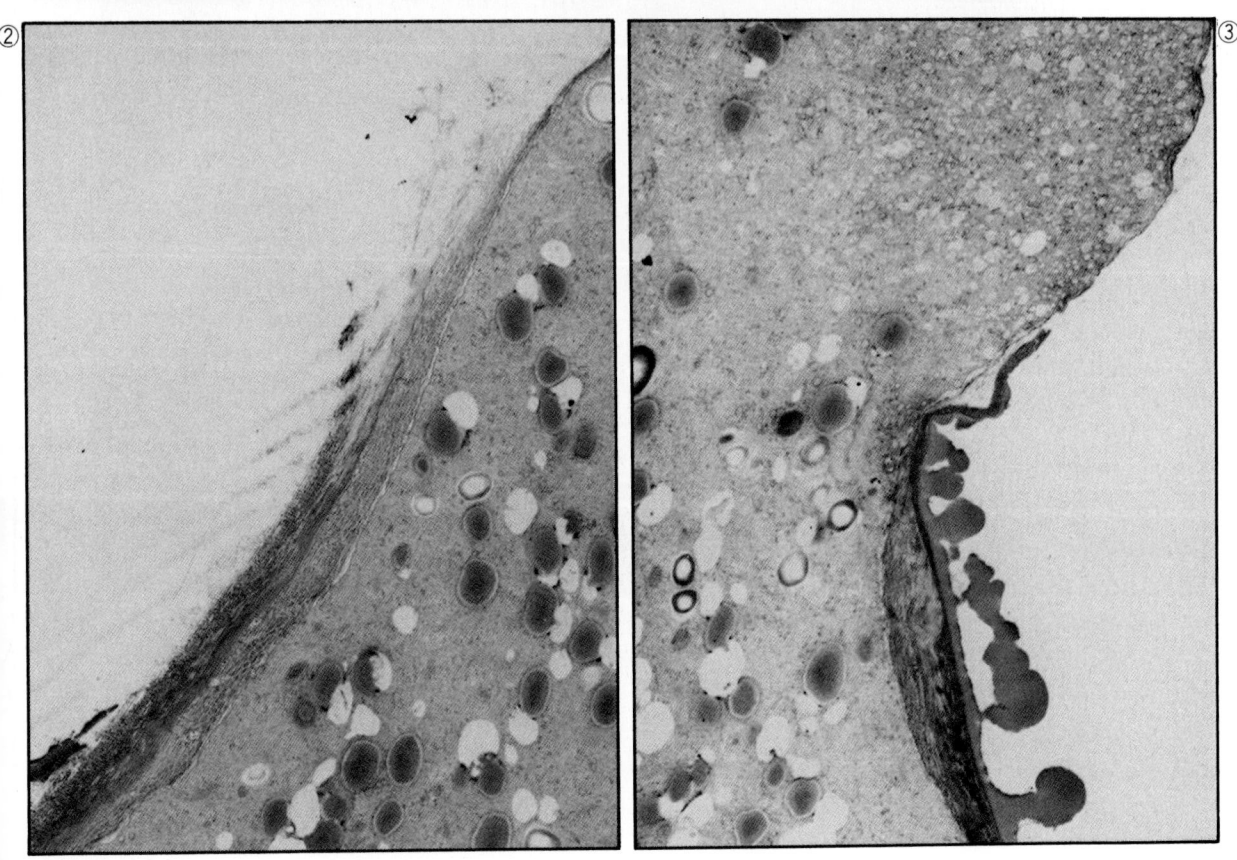

① テッポウユリ（Lilium longiflorum）のかなり伸びた花粉管（縦断面，電顕像） 先端部にリボゾーム様顆粒が多数見られる．［電顕 ×6,000/三木］

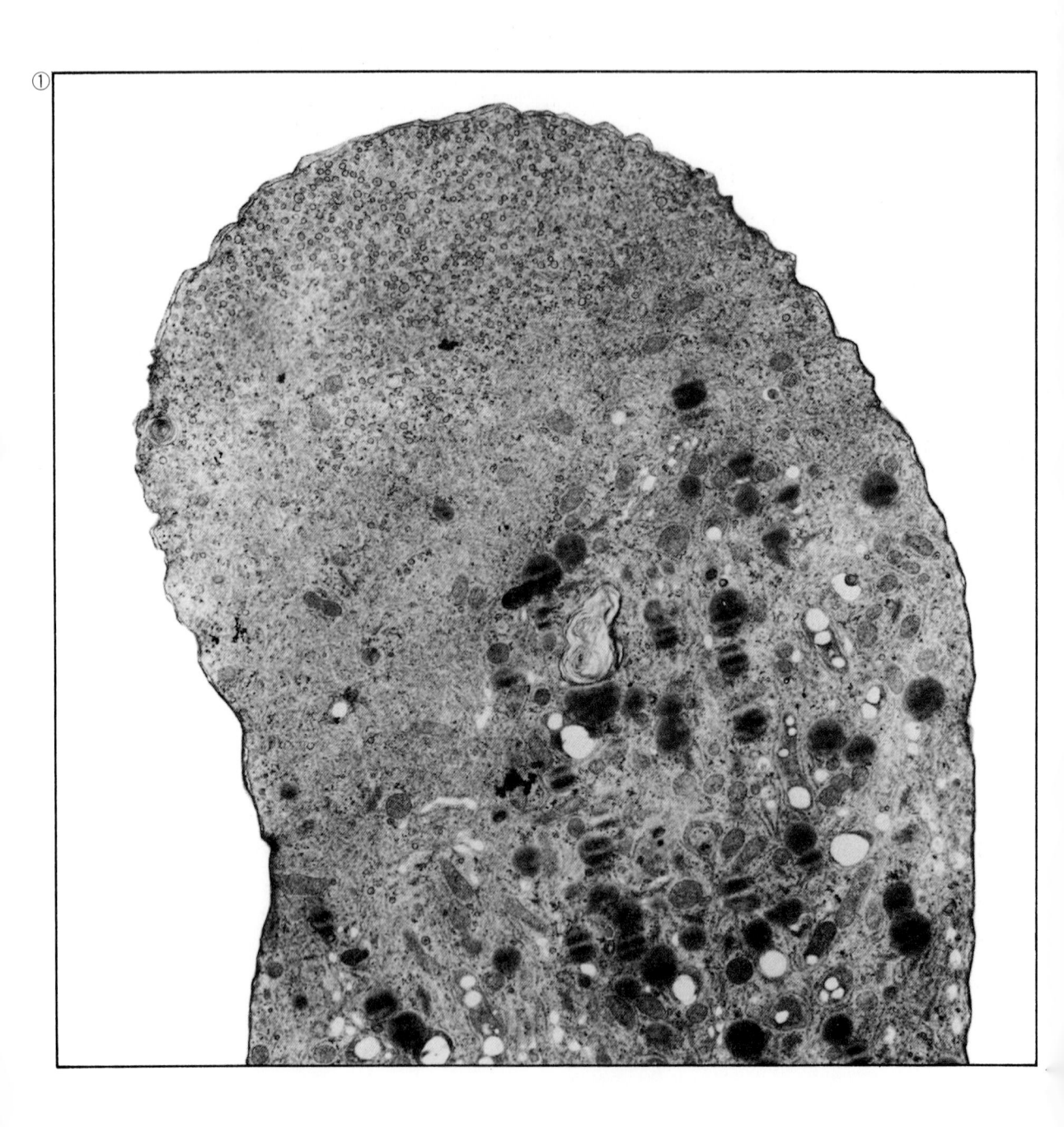

4 花の構造

① テッポウユリ(Lilium longiflorum)の子房の横断面　ユリの子房は3室からなり各室に2列に胚珠がつく．[光顕　×300/相沢]

② ラン(シンビジウム，Cymbidium sp.)の子房の縦断面　左上の空洞のへりには突起毛が多数生じ，中央の空洞には多数の胚珠が見られる．[光顕　×150/浜田]

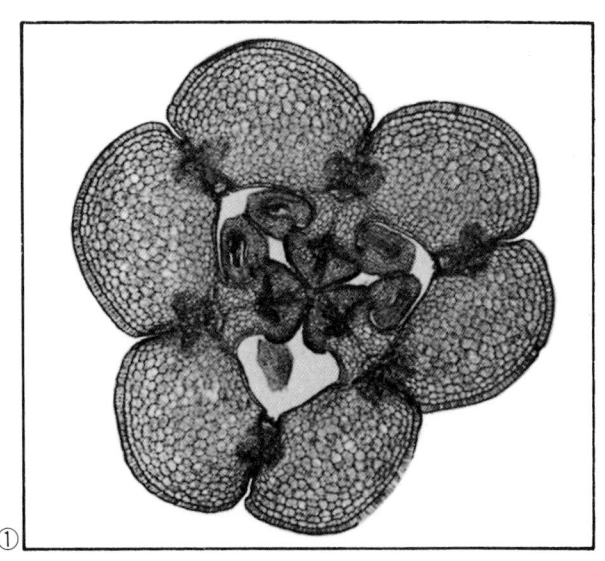

5 果実と種子 (Fruits and Seeds)

　果実(fruit)は雌ずいの子房が発達したもので中に胚珠の発達した種子(seed)を包含している．しかし，果実の中には子房のみでなく，他の部分も加わる場合がある．たとえば，オランダイチゴやイチジクなどは花床が膨大して肉質となり，リンゴやナシなどは花床とがくとが果実の大部分を占めている．このような果実を，子房だけから生じた果実，すなわち真果(true fruit)に対して仮果(pseudocarpous fruit)という．またイチョウやソテツ，イチイのような裸子植物では，子房を欠いているから，種子だけで果実のように見える．しかし，マツやスギなどでは種子が鱗状の大胞子葉(megasporophyll)でおおわれて球状に集まっているので，球果と呼ばれる．

　真果は，中に存在する種子(通常，種皮，胚乳，胚よりなる)と，子房壁の発育した果皮(pericarp)からなり，また付属物(がく，柄)をつけている．果皮は通常外部から外果皮(exocarp)，中果皮(mesocarp)，内果皮(endocarp)の3部に分けられる．しかし果皮と種子とが密着して区別のつけにくいときには種実とよばれることもある．(イネ，トウモロコシなど．)

① 真果の例： カキ(Diospyros Kaki)　[★]
② 仮果の例： リンゴ(Malus domestica)　[★]

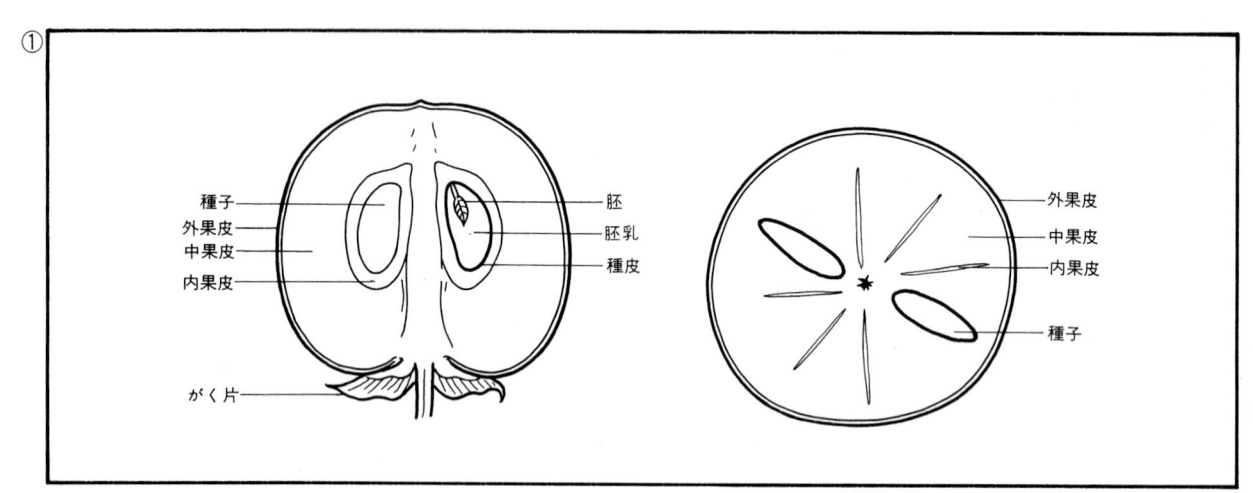

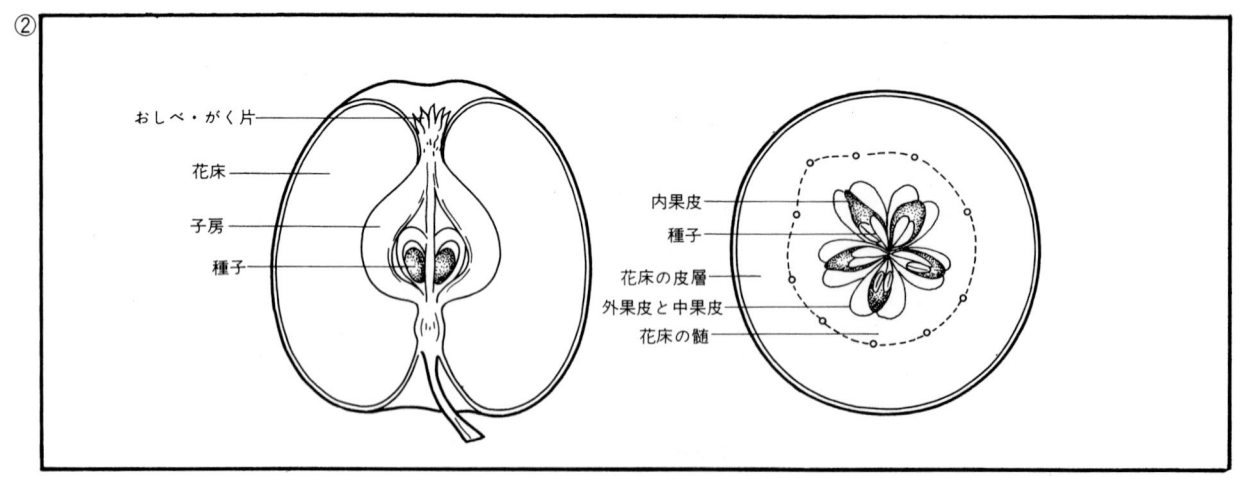

5 果実と種子

(1) 裸子植物の種子と果実(Seeds and fruits of Gymnospermae)

① **イチョウ**(Ginkgo biloba)の種子　［接写　×0.8/植田］

②〜③ **アカマツ**(Pinus densiflora)　若い球果②とその縦断面③　［接写　×4/喜多山］

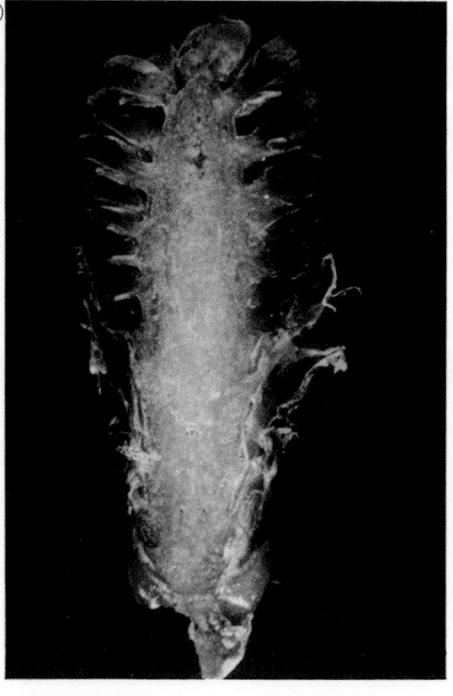

(2) 被子植物の果実(Fruits of Angiospermae)

① オオオナモミ(Xanthium canadense)の果実
② ノブキ(Adenocaulon bicolor)の果実
③ トマト(Lycopersicon esculentum)の果実の断面
　左:横断面では果実は5室に分かれ各室に多数の種子を含んでいる. 右:縦断面.
④ カキ(Diospyros Kaki)の果実の縦断面　種子を含み, 種子には胚(embryo)と胚孔(endoderm)とがある.
[接写　①②×7, ③×0.4, ④×0.8/①②④喜多山, ③植田]

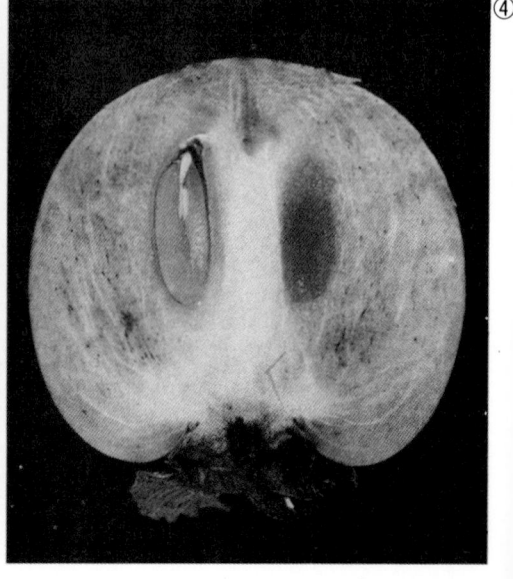

5 果実と種子

①〜④ リンゴ（Malus domestica, 国光）の果皮 ①外果皮の表面観，細胞壁は比較的厚い．②外中果皮の断面，表皮の細胞壁はクチクラ化して厚く，水分の蒸発を防ぐ．③中果皮の細胞，細胞壁は部分的に厚くなり，薄い部分には原形質連絡が通っている．④中果皮細胞中のプラスチド．
［光顕　①〜③×400，④×1,000/植田］

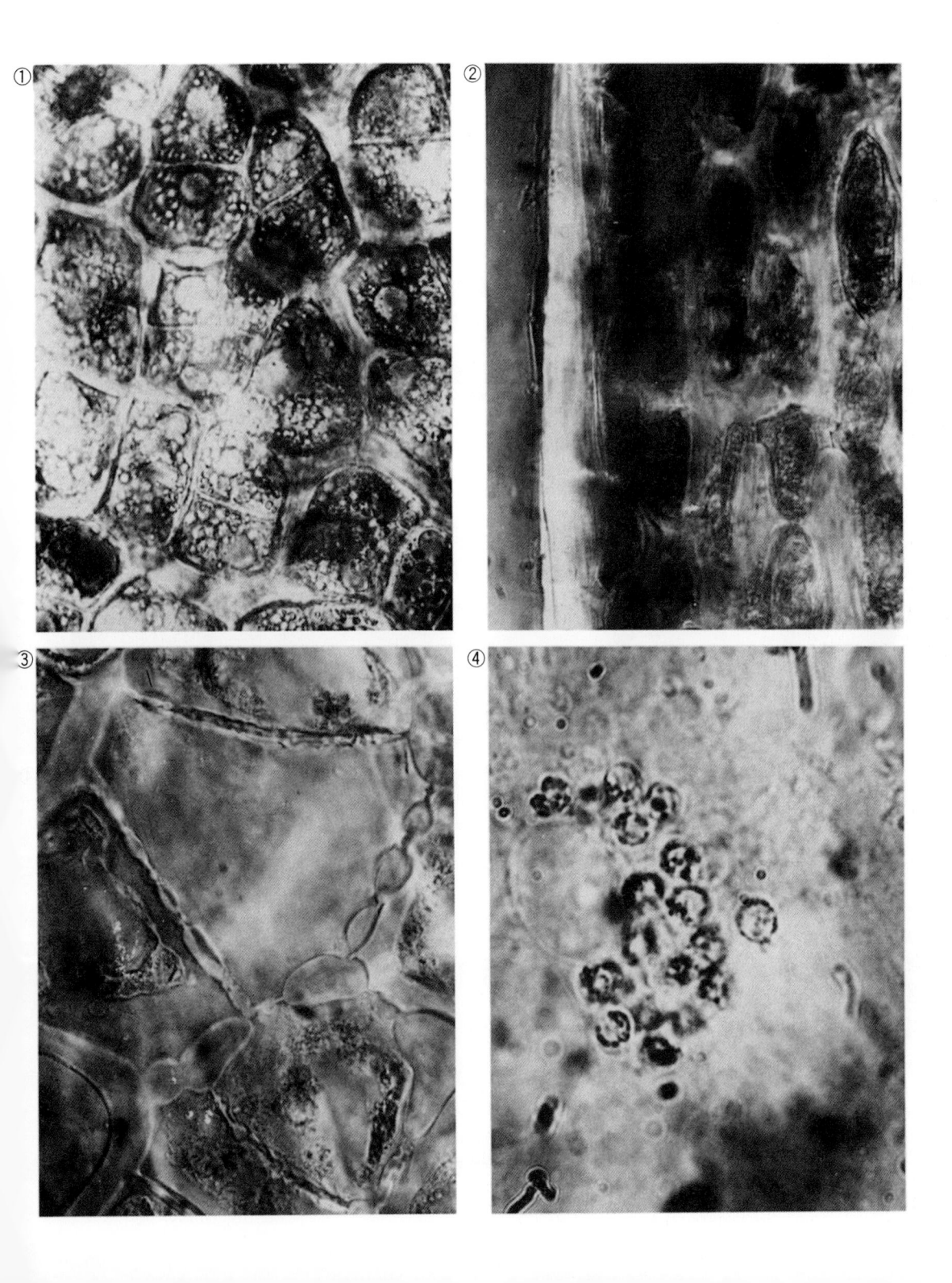

①〜② ブドウ(Vitis vinifera, 甲州)の果実の表面 ①ロウ質でおおわれている．②は拡大．ロウ質は結晶状にもり上っている．[走顕 ①×1,000, ②×10,000/山田]

③〜⑤ セイヨウヒイラギ(Ilex Aquifolium)の果実の表皮(表面観) ③表面細胞(1個ずつ核がある)には赤色のアントシアンを有し，所々にある気孔の孔辺細胞とその周囲の表皮細胞にはアントシアンはない．④2個の気孔の孔辺細胞に焦点を合わせたもの．⑤焦点を表皮細胞に合わせたもの．[光顕 ③×150, ④⑤×300/植田]

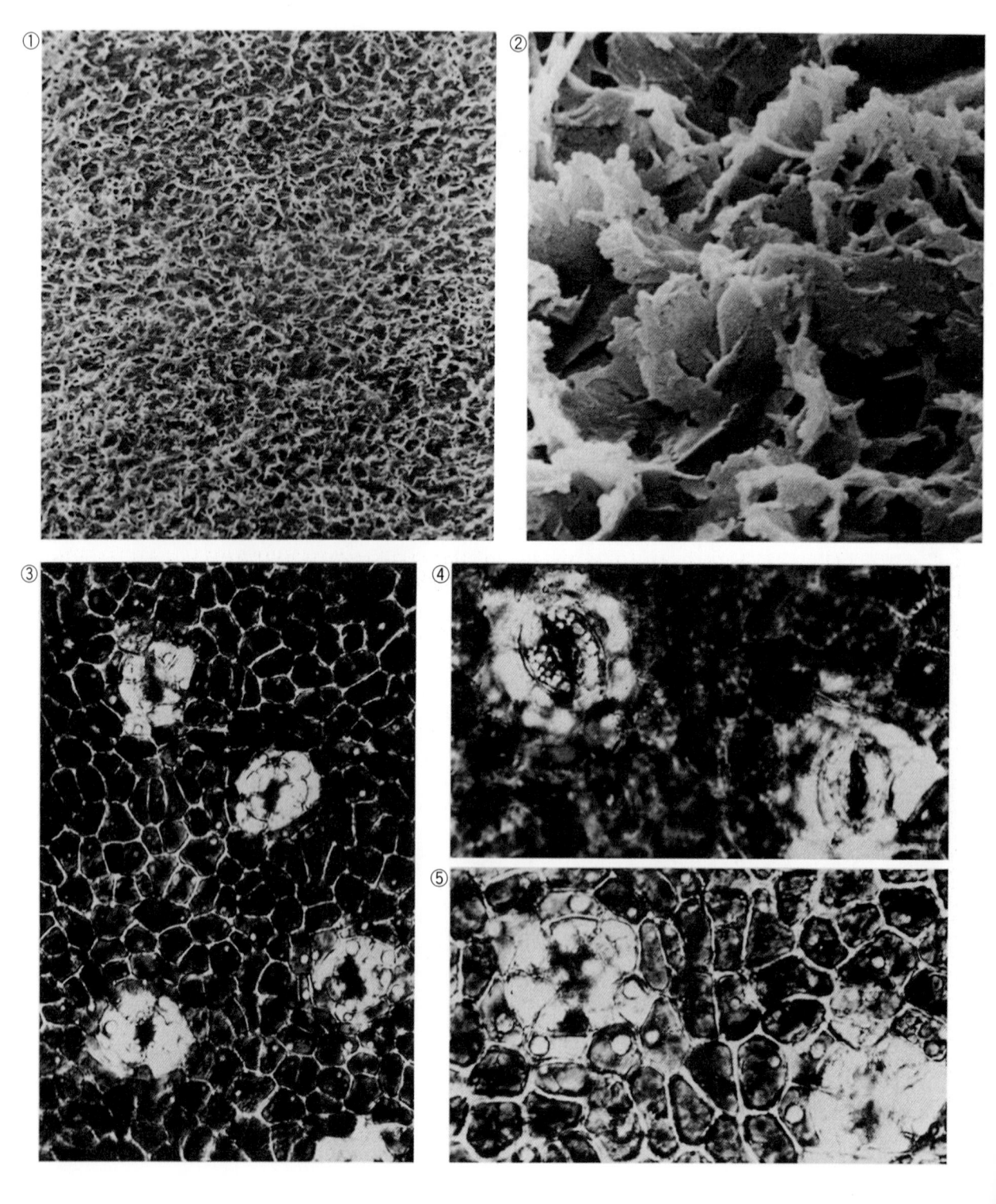

(3) 被子植物の種子 (Seeds of Angiospermae)

①～② **インゲンマメ**(Dolichas lablab)の種子　①外部形態．左：側(腹)面観，右：表面観．側面観では中央に臍(へそ，胎座の跡)が見られる．②種皮を除去し，子葉を2分したもの．片方(右)の子葉(多肉質)に胚の胚軸，幼根，第一葉が見られる．

③ **カキ**(Diospyros Kaki)の種子の断面　種皮(胚珠の珠皮の発達したもの)に包まれて胚乳(2つの極核と精核とが受精して発達したもの)があり，その中に2枚の子葉を持つ胚(受精卵の発達したもの)が見られる．

④ **モモ**(Prunus Persica)の種子　モモの種子は核(putamen)と呼ばれ，胚珠の発育した真の種子の表面に硬い変質した内果皮と中果皮の一部を結合したものである．上2個は表面観，下2個は側面観．

[接写　①②×3，③×5，④×0.8/植田]

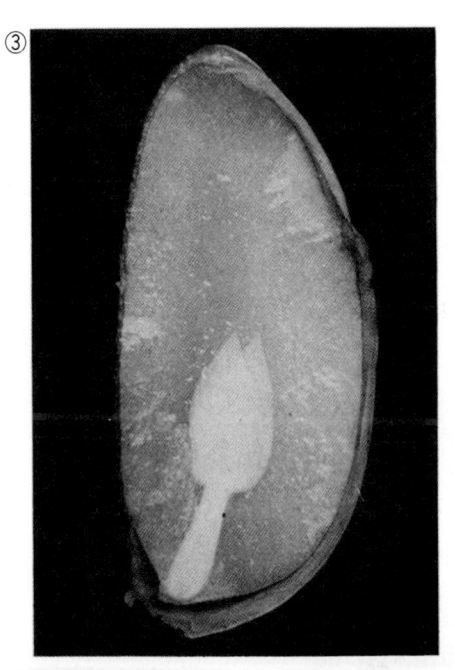

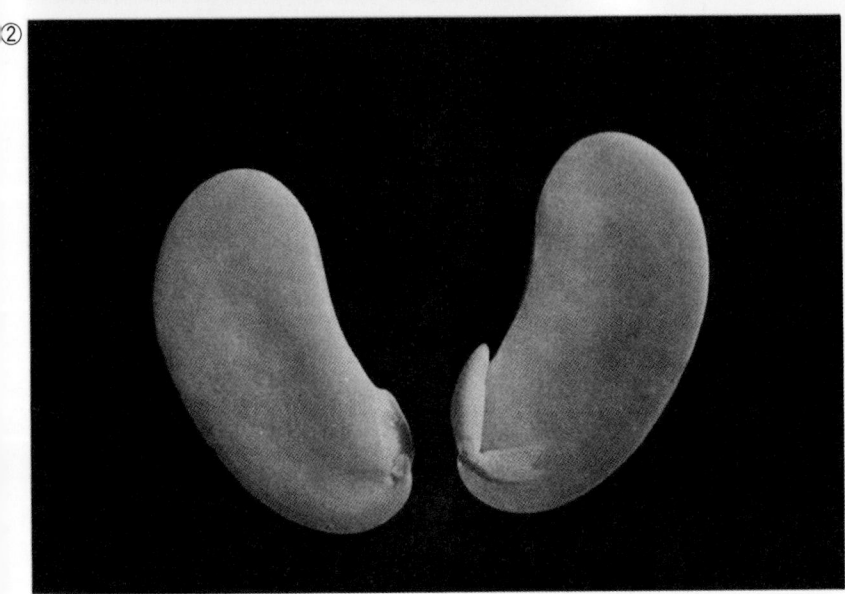

(4) 被子植物の胚と胚乳（Embryos and Endosperms of Angiospermae）

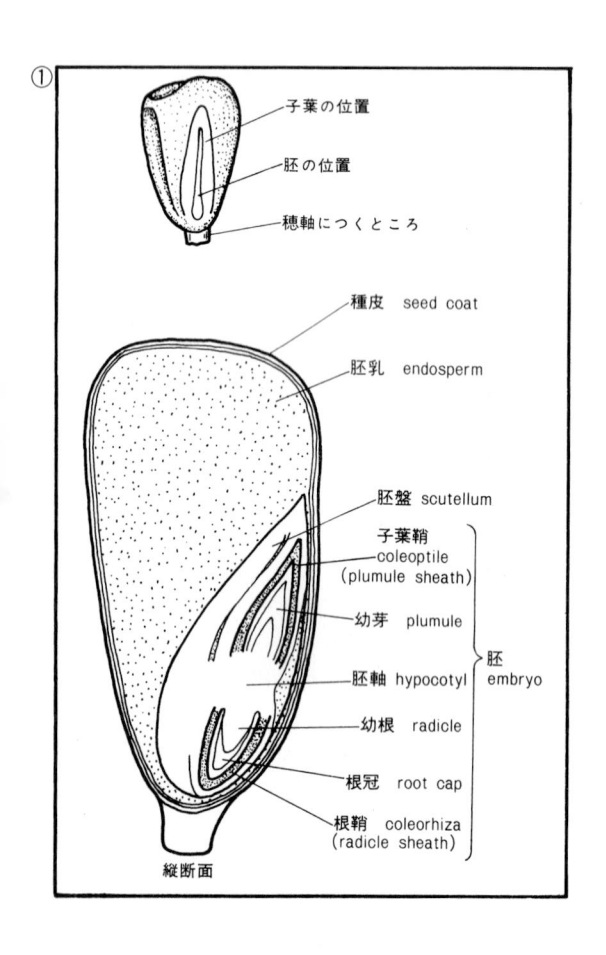

① トウモロコシ（Zea Mays）の種子断面図　［相沢］
② トウモロコシの受粉 20 日後の胚の縦断面　A：成長点，Co：子葉，L：幼葉，R：幼根，Sc：胚盤　［光顕 ——1 μ/菊池］

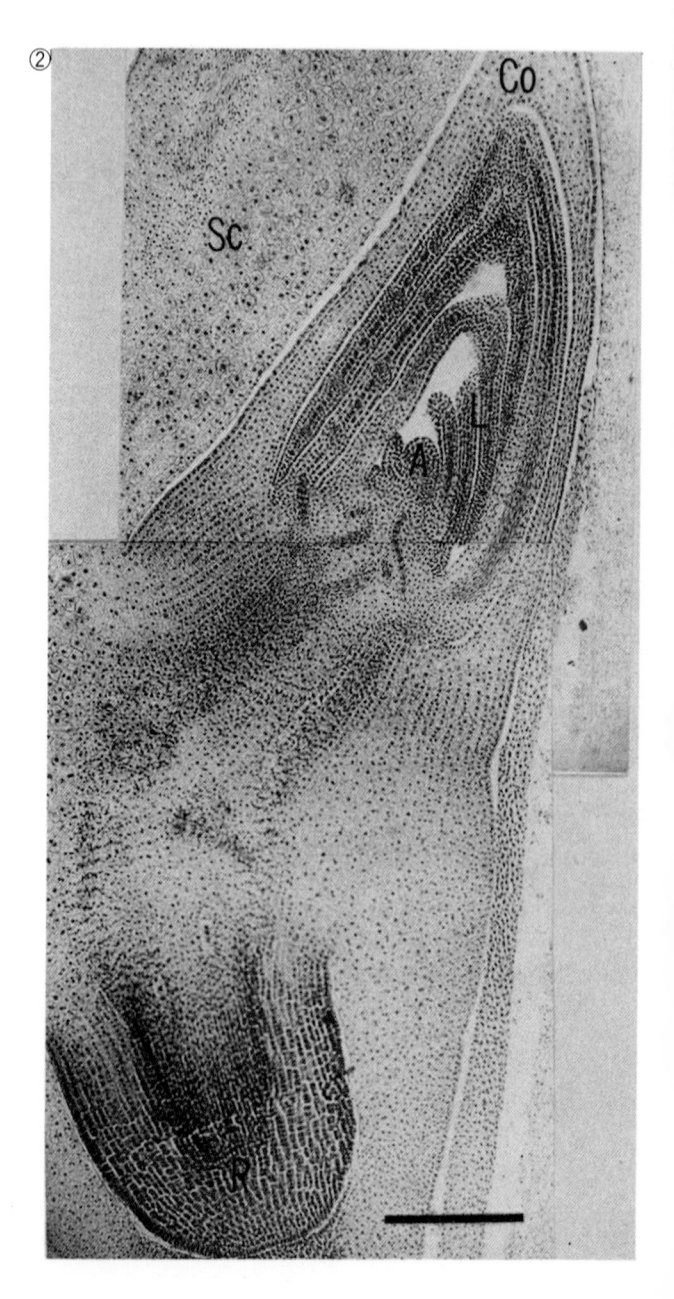

トウモロコシ(Zea Mays)の種子の胚盤組織

① 成熟乾燥種子におけるデンプン粒の満ちた胚乳組織(左側)と接する胚盤の組織(右側)　種子乾燥のため胚盤の表皮細胞にしわを生じている．胚盤組織にタンパク質粒が多数ある．

② 吸水10時間後の変化　胚盤表皮細胞のしわが伸び，胚盤組織のタンパク質粒はやや減少する．

③ 吸水20時間後　胚盤表皮(上部)は，表面に直角の面で細胞分裂を行い成長して，波状になる．胚盤組織のタンパク質粒は消化され，かわってデンプン粒や小さい液胞を生じる．

④ 同上種子の幼根が15cmに成長した頃の胚盤表皮
　表皮細胞の長さは初めの2.5倍にも伸長している．細胞内はほとんど空虚になっている．

[光顕　①〜④　——25μ/小池]

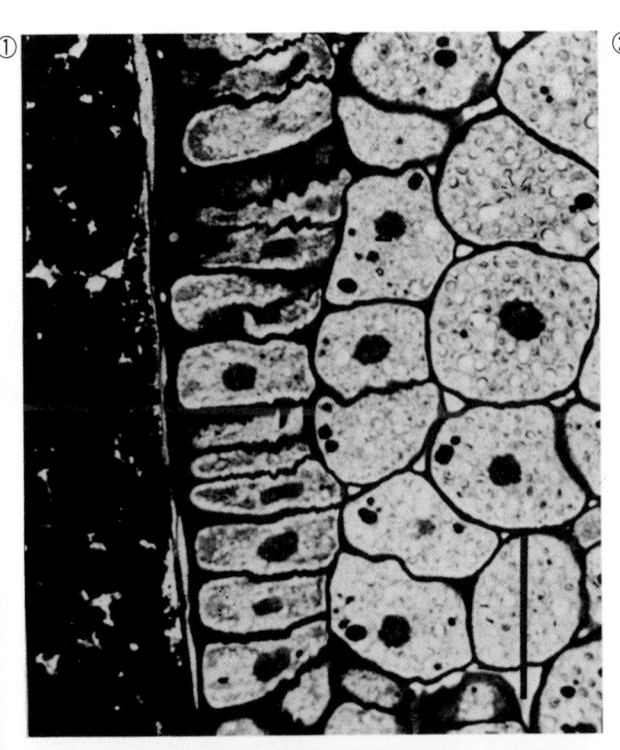

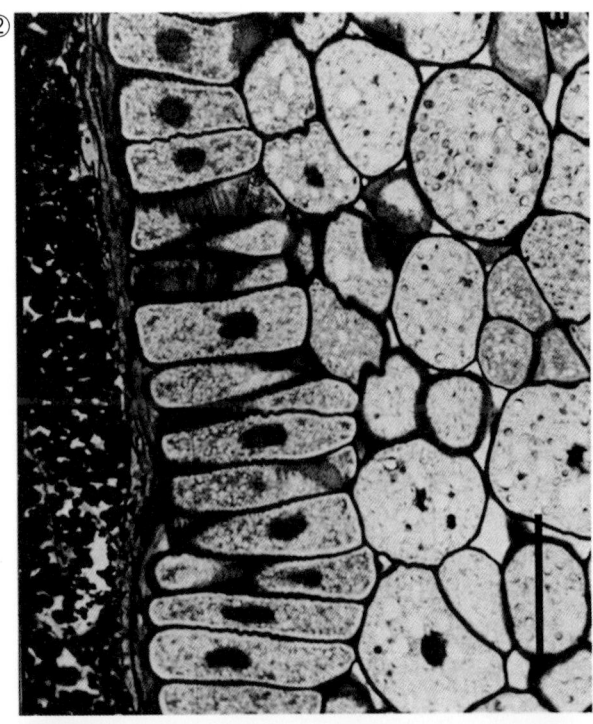

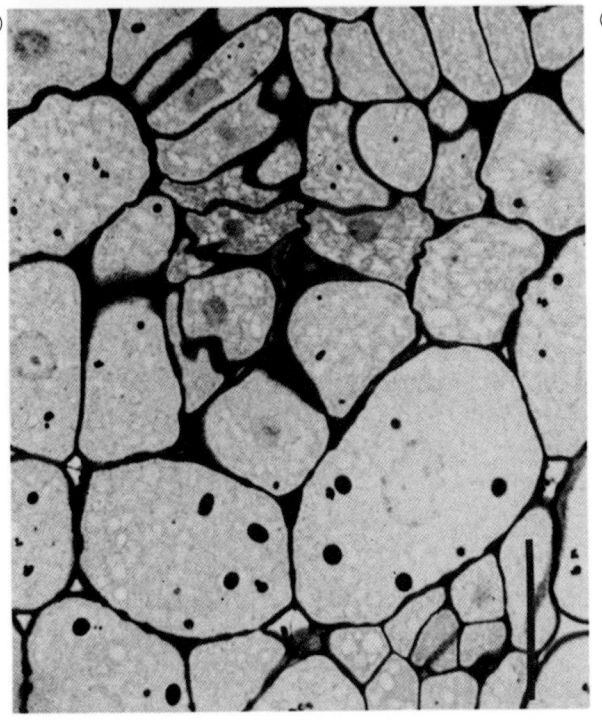

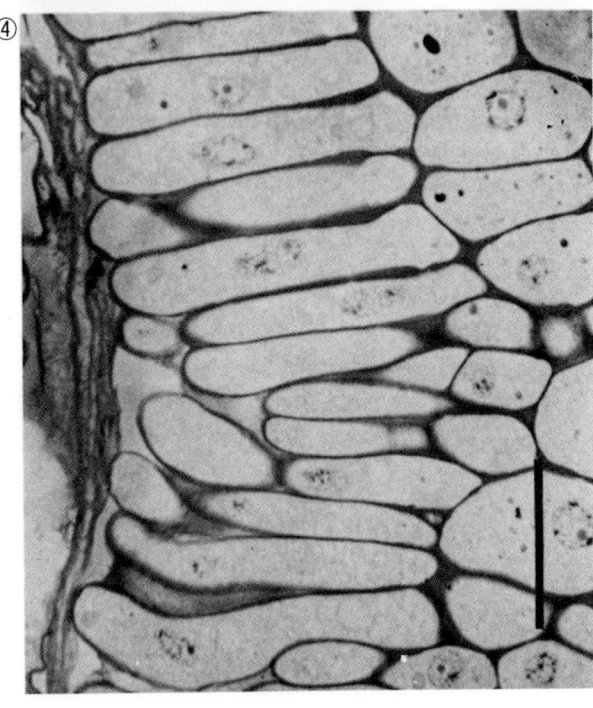

(5) 種子の微細構造 (Fine Structure of Seeds)

① アカマツ(Pinus densiflora)の乾燥種子　胚乳組織にはデンプン粒(大)やタンパク質粒(小)を多量に含んでいる．

② アサガオ(Pharbitis Nil)の発芽4日後の緑色子葉の細胞　グラナのあるかなり大きい葉緑体や小さいミトコンドリアが多数存在している．

③ ハス(Nelumbo nucifera)の未熟種子における緑色幼葉の組織

④ ハスの淡黄白色の葉柄細胞　プロプラスチド，ミトコンドリア，小胞体が観察される．

[電顕($KMnO_4$固定)　①②×9,500，③×4,000，④×11,000/川松]

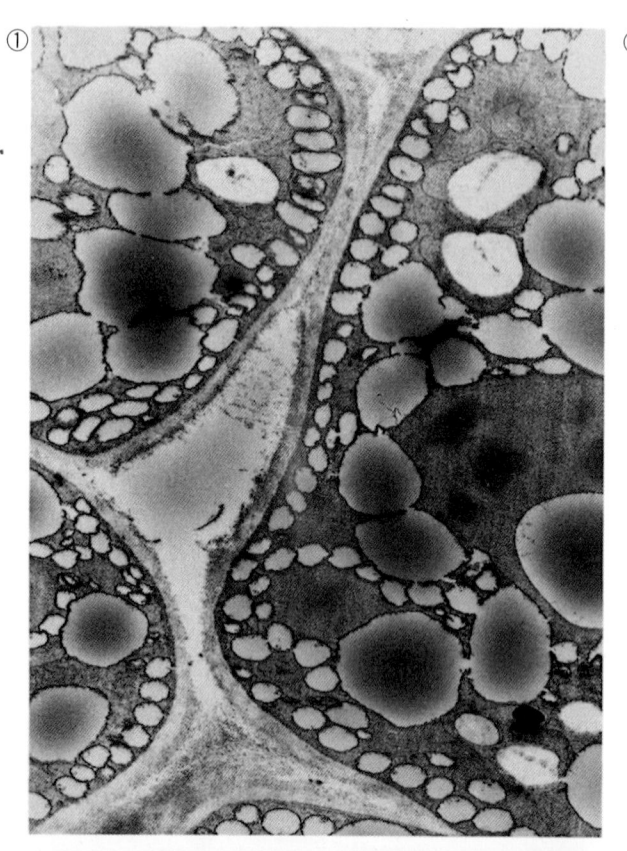

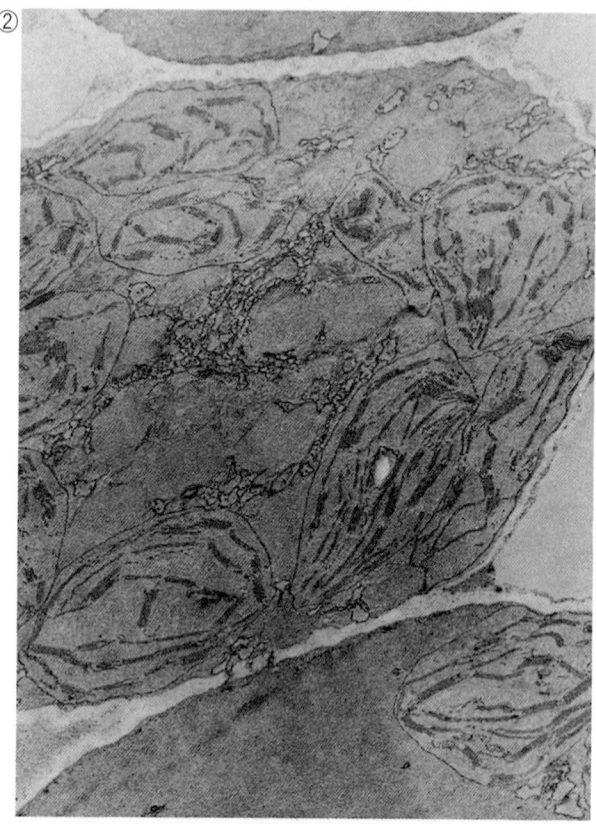

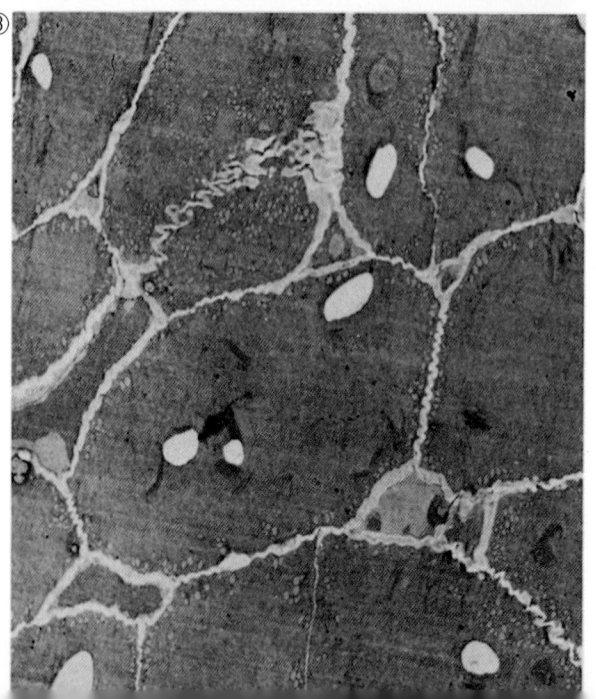

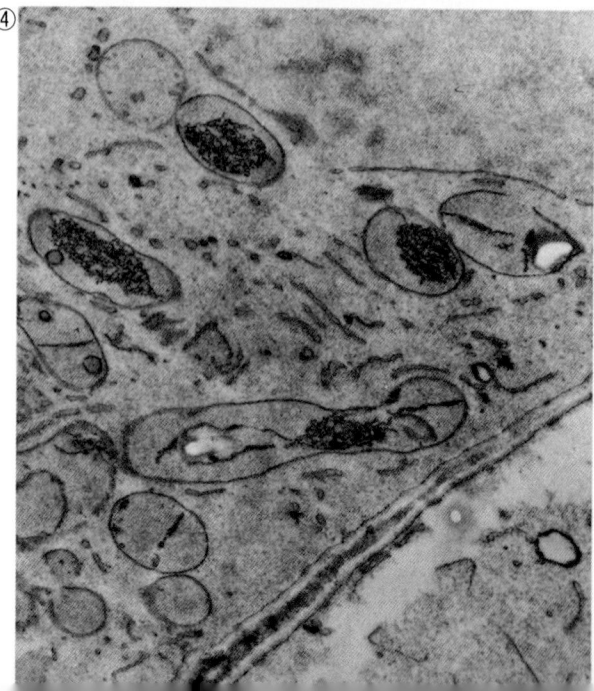

5 果実と種子

① ヒマ(Ricinus communis)の芽生えの胚乳細胞　左側中央に不規則形の核，白くぬけた液胞，ミトコンドリア，脂質あるいはタンパク質粒と思われる球状に近い形のものなどが見られる．

② イネ(Oryza sativa)の種子の浸水48時間後の子葉鞘細胞の含有物

③ キンカン(Fortunella japonica)の未熟種子の緑色子葉細胞内の葉緑体　チラコイド(ラメラ)がかなりよく発達している．

④ キンカンの成熟種子の緑色子葉細胞　チラコイドが多数重なって巨大グラナになった葉緑体のほか，チラコイドの発育のよくないプラスチドやミトコンドリアなどが見られる．

[電顕(KMnO$_4$固定)　①×10,000，②×9,500，③×28,000，④×19,200/川松]

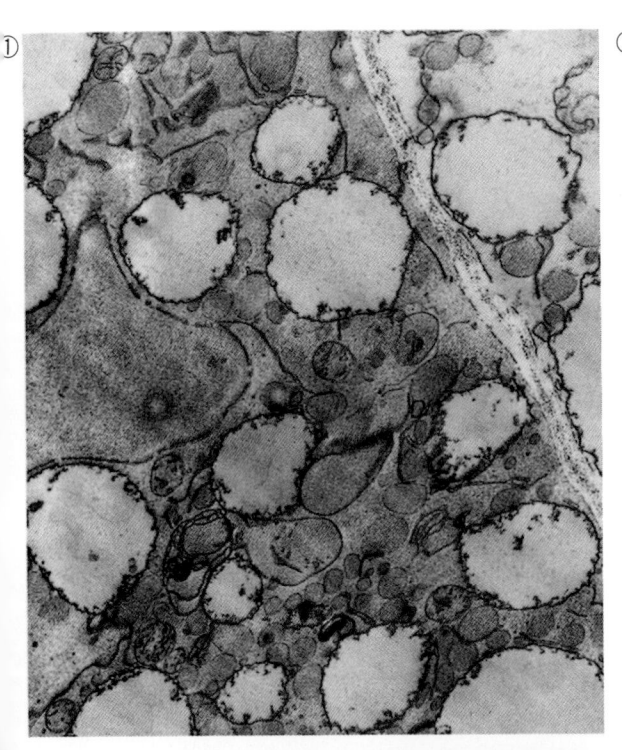

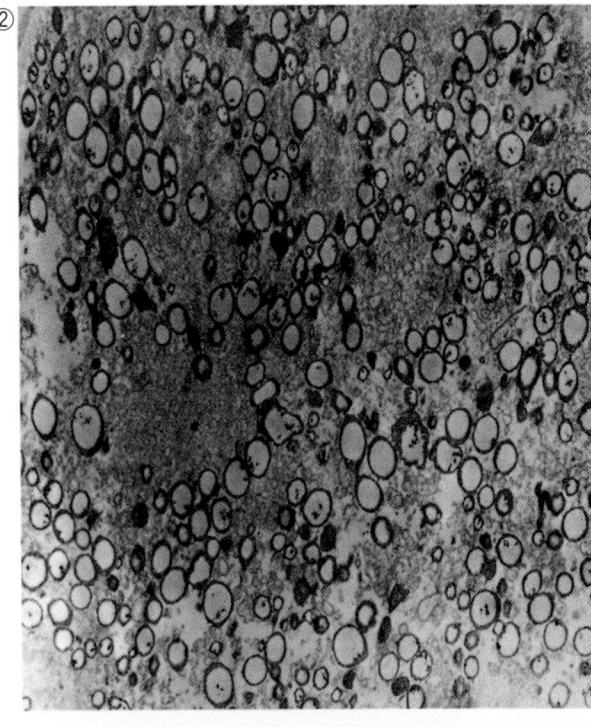

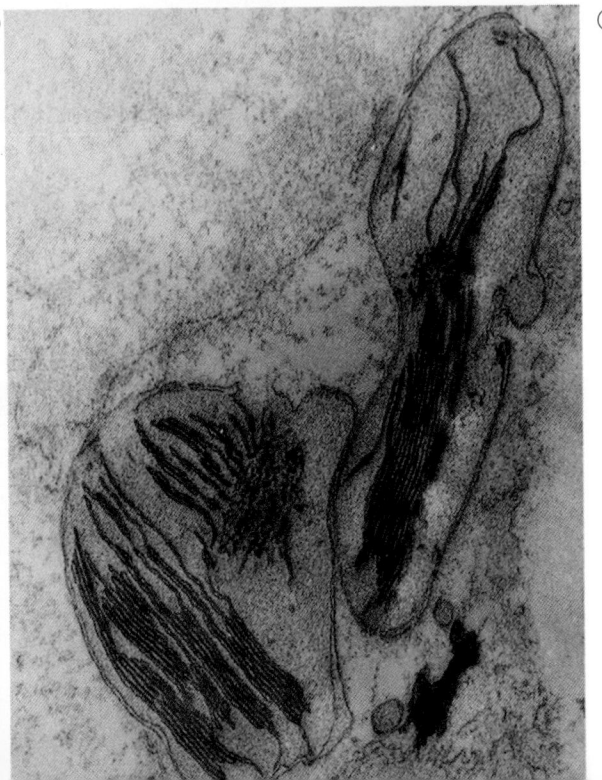

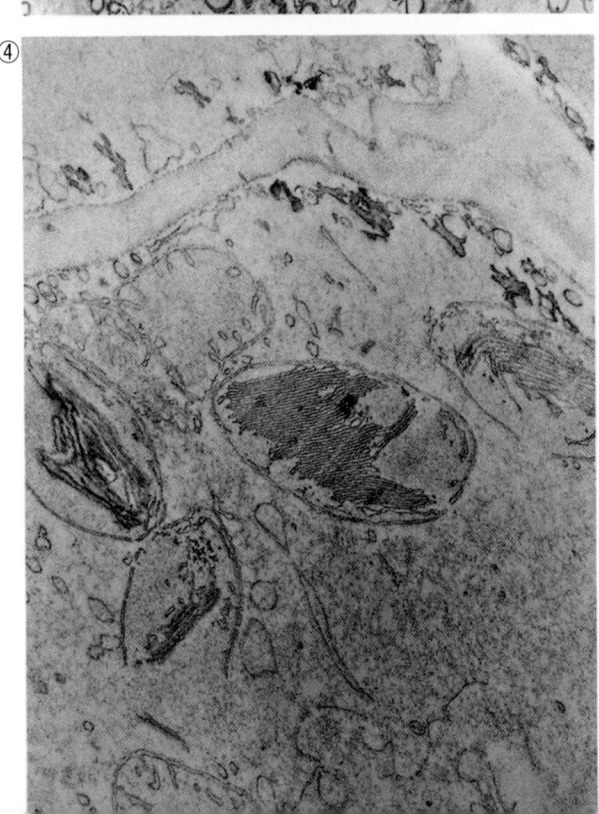

4 個体の構造
(Structure of Individuals)

―― 分類と系統(Taxonomy and Systematics) ――

　生物の固体の構造はその生物の種(species)ごとに一定していて，生物の分類や系統を考える上に重要である．例えばその生物が動物的な構造か植物的な構造かによって動物，植物の2大別にされたり，また時には動物，植物，微生物と3大別されたりすることもある．また細胞1個が1個体である単細胞生物(unicellular organism)と，1個体が多数の細胞から成り立っている多細胞生物(multicellular organism)とにも分けられる．前者の植物としては，ミドリムシ，クロレラ，細菌類などの微生物があり，後者の植物には，マツ，タケ，ウメをはじめ多くの肉眼的植物がある．また細胞内に核，プラスチド，ミトコンドリアなどの細胞器官の分化のみられない前核(原核)生物(procaryote，細菌類と藍藻類)とそれらの分化の見られる真核生物(eucaryote)とに分けることもある．しかし，ウイルスなどの個体は細胞からなるともいえず，超微生物といわれ，電子顕微鏡でなければその構造は明らかにされない．

　これらの植物の分類や系統は学者により多少意見を異にするが，一例を示すと次ページの図のごとくである．また，これらの植物の個体の構造は種類により特徴があるとともに，共通点もある．

① 植物の系統樹　[相沢★]

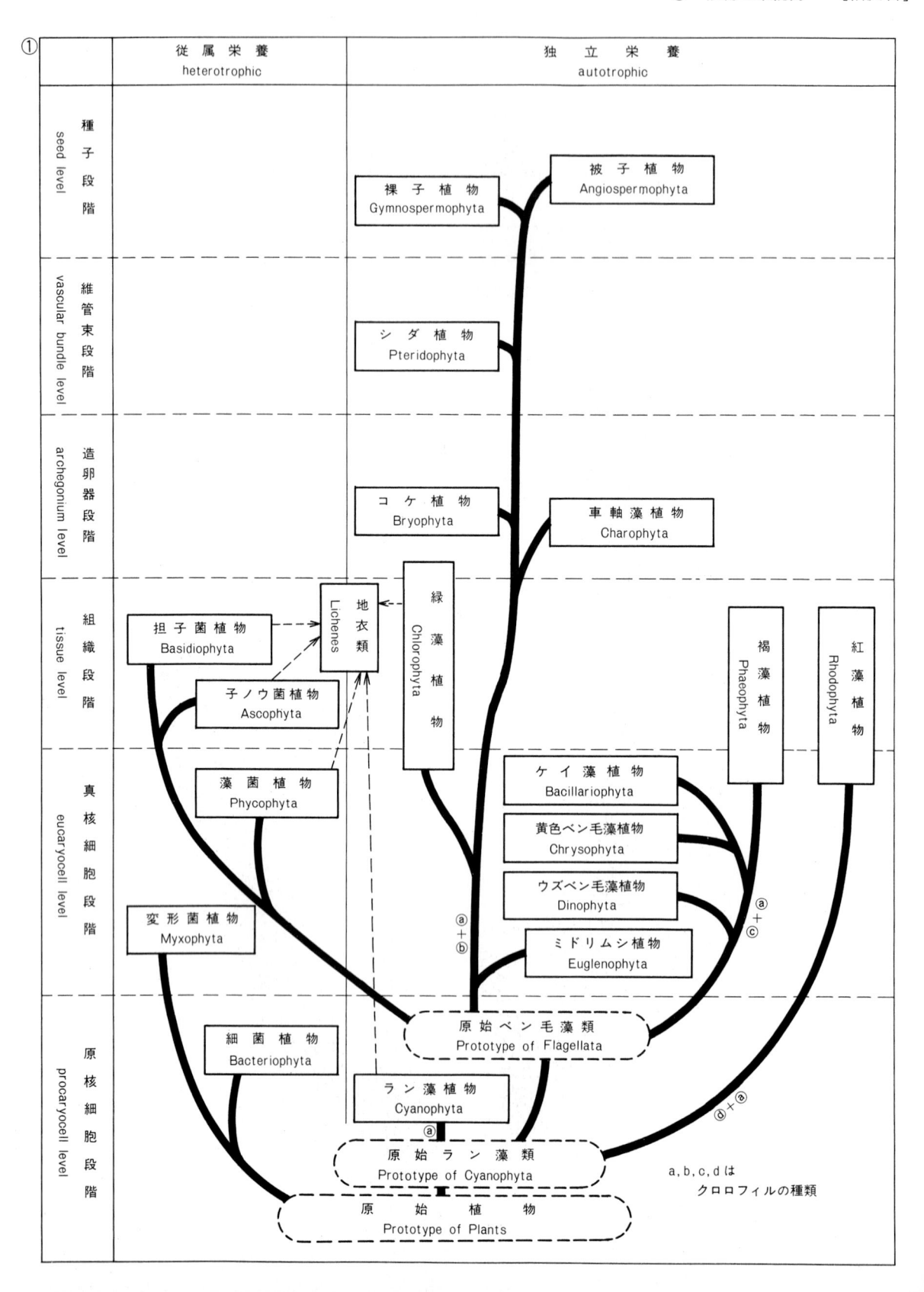

	従属栄養 heterotrophic	独立栄養 autotrophic
種子段階 seed level		裸子植物 Gymnospermophyta / 被子植物 Angiospermophyta
維管束段階 vascular bundle level		シダ植物 Pteridophyta
造卵器段階 archegonium level		コケ植物 Bryophyta / 車軸藻植物 Charophyta
組織段階 tissue level	担子菌植物 Basidiophyta / 子ノウ菌植物 Ascophyta → 地衣類 Lichenes	緑藻植物 Chlorophyta / 褐藻植物 Phaeophyta / 紅藻植物 Rhodophyta
真核細胞段階 eucaryocell level	藻菌植物 Phycophyta / 変形菌植物 Myxophyta	ケイ藻植物 Bacillariophyta / 黄色ベン毛藻植物 Chrysophyta / ウズベン毛藻植物 Dinophyta / ミドリムシ植物 Euglenophyta　ⓐ+ⓑ　ⓐ+ⓒ
原核細胞段階 procaryocell level	細菌植物 Bacteriophyta	原始ベン毛藻類 Prototype of Flagellata / ラン藻植物 Cyanophyta ⓐ / 原始ラン藻類 Prototype of Cyanophyta　ⓓ+ⓐ / 原始植物 Prototype of Plants

a, b, c, d はクロロフィルの種類

1 ウイルスとファージ（Virus and Phage）

ウイルスは生細胞内に寄生して増殖し，しかも結晶構造をしている．またファージはウイルスに寄生して増殖する．そしてともに核酸とタンパク質よりなっている．

① 種々のウイルスやファージの模式図　［★］
② マサキ（Euonymus japonica）の斑入葉細胞内に見られるウイルス　ウイルスは円筒状で，規則正しく集合し，その断面により長方形や円形の形態を示す．マサキ細胞のミトコンドリアも見られる．［電顕（GA+OsO₄固定）——100 mμ/犀川★］
③ ファージφX174の抽出精製したDNA分子　DNAは曲りくねっているが，一つのリング（輪，ring）を形成している．［電顕（Pt/Pd シャドウイング）×60,000/吉田］

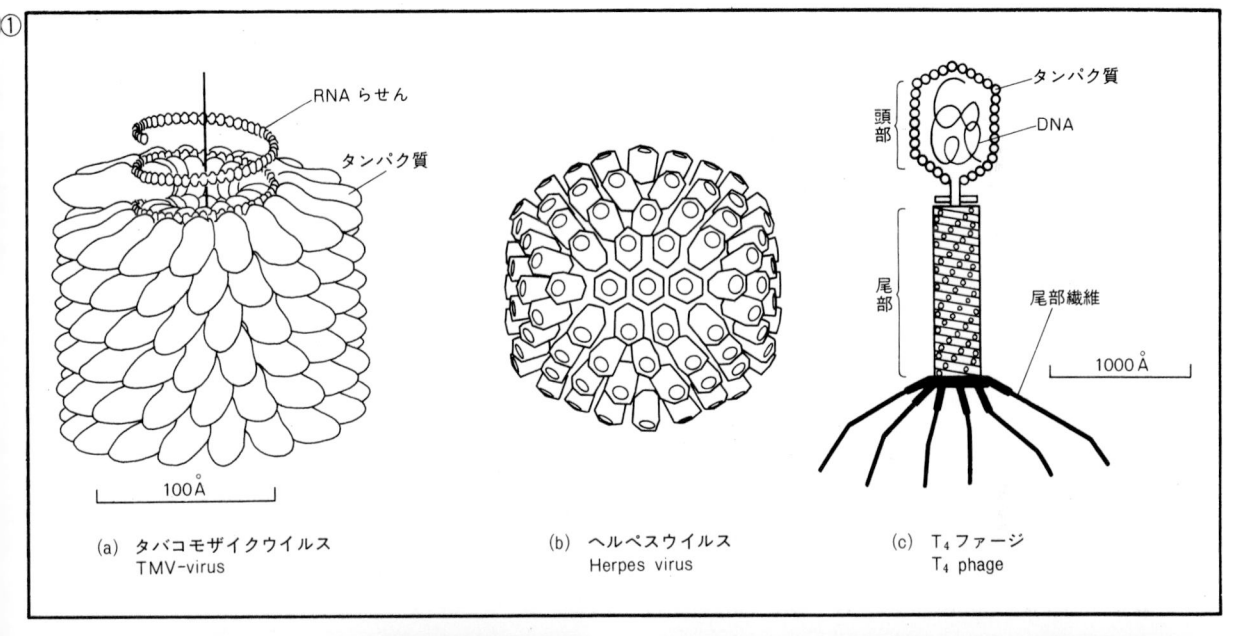

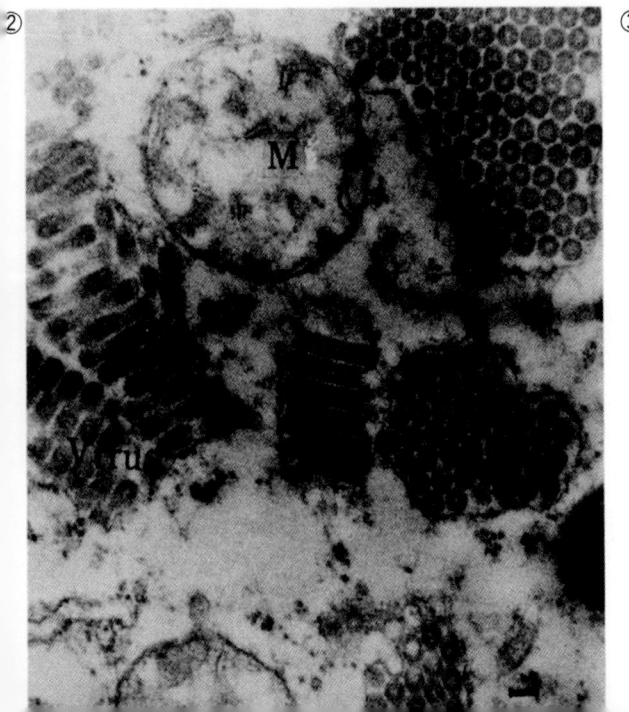

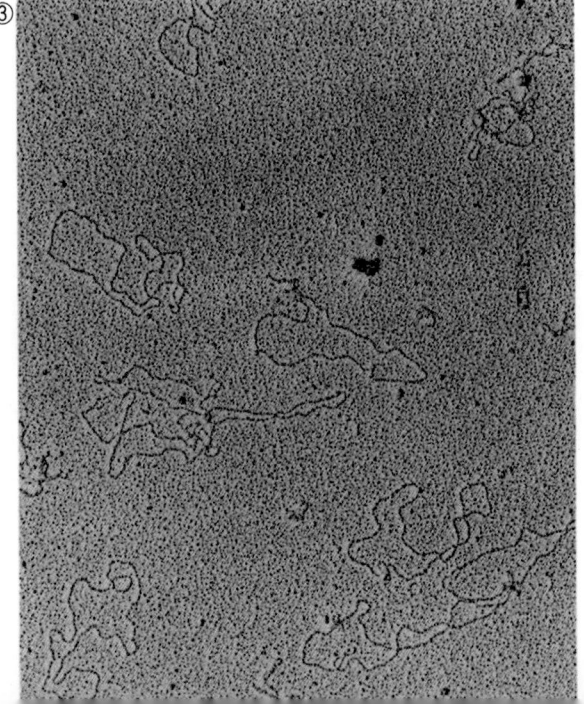

①
(a) タバコモザイクウイルス TMV-virus
(b) ヘルペスウイルス Herpes virus
(c) T₄ファージ T₄ phage

②

③

2　細菌植物（Bacteriophyta）

細菌類には球状，棒状，糸状，らせん状のものがあり，いずれも幾何学的な簡単な形態をしている．またその内部構造も簡単で真の核も，ミトコンドリアなどもない前核生物である．

① **細菌類の形態と進化の方向（矢印）**　球形（球菌）が原型で，未分化であり，液体の表面張力により形成される形である．球形に両極を生じ，一方向に成長が起こると棒状（棒菌）や糸状（糸状菌）になり，斜方向に成長すればらせん状（らせん状菌）になる．　［植田］

② **細菌細胞の微細構造模式図**　細菌細胞の内部には遺伝子を担うDNA繊維はあるが，核膜で包まれた真の核はない．また70Sの大きさのリボゾームが多数あって，タンパク質すなわち原形質や酵素を合成することもできる．また原形質膜（細胞膜）がこれらを包み，一部はメソゾーム（mesosome）になって反転する．表面にはおもにキチン質，時にはセルロースよりなる細胞壁があり，その外側にミクロカプセル．粘液層，莢膜（多糖類よりなる）を生じることもあり，べん毛や繊毛を有しているものもある．　［植田］

③〜④　**キュウリ（Cucumis sativus）の斑点病細菌（棒菌）**
［走顕　③×9,000，④×27,000／山田］

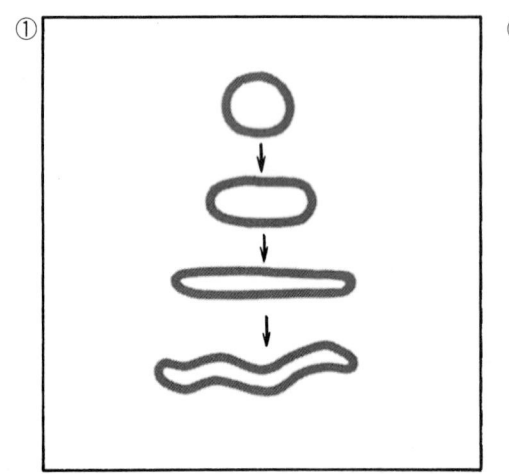

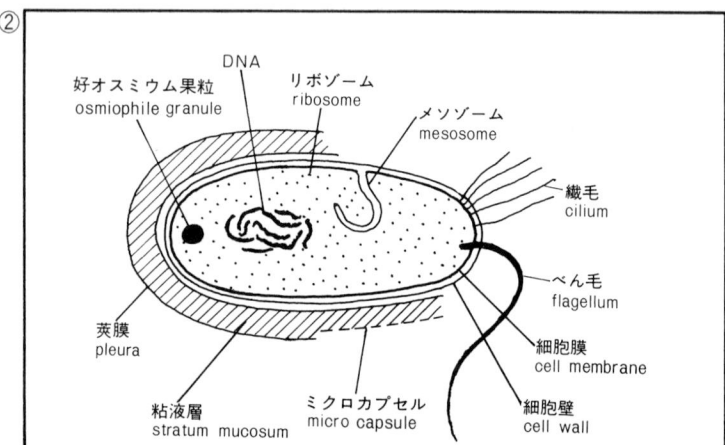

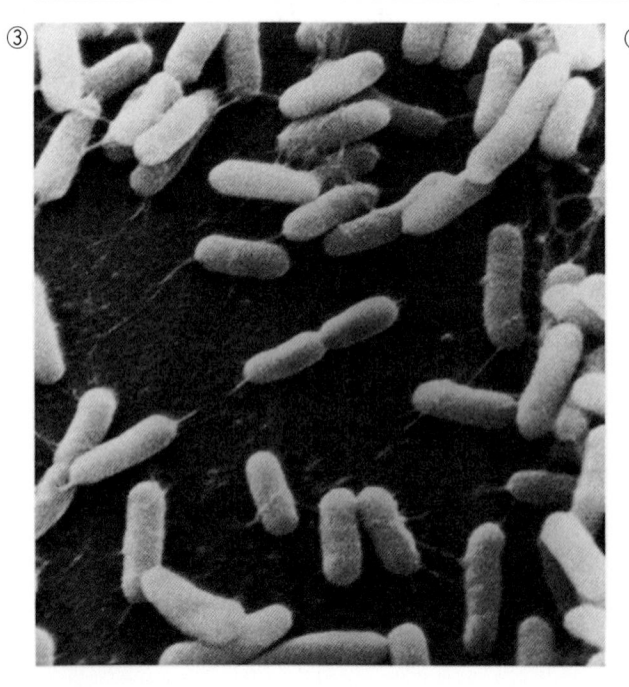

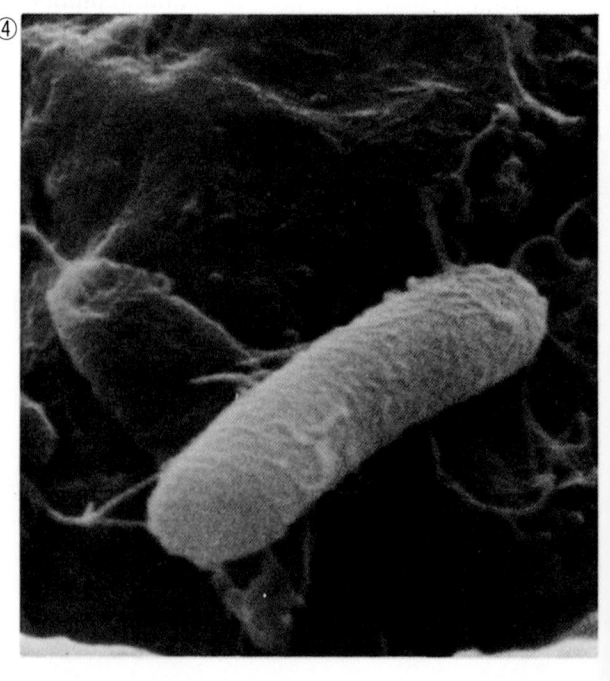

2 細菌植物

① **光合成細菌**(Rhodospirillum rubrum)**の表面と内部の構造** フリーズ・エッチング法により細菌を氷らせて，かき割り，表面や内部の観察を容易にしたもの．細胞壁の凸面(表面)には径約12 mmの粒子が多数あり，また凹面(内面，図の右上と右下)にはより小さい粒子が多数存在している．細胞質内にはチラコイド(偏平な袋)が見られる．［走顕 ×55,000/横村］

②〜④ **サルモネラ**(Salmonella)**菌のべん毛** ②この菌のべん毛は通常は波状型であるが，ときには直線型やゆるい湾曲型が見られる．③PTA染色されたべん毛．④免疫反応像 ［電顕 ②×6,500，③×15,000，④×65,000/平野］

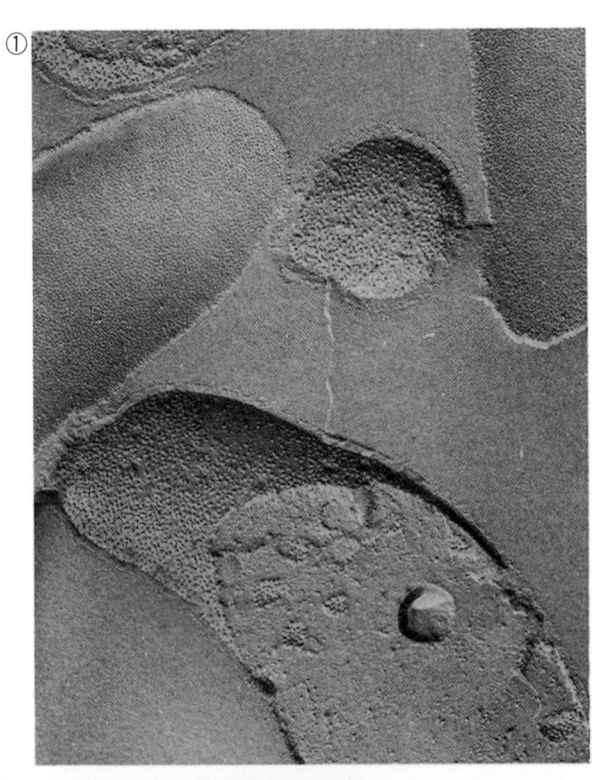

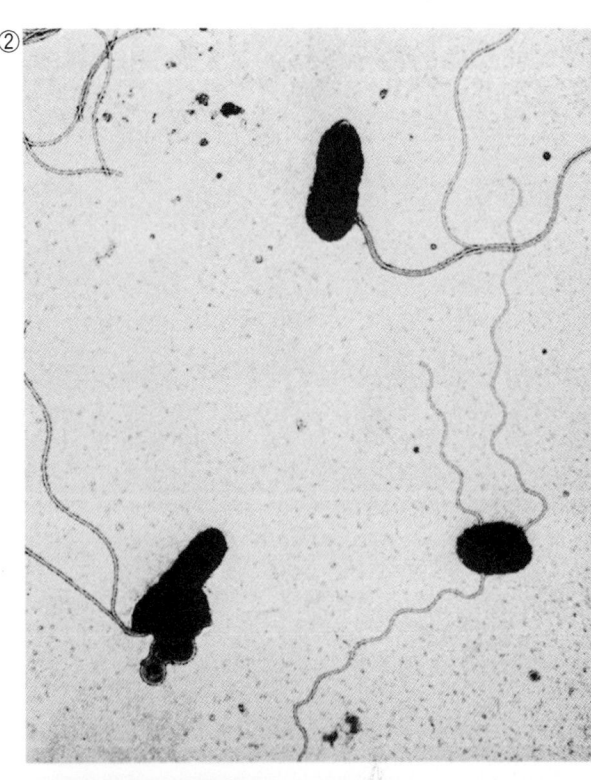

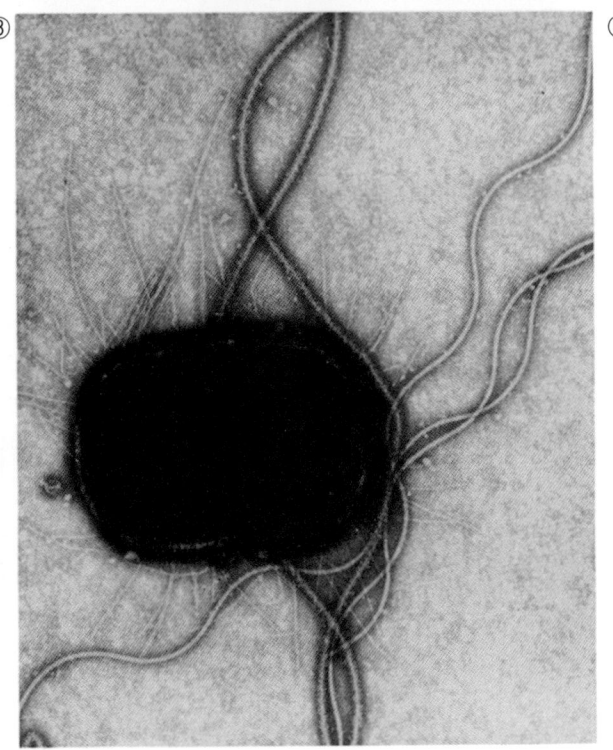

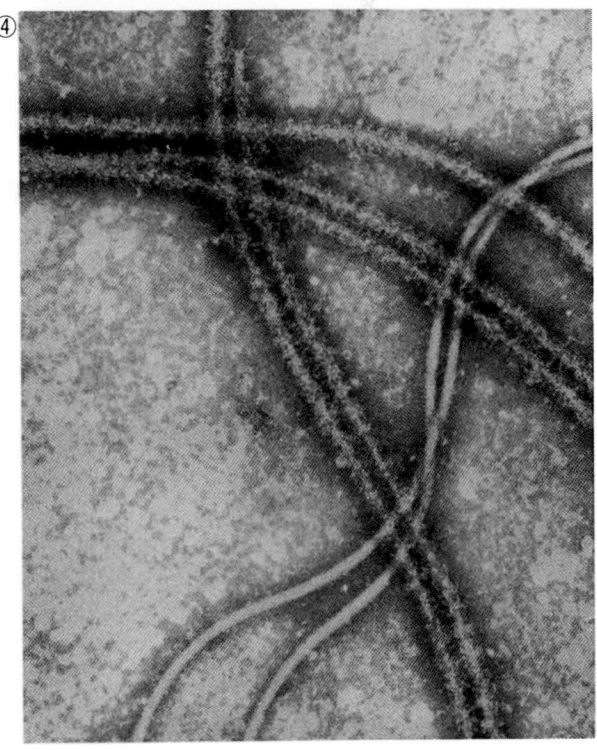

① インゲンマメ(Dolichos lablab)の根粒細胞　インゲンマメの根粒には所々に根粒菌を含んだ根粒細胞がある．
② インゲンマメの根粒菌
③ クローバー(オランダレンゲ, Triforium repens)の根粒菌
④ ナットウ菌(Bacillus natto)
⑤ 乳酸菌(Lactobacillus bulgaricus)
⑥ 海水に生じた棒菌とらせん菌(中央)
〔光顕　①×70，③×700，⑥×150；(ゲンチアン紫染色)
②④⑤×700/植田〕

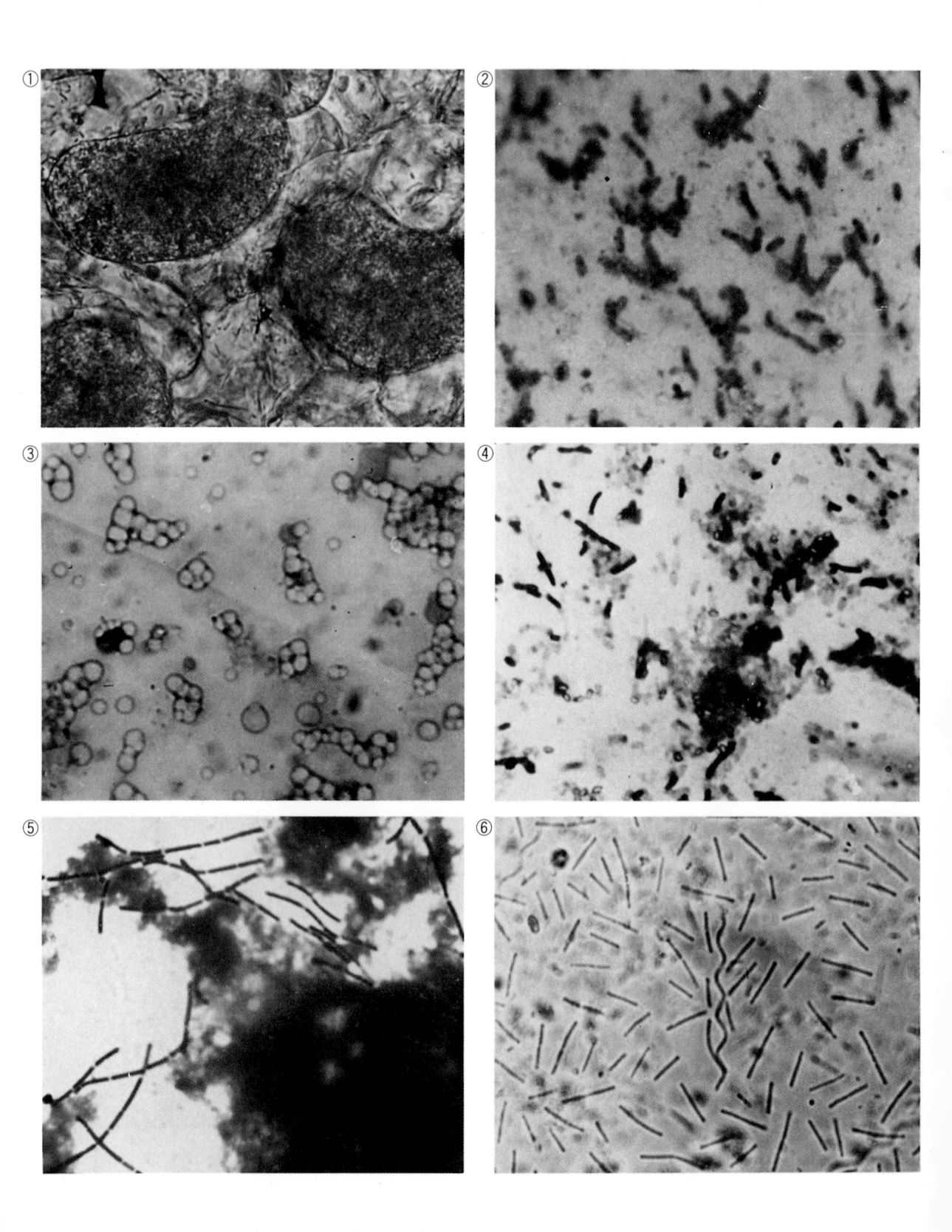

3 藍(らん)藻植物(Cyanophyta)

細胞は球状，楕円体状，円筒状で単一または群体をつくっている．細菌植物と同様に核やミトコンドリア，葉緑体などの細胞器官はなく前核生物である．原形質は周辺の有色原形質(chromatoplasm)と無色の中央原形質(centroplasm)に分かれており，有色原形質にはチラコイドまたはラメラがあり，これに葉緑素(chlorophyll)と藍青素(phycocyan または phycobilin)を含み青緑色に見える．

① 藍藻細胞(電顕模式図)　　　［植田］
② クロオコッカス(Chroococus turgidus)の細胞分裂　［光顕　×700/喜多山］
③〜④ ユレモ(Oscillatoria princeps)　偏平な円筒状細胞が積み重なって糸状をなし，すべり運動とゆれ運動を行う．［光顕　③×150，④×700/植田］

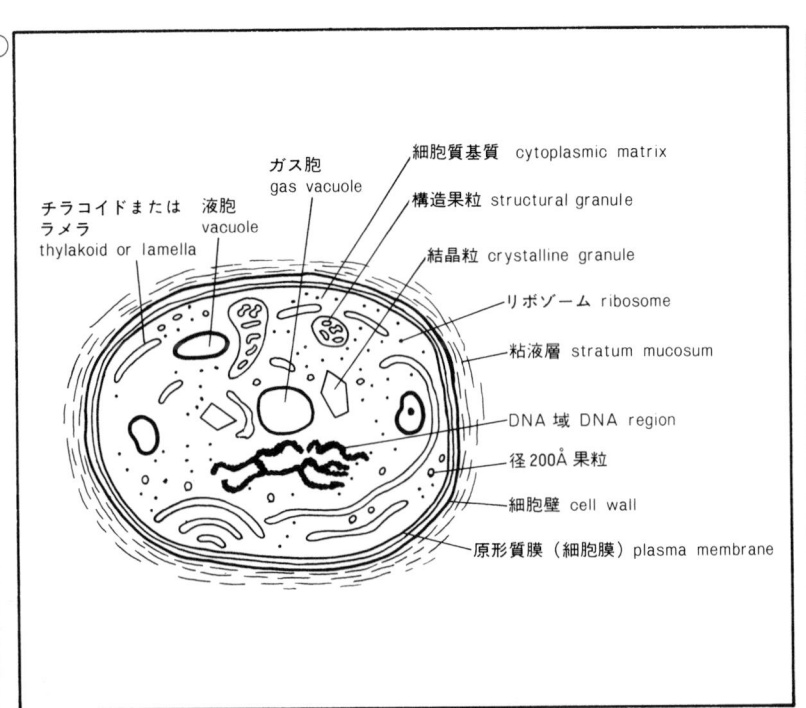

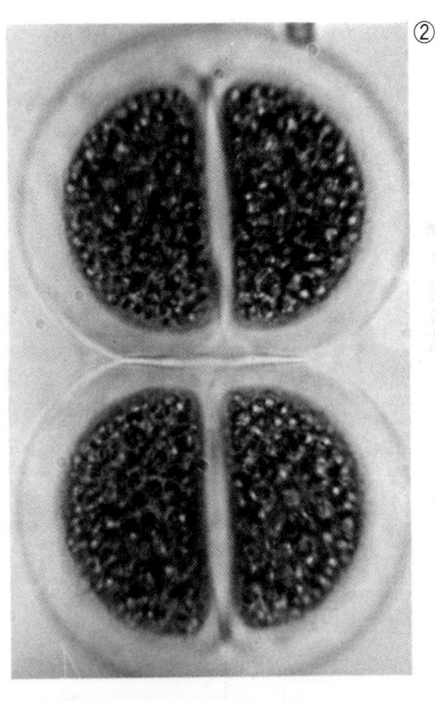

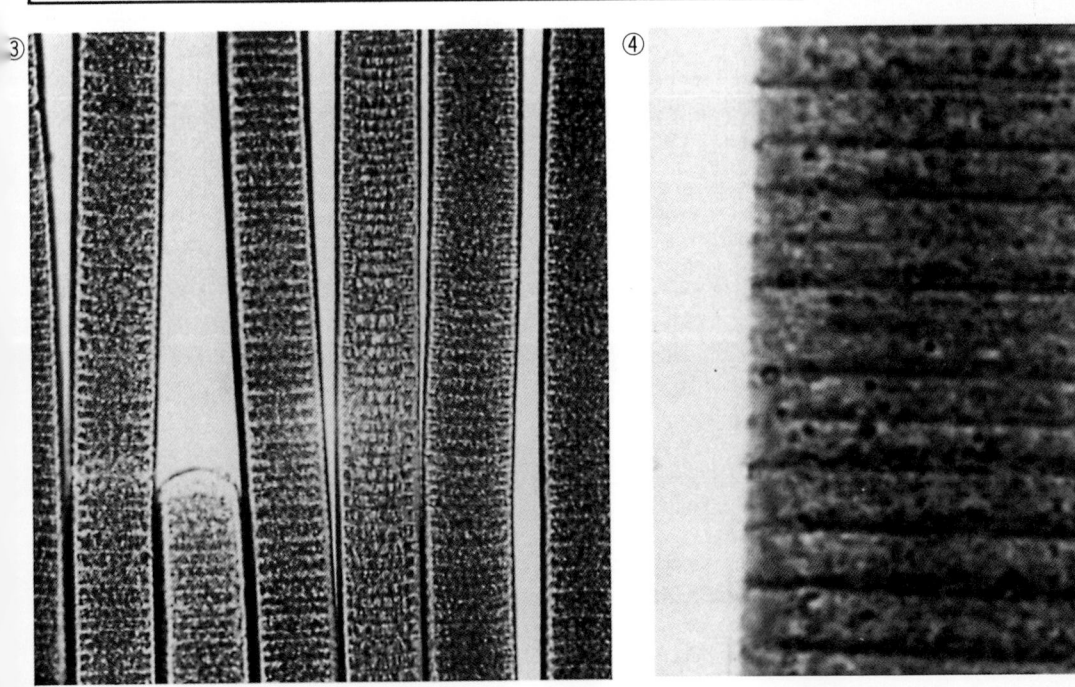

① プレウロカプサ (Pleurocapsa sp.) の細胞
② ジュズモ (Cylindrosperum) のヘテロシスト (heterocyst) と休眠細胞 (akinate)　休眠細胞にはフィアノフィシン果粒を多数含み，細胞の表面に乳状突起が多数生じている．
［電顕　①×4,000, ②×4,500/植田勝］

③ ユレモ (Oscillatoria minima) の細胞　細胞周辺の有色原形質と中央原形質の区別が明瞭である．前者にはチラコイドが，また後者には DNA 繊維，多角体（黒色部），ポリホスフェート体（白抜部）が見られる．［電顕　×27,000/植田勝★］

④ アナキスティス (Anacystis nidulans) の遊離した DNA 繊維　［電顕　×10,000/松田］

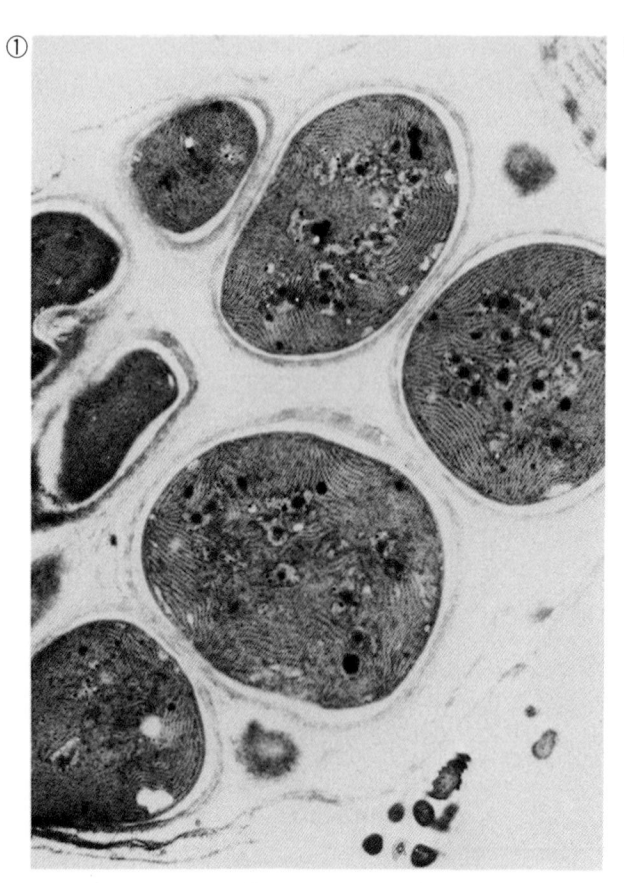

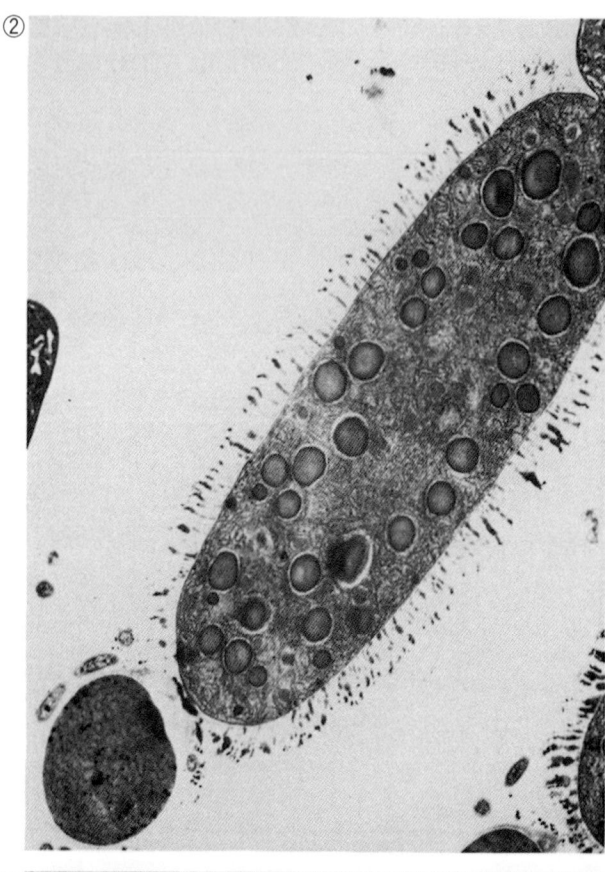

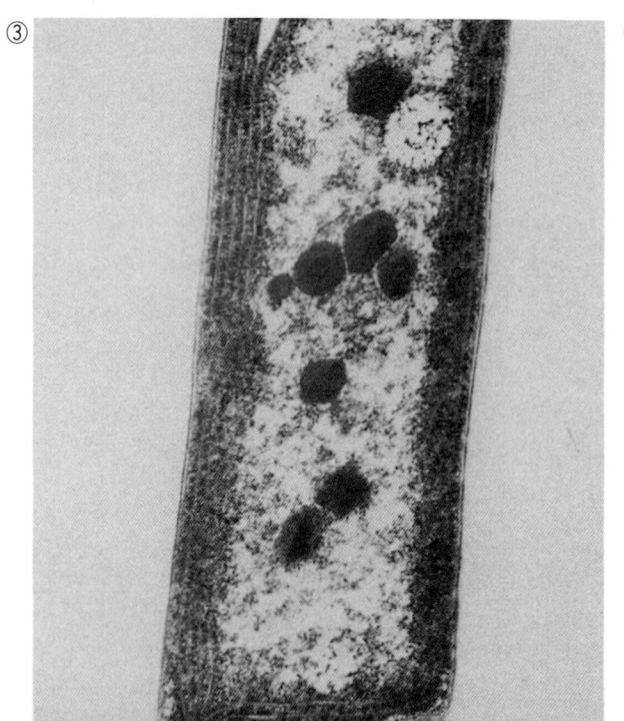

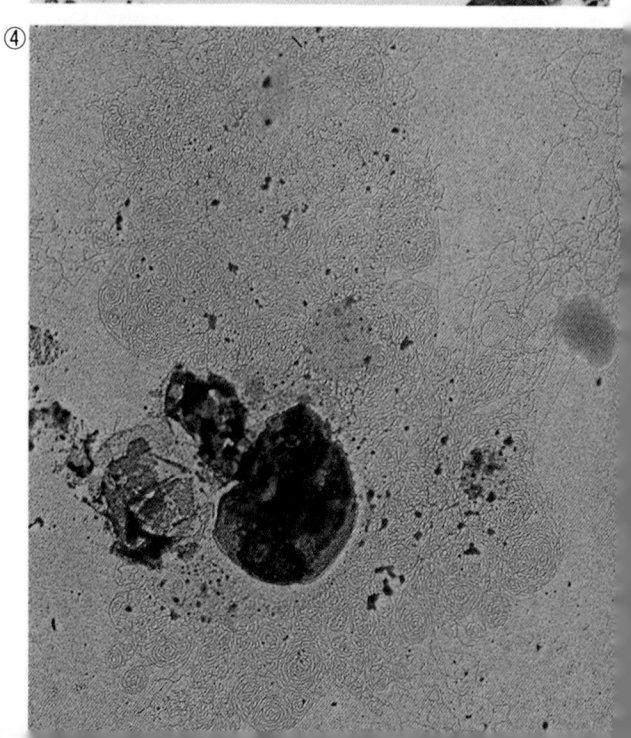

4 ミドリムシ植物（Euglenophyta）

単細胞生物でべん毛を有して水中を遊泳運動をする点では動物的であるが，葉緑体を有して光合成を行う点では植物的でもある．すなわち，この生物は動物と植物との中間生物と考えられている．また核，葉緑体，ミトコンドリアなどの細胞器官があるから真核生物（Eucaryote）である．

① ミドリムシ植物の光顕模式図　ミドリムシの同化産物はデンプン粒に似たパラミロン（paramylon）粒である．
［植田］

②～③ ミドリムシはスライドガラスとカバーガラスの間にはさまれると紡錘形の体を種々に変形させて運動をする．

④～⑤ ミドリムシの仲間には紡錘形だけでなく偏平な心臓形のものもいる．
［光顕　②③④×150，⑤×80／植田］

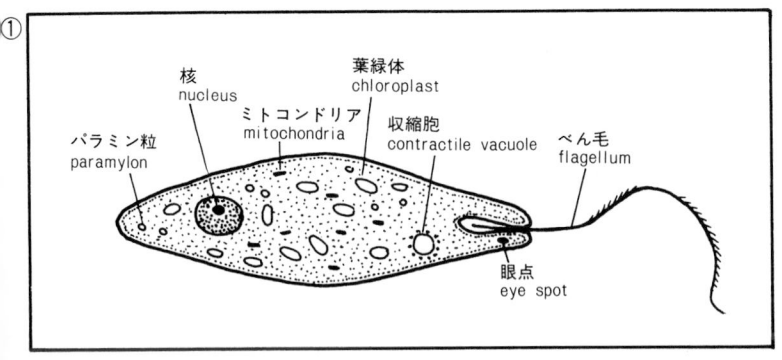

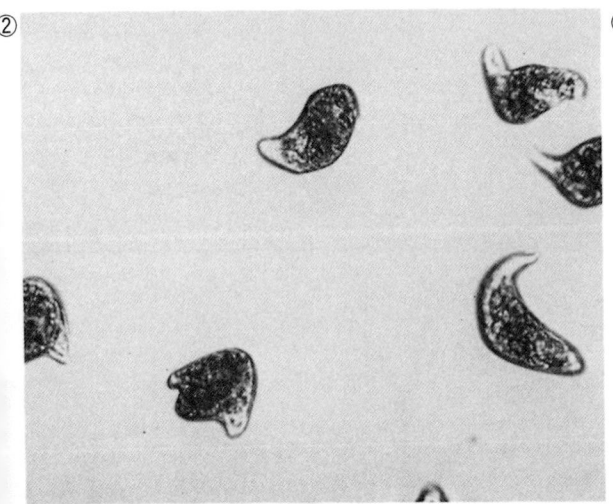

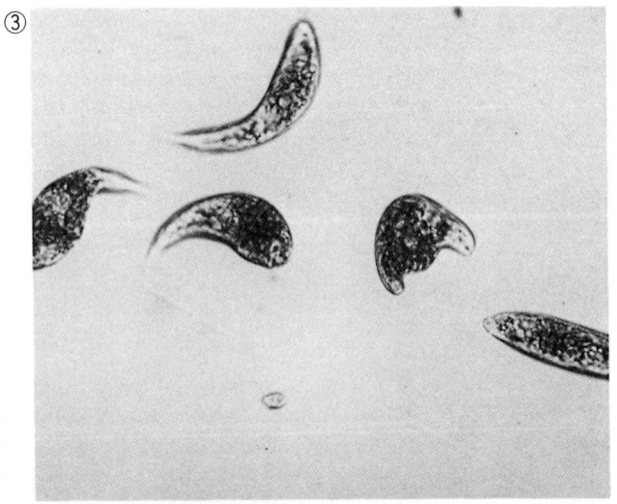

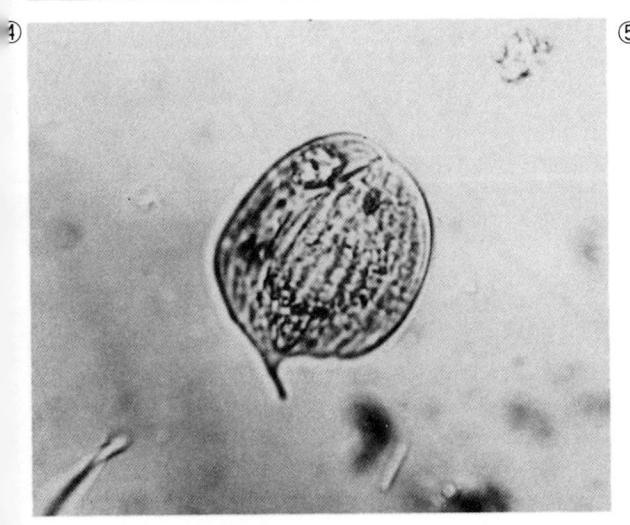

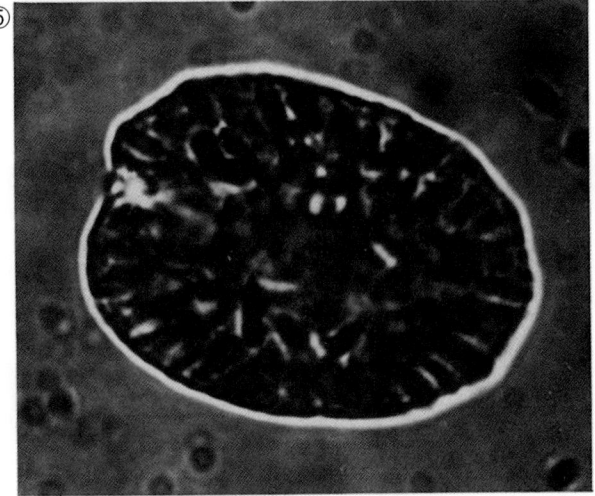

5 紅藻植物（Rhodophyta）

単細胞のものもあるが多くは多細胞植物で，これには糸状（ウシケノリ），偏平状（アサクサノリ），樹枝状（テングサ）など種々の形のものがある．色素体にはクロロフィルaとbのほか紅藻素（phycoerythrin）を含んで体は赤紫色である．細胞壁はおもにセルロースでほかにペクチンを含んでいる．無性生殖は四分胞子（tetraspore），単胞子（monospore），多胞子（polyspore）などの不動胞子によっている．有性生殖も行われ，世代交代をする．

① 紅藻植物（例：アサクサノリ）の生活史　　［★］
② 紅藻植物の系統樹　　紅藻植物は含有する色素や色素体の微細構造などから，藍藻類から進化した植物と考えられている．

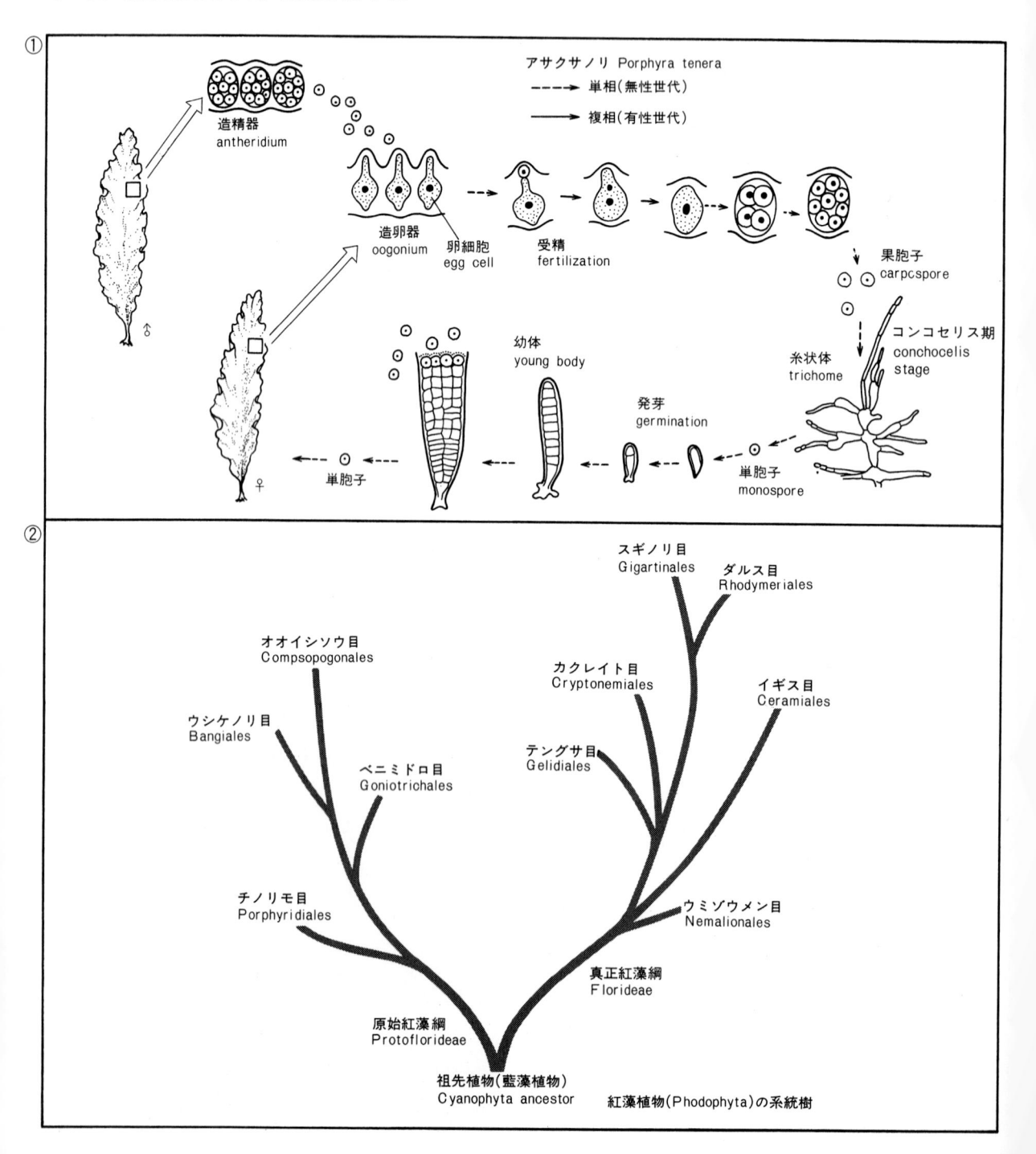

5 紅藻植物

① スサビノリ（Porphyra yezoensis）の細胞　細胞の大部分を占め不規則形をし，中にラメラの発達した葉緑体が1個ある．右側には核，所々にミトコンドリアなどが見られる．[電顕　×7,000/原]

②～③ アサクサノリ（Porphyra tenera）の夏のり　② 胞子発芽7日後のもの．③3週間後の細胞．星形の色素体が細胞ごとに1個ずつある．[光顕　②×300，③×700/植田]

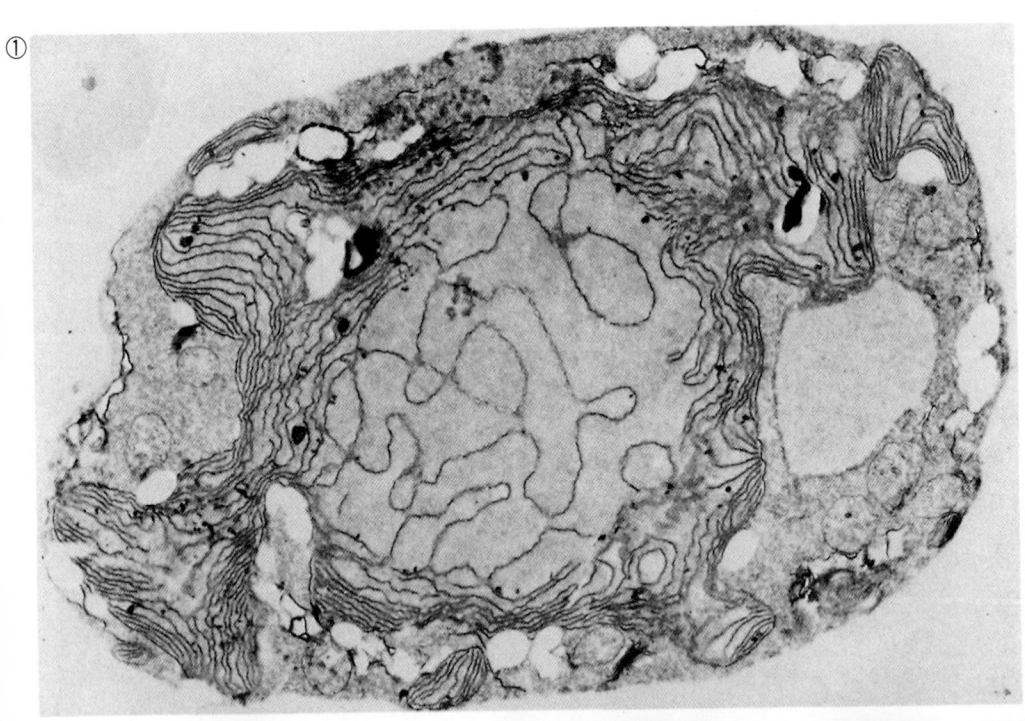

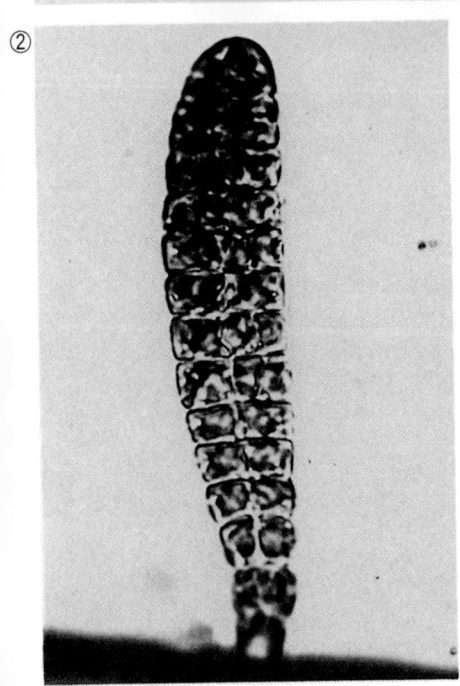

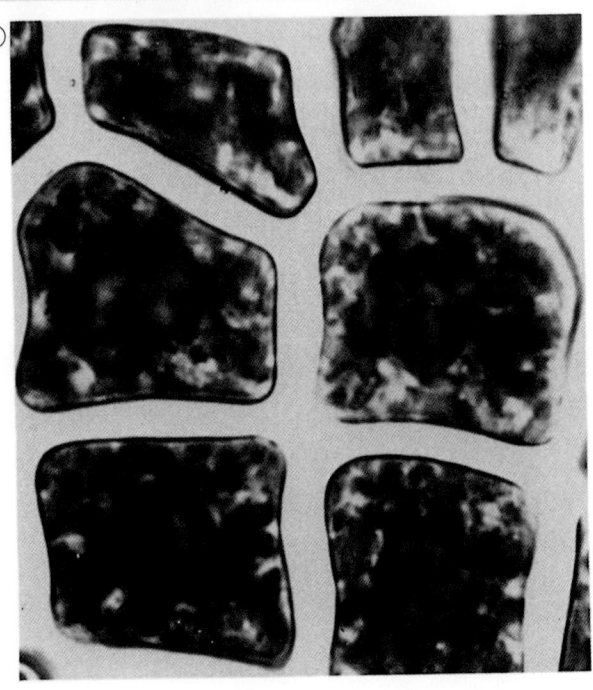

①〜④　テングサ（Gelidium Amansii）の横断面　①皮層部と髄層部に分けられる．②同上拡大．皮層部は柔組織様細胞，髄層部は柔組織様細胞と細長い菌糸状細胞で満たされている．③髄層部の菌糸様細胞がやや不規則な方向に走っているところ．④同上髄層部．菌糸様細胞の横断面．
［光顕（カルノア液固定）　①×200，②③④×350/植田］

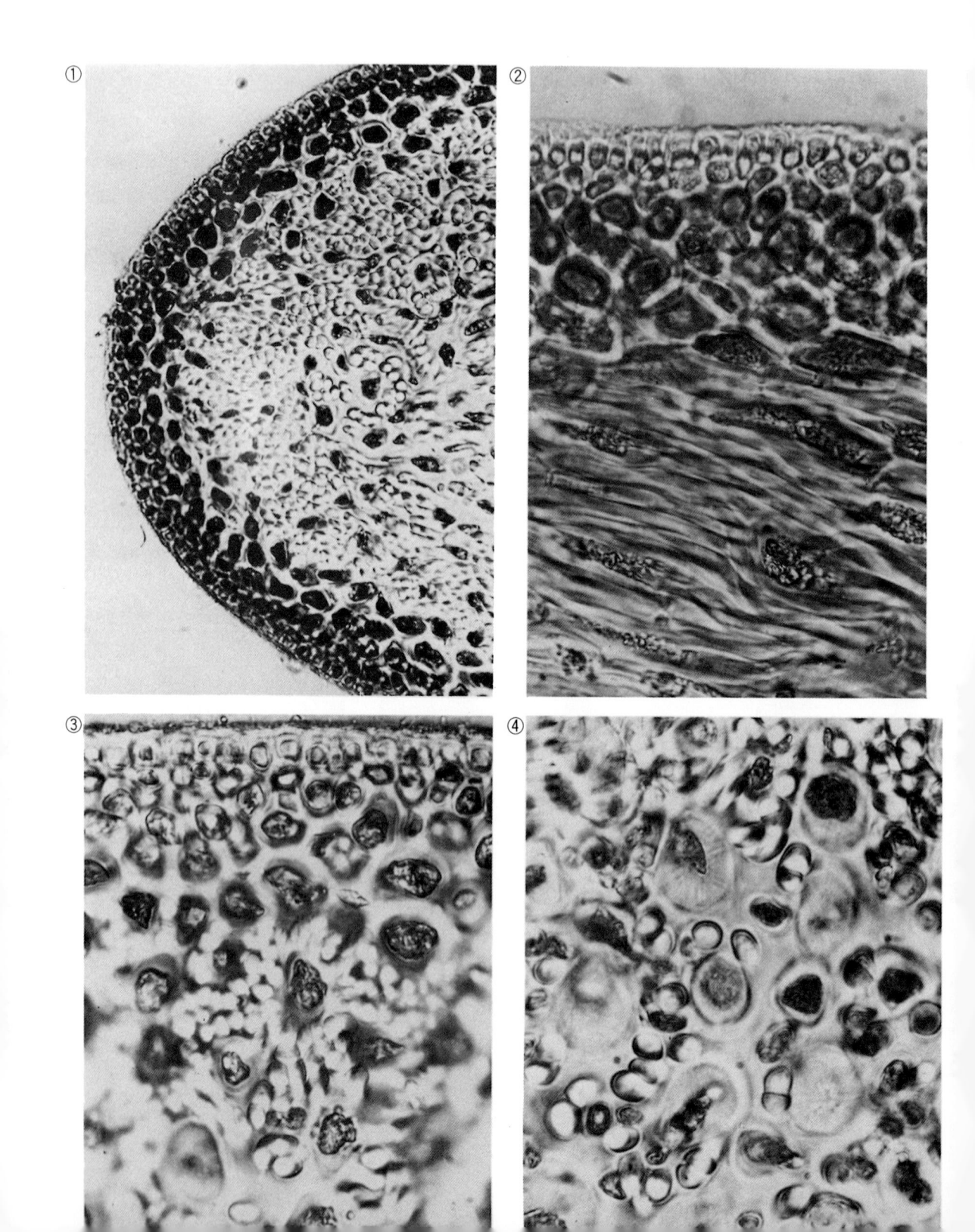

5 紅藻植物

① フクロフノリ(Gloiopeltis furcata)の横断面　所々に果胞子が見られる.
② ホソバナミノハナ(Chondrococcus Hornemanni)の表面観
③ カギイバラノリ(Hypnea japonica)の横断面　皮層部の細胞は小さく髄層部の細胞は大きい.
④〜⑤ カバノリ(Gracilaria Taxitorii)の表面観④と横断面⑤
[光顕(①③⑤は10％ホルマリン固定, 0.1％ロダミンB染色)　①×150, ②×1,000, ③⑤×300, ④×700/植田]

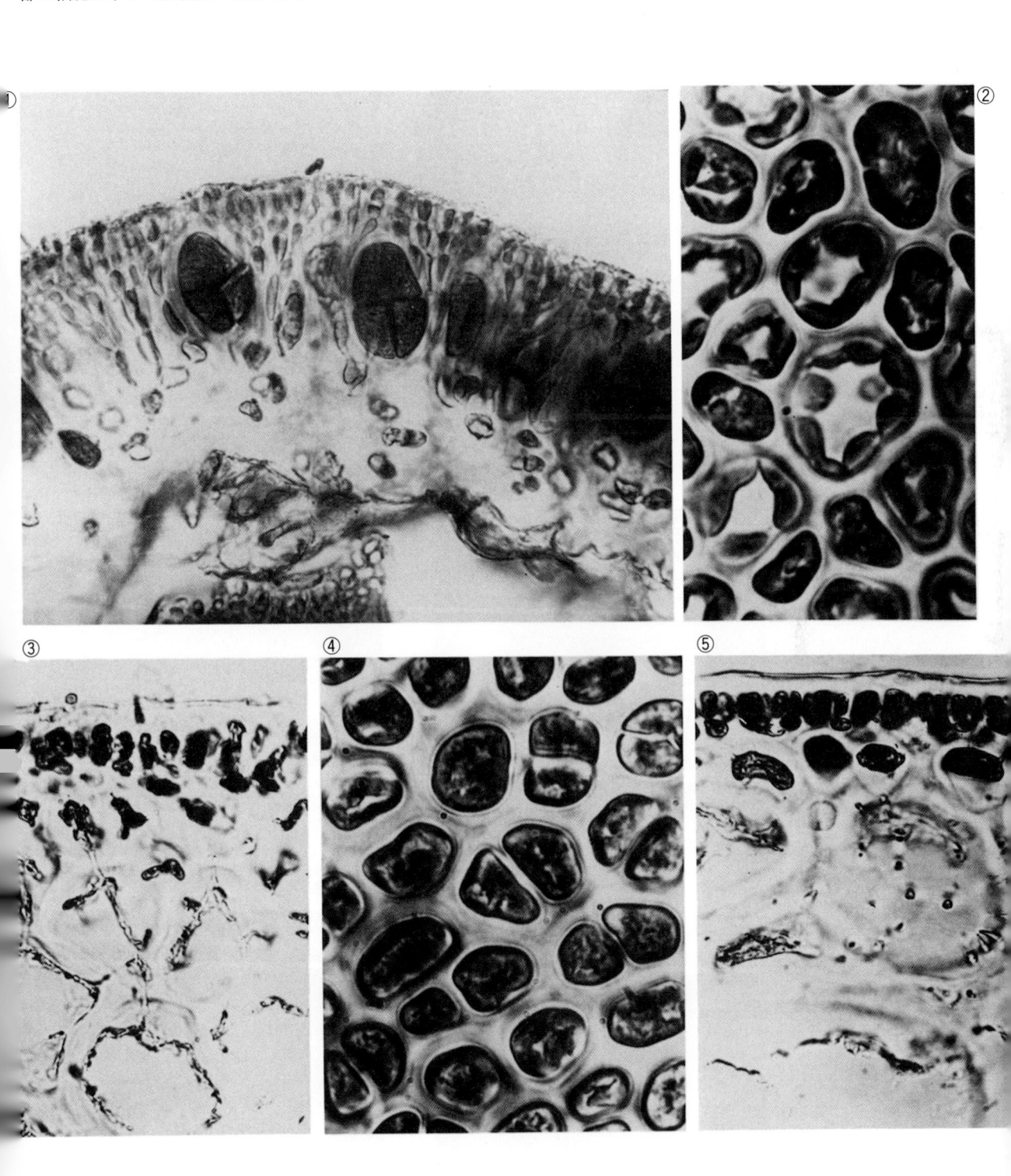

① オキツノリ(Gymnogongrus flabelliformis)の横断面
② サイミ(Ahnfeltia paradoxa)の横断面
③〜④ フシツナギ(Lomentaria catenata)の表面③と横断面④
⑤ ツノマタ(Chondrus ocellatus)の横断面
⑥ スギノリ(Gigartina tenella)の横断面
[光顕(10％ホルマリン固定) ①②④〜⑥×300, ③×700／植田]

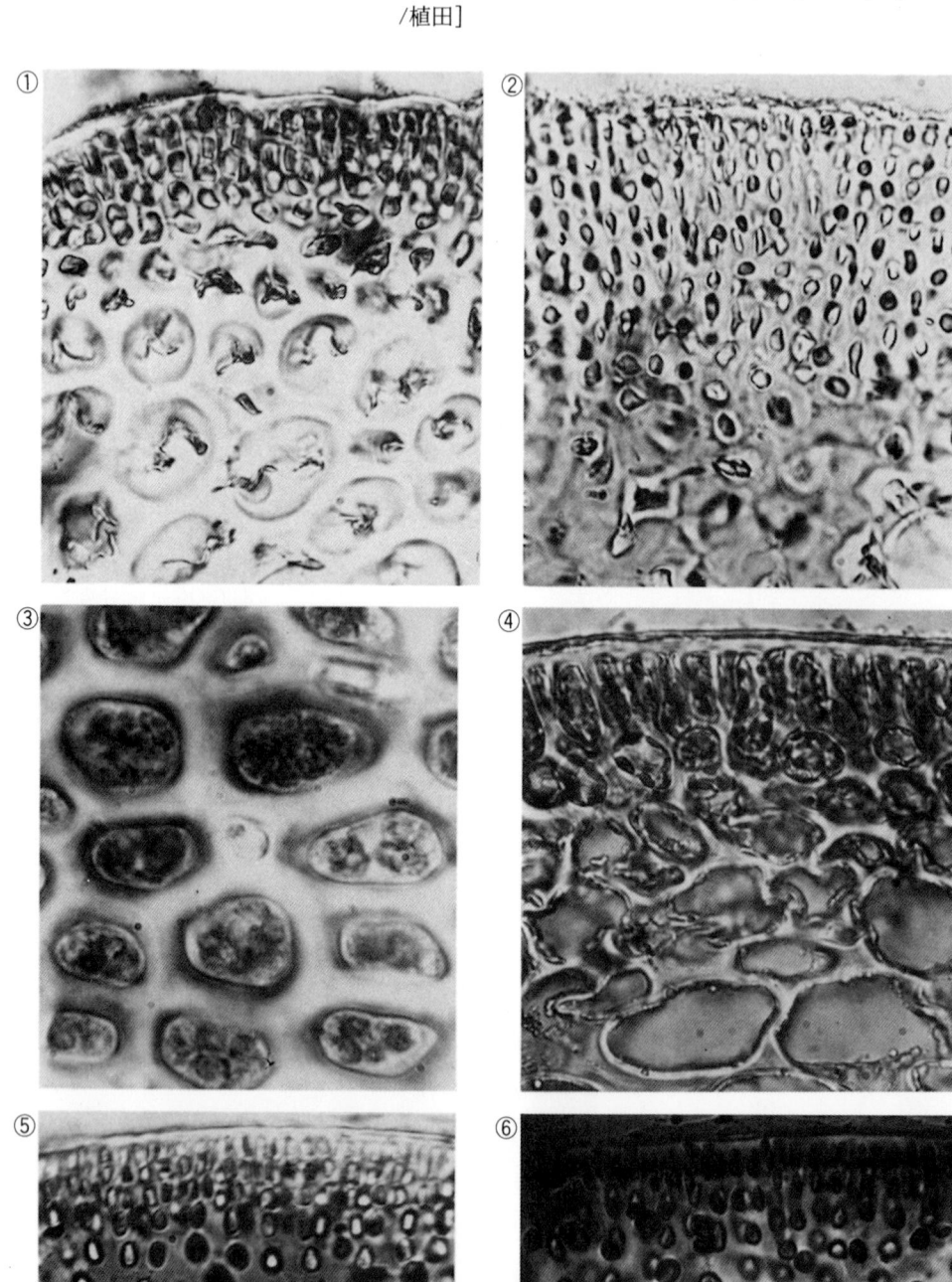

5 紅藻植物

①～③ ケイギス（Ceramium tenerrimun）の先端部①と節間細胞②③　②細長い色素体が縦方向に配列している．③細長い色素体のほか不規則形の色素体も見られる．
④ ソゾ（Laurencia sp.）の横断面
⑤ ヤレウスバノリ（Acrosorium flabellatum）表皮細胞　色素体が多数見られる．
[光顕（④10％ホルマリン固定）　①×35，②～④×300，⑤×1,000/植田]

⑥ 淡水産紅藻類カワモズク（Batrochospermum moniliform）の色素体電顕像　ラメラが同心円状に配列している．P：色素体，S：紅藻デンプン粒（細胞質内に生じる）　[電顕（GA+OsO$_4$ 固定）　×15,000/原]

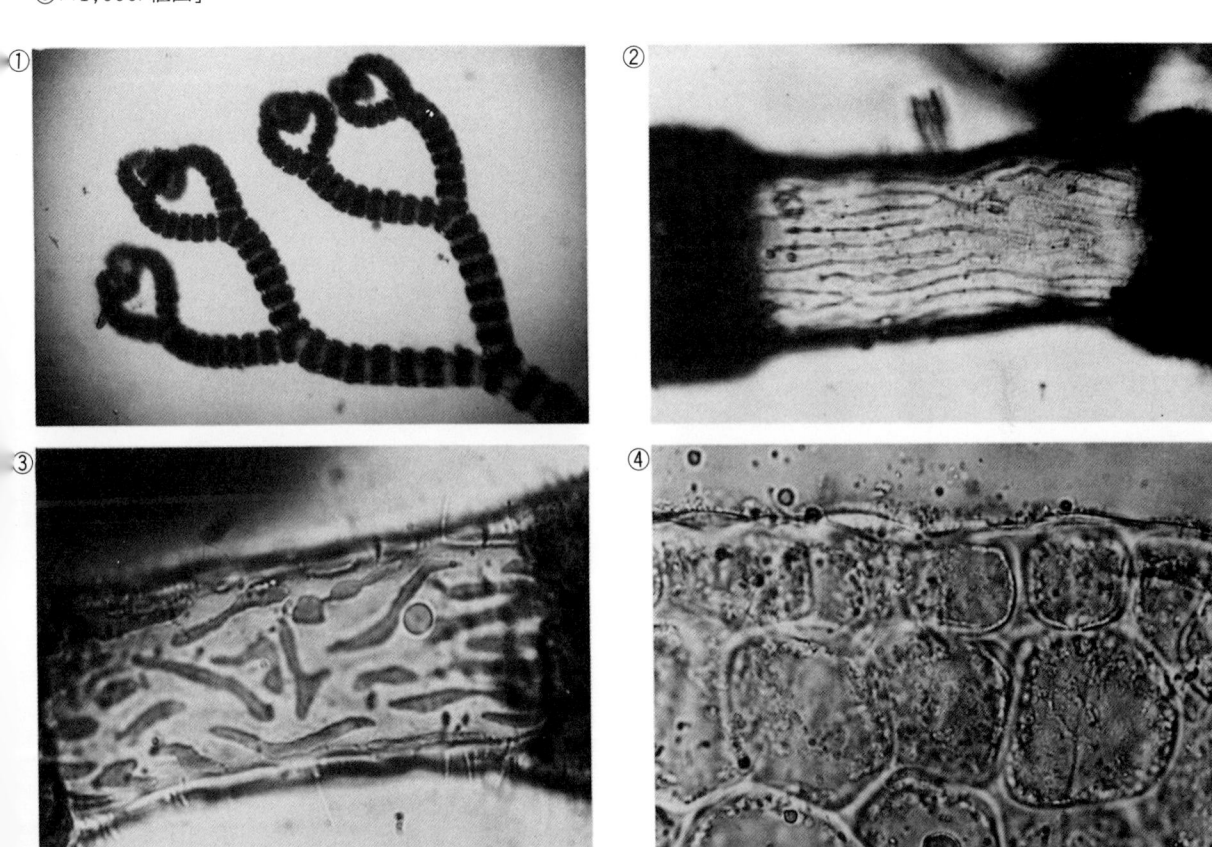

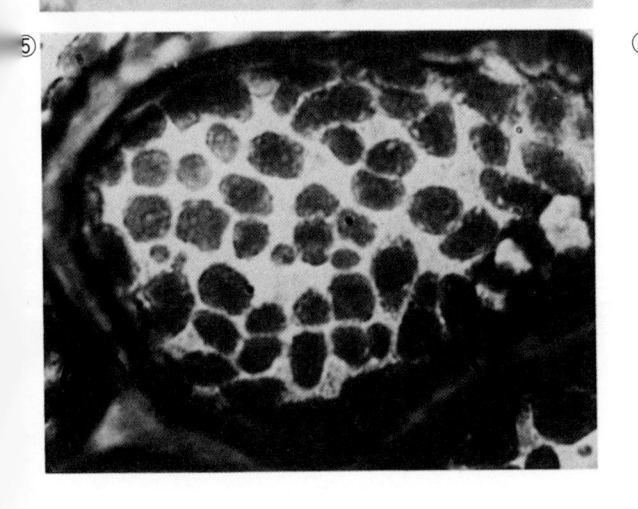

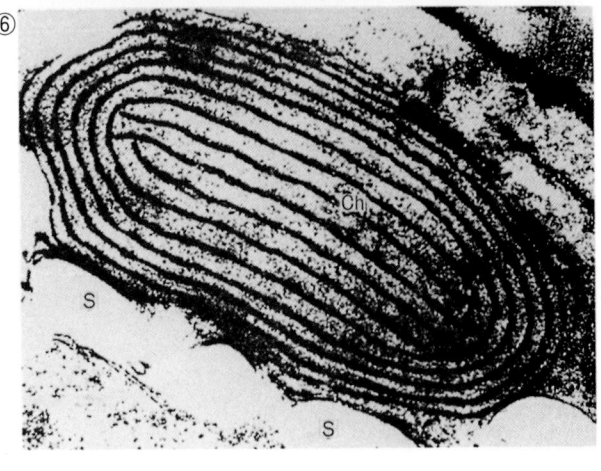

① **ナミノハナ**(Chondrococcus japonicus)細胞の電顕像
色素体や色素体外に紅藻デンプン粒が見られる．[電顕(GA+OsO₄ 固定) ×9,600/原]

② **カザシグサ**(Griffithsia japonica)の色素体の電顕像
内部チラコイドが平行に配列し，それらをかこんで一層の外部チラコイド(OD)がある．最外部は色素体膜(CE)でとりかこまれ，また左側に好オスミウム粒(OG)が見られる．[電顕(GA+OsO₄ 固定) ×2,000/原・千原★]

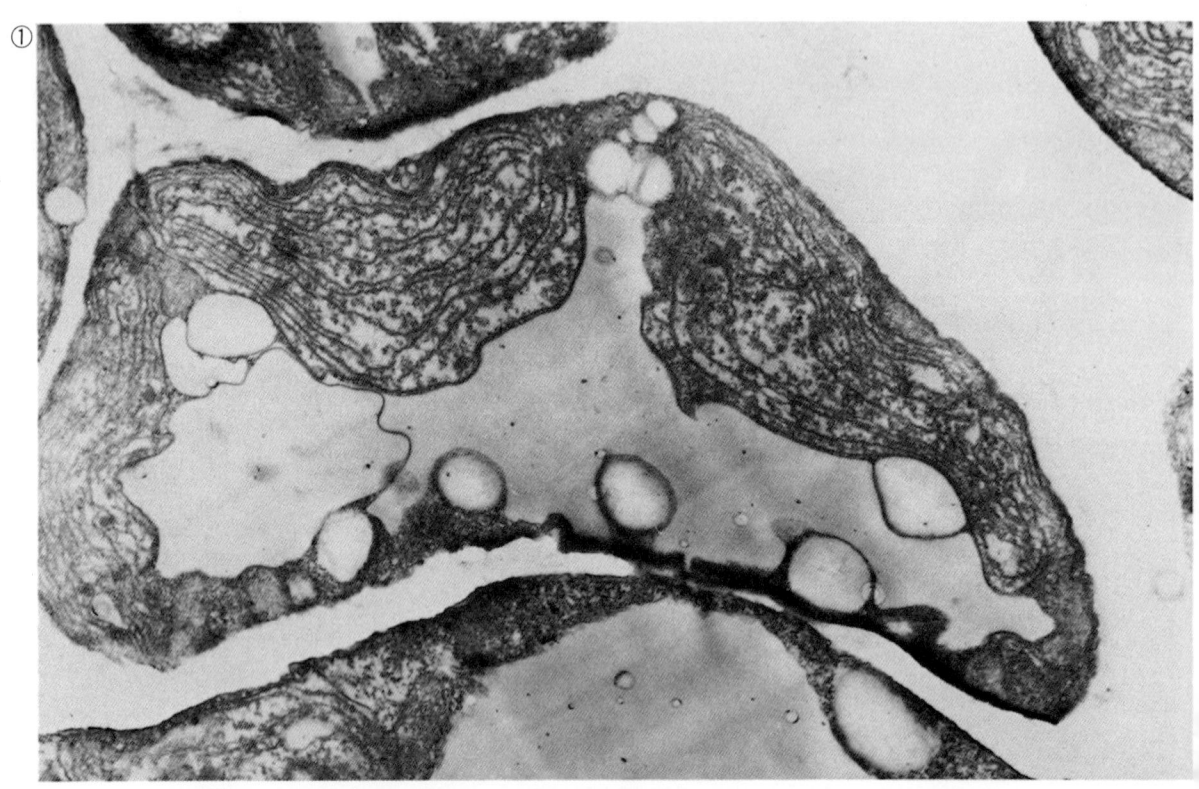

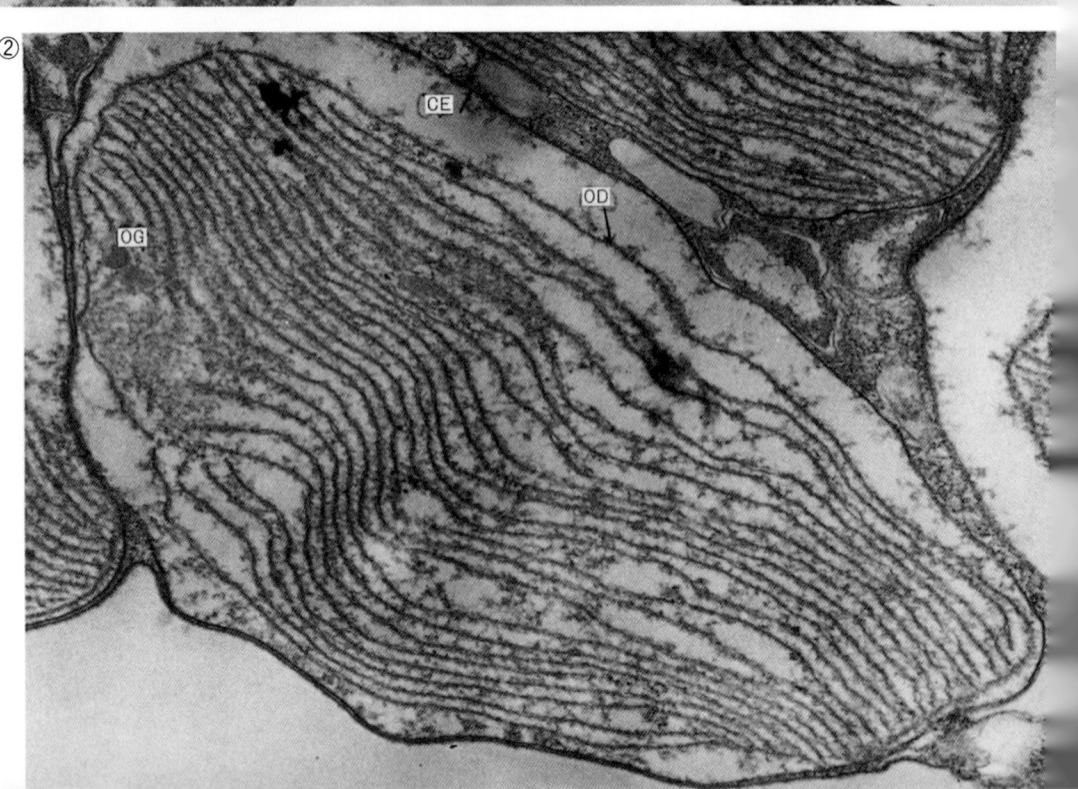

5 紅藻植物

①〜② ハリガネ(Ahnfeltia paradoxa)細胞の電顕像 ①細胞壁は厚く多層になっている．上方の細胞には核，下方の細胞には色素体が見られる．②色素体の拡大．チラコイドの数は少ない．色素体のほかミトコンドリアも観察される．

③ ムカデノリ(Grateloupia filicina)の色素体
④ コザネモ(Symphyocladia marchantiodes)の色素体
[電顕(KMnO₄＋GA固定)　①×3,500，②×18,000，③×24,000，④×15,000/①原・千原★，②〜④原]

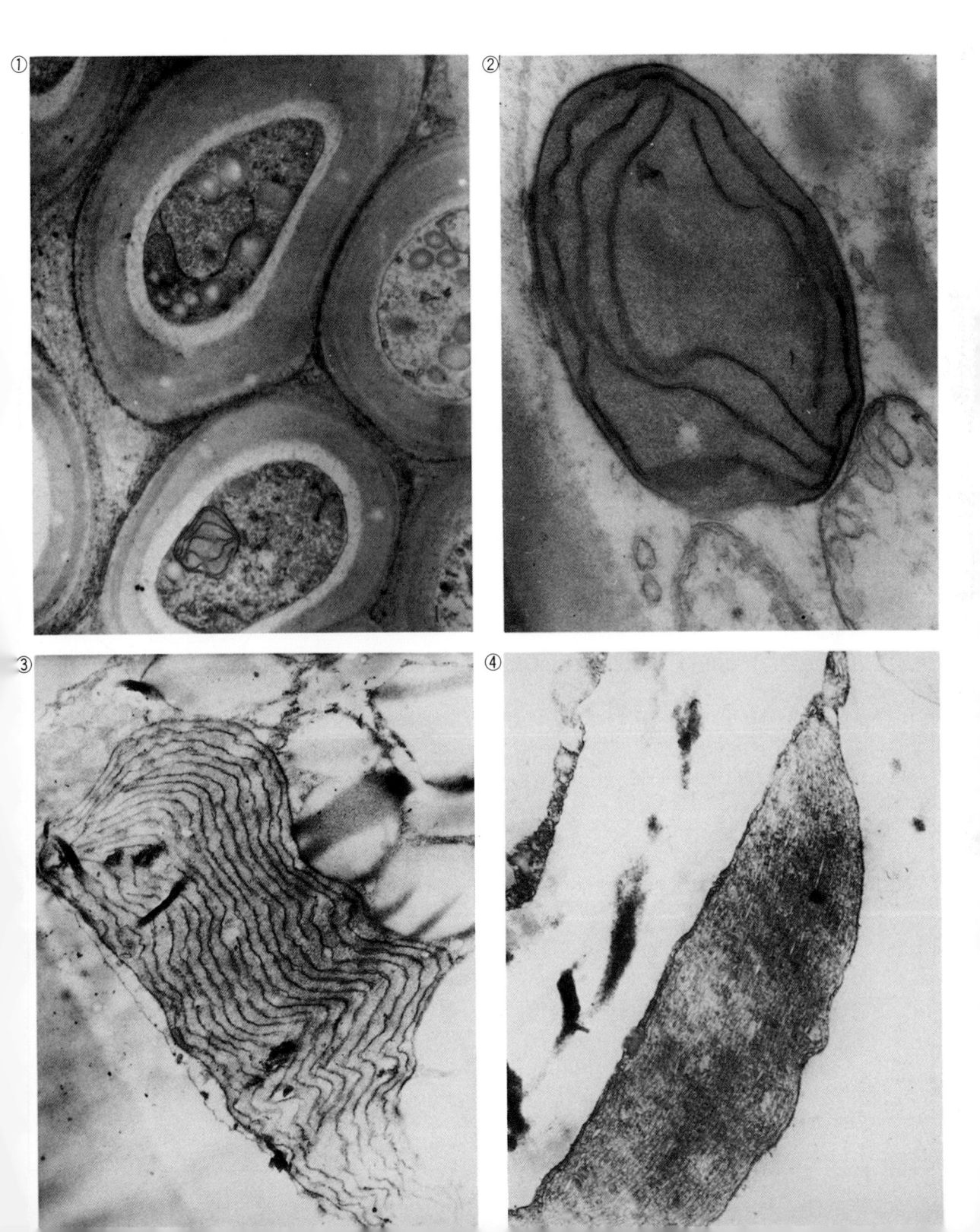

6 褐藻植物（Phaeophyra）

体は多細胞で，糸状，樹状，帯状などで，根茎葉に相当する形に分化したものもある．無性生殖は通常遊走子（zoospore）により，まれに不動胞子（aplanospore）による．遊走子は不等長の側べん毛を持っている．有性生殖はそれぞれ造卵器，造精器に生じた卵，精子の受精による．細胞には1核のほか数個の色素体があり，中にクロロフィルa, cのほか褐色のフコキサンチン（phycoxanthin）を含み褐色体（phaeoplast）とよばれ，同化産物はラミナリンやマンニットである．また細胞内にはミトコンドリア，ゴルジ体，小胞体，液胞などがあり，細胞壁にはセルロースとアルギニンが含まれている．

① 褐藻植物の生活史　　[★]
② 褐藻植物の細胞微細構造模式図　C：葉緑体，チラコイドは3個ずつが平行に対になっている．両端にDNA繊維，所々に好オスミウム粒が見られる．CE：葉緑体膜，CER：ツルモで見られる葉緑体内小胞体で核膜（NE）と連結している．Py：ピレノイド，PS：ピレノイドのうで炭水化物を含有している．N：核，n：仁．[植田]
③ 褐藻植物の系統樹

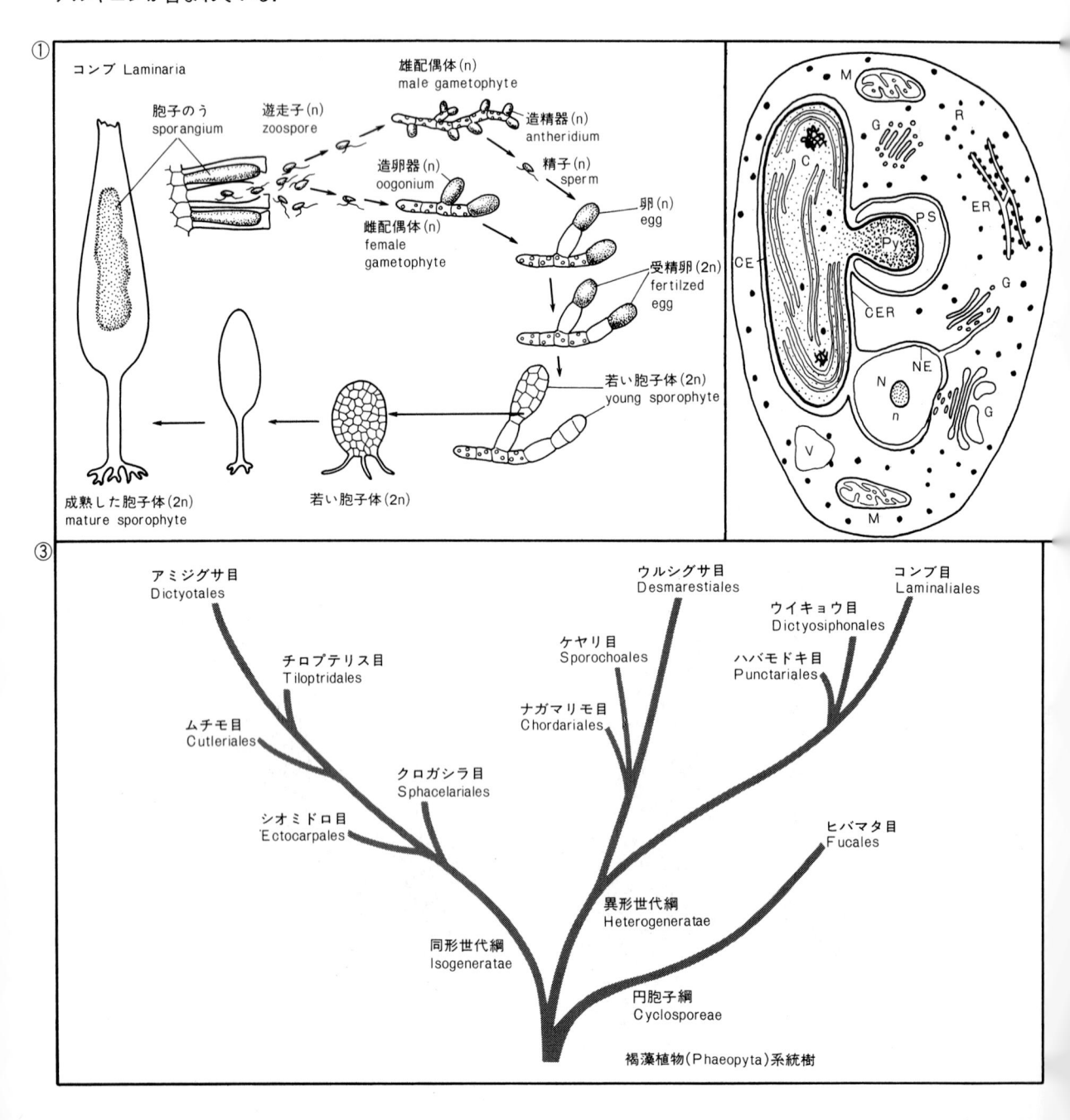

6 褐藻植物

①〜③ **アミジグサ**(Dictyota dichotoma)の成長点　① 2個の成長点．二又分枝をする．②は①の拡大．③は②よりやや離れた部分の細胞．多数の色素体(褐色体)を含んでいる．
④ **イシゲ**(Ishige Okamurai)の横断面　皮層部と髄質部に分かれている．
⑤〜⑥ **ワカメ**(Undaria pinnatifida)の表面観⑤と横断面⑥　⑤各細胞に数個の色素体を有している．⑥小さい細胞からできている一層の表皮と大きい細胞からできている内部組織に分化している．

[光顕(④10％ホルマリン固定)　①④⑥×150，②×70，③⑤×700/植田]

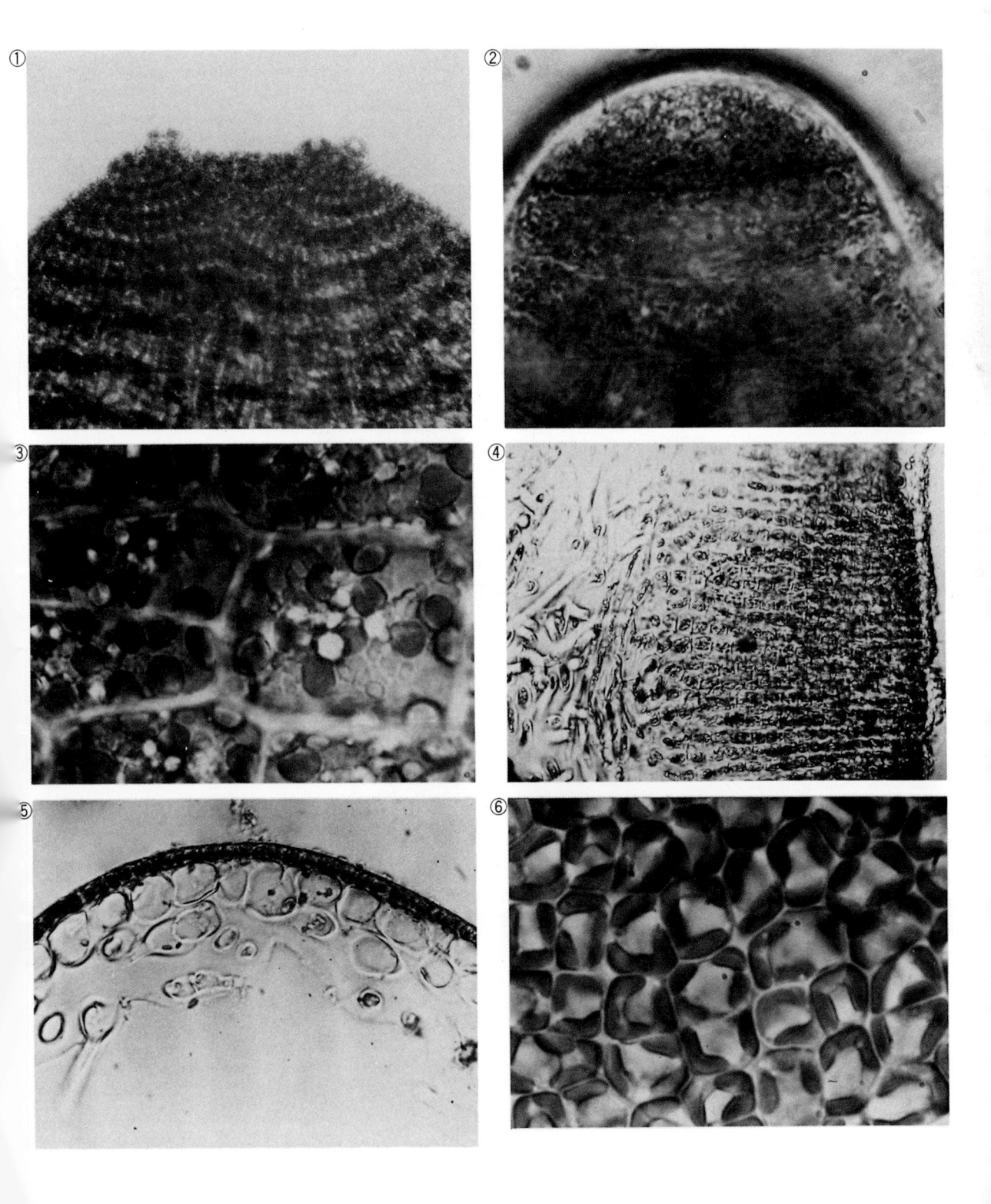

①〜②　チガイソ（Alaria rassifalia）の雄性配偶体細胞　①縦断面（電顕像）．中央に核，周辺に偏平あるいは不規則形の大きな数個の色素体が見られる．②横断面　　［電顕（GA＋OsO₄ 固定）　①×10,000, ②×20,000/堀］

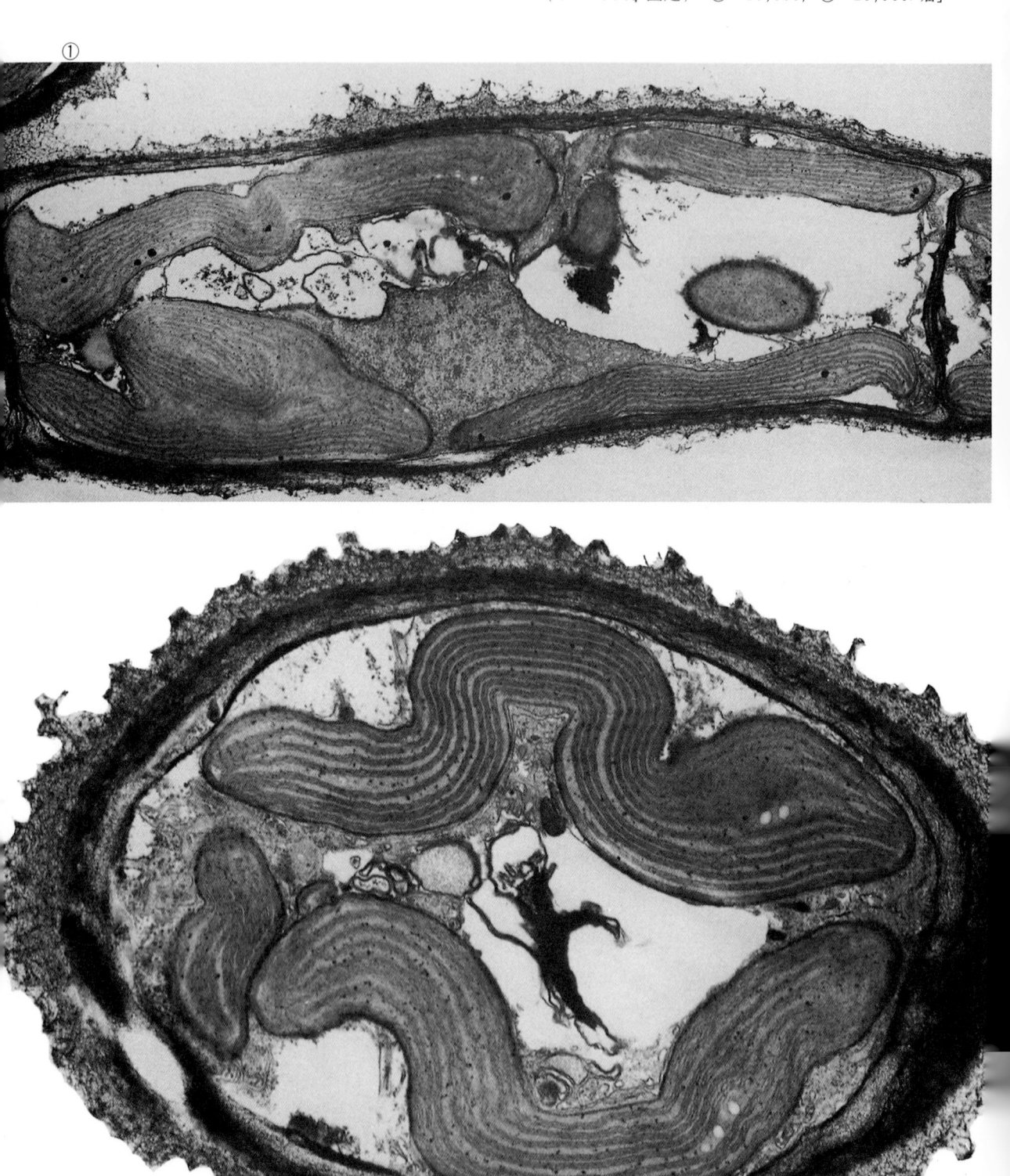

①～②　ノコギリモク(Sargassum serratifolium)の表面観①と横断面②　②1～2層の皮層部の細胞は小さい.
③～④　ウミトラノオ(Sargassum Thunbergii)の横断面
③1～2層の皮層部と髄層部に分かれている．④拡大．
[光顕(10%ホルマリン固定)　①×900, ②④×350, ③×200/植田]

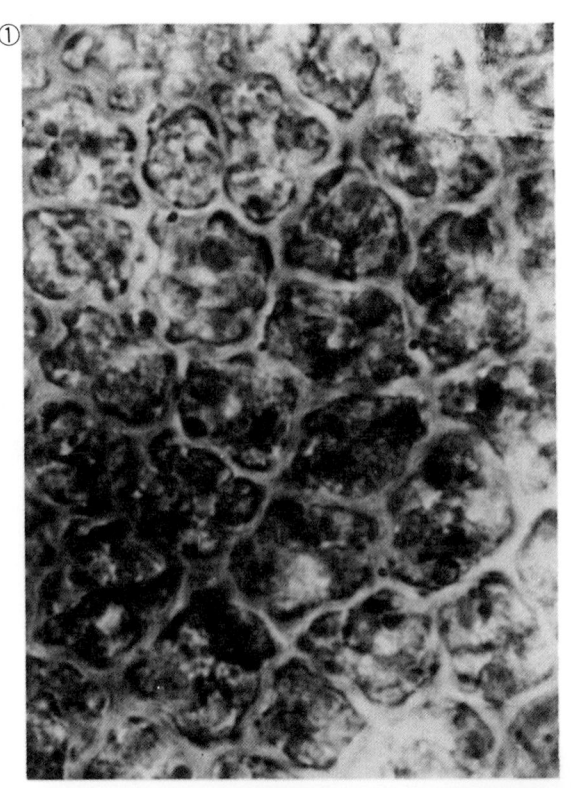

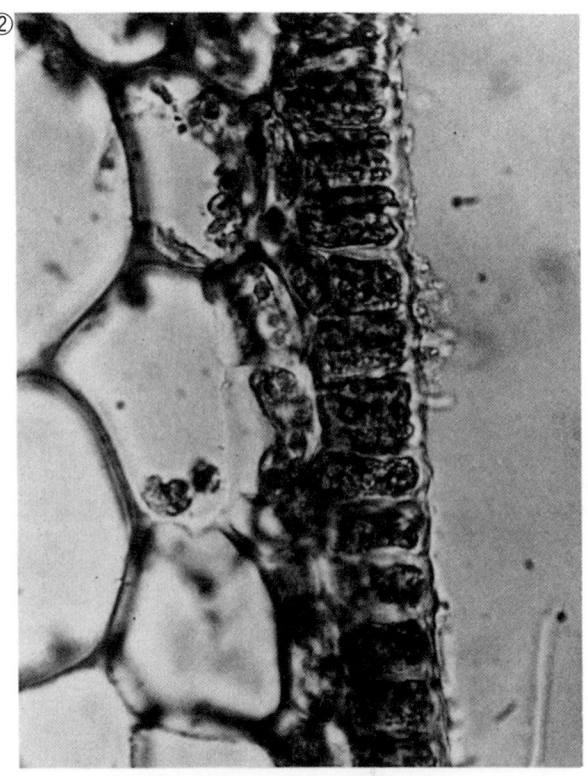

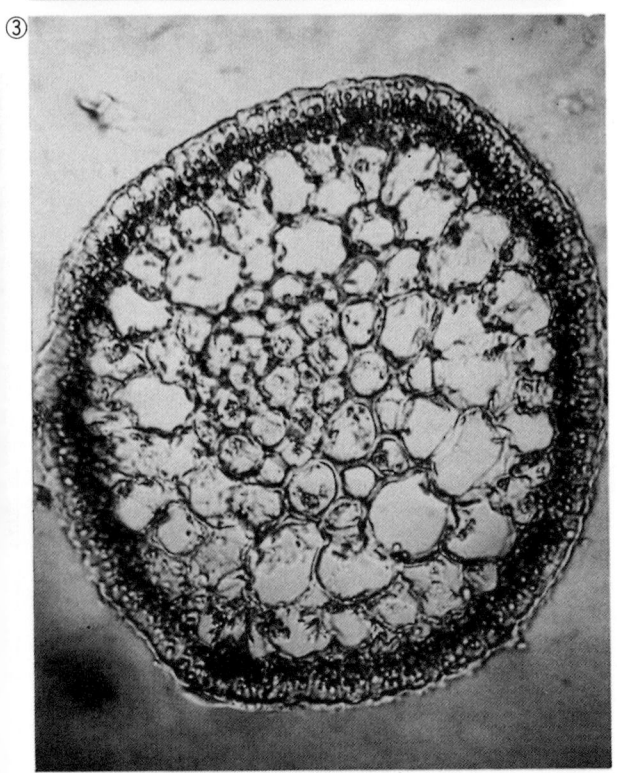

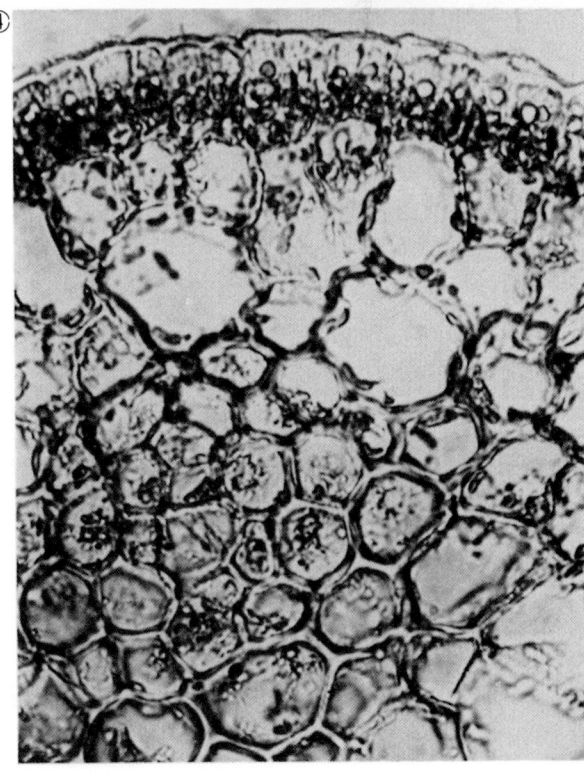

7 珪藻植物（Bacillaryophyta）

単細胞生物であるがしばしば群体を形成する．1個の細胞に2個の色素体を持ち，褐色～黄褐色でクロロフィル a と c，フコキサンチン，ジアトミンのほかピレノイドや油滴を含んでいる．細胞壁はケイ酸質で上殻（epitheca）と下殻（hypotheca）に分かれ，種々の模様がある．分裂による無性生殖と接合（増大胞子形成）による有性生殖により繁殖する．

① 海産珪藻カシノディスクス（Cascinodiscus）
② 海産珪藻バクテリアストラム（Bacteriastrum）
［光顕　①×1,000，②×1,000/喜多山］
③ 珪藻植物の模式図と生活史　　［★］

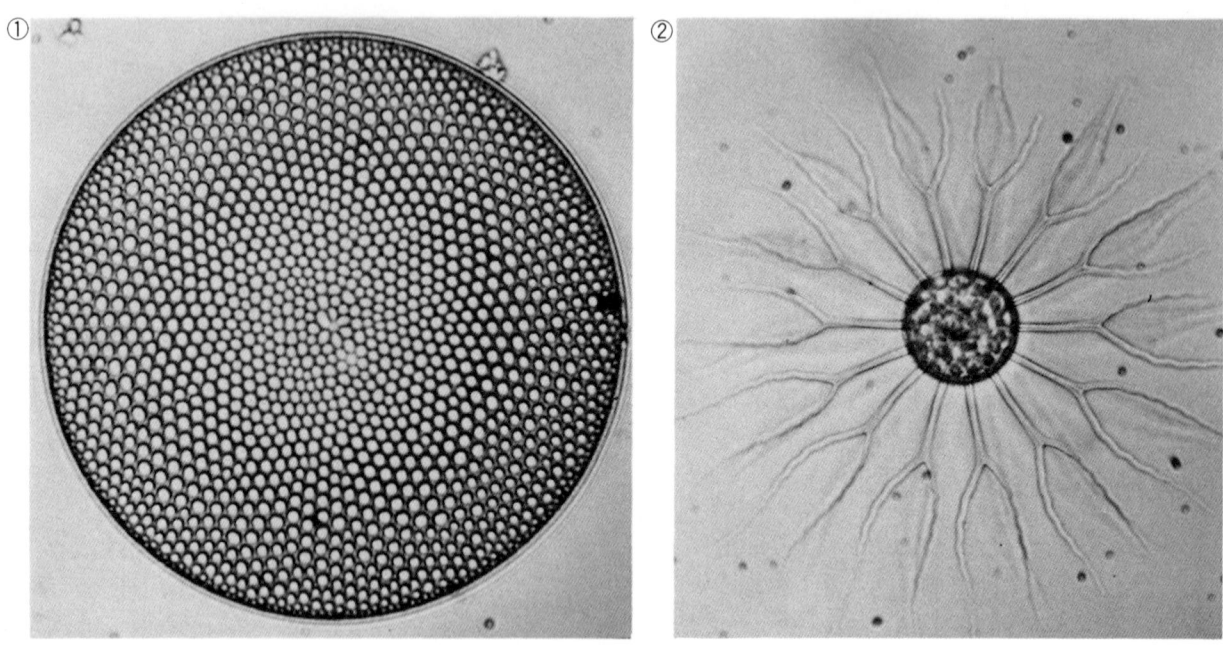

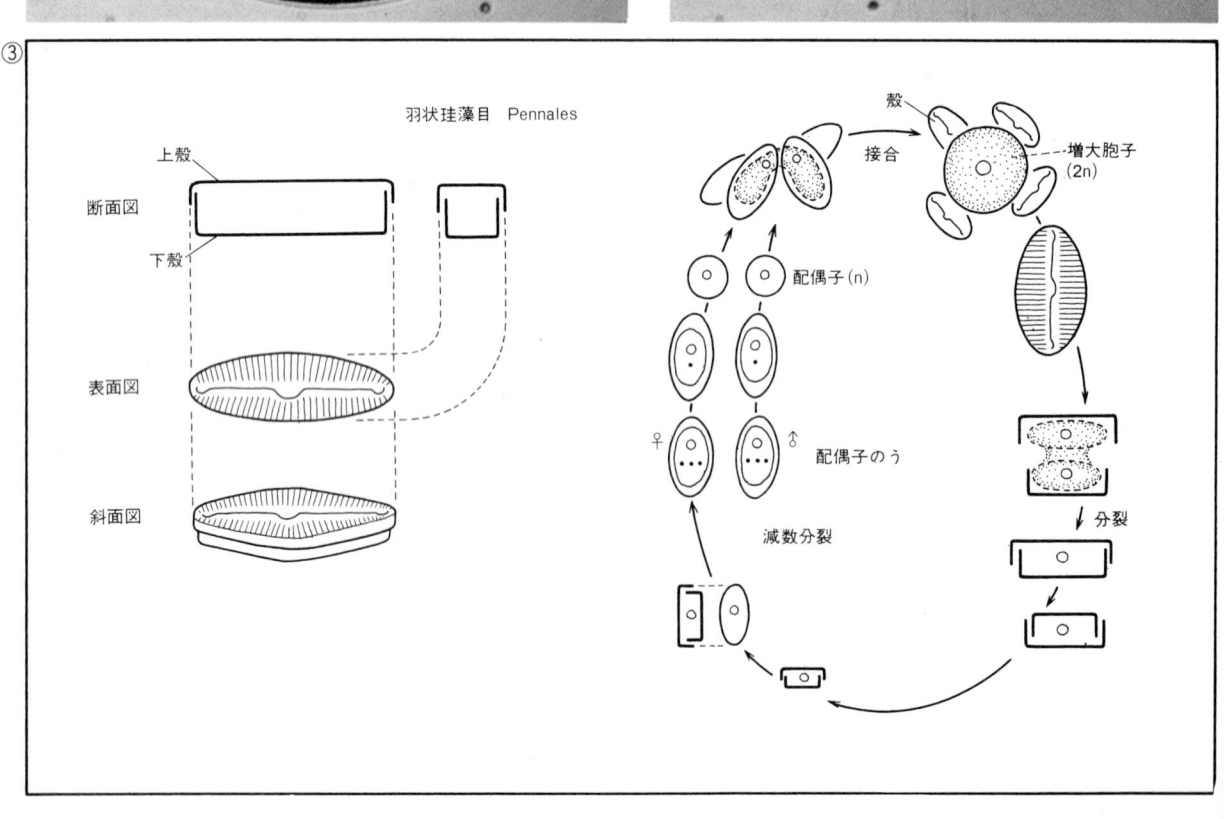

7 珪藻植物

① 羽状類フネケイソウ（Navicula pseudolanceslata）
② 羽状類ハネケイソウ（Pinnularia sp. ）
③ 羽状類ハフウケイソウ（Epithemia sorex）
④ 羽状類ツメケイソウ（Achnanohes brevipes）
⑤ 中心類タラシオシラ（Thalassiosira bramaputrae）
［走顕 ①〜⑤×1,800/小林·］

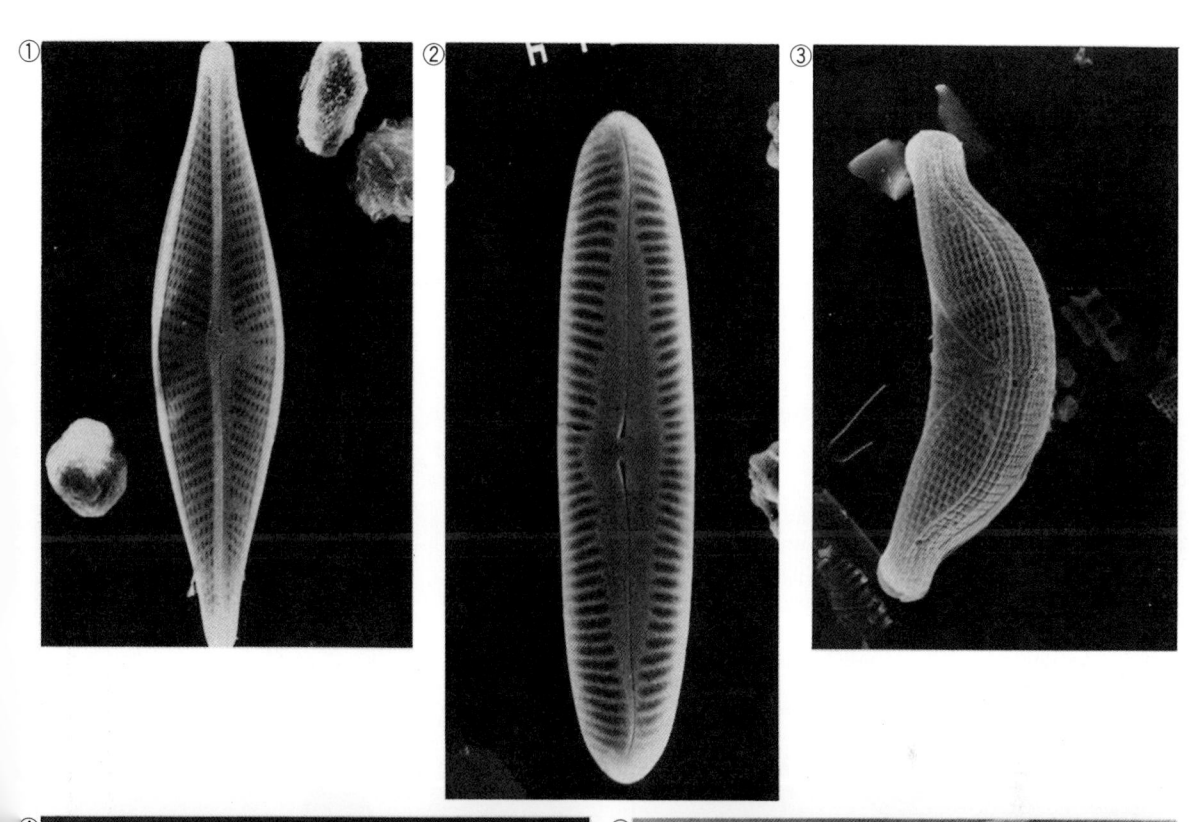

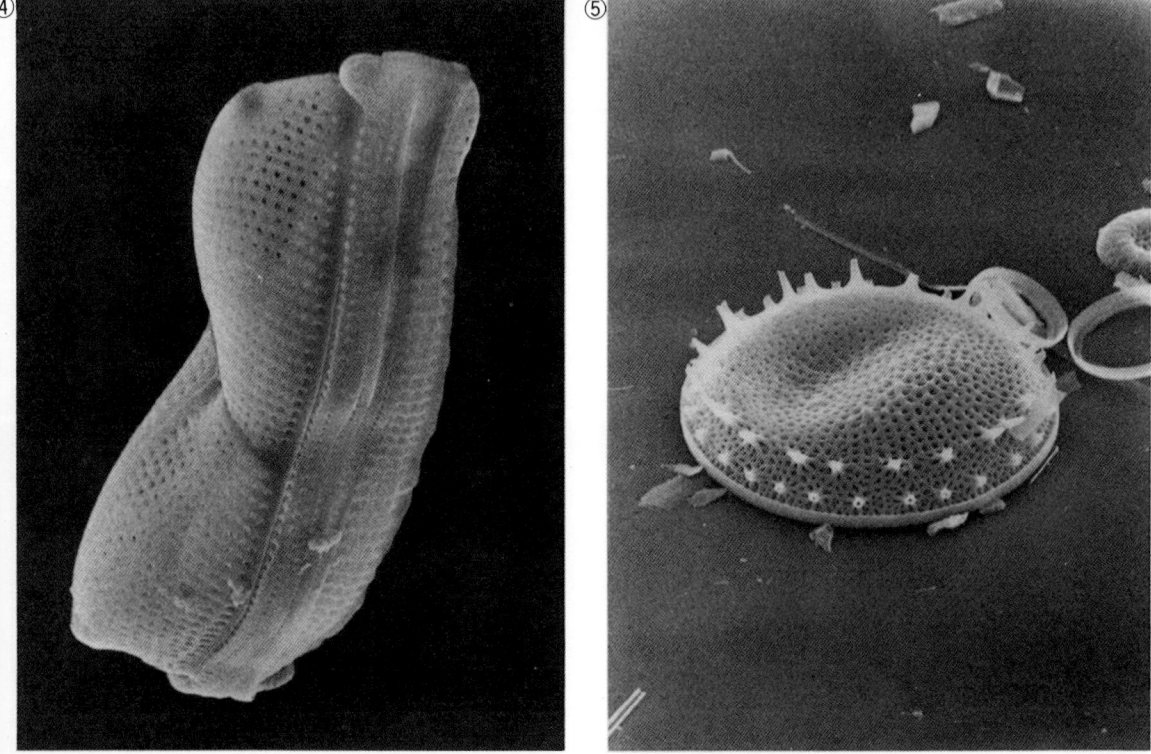

8 黄色べん毛植物 (Chrysophyta)

単細胞植物であるが,群体をつくるものもある.1〜2本のべん毛で運動をする.色素体は1〜2個あって,クロロフィルaのほかカロチンやキサントフィルを多量に含むため,黄緑色〜金褐色である.デンプンは生産されず,脂質や炭水化物としてロイコシン(leucosin)粒をつくる.

生殖は,ほとんど無性生殖だけで縦分裂によって増殖し,海水または淡水中で,プランクトンとして大量発生することがある.

①〜④ 黄色べん毛植物細胞の縦断面電顕像模式図 種類により構造上の差異が見られる.
① オクロモナス (Ochromonas danica)
② ヒルベア (Hilbea animala)
③ クリプトモナス (Criptomonas stigma)
④ クロモナス (Chromonas solena)
[①★, ②〜④ 井上]
N:核, M:ミトコンドリア, P:色素体, Py:ピレノイド, G:ゴルジ体, F:べん毛, V:液胞, E:眼点, Leu:ロイコシン粒

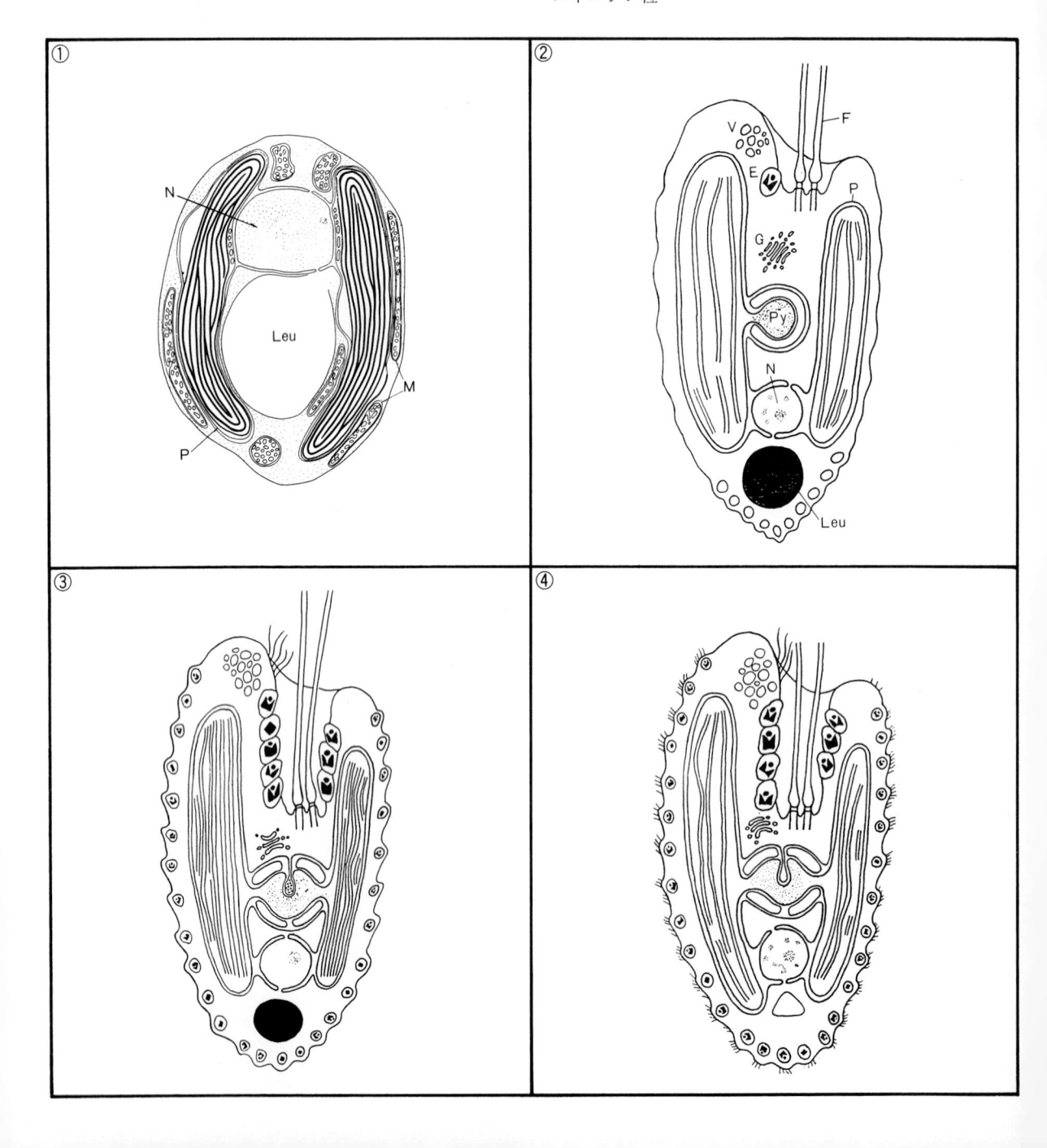

8 黄べん毛植物

① 褐色べん毛藻**クリプトモナス**(Cryptomonas)の細胞縦断面　細胞壁に接して2個の偏平な葉緑体があり，その内部はラメラ構造で，所々にピレノイドを持っている．細胞の中央よりやや下部に2個の核が見られる．[電顕　×10,000/原]

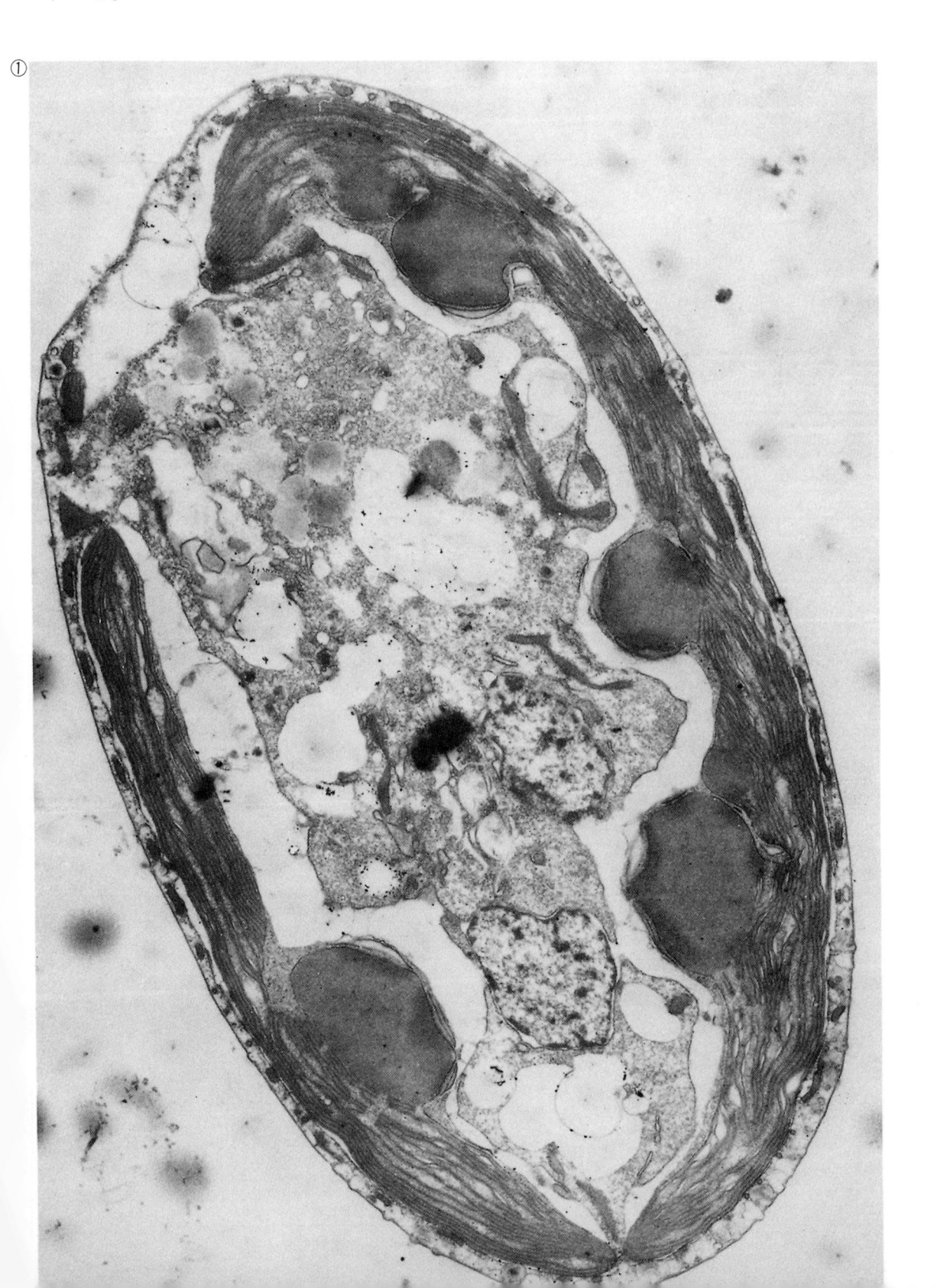

9 緑藻植物 (Chlorophyta)

　緑藻植物には単細胞（クラミドモナスなど），細胞群体（ボルボックスなど），糸状体（ヒビミドロなど），葉状体（アオサなど）のほか非細胞性で多核の管状体（イワズタ），のう状体（バロニア），樹状体（ミルなど）などいろいろな段階のものがある．遊走子のべん毛は2～4本が多く，細胞の先端についている．生活史の中で複相（胞子体）がよく発達したもの（ミルなど），単相（配偶体）と複相（胞子体）が同等に発達するもの（アオサなど），単相（配偶体）が著しく発達するもの（アオミドロなど）がある．

① クラミドモナス (Chlamydomonas) の生活史　　[★]
② アオサ (Ulva) の生活史　　[★]
③ 緑藻植物系統樹

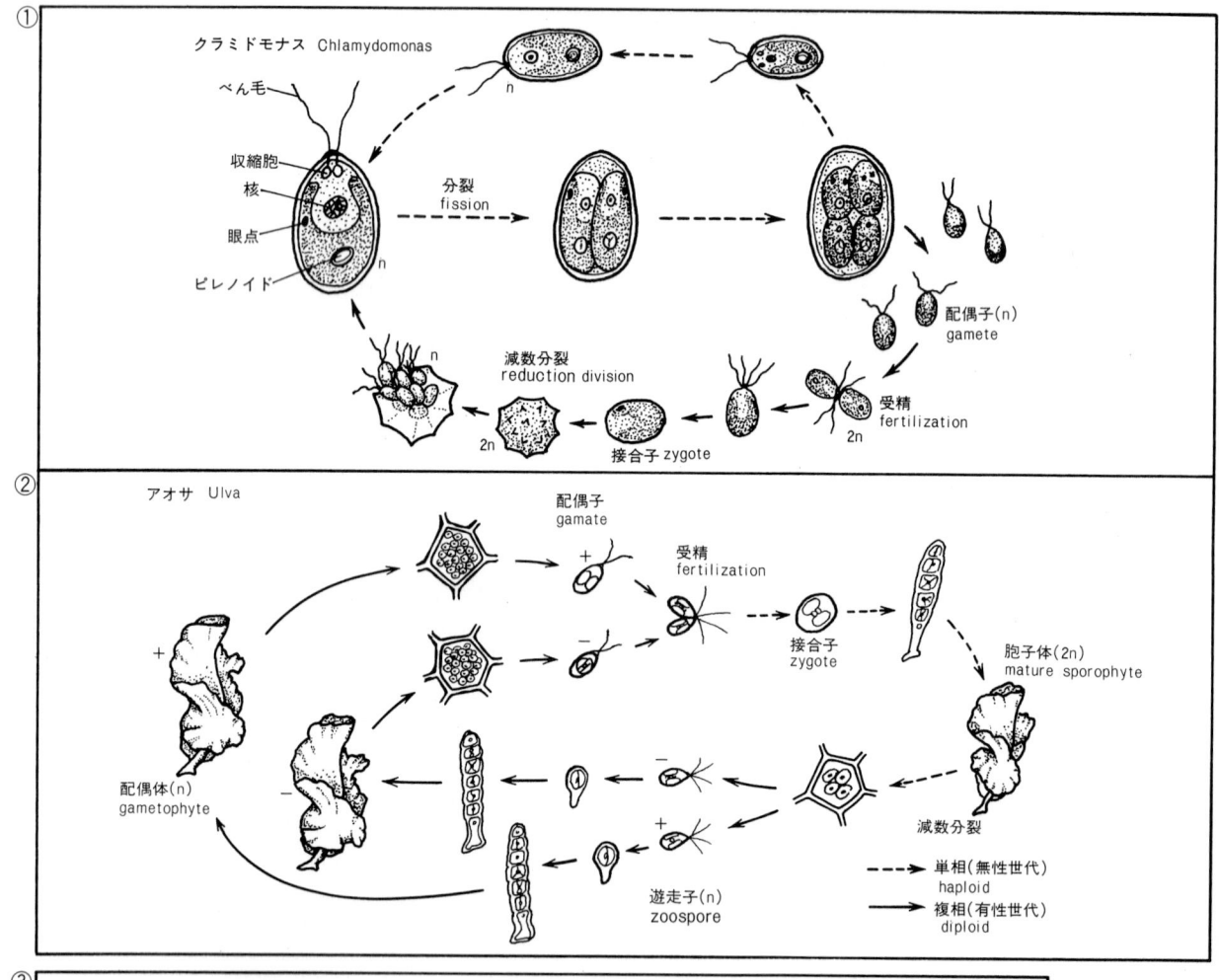

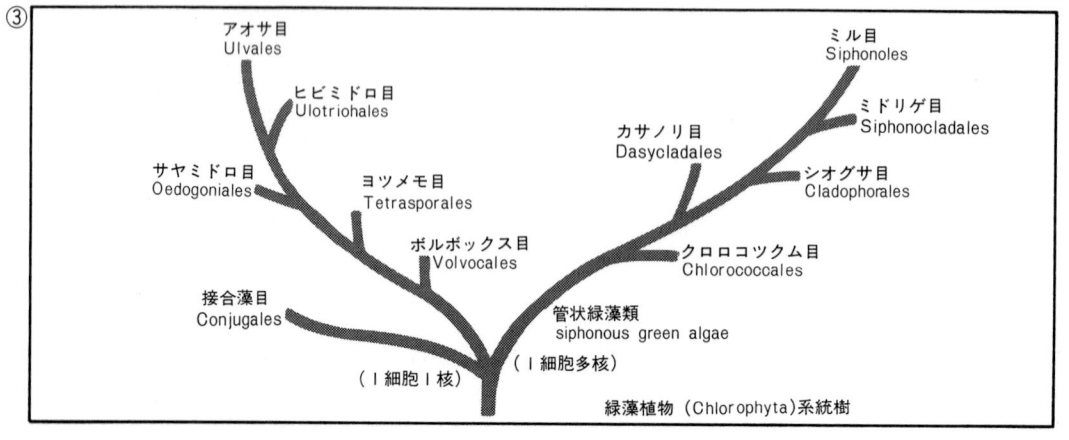

① クラミドモナス Chlamydomonas
- べん毛
- 収縮胞
- 核
- 眼点
- ピレノイド
- 分裂 fission
- 配偶子(n) gamete
- 受精 fertilization
- 接合子 zygote
- 減数分裂 reduction division

② アオサ Ulva
- 配偶子 gamete
- 受精 fertilization
- 接合子 zygote
- 胞子体(2n) mature sporophyte
- 配偶体(n) gametophyte
- 遊走子(n) zoospore
- 減数分裂
- ---→ 単相（無性世代）haploid
- ──→ 複相（有性世代）diploid

③ 緑藻植物 (Chlorophyta) 系統樹
- アオサ目 Ulvales
- ヒビミドロ目 Ulotrichales
- サヤミドロ目 Oedogoniales
- ヨツメモ目 Tetrasporales
- ボルボックス目 Volvocales
- 接合藻目 Conjugales
- ミル目 Siphonoles
- ミドリゲ目 Siphonocladales
- カサノリ目 Dasycladales
- シオグサ目 Cladophorales
- クロロコックム目 Chlorococcales
- 管状緑藻類 siphonous green algae
- （1細胞1核）
- （1細胞多核）

9 緑藻植物

① クロロコッカス（Chlorococcus sp. ）
② クロレラ（Chrorella sp. ）
③ ヒビミドロ（Ulothrix sp. ）
④ セネデスムス（Scenedesmus sp. ）
［光顕　①×700，②④×300，③×800/植田］

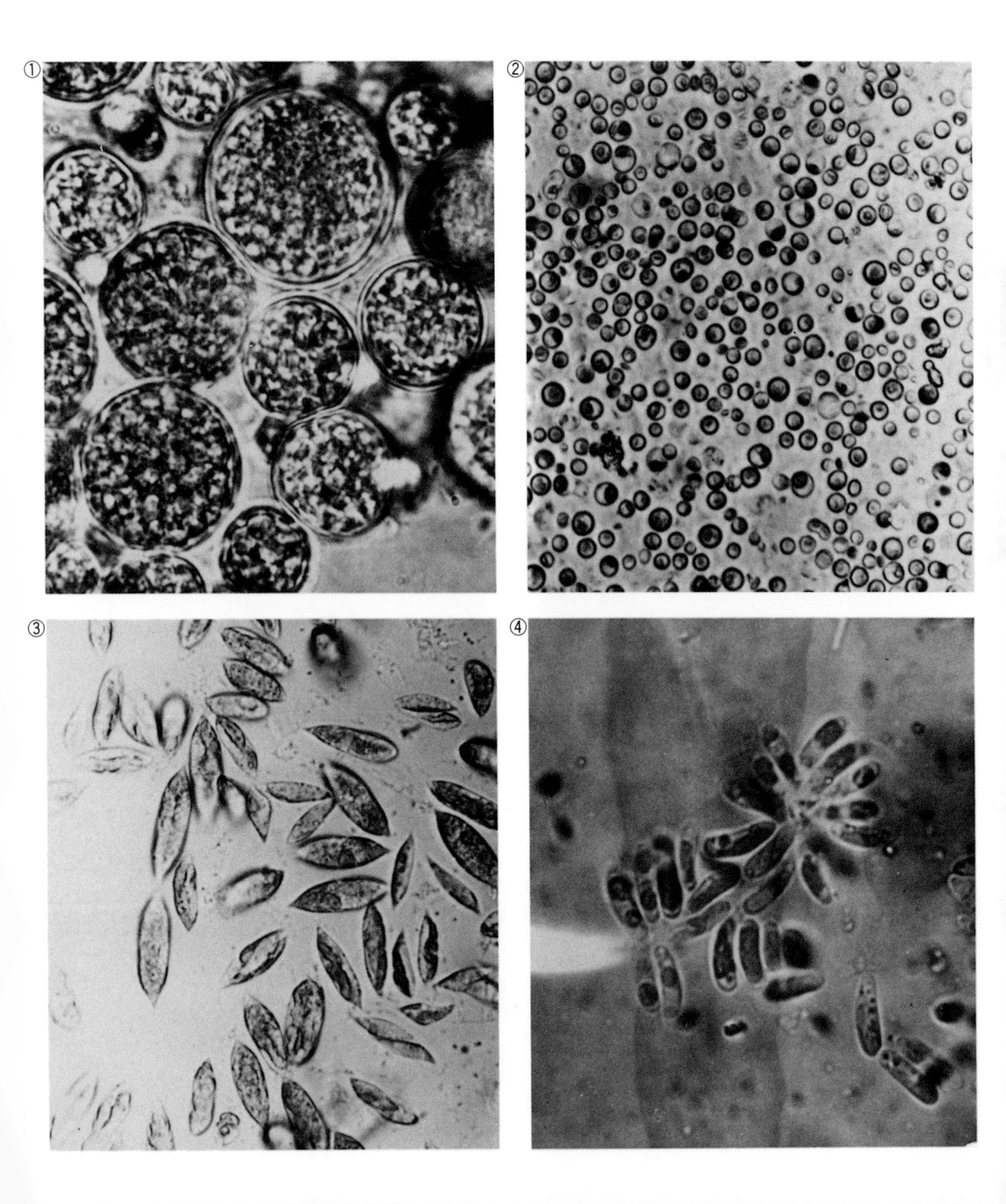

① 同定不明の**緑藻** 細胞の周辺に数個の葉緑体があり，大きなピレノイドが見られる．[電顕 ×10,000/井上]
② **オーキスティス**(Oocystis sp.) 細胞の中央に核があり，その周辺にミトコンドリアとゴルジ体がとりかこんでいる．細胞の周辺部にデンプン粒を数個ずつ持った葉緑体が見られる．[電顕 ×7,000/植田勝]

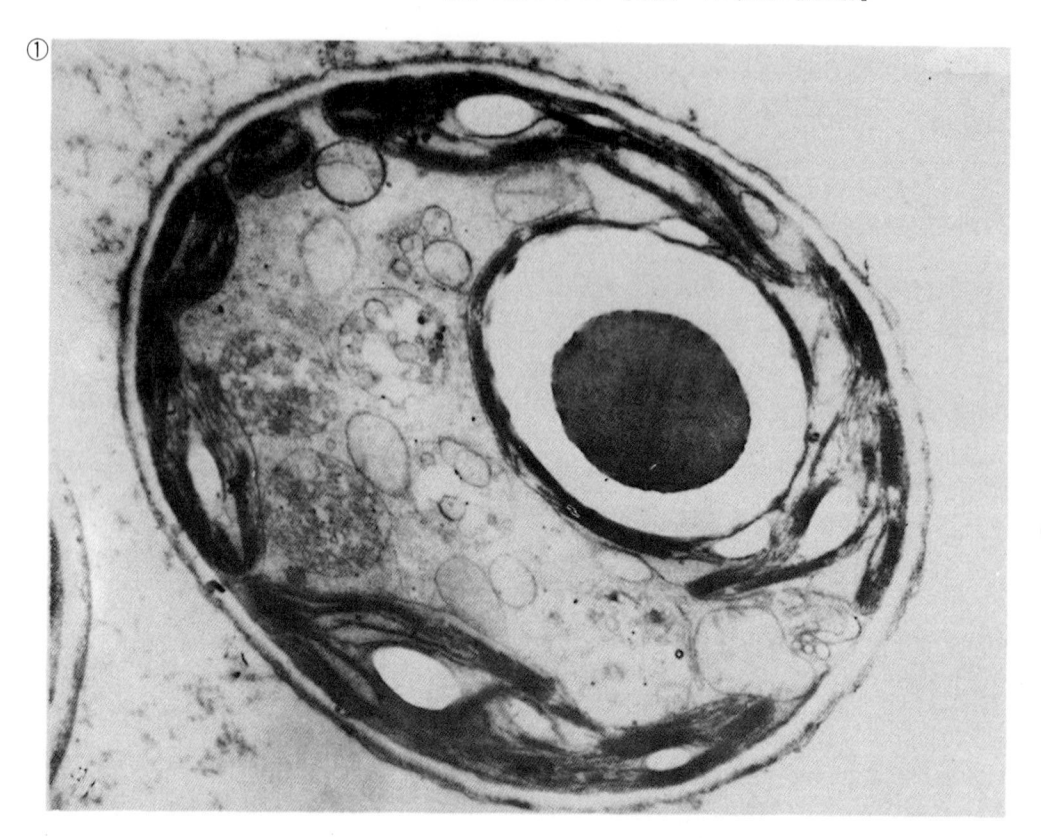

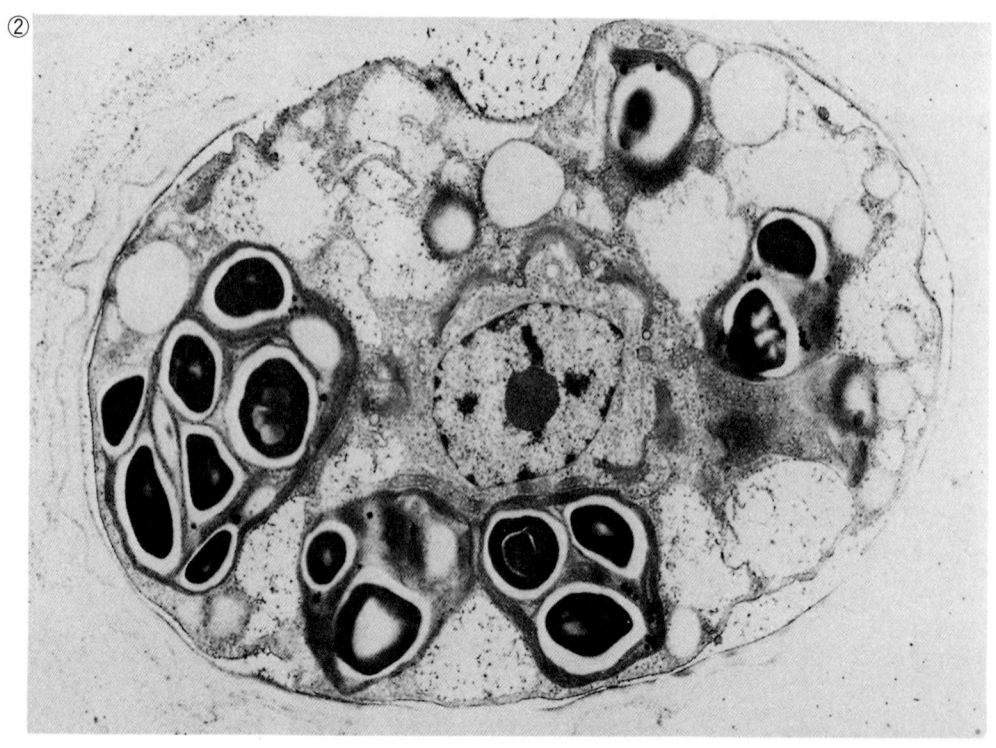

9 緑藻植物

① セネデスムス(Scenedesmus armatus)
② クンショウモ(Pediastrum duplex var. gracilimum)
③ コエラストルム(Coelastrum reticulatum)
④ マキノエラ(Makinoella tosaensis) 4個の細胞よりなる単位群体が,16まれに32個の細胞からなる複合群体をつくり,寒天質に包まれている.
⑤ ボルボックス(Volvox aureus)
[光顕 ①②×350, ③×900, ④⑤×80/植田]

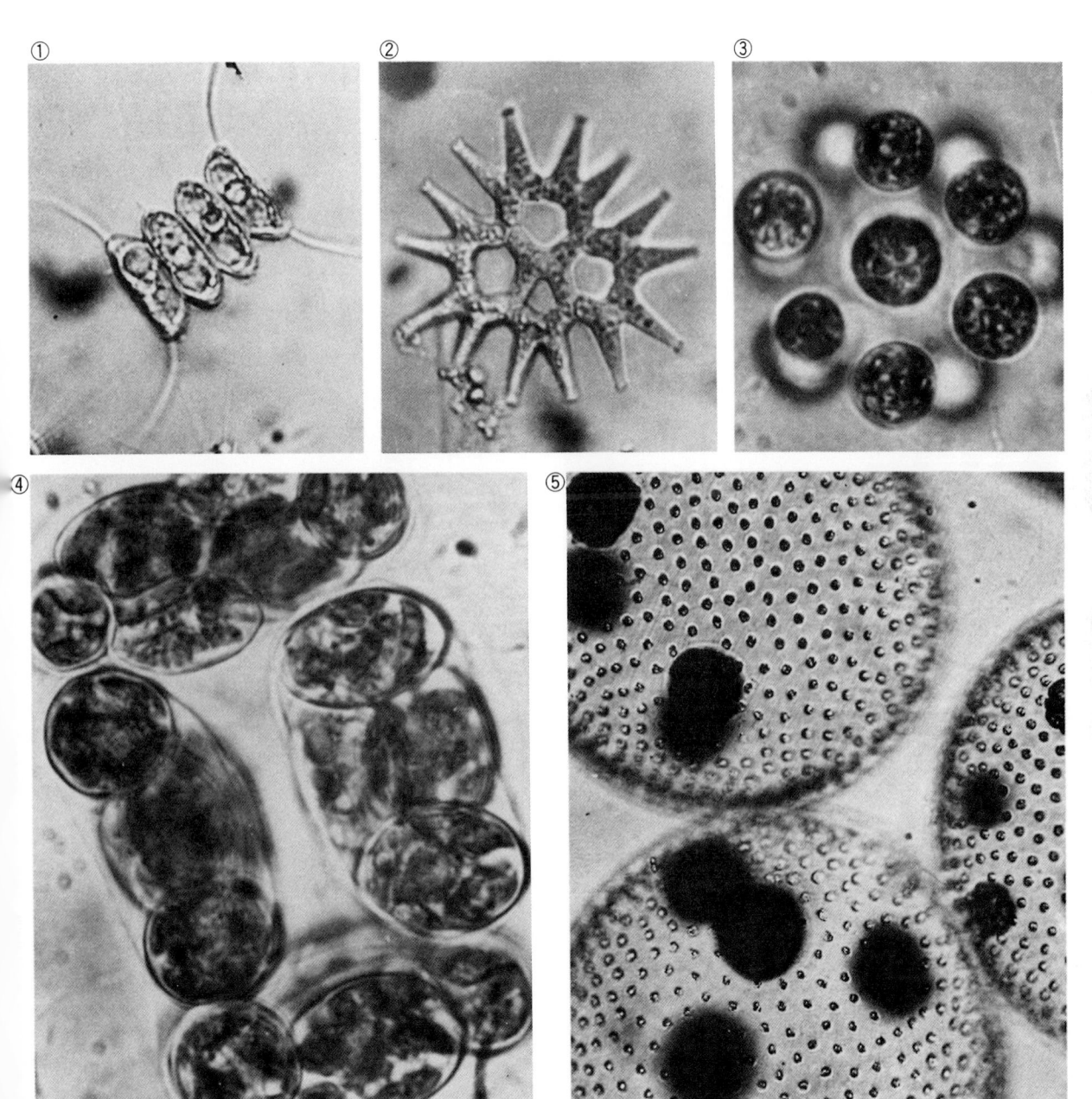

① ボルボックス（Volvox aureus）
② ボルボックスの精子形成
③〜④ サヤミドロ（Oedogonium sp.） 葉緑体は網目状で所々にピレノイドがある．④の上端に頂帽（apical cap）を持っている．
⑤ アミミドロ（Hydrodictyon reticulatum）
［光顕 ①×150，②〜④×300，⑤×80/植田］

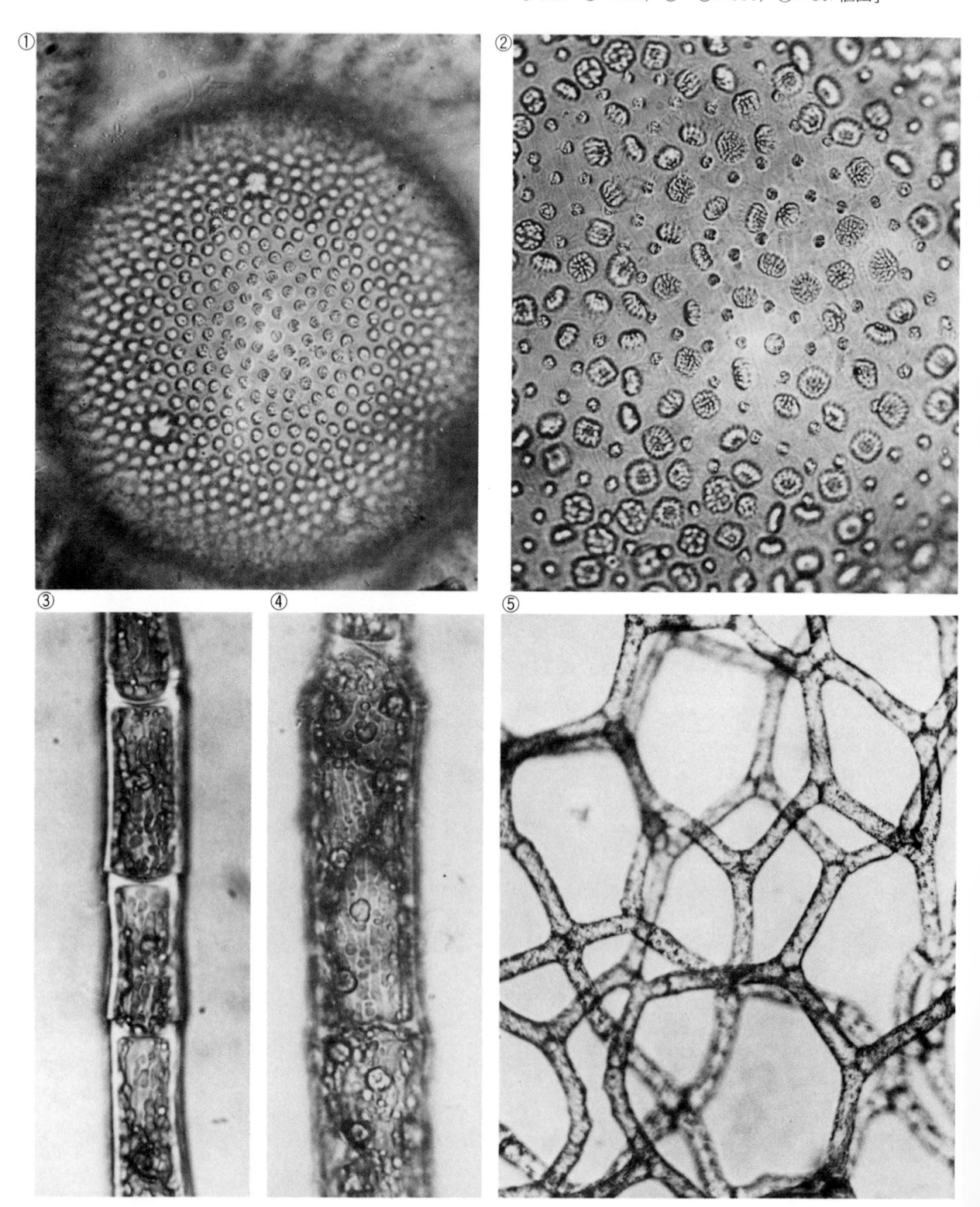

9 緑藻植物

① コレオケーテ(Coleochaete sctata)　[光顕　×300/篠原]

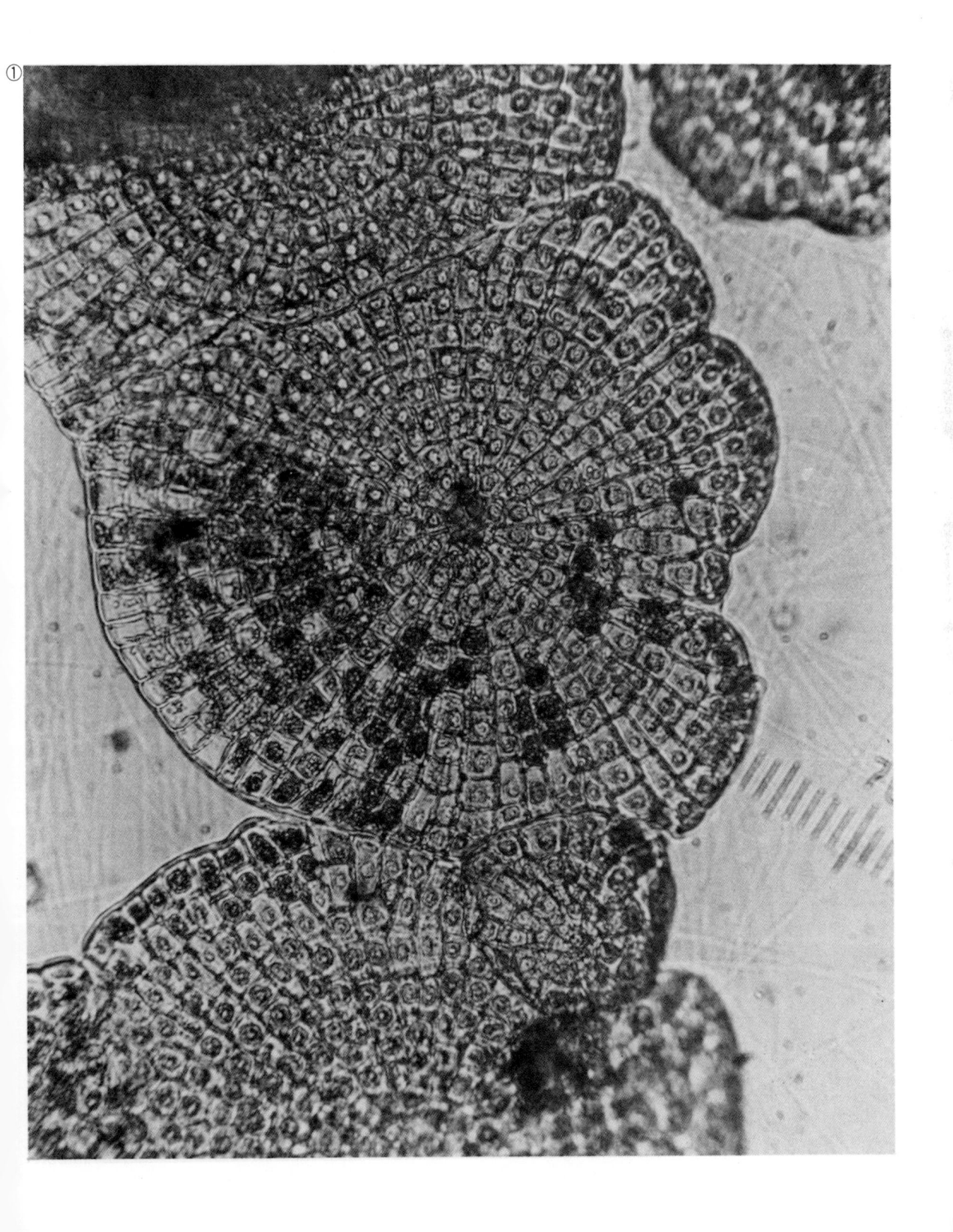

①〜④ チャシオグサ (Cladophora wrightiana) 分枝する糸状体で幼時は仮根で岩石に着生するが後に浮遊する．細胞は細長い円柱状で，多くのピレノイドを含む網目状の葉緑体を持っている．①先端部，②先端細胞拡大(焦点表面)，③同上(焦点側面)，④藻体中部細胞
⑤ ボタンアオサ (Ulva conglobata) の表面観
⑥ アナアオサ (Ulva pertusa) の遊走子 (zoospore)
[光顕 ①×150, ②〜④×300, ⑤⑥×700/植田]

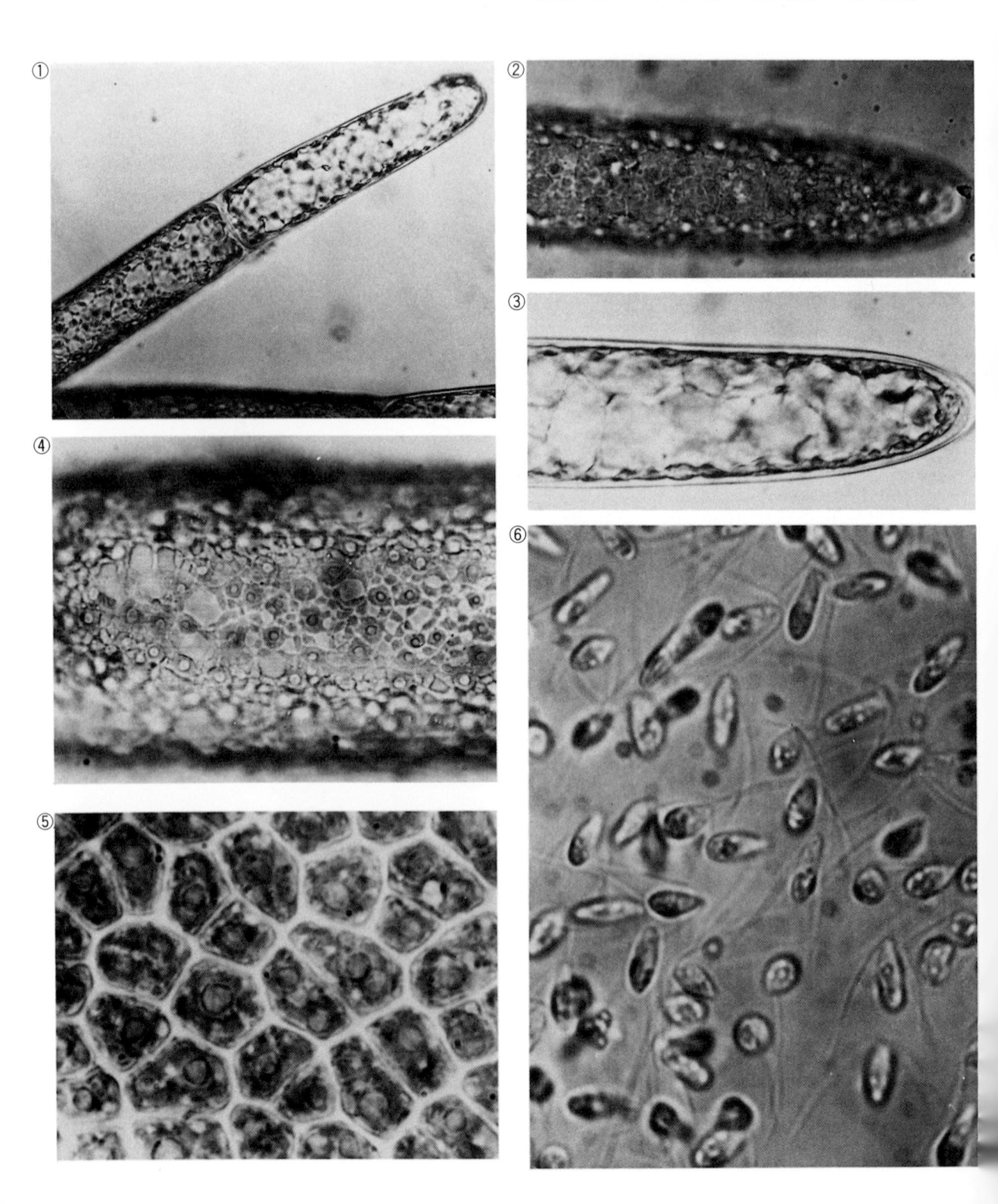

9 緑藻植物

①〜② 若いスジアオノリ(Enteromorpha prolifera)の先端部①とやや下部②
③ 成熟したスジアオノリの表面観
④〜⑤ フシナシミドロ(Vaucheria sp.)の細胞表面④と糸状体⑤　④多数の葉緑体と油滴が見られる．⑤2個の造卵器と中央に1個の造精器をつけたもの．
[光顕　①②×700，③×800，④×300，⑤×100/植田]

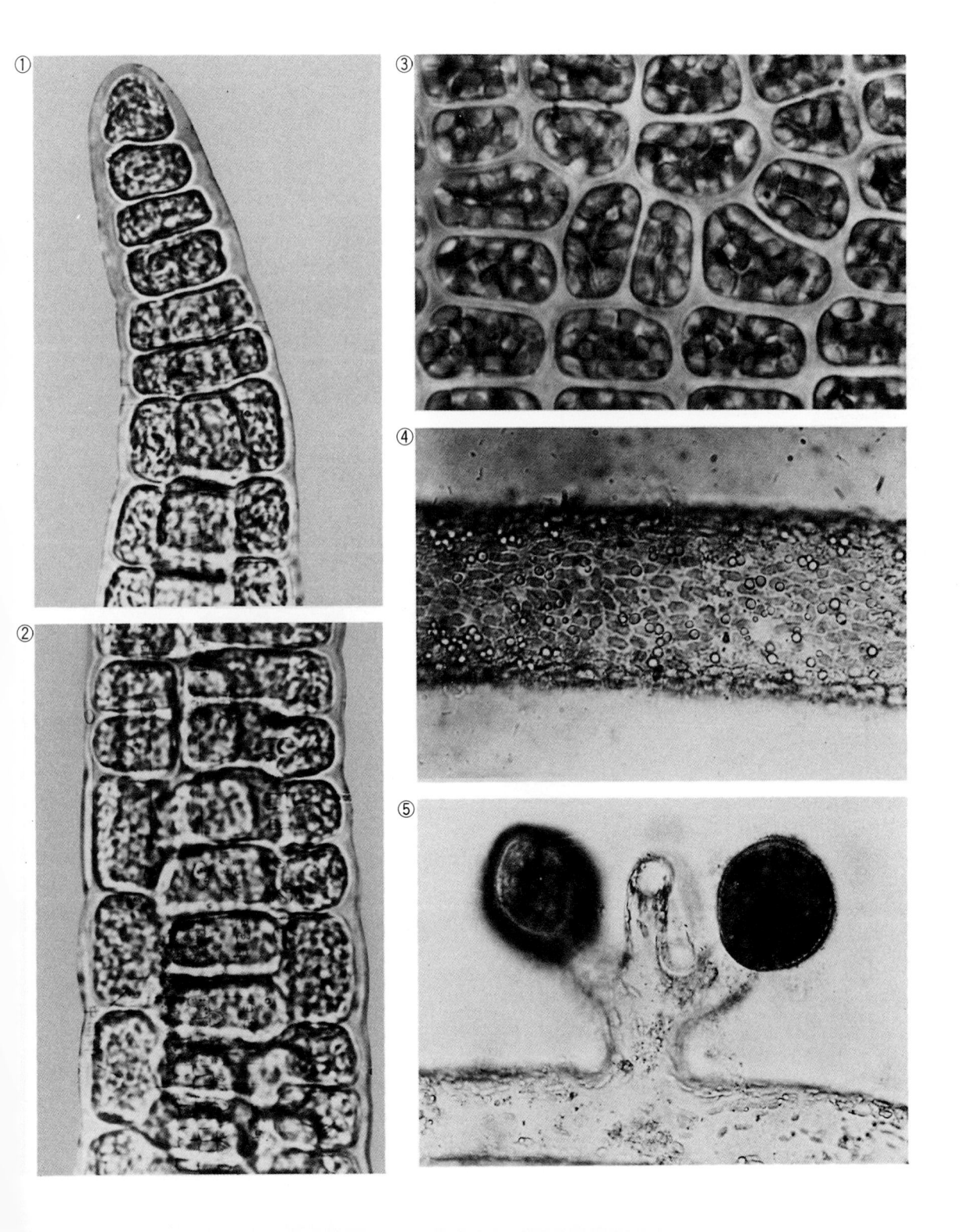

① **葉緑体の微細構造から見た管状緑藻類の系統図** 葉緑体の微細構造，すなわち，ラメラの状態やピレノイドの微細な構造の比較研究によって，藻類の系統発達，すなわち進化のみちすじを推測することができる．図の太い矢印はその進化の方向を示している．管状藻類の中には図の右に書かれているように2種の色素体を有しているものもある．［堀・植田★］

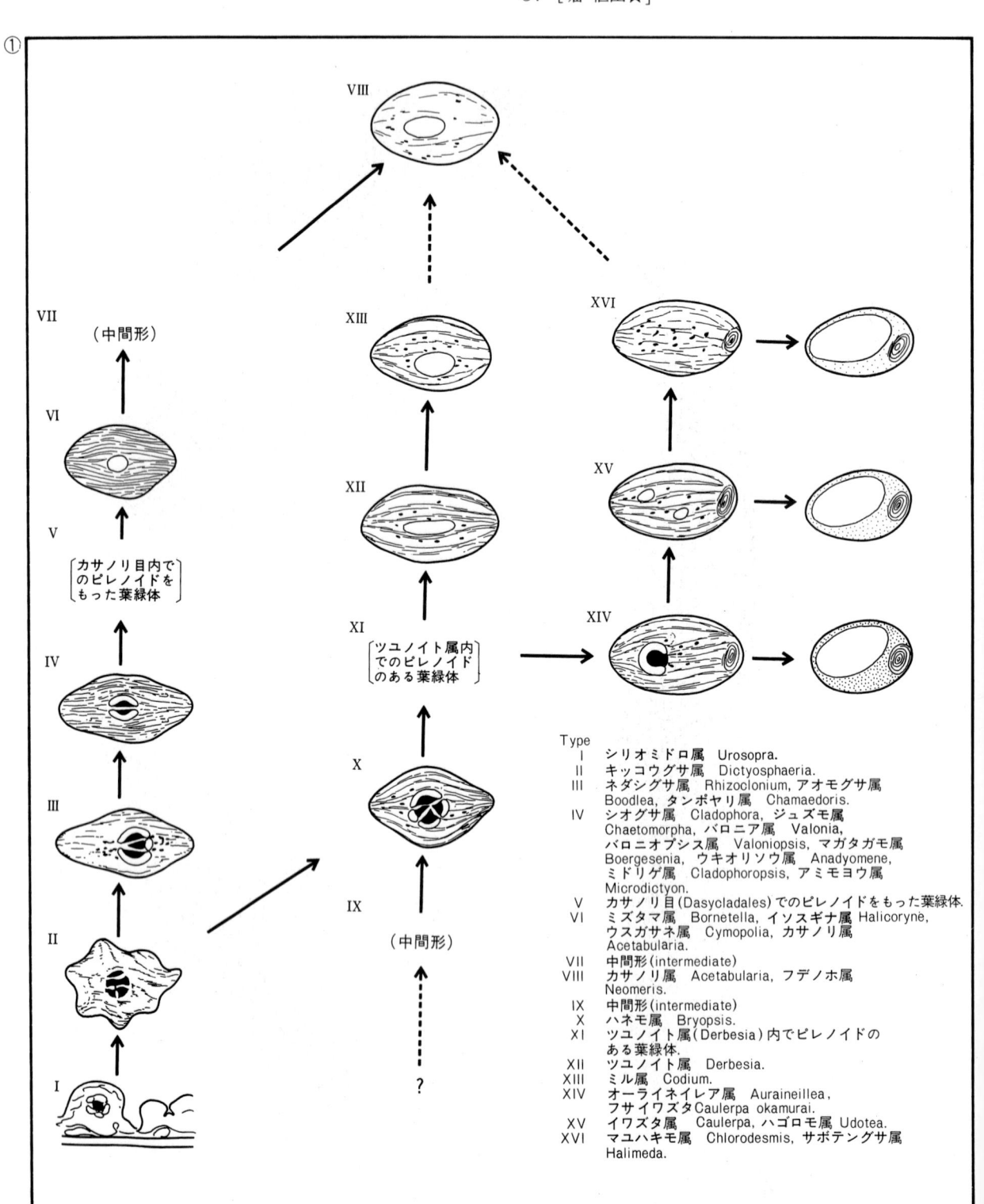

Type	
I	シリオミドロ属　Urosopra.
II	キッコウグサ属　Dictyosphaeria.
III	ネダシグサ属　Rhizoclonium, アオモグサ属 Boodlea, タンポヤリ属　Chamaedoris.
IV	シオグサ属　Cladophora, ジュズモ属 Chaetomorpha, バロニア属　Valonia, バロニオプシス属　Valoniopsis, マガタガモ属 Boergesenia, ウキオリソウ属　Anadyomene, ミドリゲ属　Cladophoropsis, アミモヨウ属 Microdictyon.
V	カサノリ目(Dasycladales)でのピレノイドをもった葉緑体.
VI	ミズタマ属　Bornetella, イソスギナ属 Halicoryne, ウスガサネ属　Cymopolia, カサノリ属 Acetabularia.
VII	中間形(intermediate)
VIII	カサノリ属　Acetabularia, フデノホ属 Neomeris.
IX	中間形(intermediate)
X	ハネモ属　Bryopsis.
XI	ツユノイト属(Derbesia)内でピレノイドのある葉緑体.
XII	ツユノイト属　Derbesia.
XIII	ミル属　Codium.
XIV	オーライネイレア属　Auraineillea, フサイワズタ Caulerpa okamurai.
XV	イワズタ属　Caulerpa, ハゴロモ属　Udotea.
XVI	マユハキモ属　Chlorodesmis, サボテングサ属 Halimeda.

①〜② ウロスポラ（Urospora penicilliformis）の葉緑体 ①葉緑体の形は不規則形で多数のラメラがある．ピレノイドはポリピラミド状（polypyramideal）で周辺にデンプン粒がある．②ピレノイドの拡大．ピレノイド内には微小繊維（microfibril）（矢印）が見られる．

③〜④ ディクティオスフェリア（Dictyosphaeria cavernosa） ③2個のレンズ状のピレノイドがある．④不規則形の葉緑体ではポリピラミド状のピレノイドを持っている．

［電顕 ①×10,000，②×11,000，③×18,000，④×13,000/堀・植田★］

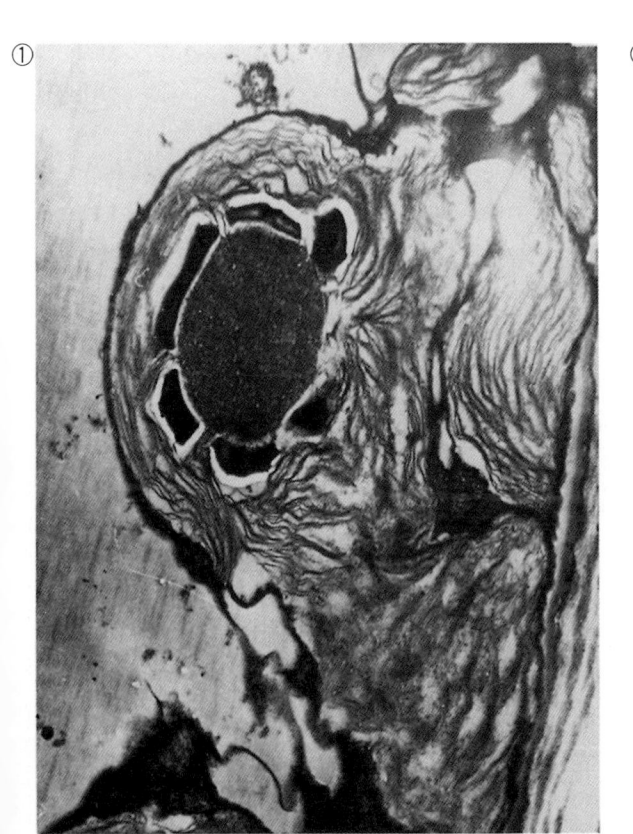

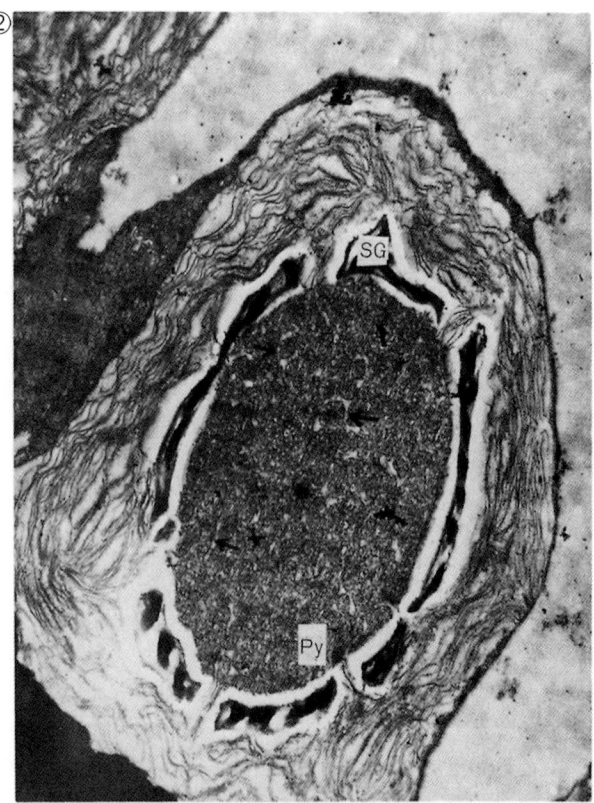

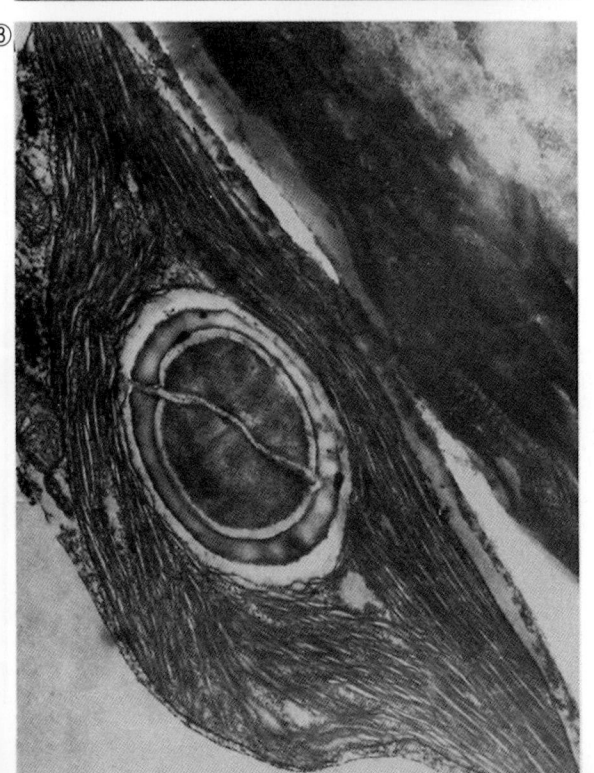

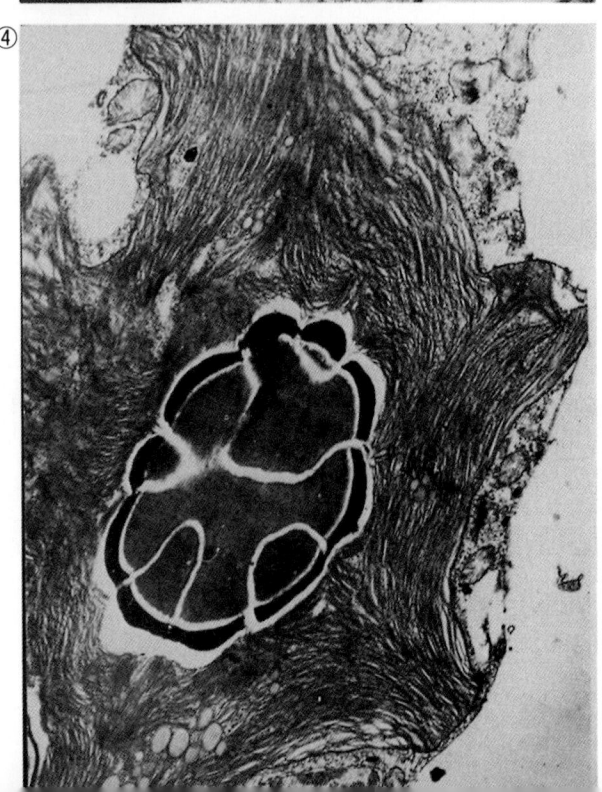

① ミクロディクティオン(Microdictyon japonicum)の葉緑体　デンプン粒を含んでいる.
② アナディオメネ(Anadyomene wrightii)の葉緑体　ピレノイドは2個のレンズ状で周辺にデンプン粒を有している.
③ ネオメリス(Neomeris annulata)の葉緑体　葉緑体内にはグラナ様の構造とデンプン粒が見られる.
④ プシュードディコトモシフォン(Pseudodichotomosiphon constricta)の葉緑体　葉緑体内には好オスミウム粒があり，細胞質内にも大きな好オスミウム粒が見られる.
[電顕　①×32,000, ②×22,000, ③×30,000, ④×18,000/堀・植田★]

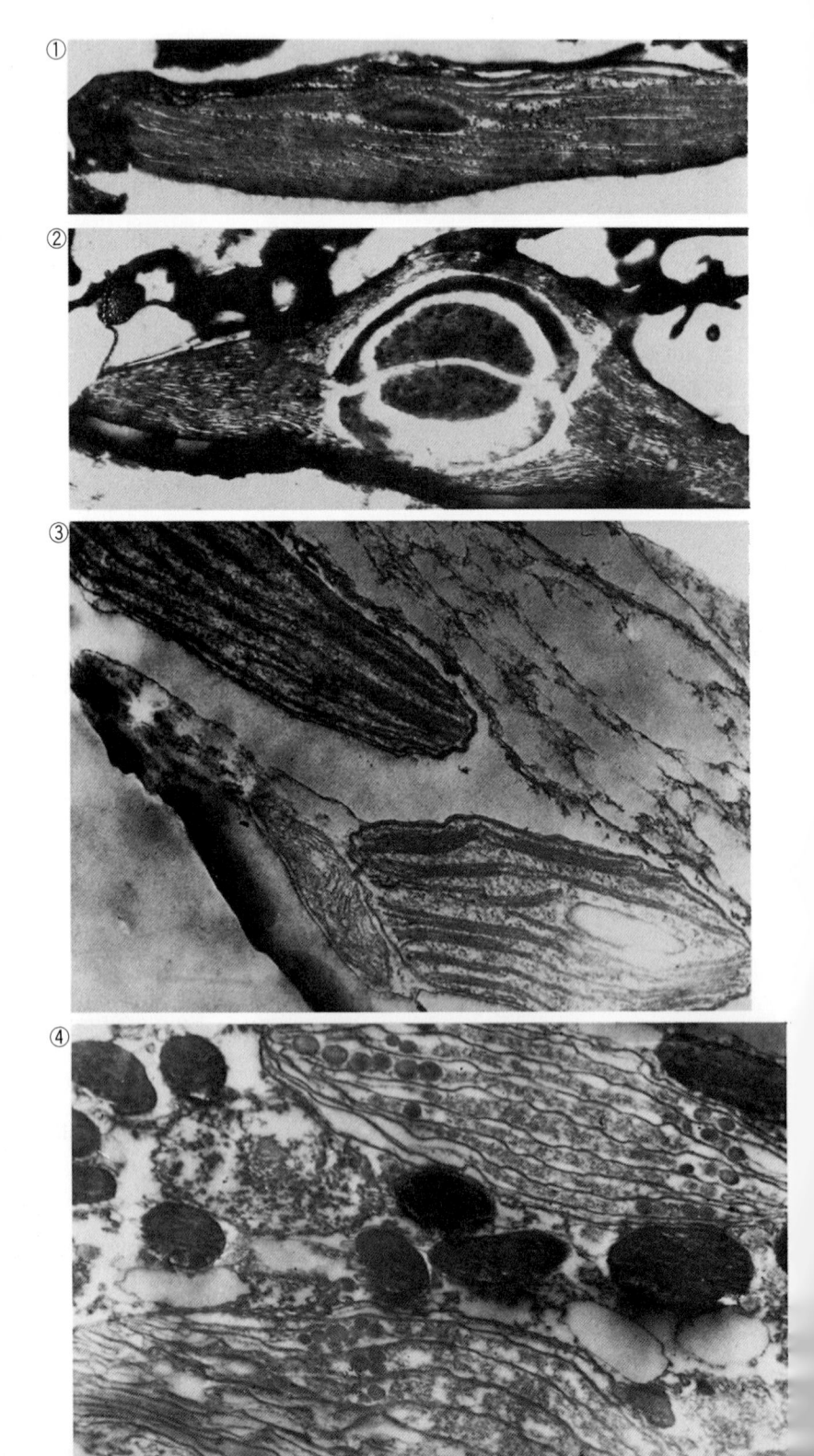

①〜⑥ **オオハネモ**(Bryopsis maxima)　①先端部．②葉緑体は棒状で，ピレノイドを数個持っている．③若い細胞の葉緑体．中にデンプン粒を含んでいる．④葉緑体にデンプン粒が充満したもの．細胞質内には小さい油滴が多数みられる．⑤葉緑体分裂を行っているもの．⑥大小の葉緑体が見られ，分裂，成長をくりかえしていることを思わせる．[光顕　①×15, ②〜④×300, ⑤⑥×800/植田]

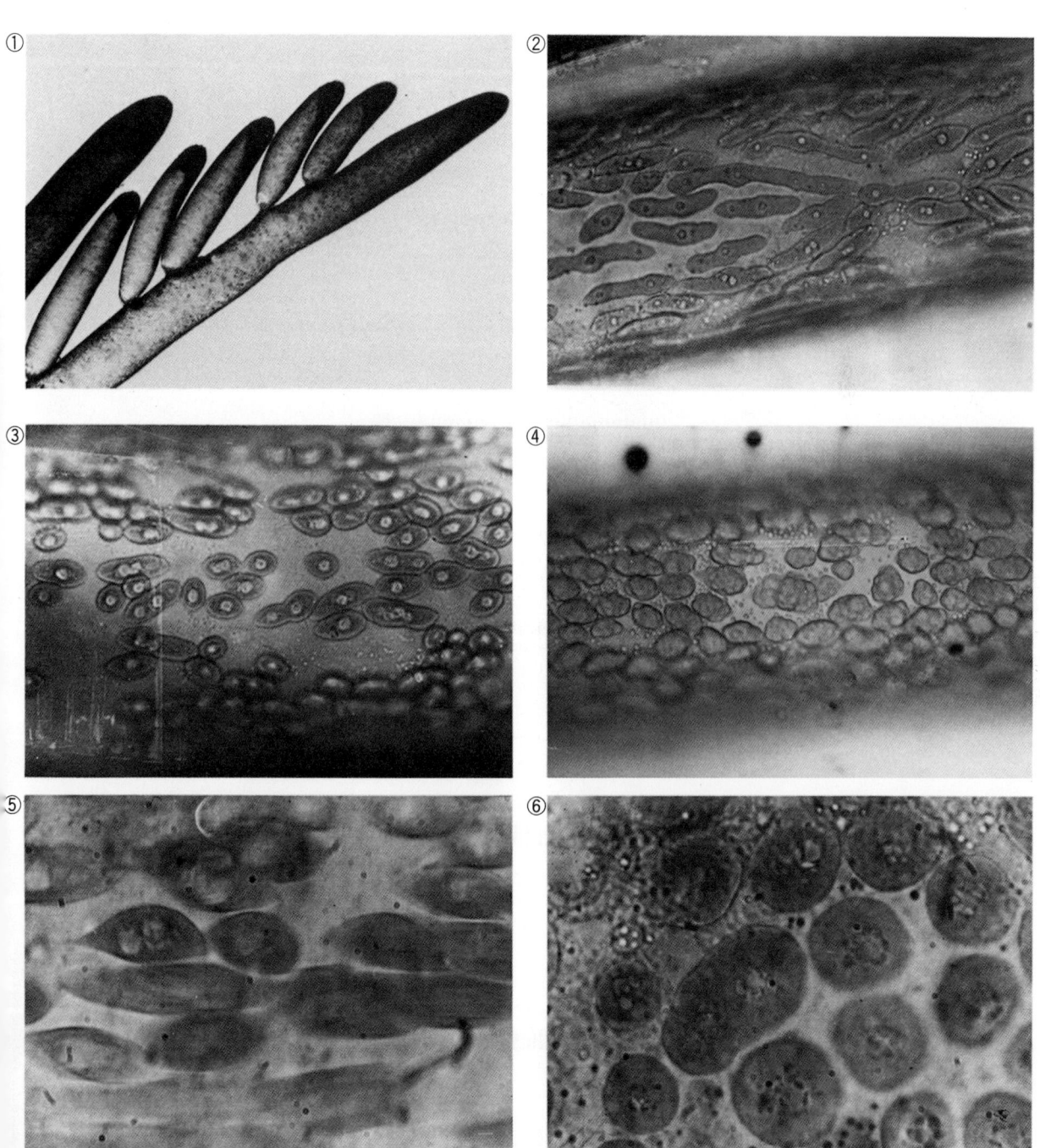

① **オオハネモ(Bryopsis maxima)の細胞の電顕像** オオハネモは多核で,羽状をした管状の細胞である.数個の核や葉緑体,多数の小胞などが見られる.[電顕 ×15,000/堀]

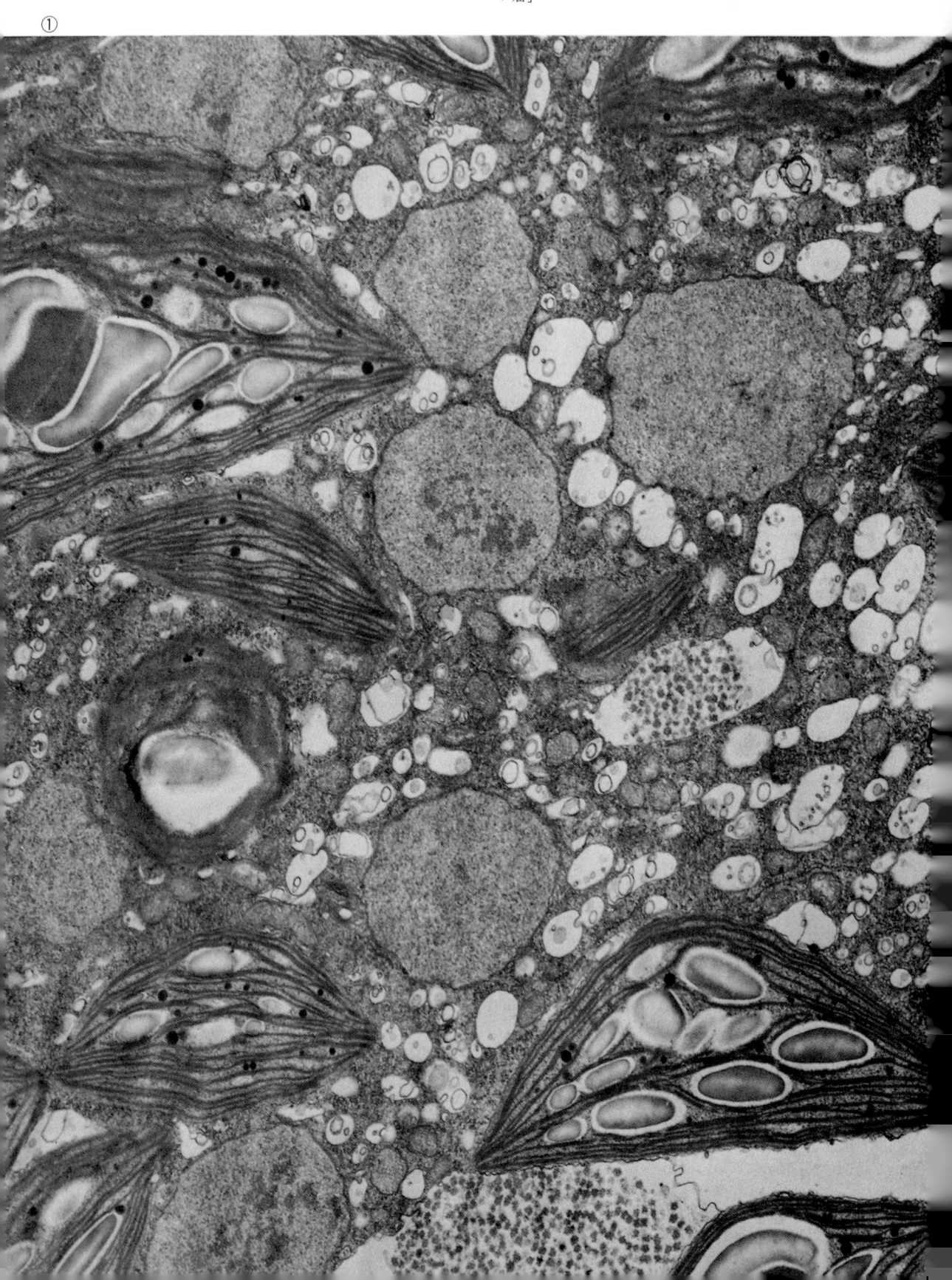

9 緑藻植物

① **オオハネモ**(Bryosis maxima)**の遊離原形質の電顕像**
　オオハネモの原形質を体外に遊離させ，培養してその再生能を研究したり，異種間の接合実験などに用いられる．この電顕像は，原形質を遊離させ15分後に球状の原形質体(protoplast)になったものの一部分である．大きな葉緑体に多量のデンプン粒が見られる．葉緑体のラメラ構造は前ページの正常原形質のものとほとんど変化のないことがわかる．［電顕　×13,000/犀川］

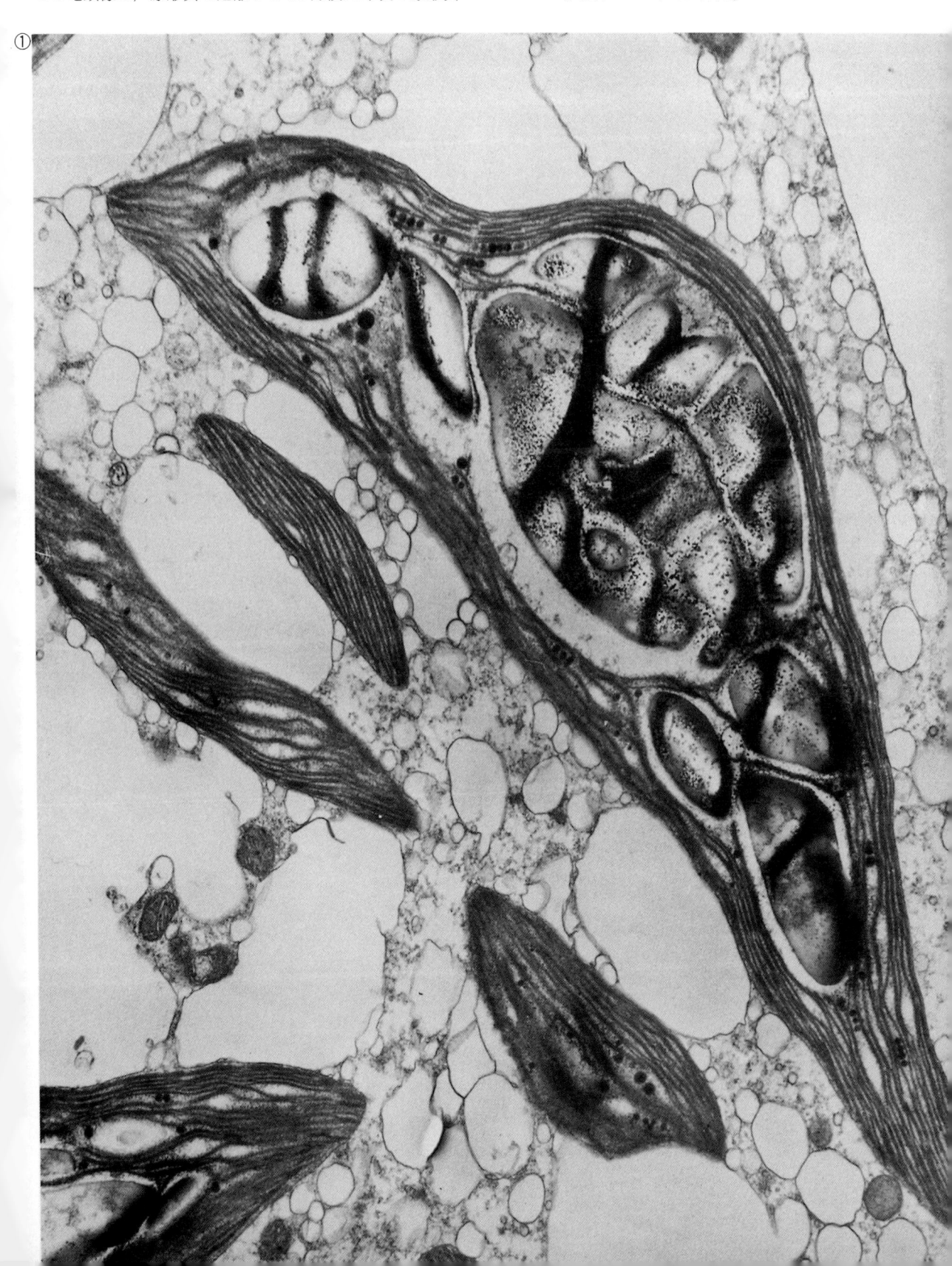

① イワヅタ（Caulerpa okamurai）の骨格様支柱（skeletal strands）　管状の体内には骨格様支柱が縦横に走り，体を機械的に強固にしている．［光顕　×300/植田］
② イワヅタの2型の色素体　一つは正常な葉緑体で他は同心円状のチラコイドと大きなデンプン粒を含んでいるアミロプラスト（amyloplast）が混在している．
③ ディコトモシフォン（Dichotomosiphon tuberosum）の葉緑体　チラコイドが3個ずつ接近して配列している．
④ アブラインビレア（Avrainvillea ryukuensis）の2型の色素体　葉緑体とアミロプラスト（同心円状のチラコイドをもつ）がある．
［電顕　②×25,000，③×37,000，④×20,000/堀・植田★］

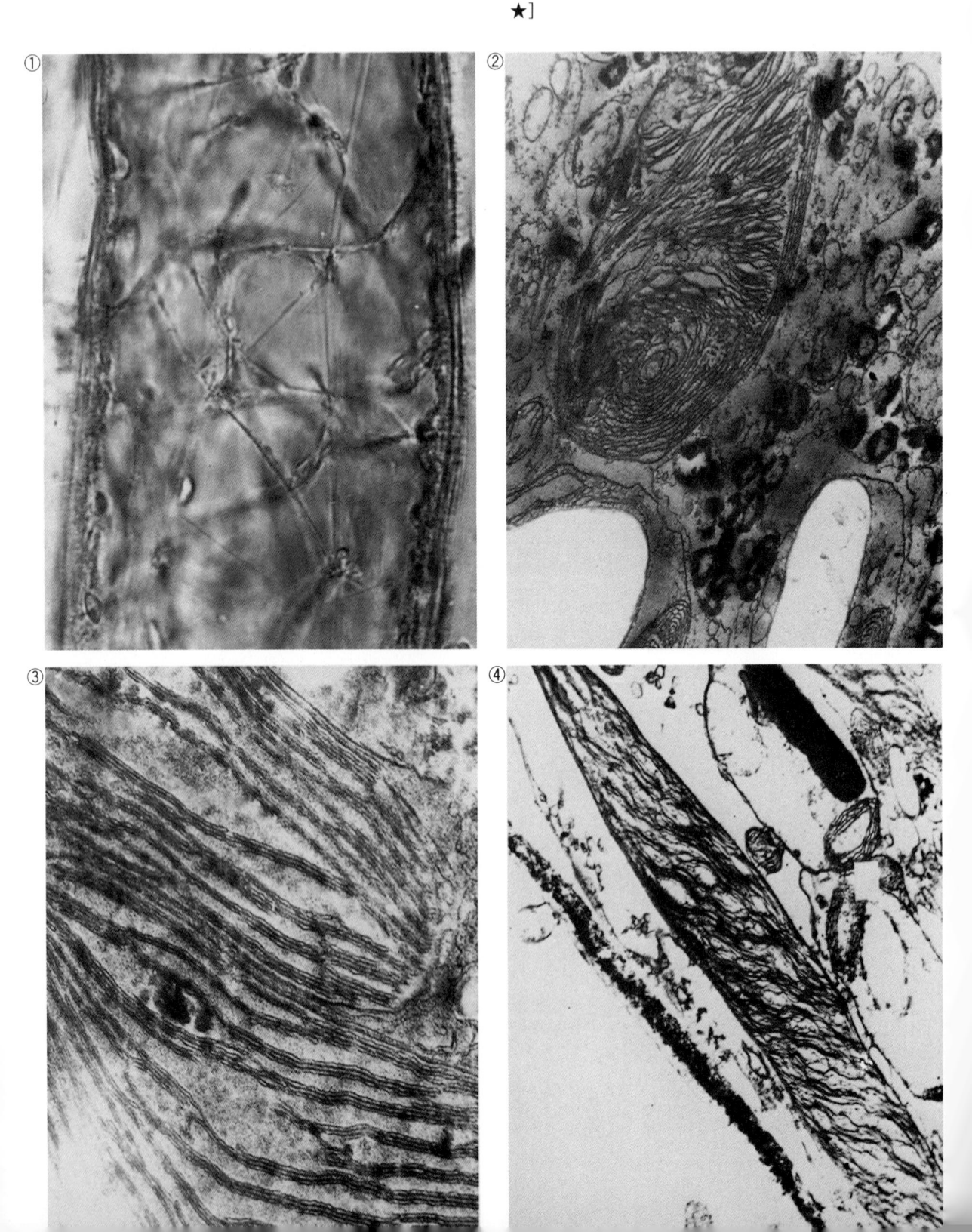

9 緑藻植物

①〜⑤ ツヅミモ(Cosmarium sp.) ［光顕 ①②×400, ③〜⑤×700/①②植田, ③〜⑤喜多山］

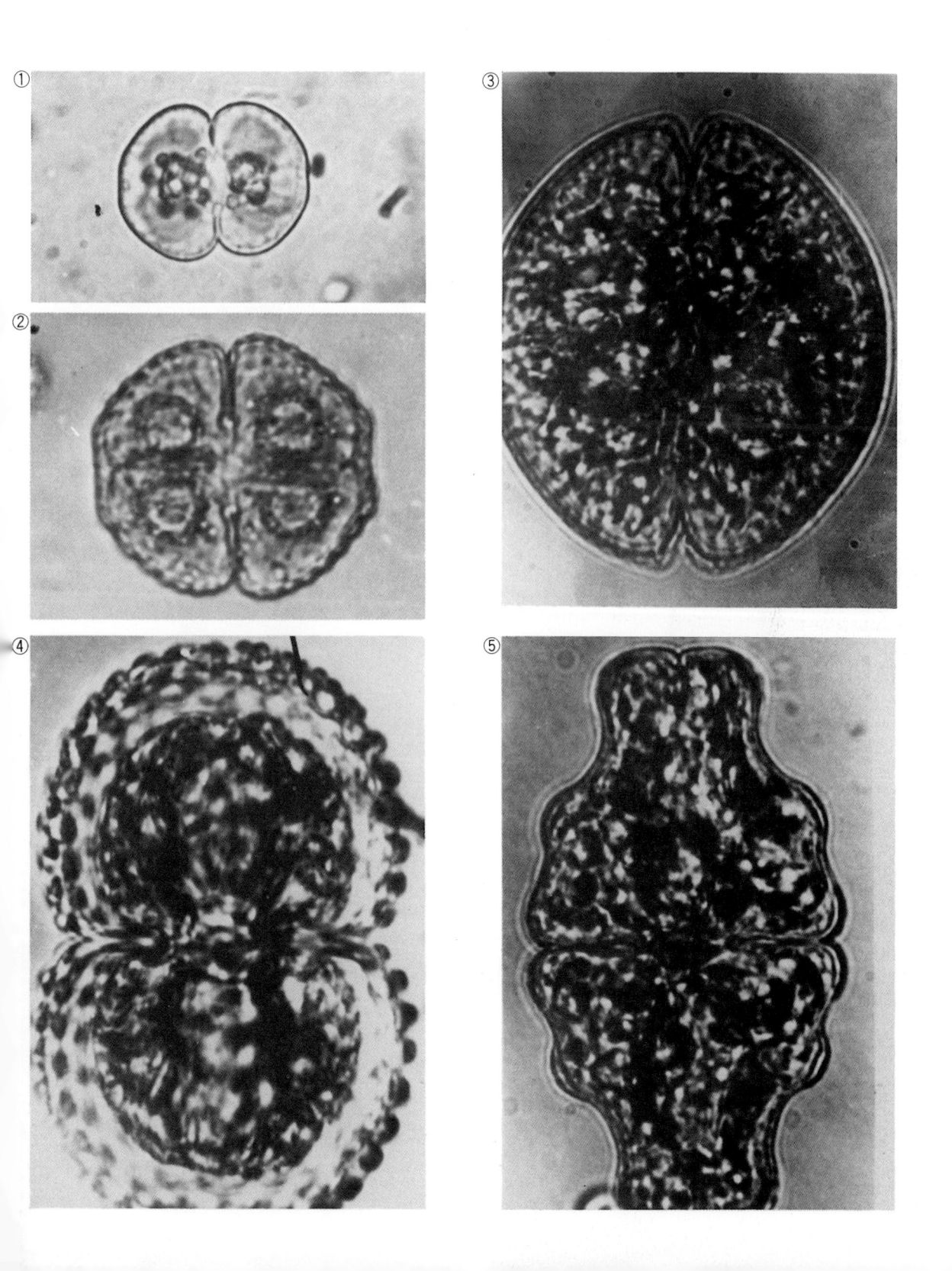

①〜② スタウラストルム（Staurastrum polymorphum）の上面観①と側面観②
③ スタウラストルム（Staurastrum subsaltum）
［光顕　①〜③×200/植田］

④ キサンチジウム（Xanthidium bongalianum）
⑤ ミクラステリアス（Micrasterias mahabuleschwarensis var. wallichii）
⑥ ミクラステリアス（Micrasterias rotata）
［光顕　④⑤×800，⑥×600/喜多山］

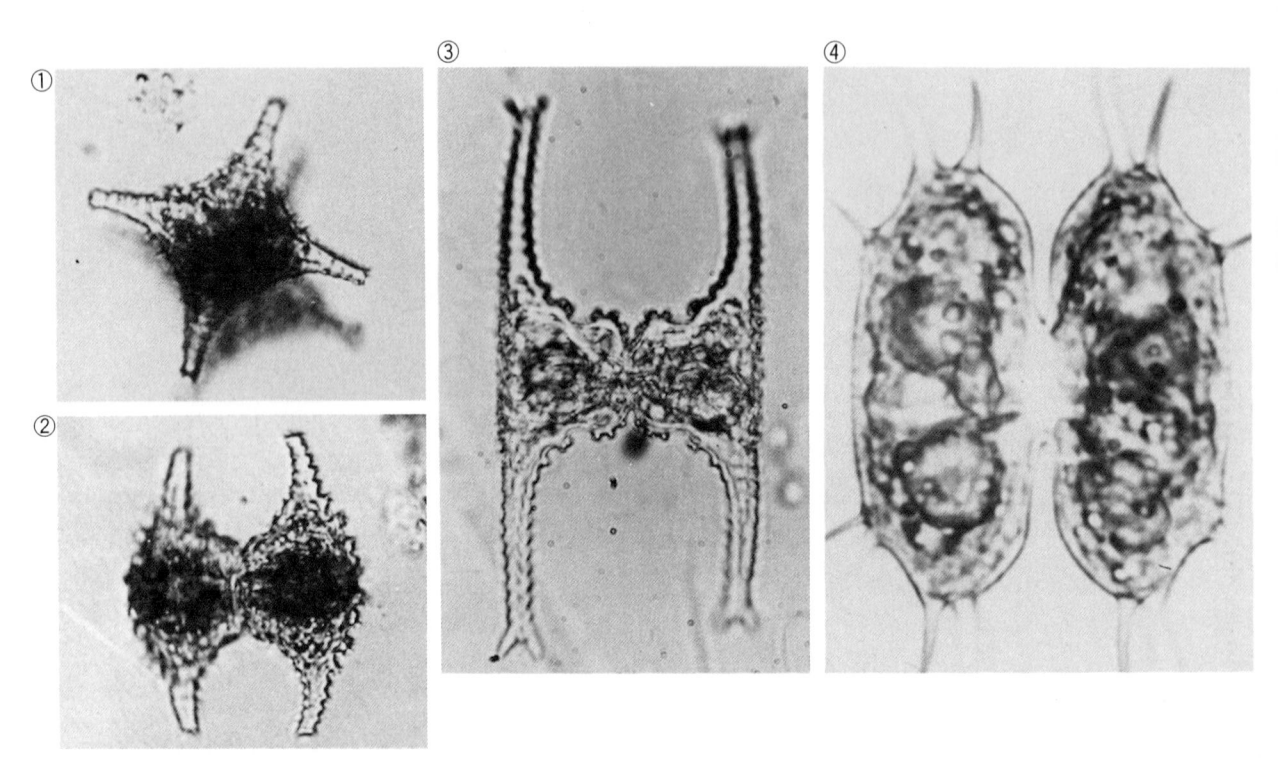

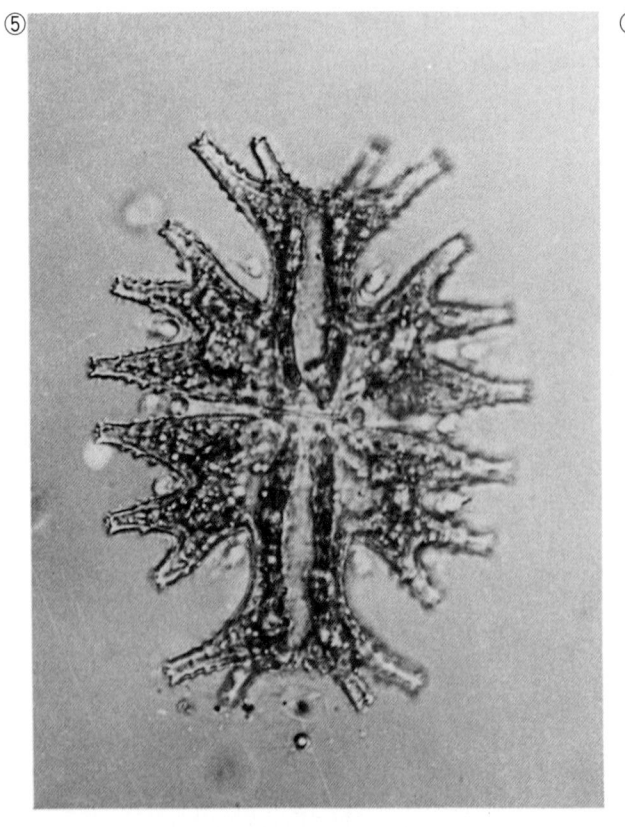

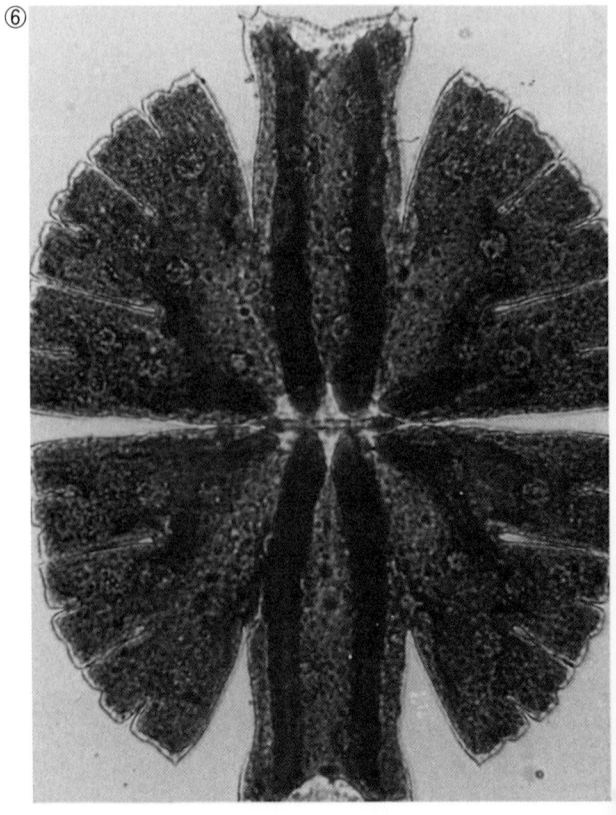

①〜②　ミクラステリアス（Micrasterias americana）の分裂の電顕像　①核分裂後，2核となり，両核の中間に隔壁を生じ，細胞は2分されている．半星状の葉緑体には多数のデンプン粒が含まれている．②細胞分裂後の成長．核分裂後に生じた隔壁がふくれ出して嬢半細胞になる．この嬢半細胞は体積増加と突起形成を引きつづき行って親細胞と同形になる．〔電顕　①×1,400, ②×1,000/植田勝〕

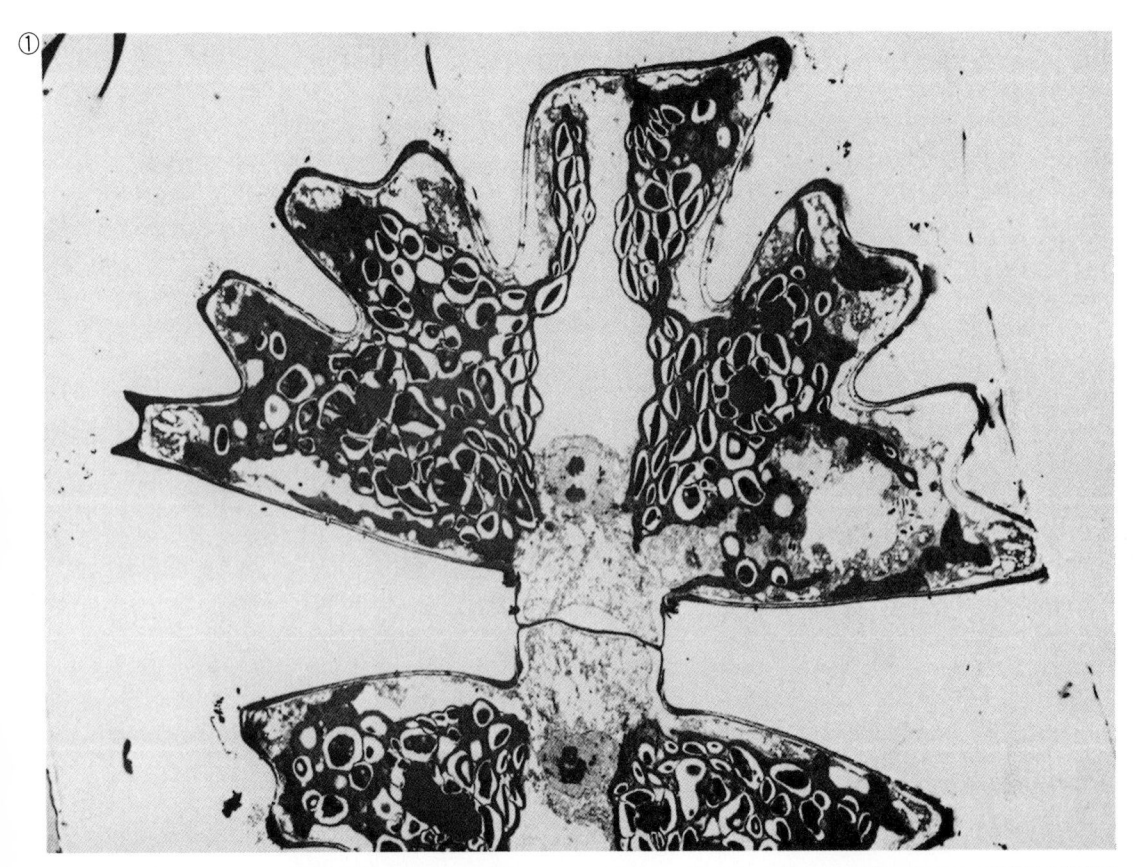

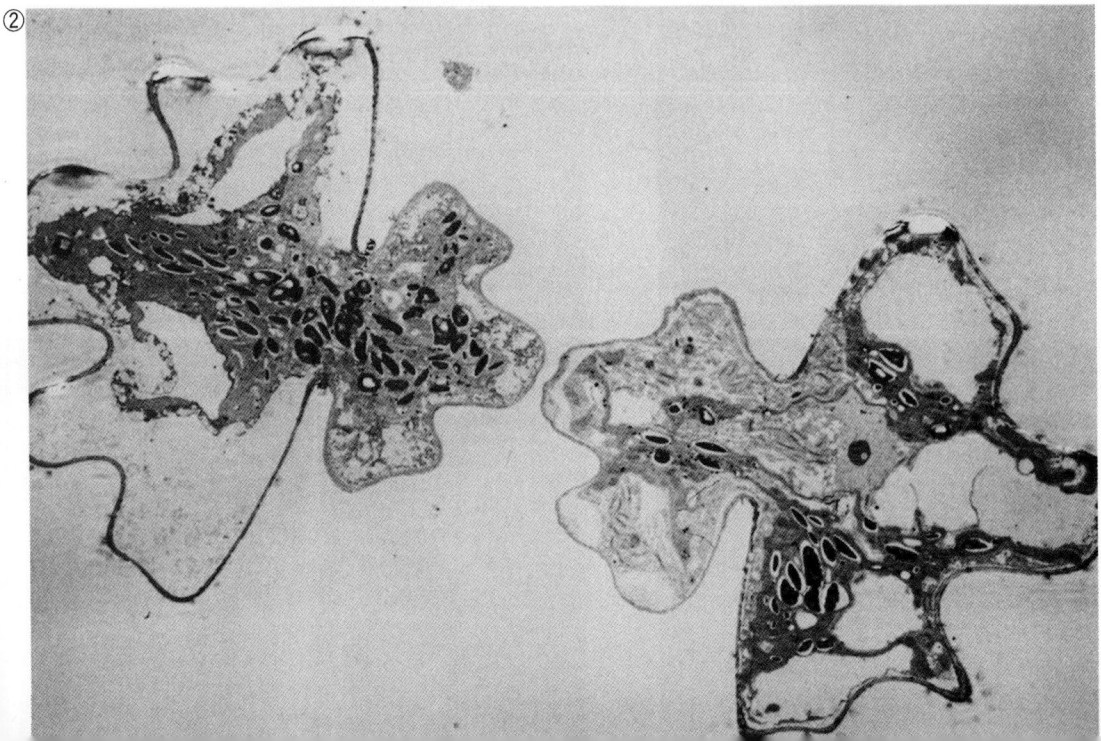

①〜②　ミカヅキモ（Closterium ehrenbergii）　②は分裂過程中のもの．［光顕　×200／篠原］
③　ミカヅキモの一種（Closterium sp.）　［光顕　×250／喜多山］
④　ミカヅキモ（Closterium acirosum）　［光顕　×150／植田］
⑤　ミカヅキモ（Closterium sp.）の寒天培養　ミカヅキモを寒天板上で培養すると分裂増殖の結果図のような模様を示す．［光顕　×35／喜多山］

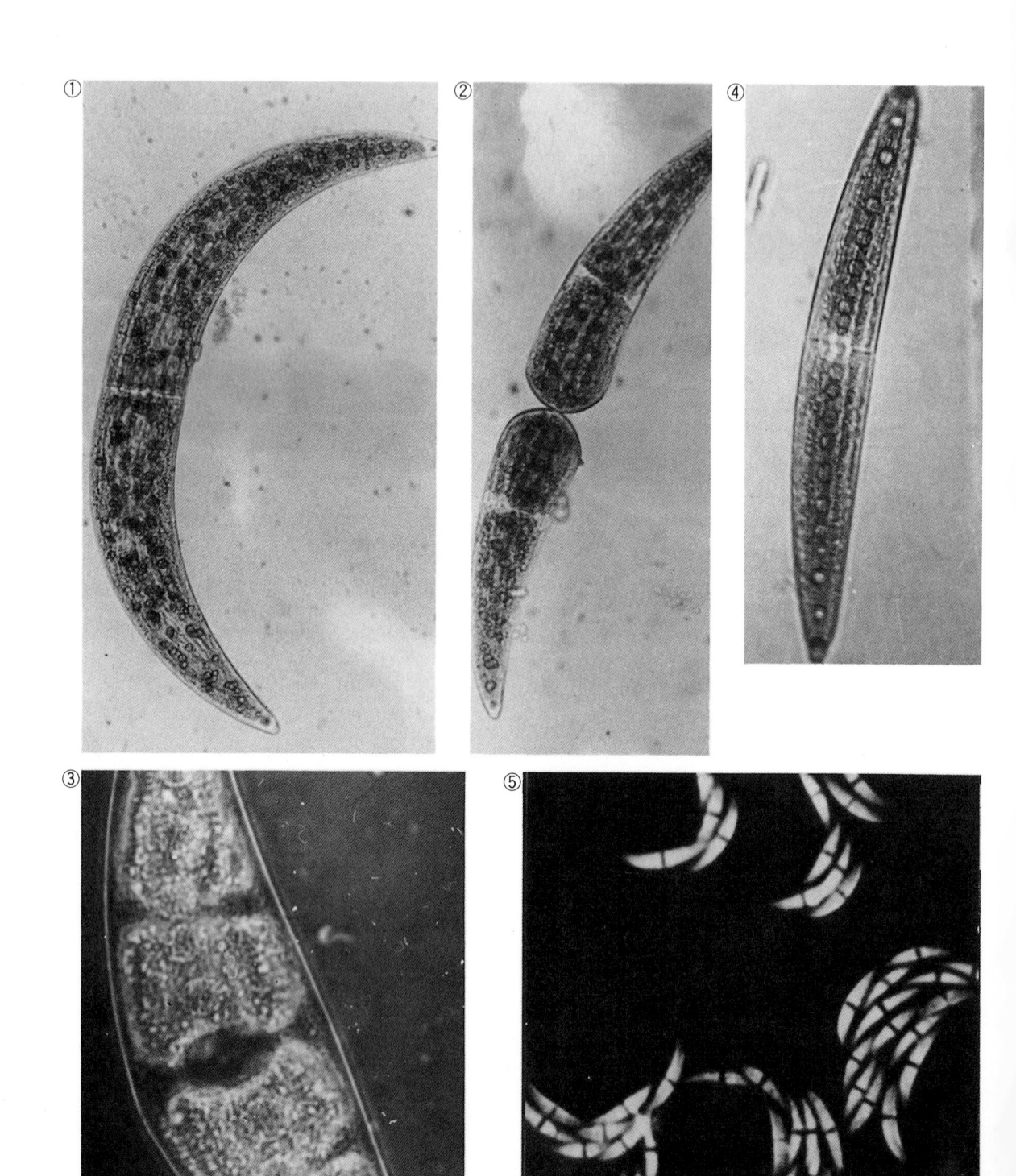

9 緑藻植物

① **ホシミドロ**(左：Zygnema sp.)と**アオミドロ**(右：Spirogyra sp.)　ホシミドロは糸状で，各細胞には星状の葉緑体が2個ずつ含まれている．アオミドロの糸状体の各細胞にはらせん状の葉緑体が種類によって1〜8本が存在している．

②〜⑤ **葉緑体1本のアオミドロ**　葉緑体は各細胞に1本ずつあり，らせん状に巻いている．③表面に焦点を合わせたもの．らせん状葉緑体にはピレノイドを中心にデンプン粒が集まっている．デンプン粒はピレノイド以外にも生じている．④ほぼ中央平面に焦点を合わせたもの．葉緑体は帯状であることがわかる．⑤葉緑体は1本であるが密にらせん状になり，細胞の幅も上のものよりは広い．
〔光顕　①②×80，③④⑤×300/植田〕

①～② 葉緑体2本の**アオミドロ**(Spirogyra sp.) ①焦点を表面に合わせたもの．②焦点を中央面に合わせたもの．
③ 葉緑体3本の**アオミドロ**(Spirogyra sp.)
④～⑤ 葉緑体3本で細胞が③よりも太い糸状体の**アオミドロ** ④焦点を上面に合わせたもの．⑤中央面に合わせたもので，細胞ごとに中央に核が1個ずつ見られる．
［光顕 ①②×300，③～⑤×150/植田］

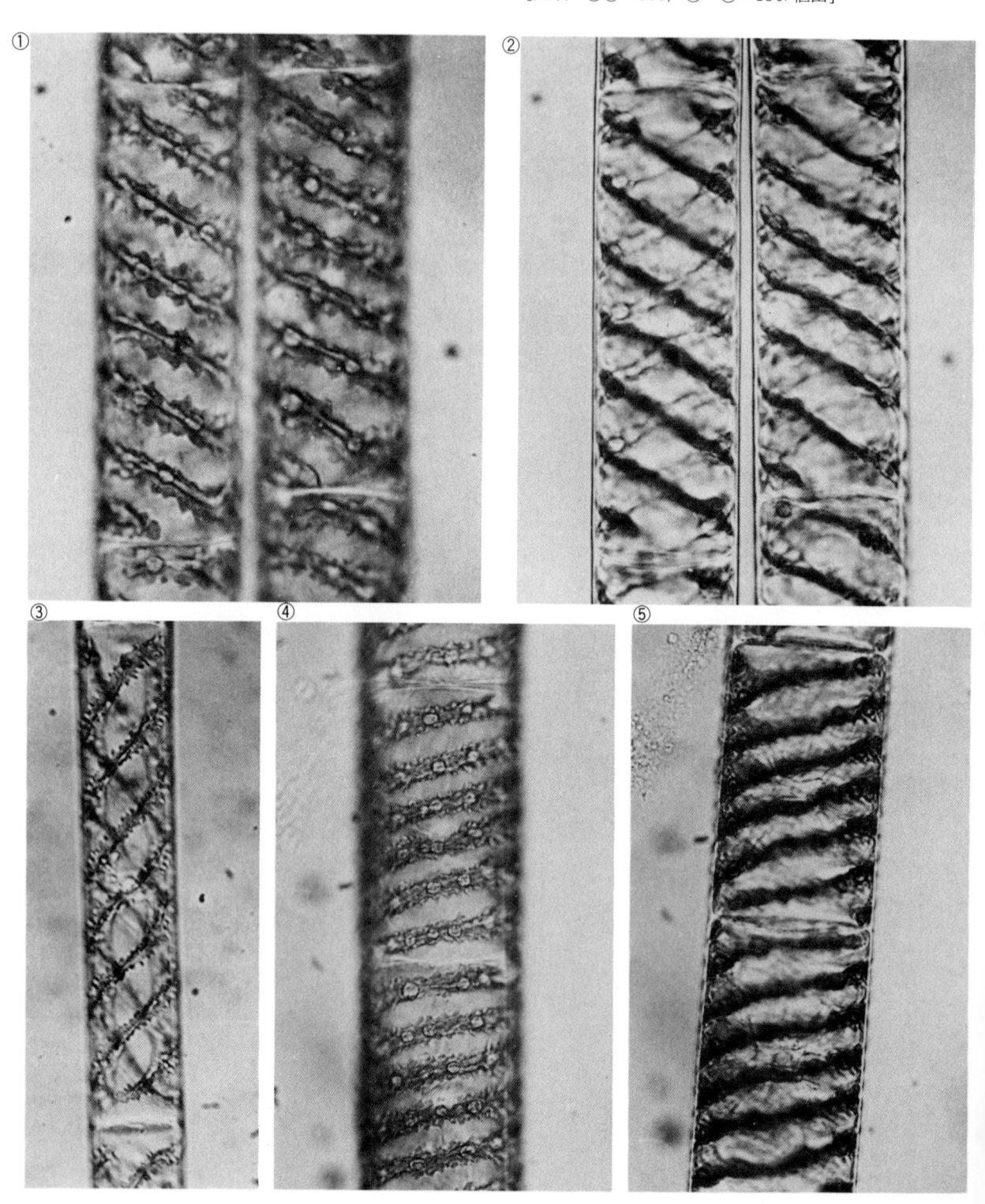

9　緑藻植物

①〜②　**アオミドロ**（Spirogyra sp.）の電顕像　①ラメラ構造の見られる葉緑体にはピレノイドがあり，これをかこんでデンプン粒（白くぬけた部分）が観察される．②は拡大．ピレノイドには数本のラメラがうねって入り込んでいる．[電顕（$KMnO_4$ 固定）　①×5,500，②×13,000/川松]

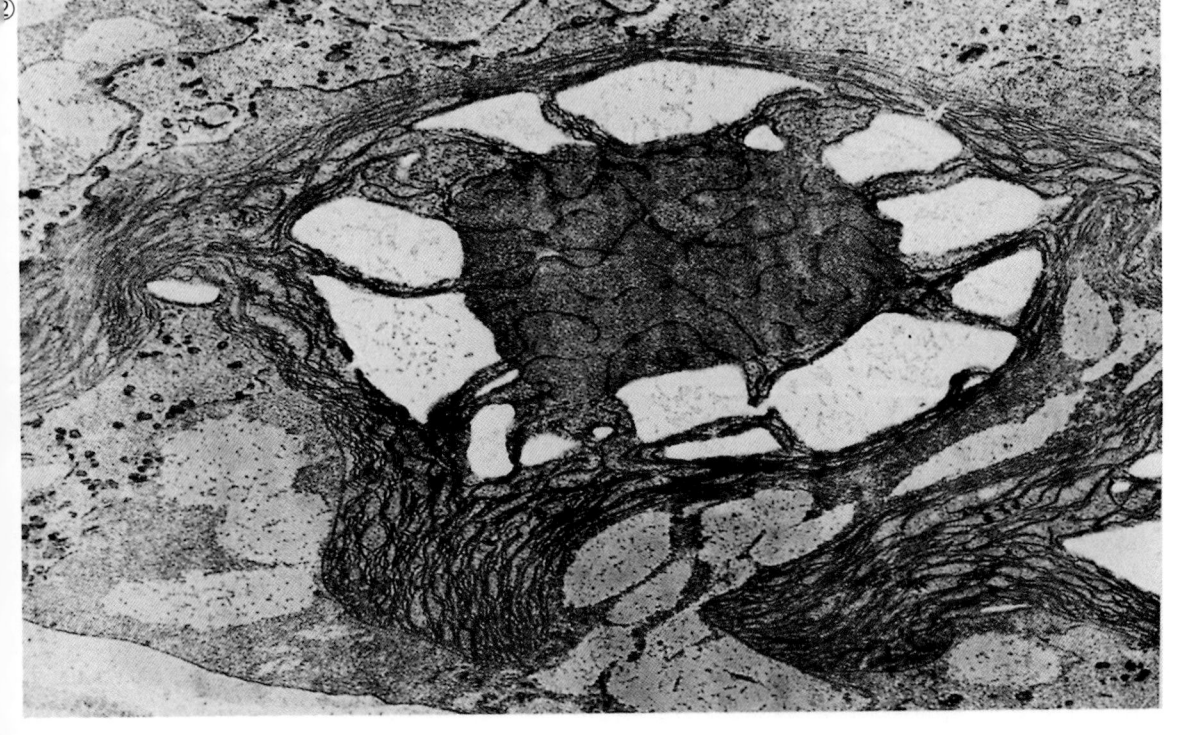

①〜②　**ホシミドロ**（Zygnema sp.）の接合①と接合子の拡大②
③〜④　**アオミドロ**（Spirogyra sp.）の接合　③初期：2本の糸状のアオミドロがよりそい，両者の細胞が接合管で連結されたもの．④中期：左の糸状体の細胞の原形質が右の糸状体に移動し合体したもの．左の糸状体には接合管の出なかった細胞の原形質は残されている．
〔光顕　①×300，②×700，③④×150／植田〕

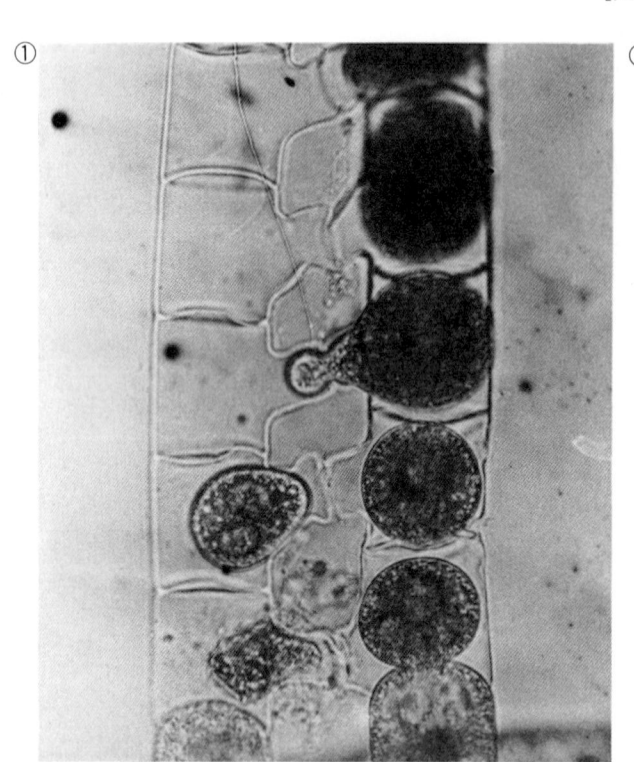

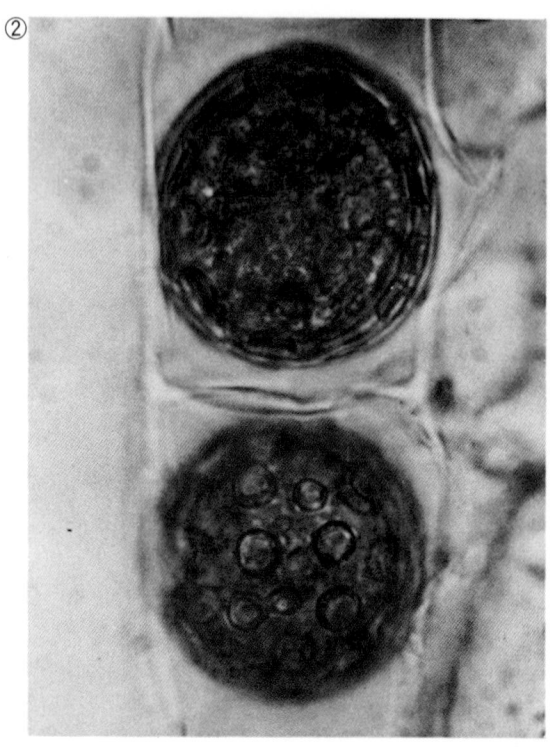

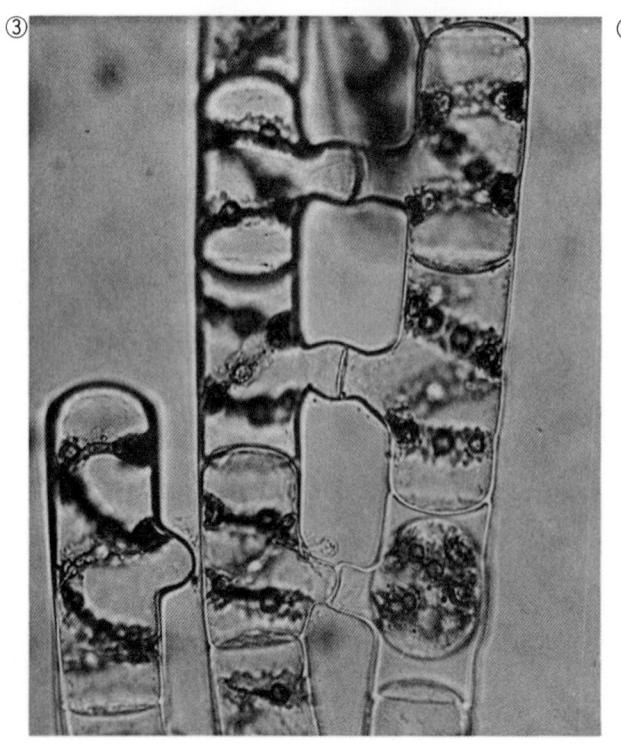

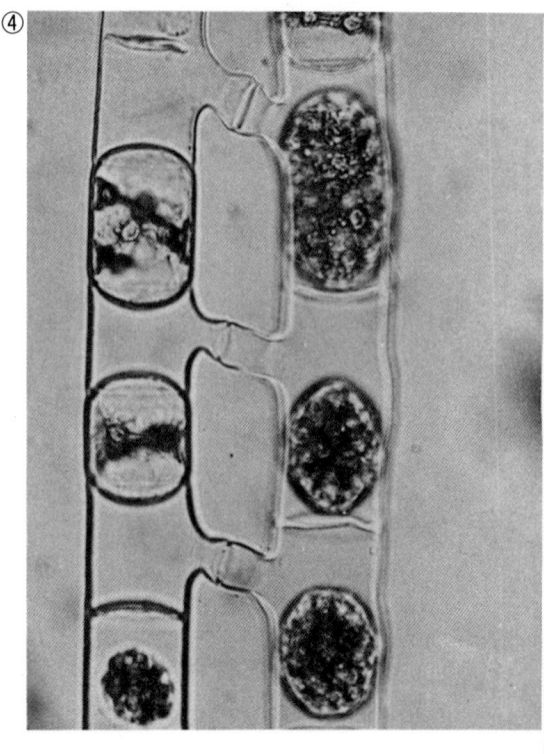

9 緑藻植物

①~② アオミドロ(Spirogyra sp.)の接合終期　②は拡大.
③~④ アオミドロの接合子が発芽し仮根を生じて枯葉などに付着したもの
[光顕　①×150,　②×200,　③④×60/②喜多山,他は植田]

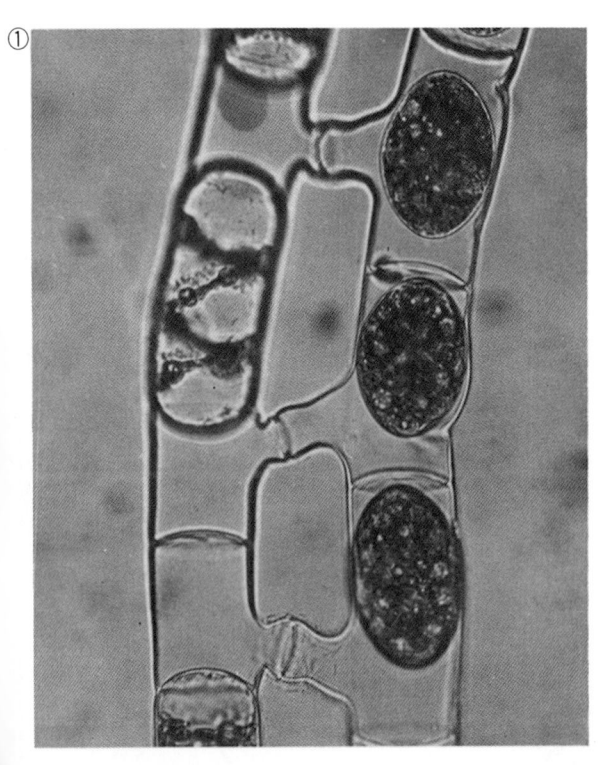

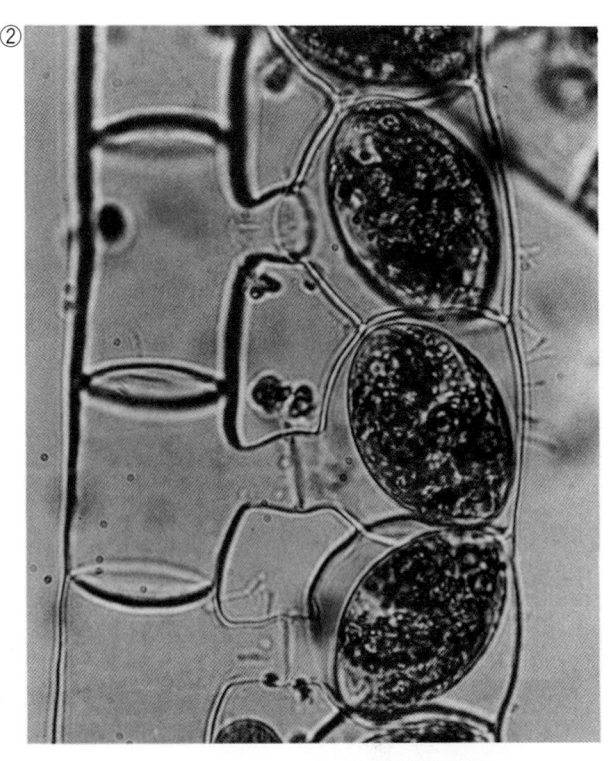

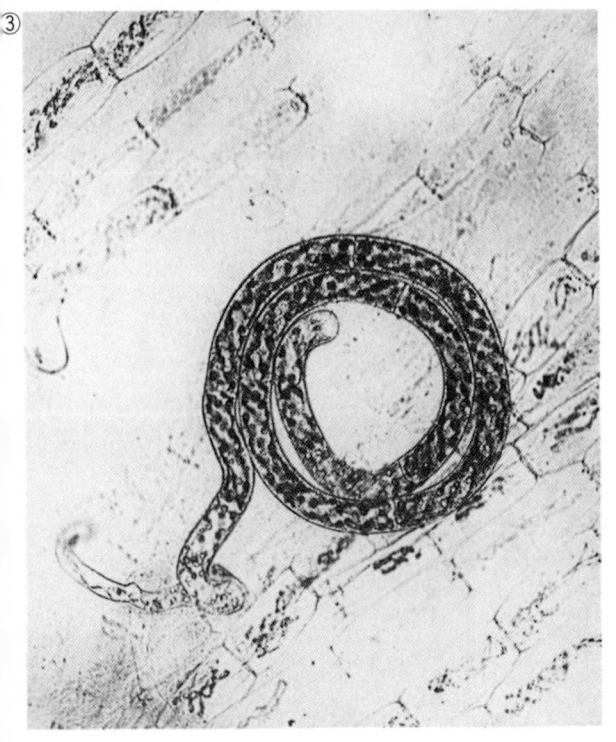

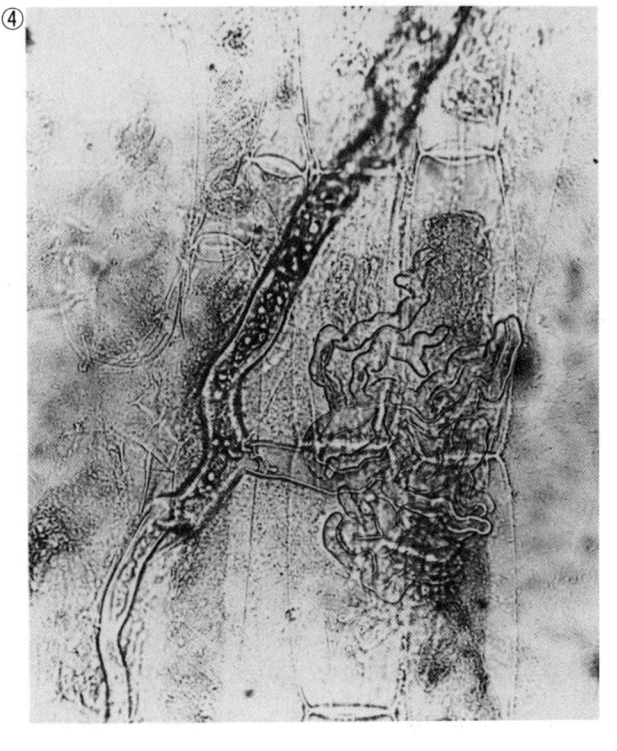

10　車軸藻植物（Charophyta）

輪藻またはシャジクモ植物ともいい，体は多核の多細胞からなり，細胞内に多数の葉緑体が規則的に並んでいる．葉緑体は多層のラメラからなり，クロロフィルa，bのほかカロチン，キサントフィルを持ち，デンプンをつくる．一般に内部の原形質は流動が活発である．外形はスギナに似ていて体制はかなり進歩しており，数cmの大きさで，根，茎，葉に似た分化（仮根，仮茎，仮葉）がある．仮茎には大きな節間細胞がある．生殖器官は，1個体中に造卵器と造精器が生じ，その中の卵と精子の受精により有性生殖が行われる．系統上，緑藻植物中の特殊な一群とみなされている．淡水に産するが種類は多くない．

① シャジクモの生活史　　［相沢★］

② シャジクモ（Chara australis）の節間細胞の一部の立体構造模式図　　図の上部は外表面で細胞壁（CW）でおおわれ，これに接するゲル状の外部原形質（exoplasm）内には葉緑体が列をなして存在している．これより内側の内部原形質（endoplasm）は流動性（ゾル状）で原形質流動が見られ，核（N），ミトコンドリア（M），ゴルジ体（G），小胞体（ER）がある．小胞体は葉緑体膜（CE）や核膜（NE）とも連絡することがある．S：同化デンプン，L：ラメラ，V：液胞，C：結晶体，R：リボゾーム，CM：細胞膜，Ch：染色糸　　［相沢］

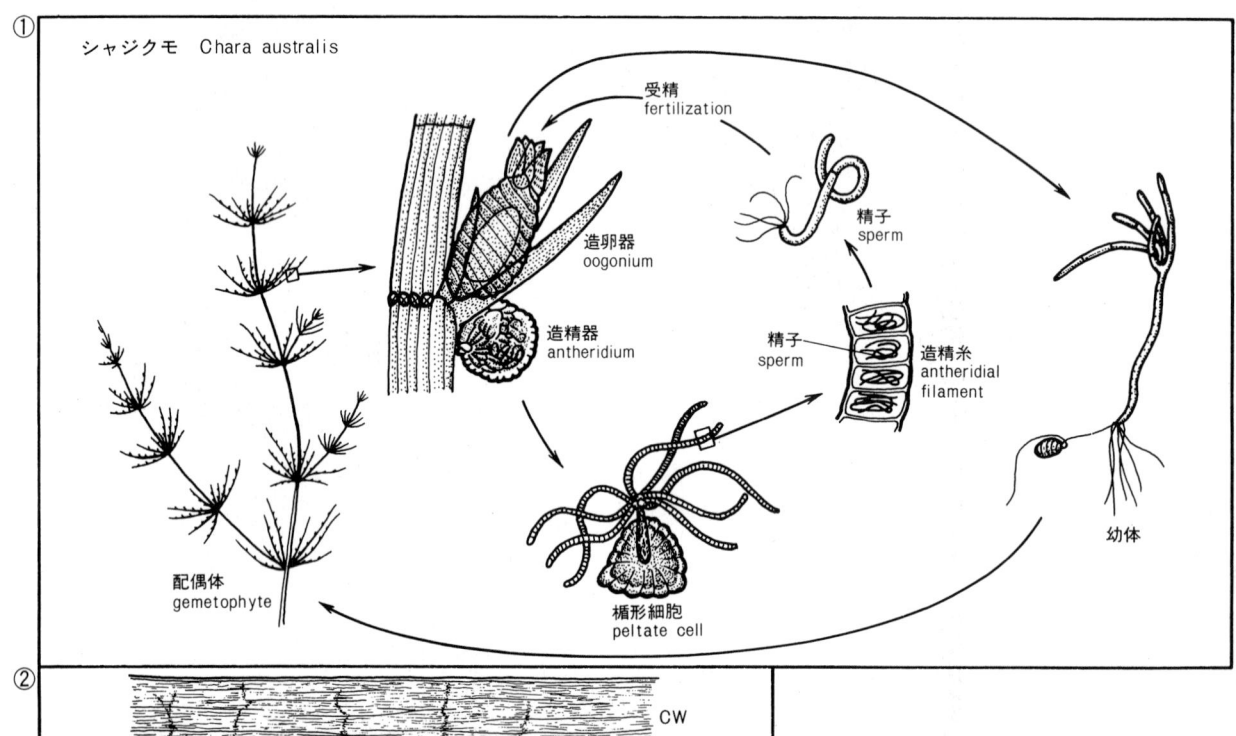

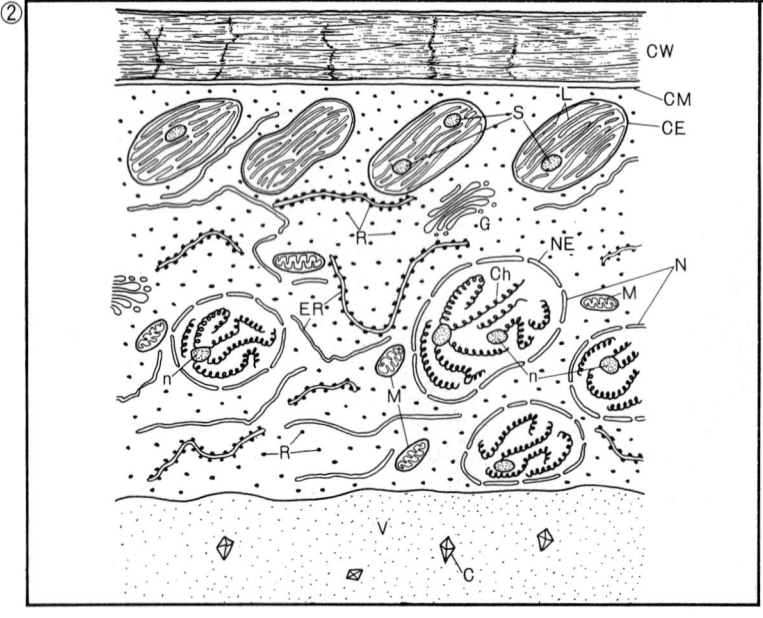

①〜④ シャジクモ(Chara Braunii)の顕微鏡観察 ①枝の先端部. ②節間細胞に多数の葉緑体がある. ③節間細胞の多数の葉緑体は細胞の長軸に対し, ある角度で列をつくって配列し, 一部に葉緑体のない部分が見られる. ④葉緑体はあちこちで独自に分裂して増殖する. [光顕 ①③×300, ②×150, ④×800/植田]

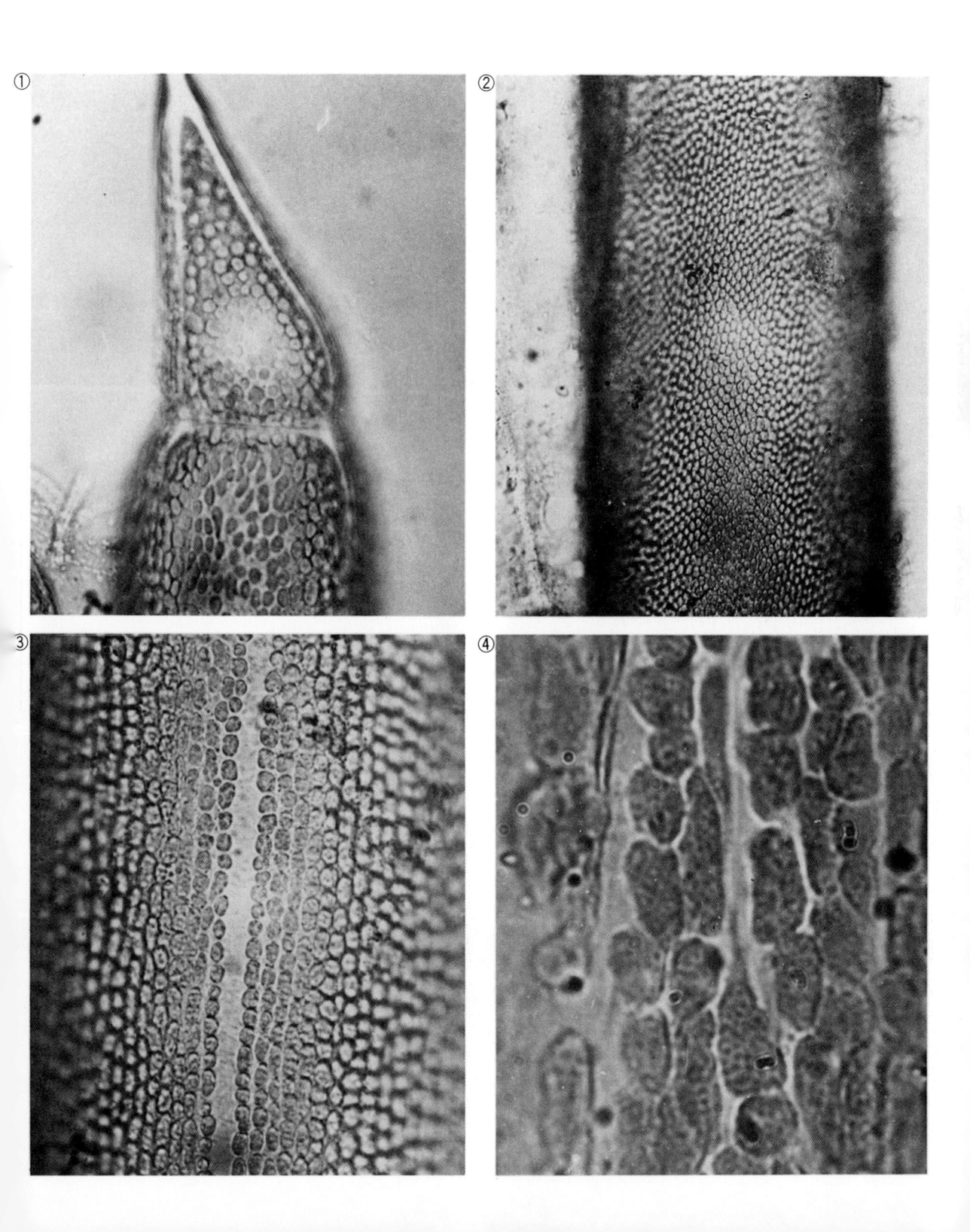

① シャジクモ(Chara Braunii)の造精器内での精子形成中における細胞分裂　[光顕(フォイルゲン染色)　×1,000/佐々木]
② シャジクモの電顕像　葉緑体やミトコンドリアなどが見られる．[電顕($KMnO_4$固定)　×18,200/川松]

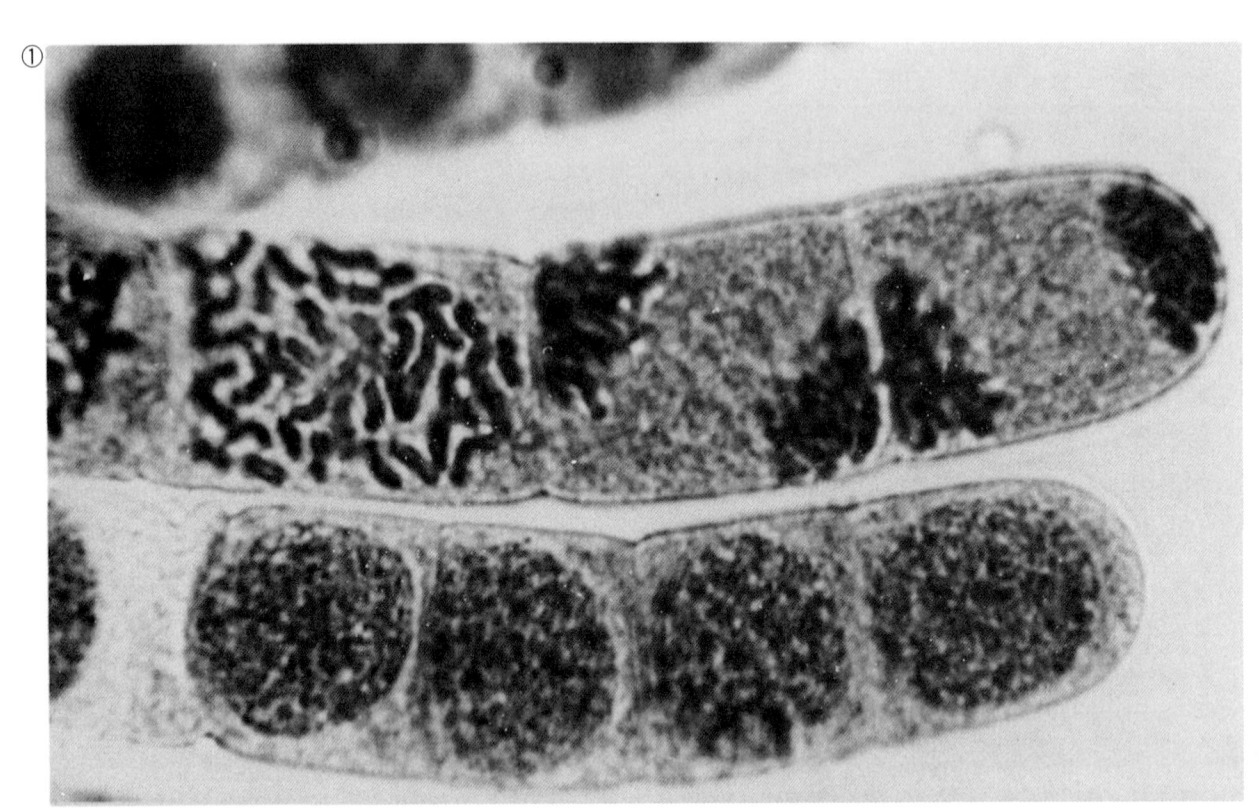

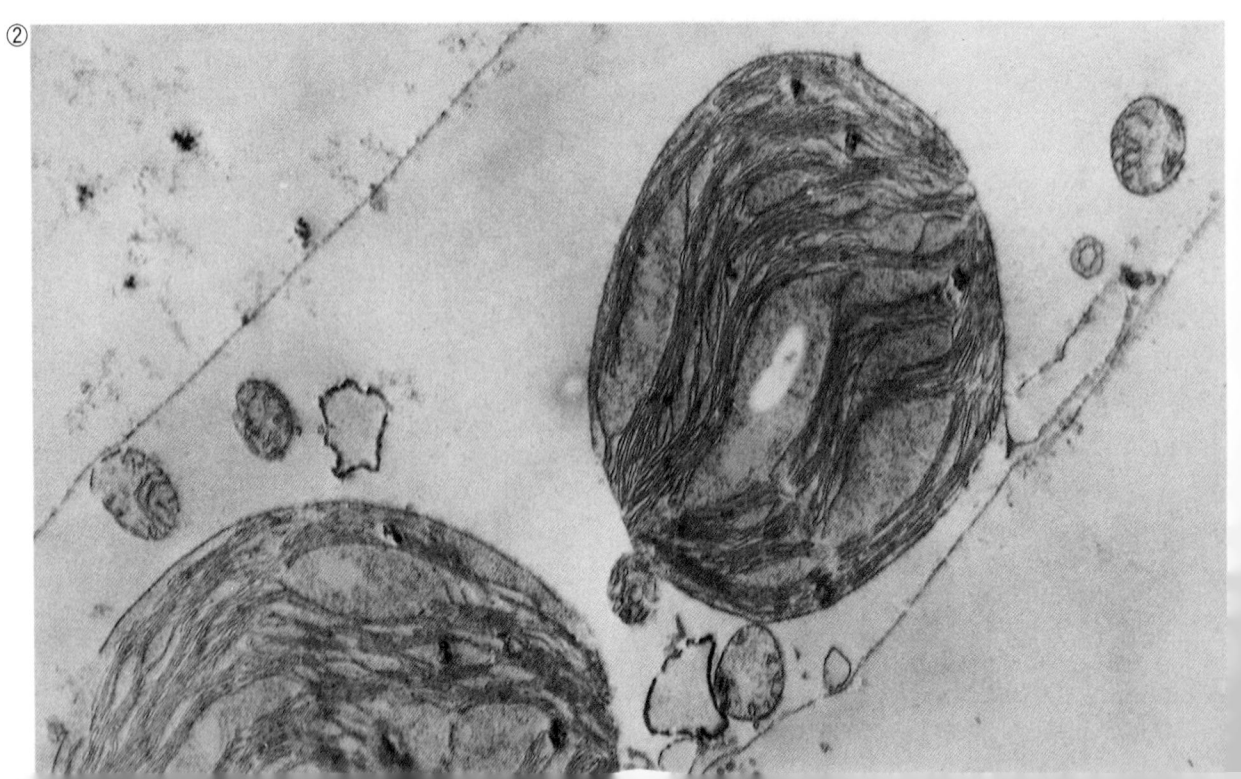

11 子のう菌植物 (Ascomycetes)

体は通常菌糸からなるが，コウボ菌のように単細胞のものもある．菌糸は枝分れしており隔膜がある．単核または多核でクロロフィルを持たず他養生活をする．無性生殖は分生子と呼ばれる胞子で行われる．有性生殖は複雑であり，子のうの中に4, 8, または16個の子のう胞子を形成して増殖する．子のうは菌糸の集合体である子実体中に形成される．

①〜② 子のう菌植物の生活史　①コウボ(酵母)菌 (Saccharomyces cerevisiae)の生活史．②アカパンカビ (Neurospora crassa)の生活史　　[①植田，②★]

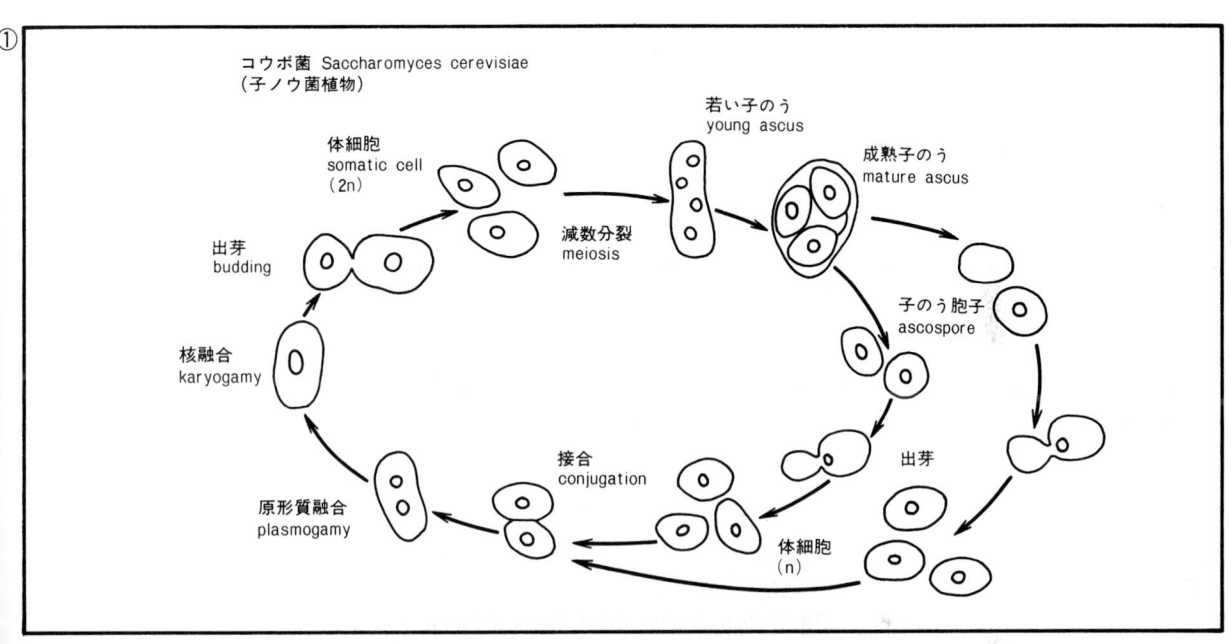

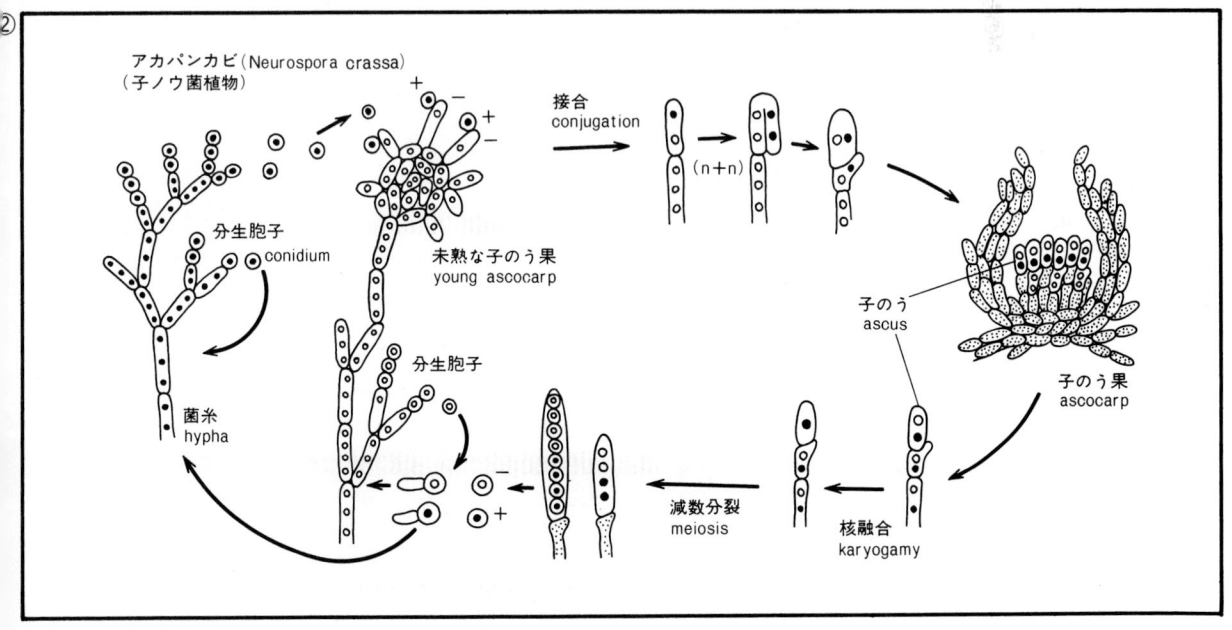

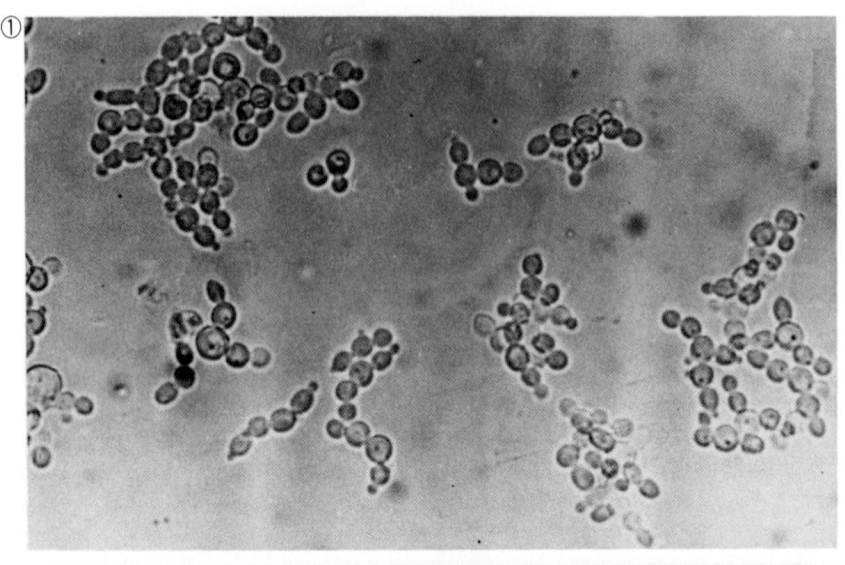

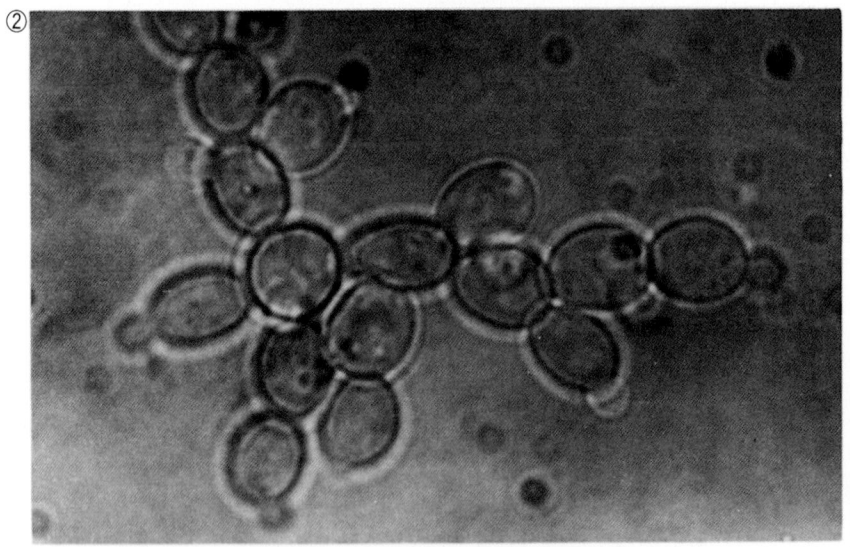

①～③ **コウボ菌**(Saccharomyces cerevisiae)のコロニー(colony, 集落) ①多数のコロニー．単細胞のコウボ菌は出芽によって増殖し，それぞれのコロニーをつくる．②コウボ菌の一つのコロニー．コウボ菌は出芽によって四方八方に増殖していく．③四方八方に増殖したコウボ菌の一つのコロニー．[光顕 ①×70, ②×700, ③×300/植田]

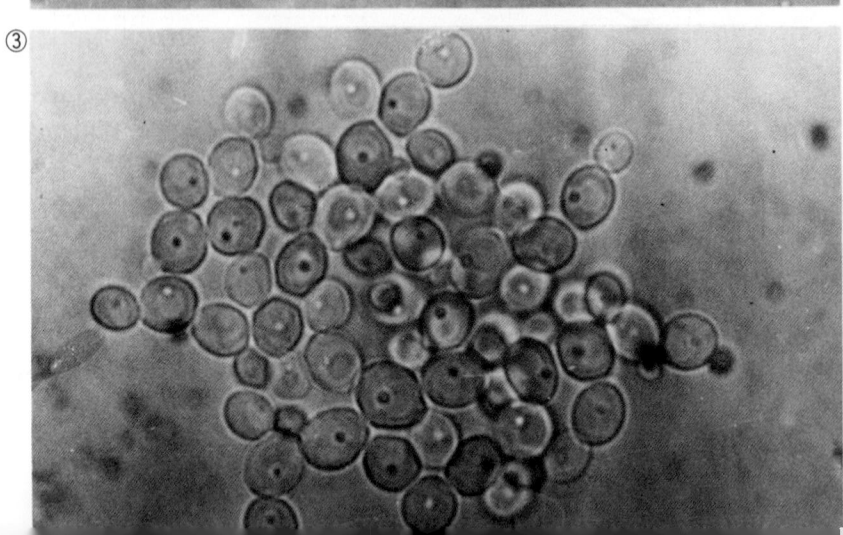

11 子のう菌植物

①〜③ フリーズエッチング法による**コウボ菌**（Saccharomyces cerevisiae）の構造　①細胞膜（原形質膜）の表面構造．不規則な方向に多数の溝が見られる．②同上拡大．溝のほか表面に多数の粒状構造が観察される．③断面．細胞膜の一部，および細胞質内の多数の液胞が観察される．［電顕　①×2,550，②×108,000，③×16,000／平野］

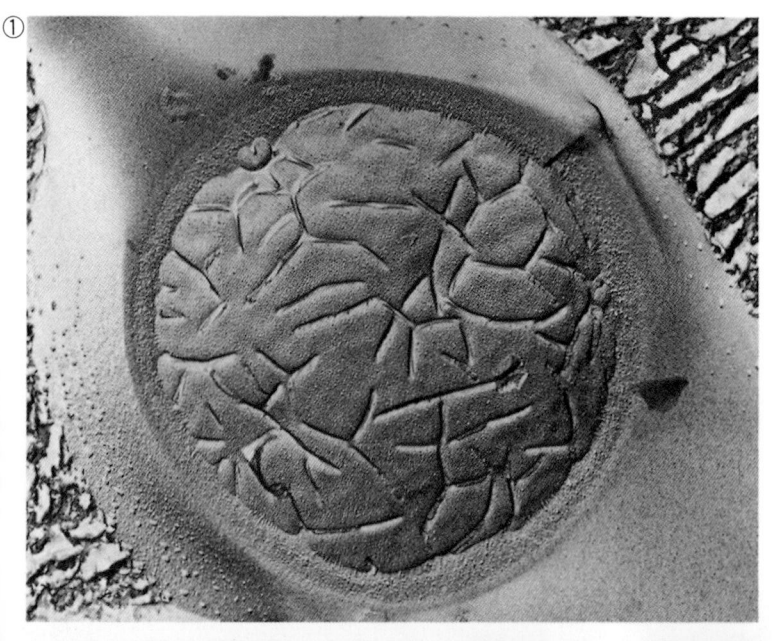

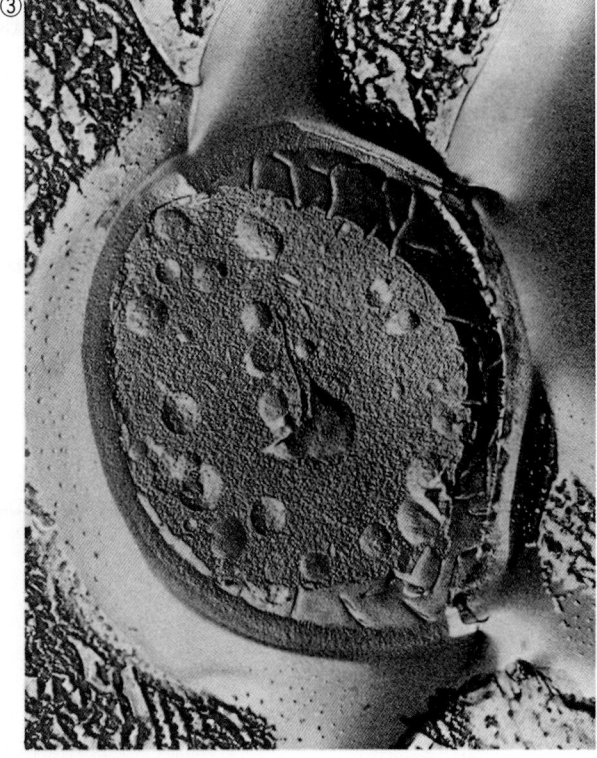

①〜④　**コウボ菌**(Saccharomyces cerevisiae)細胞の断面構造　①細胞壁とそれに接した細胞膜．細胞膜は暗・明・暗の3層からなる単位膜構造である．②核やミトコンドリアのほかグリコーゲン粒が多数見られる．③グリコーゲン粒にとりかこまれたミトコンドリアは形態変化を起こしている．④出芽細胞の出芽部のようすと母細胞内の核，液胞，グリコーゲン粒．［電顕($KMnO_4$固定)　①×270,000，②×30,000，③×35,000，④×20,000/平野］

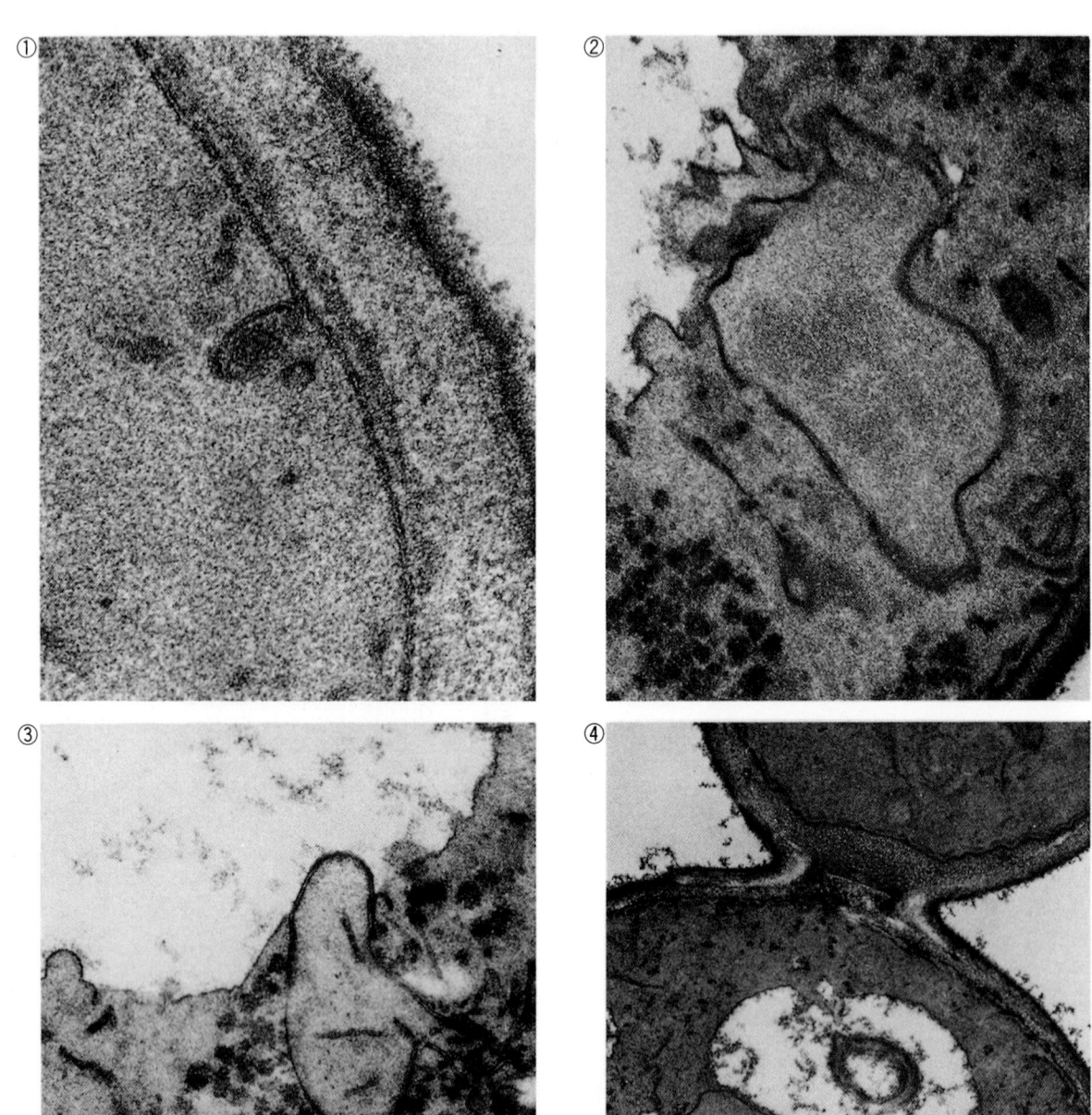

11　子のう菌植物

①〜②　**コウジカビ**（Aspergillus oryzae）　①菌糸と分生子を生じた分生子柄．②分生子柄の拡大
③〜⑤　**クロカビ**（Aspergillus niger）　③分生子柄．④菌糸と分生子柄．⑤分生子
⑥　**ケカビ**（Mucor sp.）の胞子のう
［光顕　①×80，②③×300，⑤×800，⑥×50／植田］

①〜④　アオカビ（Penicillium notatam）　①分生子を生じた分生子柄．②は①の拡大．分生子柄の先は数段に枝分かれし，その先に分生子を生じる．③分生子．④分生子の発芽．菌糸を伸ばしている．［光顕　①×150，②×500，③×800，④×300/植田］

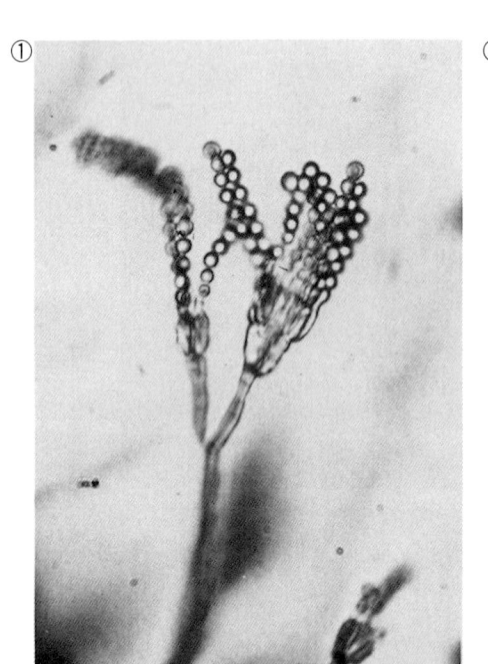

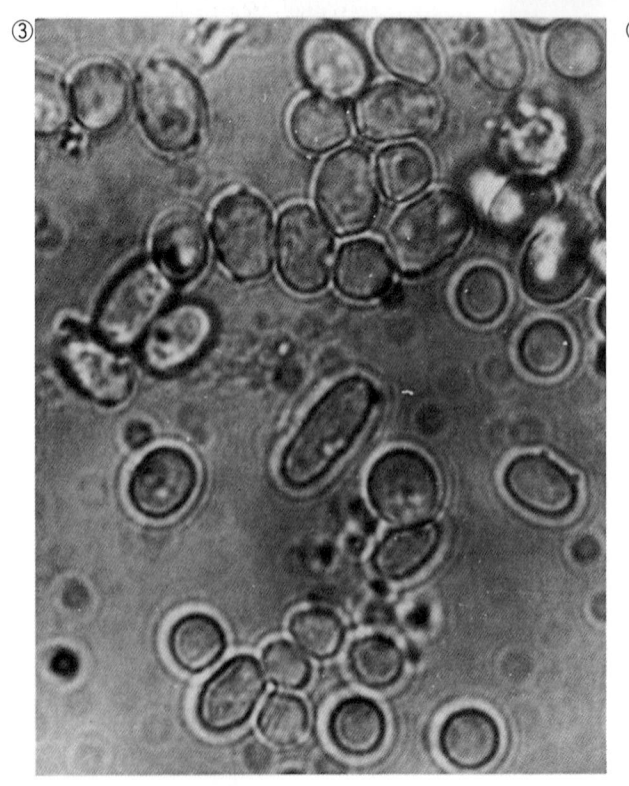

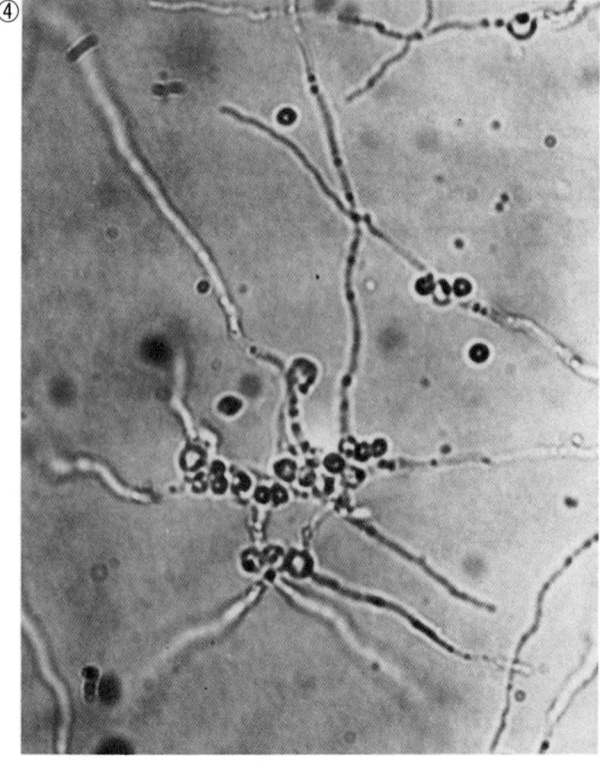

11 子のう菌植物

①〜② クルブラリア(Curbularia sp.)の菌糸と子のう ②は拡大
③ インゲンマメ(Phaseolus vulgaris var. humilis)の油いために生じたカビ
④ ミズカビ(Saprolegnia sp.)の遊走子のう
⑤〜⑥ アオカビ(Penicillium sp.)の分生子 米飯に生じたもの. ⑥は拡大
[光顕 ①×120, ②③×250, ④×60, ⑤×40, ⑥×600 /植田]

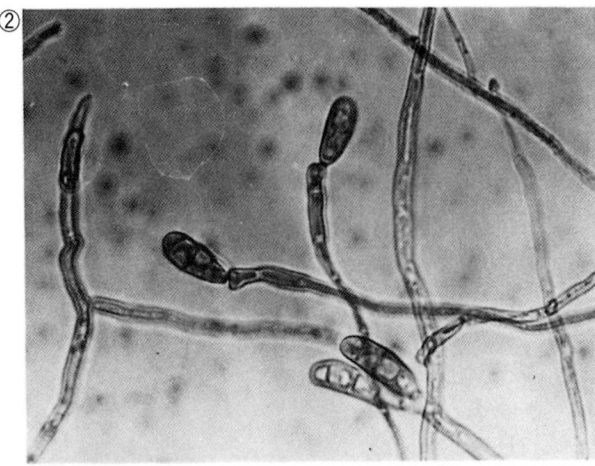

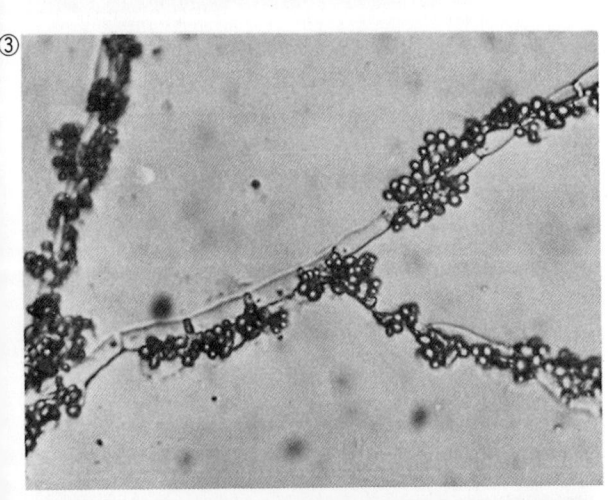

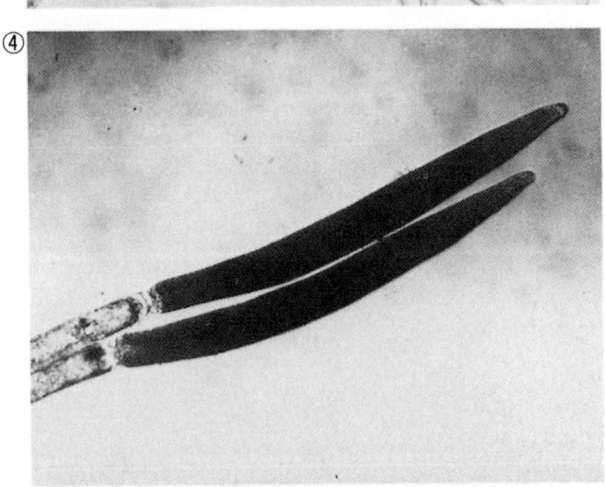

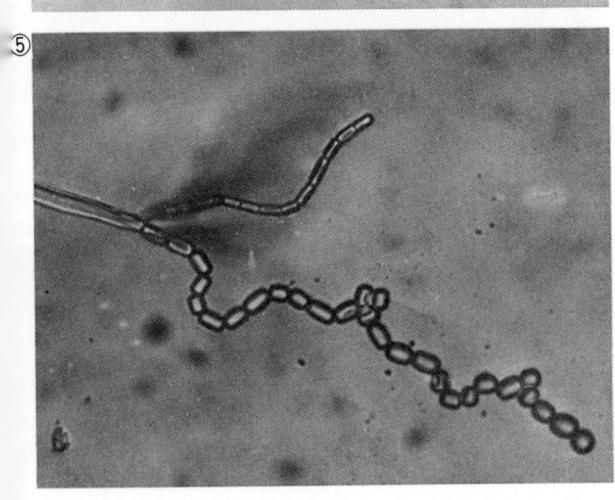

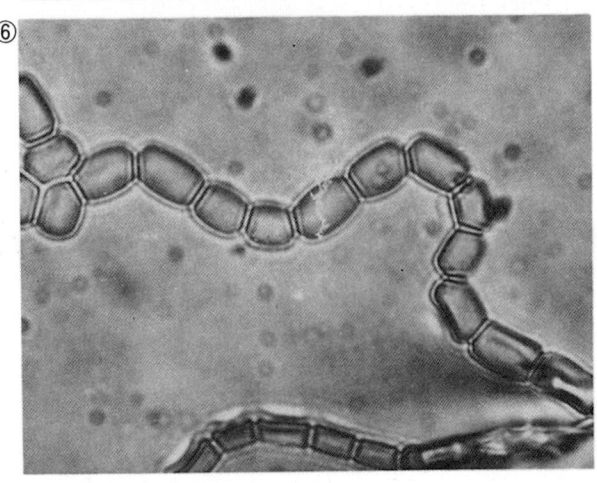

① ケカビ（Dimargaria verticillata）の胞子のう柄細胞の電顕像　細胞質には多数のグリコーゲン粒を含み，細胞の隔壁は特殊な二又構造（断面）で中央孔があり，そこから突出物（protuberance）が出されている．［電顕（GA＋OsO固定）　×10,000/犀川］

11 子のう菌植物

① **不完全菌**（Dactylella leptospora）の菌糸細胞 核，ミトコンドリア，小胞体などが見られ，細胞隔壁中央部に単孔（simple pore）が存在している．その付近に電子密度の高い特徴的な球形体（woronin body）を有している．[電顕（GA＋OsO₄固定） ×67,000/犀川]

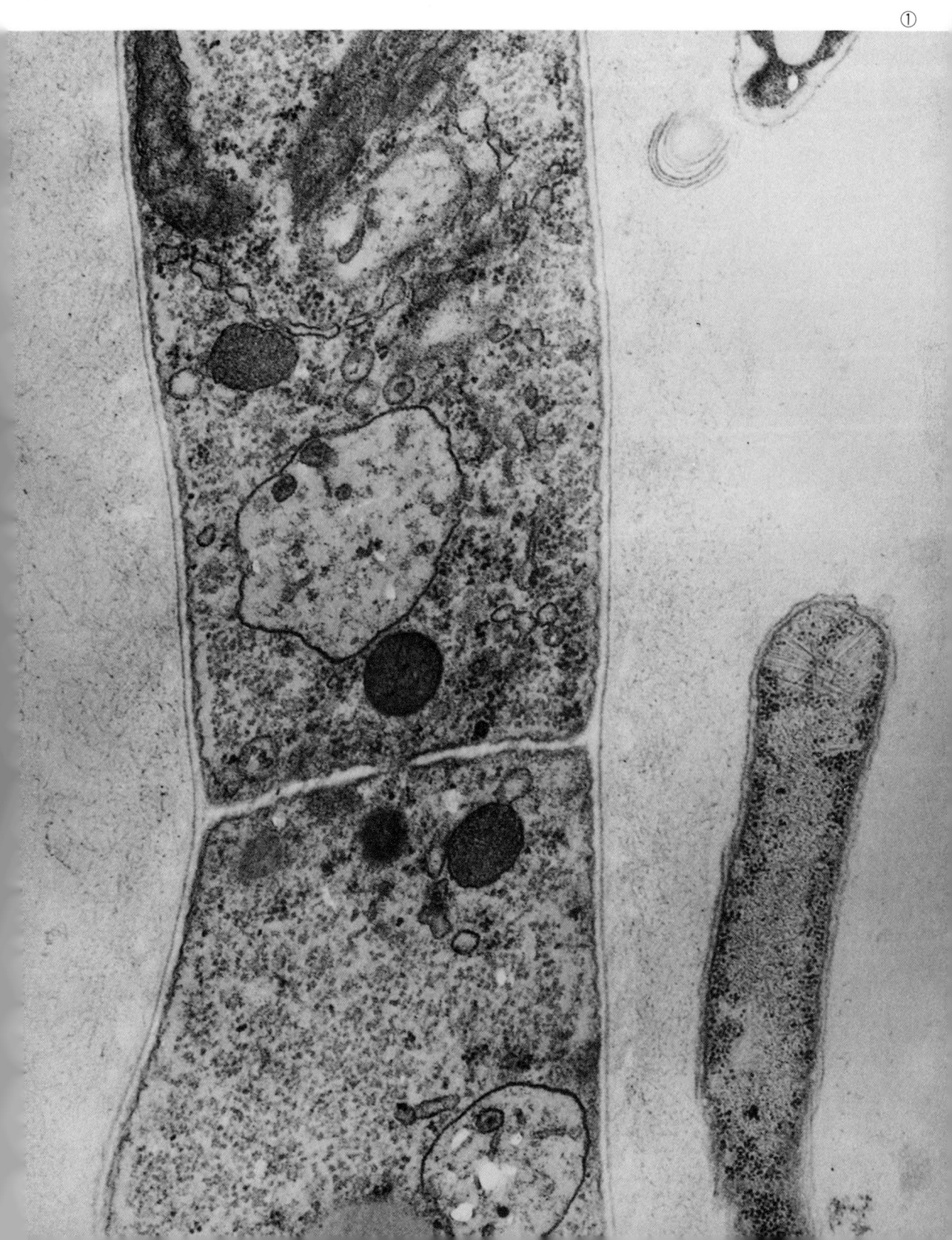

① ツバキ（Camellia japonica）の芽に生じた**スス病菌**（Meliola sp.）
② アサガオ（Pharbitis Nil）の葉のうらに生じた**斑紋病菌**（Cercospra sp.）
③ ネギ（Allium fistulosm）の**黒斑病菌**（Alternaria sp.）
④〜⑥ クワ（Morus bombycis）の葉の**ウラウドンコ病菌**（Sphaerotheca pannosa）
［走顕　①×350, ②④×250, ③×580, ⑤×150, ⑥×1,500/山田］

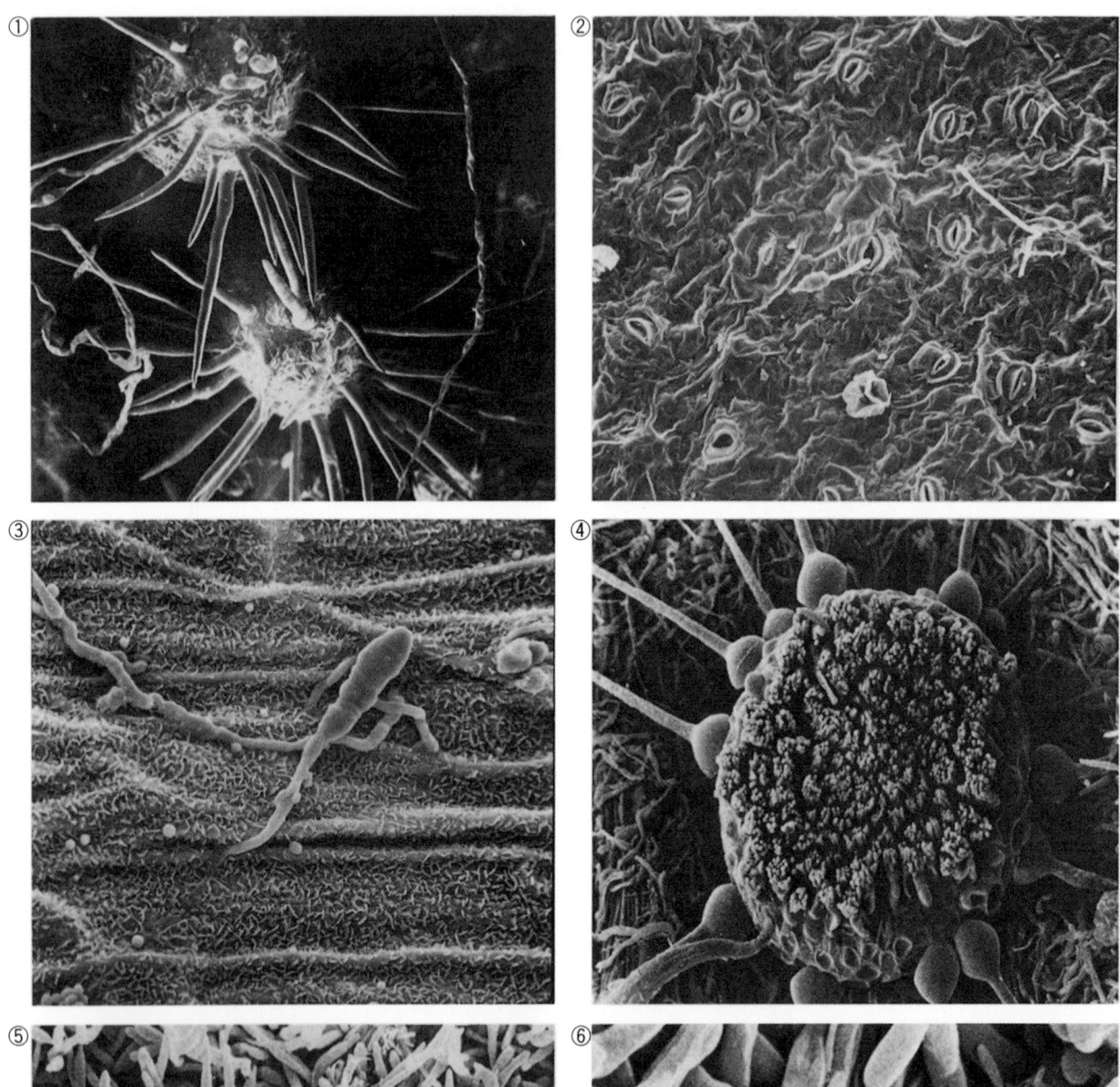

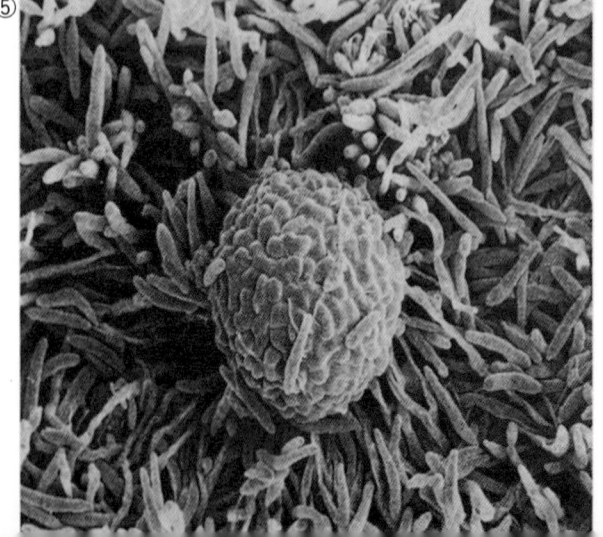

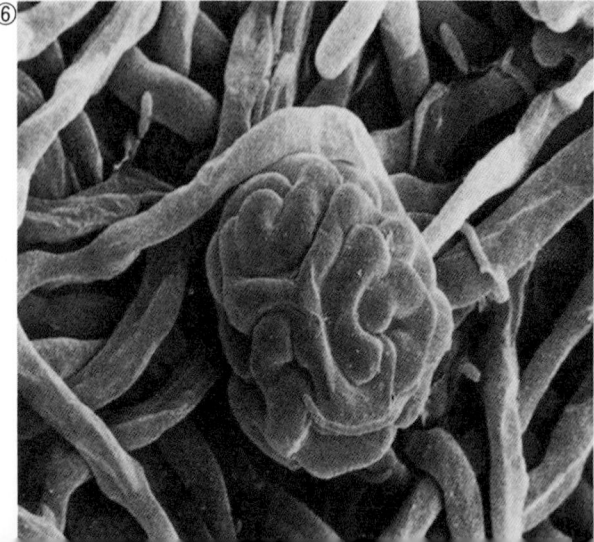

①〜⑤ **ヌメリスギタケ**(Pholiota adiposa)の構造　①子実体(fruit body)の縦断面. 子実体は上部の開いたかさ(pileus)と柄(stipe, stalk, stem)に分けられ, かさのうらにはひだ(gill)がある. ②柄部の組織. 短かい細胞が連なった菌糸が縦に平行して密に配列している. ③かさ部上面組織. かさの外皮表層は粘液物質でおおわれ, その中を下層から上向きに分化した菌糸が走っている. ④ひだ部. ⑤かさ肉組成. [接写　①×0.7；光顕　②×250, ③×200, ④×180, ⑤×700/有田]

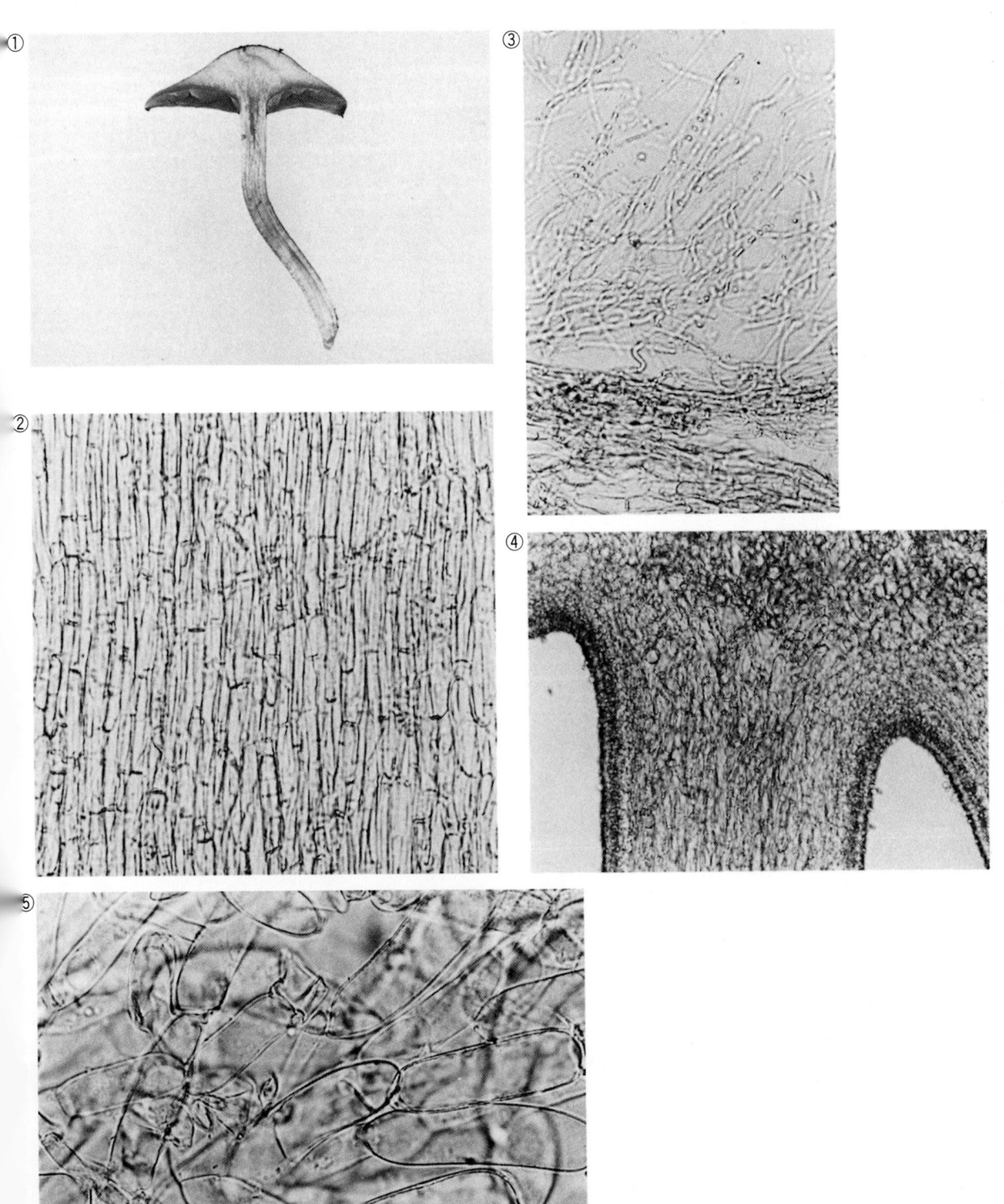

①~④ **ヌメリスギタケ**(Pholiota adiposa)子実体のひだの構造　①ひだ部の拡大．ひだは外より内へ子実層(hymenium, hy)，子実下層(subhymenium, sub)および実質(trama, tr)の3層からできている．②ひだの先端部．子実層は担子胞子(basidiospore, bs)を生ずる担子柄(basidium, ba)とのう状体(cystidium, cy)とが混在して柵状に配列している．③ひだ縦断面．④は③の一部拡大．[光顕　①×350，②×400；走顕(GA+OsO₄固定)　③×400，④×2,200/有田]

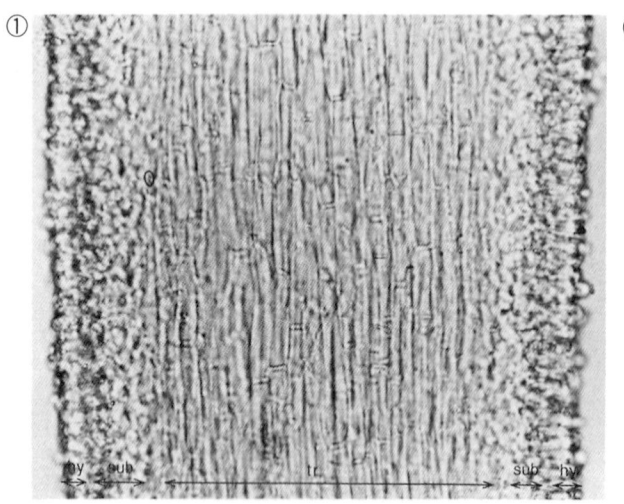

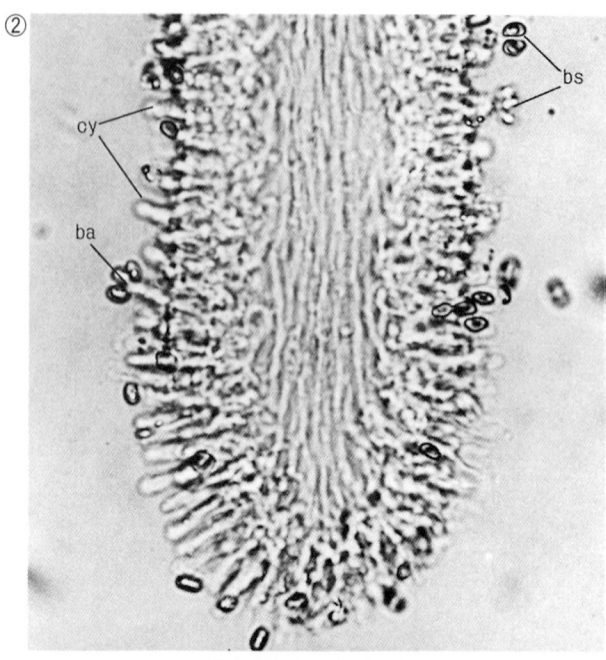

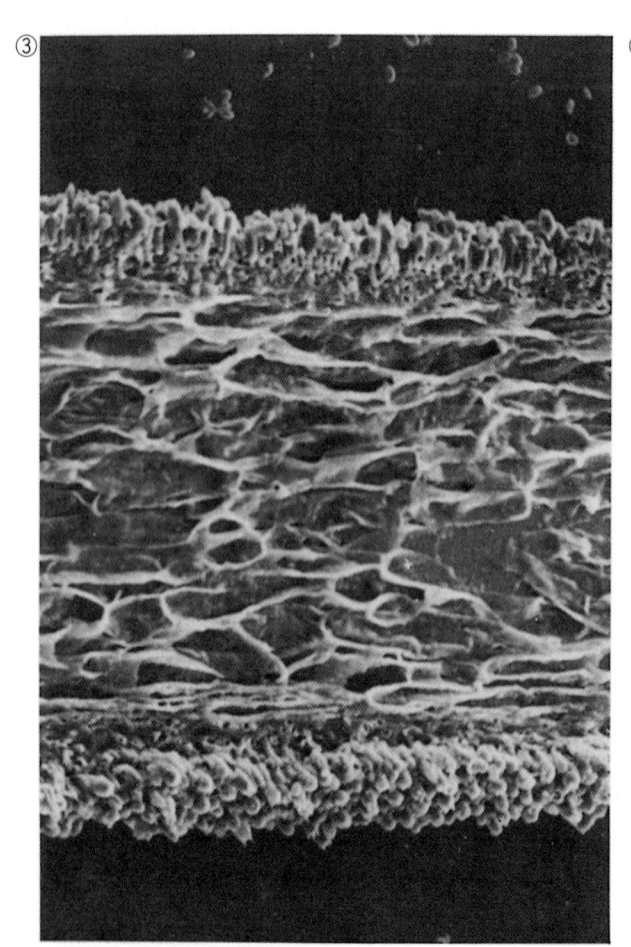

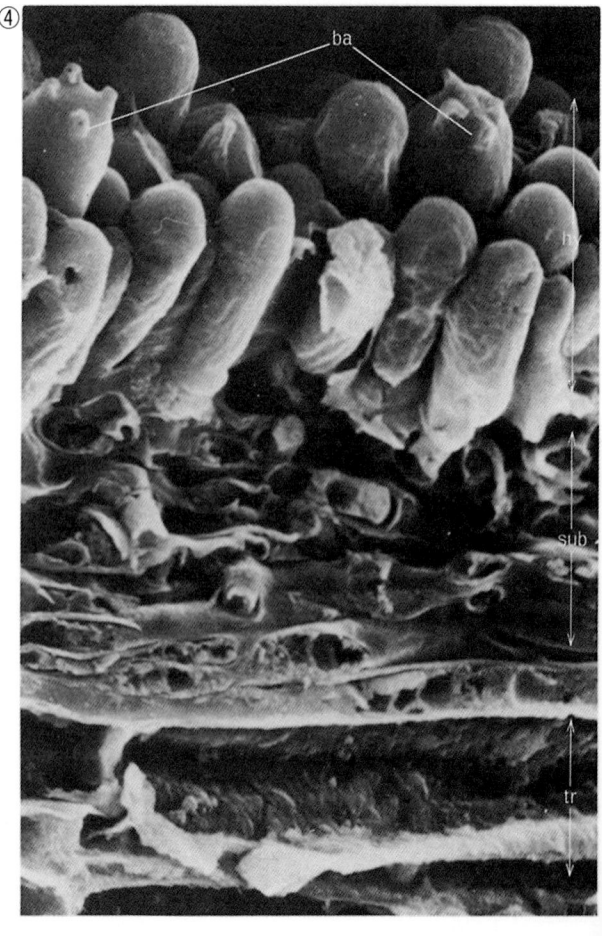

11 子のう菌植物

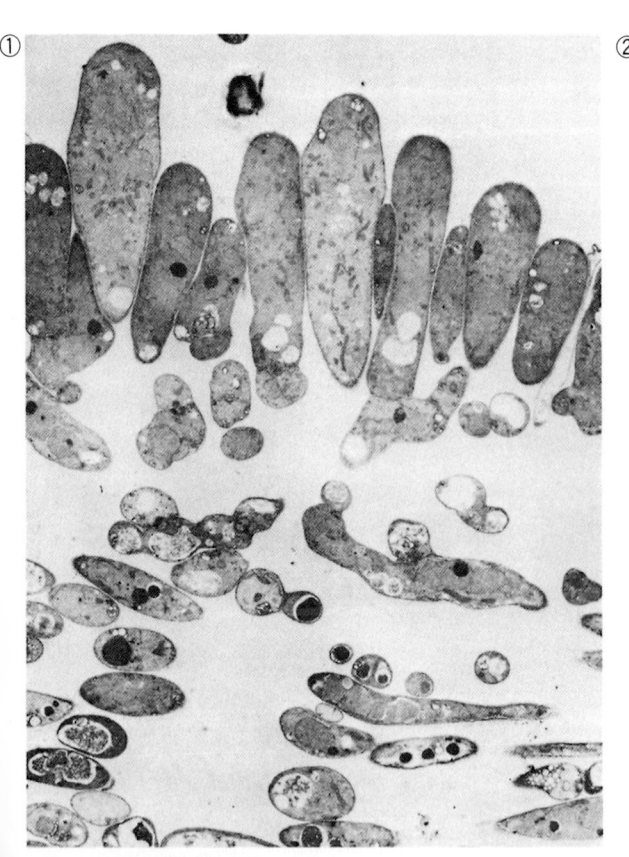

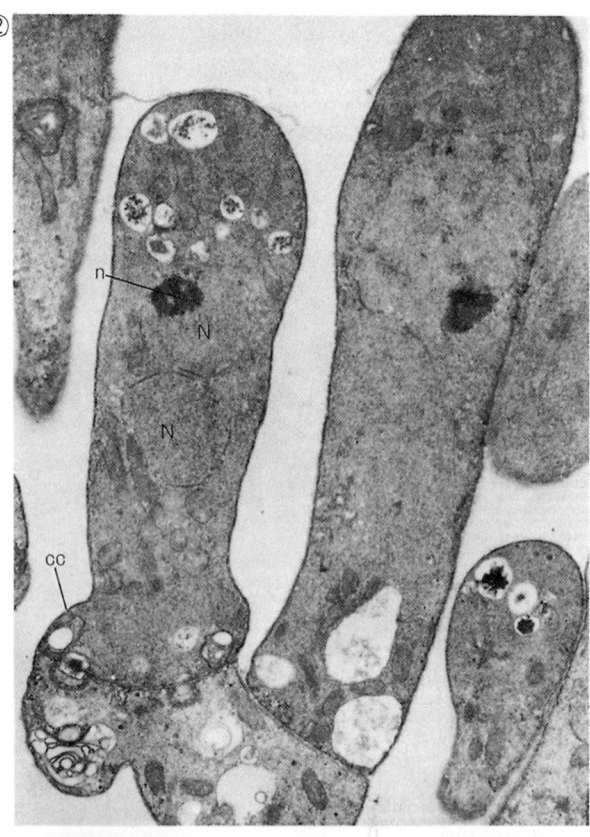

①〜④ **ヌメリスギタケ**(Pholiata adiposa)の担子胞子形成　①ひだ部の縦断面像．②担子柄の縦断面．2核(dikaryon)が融合する前で基部にクランプ結合(clamp connection, cc)をするもの(左)と核(N)が融合して倍数(diploid)になった核をもつもの(右)．③担子柄内で減数分裂を行い4嬢核を生じたもの．小胞体(ER)が各嬢核をとりまいている．④担子柄(ba)と担子胞子(bs)．担子柄から担子胞子へ移行する前の4嬢核が見られる．小胞体は移行直前に脱落する．[電顕(GA+OsO₄固定)　①×2,000, ②③×6,000, ④×5,000/有田]

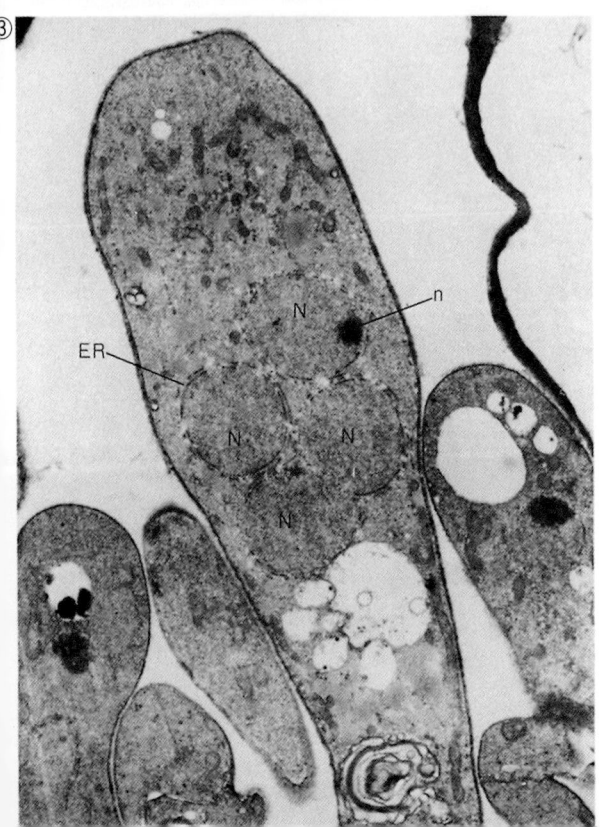

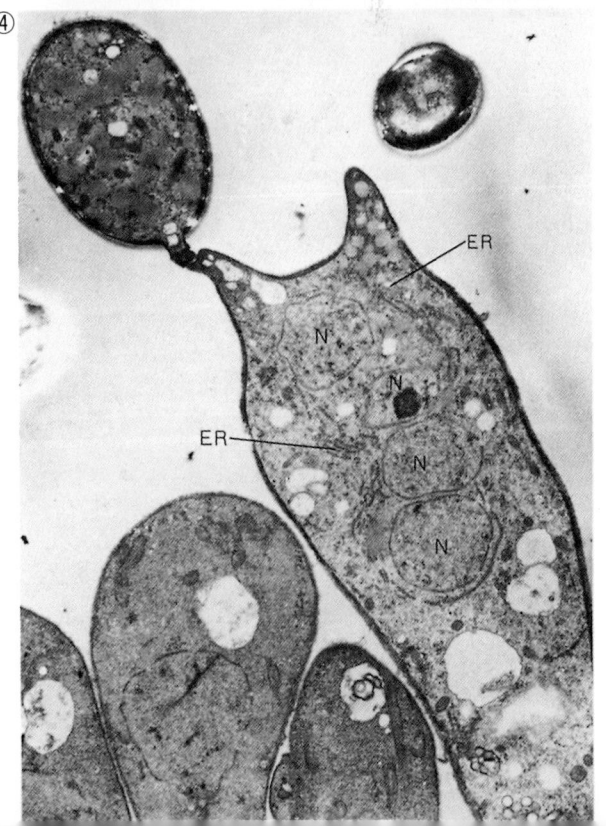

①〜③ ヌメリスギタケ(Pholiata adiposa)の担子胞子 ①担子胞子. 4個ずつ集まっている. 生育の程度で大きさが違う. ②担子柄上の4個の担子胞子. ③担子胞子の縦断面. 細胞壁(CW)は外(o), 中(m), 内(i)の3層からなり, 内層は電子密度が小さく明るい. 胞子の先端部(左部)の細胞壁は発芽孔(germinal pore, gp)になっている. 細胞内には明るく見える脂質果粒(lipid granule, L)を多数含んでいる. [走顕 ①×1,800, ②×5,300；電顕(GA+OsO₄ 固定) ③×15,000/有田]

④〜⑤ ヌメリスギタケの菌糸細胞の隔壁の微細構造 ④隔壁(septum, se)の中央に隔壁孔(septal pore, sp)が開いていて, これをとりまく細胞壁部は隔壁膨潤(septal swelling, sw)を起こしている. これらをかこむように半月形状の構造(parenthesome, pa)がみらる. これは大部分の担子菌類に特有な構造である. ⑤隔壁孔が2か所で見られ, また隔壁の一部が肥厚している. pm：原形質膜

⑥ ヒポクレア(Hypocrea schweinitzii)の菌糸細胞における単純隔壁(simple septum) 壁孔は単純で, 近くに電子密度の高い暗色の球形体(woronin body, wb)がある. [電顕(GA+OsO₄ 固定) ④×42,000, ⑤×22,000, ⑥×37,000/有田]

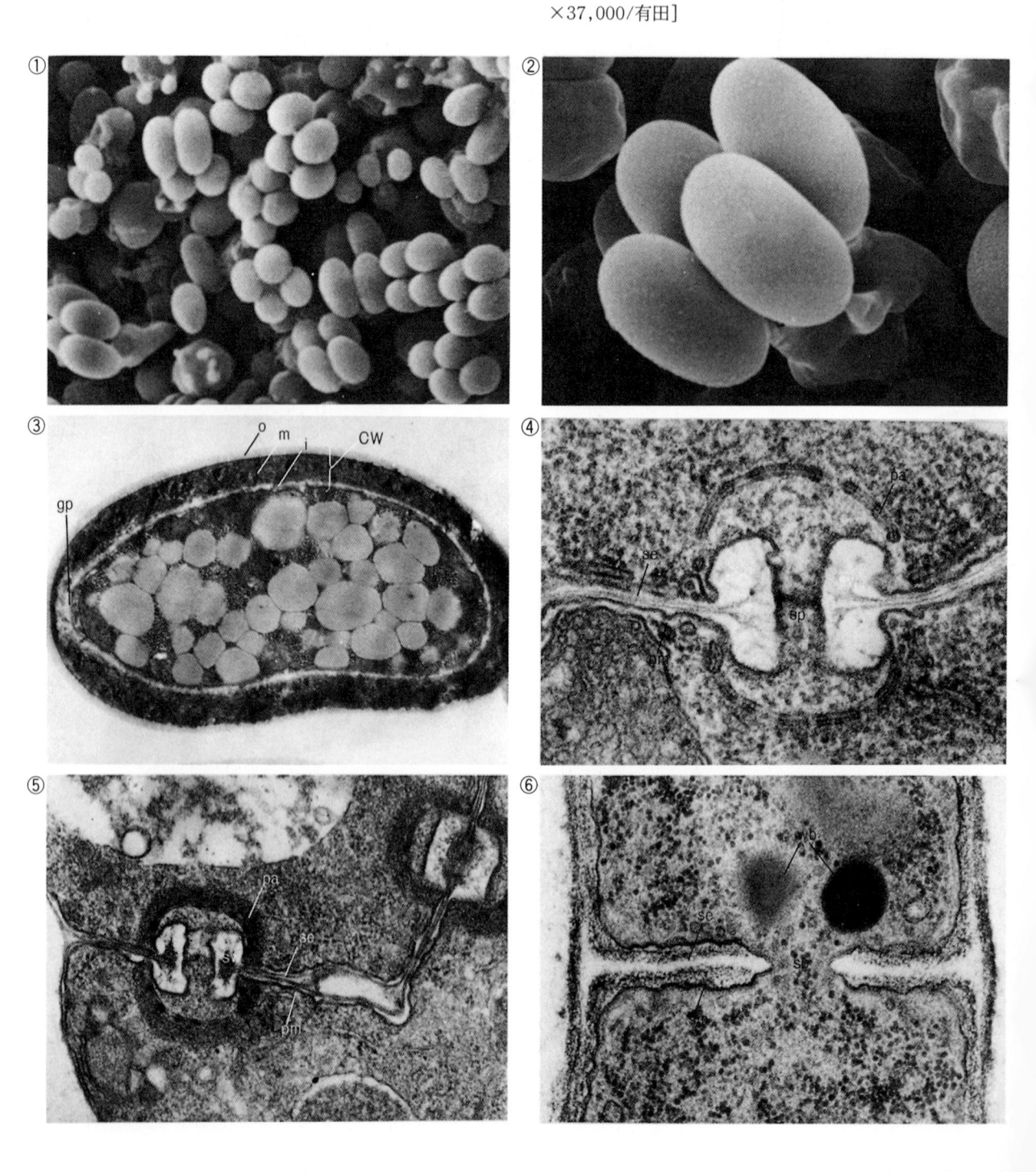

12 変形菌（粘菌）植物（Myxophyta）

　栄養体は一定の形をもたない原形質の塊で変形体（plasmodium）と呼ばれ，アメーバ運動をする．多核，無葉緑体で，湿地で朽木などについて腐生生活をする．変形菌植物の生活史（life cycle）はおよそ図①の通りである．

① 変形菌植物の生活史　　[★]

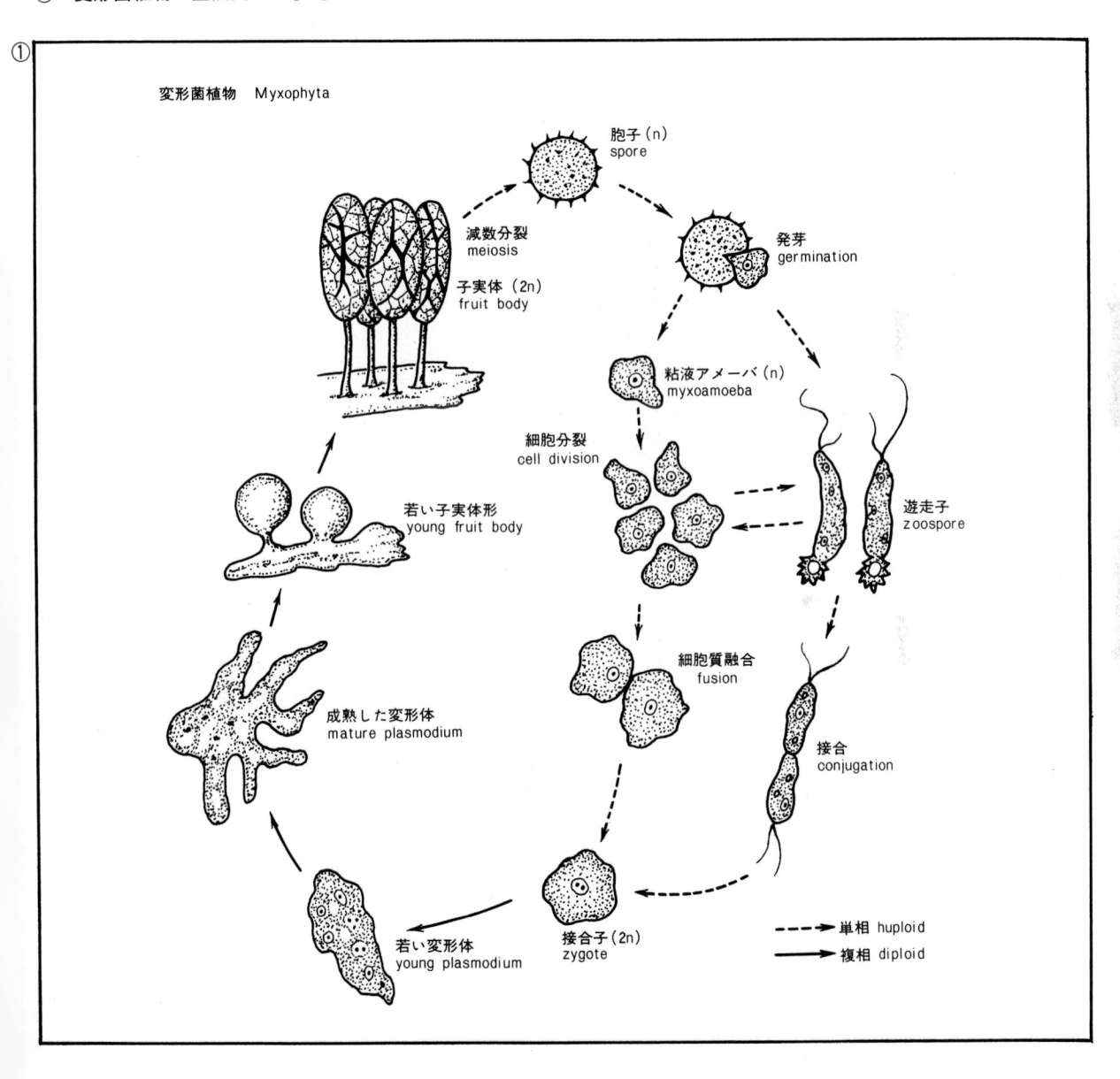

変形菌植物　Myxophyta

胞子(n) spore
減数分裂 meiosis
子実体(2n) fruit body
発芽 germination
粘液アメーバ(n) myxoamoeba
細胞分裂 cell division
遊走子 zoospore
若い子実体形 young fruit body
細胞質融合 fusion
接合 conjugation
成熟した変形体 mature plasmodium
若い変形体 young plasmodium
接合子(2n) zygote

-------→ 単相 huploid
―――→ 複相 diploid

①〜④ 変形菌の1種フィザルム(Physarum polycepharum)の変形体(plasmodium)　①変形体の周辺部で仮足(pseudopodia)を出して左方向にアメーバ運動をしている．②変形体の中央部で原形質は網目状になり，この中を原形質が活発に流動し，往復運動をくりかえす．③変形体の一部の拡大．④同上拡大．多数の果粒が見られる．[光顕　①②×70，③×140，④×280/植田]

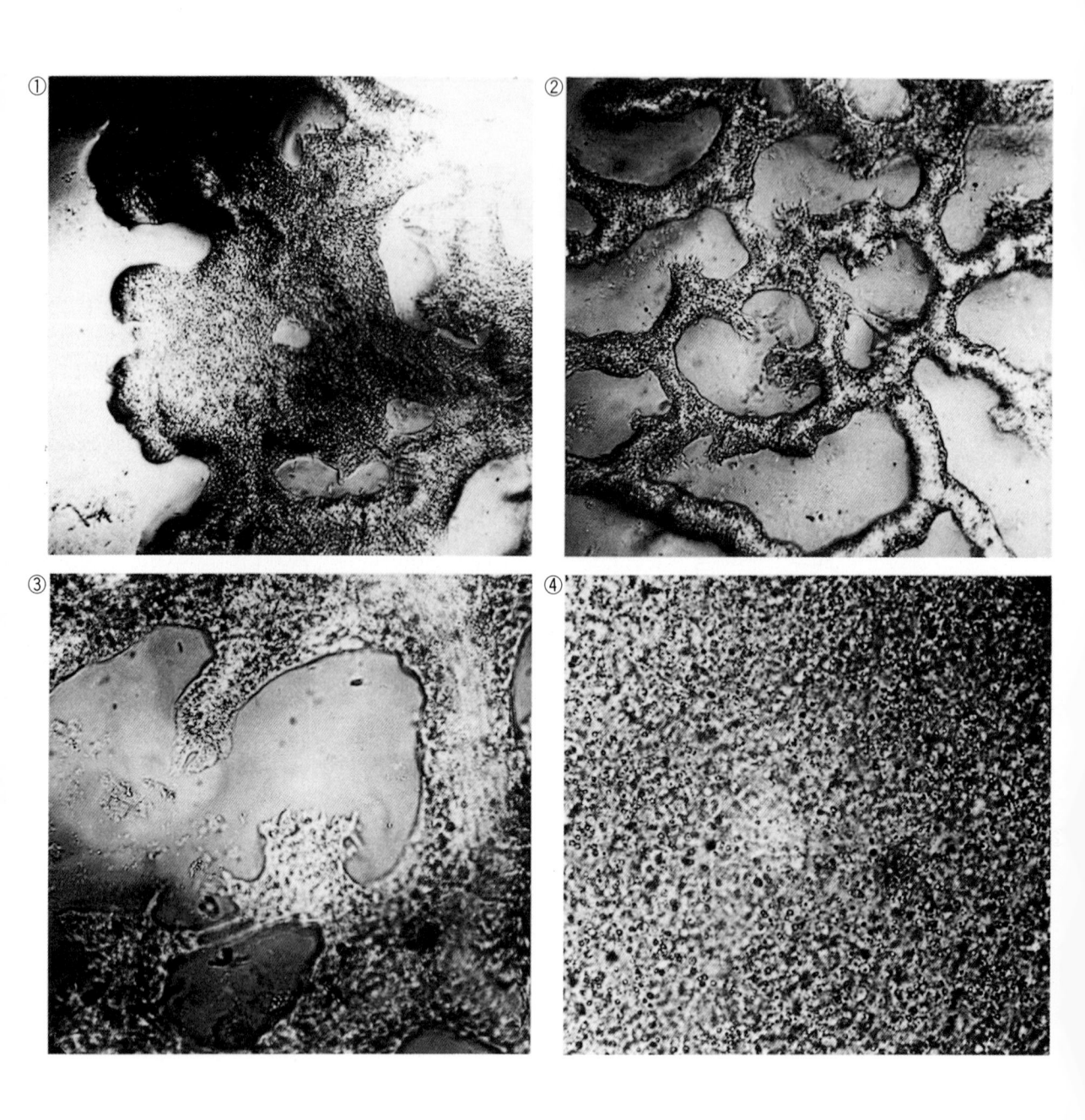

12 変形菌(粘菌)植物

①~② フィザルム(Physarum polycepharum)の変形体の電顕像①と説明図② ［電顕 ×18,600/川上］
CH:染色質体, CW:食物としてとり込まれ消化された酵母菌の細胞壁, FB:繊維束, FV:食胞, L:脂質粒, M:ミトコンドリア, MN:ミトコンドリア核様体, N:核, NE:核膜, n:仁, 核小体, Y:食胞内で消化された酵母菌.

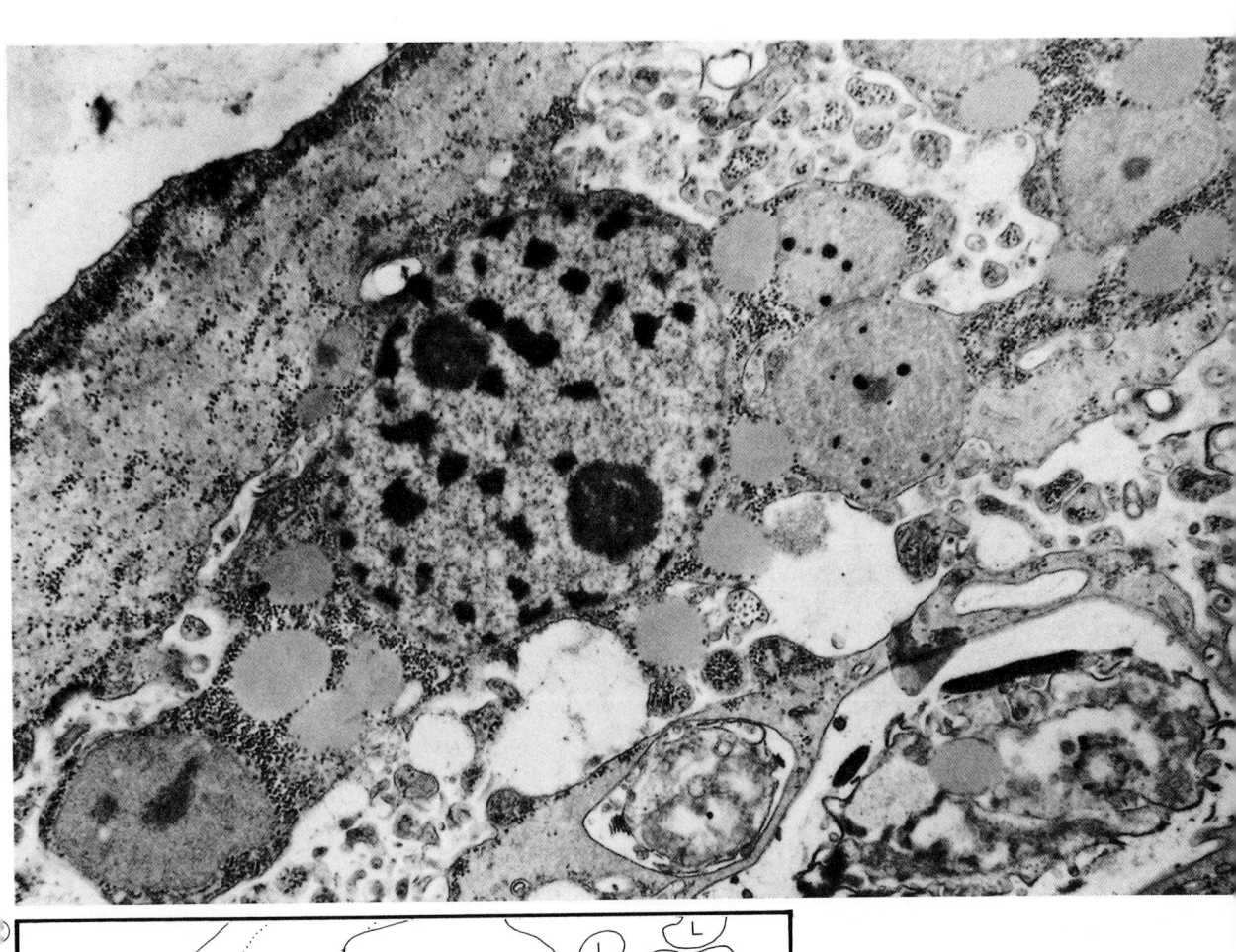

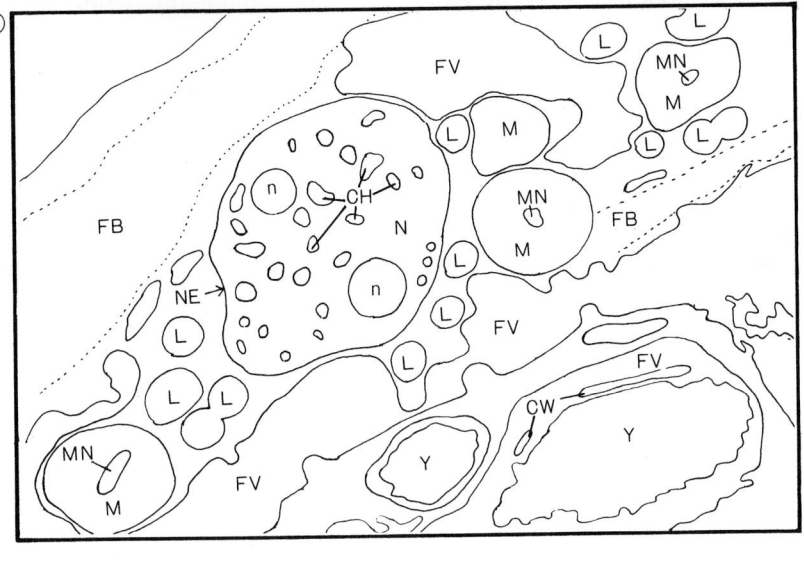

①〜② フィザルム（Physarum polycepharum）の変形体と球状体　①変形体が多核であることを示す電顕像．大きい核（N）が2個見られる．このほか多数のミトコンドリア（M）と不規則形の液胞が多数見られる．②は①の変形により生じた球状体（spherule）の光顕像．乾燥状態にしておくと変形体は多数の小球（球状体）に分かれて，表面に耐乾性の膜を生じて休眠する．S：球状体（spherule）．［電顕（GA+OsO$_4$ 固定）　①——3 μ；光顕　②——20 μ/菊池］

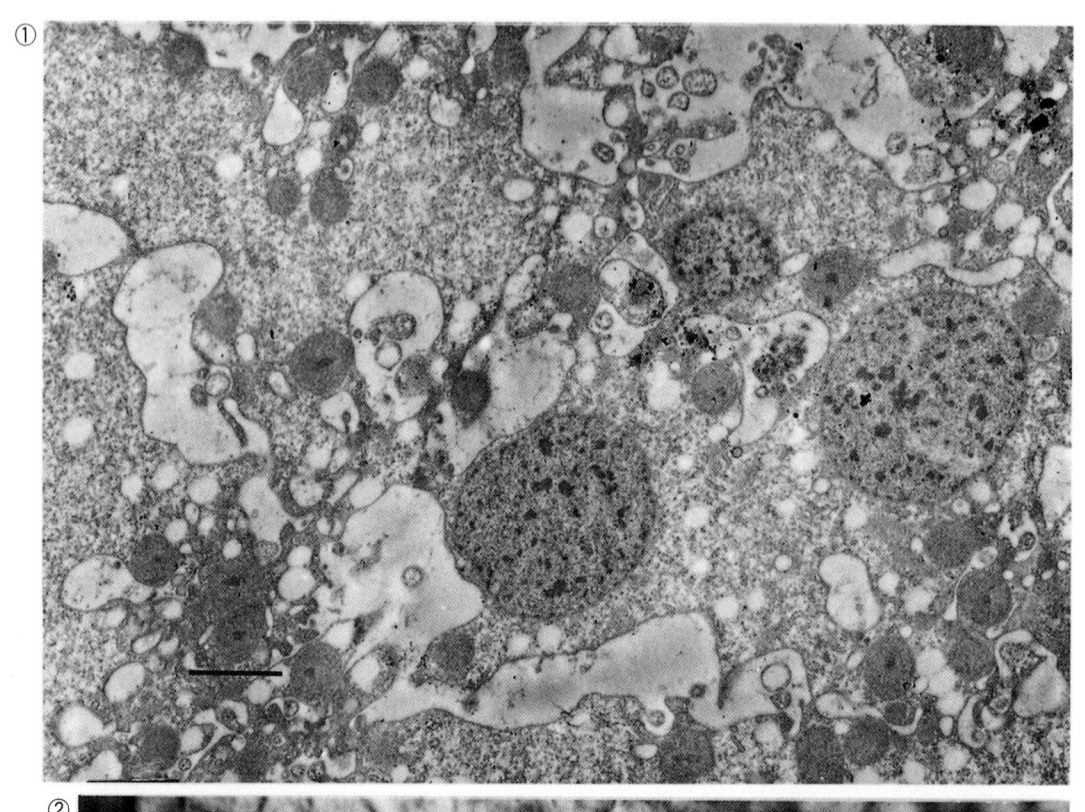

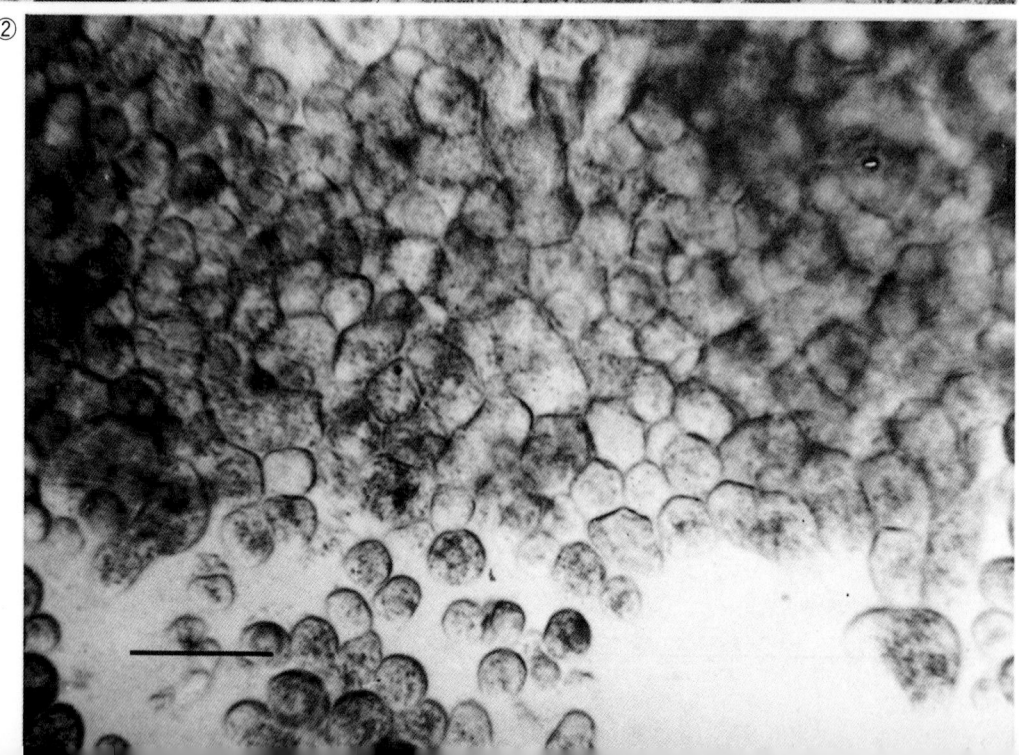

①〜② **フィザルム**(Physarum polycepharum)**の変形体の球状体形成の初期** ①乾燥2時間後の変形体で，液胞が列をなして融合し，球状体形成が始まる．②は拡大図．列をなした液胞内には繊維質を多数含んでいる．[電顕──6μ/菊池]

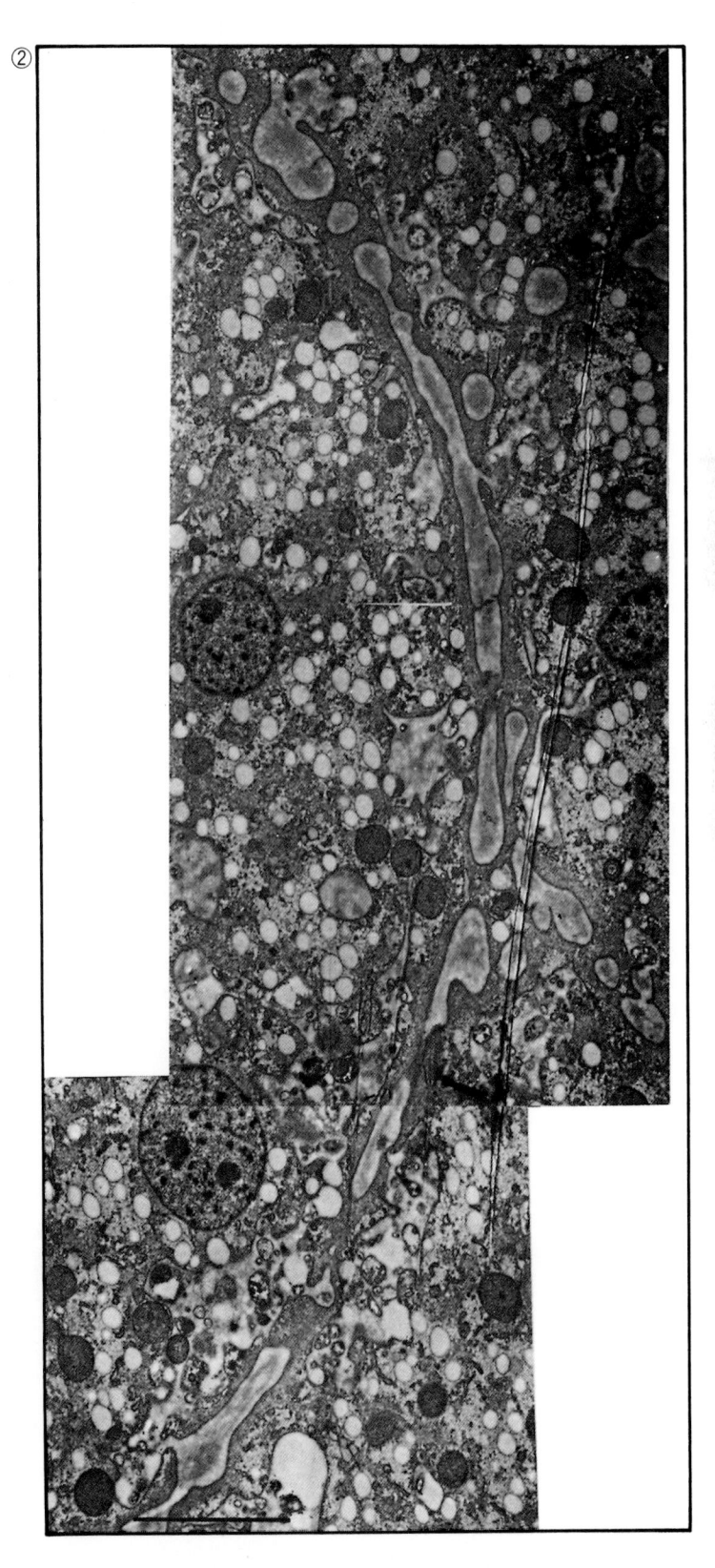

①〜② フィザルム（Physarum polycepharum）の球状体形成終期　①変形体の乾燥3時間後の液胞内に生じた繊維質．②数時間後の球状体．1つの球状体に数個の核が見られる．［電顕　①——5μ，②——4μ/菊池］

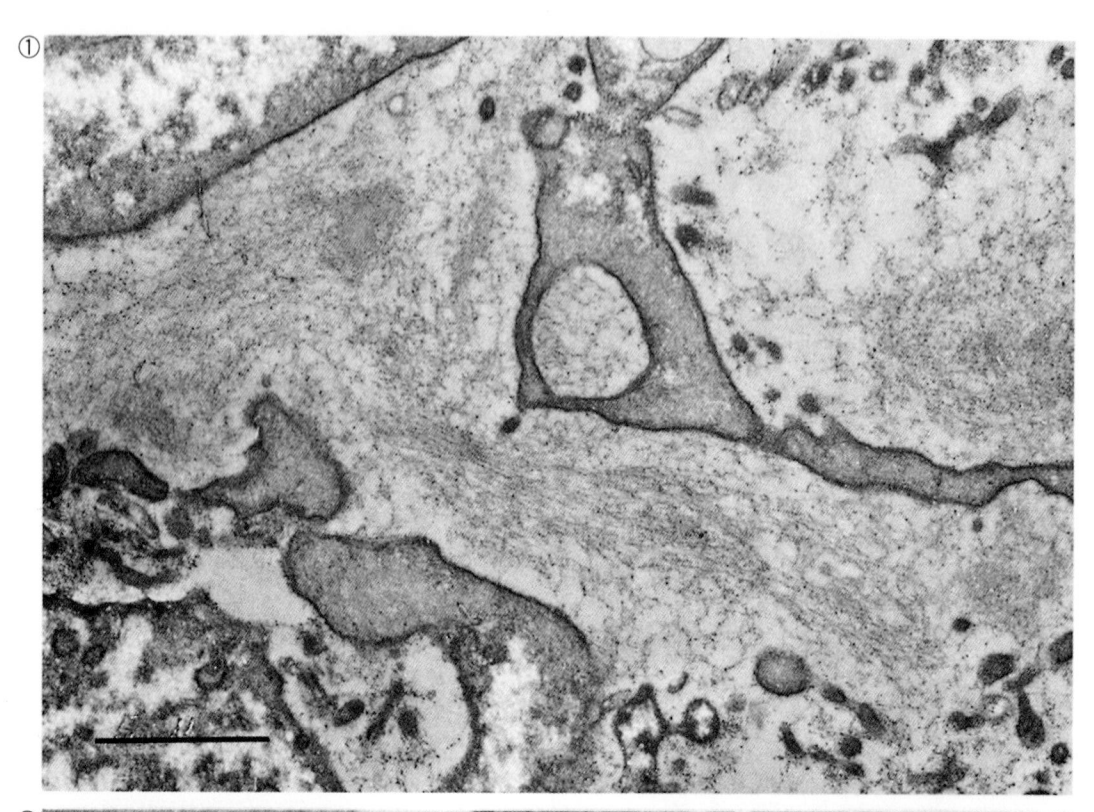

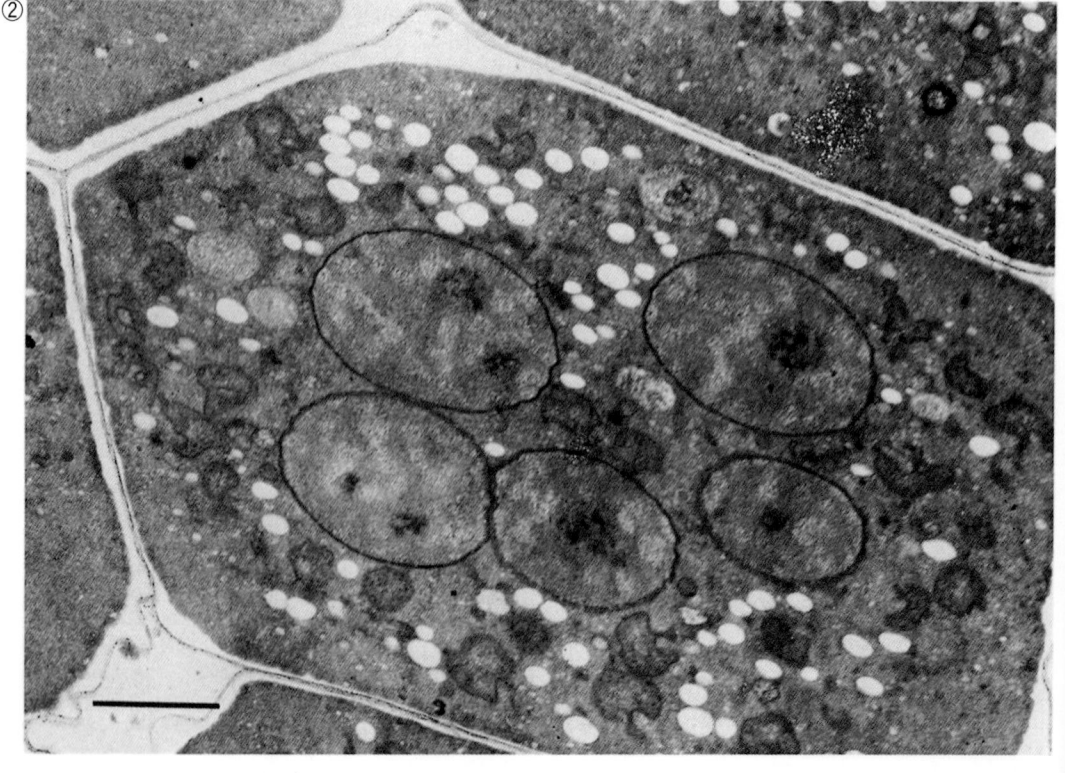

12 変形菌(粘菌)植物

①〜② フィザルム(Physarum polycepharum)の球状体
①水を与えて3時間後の球状体．球状体は条件がよくなれば球状体間の境界がなくなり再びもとの変形体にもどる．②低温により生じたフィザルムの球状体．多数の球状体は塊状になり菌核(sclerotium)とよばれる．[電顕 ①——4μ, ②——5μ/菊池]

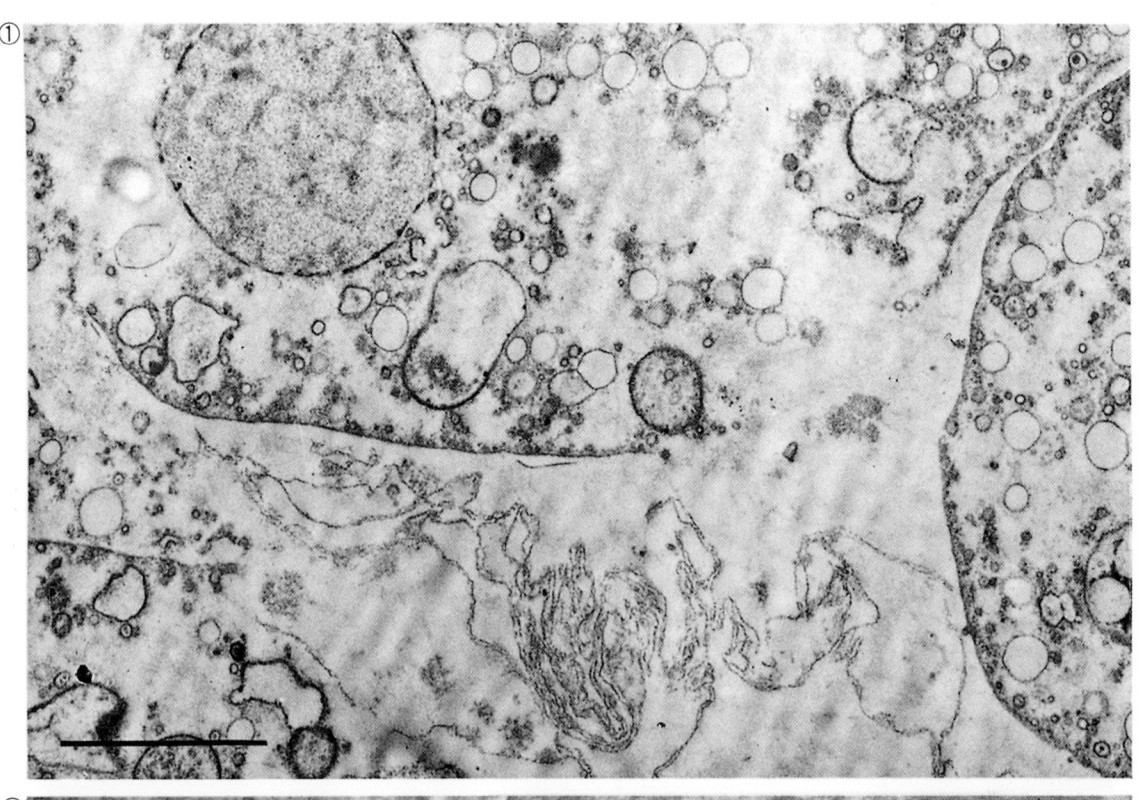

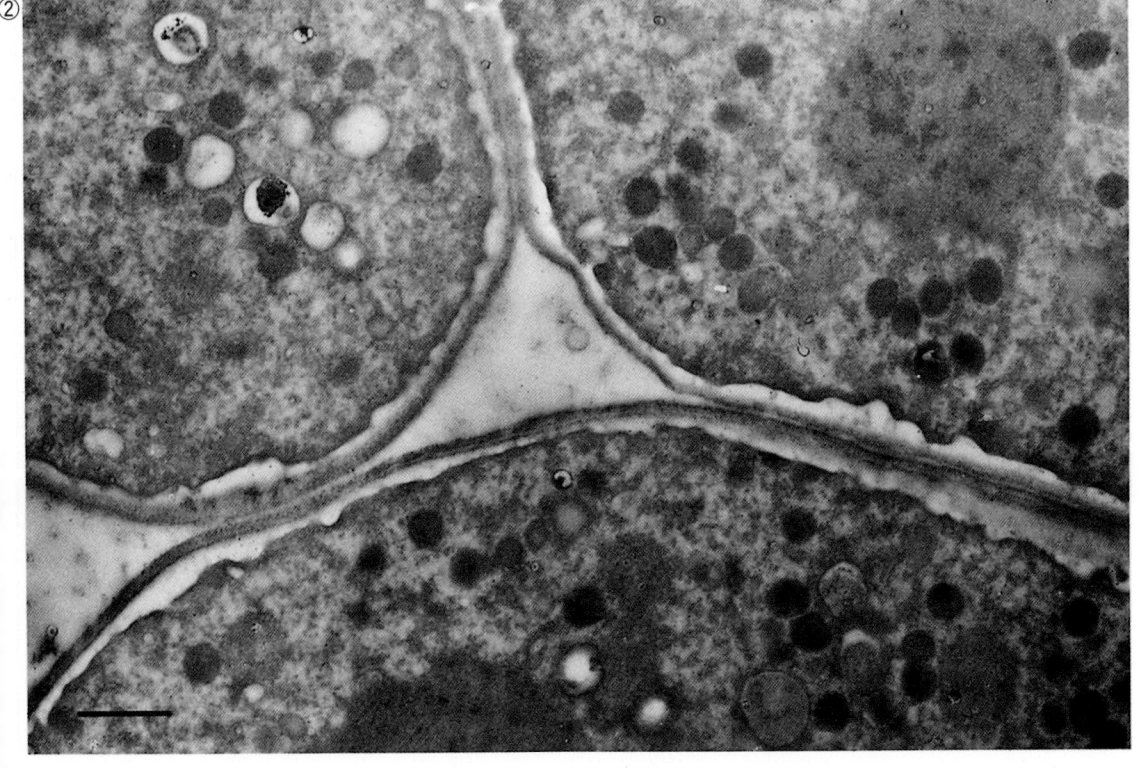

13 地衣植物（Lichenes）

　菌類（子のう菌のほかまれに担子菌，不完全菌）と藻類（緑藻，ラン藻）とが共同体（consortium）をつくった植物群を地衣植物といい，ある種のキメラ（chimera）的な存在である．地衣植物は外形上ウメノキゴケ，カブトゴケのように葉状になるもの，ハナゴケ，サルオガセのように枝分かれして樹状になるものなどがある．体の構造は菌糸が主要部分となり，上下の皮層と中部の随層とに分かれ，それらの間にゴニディア（gonidia）とよばれる藻類の集団が存在している．ゴニディアは一様に分散するものや層状に集合するものもある．

　生殖の方法には菌糸と藻類とからなる粉状の粉芽（soredium）を形成して無性的に繁殖する場合と，菌類が主体で子実体を生じ，その中に有性的に生じた胞子により繁殖し，後に藻類と合体して新個体を形成する場合とがある．

① 地衣植物カブトゴケ（Sticta fulgiosa）の内部構造（断面）　［★］
② キサントリア（Xanthoria parietina）の粉芽（左）とその発芽（右）　［★］
③ アオキノリ（Leptogium sp.）の子実体の子のうと地衣体の断面　［★］

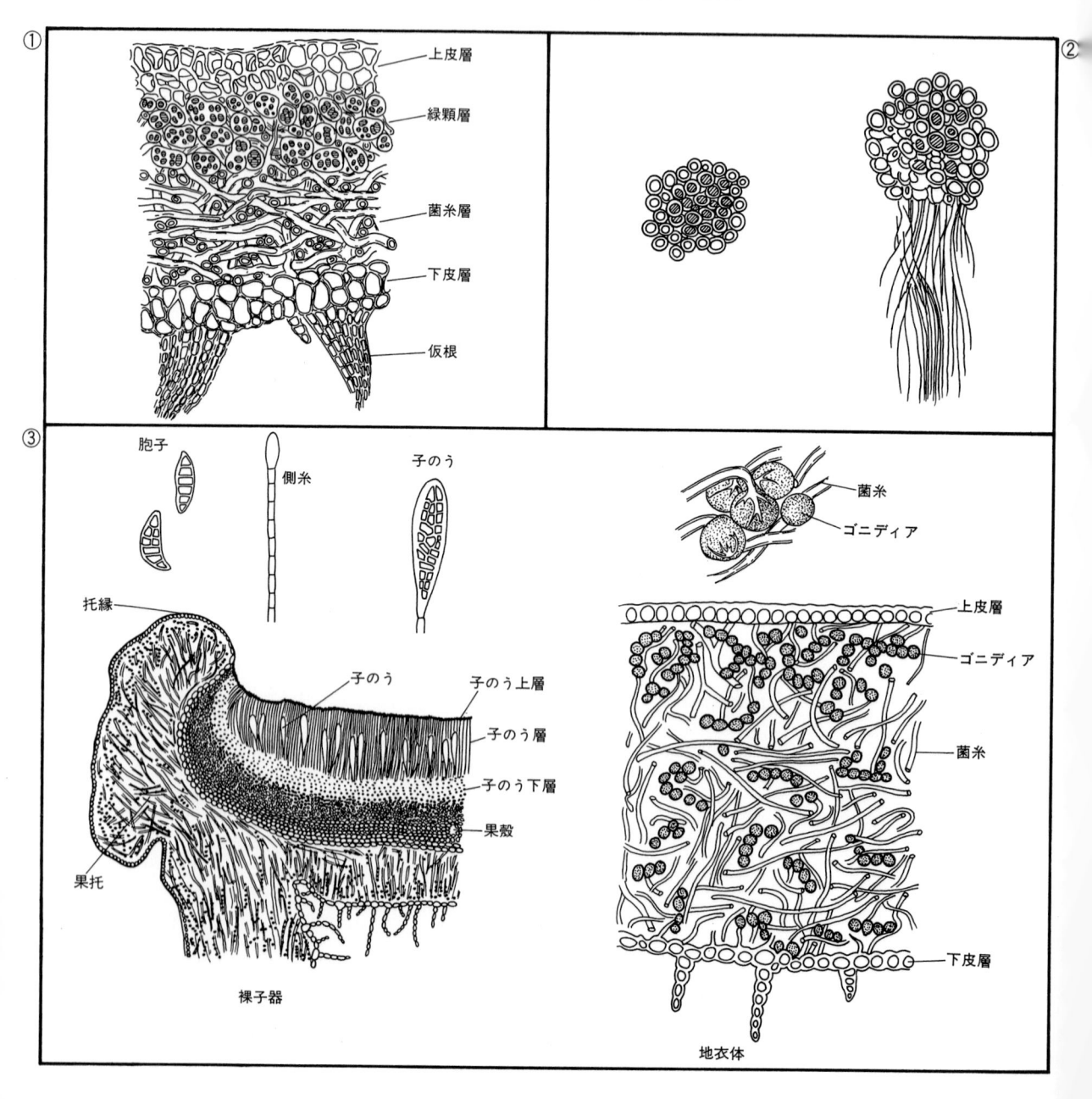

① ウメノキゴケ(Parmelia tinctorum)の表面観　[接写　×4/植田]
② ウメノキゴケの断面　下面から仮根を多数生じている．[光顕　×80/植田]

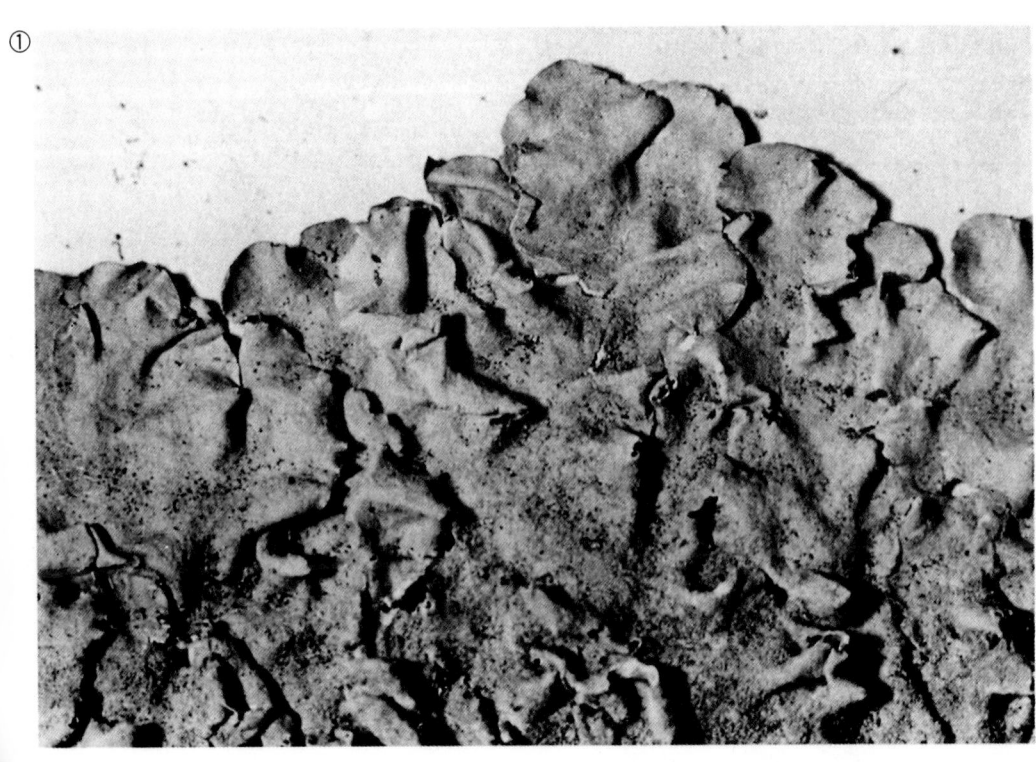

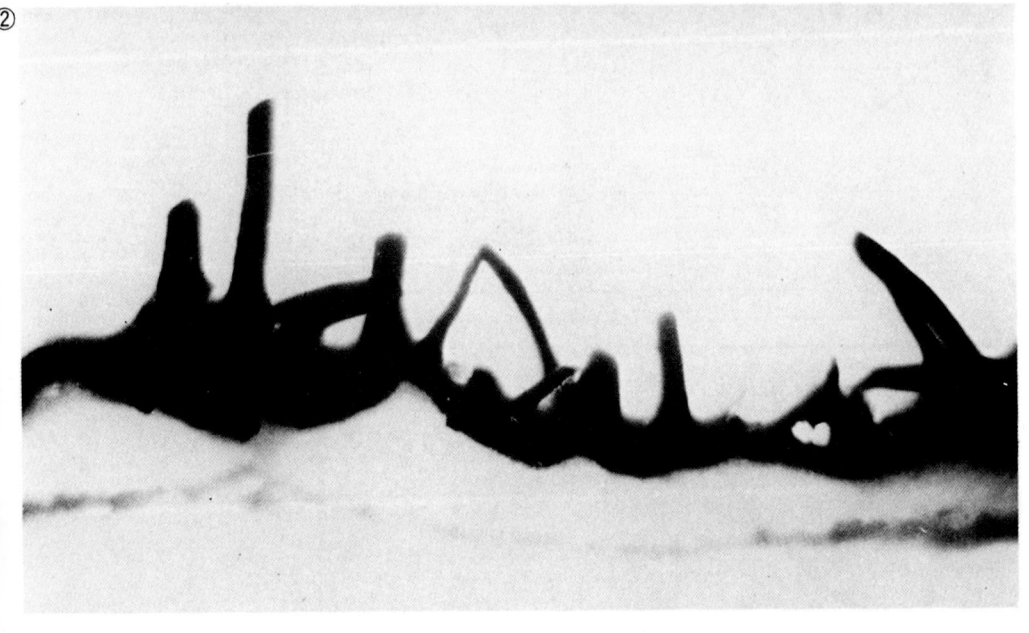

14 コケ植物（Bryophyta）

コケ植物には栄養体が葉状のタイ類（Hepaticeae）と茎葉状のセン類（Musci）とがあるが，茎葉状のものでも維管束（vascular bundle）はなく，体は仮茎，仮葉（phyllode），仮根（rhizoid）でできている．

生殖法は有性生殖と無性生殖とをくりかえし，有性世代（n）と無性世代（2n）とが明確で，規則正しい世代交代を行う．

コケ植物は水生の緑藻類より進化した湿生植物で，まずタイ類を生じ，その中のツノゴケ族からセン類が進化したものと考えられている．

① タイ類（上）とセン類（下）の生活史　　［★］
② コケ植物の系統樹

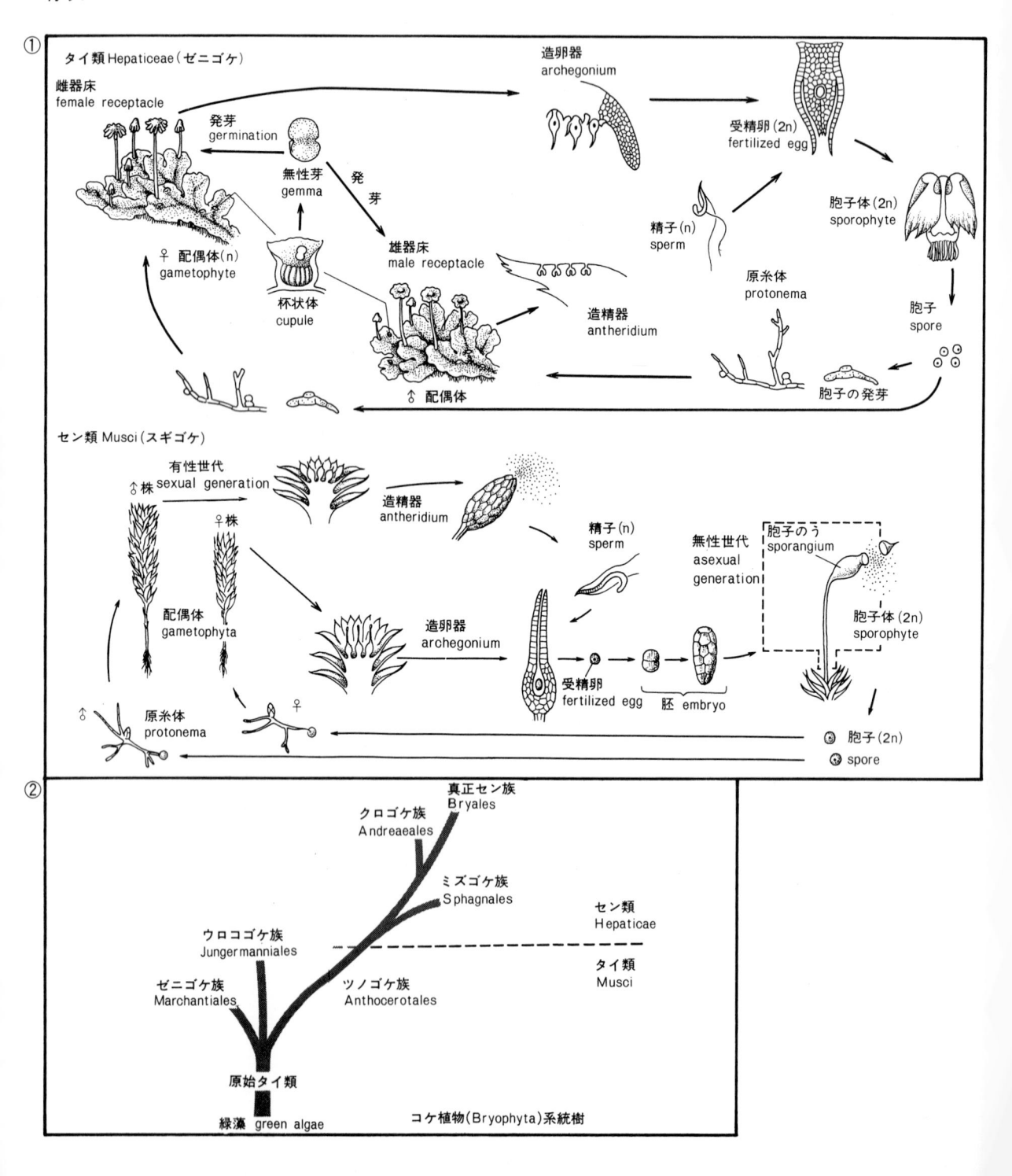

14 コケ植物

① **タイ類の一種**(Calobryum sp.)**の葉状体の細胞**
多数の小さい葉緑体のほか1細胞に1～数個のタイ類に特徴的な油体(oil plast)がある.

②～③ **ツボミゴケ**(Plectocolea radicelosa)**の葉状体の細胞** ②多数の葉緑体のほか数個の油体が見られる. ③多数の油体を持った細胞.
[光顕 ①×70, ②×700, ③×900/植田]

④ **ツボミゴケ細胞の電顕像** 葉緑体(右上)と小さい油体(左下) [電顕(KMnO₄ 固定) ×16,000/川松]

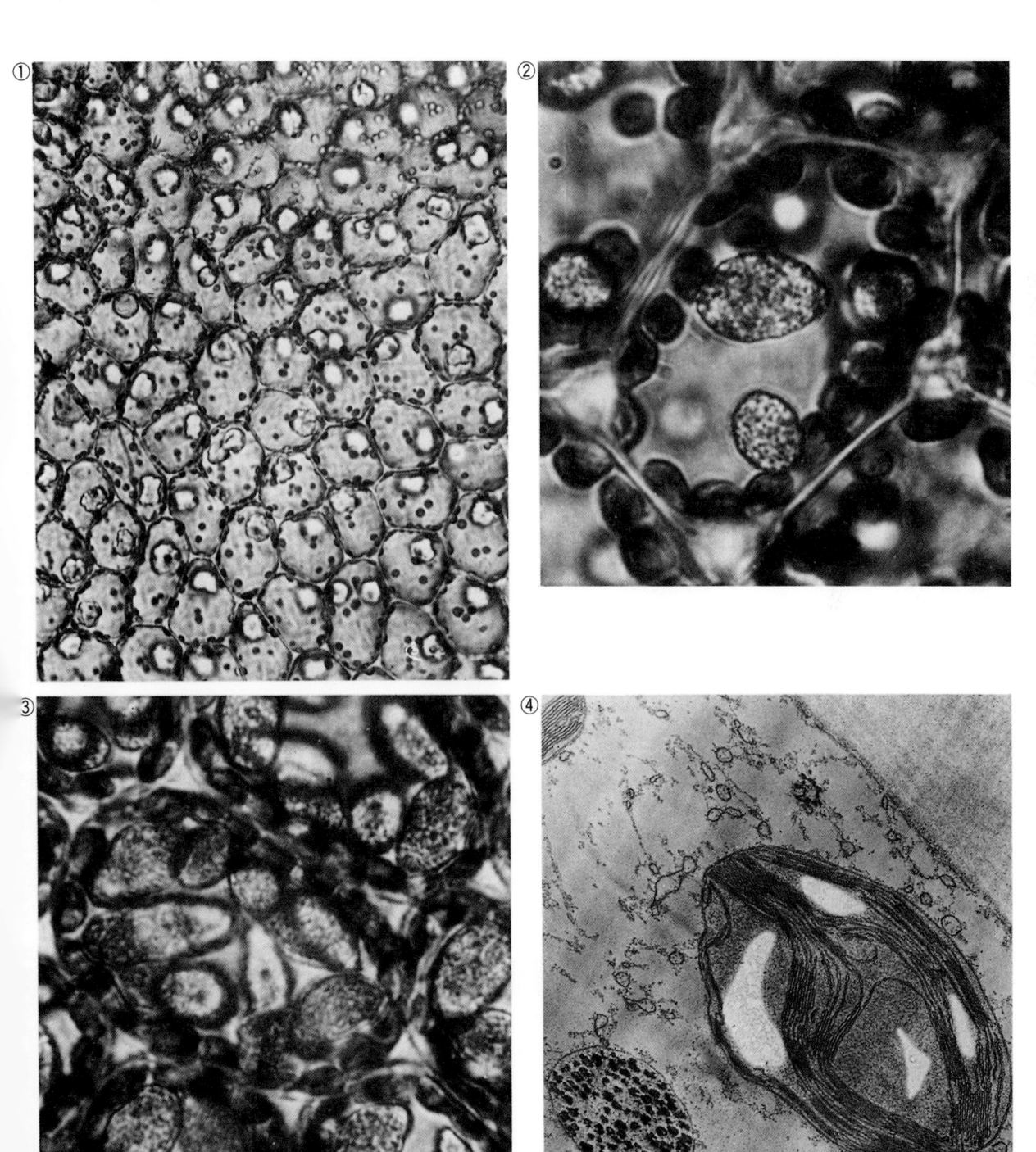

① ゼニゴケ(Marchantia palymorpha)の細胞の電顕像
2個の大きい葉緑体にはグラナ構造が見られる．ミトコンドリアは葉緑体にはさまれて存在し，所々に小胞体なども見られる．
② ミズゼニゴケ(Pellia fabbroniana)細胞の電顕像
③ ジャゴケ(Conocephalum conicum)細胞の電顕像
[電顕(KMnO₄ 固定)　①×17,000，②×17,500，③×12,500/川松]

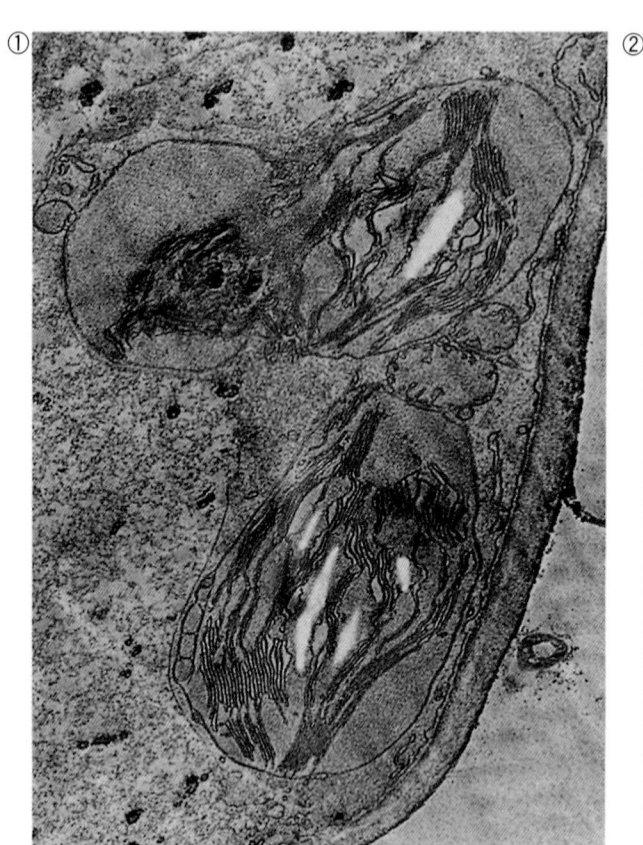

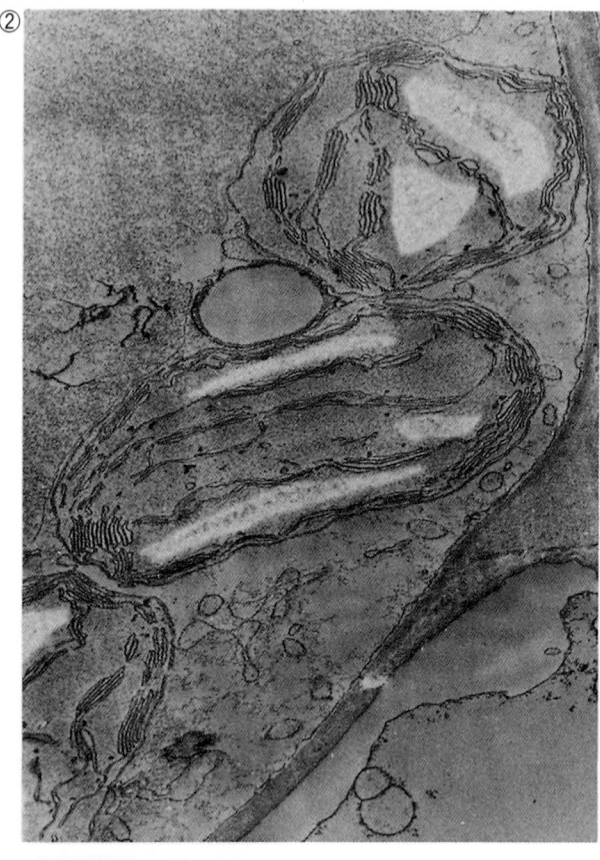

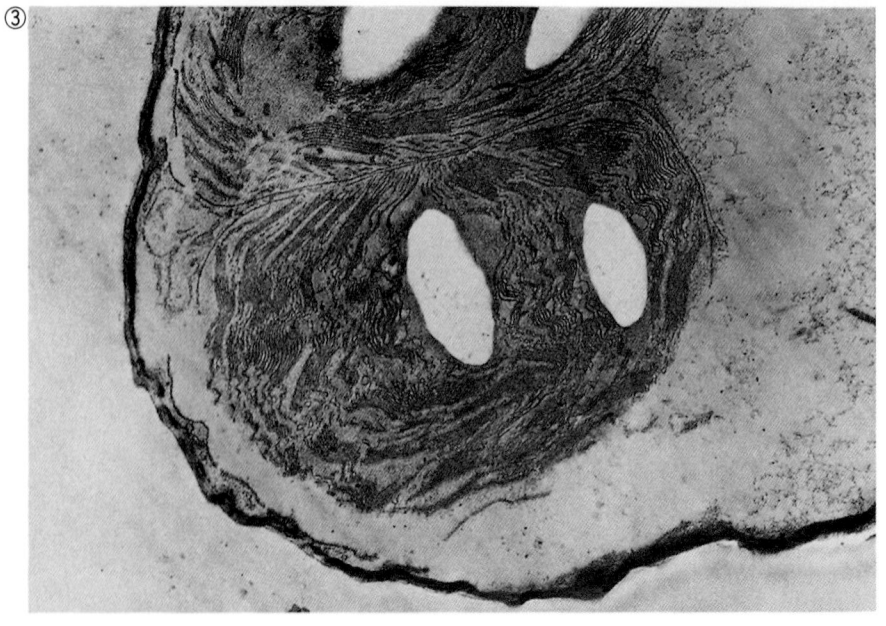

14 コケ植物

①〜④ ゼニゴケ(Marchantia polymorpha)の生殖器 ①雌器床(female receptacle)の縦断面. ②同上拡大. 柄の両側でうすい袋につつまれて造卵器(archegonium)が多数存在している. ③造卵器の拡大. ④雄器床(male receptacle)の縦断面. 上面に多数の造精器がある. [光顕 ①④×10, ②×30, ③×180/相沢]

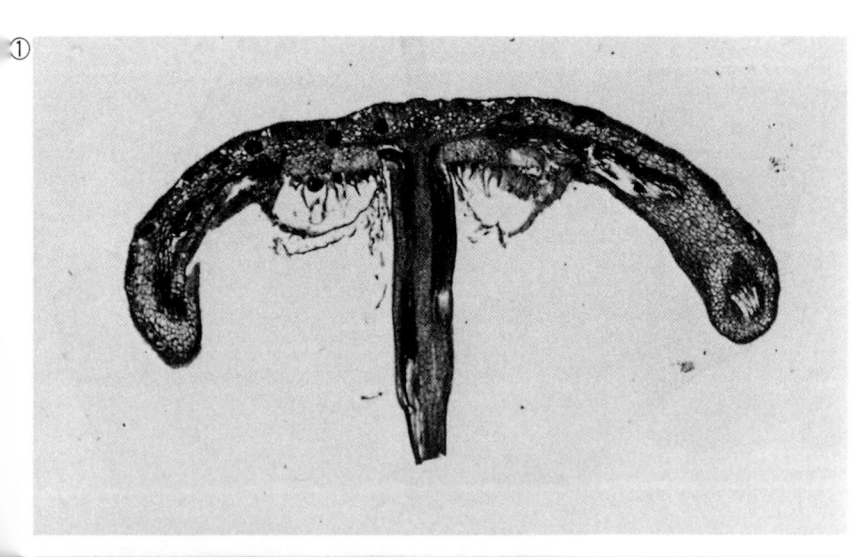

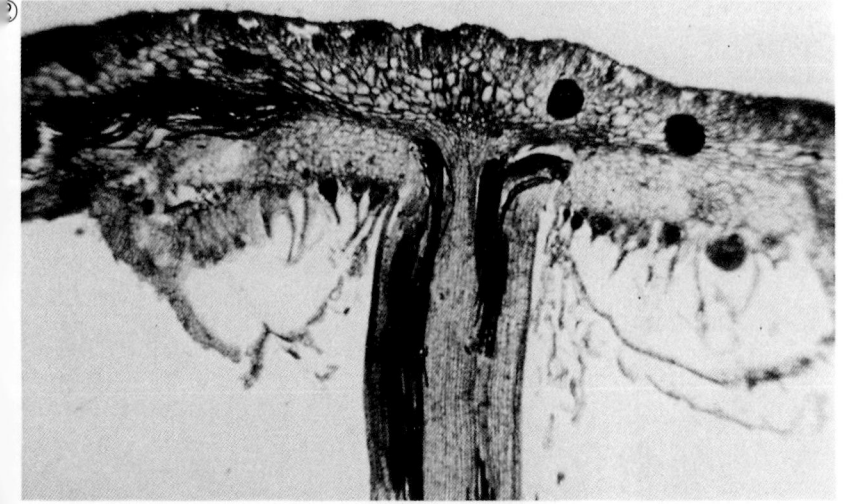

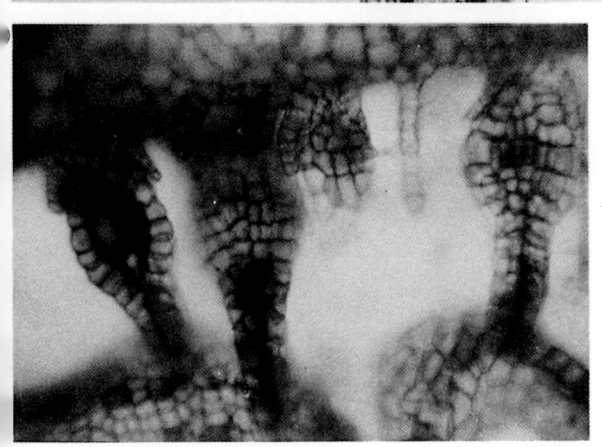

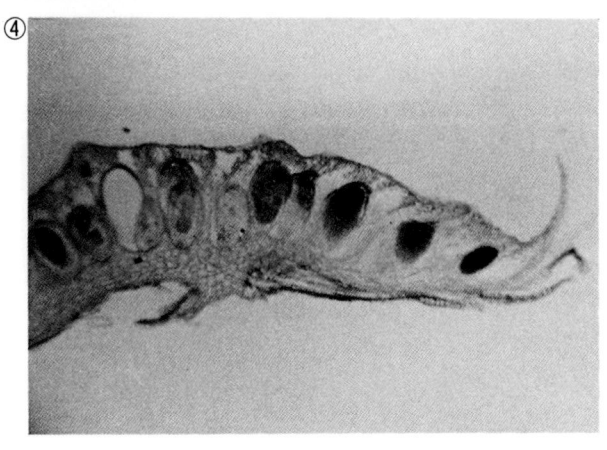

①〜③　ツノゴケ(Anthoceros punctatus)　①葉状体表皮の断面．表皮にも細胞ごとに1個ずつの葉緑体が表面近くにある．②表面観．③表皮にある原始的な気孔．[光顕×1,000/植田]

④〜⑤　ツノゴケの葉緑体の電顕像　④中央にピレノイド(pyrenoid)がある．⑤は④の拡大．ピレノイドにもラメラが見られる．[電顕　④×3,000, ⑤×6,000/阿尻]

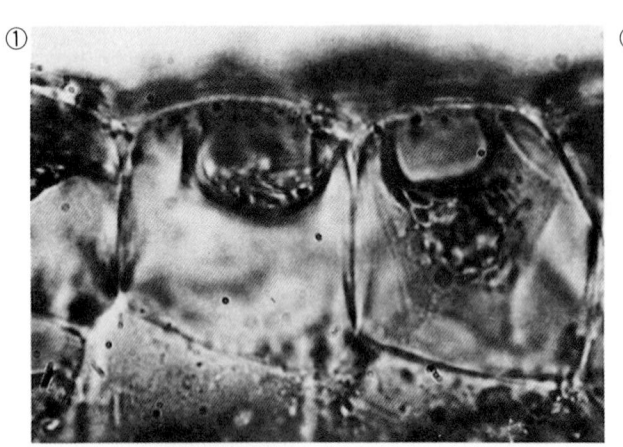

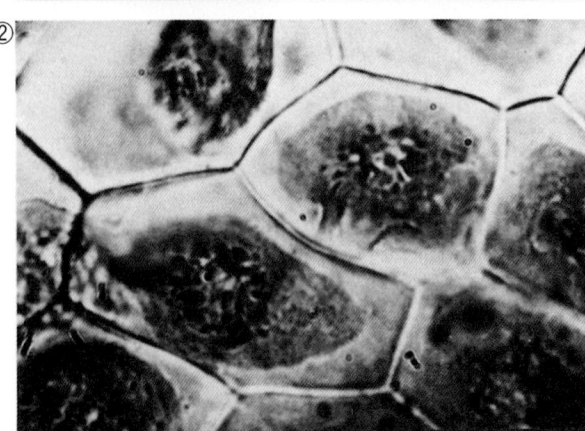

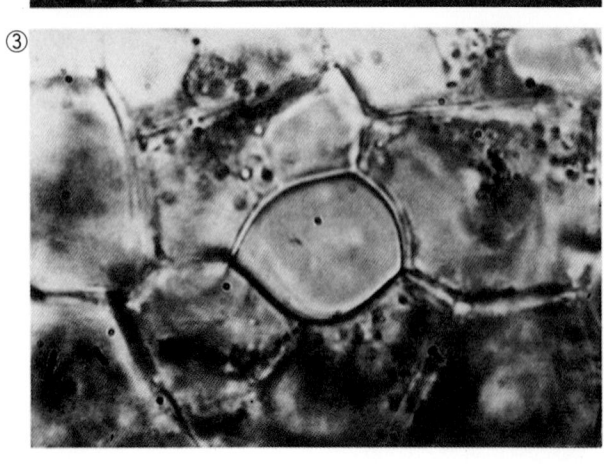

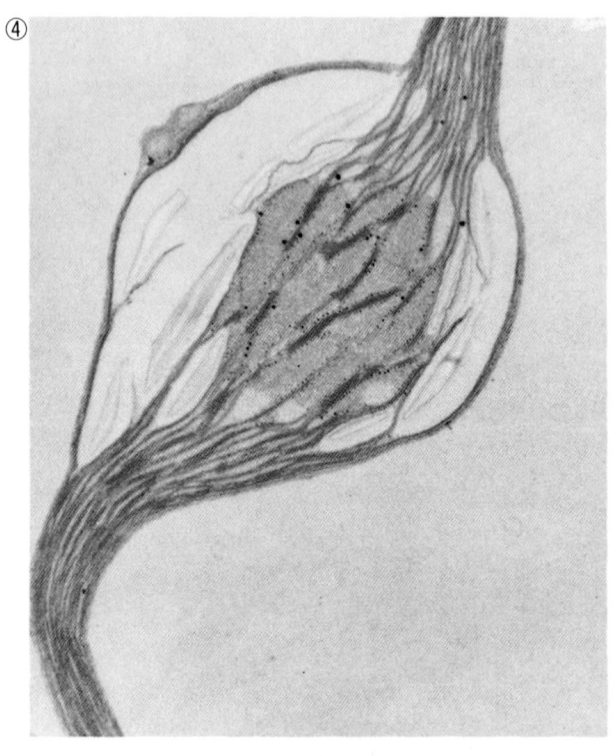

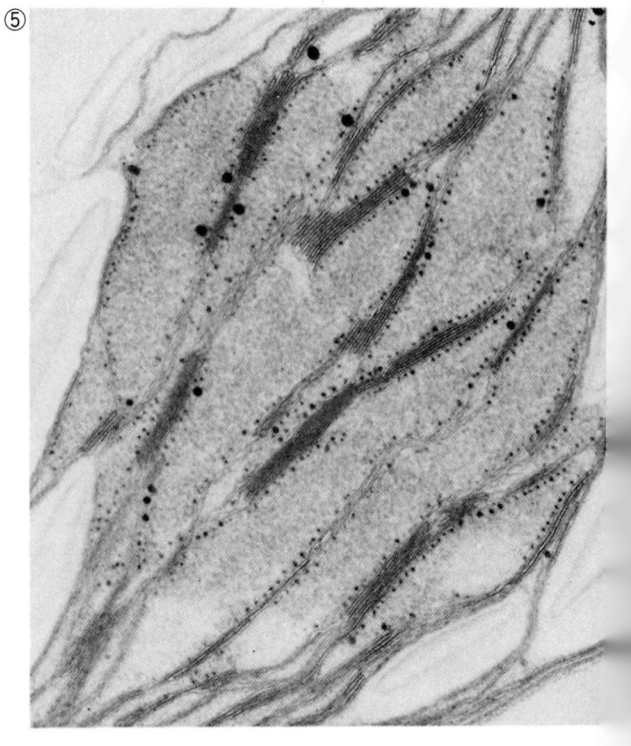

14 コケ植物

① ツノゴケ(Anthoceros punctatrs)の配偶体である蒴内の胞子のう(sporangium)の縦断面模式図　[阿尻]

② ツノゴケの胞子のう基部で見られる胞原細胞(archesporial cell)　各胞原細胞には1個ずつの核と1個ずつの若い葉緑体がある．核には比較的大きい黒く見える仁(核小体)が1個ずつある．葉緑体は偏平でわずかにラメラが見られる．

③ ②よりやや上部で見られる胞子母細胞(spore mother cell, 中央)と偽弾糸母細胞(pseudoelator mother cell, 両側)　胞子母細胞は丸味をおびて大きく，葉緑体は2個に増えているが偽弾糸母細胞は細長くて小さく，葉緑体は1個である．

[電顕(GA+OsO$_4$固定)　②③——2μ/阿尻]

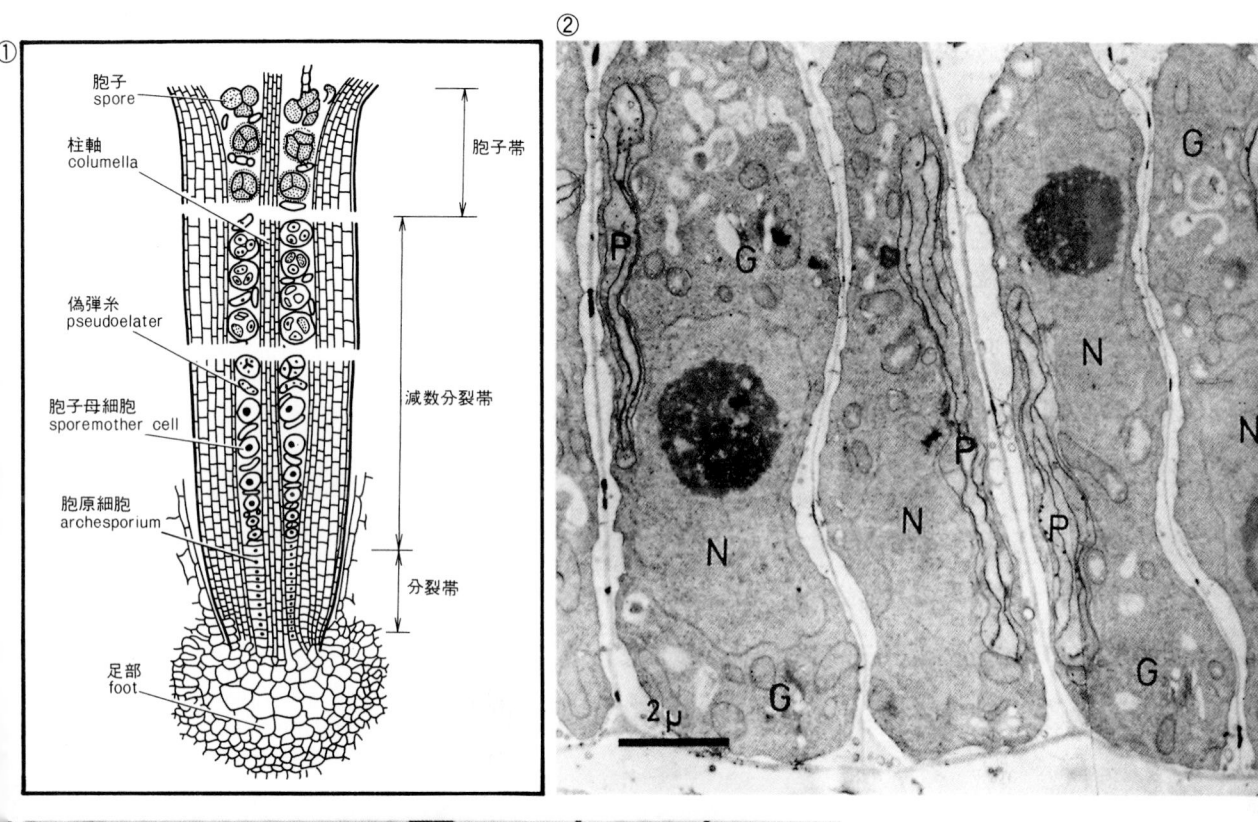

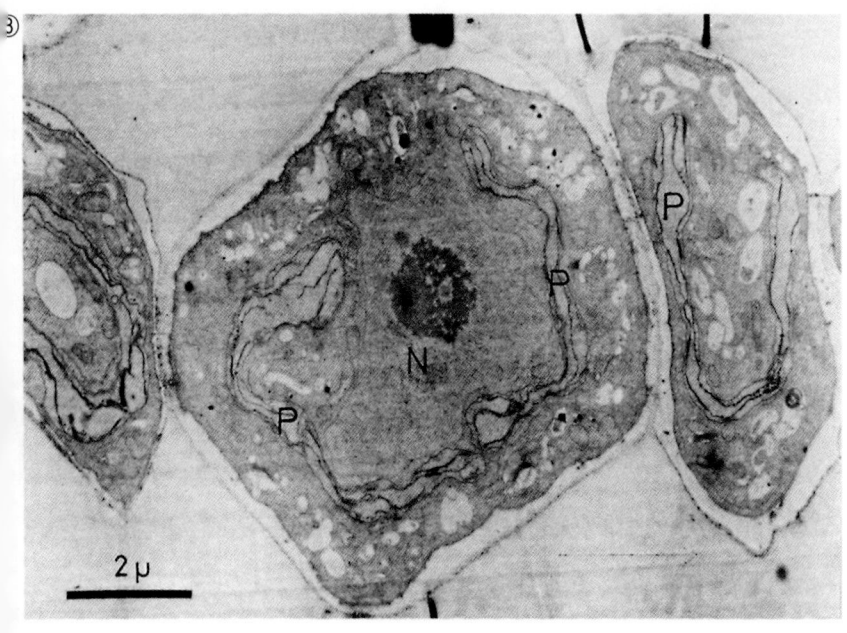

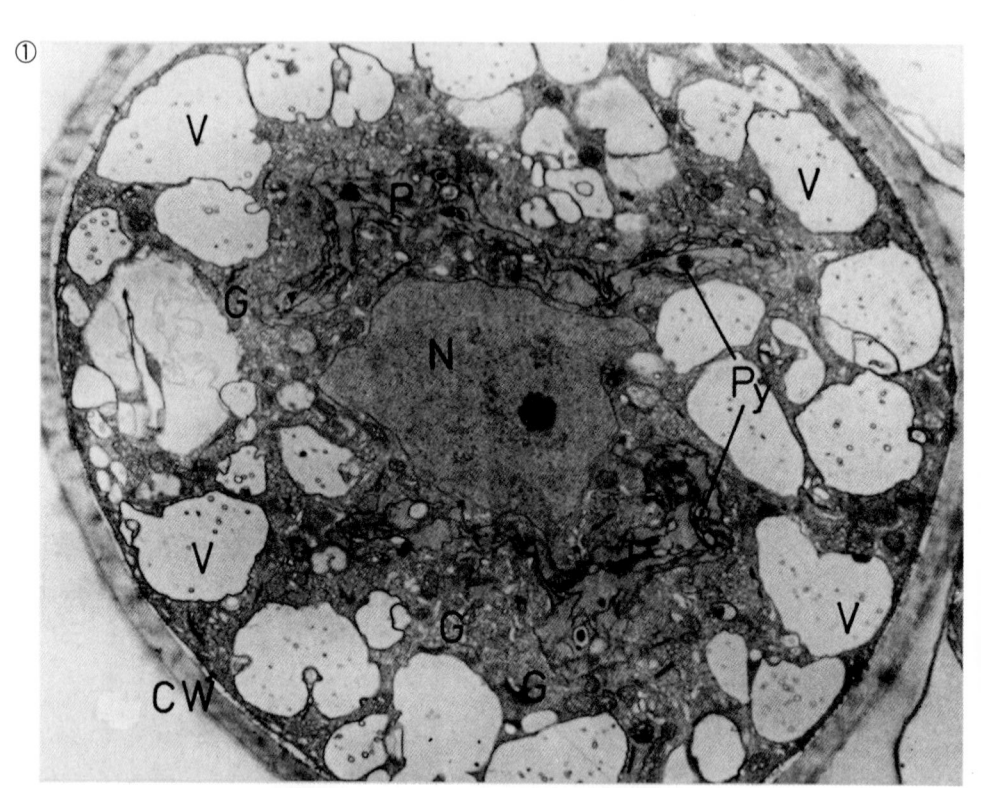

① ツノゴケ(Anthoceros punctatus)の成熟した胞子(spore)の電顕像　細胞壁は発達し，細胞の中央に1個の核があり，その上下に不規則な形の葉緑体が2個見られる．周辺には白くぬけた液胞が多数見られる．
② ツノゴケの偽弾糸母細胞(pseudoelator mother cell)の電顕像　葉緑体は2個に増加している
[電顕(GA＋OsO₄固定)　①×5,200，②×4,000/阿尻]

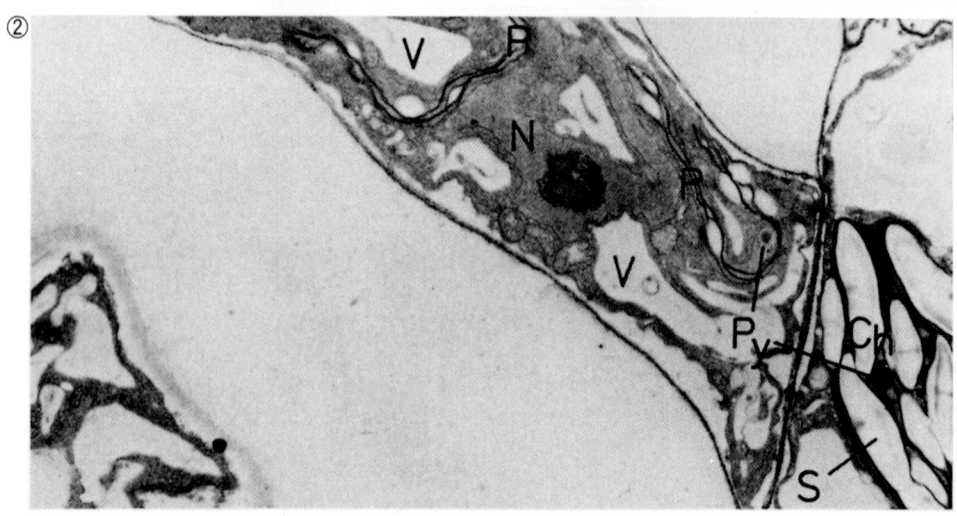

14　コケ植物

① ツノゴケ(Anthoceros punctatus)の胞子形成における減数第1核分裂が完了したものの光顕像　核は細胞ごとに2個ずつ見られる．[光顕　×1,000/植田]

② ツノゴケの胞子のう周辺細胞(jacket cell)の電顕像　紡錘形の葉緑体にラメラが多数見られ，中央にかなり大きいピレノイドがある．ピレノイドにもラメラが走っている．核は葉緑体のそばに見られ，やや不規則な形で大きな仁(核小体)を含んでいる．[電顕(GA+OsO$_4$固定)――1μ/阿尻]

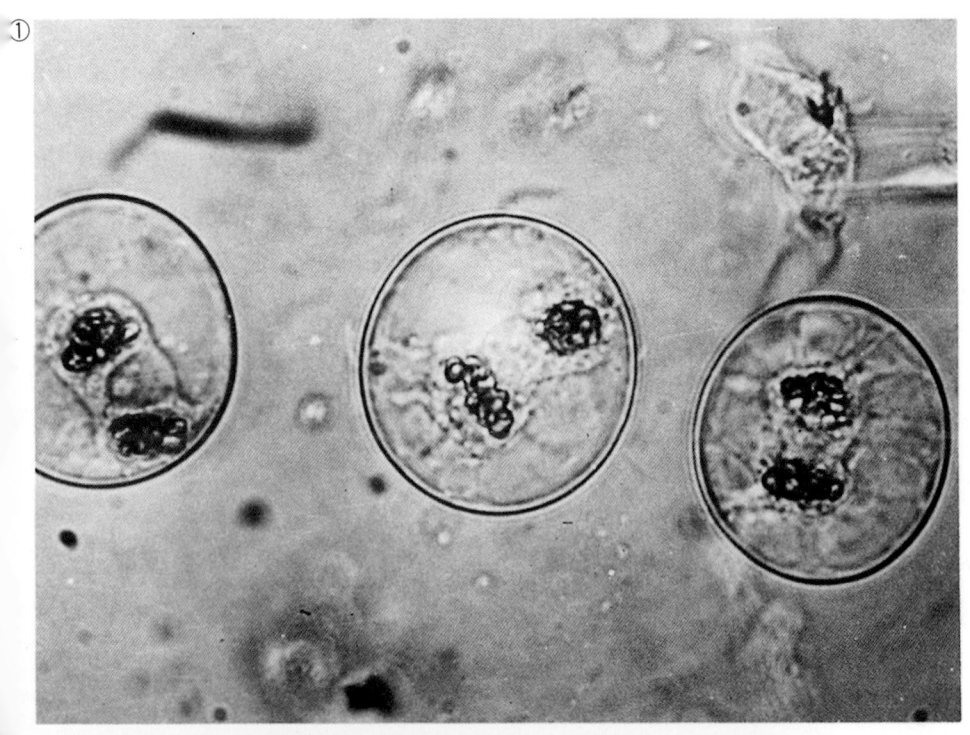

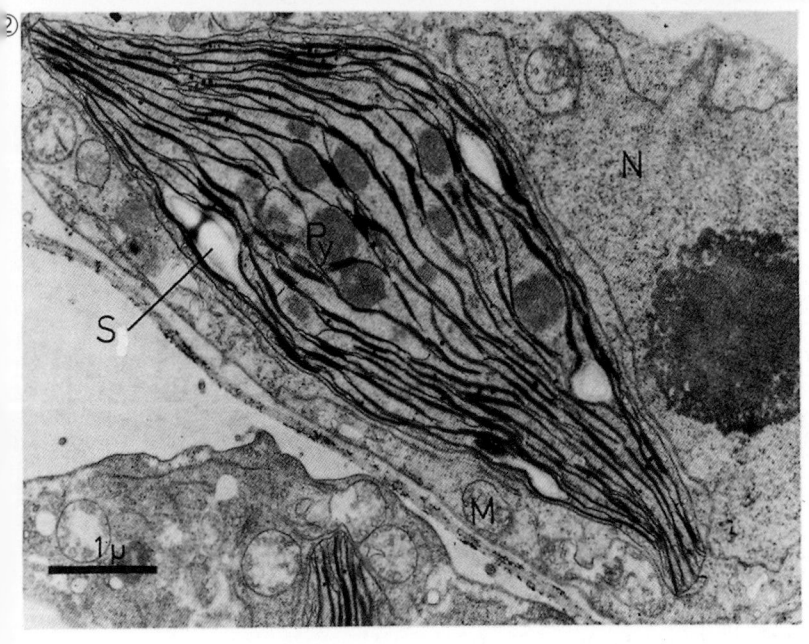

①～② ミズゴケ（Sphagnum palustre）の葉の組織　① 葉緑体を持った細長い細胞が網目状に連なり，その網目には大形の透明な中空の細胞があり，これにはらせん状の細胞壁の肥厚部と，いくつかの大きい穴（図では不明）がある．この穴から多量の水を吸収する．②は①の拡大．［光顕　①×300，②×800/植田］

③ ナンジャモンジャゴケ（Haplopapus takakia）細胞の電顕像　中央に大きな葉緑体があり，周辺にかなり大きな液胞やミトコンドリアなどが見られる．［電顕（$KMnO_4$固定）×17,000/川松］

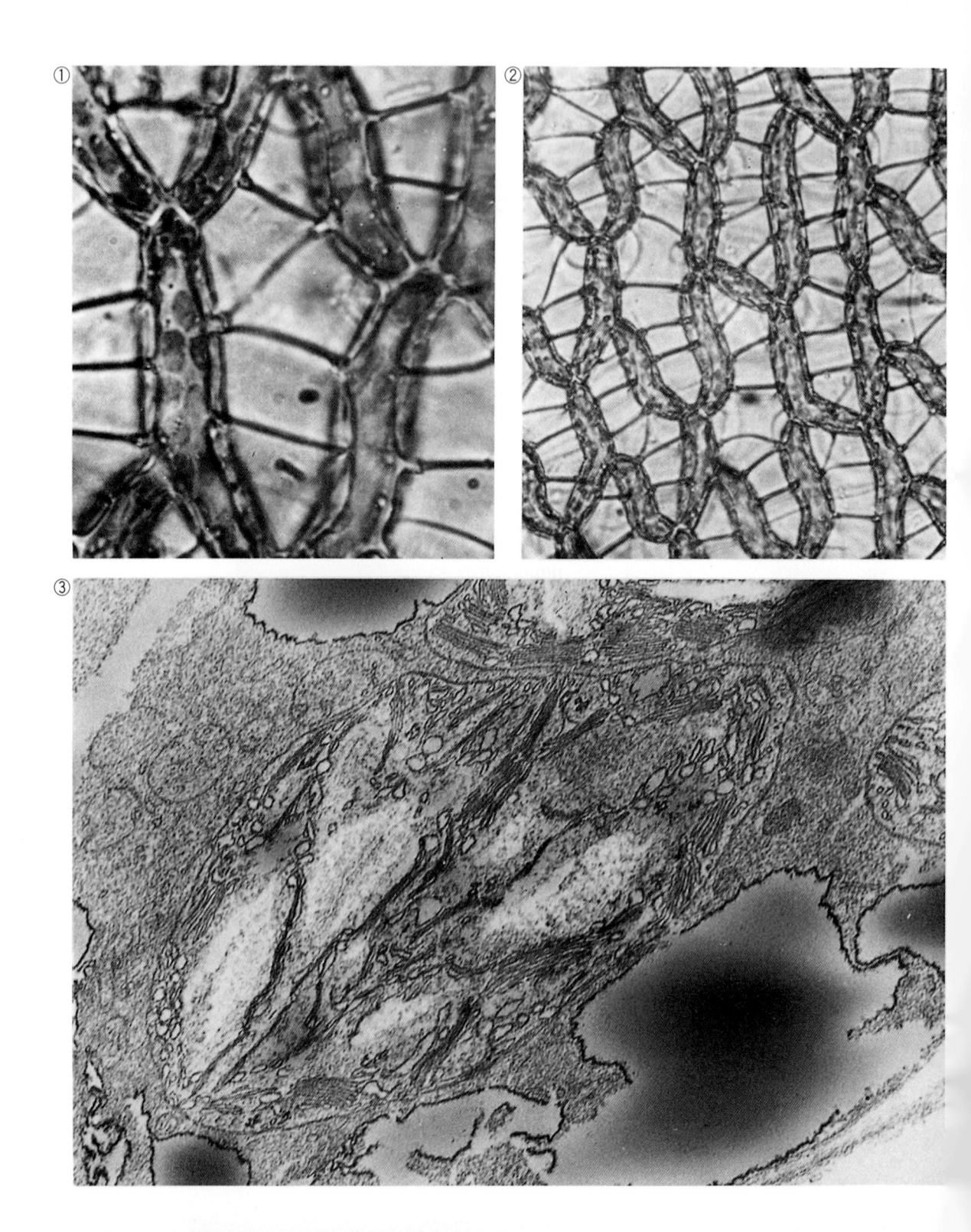

14　コケ植物

①〜⑤　コツボチョウチンゴケ(Mnium trichomanes)の栄養体　①先端部．②中間部．③基部．茎から仮根を生じている．④先端部の拡大．⑤やや若い葉．葉は中央脈をのぞき1層の細胞からできていて観察に便利である．葉の周辺部と内部とで細胞の形が異なっている．
⑥　シノブゴケ(Thuidium sp.)の栄養体の先端部
〔光顕　①〜③×30，④×80，⑤×40，⑥×150/植田〕

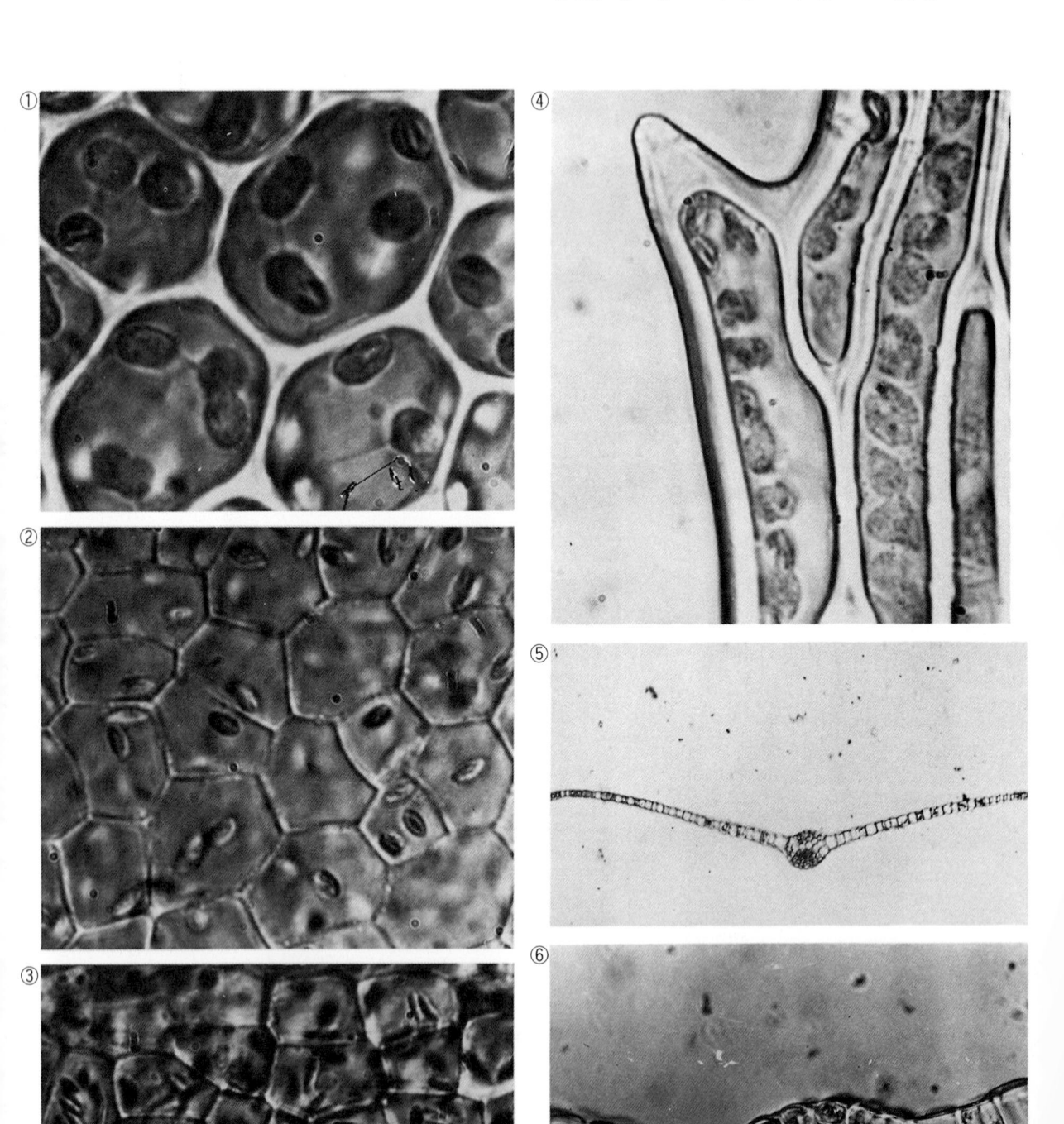

①〜⑥　コツボチョウチンゴケ (Mnium trichomanes) のやや若い葉の細胞の比較　①葉の先端部の細胞，②中部の細胞，③基部の細胞，④へりの細胞，⑤葉の横断面，⑥同上拡大．中央脈は数層の細胞からできているが，その他の部分は1層の細胞からできている．
［光顕　①〜④×700，⑤×30，⑥×150/植田］

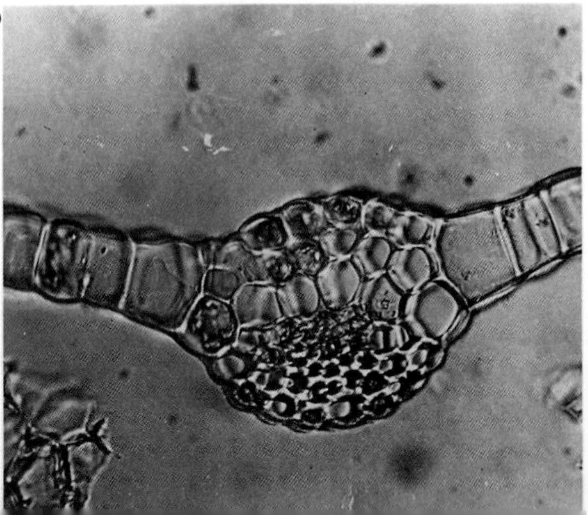

14 コケ植物

①〜⑤ コツボチョウチンゴケ(Mnium trichomanes)の成熟葉 ①先端部の組織,②中部の組織,③基部の組織,④葉の中部の組織の拡大.かなり一様な細胞からできている.⑤は④の拡大.葉緑体には分裂中のものも見られる.[光顕 ①〜③×40,④×300,⑤×700/植田]

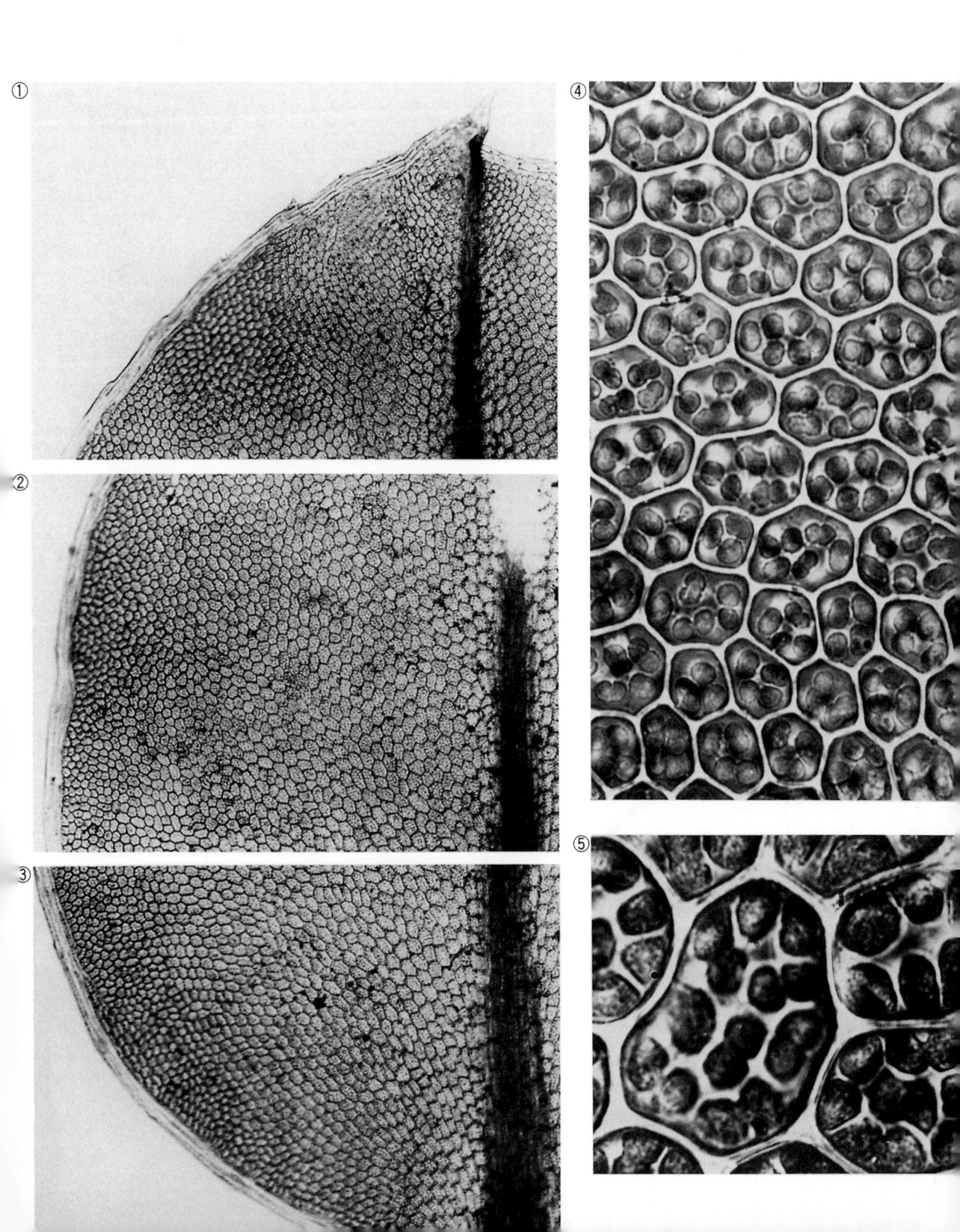

15 シダ植物（Pteridophyta）

　シダ植物は図①に示すように世代の交代は明らかで，無性世代の胞子体（2n）である栄養体は根，茎，葉の区別があり，維管束がある．成熟葉の裏面あるいは胞子葉には胞子のうを多数生じ，その中で減数分裂によって多数の胞子を生じる．

① シダ植物の生活史　　［相沢★］
② シダ植物の系統樹

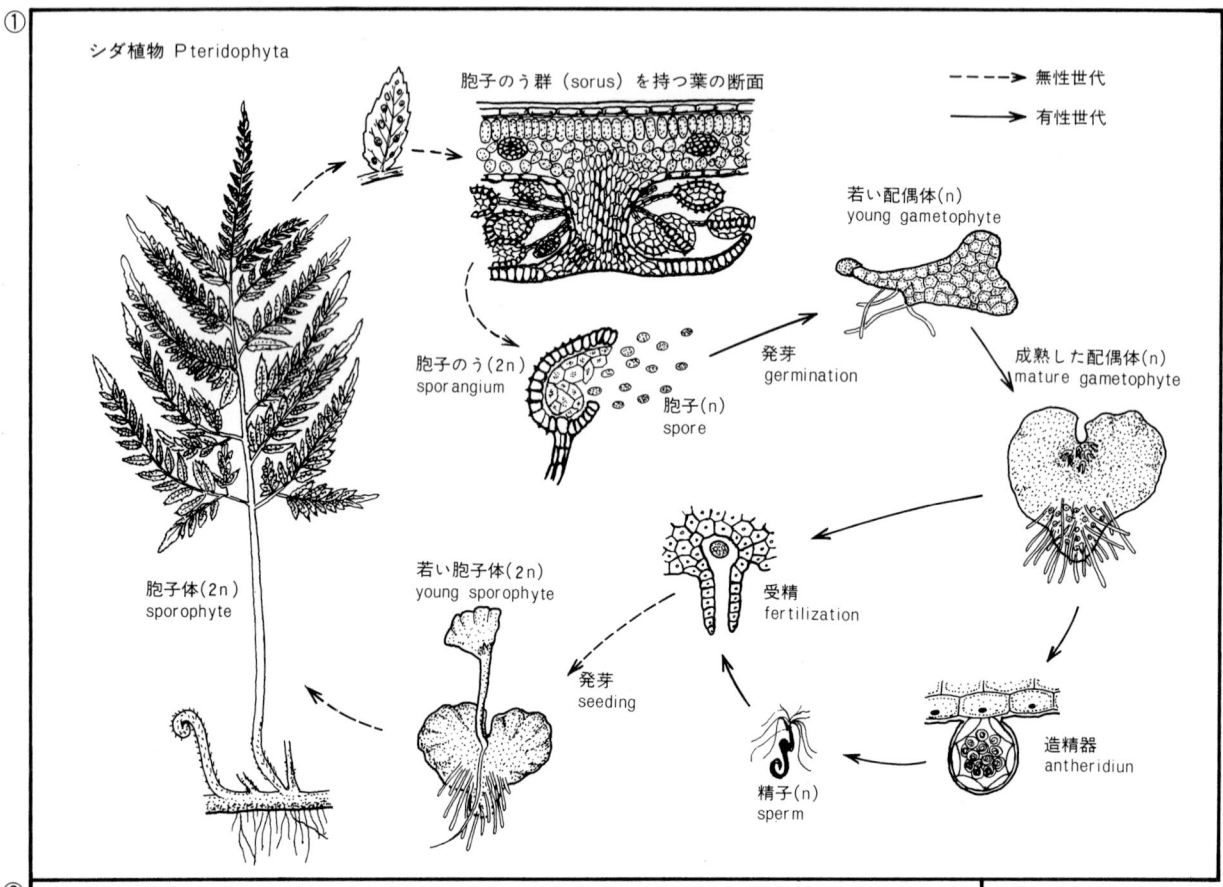

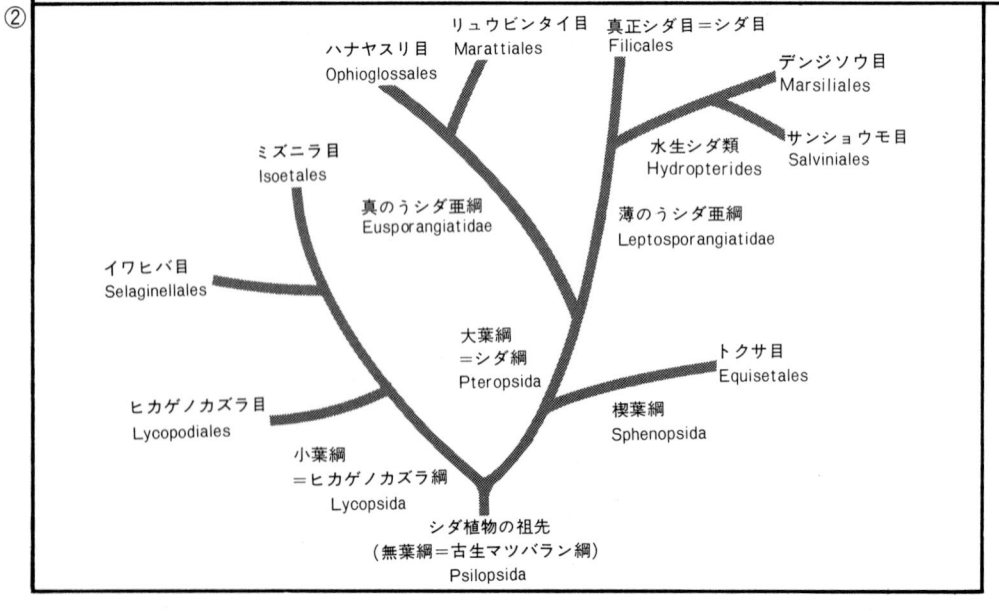

① シダ植物 Pteridophyta

- 胞子のう群（sorus）を持つ葉の断面
- 胞子のう（2n）sporangium
- 胞子（n）spore
- 発芽 germination
- 若い配偶体（n）young gametophyte
- 成熟した配偶体（n）mature gametophyte
- 造精器 antheridium
- 精子（n）sperm
- 受精 fertilization
- 発芽 seeding
- 若い胞子体（2n）young sporophyte
- 胞子体（2n）sporophyte
- ---→ 無性世代
- ──→ 有性世代

② シダ植物の系統樹

- ハナヤスリ目 Ophioglossales
- リュウビンタイ目 Marattiales
- 真正シダ目＝シダ目 Filicales
- デンジソウ目 Marsiliales
- サンショウモ目 Salviniales
- 水生シダ類 Hydropterides
- ミズニラ目 Isoetales
- 真のうシダ亜綱 Eusporangiatidae
- 薄のうシダ亜綱 Leptosporangiatidae
- イワヒバ目 Selaginellales
- 大葉綱＝シダ綱 Pteropsida
- トクサ目 Equisetales
- 楔葉綱 Sphenopsida
- ヒカゲノカズラ目 Lycopodiales
- 小葉綱＝ヒカゲノカズラ綱 Lycopsida
- シダ植物の祖先（無葉綱＝古生マツバラン綱）Psilopsida

① カナワラビ(Rumohra aristata)の葉の裏面に生じた胞子のう群　[接写　×1.5/植田]
②~③　イヌワラビ(Athyrium niponicum)の葉の裏面構造　表皮細胞のへりは波状で，所々に気孔がある．[光顕(スンプ法)　②×80，③×400/植田]

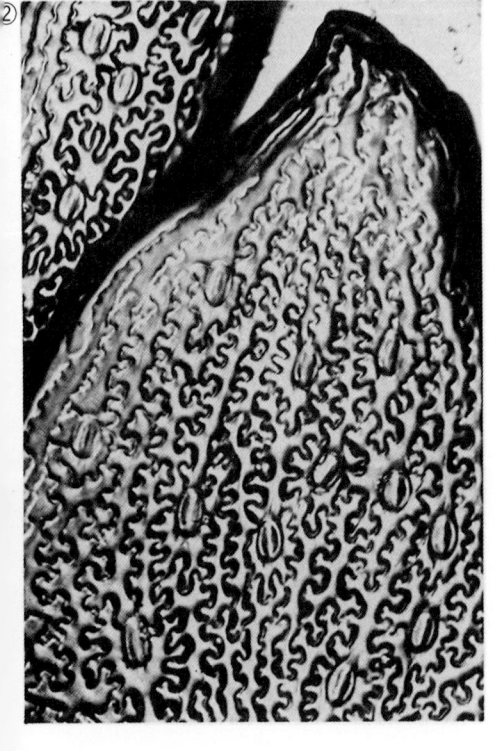

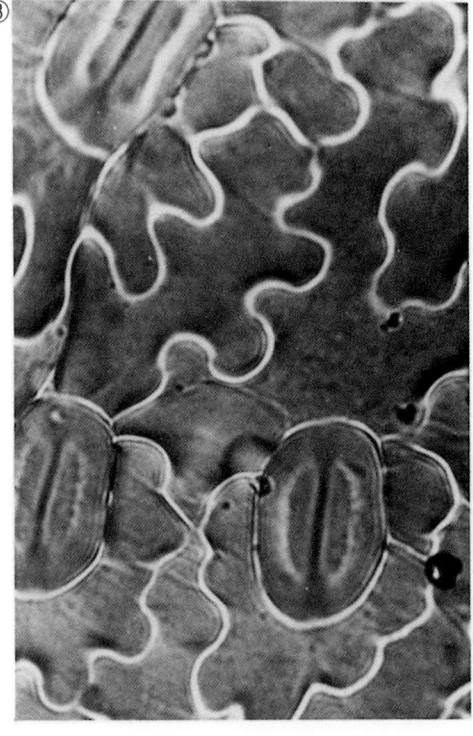

シダ植物の葉緑体の微細構造

① タチクラマゴケ（Selaginella nipponica）の葉
② コハナヤスリ（Ophioglossum thermale）の葉
③ ミズニラ（Isoetes japonica）の葉
④ サンショウモ（Salvinia natans）の葉
⑤ スギナ（Equisetum arvense）の茎

［電顕（KMnO₄ 固定）　①×11,400，②⑤×12,700，③×12,300，④×21,000/川松］

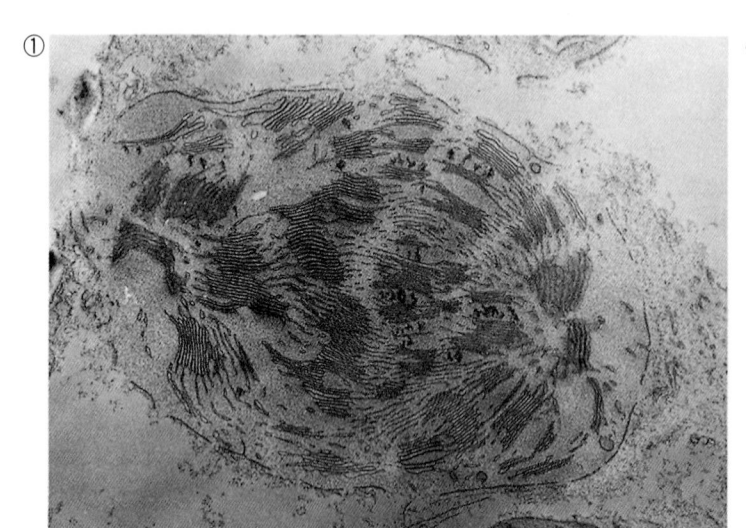

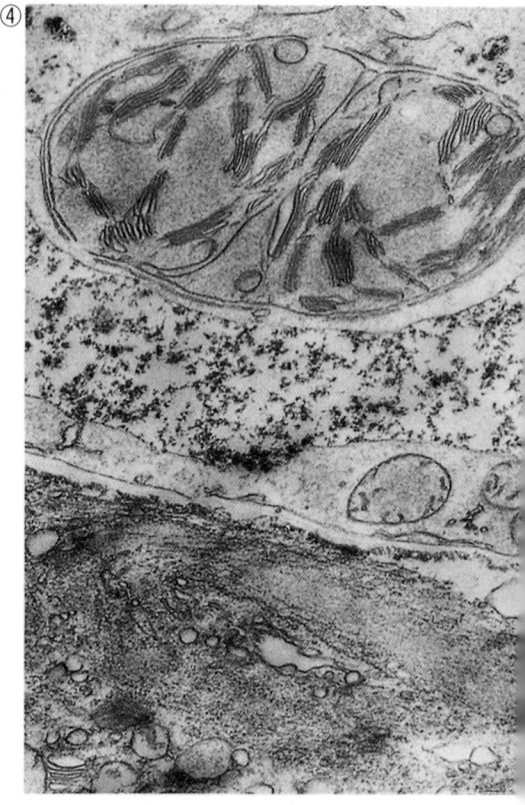

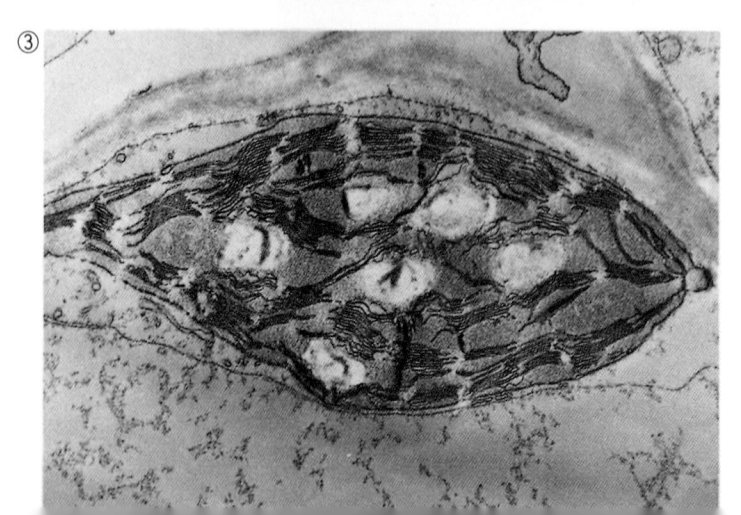

15 シダ植物

① ベニシダ(Dryopteris erythrosora)の葉の裏面に生じた胞子のう群(sorus)の断面　胞子のう群は包膜(inducium)でおおわれている.
② シノブ(Davallia Mariesii)の胞子のう(sporangium)　胞子のうの背部の環帯(annulus)の収縮により, 腹部が破れ, 中から多数の胞子が出される.
[光顕　①×50, ②×300/相沢]

③ ゼンマイ(Osmunda japonica)の胞子　[光顕(乾燥)　×350/植田]
④ シノブの胞子　内部に球形の多数の油滴がある.
⑤ ヤブソテツ(Cyrtomium Fortunei)の胞子　内部に球形の油滴があり表面の細胞壁に突起を生じている.
[光顕　④⑤×400/倉本]

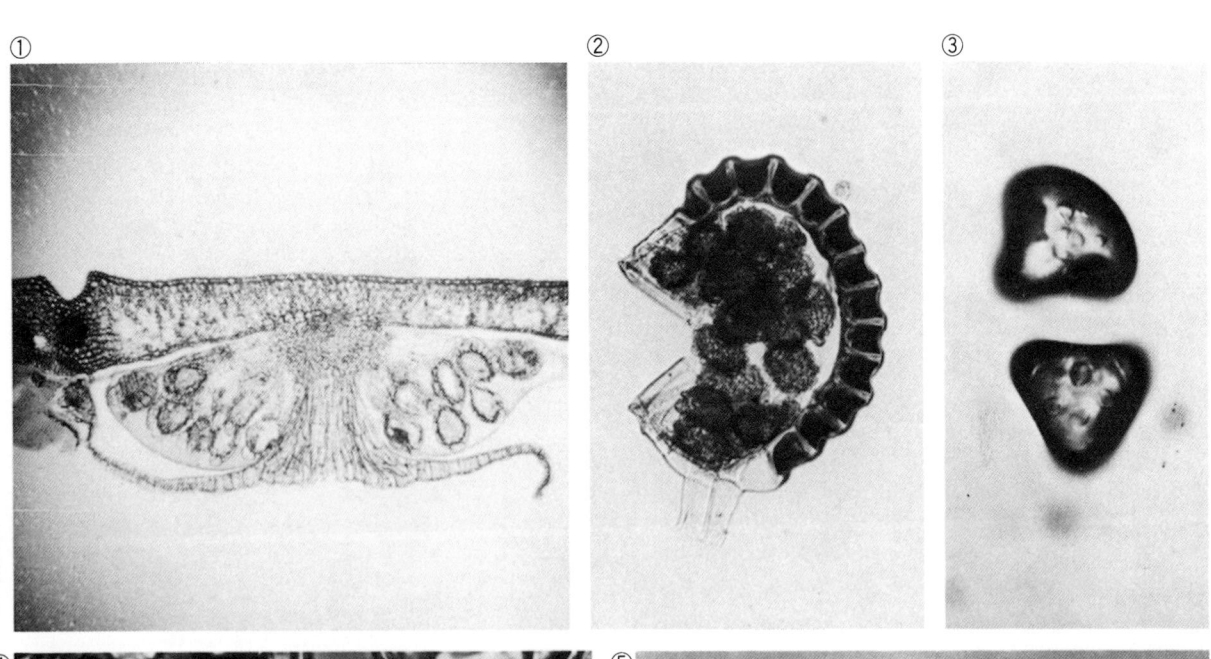

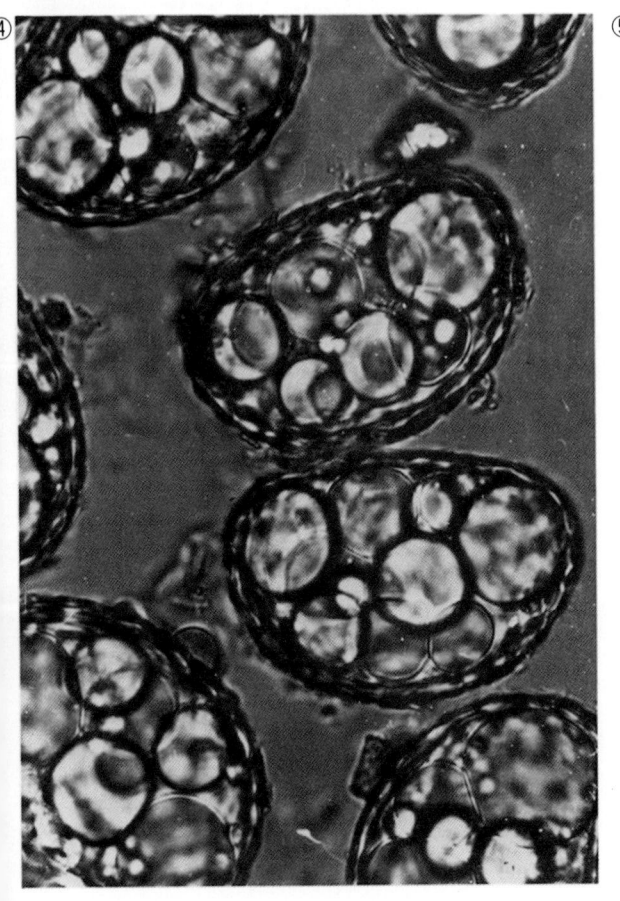

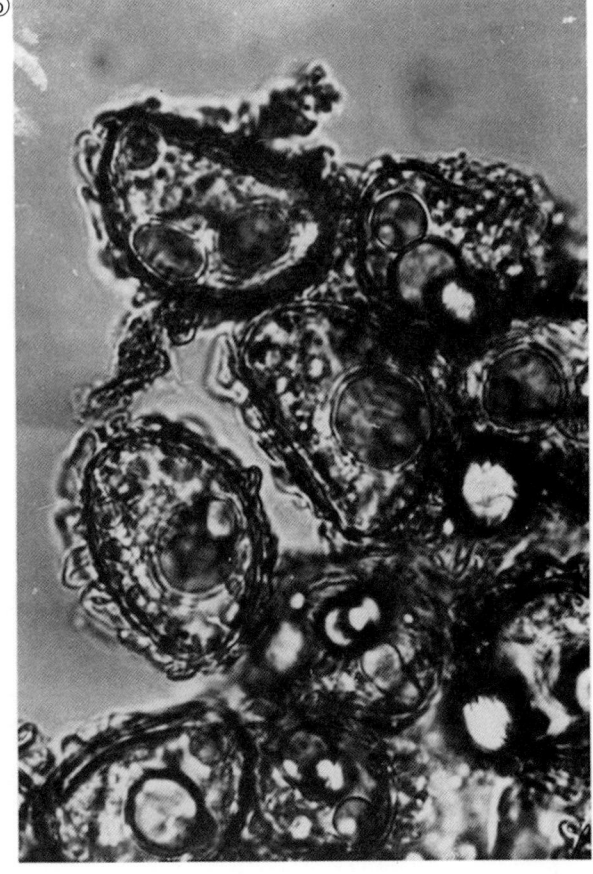

①〜⑤ **スギナ**（Equisetum arvense）のつくし（胞子葉をつけた茎）に生じた胞子　①乾燥した時の胞子と弾糸（elator）．胞子は十字に交わった弾糸の交点上にあり，弾糸は乾湿運動を行い，乾燥時に胞子をはじきとばす．②湿った時の胞子と弾糸．弾糸は湿気により胞子の周辺に巻きつく．③，④はそれぞれ①，②の拡大．⑤胞子（右）と胞子から遊離した弾糸（左，らせん状に巻いている）．[光顕　①②×70，③×200，④⑤×550/植田]

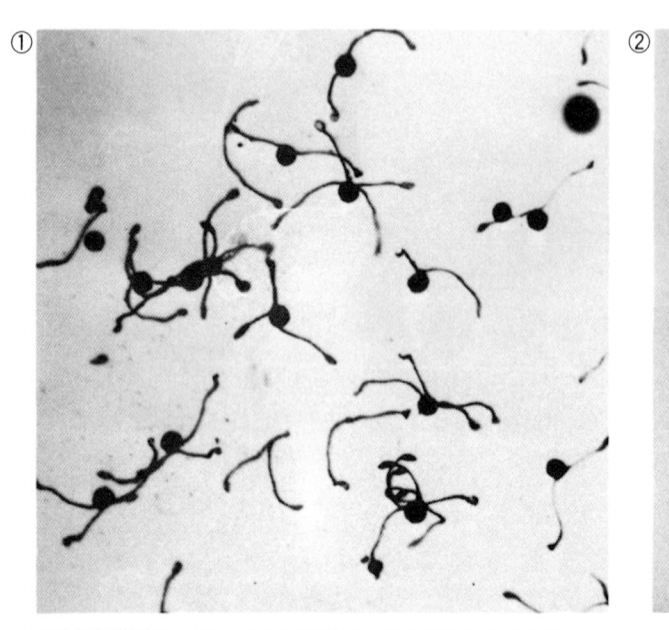

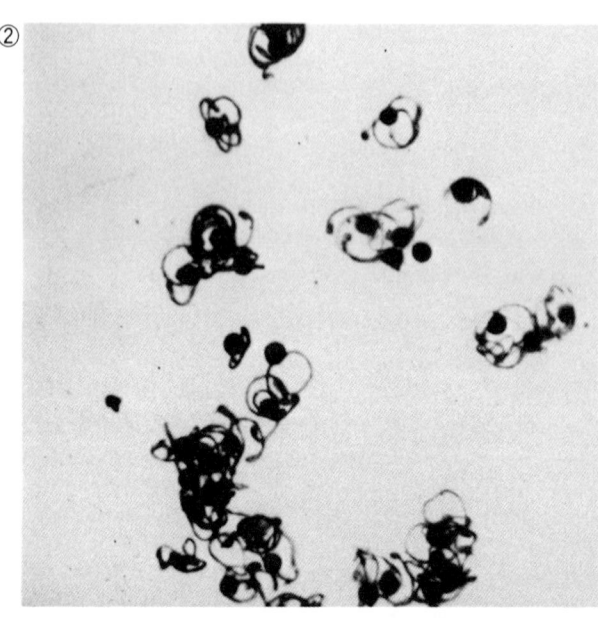

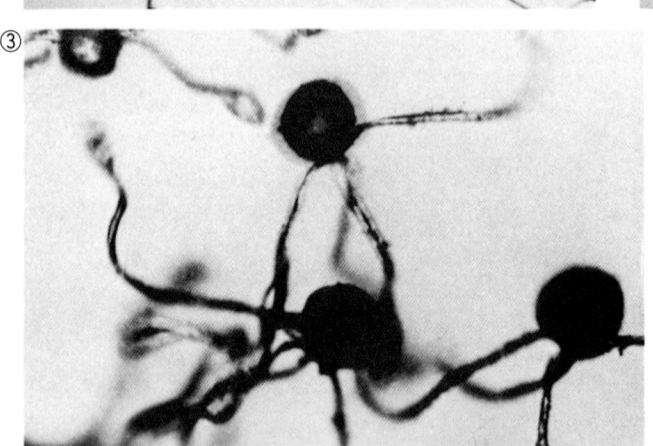

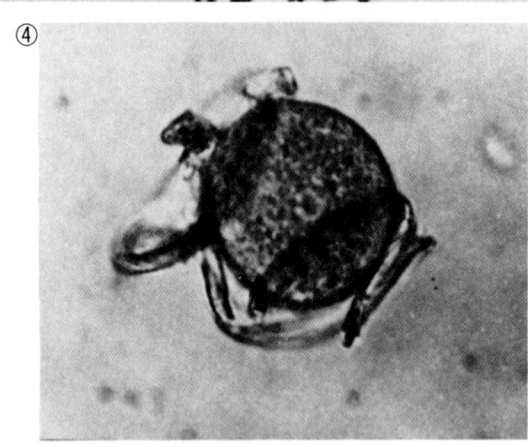

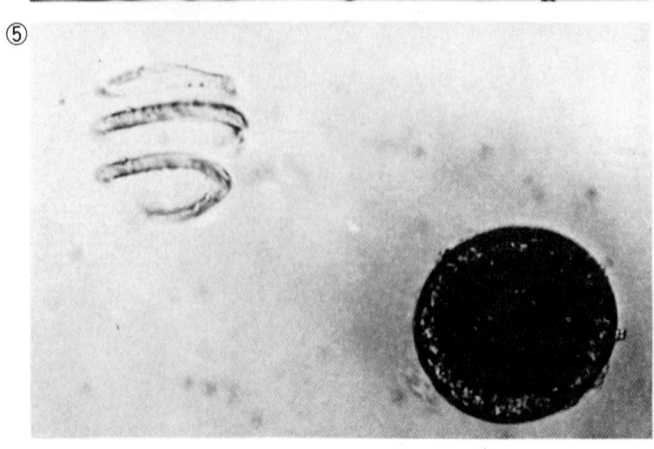

15 シダ植物

①〜⑨ ツルホラゴケ(Vandenboschia auriculata)の胞子とその発芽　①胞子の表面構造．②内部の様子．③発芽前の胞子．④発芽3日後．⑤5日後．⑥10日後．⑦20日後．⑧25日後．⑨30日後．仮根を生じている．[光顕 ①〜⑦×300，⑧⑨×150/植田]

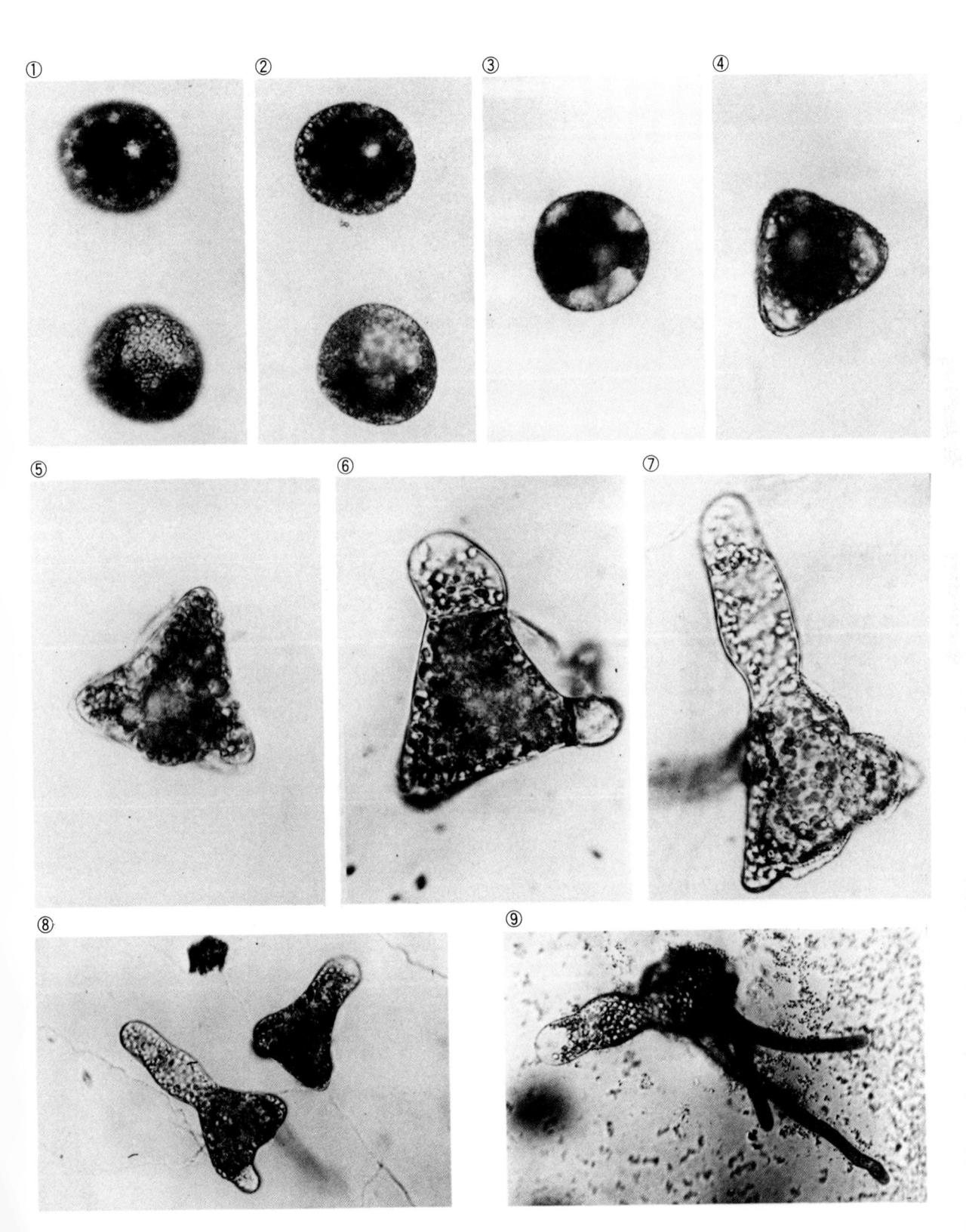

① モエジマシダ（Pteris vittata）の若い前葉体（prothalium）
② ホラシノブ（Sphenomeris chusana）の前葉体　ハート形をしている．
③ カナワラビ（Rumohra aristata）の前葉体　やや細長い形をしている．
［光顕　①③×150，②×300/植田］

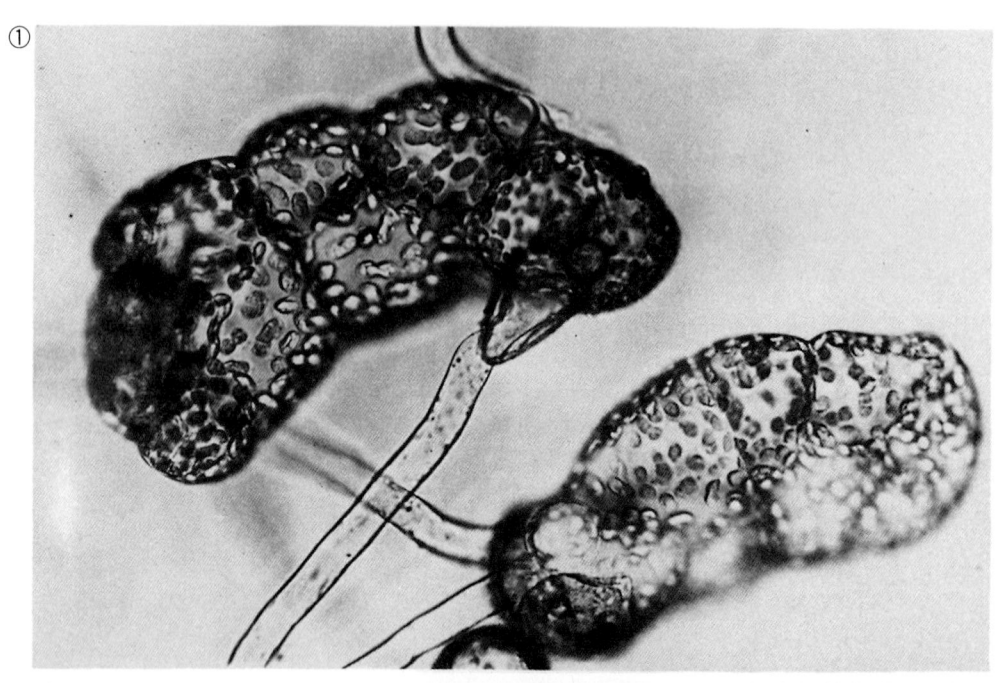

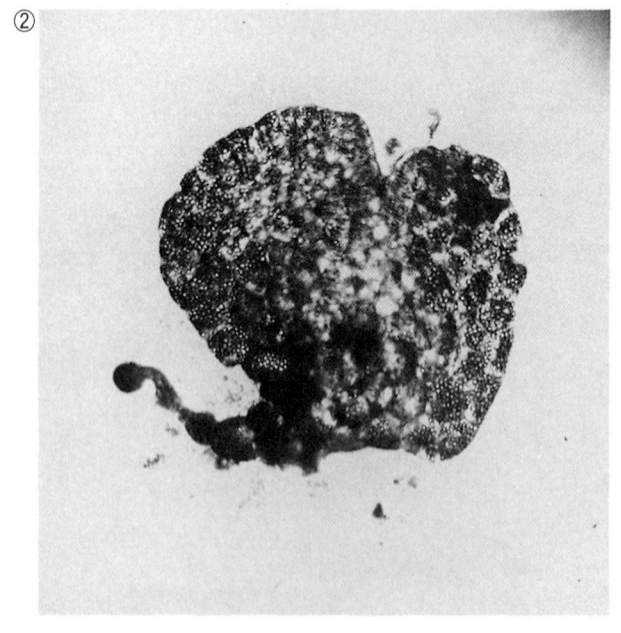

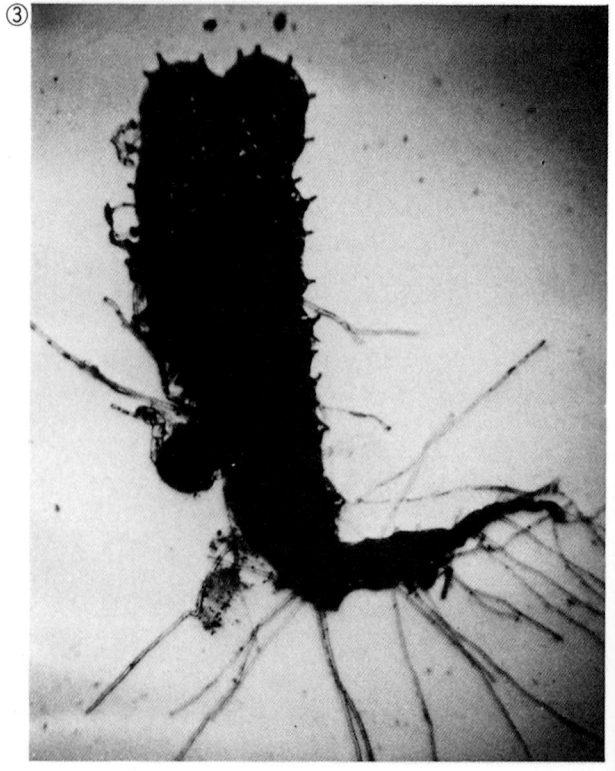

① タマシダ (Nephrolepis corifolia) の前葉体の先端部 へりの所々に分泌毛を持っている.
② クリハラン (Polypodium ensatum) の前葉体のへり部
③ クリハランの前葉体の仮根 細胞壁の所々から内方に突起を生じている.
④ ベニシダ (Dryopteris erythrosora) の造精器 内部に数個の精子を生じている

［光顕 ①×80, ②③×300, ④×800/植田］

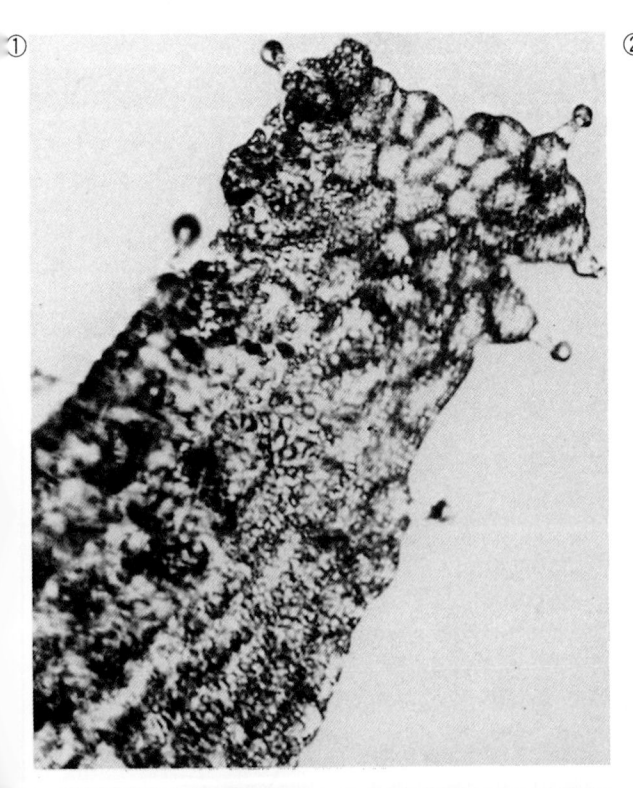

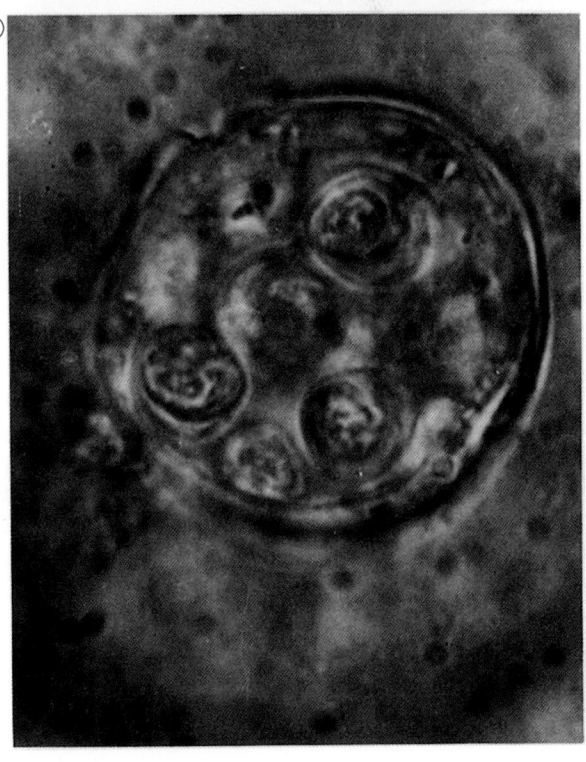

16 種子植物（Spermatophyta）

　胚珠（ovule）が成熟して種子をつくる植物の総称で，シダ植物とともに維管束植物（vascular plants）に属している．胞子体はよく発達し，根・茎・葉の分化が明瞭である．これに対して配偶体はシダ植物よりも退化し独立生活はできず，雌性配偶体は胞子体に寄生した状態になっている．
　種子植物はまた胚珠が心皮（carpel）あるいは子房（ovary）によって包まれる被子植物（Angiospermae）と，裸のままでいる裸子植物（Gymnospermae）とに分けられる．

（1）裸子植物（Gymnospermae）

　裸子植物には，マツ，スギ，イチョウのように高木になるものが多い．根や茎の木部には仮道管（tracheid）はあるが道管（vessel）はなく，中世代に栄えた植物群で，絶滅したものも多く，現代ではマツ類を除いては衰退の過程にある．裸子植物の生活史と系統樹は図のごとくである．

① 裸子植物の生活史　　［相沢］
② 裸子植物の系統樹　　イチョウやソテツのように精子を生じるものがある．このことはシダ植物との類縁関係の深い証拠であるとされている．

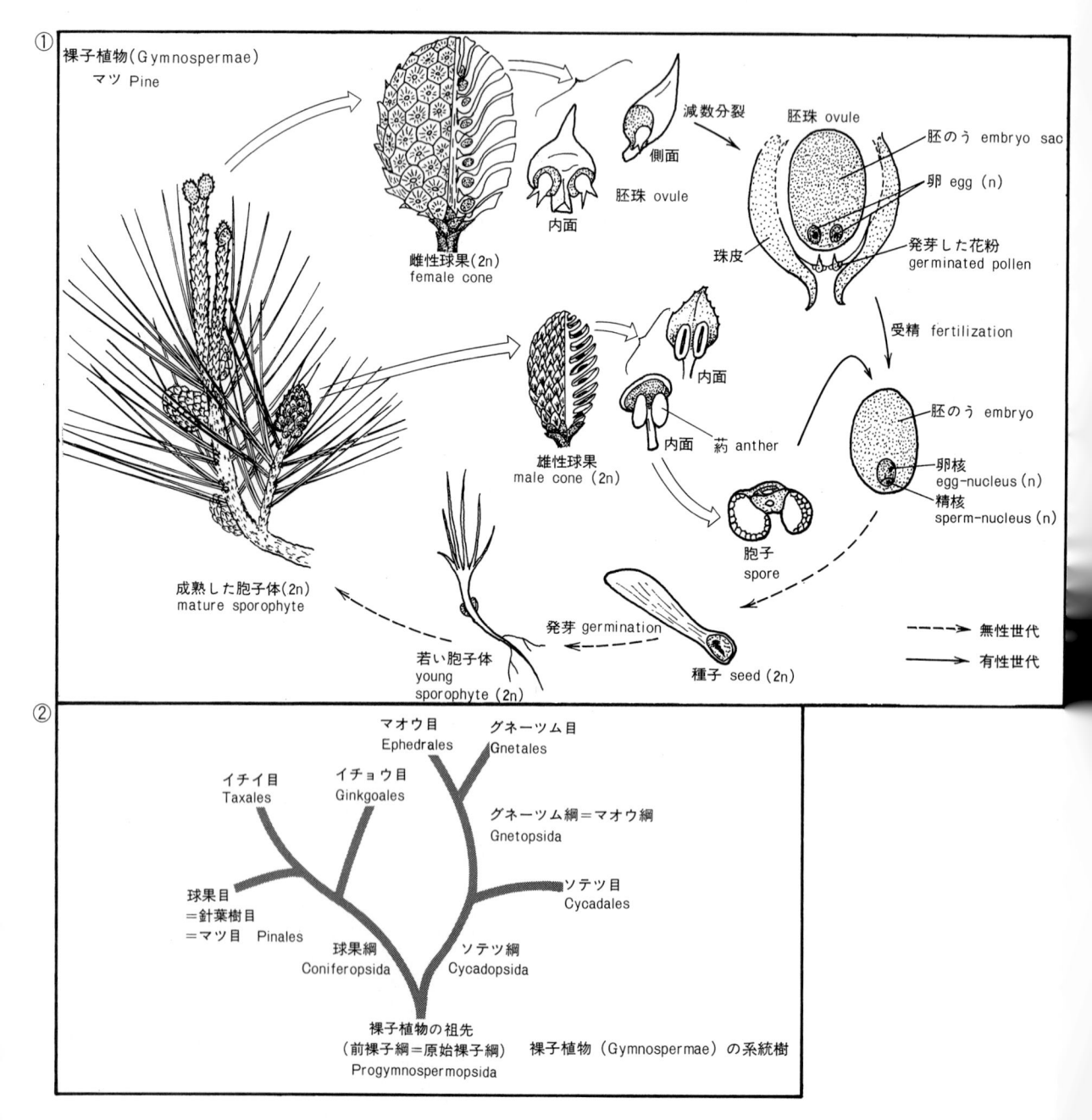

① アカマツ(Larix leptolepis)の若い茎の横断面　皮層部に数本の樹脂道(resin canal)が見られる．
②〜③ イチョウ(Ginkgo biloba)の若い茎の横断面　②木部が輪状に配列し，その周辺に形成層(やや白い部)が輪をなしている．③維管束の一部拡大．

④ スギ(Cryptomeria japonica)の葉の横断面　周辺部にさく状組織(pallisade)が，また内側に海綿状組織(spongy tissue)が発達している．
⑤ アカマツの葉の横断面　気孔は陥入気孔で，表面より落ち込んだ所にある．
[光顕　①×10，②×25，③×130，④×120，⑤×350／植田]

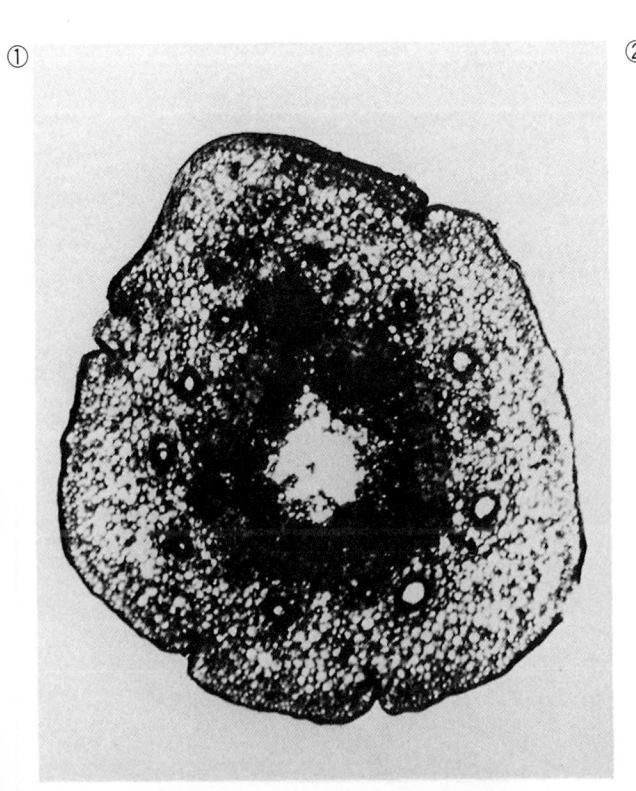

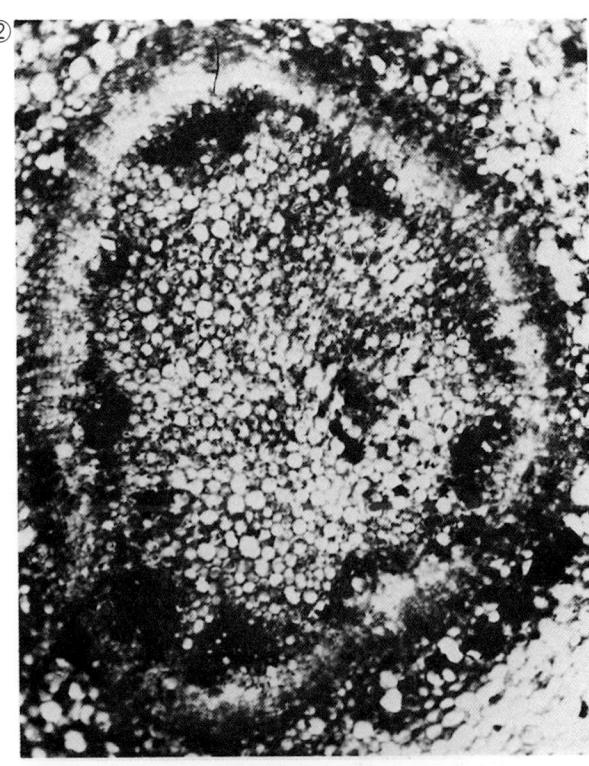

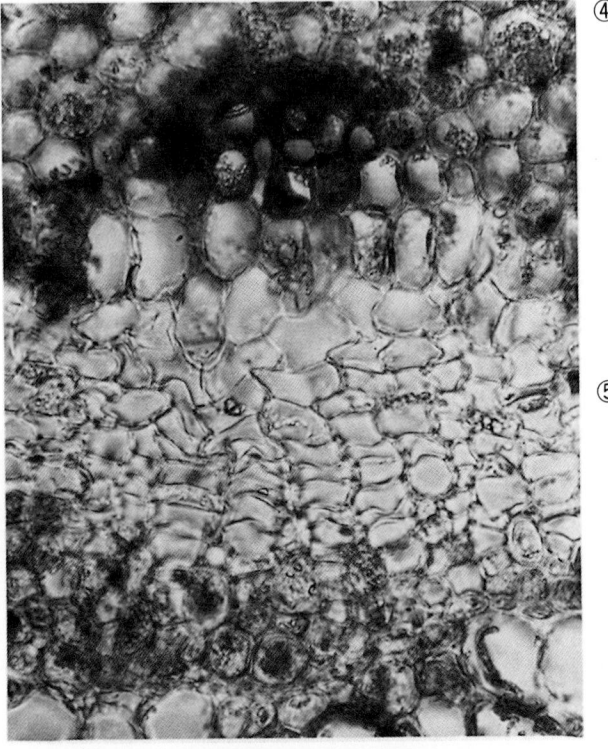

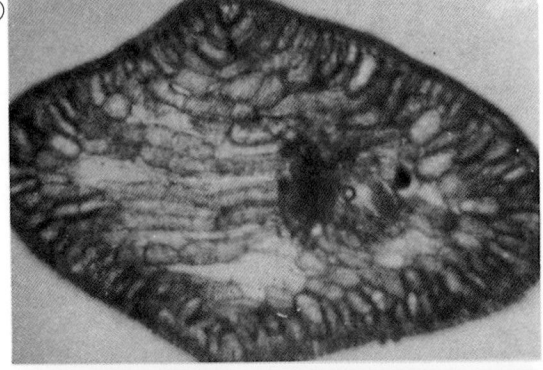

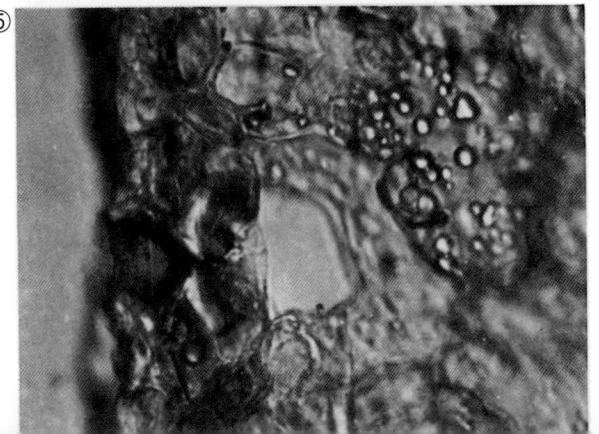

①〜②　クロマツ (Pinus Thunbergii) の葉の表面　①アカマツと同様，気孔は一列に配列している．②は①の拡大．

③〜④　ゴヨウマツ (Pinus penlaphylla var. Himekomatu) の葉の表面　③気孔は密に一列に配列している．④は③の拡大．

⑤〜⑥　カラマツ (Larix leptolepis) の葉の表面　⑤気孔は一列に配列しているが，陥入気孔の様子は上のものと異なっている．⑥は⑤の拡大．
[光顕（スンプ法）①③⑤×70, ②④⑥×300／①〜④植田，⑤⑥山根]

⑦〜⑧　シロマツ（ハクショウ, Pinus bungeana）の葉の気孔部　⑦ロウ質でかこまれている．⑧スンプ法による外気腔面　この先端に気孔がある．[走顕　⑦×2,000, ⑧×700／植田]

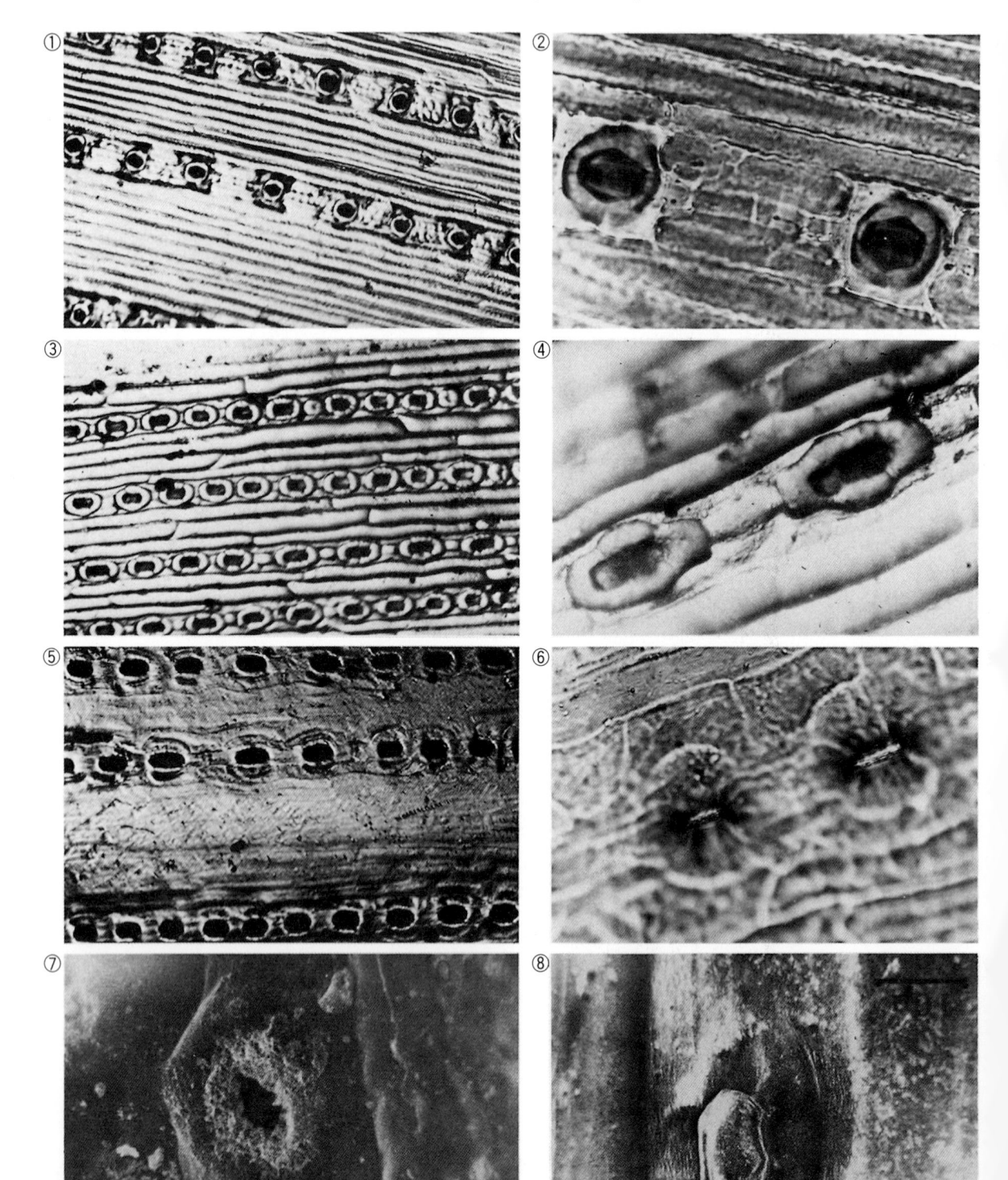

16 種子植物

①〜② スギ(Cryptomeria japonica)の葉の気孔　②は焦点を下げたもの．
③〜⑥ ヒマラヤスギ(Cedrus Deodara)の葉の表面(スンプ法)
[光顕　①②④×300，③×70；走顕　⑤⑥×700/⑤⑥山根，他は植田]
⑦〜⑧ オウゴンシノブヒバ(Chamaecyparis pisifera)の葉の気孔分布　⑧は焦点を下げたもの．[光顕(スンプ法)　×300/植田]

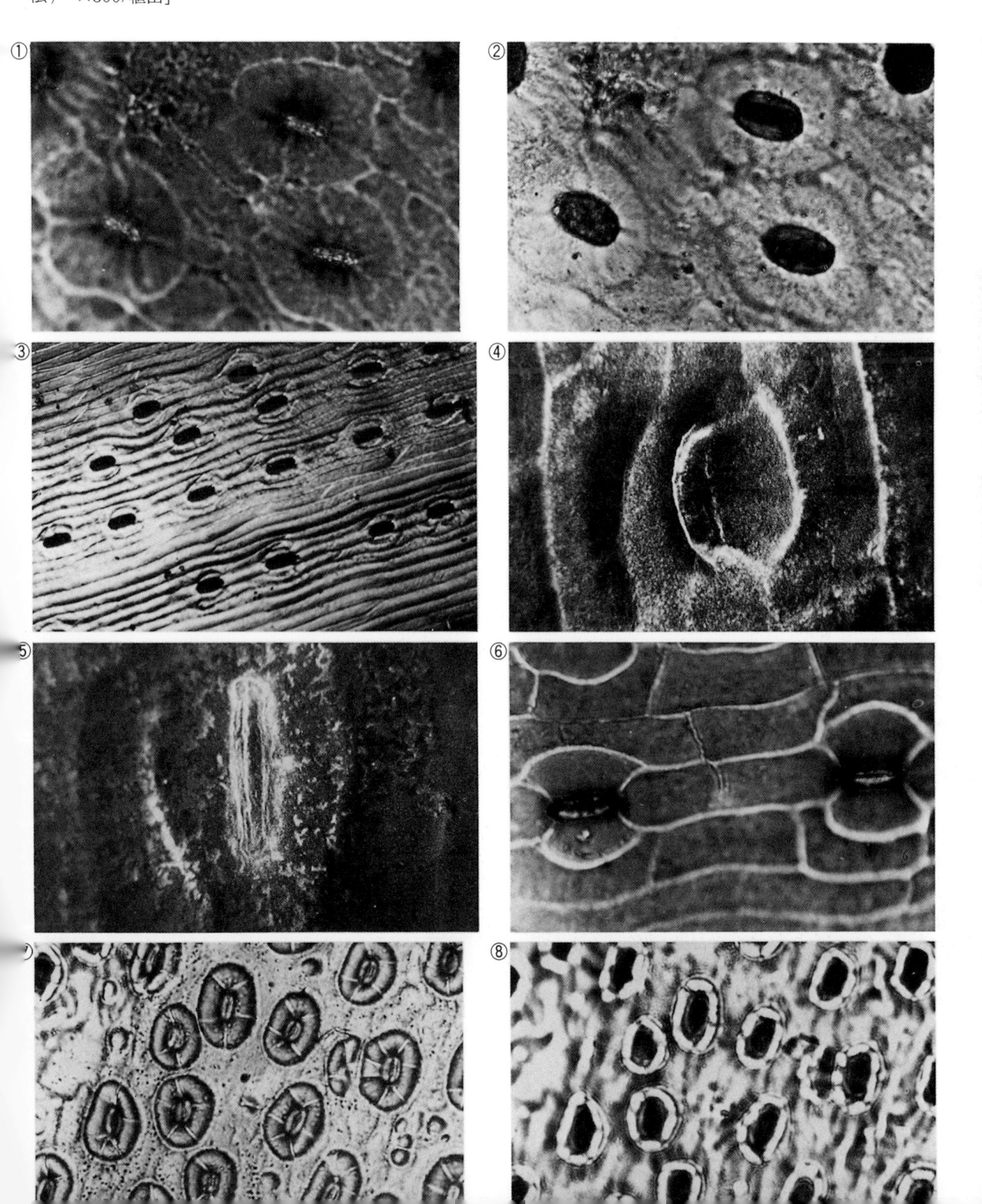

① コノテガシワ(Biota orientalis)の葉の基部の表面 ②～④ サワラ(Chamaecyparis pisifera)の葉の基部の表面 ③気孔. ④は焦点を下げたもの.
[光顕(スンプ法) ①②×70, ③④×300/植田]
⑤～⑥ ツガ(Tsuga Sieboldii)の葉の表面 気孔部に栓がある. ⑥はベンゾールで表面のロウ質などを除去したもの. [走顕 ×200/山根]

⑦～⑧ コメツガ(Tsuga diversifolia)の葉の表面 ロウ質でおおわれ,所々に気孔がある. ⑧は焦点を下げて見た陥入気孔. [光顕(スンプ法) ×300/植田]

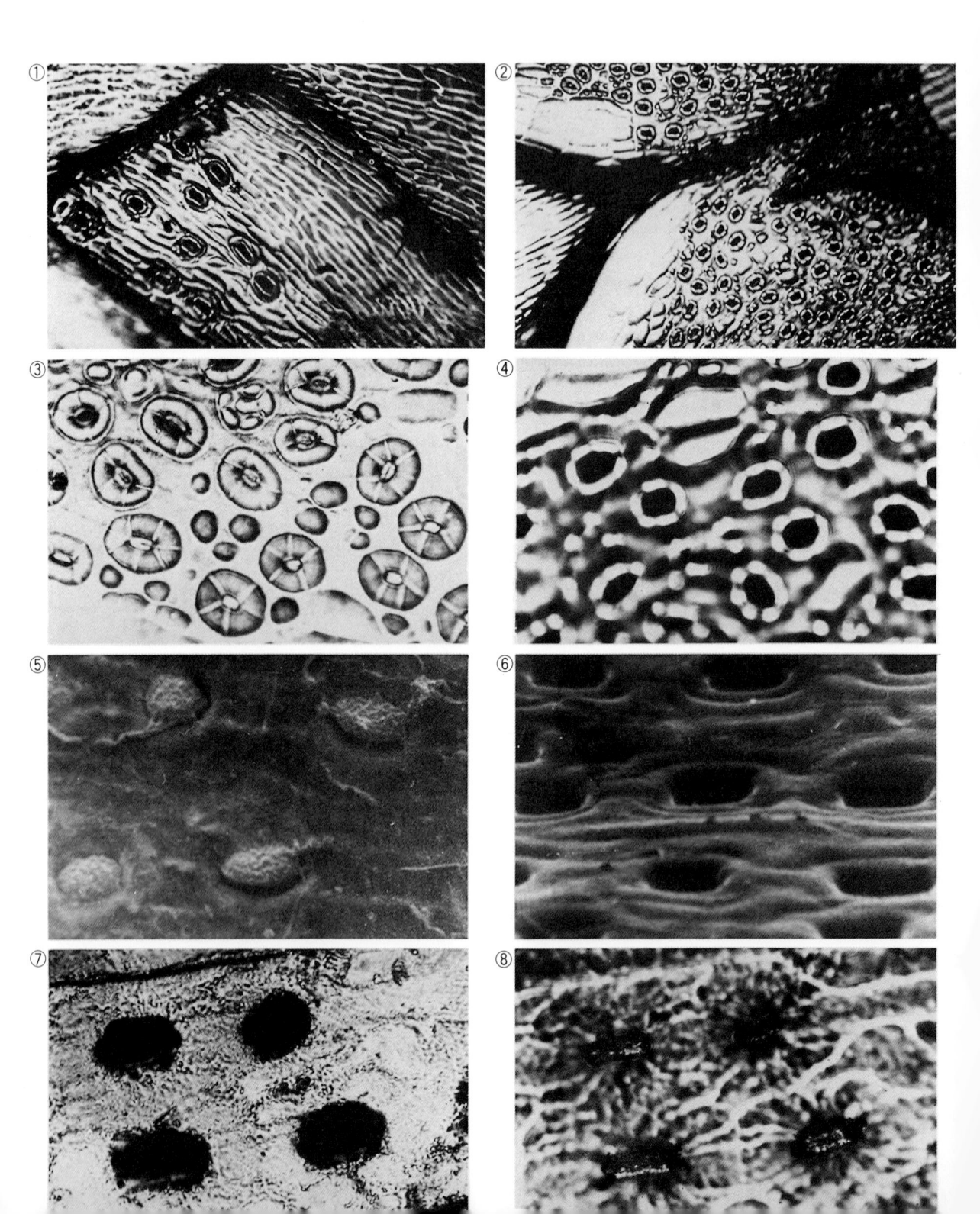

① ~ ④ ①**オオシラビソ**(Abies Mariesii),②**イヌガヤ**(Cephalotaxus drupacea),③**コウヤマキ**(Sciedopitys verticillata),④**イチイ**(Taxus cuspidata)の葉の表面 [光顕(スンプ法) ①~③×70, ④×350/植田]
⑤ ~ ⑦ **カヤ**(Torreya nucifera)の葉の表面 ⑦スンプ法(ネガ)によるもの.外気腔の内面が見られる.[走顕 ⑤×200,⑥⑦×700/植田]

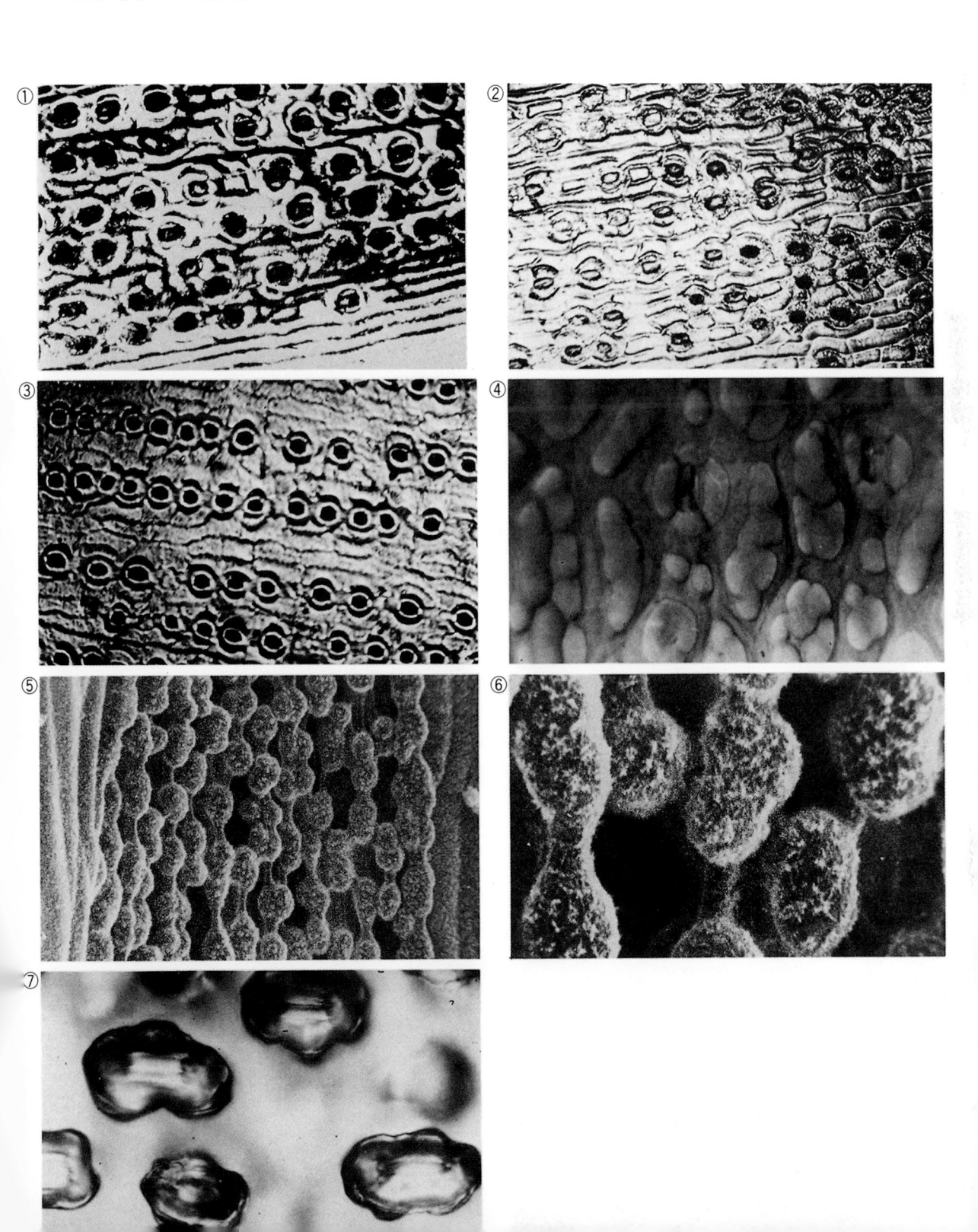

① アカマツ（Pinus densiflora）の葉の葉緑体とミトコンドリア
② イチョウ（Ginkgo biloba）の葉の葉緑体とミトコンドリア
［電顕（KMnO₄ 固定） ①×29,500，②×19,500/川松］

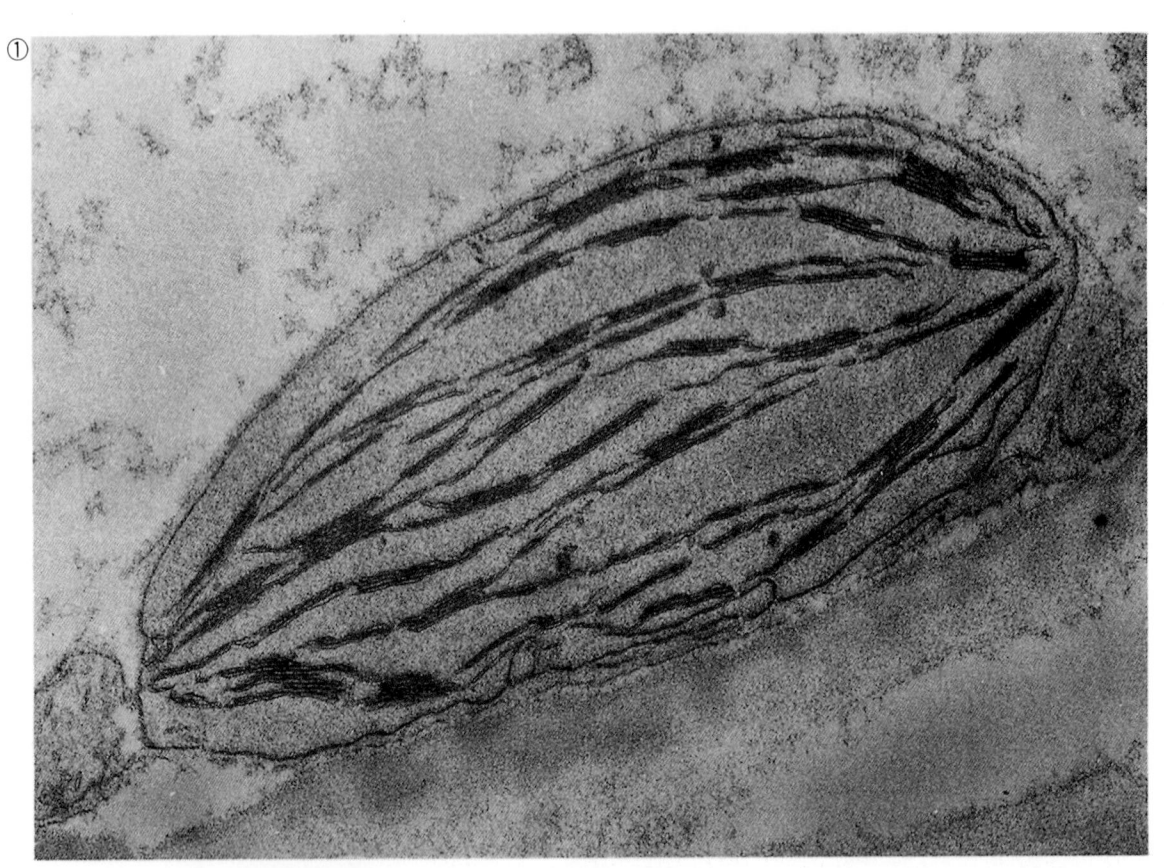

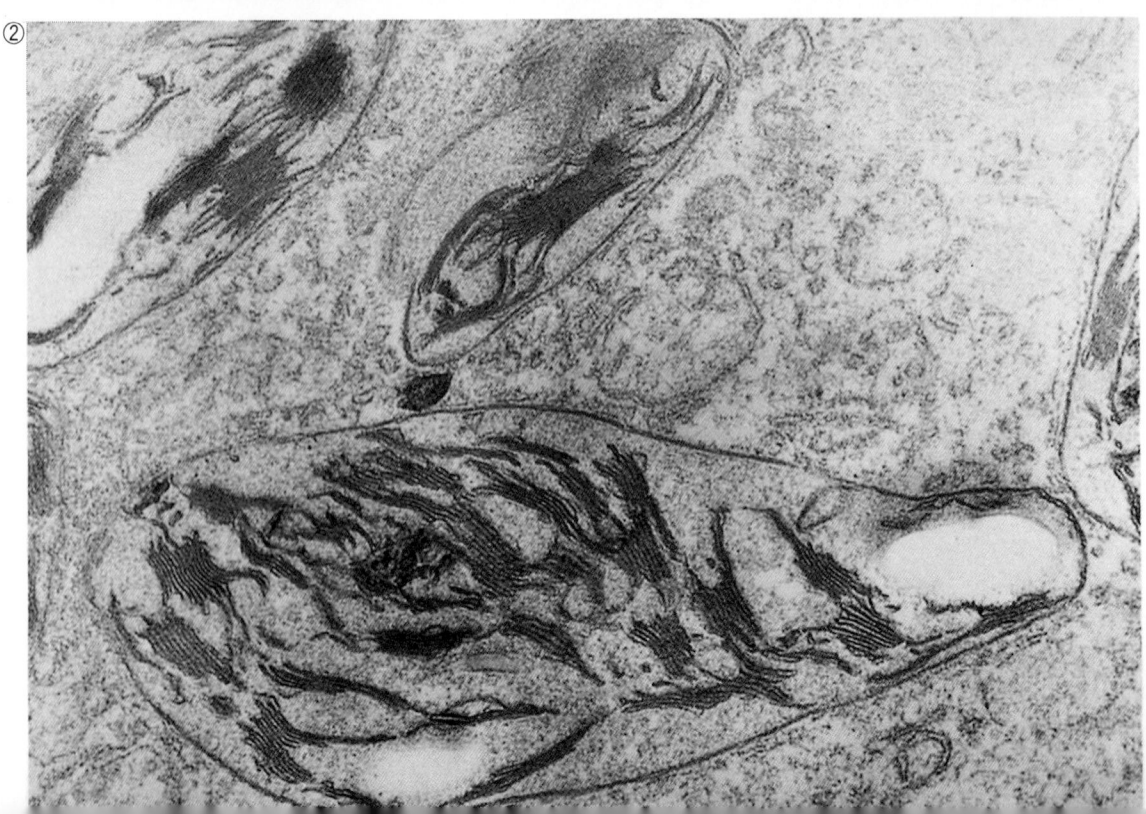

16 種子植物

① **イチョウ(Ginkgo biloba)の若い葉の細胞の一部** 核(N),色素体(P),ミトコンドリア(M),小胞体(ER),液胞(V)が見られる.

② **イチョウの卵細胞の一部** 突起を持った色素体の中に白色に見えるデンプン粒とチラコイド(T)や周辺にDNA繊維(矢印)が見られる.細胞質中には小胞体などがある.
[電顕(OsO₄ 固定)　①×40,000,②×30,000/横村]

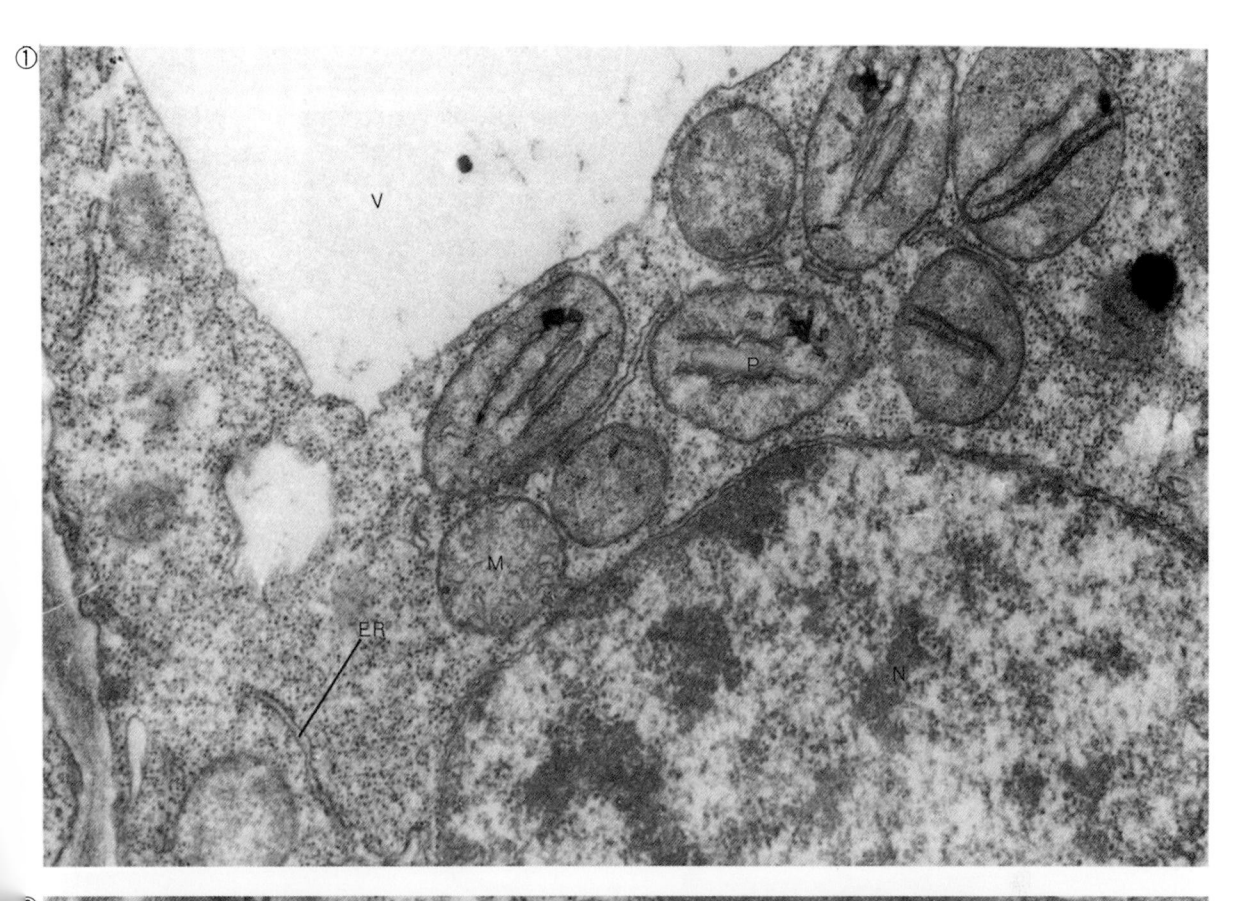

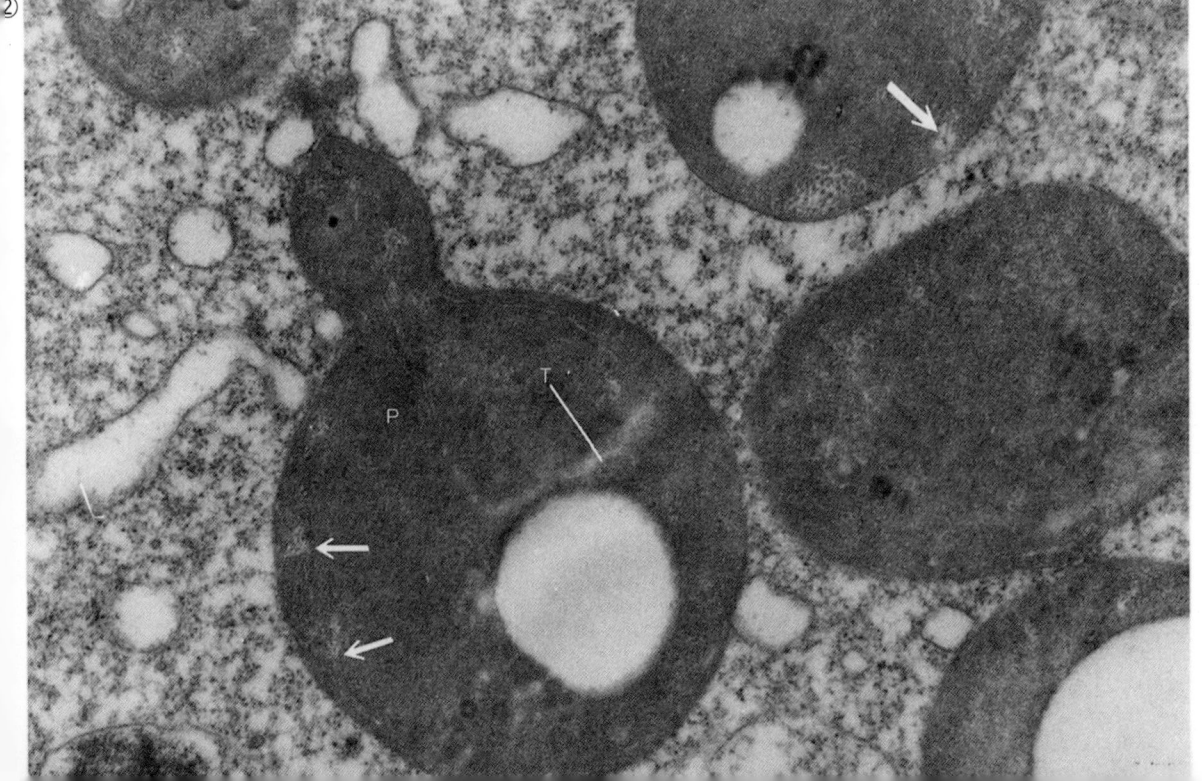

① **クロマツ**(Pinus Thunbergii)雌花　受精後まつかさ(球果)になる．[接写　×4/植田]
② **アカマツ**(Pinus densiflora)の花粉　花粉の両側に気のうを持ち風媒花として適している．
③ **スギ**(Cryptomeria japonica)の花粉　表面に厚い細胞壁を持っている．
[光顕(②乾燥，③浸水)　②③×150/植田]

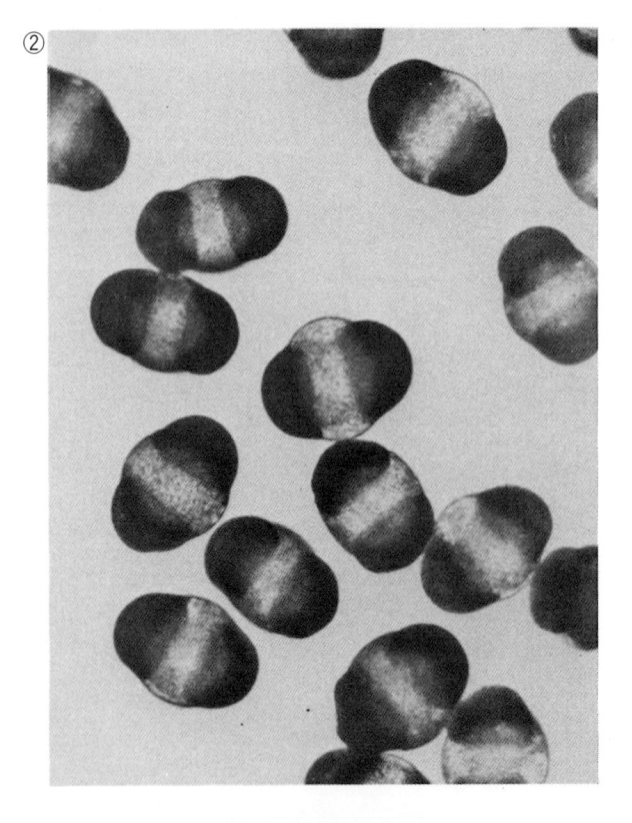

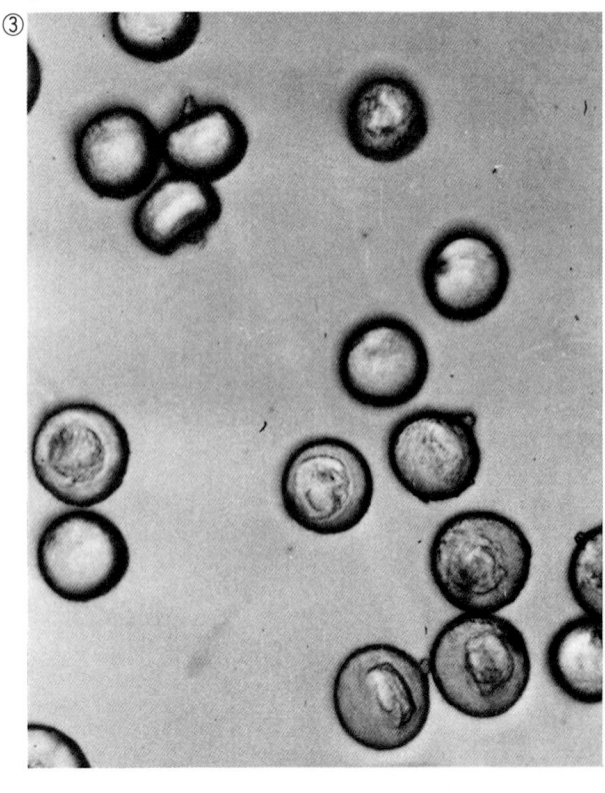

16 種子植物

(2) 被子植物（Angiospermae）

被子植物は双子葉類（Dicotyledonae；dicotplants）と単子葉類（Monocotyledoneae；monocotplants）とに分けられ，少しの例外はあるが，およそ右表のような相違がある．

被子植物の生活史ならびに系統樹は模式図の通りである．
〔系統樹は次ページ〕

双子葉類と単子葉類の相違点

	双子葉類	単子葉類
子葉の数	2	1
根	主根と側根	ひげ根
葉脈	網状脈	平行脈
花葉の数	4または5が基本	3が基本
維管束	環状維管束	散在維管束
形成層	有	無

① 被子植物の生活史　［★］

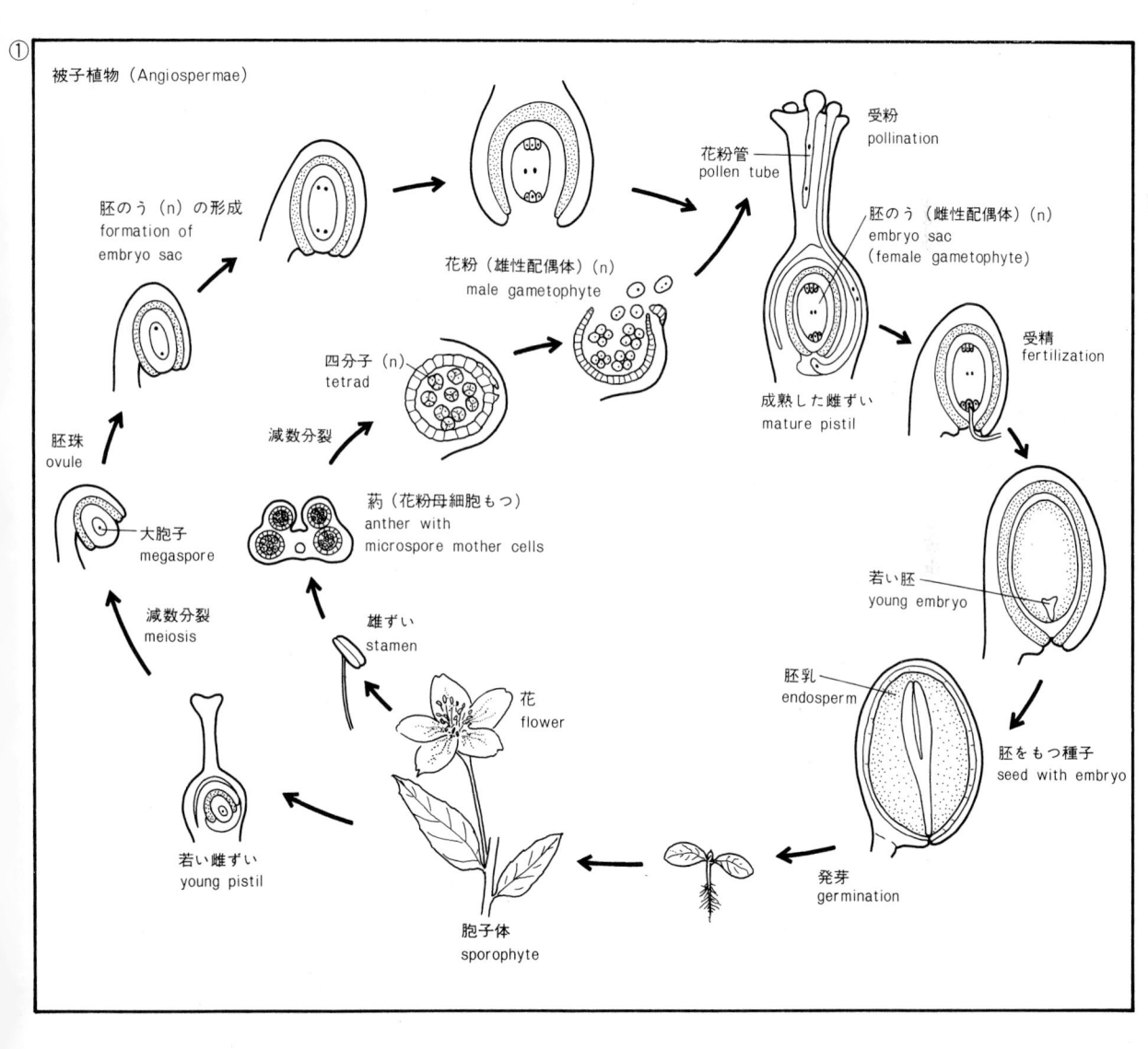

① **被子植物の系統樹** 被子植物は，大きく双子葉植物綱（番号1〜74）と単子葉植物綱（番号75〜94）に分けられ，図のような系統樹がTakhtajan（1969）によって考えられている．[相沢]

双子葉植物綱 モクレン亜綱1〜6，キンポウゲ亜綱7〜11，マンサク亜綱12〜26，ナデシコ亜綱27〜30，ビワモドキ亜綱31〜47，バラ亜綱48〜66，キク亜綱67〜74．
単子葉植物綱 オモダカ亜綱75〜77，ユリ亜綱78〜82，ツユクサ亜綱83〜89，ヤシ亜綱90〜94．

①

No.	目名（和）	Order
1	モクレン目	Magnoliales
2	クスノキ目	Laurales
3	コショウ目	Piperales
4	ウマノスズクサ目	Aristolochiales
5	ヤッコソウ目	Rafflesiales
6	スイレン目	Nymphacales
7	シキミ目	Illiciales
8	ハス目	Nelumbonales
9	キンポウゲ目	Ranunculales
10	ケシ目	Papaverales
11	サラセニア目	Sarraceniales
12	ヤマグルマ目	Trochodendrales
13	カツラ目	Cercidiphyllales
14	フサザクラ目	Eupteleales
15	ディディメレス目	Didymelales
16	マンサク目	Hamamelidales
17	トチュウ目	Eucommiales
18	イラクサ目	Urticales
19	バルベヤ目	Barbeyales
20	モクマオウ目	Casuarinales
21	ブナ目	Fagales
22	カバノキ目	Betulales
23	バラノプシス目	Balanopsidales
24	ヤマモモ目	Myricales
25	クルミ目	Juglandales
26	ライトネリア目	Leitneriales
27	ナデシコ目	Caryophyllales
28	タデ目	Polygonales
29	イソマツ目	Plumbaginales
30	ヤマトグサ目	Theliyonales
31	ビワモドキ目	Dilleniales
32	ボタン目	Paeoniales
33	ツバキ目	Theales
34	スミレ目	Violales
35	トケイソウ目	Passiflorales
36	ウリ目	Cucurbitales
37	シウカイドウ目	Begoniales
38	フウチョウソウ目	Capparales
39	ギョリュウ目	Tamaricales
40	ヤナギ目	Salicales
41	ツツジ目	Ericales
42	イワウメ目	Diapensiales
43	カキノキ目	Ebenales
44	サクラソウ目	Primulales
45	アオイ目	Malvales
46	トウダイグサ目	Euphorbiales
47	ジンチョウゲ目	Thymelaeales
48	ユキノシタ目	Saxifragales
49	バラ目	Rosales
50	マメ目	Fabales
51	コウトウマメモドキ目	Connarales
52	ウツボカズラ目	Nepenthales
53	カワゴケソウ目	Podostemales
54	フトモモ目	Myrtales
55	アリノトウ目	Hippuridales
56	ミカン目	Rutales
57	ムクロジ目	Sapindales
58	フウロソウ目	Geraniales
59	ヒメハギ目	Polygalales
60	ミズキ目	Cornales
61	ニシキギ目	Celastrales
62	クロウメモドキ目	Rhamnales
63	モクセイ目	Oleales
64	ビャクダン目	Santalales
65	グミ目	Elaeagnales
66	ヤマモガシ目	Proteales
67	マツムシソウ目	Dipsacales
68	リンドウ目	Gentianales
69	ハナシノブ目	Polemoniales
70	ゴマノハグサ目	Serophulariales
71	シソ目	Lamiales
72	キキョウ目	Campanulales
73	カリケラ目	Calycerales
74	キク目	Asterales
75	オモダカ目	Alismatales
76	トチカガミ目	Hydrocharitales
77	イバラモ目	Najadales
78	ホンゴウソウ目	Triuridales
79	ユリ目	Liliales
80	アヤメ目	Iridales
81	ショウガ目	Zingiberales
82	ラン目	Orchidales
83	イグサ目	Juncales
84	カヤツリグサ目	Cyperales
85	パイナップル目	Bromeliales
86	ツユクサ目	Commelinales
87	ホシグサ目	Eriocaulales
88	レスチオ目	Restionales
89	イネ目	Poales
90	ヤシ目	Arecales
91	パナマソウ目	Cyclanthales
92	サトイモ目	Arales
93	タコノキ目	Pandanales
94	ガマ目	Typhales

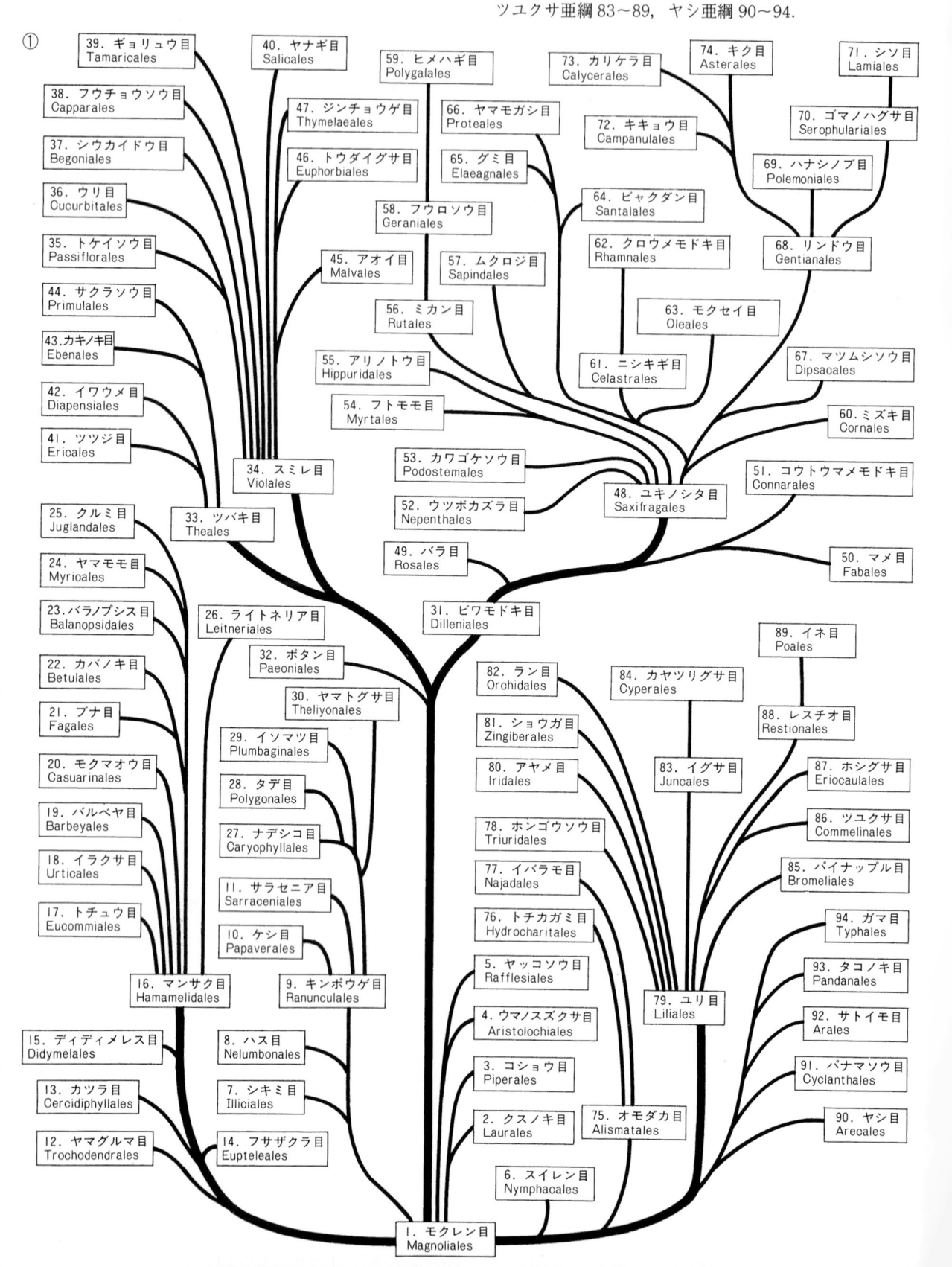

16 種子植物

a. 双子葉類（Dicotyledoneae）

①〜② キュウリ（Cucumis sativus）の茎の木部横断面 ①らせん紋道管（spiral vessel）（右下）とその周辺の柔組織（parenchyma）．らせん紋道管が横断されたため，細胞壁の肥厚部が切断されている．②は①の拡大．柔組織細胞内には未発達のプラスチドなどが見られる．[電顕（GA＋OsO_4固定） ①×1,800，②×4,600/池田]

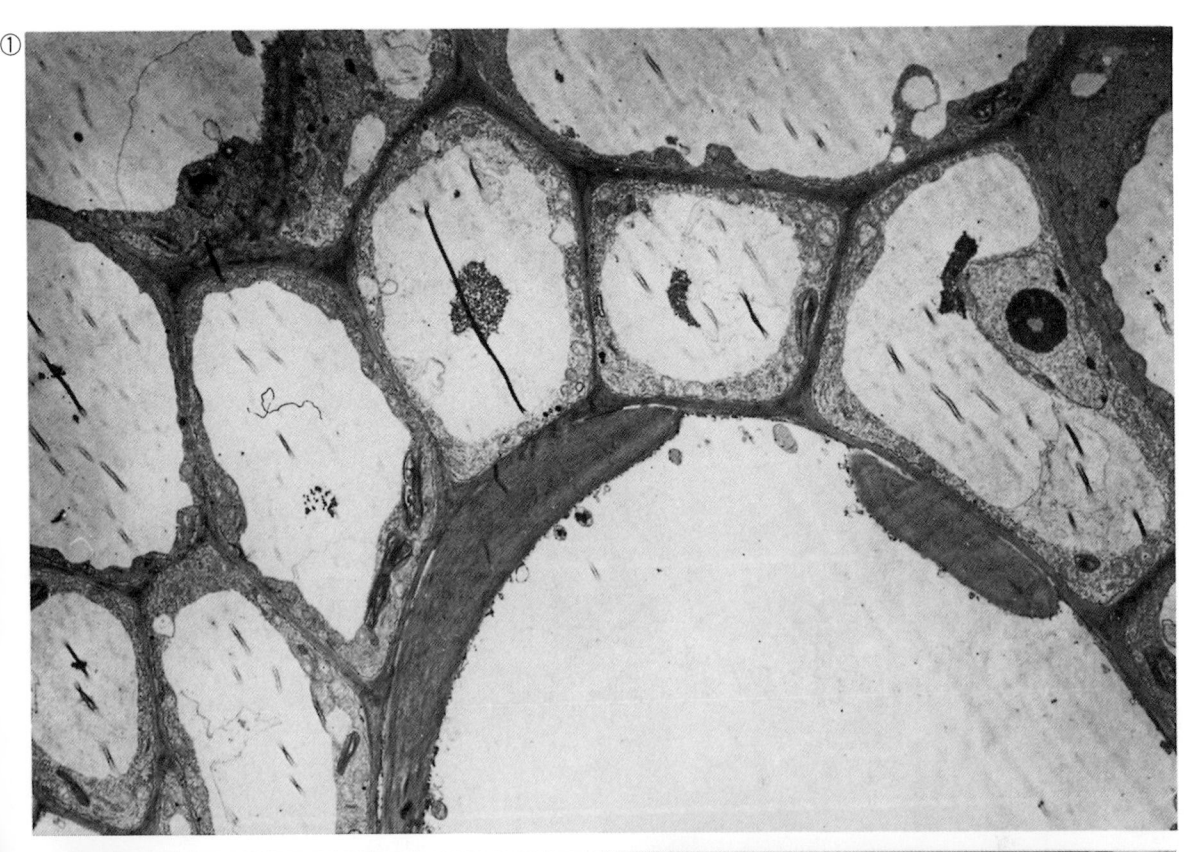

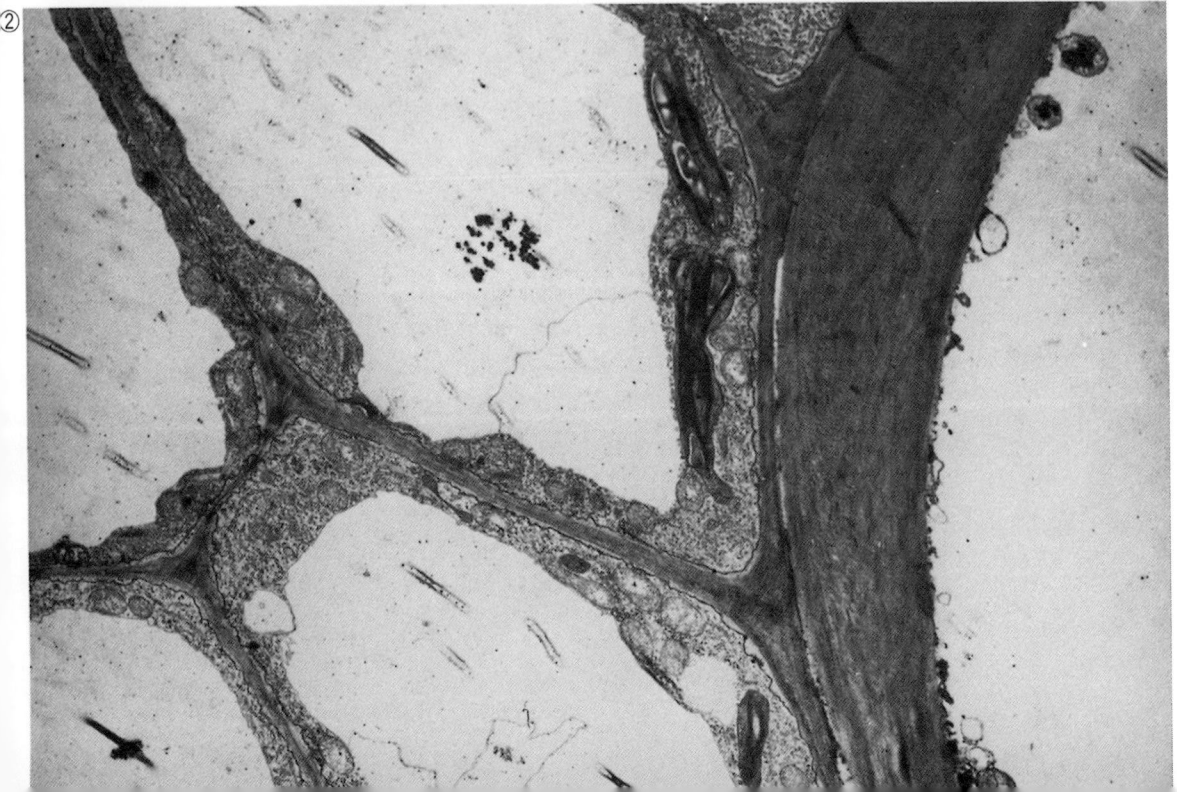

① **キュウリ**(Cucumis sativus)**の茎の木部縦断面** 環紋道管(ring vessel)の一部が左上と右下に見られ，他は柔組織の細胞である．柔組織の細胞には核，プラスチド，液胞などが見られる．［電顕（GA＋OsO_4 固定） ×1,800/池田］

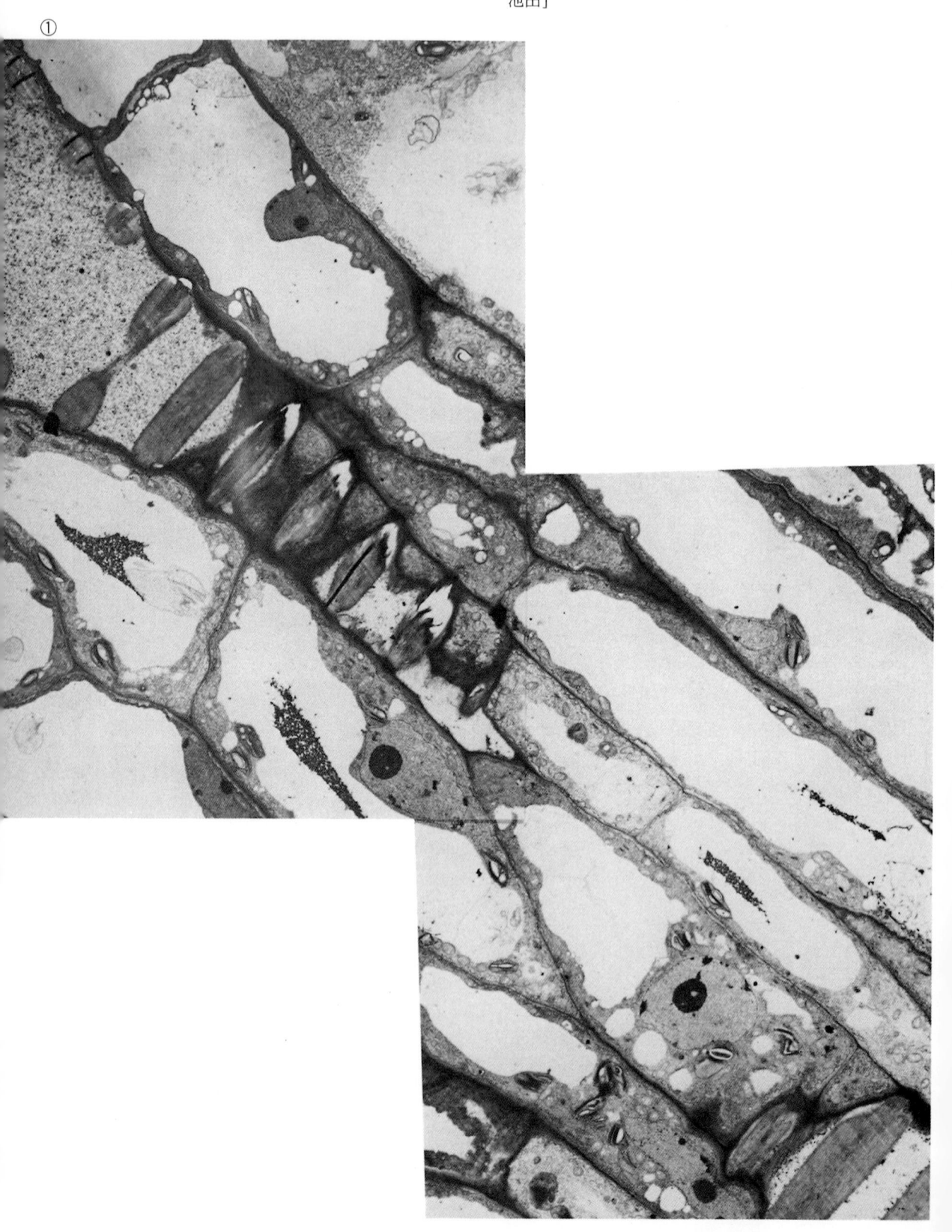

①〜② キュウリ(Cucumis sativus)の葉の表面　①葉の上面.所々に毛がある.②葉の下面.短い毛が多数ある.
③〜④ キュウリの葉の気孔と表皮細胞　③葉の上面.④葉の下面.［走顕　①②×40,③④×1,500/山田］

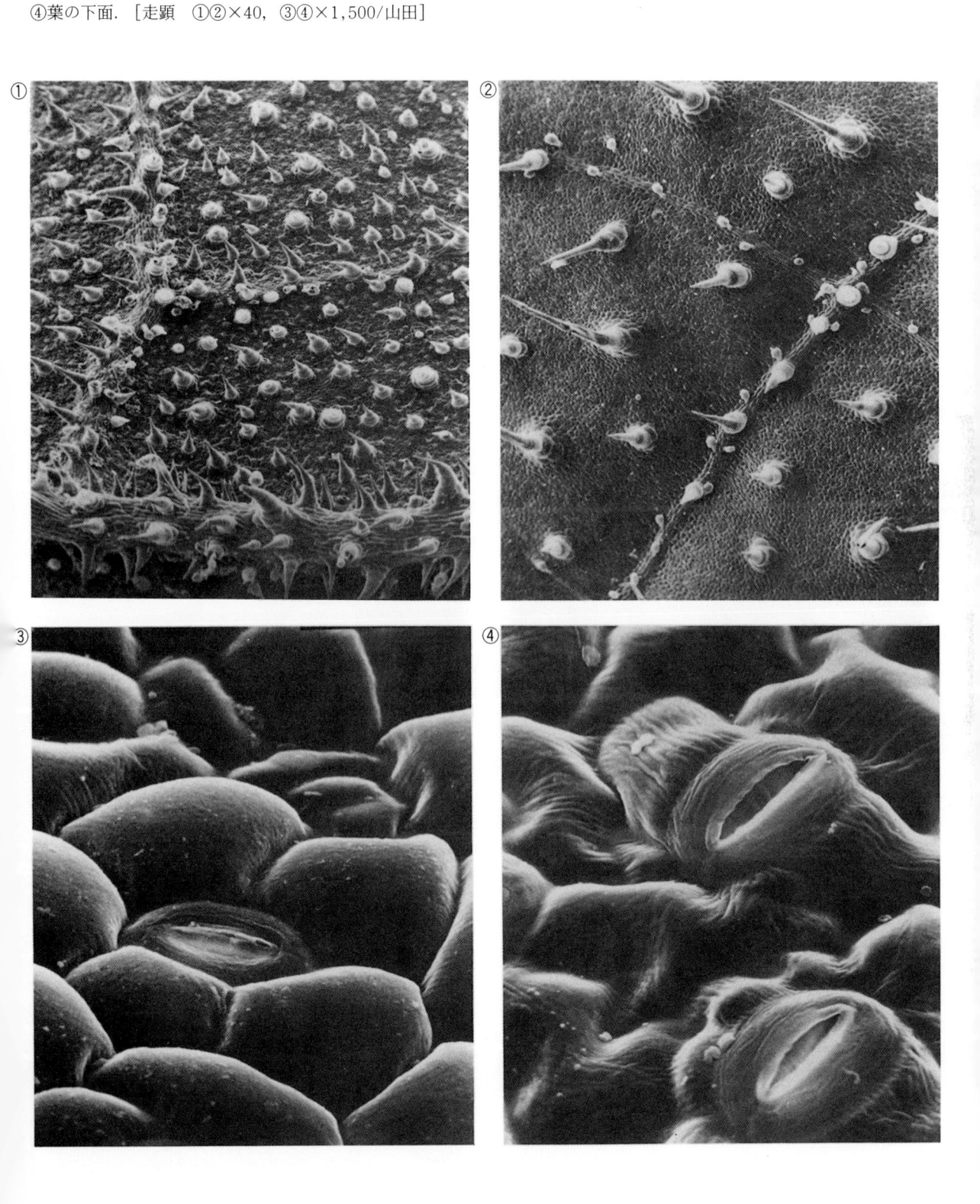

① **キュウリ**(Cucumis sativus)のやや若い葉の断面
上下の両側に1層の表皮があり，それぞれにつづいて数層の未発達の柵状組織と海綿状組織とが見られる．[電顕（GA+OsO₄ 固定） ×1,300/池田]

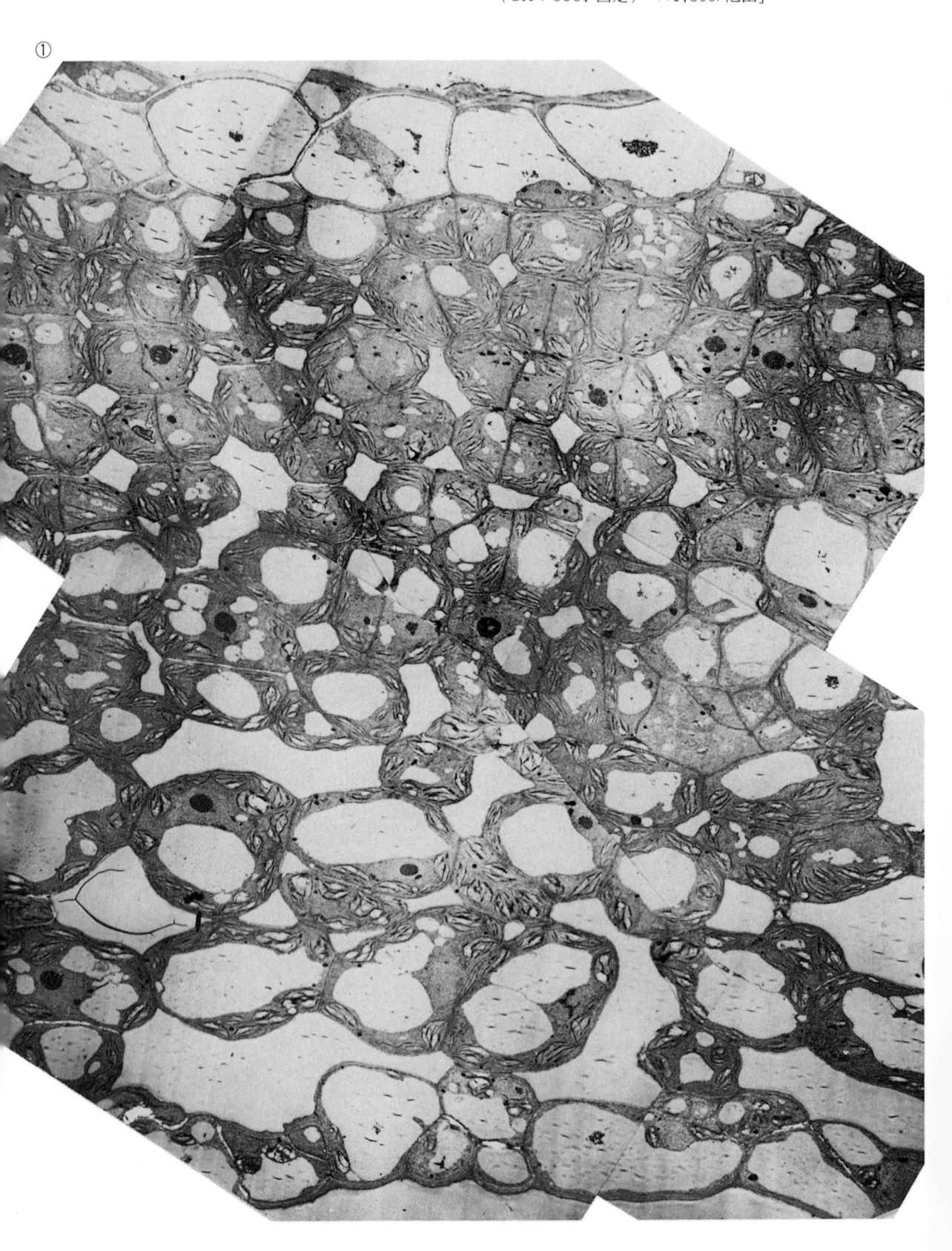

16 種子植物

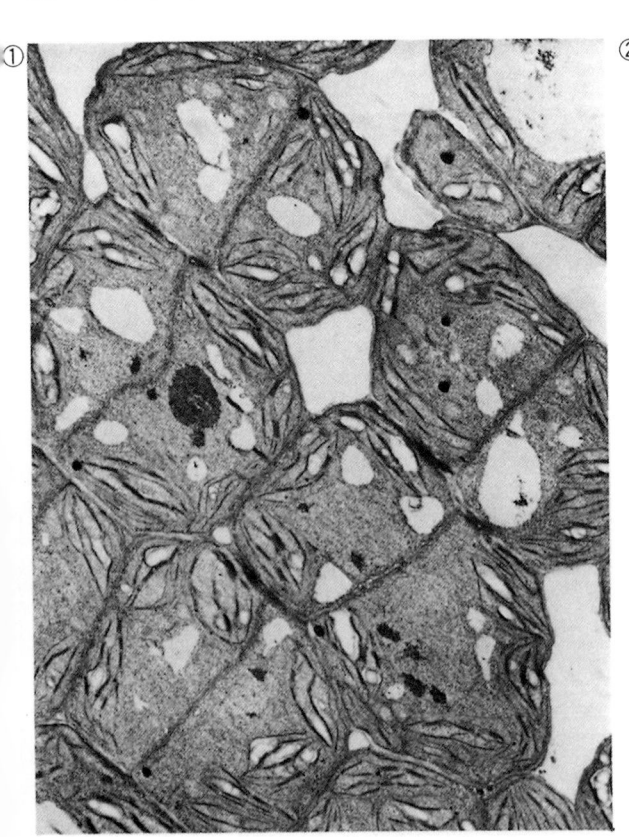

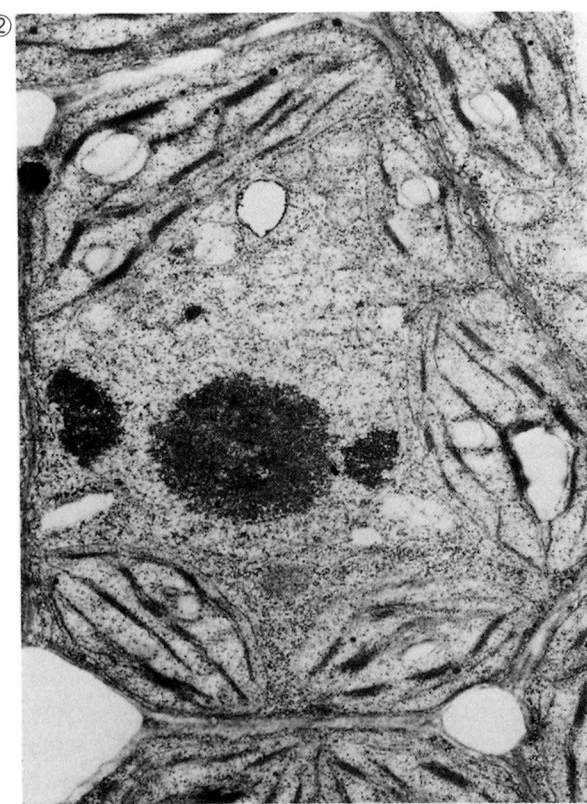

①～② キュウリ（Cucumis sativus）のやや若い葉の柵状組織の一部　①右上方向が葉の上面で，この方向に細胞分裂面が見られる．②は拡大．仁（核小体）のある核とその周辺に数個の若い葉緑体が見られる．

③ キュウリの葉の気孔断面　2個の孔辺細胞が表皮細胞につづいている．

④ キュウリの花弁の断面　細胞には液胞の発達したもの，細胞壁がらせん状に肥厚した仮道管細胞などが見られる．

[電顕（GA＋OsO$_4$ 固定）　①×2,500，②×8,500，③×5,000，④×1,100/池田]

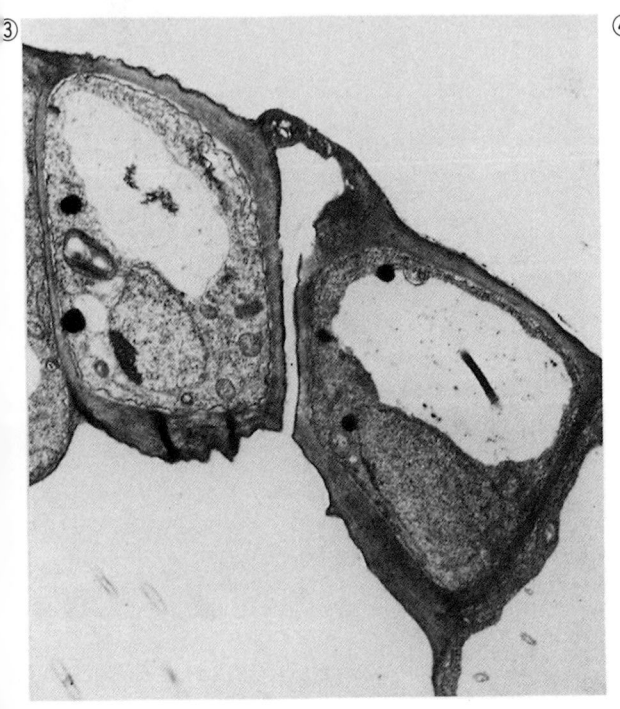

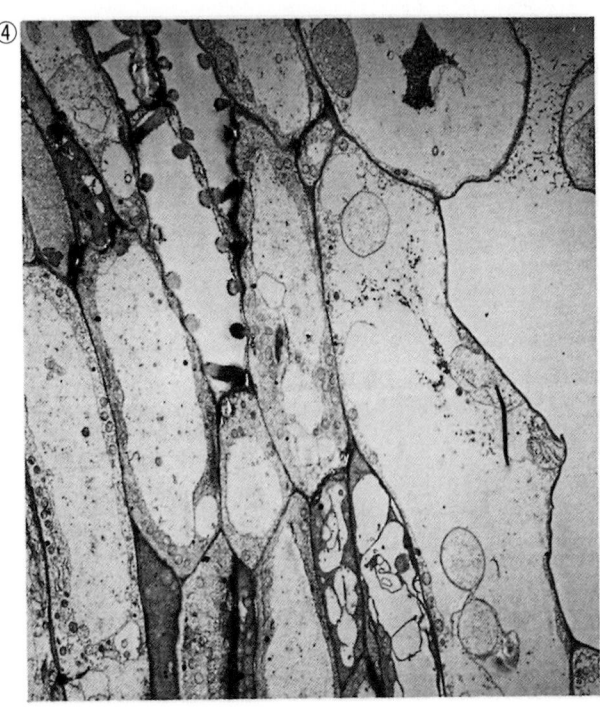

①～② キュウリ（Cucumis sativus）の花弁の柔組織細胞 ①大きな液胞のほか有色体（chromoplast）やミトコンドリアなどが見られる．②は拡大．針状体の見られる大きい有色体とそれに接して円いミトコンドリアがある．［電顕（GA＋OsO$_4$固定） ①×2,200, ②×16,000/池田］

③～④ キュウリの種子の表面 ④は拡大．所々に膜孔がある．［走顕（乾） ③×80, ④×800/山田］

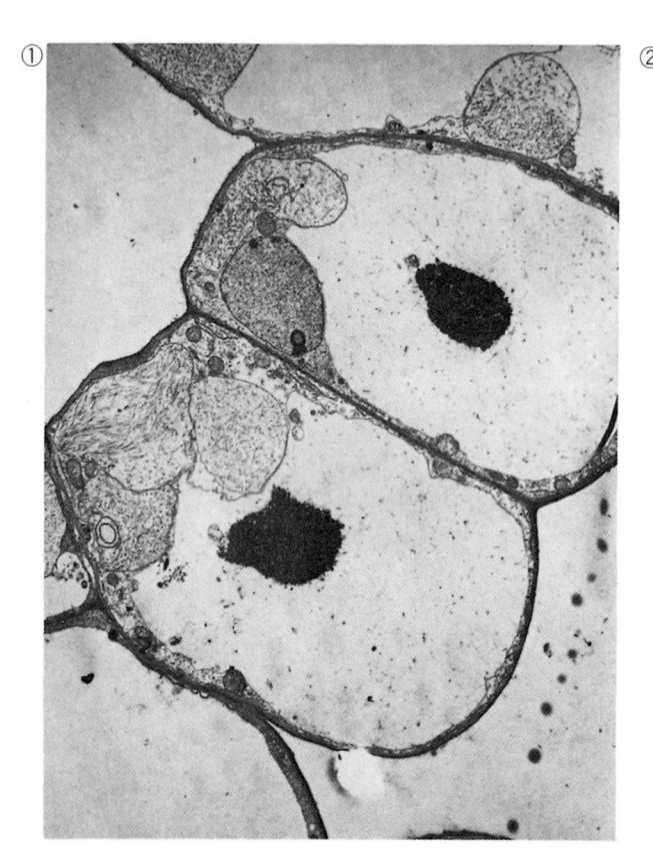

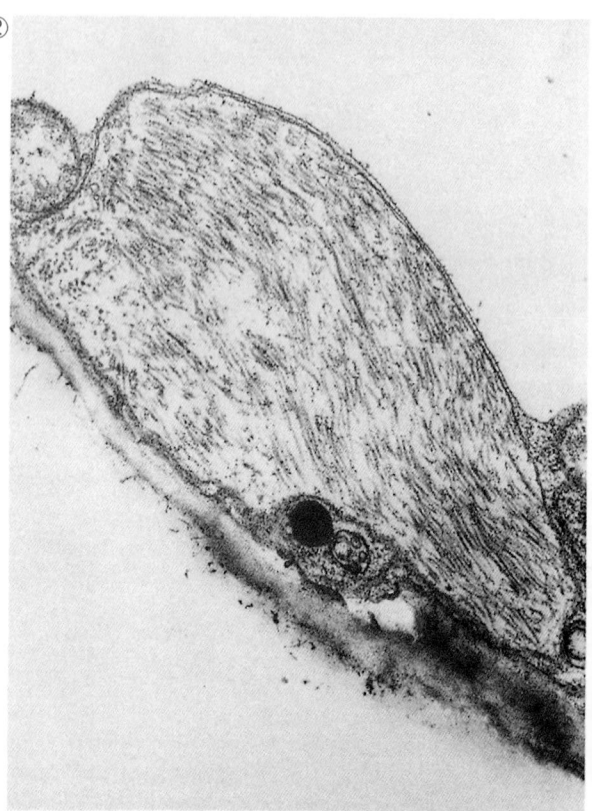

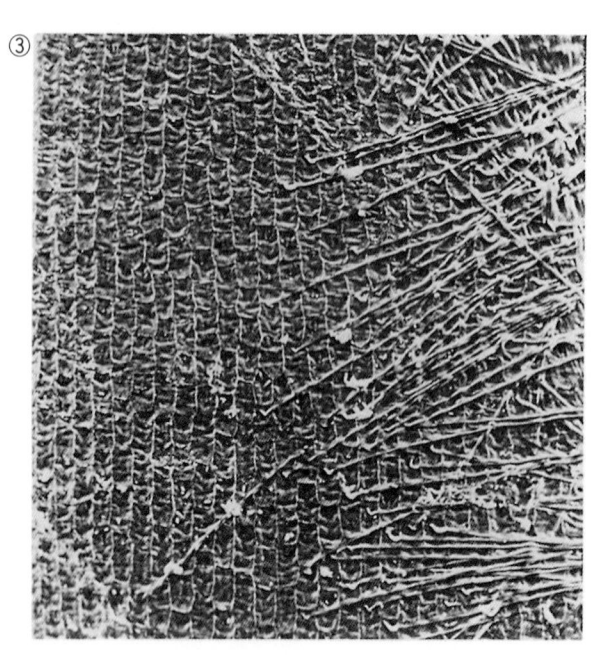

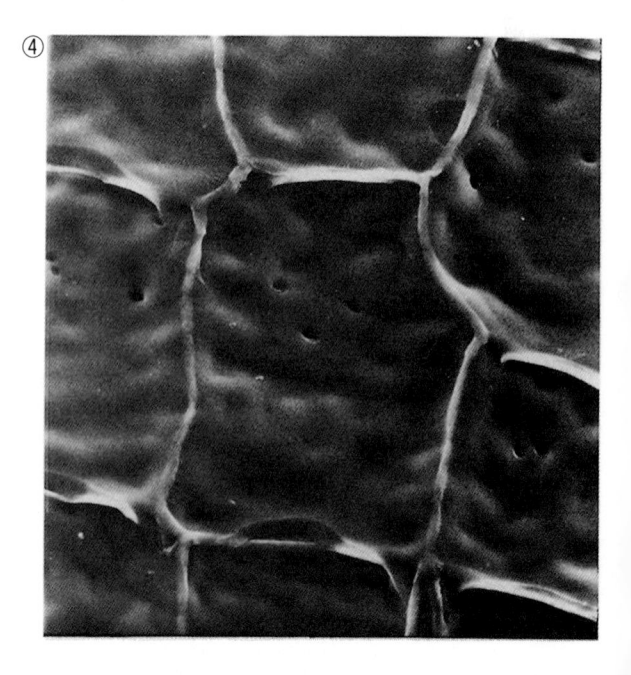

16 種子植物

①~② **クワ**(Morus bombycis)の根の構造　①根の横断面．②中央部拡大．中心は髄で、そこから四方に放射組織が走っている2次木部があり、所々に太い道管が見られる．

③~⑤ **クワの茎の構造**　③茎の横断面．④は中央部拡大．中央の髄の周辺に木部が環状に存在している．⑤は茎の道管の横断面

[走顕　①③×60，②④×80，⑤×2,500/山田]

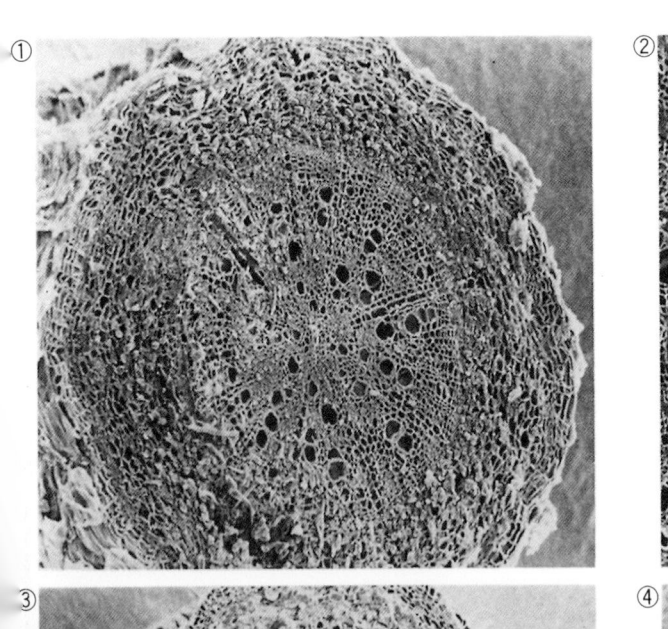

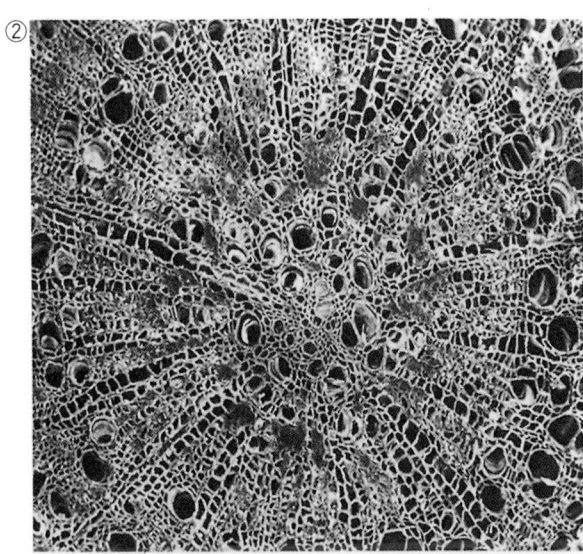

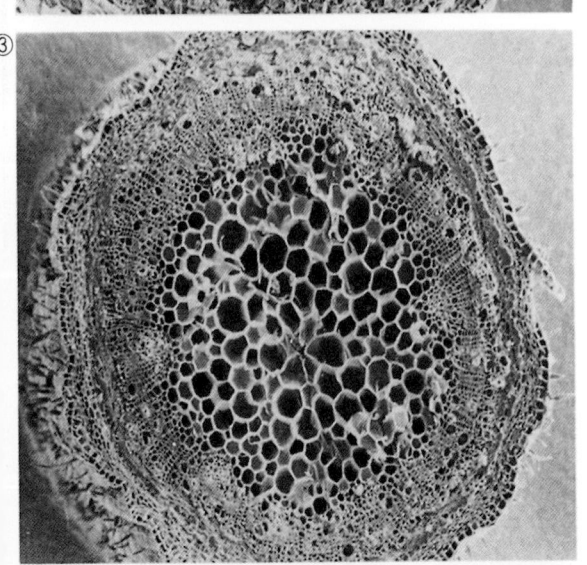

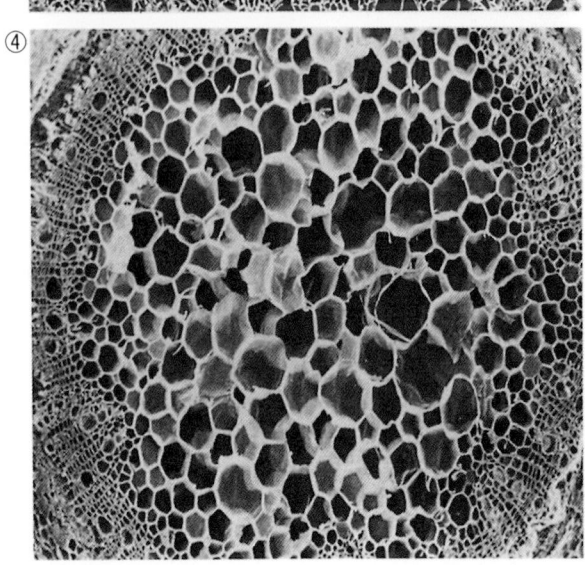

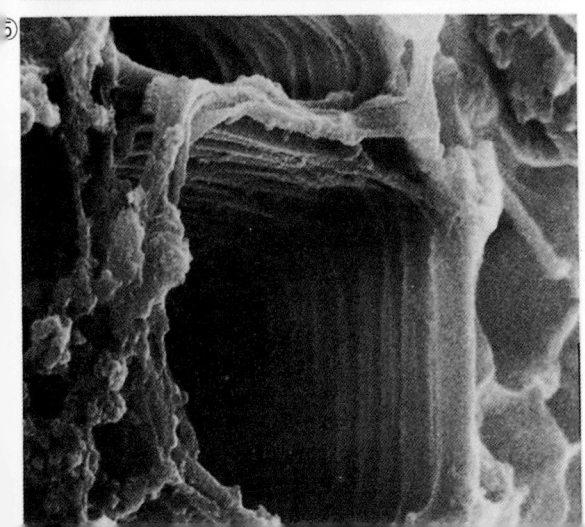

①～② **クワ**(Morus bombycis)の葉柄の構造　①葉柄の横断面．表面に多数の毛を生じている．②は一部拡大．細胞内にシュウ酸カルシウムの結晶を含んでいるものもある．

③～⑥ **クワ**の葉の上面③④と下面⑤⑥　④は特殊な形の分泌毛の拡大．⑤葉脈上に先のとがった毛がある．⑥分泌毛の拡大．
［走顕　①×120，②×1,200，③⑤×80，④×500，⑥×800/山田］

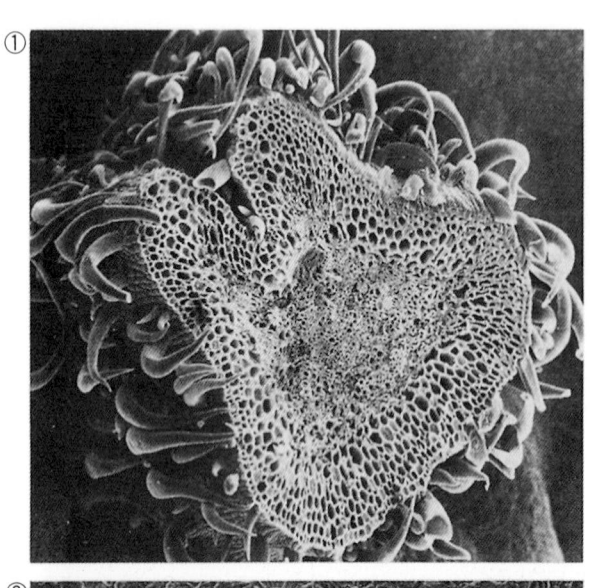

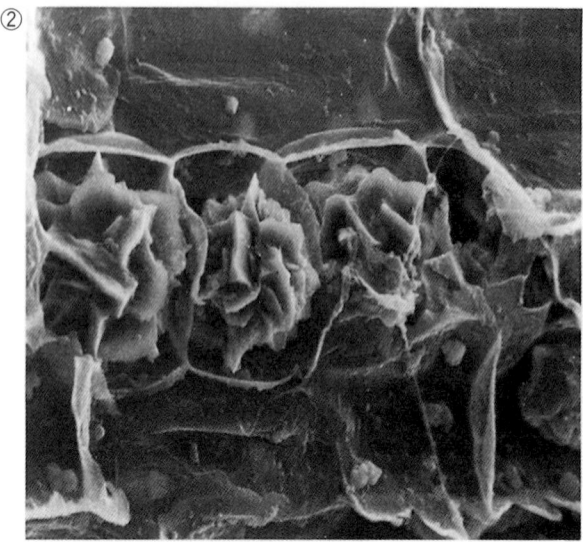

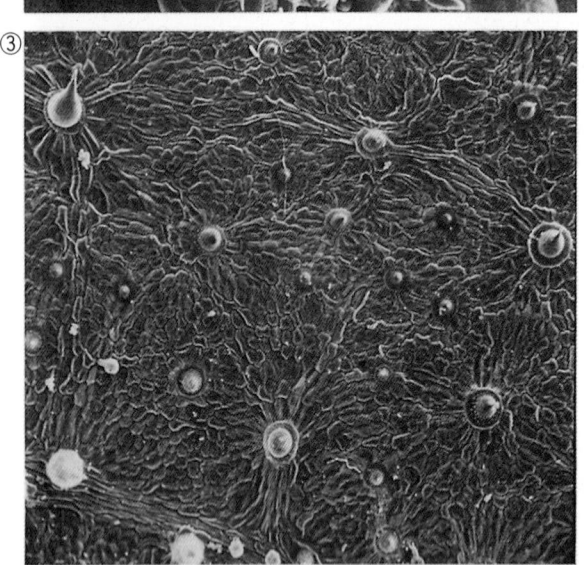

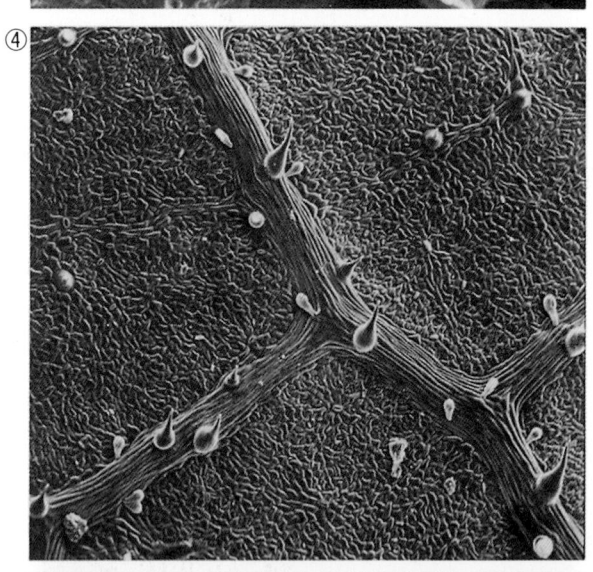

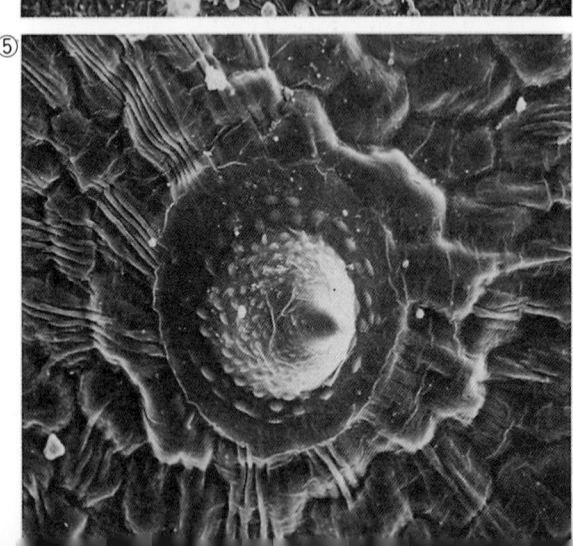

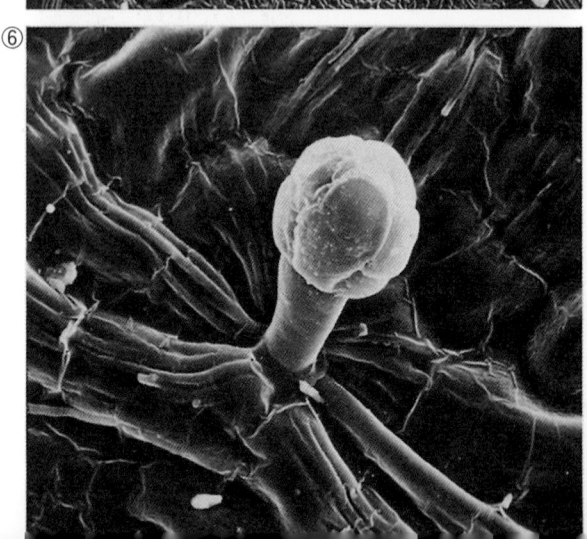

①〜⑥ **トウガラシ**（Capsicum annuum）の茎の構造 ①茎の横断面の一部で，木部がかなり発達し，太い道管が散在している．②木部と髄の縦断面．③皮層部付近の拡大（横断面）．左側から1層の表皮，数層の皮層と，それに連なる師部，繊維などが見られる．④は①の木部と髄部の拡大（横断面）．左が木部で，つづいて師部（複並立維管束）と髄がある．師部繊維の細胞壁は厚く他と区別できる．⑤木部の横断面拡大．左右方向に数本の放射組織が走り，所々に太い道管がある．⑥内部師部の横断面拡大．右側が髄，左側が木部，中央部に師部があり，複並立維管束を示している．［光顕　①②×30，③〜⑥×150/植田］

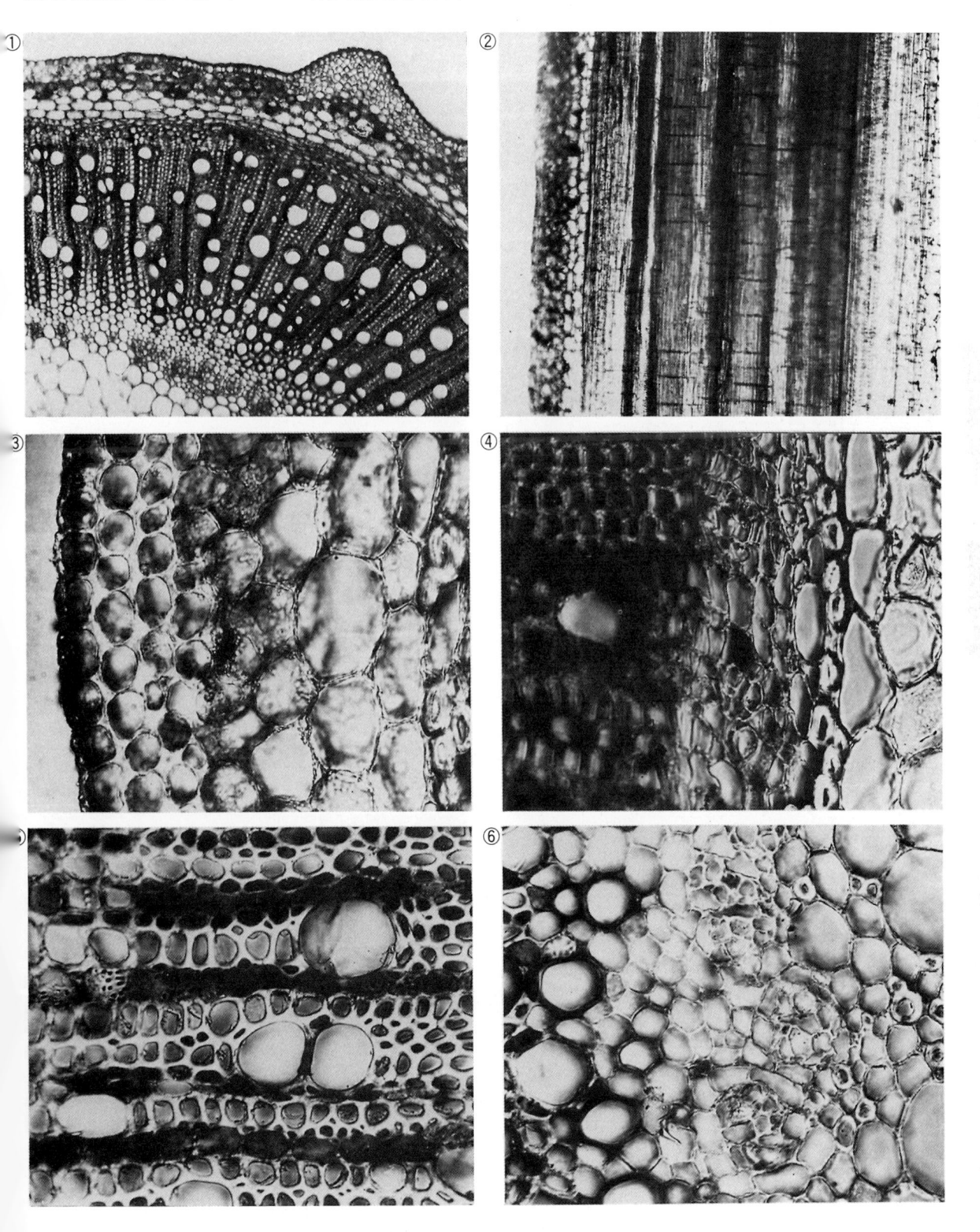

①〜② エニシダ(Cytisus scoparius)の茎の表面構造 ①気孔が葉の長軸方向に配列している．②は拡大．
③〜④ エニシダの葉の構造　③葉の下面．気孔は散在している．④葉の上面．毛や気孔がある．
⑤〜⑥ ソメイヨシノ(Prunus yedoensis)の葉の表面 ⑤気孔を中心にして四方にロウ質の模様がある．⑥は拡大．
[光顕(スンプ法)　①③×70，②④⑤×300，⑥×700/植田]

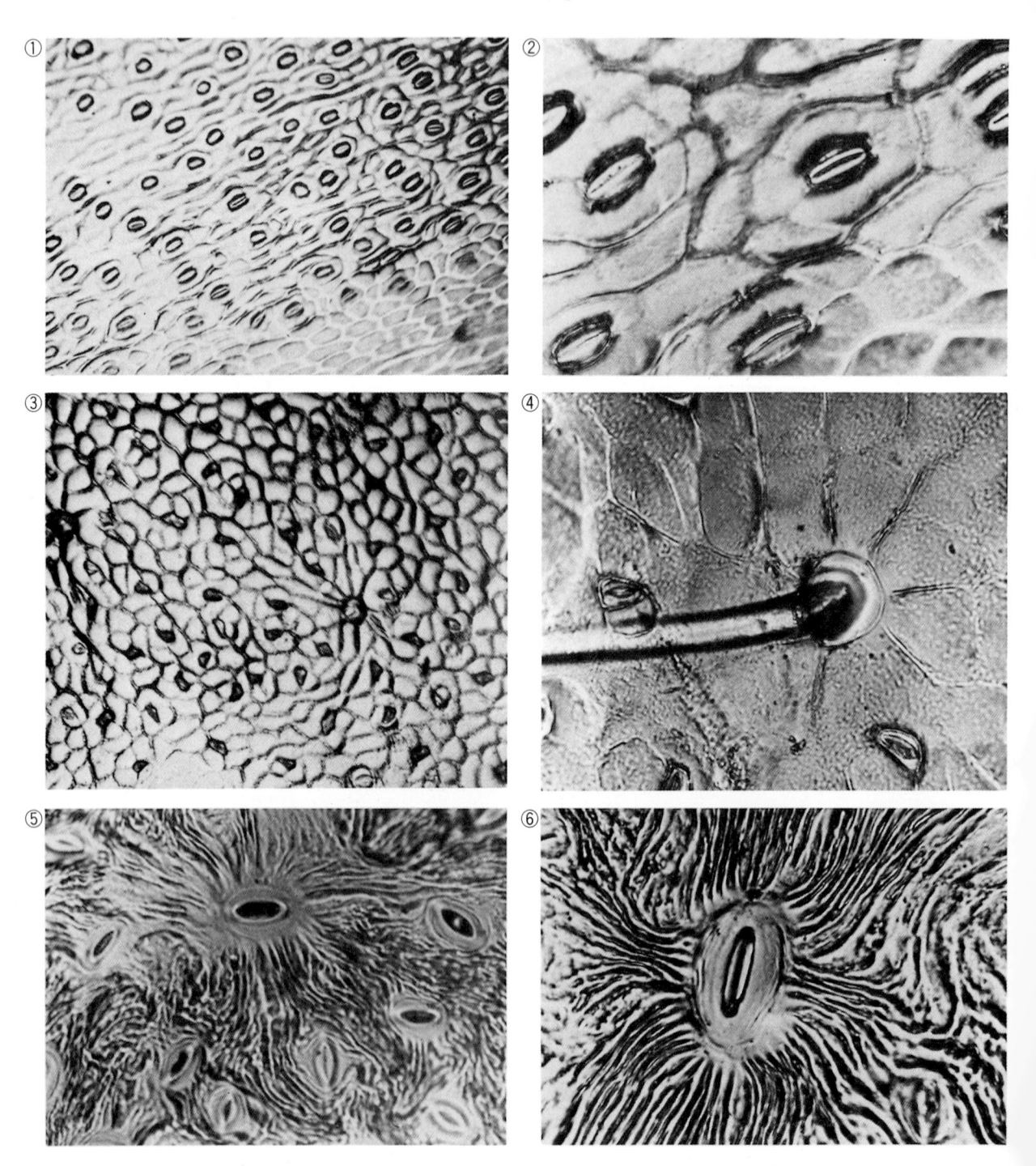

①〜② ポプラ（Populus sp.）の葉の表面　①葉脈の細胞は細長い．②気孔部の拡大．
③〜④ ツゲ（Buxus microphylla）の葉の表面　④は拡大．

⑤ ホウレンソウ（Spinacea oleracea）の葉の断面　上面に1層の表皮，これにつづいて数段の柵状組織と海綿状組織があり，下面に1層の表皮がある．柵状と海綿状組織の間に維管束（葉脈）が走り，所々の細胞にシュウ酸カルシウムを含んだ結晶細胞が見られる．
［光顕（①〜④スンブ法）　①③×70，②④×300，⑤×55／植田］

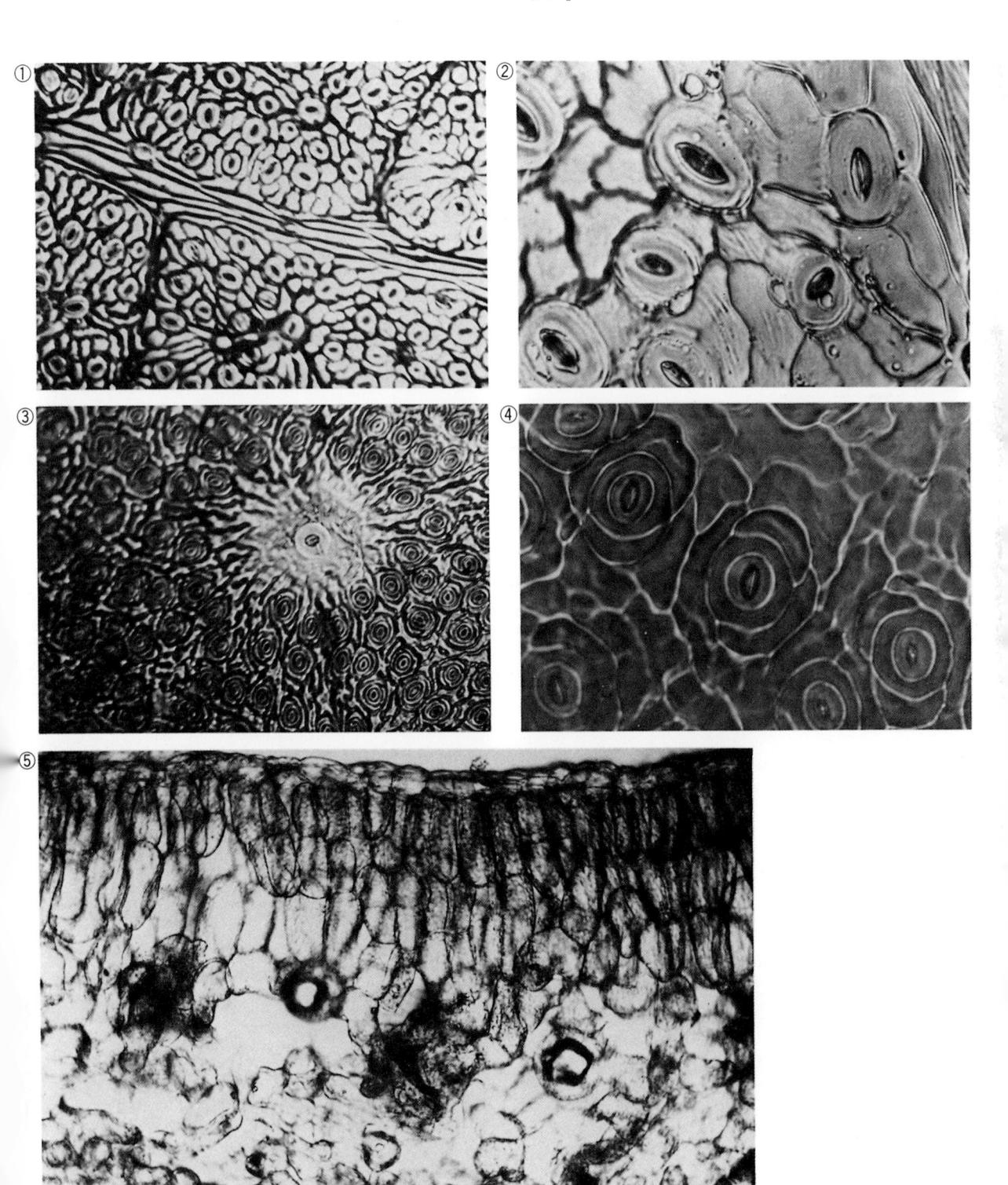

被子植物の葉緑体の構造

① ホウレンソウ（Spinacea oleracea）の若い葉の葉緑体
② アサガオ（Pharbitis Nil）の葉の葉緑体
③ ダイコン（Raphanus sativus）の葉の葉緑体
④ ユキノシタ（Saxifraga stolonifera）の葉の葉緑体
周辺に数個の円いミトコンドリアが見られる．
［電顕（$KMnO_4$ 固定）　①×30,000，②×14,000，③×19,000，④×12,000/川松］

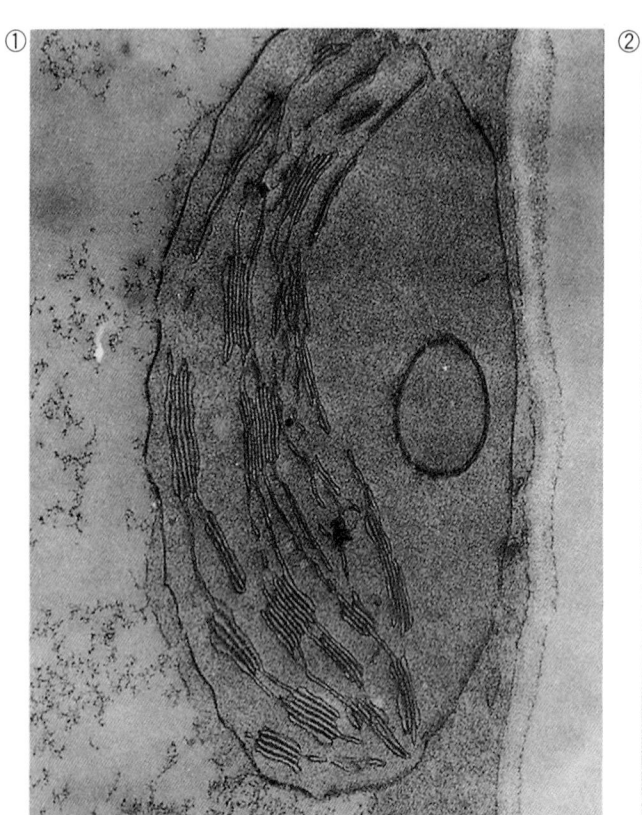

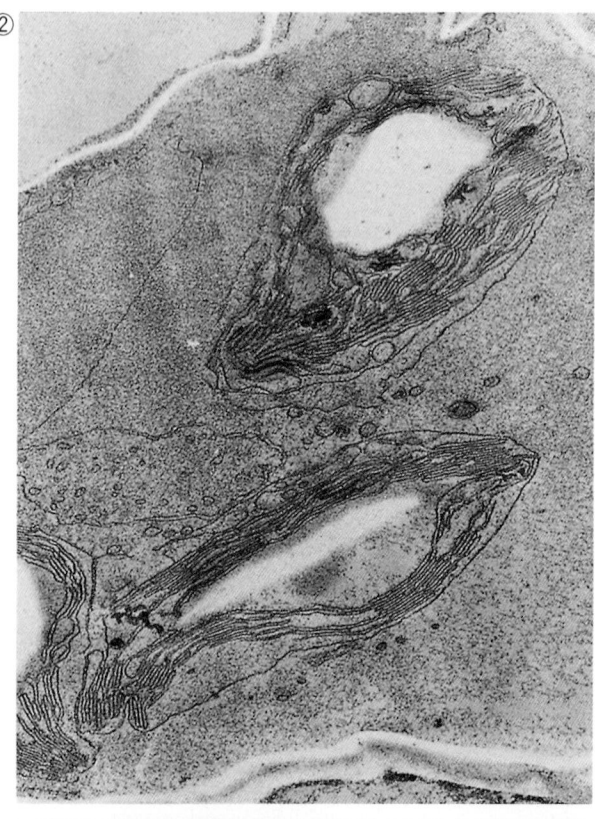

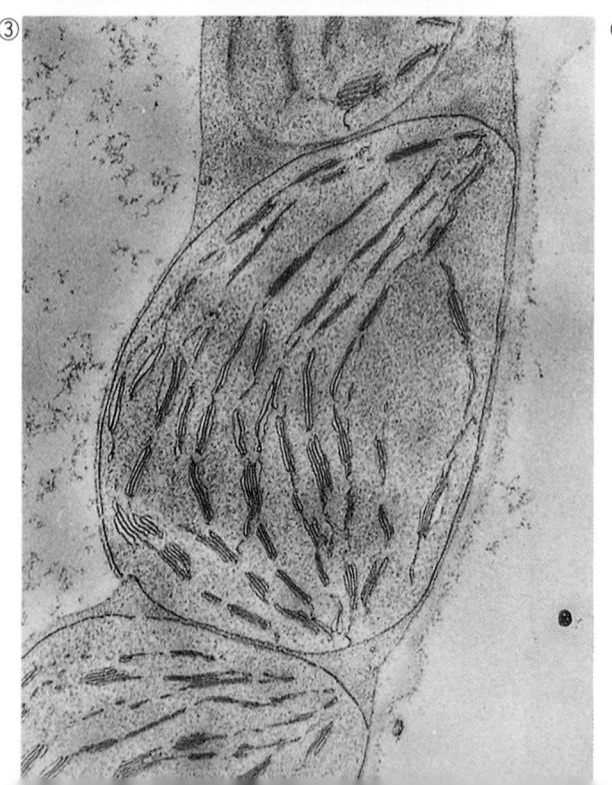

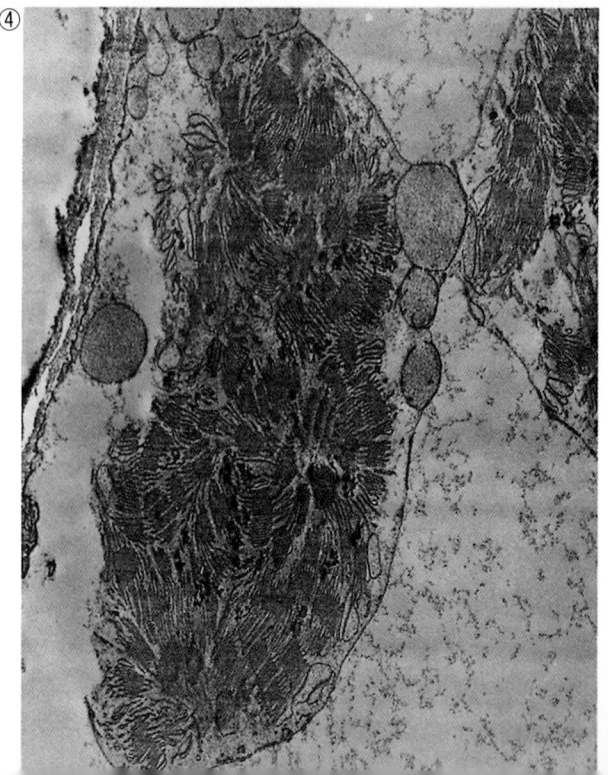

① クコ（Lycium chinense）の葉の葉緑体
② コウホネ（Nuphar japonicum）の葉の葉緑体
③ ガガブタ（Nymphoides indica）の葉の葉緑体
④ ベゴニア（Begonia semperflouens）の葉の葉緑体
[電顕（$KMnO_4$ 固定） ①×14,000, ②×13,600, ③×21,400, ④×16,700/川松]

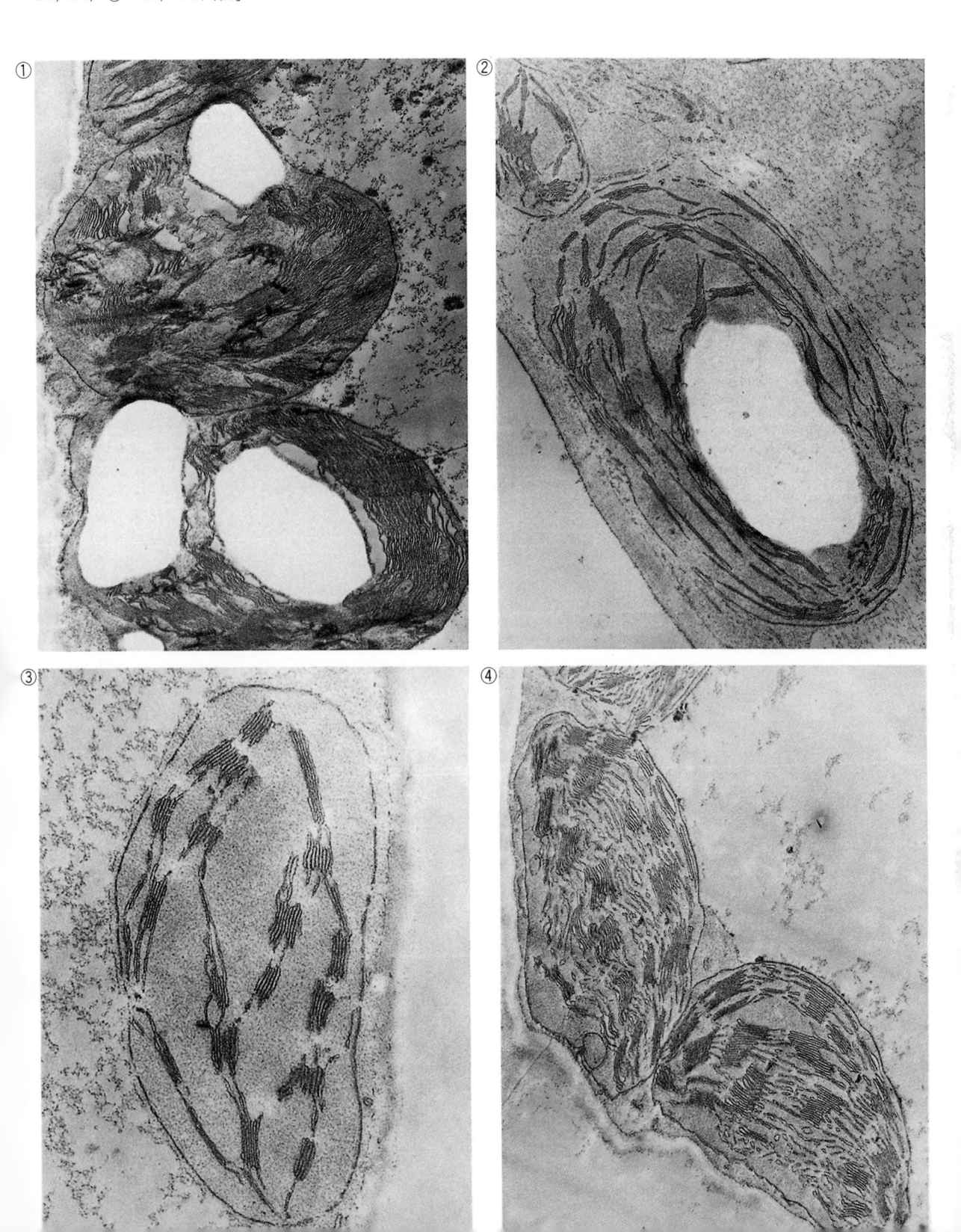

① マンリョウ（Ardisia crenata）の葉の葉緑体
② ヤブコウジ（Ardisia japonica）の葉の葉緑体
③ エニシダ（Cytisus scoparius）の葉の葉緑体　分裂によって増殖したことを思わせるもの．
④ カキ（Diospyros Kaki, 品種：富有）の葉の葉緑体
［電顕（$KMnO_4$ 固定）　①×14,800，②③×17,500，④×19,600／川松］

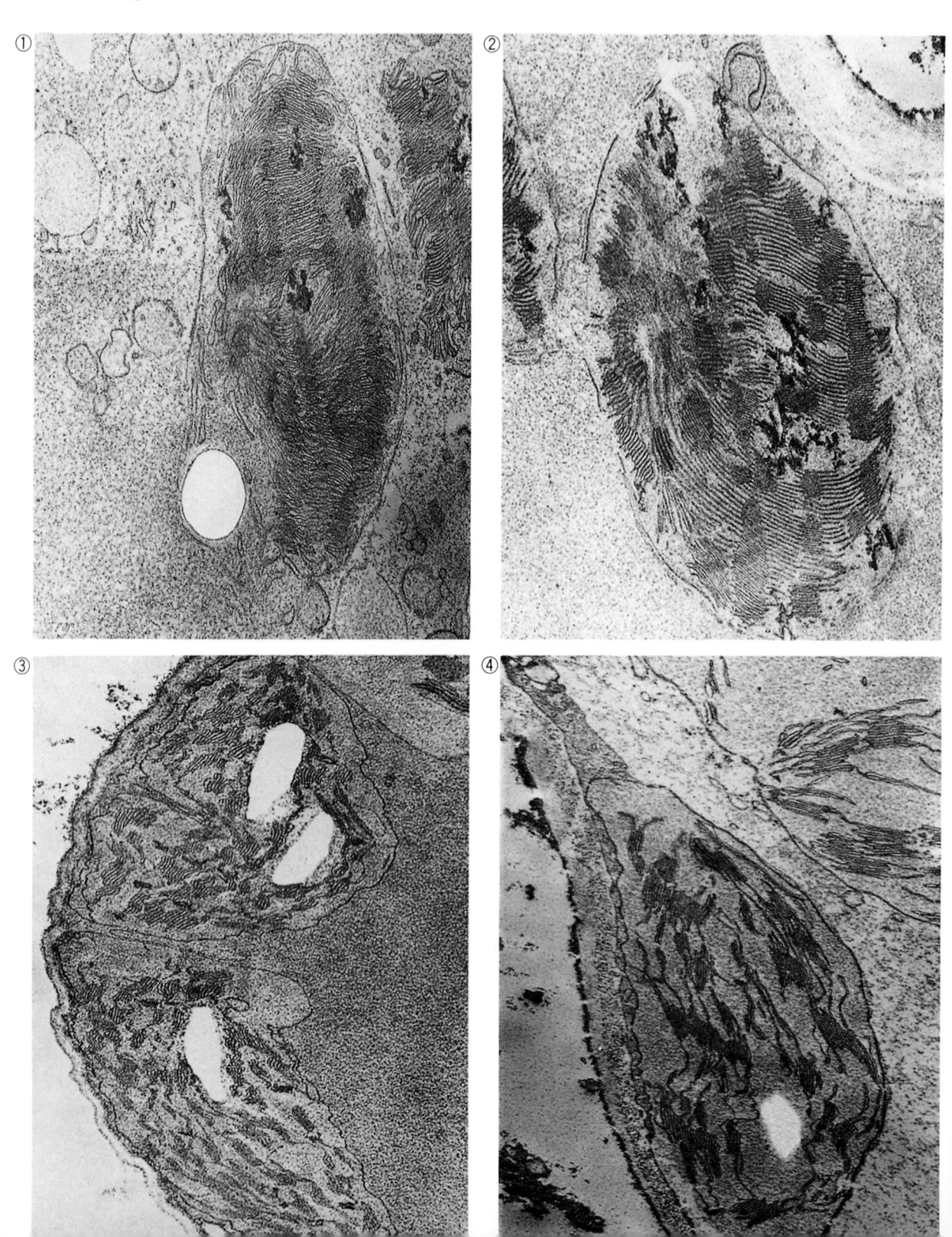

被子植物の花弁の構造

①〜④ ホウセンカ(Impatiens Balsamina)の花弁の上面 ①表皮細胞は突起毛になり，スンプ法でややしわになっている．④小さなごみの付着が見られる．

⑤〜⑥ シクラメン(Cyclamen persicum)の花弁の上面 ⑥は拡大．表皮細胞の長軸方向に縞模様がある．

⑦〜⑧ タンポポ(Taraxacum platycarpum)の花弁の上面 ⑧は拡大．表皮細胞の長軸に直角方向に縞模様がある．

[走顕(スンプ法) ①⑦×150, ②⑥⑧×300, ③×600, ④×2,000, ⑤×70/植田]

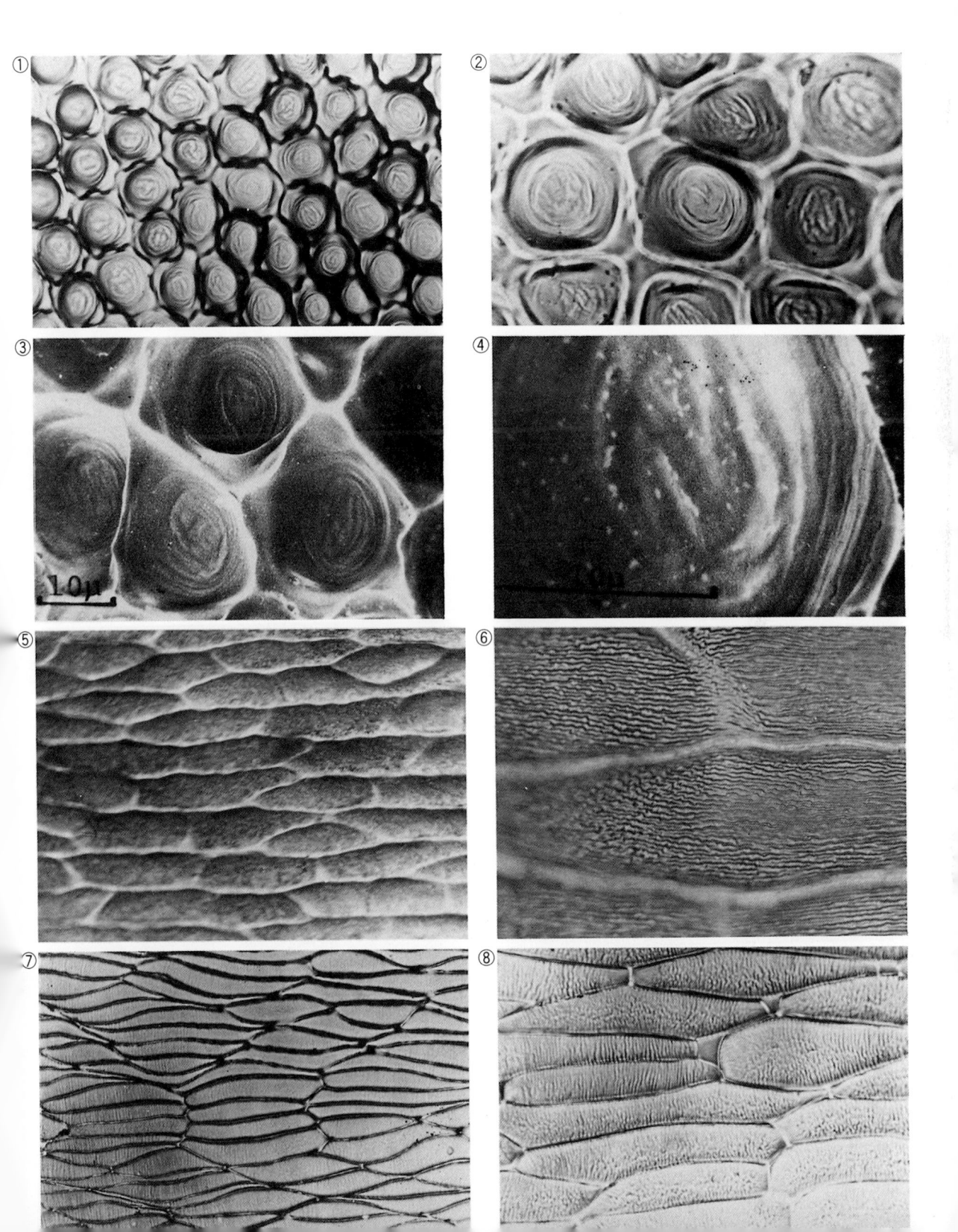

①〜② ヒマワリ(Helianthus annuus)の花弁の上面 ①表皮細胞はわずかに突起毛になり放射状の模様を持っている. ②は拡大.
③〜④ キリ(Paulownia tomentosa)の花弁の上面 ④は拡大.

⑤〜⑧ アジサイ(Hydrangea macrophylla)の花弁状のがく片の上面 ⑤表皮細胞はわずかに突起毛になり,その表面には放射状その他の縞模様がある. ⑥は拡大. ⑦⑧光顕像. ⑧は焦点を下げたもの.
[走顕(スンプ法) ①④×700, ②×17,500, ③×200, ⑤×150, ⑥×550；光顕 ⑦⑧×700/植田]

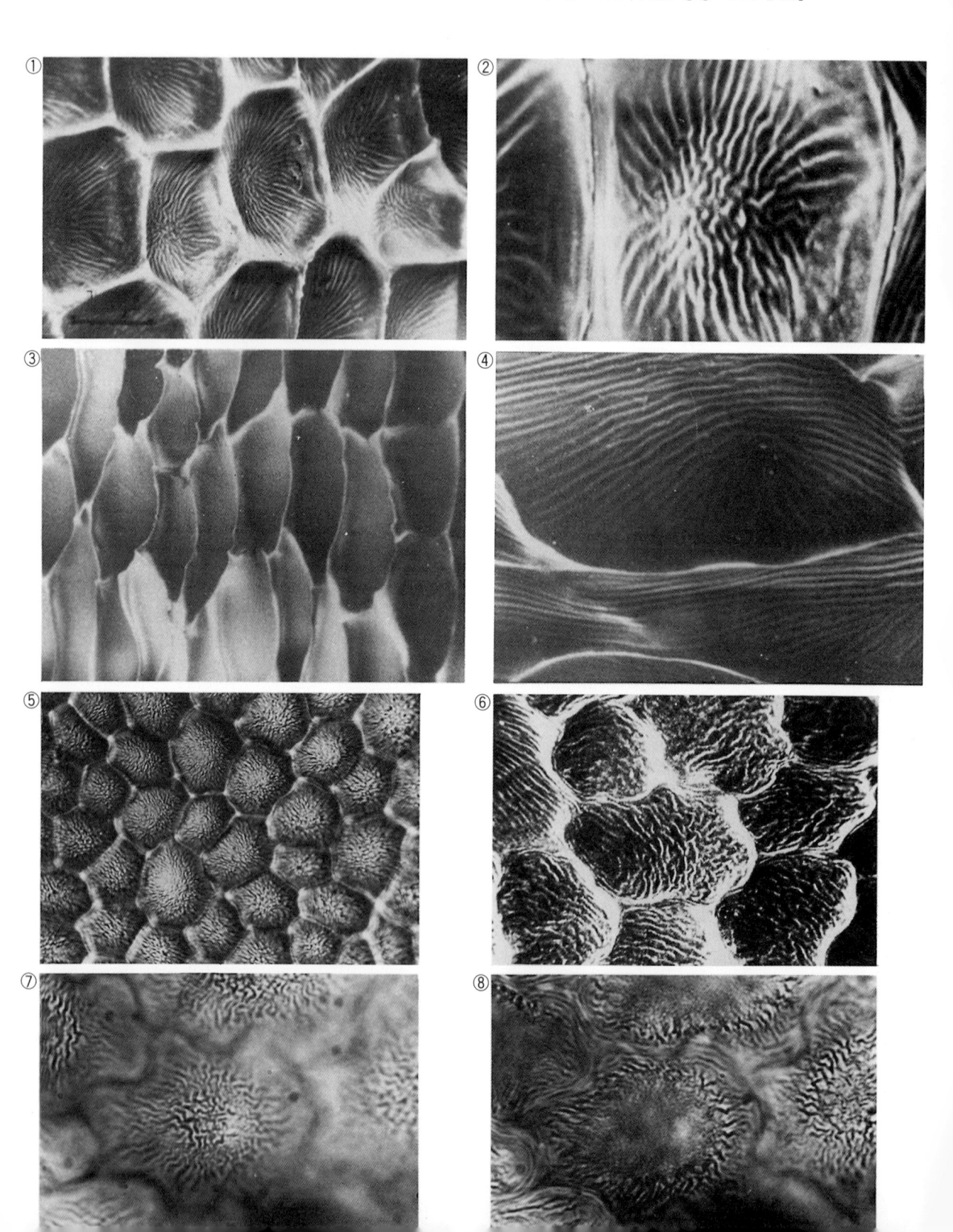

被子植物の花粉

①〜②　ホウセンカ（Impatiens Balsamina）の花粉
③〜④　ツツジ（オオムラサキ, Rhododendron indicum）の集合花粉　4個ずつが集合して1個の花粉のように見える．③焦点を上，④焦点を下．
⑤　ツバキ（Camellia japonica）の花粉
⑥　ギョリュー（Tamarix chinensis）の花粉
⑦　イイギリ（Idesia polycarpa）の花粉
⑧　エゴノキ（Styrax japonica）の花粉

［光顕（②⑥は浸水，他は乾燥）　①〜④×300，⑤⑦⑧×150，⑥×700／植田］

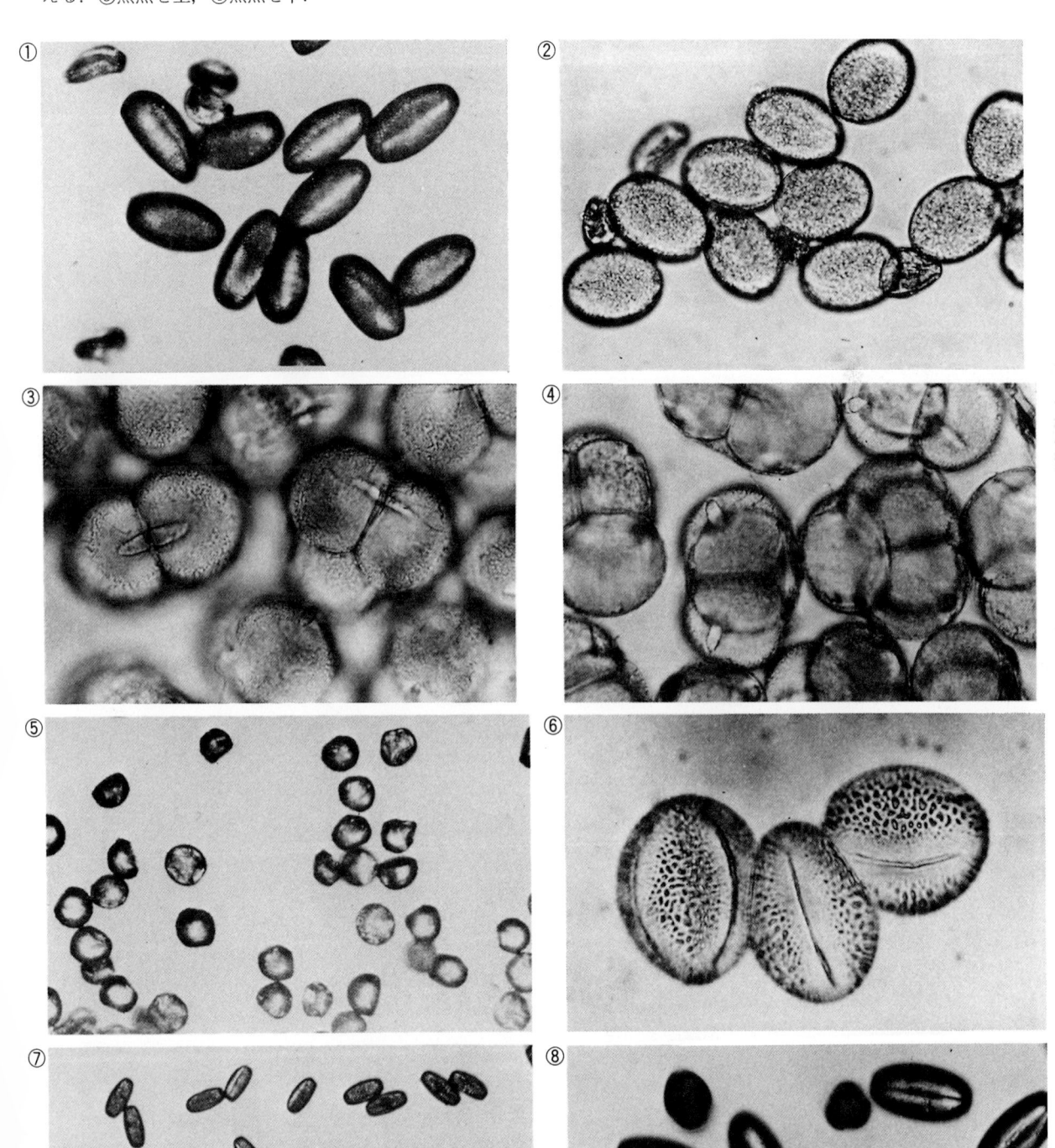

①~② トウガラシ(Capsicum annuum)の果皮　①黄色種の外果皮．②赤色種の外果皮細胞．［光顕　①×150, ②×800/植田］

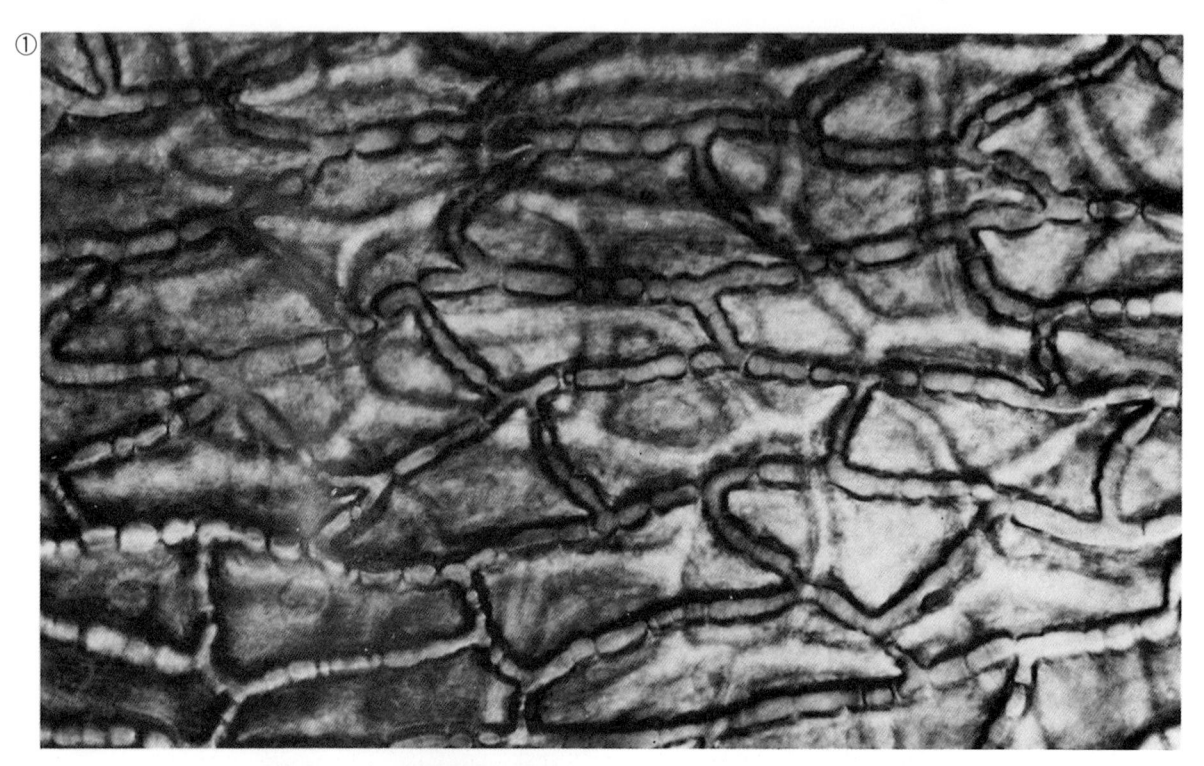

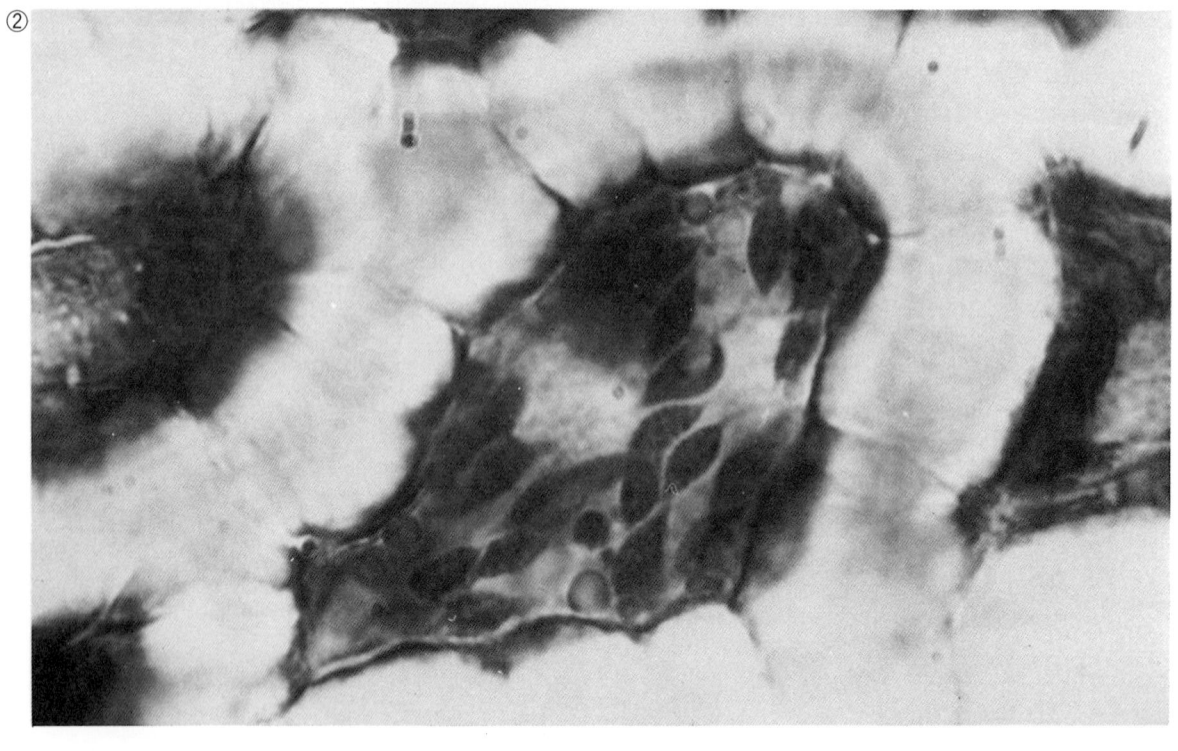

16　種子植物

b. 単子葉類(Monocotyledonae ; monocot plants)

①〜④ ラッパスイセン(Narcissus pseudonarcissus)の根の構造(1)　①収縮根の縦断面．根の基部(上方)にしわを生じている．球根または鱗茎(bulb)では一般に根の先端近くで成長するが，基部では表面にしわを生じながら毎年少しずつ収縮し，球根をしだいに地中深くもぐらせる．②収縮部の横断面．③わずかに収縮した部分の横断面．④収縮しない部分の横断面．[光顕　①②×50，③④×55/陳★]

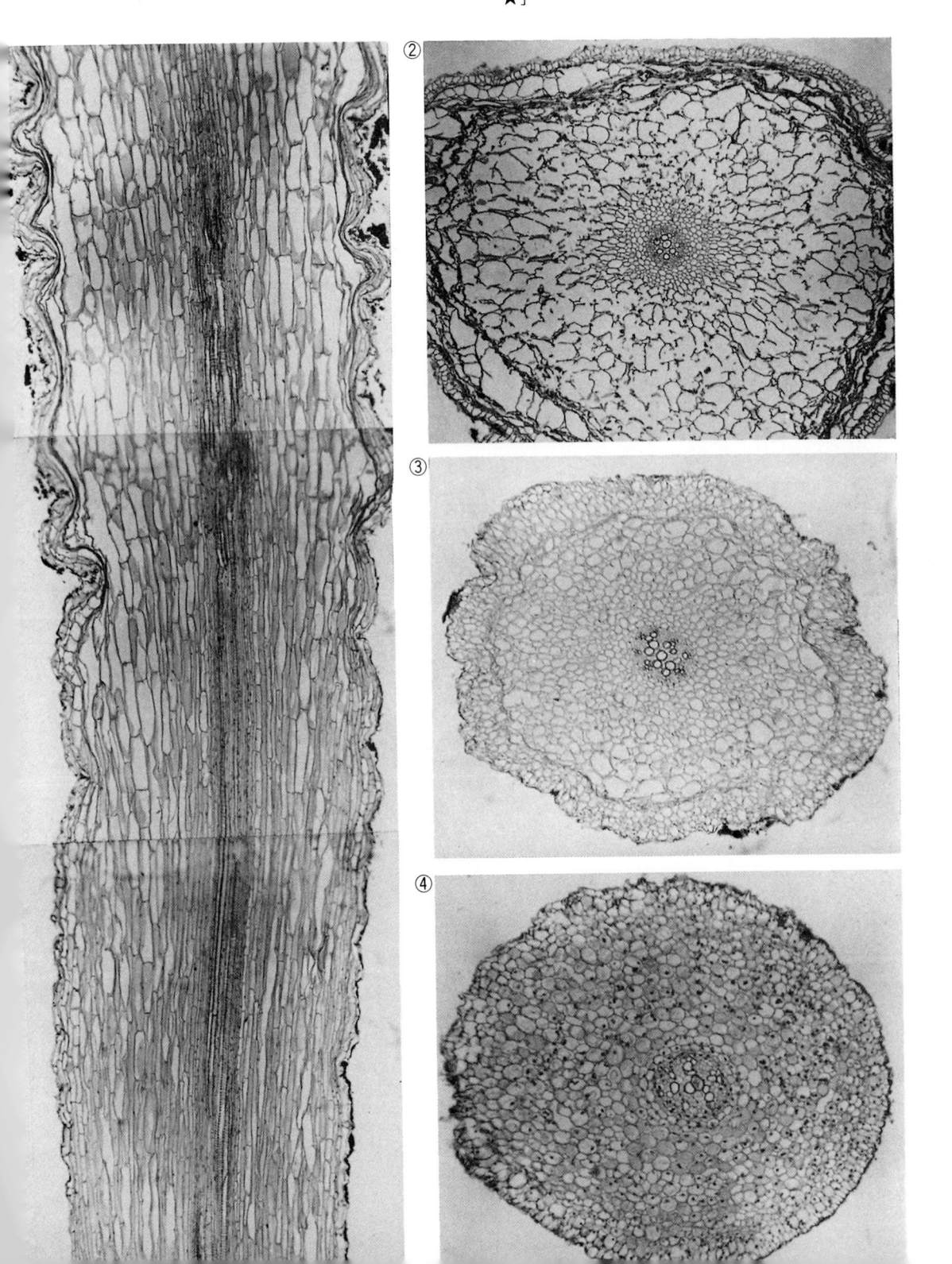

①〜⑥　ラッパスイセン(Narcissus pseudonarcissus)の根の構造(2)　①根のやや収縮した部分の表皮と皮層の縦断面．②非収縮部の縦断面．③非収縮部の表面観．異質細胞が散在している．④やや収縮部の中心柱(stele)の一部の縦断面．柔組織の細胞壁がわずかに波状になっている．⑤柔組織の拡大．細胞壁は収縮し波状になっている．⑥基部の木部．［光顕　①〜③×150, ④⑥×300, ⑤×500/陳★］

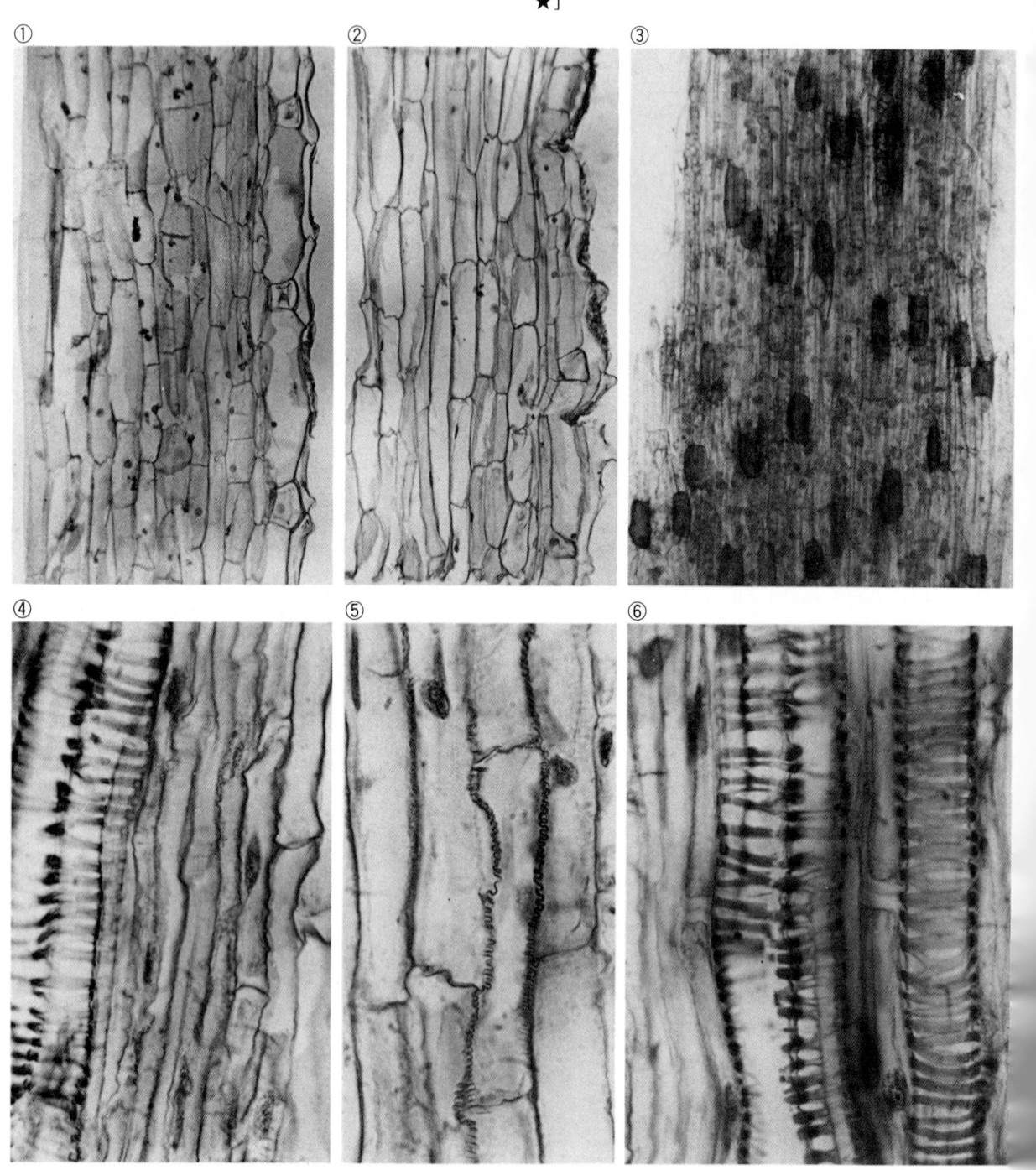

①〜⑤ ニホンスイセン（Narcissus tazetta var. chinensis）の構造　①茎と葉の境部の縦断面の様子とヨウ素反応．②葉の基部の横断面とヨウ素反応．③葉の基部における分裂組織の縦断面．ヨウ素反応による．④⑤頂端芽の縦断面．
[接写　①②×4；　光顕　③〜⑤×15/陳★]

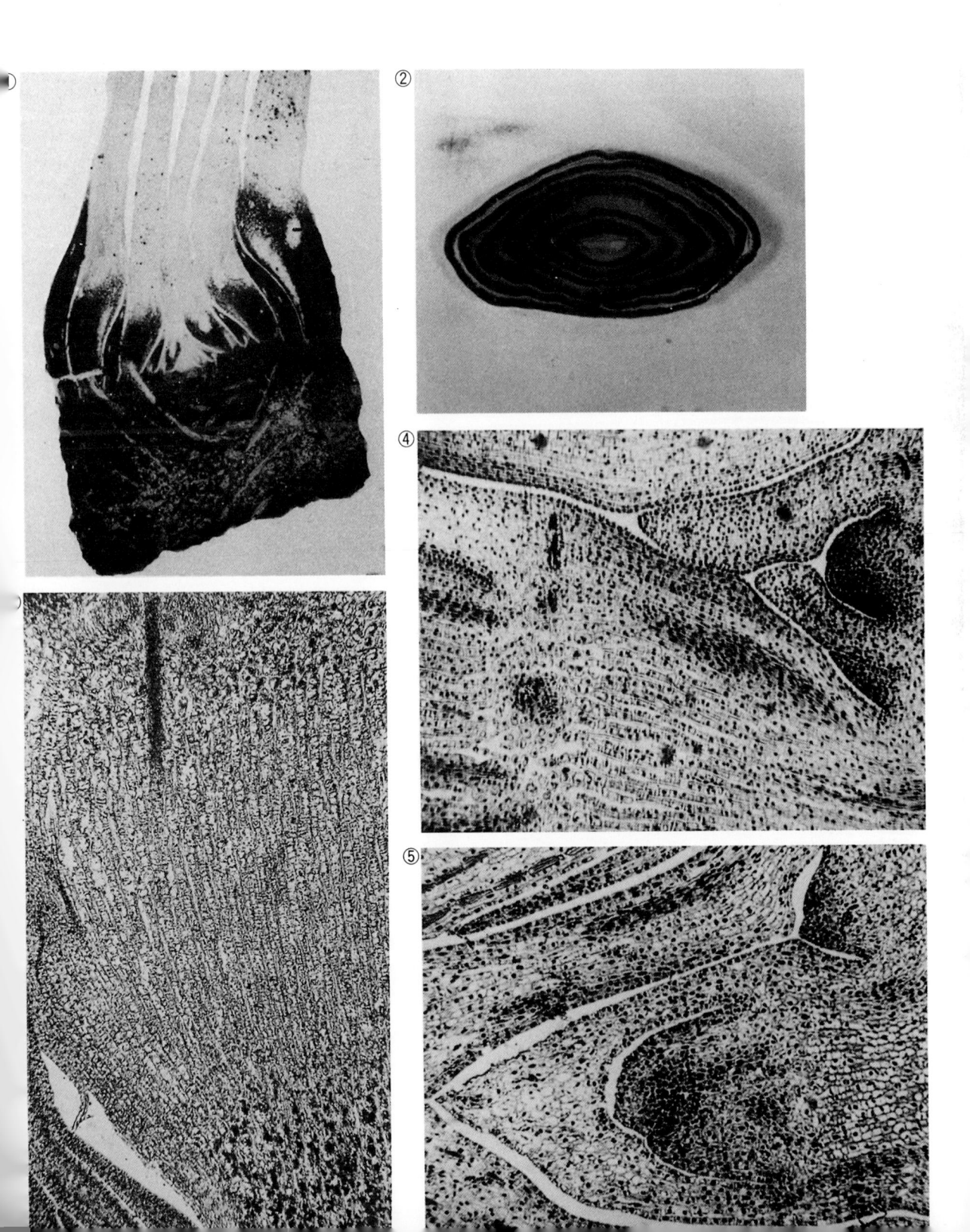

スイセンの葉の表面構造

①～②　スイセン（King Alfred 品種）　①葉の上面．②葉の下面

③～④　スイセン（Dick Wellband 品種）　③葉の上面．④葉の下面

⑤～⑥　スイセン（Glory of Lisse 品種）　⑤葉の上面．⑥葉の下面

⑦　ニホンスイセン（Narcissus tazetta var, chinensis）の葉の細胞よりとり出したシュウ酸カルシウムの結晶（2型）

⑧　スイセン（房咲種）の葉の細胞よりとり出したシュウ酸カルシウムの針状結晶

［光顕（①～⑥スンプ法）　①～⑥×150，⑦×300，⑧×150/植田］

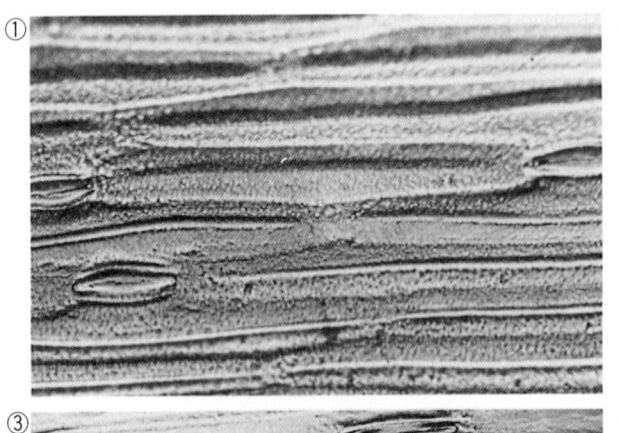

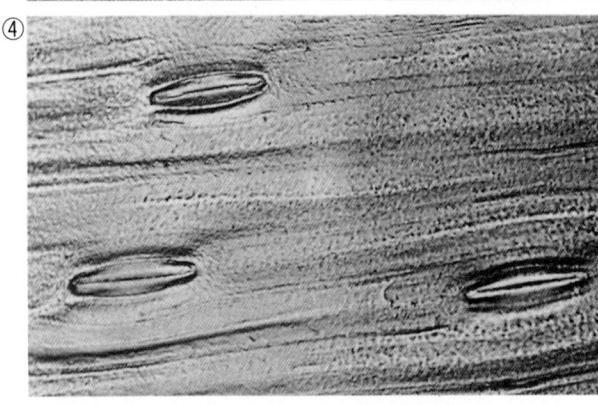

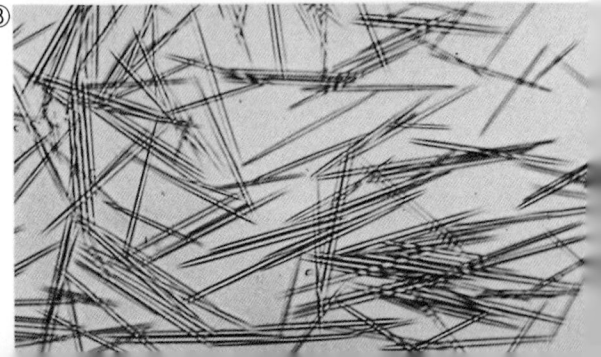

スイセンの花弁の表面構造

①〜④ ラッパスイセン(Narcissus pseudonarcissus) ①花弁の上面. 所々に未発達の気孔がある. ②は下面. ③副冠の上面. ④は下面.
⑤〜⑧ スイセン(King Alfred種) ⑤花弁の上面. ⑥は下面. ⑦副冠の上面. ⑧は下面.
[光顕(スンプ法) ①〜④×300, ⑤〜⑧×150/植田]

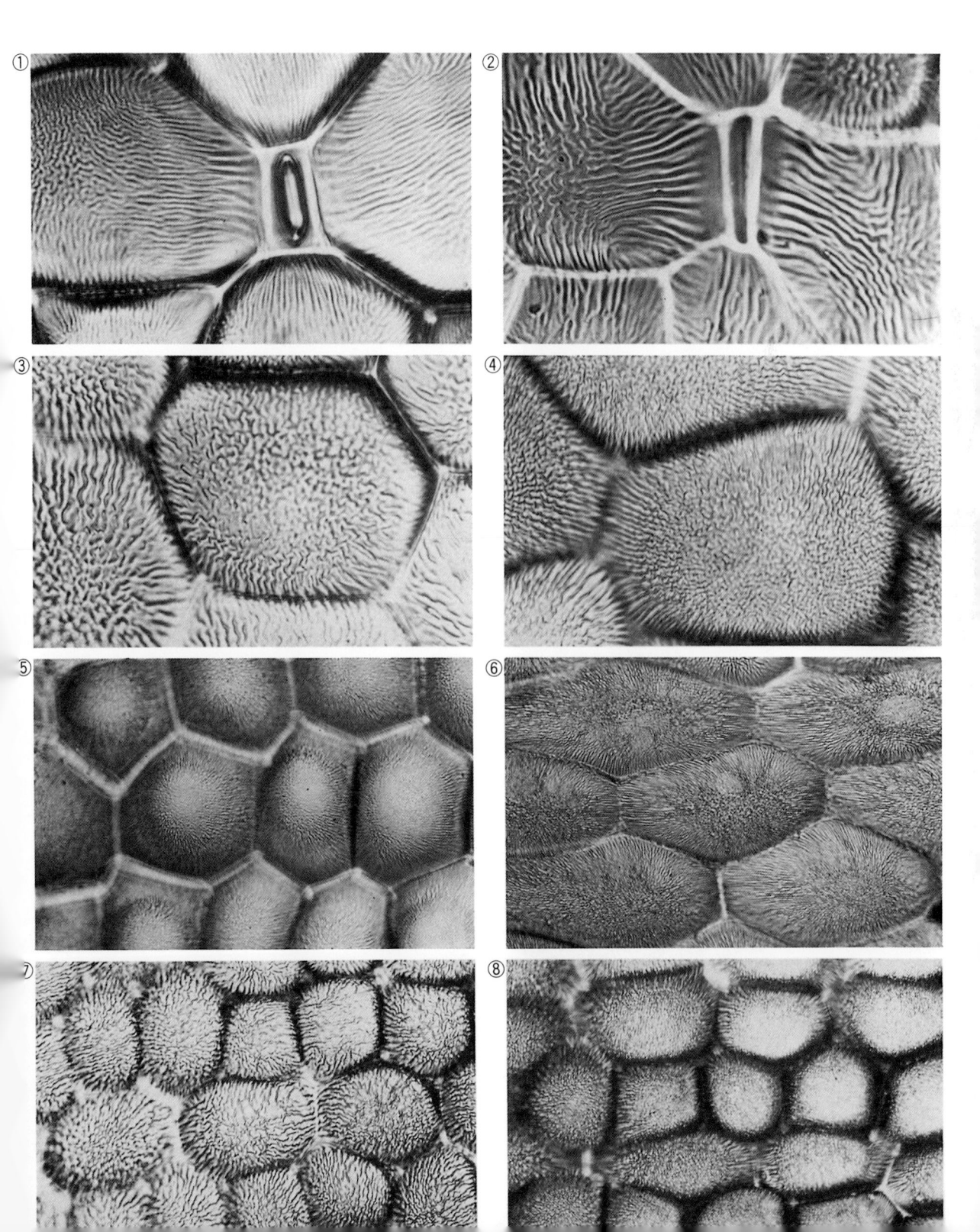

①〜⑪ ラッパスイセン(Narcissus pseudonarcissus)の花芽の構造
①〜⑥ 6月における花芽の横断連続切片 ①苞(ほう)でおおわれた花軸の先端，②3枚の外花被(OP)の分化，③3枚の内花被(IP)の分化，④外輪の雄ずい(OS)の分化，⑤内輪の雄ずい(IS)の分化，⑥花葉の基部での合着，⑦花芽の縦断面．FS(flower stalk, 花軸)，LB(leaf base, 葉の基部)，SP(spathe, 苞)

⑧〜⑪ 7月における花芽の横断連続切片 ⑧先端が3つに分かれた柱頭(S:stigma)の分化，⑨花柱(ST:style)の分化，⑩子房上部．DB(dorsal bundle, 背面維管束)，MC(margins of carpels, 心皮の縁)，VB(ventral bundle, 腹部維管束)．⑪子房中部．3室に分かれている．MC(margins of carpels, 心皮の縁)
[光顕 ①〜⑥×85，⑧〜⑪×45/陳★]

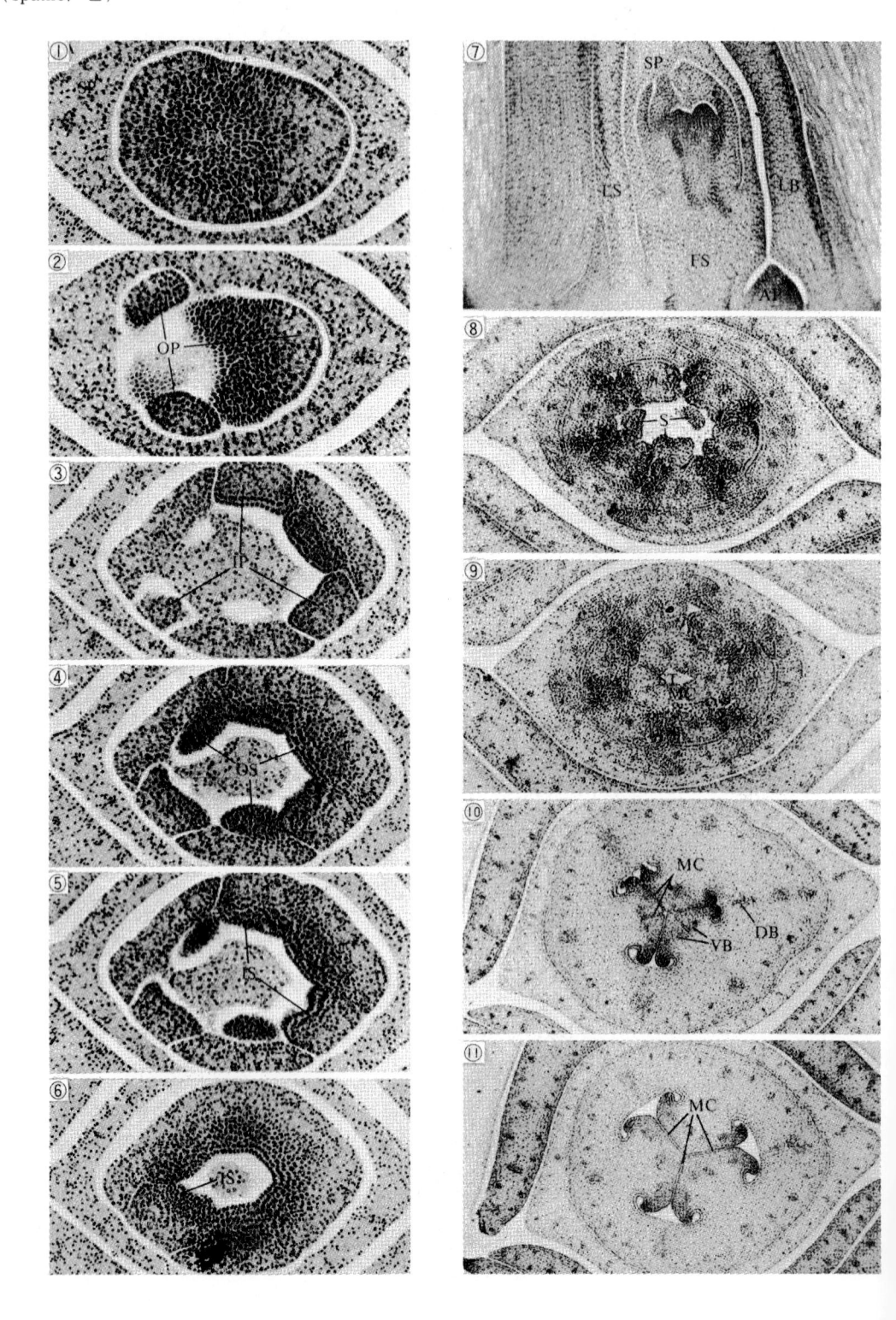

16 種子植物

①〜② ラッパスイセン（Narcissus pseudonarcissus）の8月における花芽の断面 雄ずいに交互に副冠が分化してくる.
③〜⑦ ニホンスイセン（Narcissus tazetta var. chinensis）③花芽の縦断面. ④2花芽の縦断面. ⑤横断面. ⑥花被の横断面. 維管束が分化している. ⑦花被の縦断面.
［光顕 ①②×30, ③④×10, ⑤×12, ⑥×60, ⑦×20/陳★］

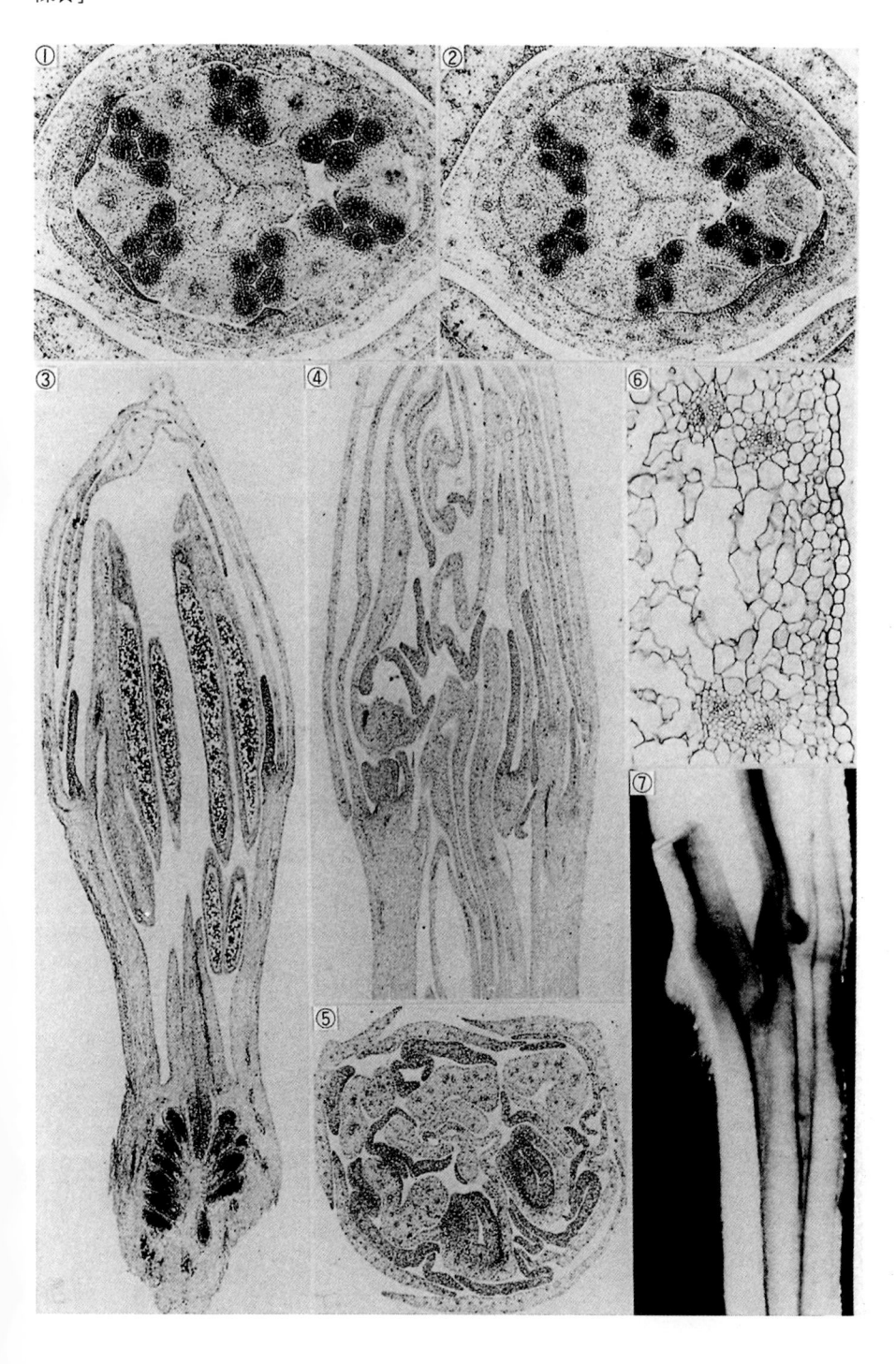

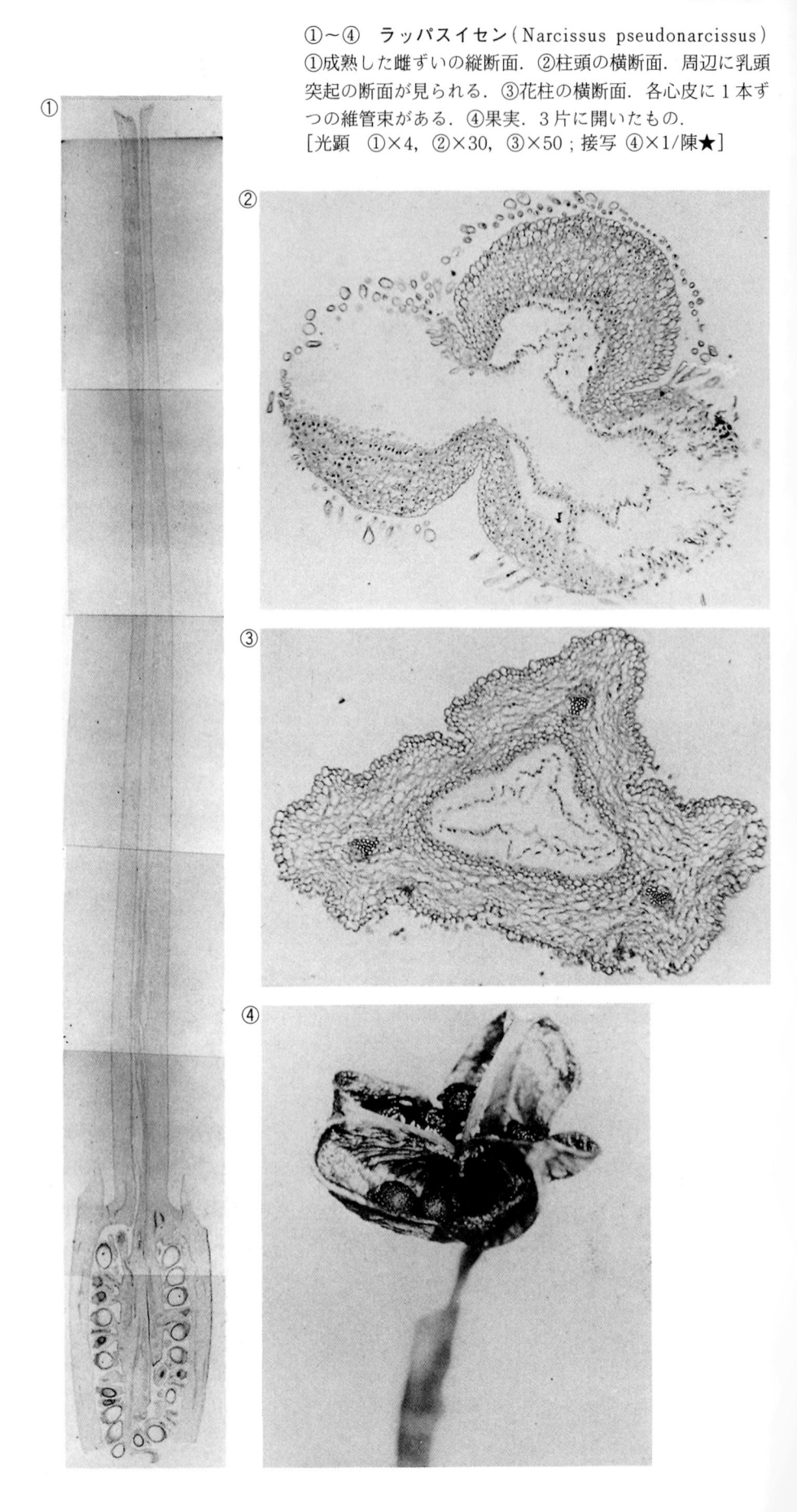

①〜④　ラッパスイセン（Narcissus pseudonarcissus）①成熟した雌ずいの縦断面．②柱頭の横断面．周辺に乳頭突起の断面が見られる．③花柱の横断面．各心皮に1本ずつの維管束がある．④果実．3片に開いたもの．
［光顕　①×4，②×30，③×50；接写 ④×1/陳★］

① ラッパスイセン(Narcissus pseudonarcissus)の花のX線像
② ニホンスイセン(Narcissus tazetta var. chinensis)の花のX線像
[ソフテックス(密着) ①②×0.7/植田]

③〜④ ラッパスイセンの雌ずいの柱頭(stigma) ③縦断おしつぶし像．周辺に花粉が多数見られる．④柱頭表面の突起毛．[光顕(コトンブルー染色) ③×21, ④×150/陳]

⑤〜⑥ キズイセン(Narcissus Jonquilla) ⑤子房(ovary)の一部の横断面中に2個の胚珠(ovule)が見られる．⑥胚のうの縦断面．右上に卵細胞，左下に反足細胞，中央に極核が見られる．[光顕 ⑤×20, ⑥×120/植田]

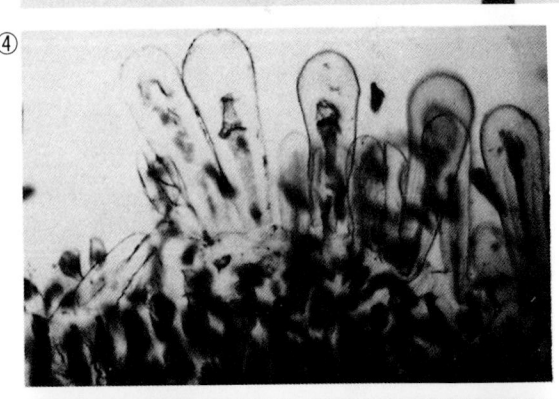

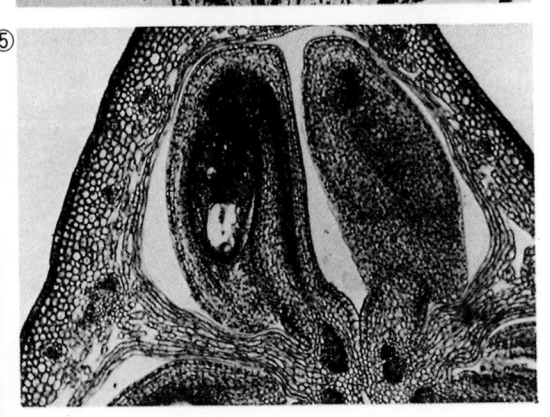

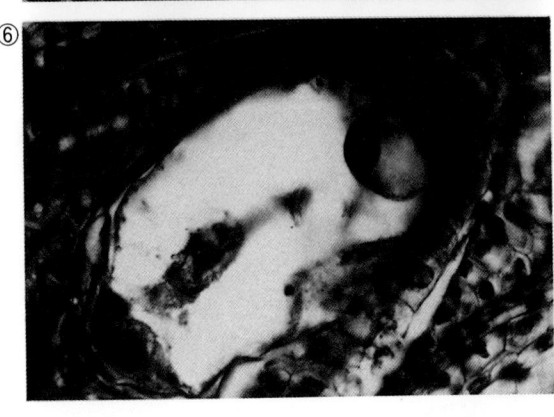

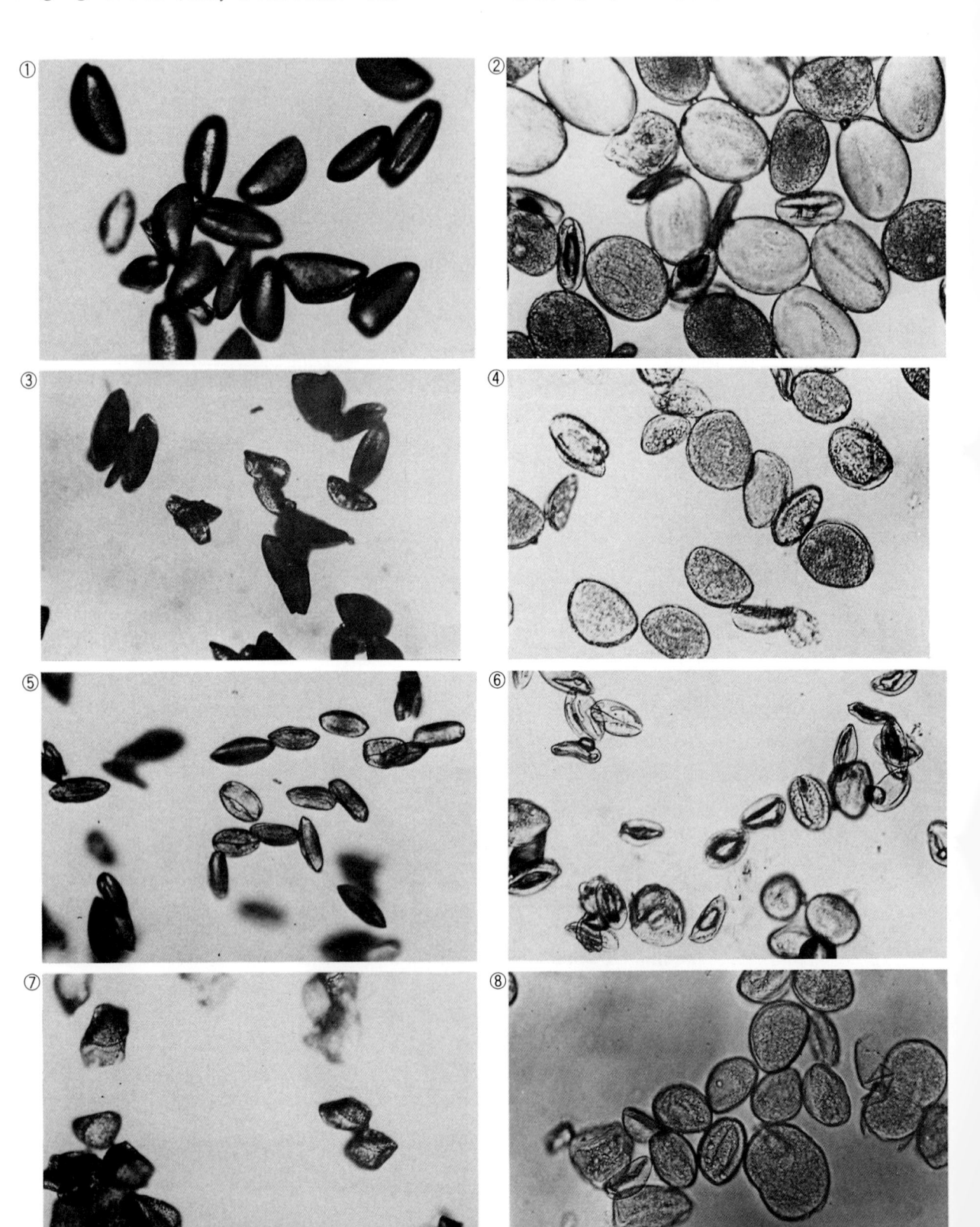

スイセンの花粉（左列：乾燥状態，右列：浸水状態）

①〜②　スイセン（Dick Wellband 品種）の花粉　浸水すると小型で不稔の花粉が混在しているのがよくわかる．
③〜④　スイセン（Glory of Lisse 品種）の花粉

⑤〜⑥　ニホンスイセン（Narcissus tazetta var. chinensis）の花粉　浸水しても正常に膨潤する花粉は少なく，不稔性が高い．
⑦〜⑧　スイセン（房咲）の花粉　浸水すると普通の花粉よりはるかに大きい花粉が混在している．
［光顕　①〜⑧×150/植田］

スイセンの花粉の表面微細構造

①〜② スイセン(King Alfred 品種)の花粉　②は表面拡大.
③〜④ スイセン(Dick Wellband 品種)の花粉　④は表面拡大.
⑤〜⑥ ニホンスイセン(Narcissus tazetta var. chinensis)の花粉　⑥は表面拡大.
[走顕　①③⑤×1,000，②④⑥×12,000/陳・植田★]

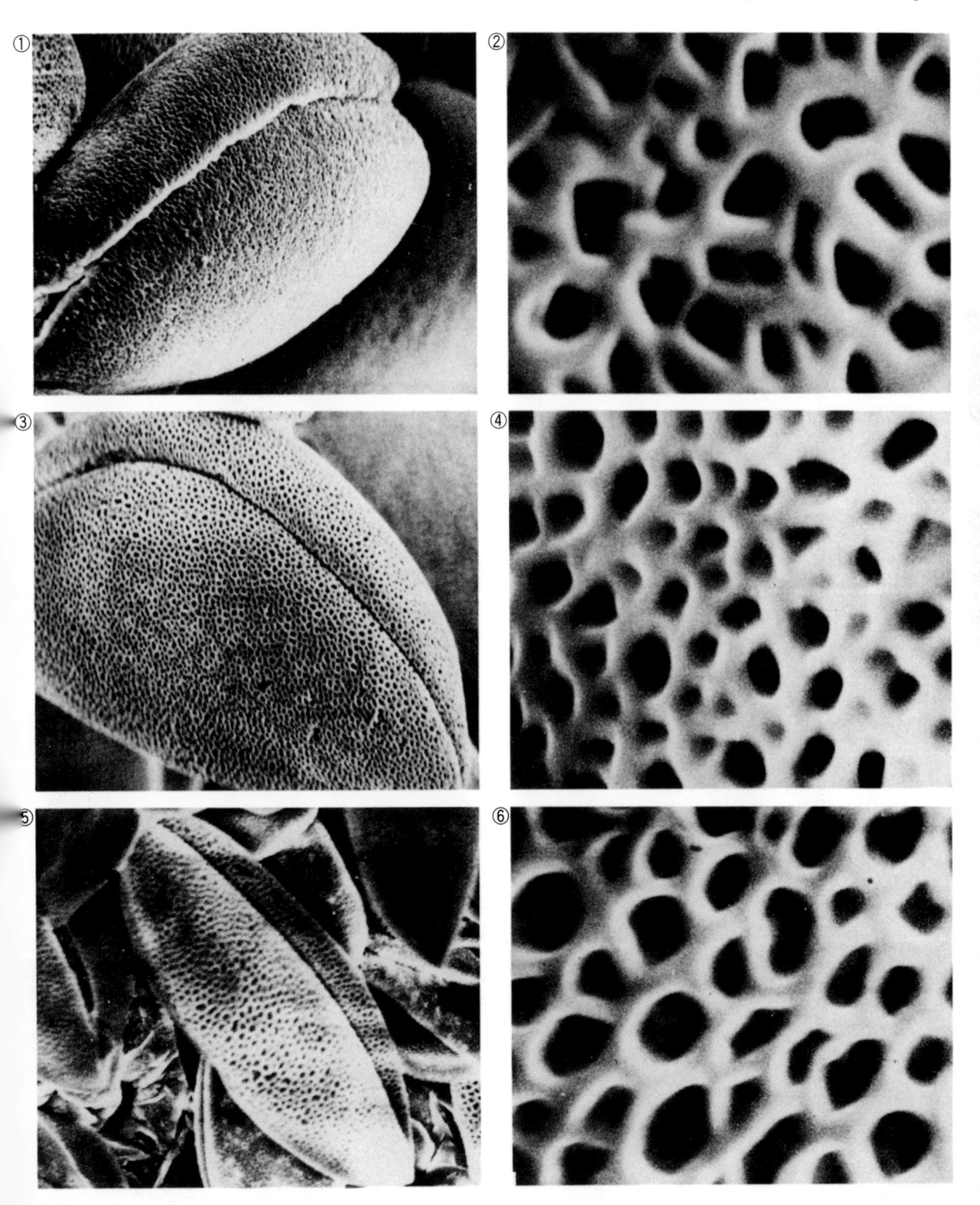

① ニホンスイセン（Narcissus tazetta var. chinensis）の花粉の2型　［光顕（浸水）　×2,000/陳・植田★］
②〜⑤　ラッパスイセン（Narcissus pseudonarcissus）の花粉の発芽と吐出　②2本の花粉管．③花粉管の分枝．④花粉の原形質吐出．⑤花粉管の吐出．［光顕（コトンブルー染色）　②⑤×1,000；　光顕　③④×1,000/陳・植田★］

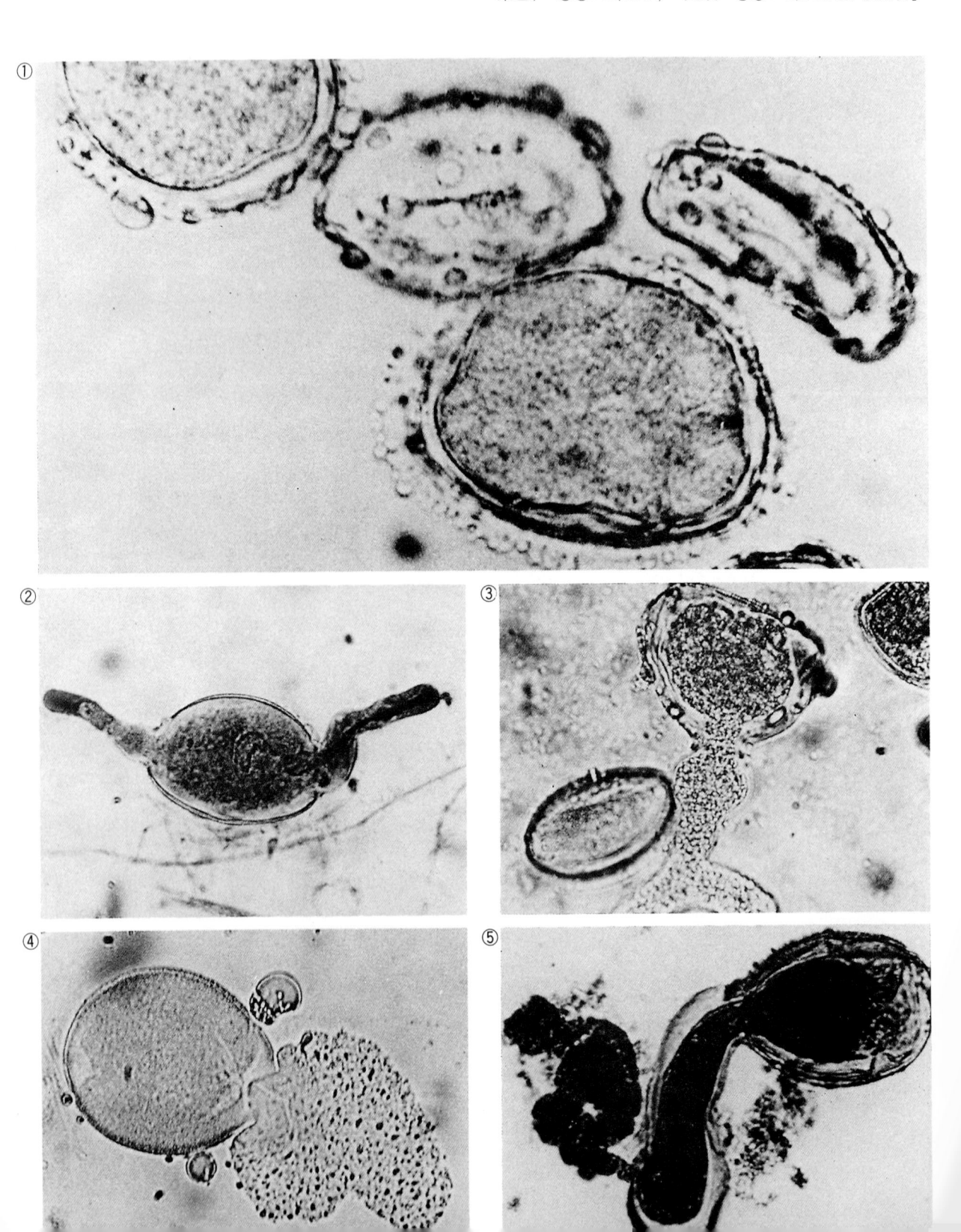

① ラッパスイセン(Narcissus pseudonarcissus)の花粉の発芽　[光顕（コトンブルー染色）　×1,600/陳・植田★]
② スイセン(Dick Wellband品種)の花粉発芽
③〜④ スイセン(King Alfred品種)のらせん状花粉管③と2又分枝花粉管④
⑤ ニホンスイセン(Narcissus tazetta)の分枝花粉管　[光顕（ショ糖寒天液）　①×80(0.4 M)，②〜⑤×200(②④0.4 M，③0.6 M，⑤0.2 M)/陳・植田★]

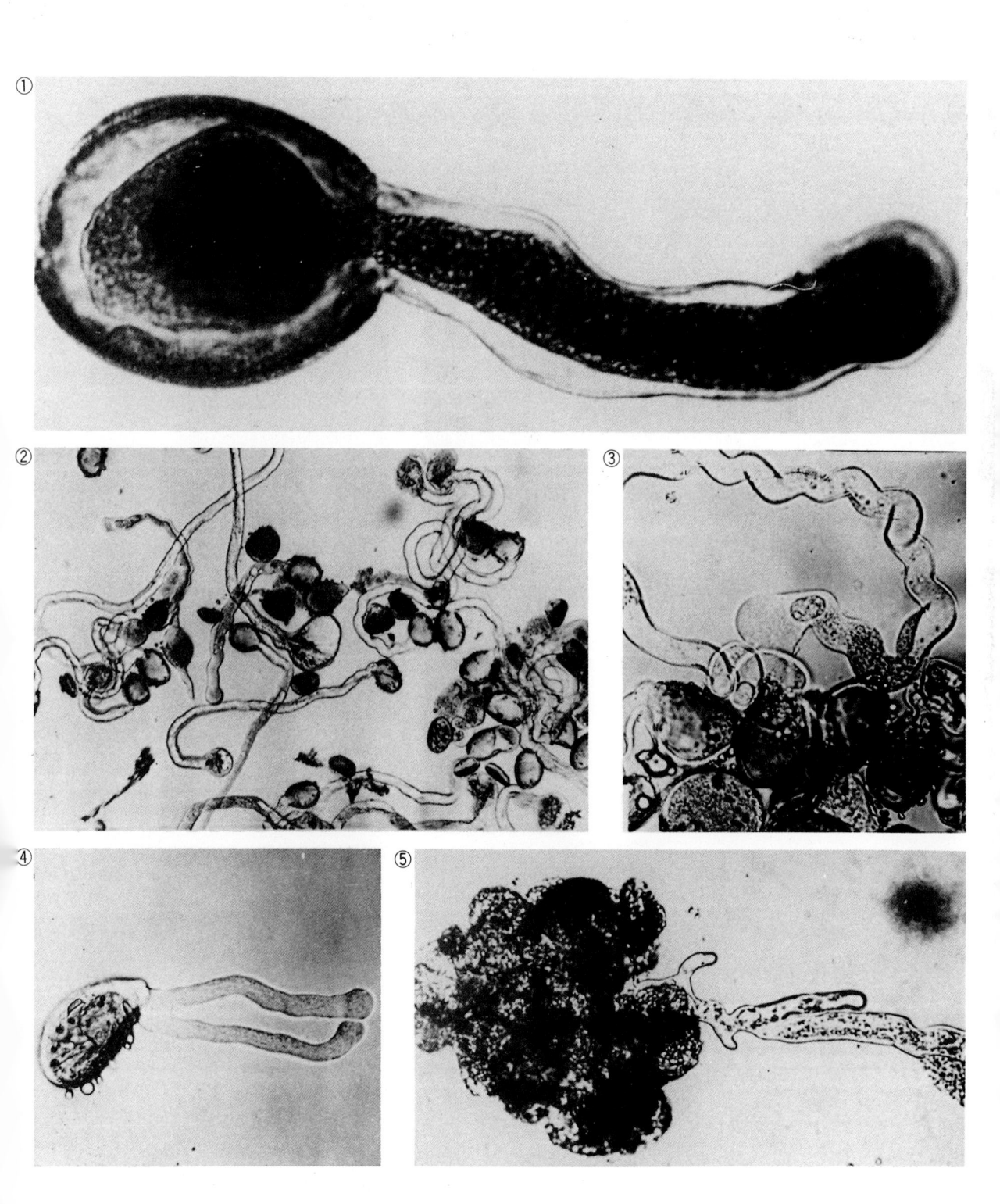

① スイセン(Dick Wellband 品種)のフォーク型花粉管
②〜④ スイセン(King Alfred 品種)の花粉管　②複雑な成長をした花粉管．③花粉管のらせん成長と先端部の肥大成長．④花粉管のプラナリア型成長．
⑤ スイセン(La Fiancé 品種)の花粉管の接着
⑥ スイセン(King Alfred 品種)の花粉管内に生じたカローズ栓(矢印)
[光顕(ショ糖寒天液)　①×100(0.1 M)，②〜④×200 (②0.6 M，③0.2 M，④0.4 M)，⑤⑥×500(0.1 M)/陳・植田★]

⑦ スイセン(Narcissus)の種々の型の花粉管模式図
(1)直線状　(2)波状　(3)らせん状(右巻)　(4)らせん状(左巻)　(5)かぎ状　(6)輪状　(7)網状　(8)うず巻状　(9)不規則状　(10)フォーク状　(11)つの状　(12)単軸分枝　(13)多分枝　(14)二方向性　(15)〜(17)花粉管の肥大　((15)正常　(16)〜(17)局部肥大)　[陳・植田★]

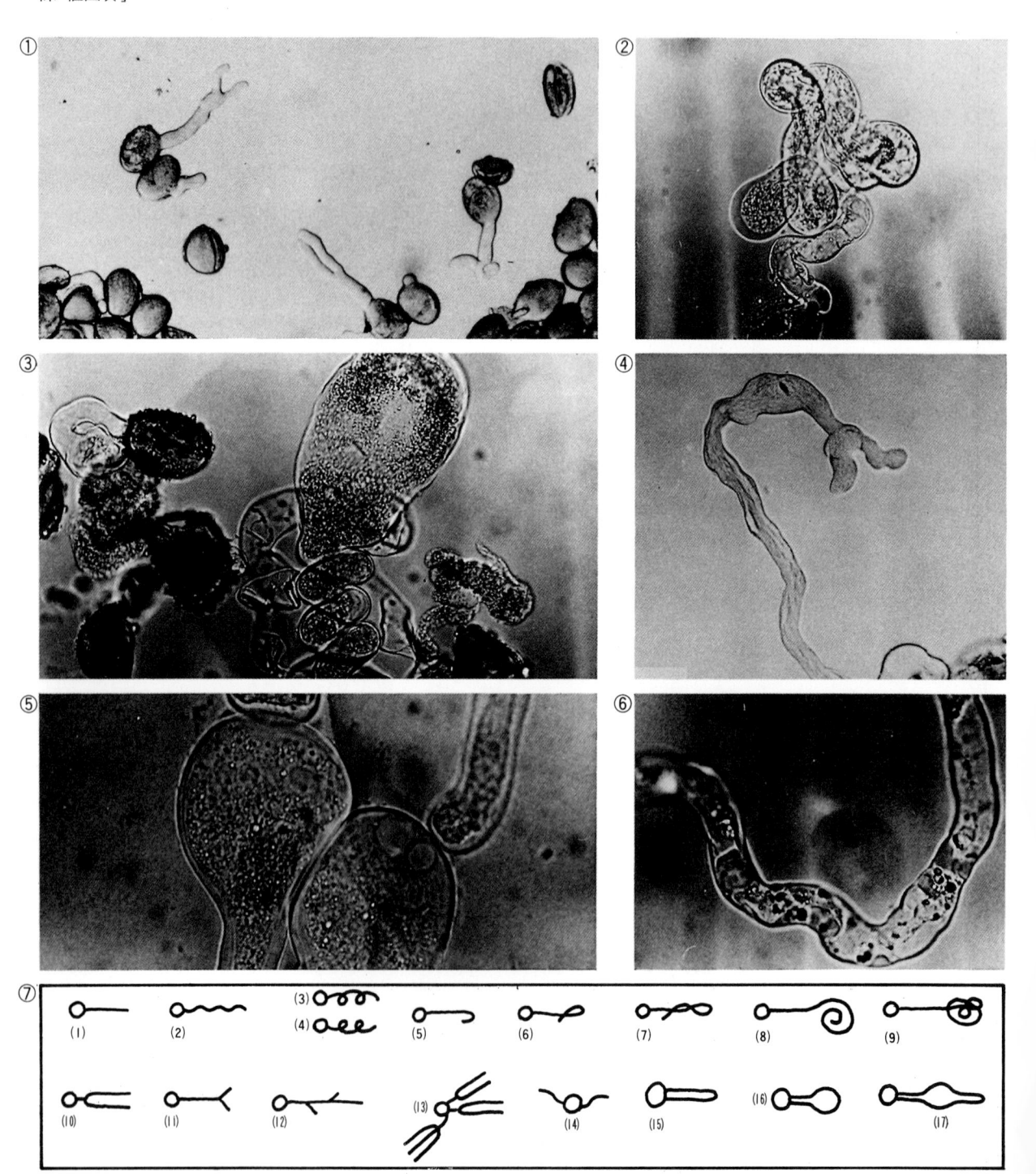

①〜③ **オオカナダモ**(Elodea densa)**の根の構造** ① 横断面．大部分が皮層の柔組織で占められている．②先端縦断面．根冠はわずかしかない．③根の葉緑体．根は淡緑色で葉緑体は少ないが，ラメラはかなり発達している．［光顕 ①×50，②×35；電顕 ③×2,500/百瀬］

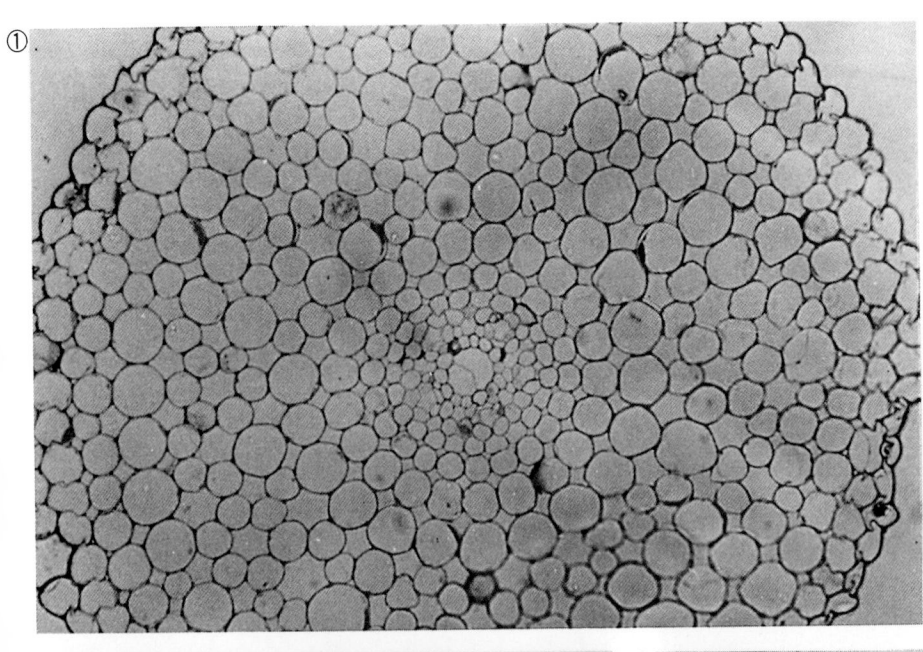

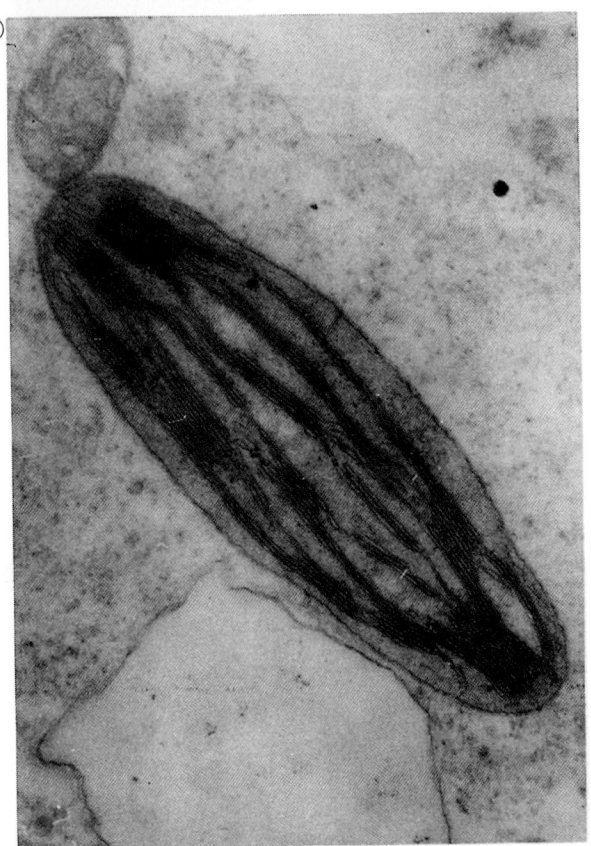

①〜⑤ **オオカナダモ**(Elodea densa)**の茎の構造** ① オオカナダモの茎の先端部の縦断面．②成長した茎の横断面．③茎の維管束縦断面．網紋仮道管が見られる．④茎の中心柱周辺の横断面．中心部に退行中心柱があり，皮層の細胞には所々に貯蔵デンプン粒が見られる．⑤茎の若い細胞の電顕像．色素体にはわずかのラメラとデンプン粒が含まれている．
[光顕 ①×30, ②×70, ③×300, ④×150；電顕 ⑤×10,000/①②④百瀬，③⑤中西]

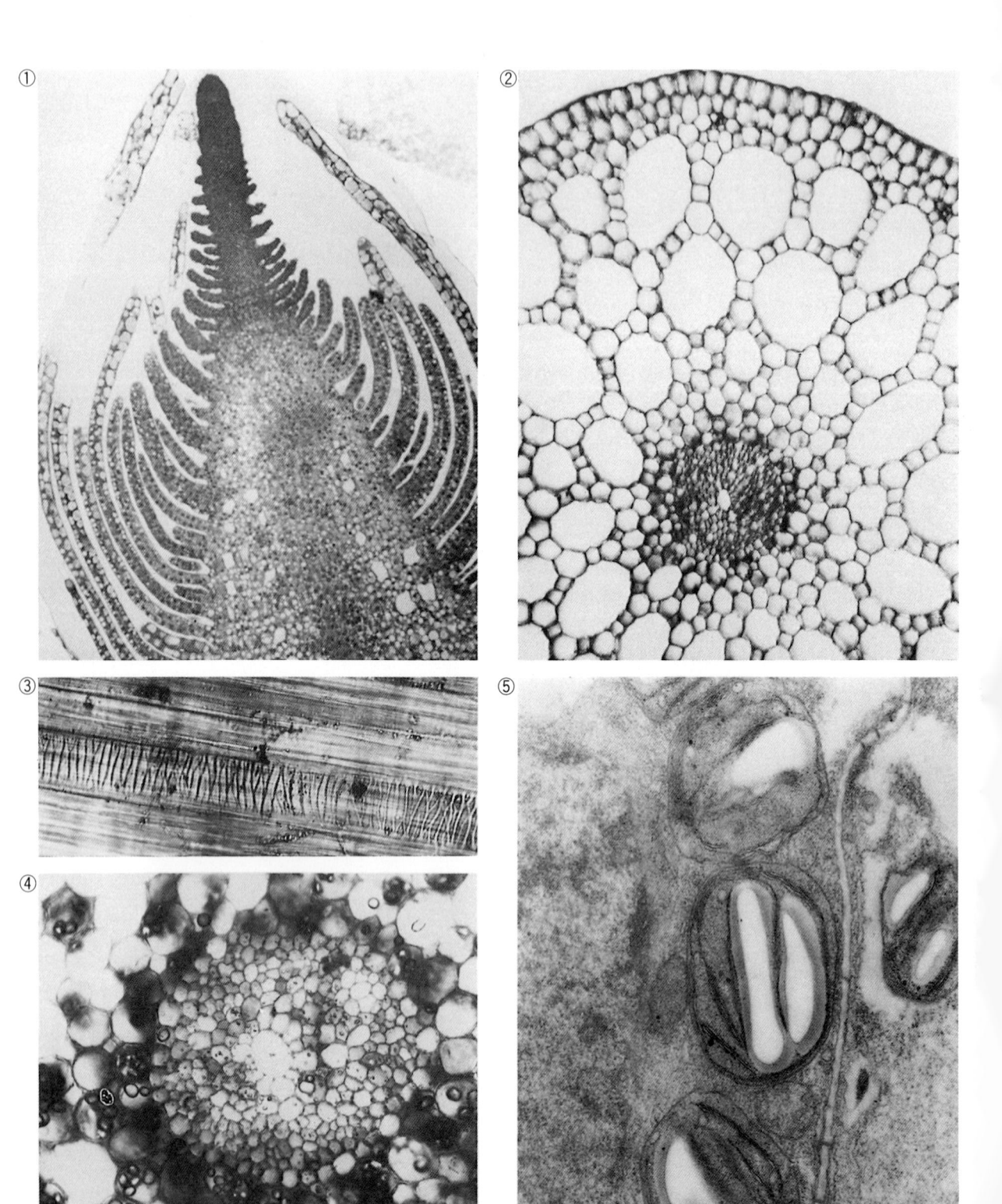

オオカナダモ(Elodea densa)の葉と花粉

① 葉の縁部　ヘリにとげ細胞，内部に葉緑体のない異形細胞の列が見られる．
② 葉の横断面　葉を腹合せにして切断したもの．葉は中央脈以外は2層の細胞からなり，下面細胞は上面細胞の約2倍の大きさである．
③ 葉の細胞の拡大　1個の細胞に葉緑体は100個以上含まれている．
④ 乾燥状態の花粉　表面に小さなとげを多数有している．
⑤ 葉の葉緑体の電顕像　ラメラやグラナはよく発達している．

[光顕　①×30，②×70，③×700，④×300；電顕　⑤×20,000　／①④中西，②③百瀬，⑤植田]

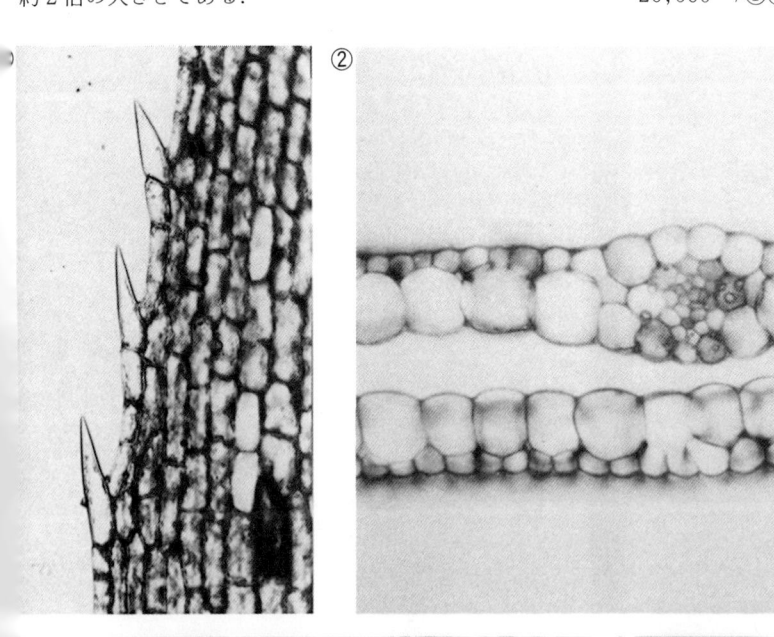

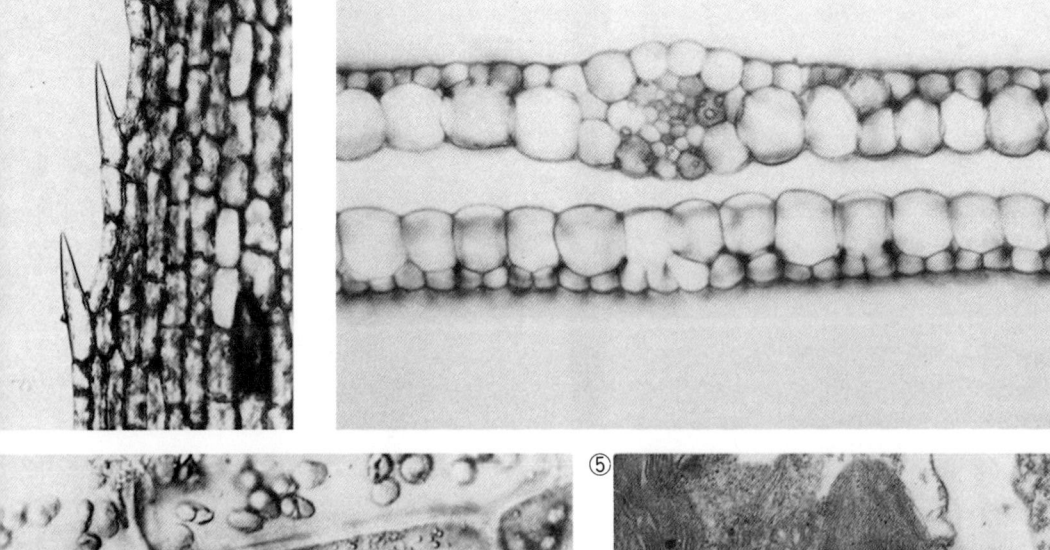

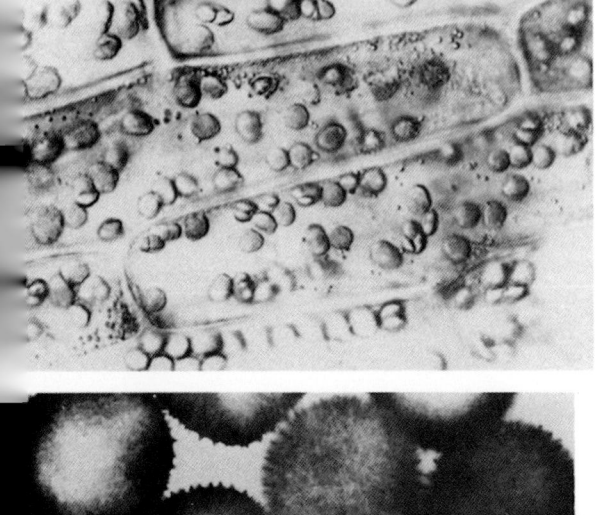

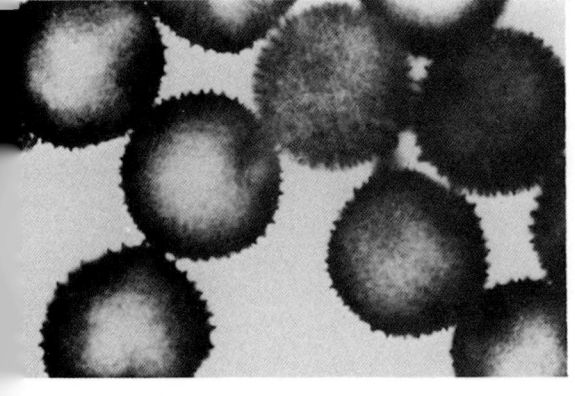

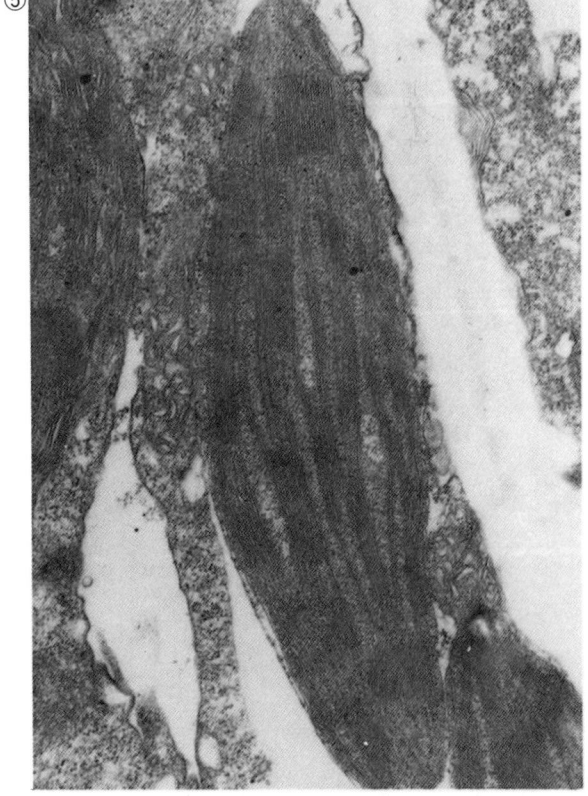

①～② **アズマザサ**(Sasa ramosa)の葉の下面表皮　とげの列や気孔の列がある．②は拡大．

③～④ **トウモロコシ**(Zea Mays)の葉の下面表皮　気孔の列がある．④は拡大．表皮細胞のヘリの細胞壁は波状になっている．

⑤ **ススキ**(Miscanthus sinensis)の葉の下面表皮　気孔のほかに表皮細胞は突起毛になっている．

⑥ **オモト**(Rohdea japonica)の葉の下面表皮　気孔は列をなさず散在している．

[光顕(スンプ法)　①③⑥×70, ②④⑤×300/植田]

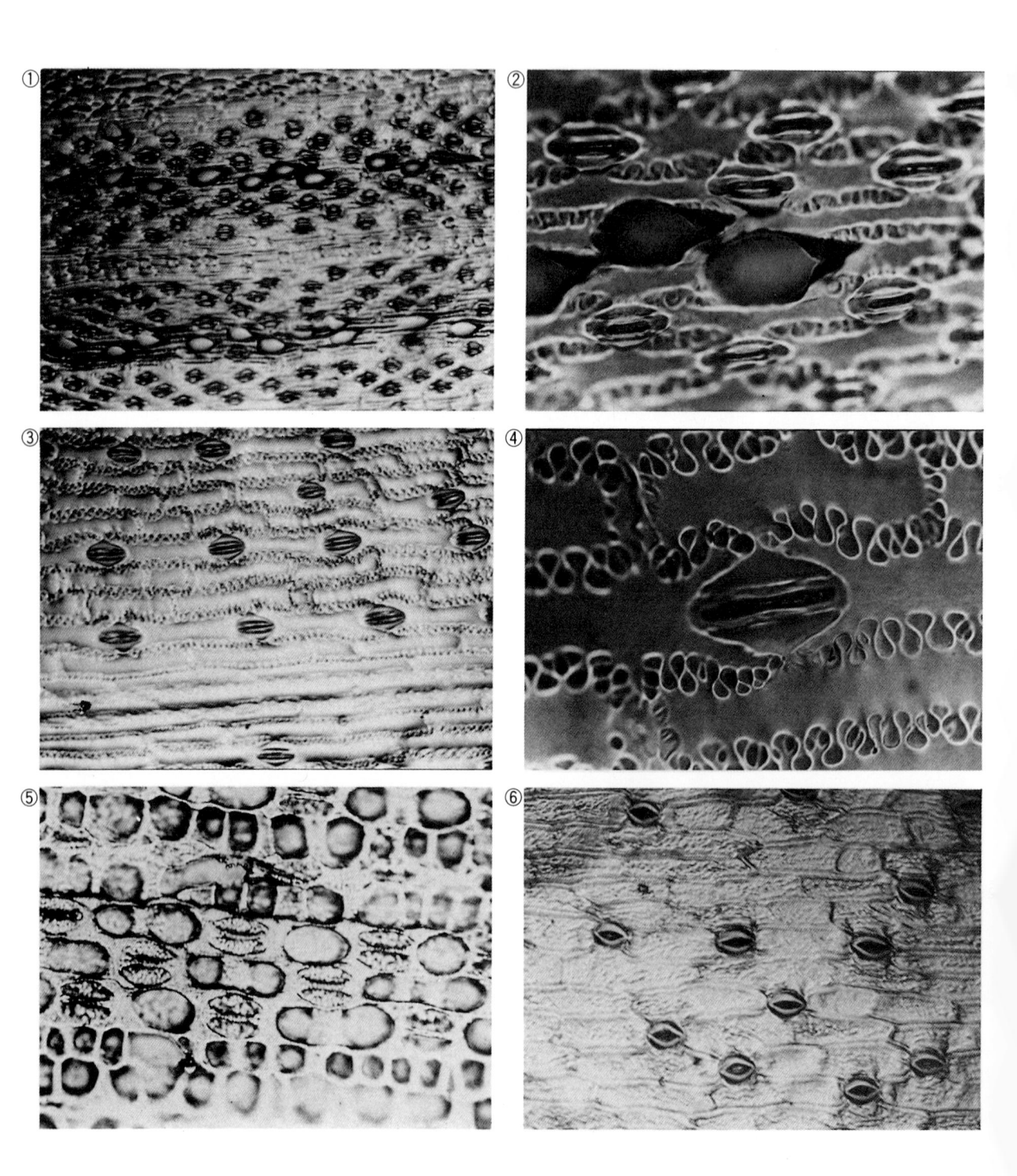

①〜⑥　アロエ(キダチロカイ，Aloe arborescens)の葉の仮面表皮　①所々に陥入気孔があり，表皮細胞表面にはロウ質の模様が見られる．②〜④は拡大．焦点を②，③としだいに下げたもの，④ではじめて孔辺細胞が2個見える．⑤走顕像．⑥走顕スンプ(ネガ)像．外呼吸腔が突出した形で見られる．[光顕(スンプ法)　①×200，②〜④×400；走顕(⑥スンプ法)　⑤⑥×700/植田]

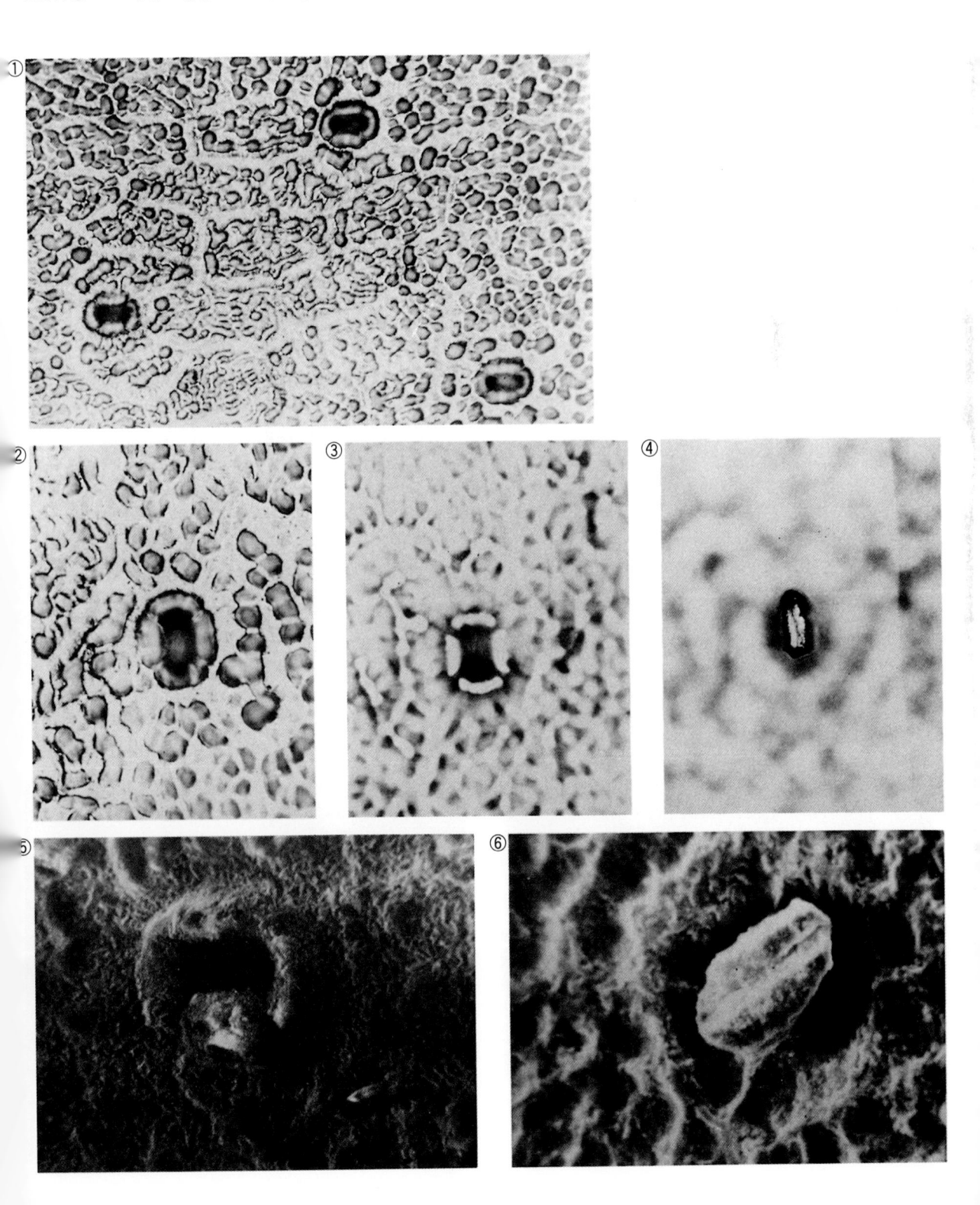

①〜⑤ **キミガヨラン**(Yucca recurvifolia)の葉の下面表皮　①陥入気孔が散在している．②拡大．焦点をかなり上にしたもの．③拡大．焦点を表皮細胞に合わせたもの．④走顕像．気孔部には四角の孔が開いている．⑤走顕スンプ像．外呼吸腔内面は複雑な形態をしている．
〔光顕(スンプ法)　①×70，②③×300；走顕(④スンプ法ネガ)　④⑤×350/植田〕

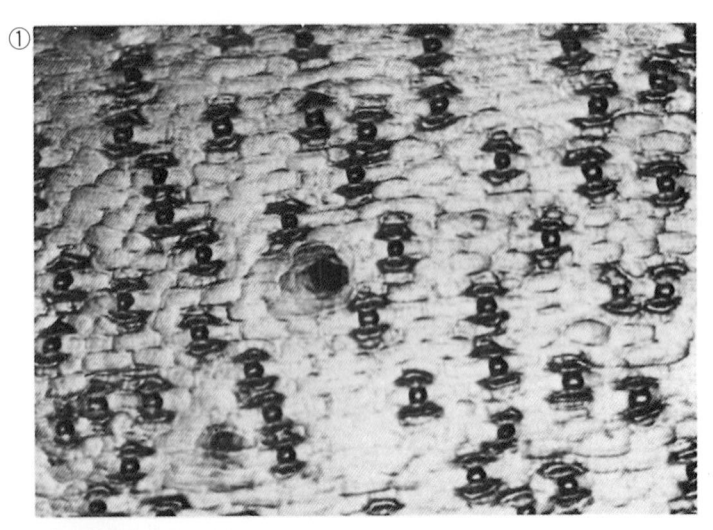

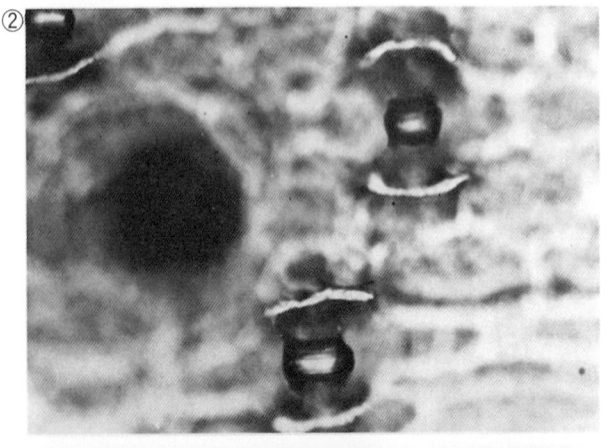

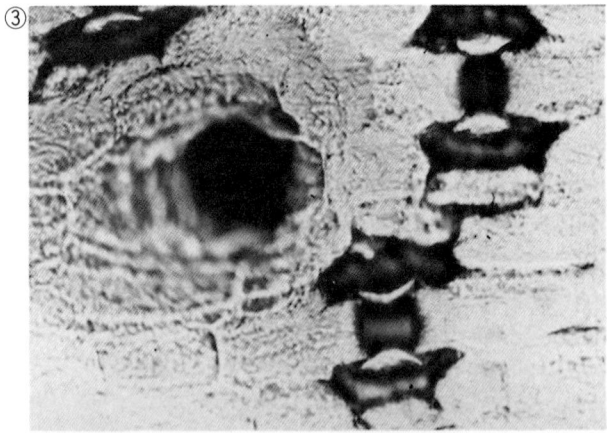

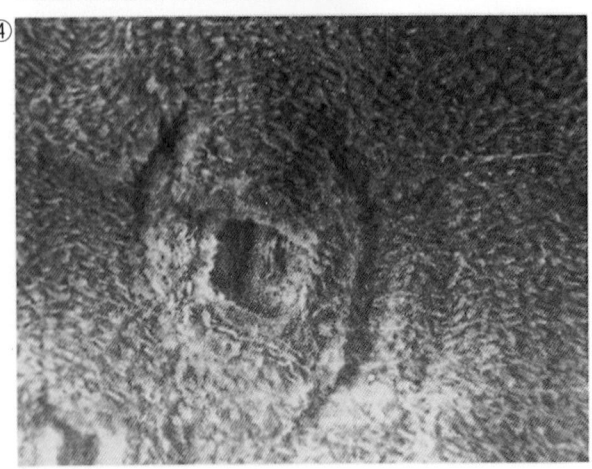

16 種子植物

単子葉類の葉緑体

① ムラサキツユクサ (Tradescantia verginica) の葉の葉緑体
② ヒガンバナ (Lycoris randiata) の葉の葉緑体
③ ウキクサ (Spirodel plolyrthiza) の葉の葉緑体
④ クロモ (Hydrilla varticillata) の葉の葉緑体
［電顕 (KMnO₄ 固定) ①×17,300, ②×17,200, ③×20,200, ④×14,500/川松］

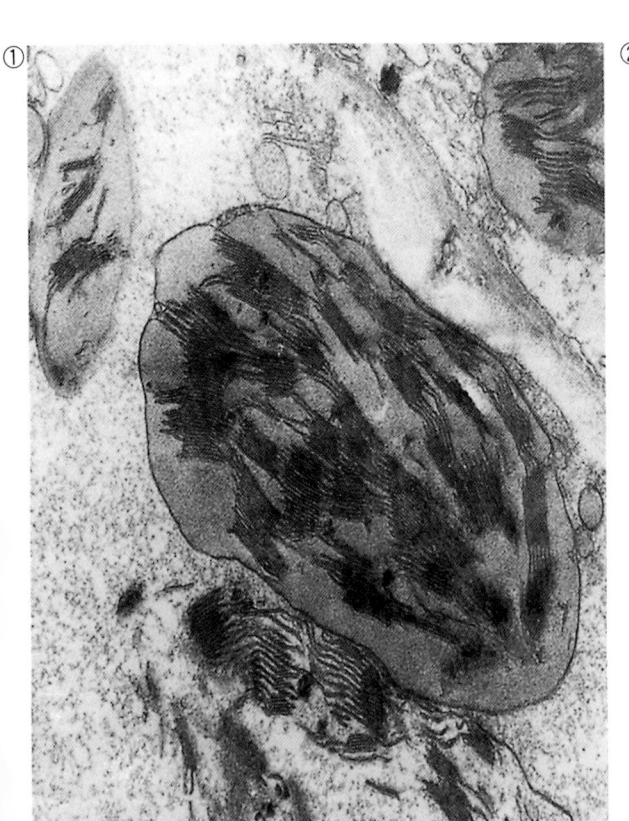

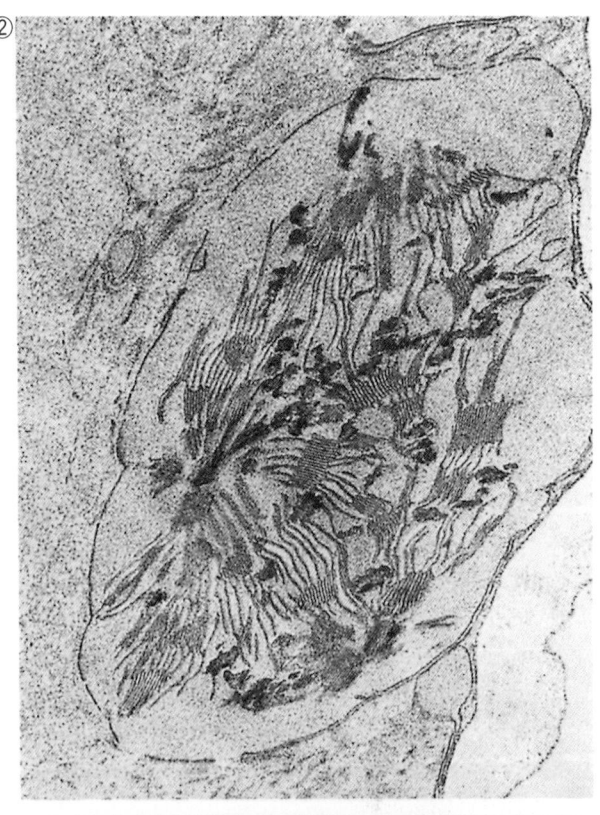

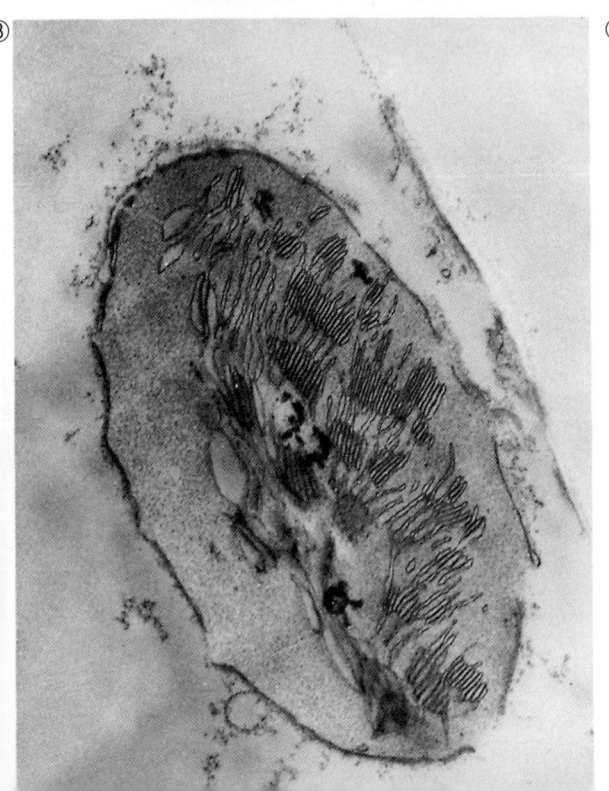

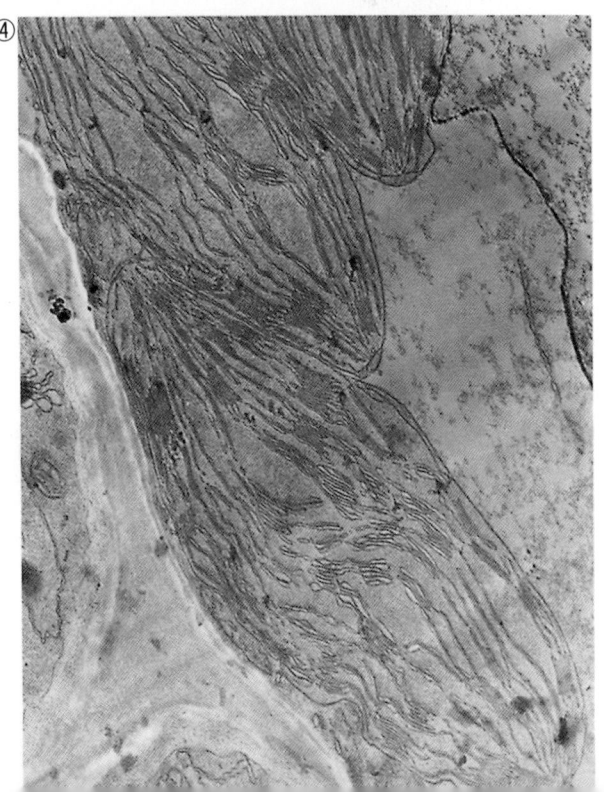

① セキショウモ(Vallisneria asiatica)の葉の葉緑体
② ガガブタ(Nymphoides indica)の葉の葉緑体
③ イバラモ(Najas marina)の茎の葉緑体
[電顕(KMnO₄ 固定) ①×21,500, ②×21,000, ③×23,900/川松]

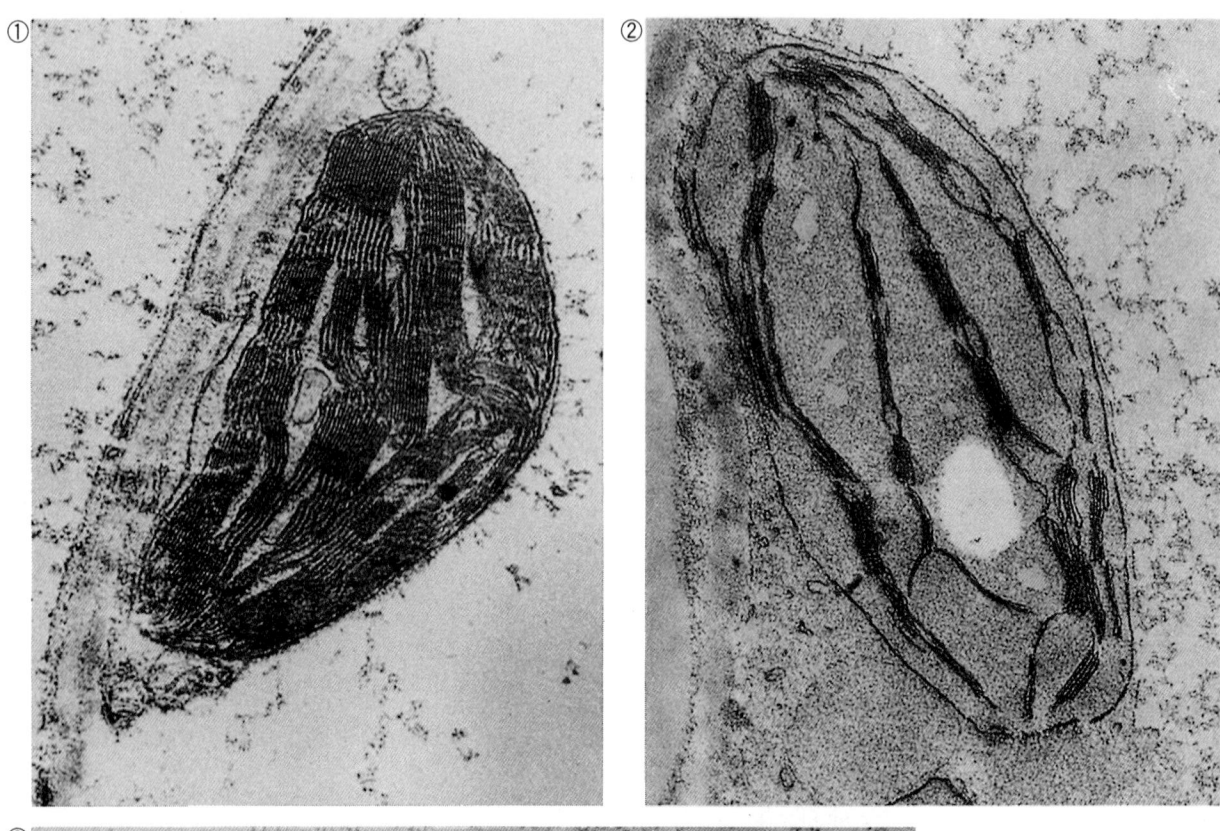

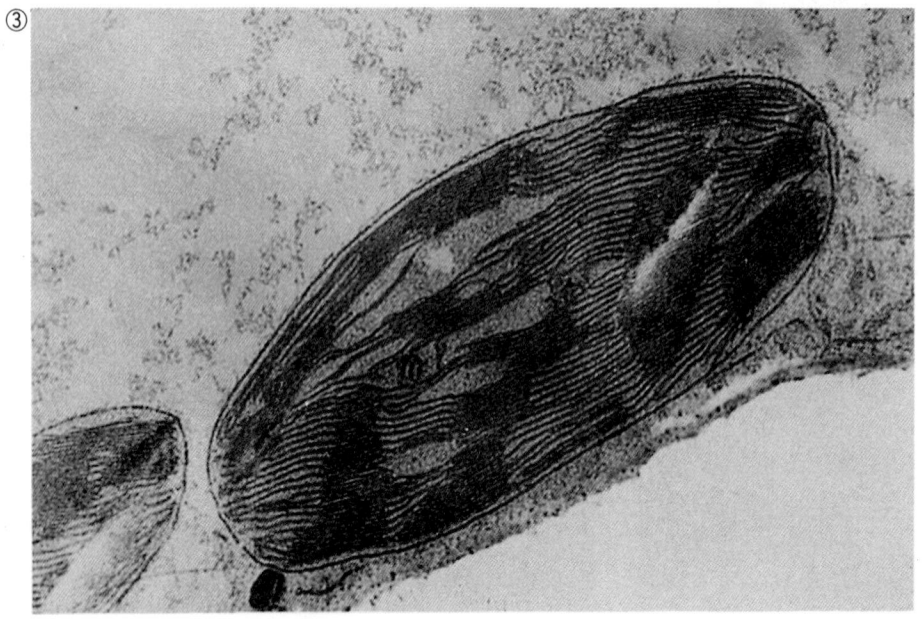

単子葉類の花粉

①〜④ ムラサキツユクサ(Tradescantia verginica)の花粉 ①乾燥花粉．②浸水花粉．③は拡大．表面に焦点を合わせたもの．④は③の中央面に焦点を合わせたもの．核らしいものが見られる．

⑤〜⑧ アマリリス(Hippeastrum hybridum)の花粉 ⑤乾燥花粉．⑥浸水花粉．⑦は拡大．表面に焦点を合わせたもの．⑧は⑦のやや焦点を下げたもの．
[光顕 ①②×300，③④⑦⑧×700，⑤⑥×150/植田]

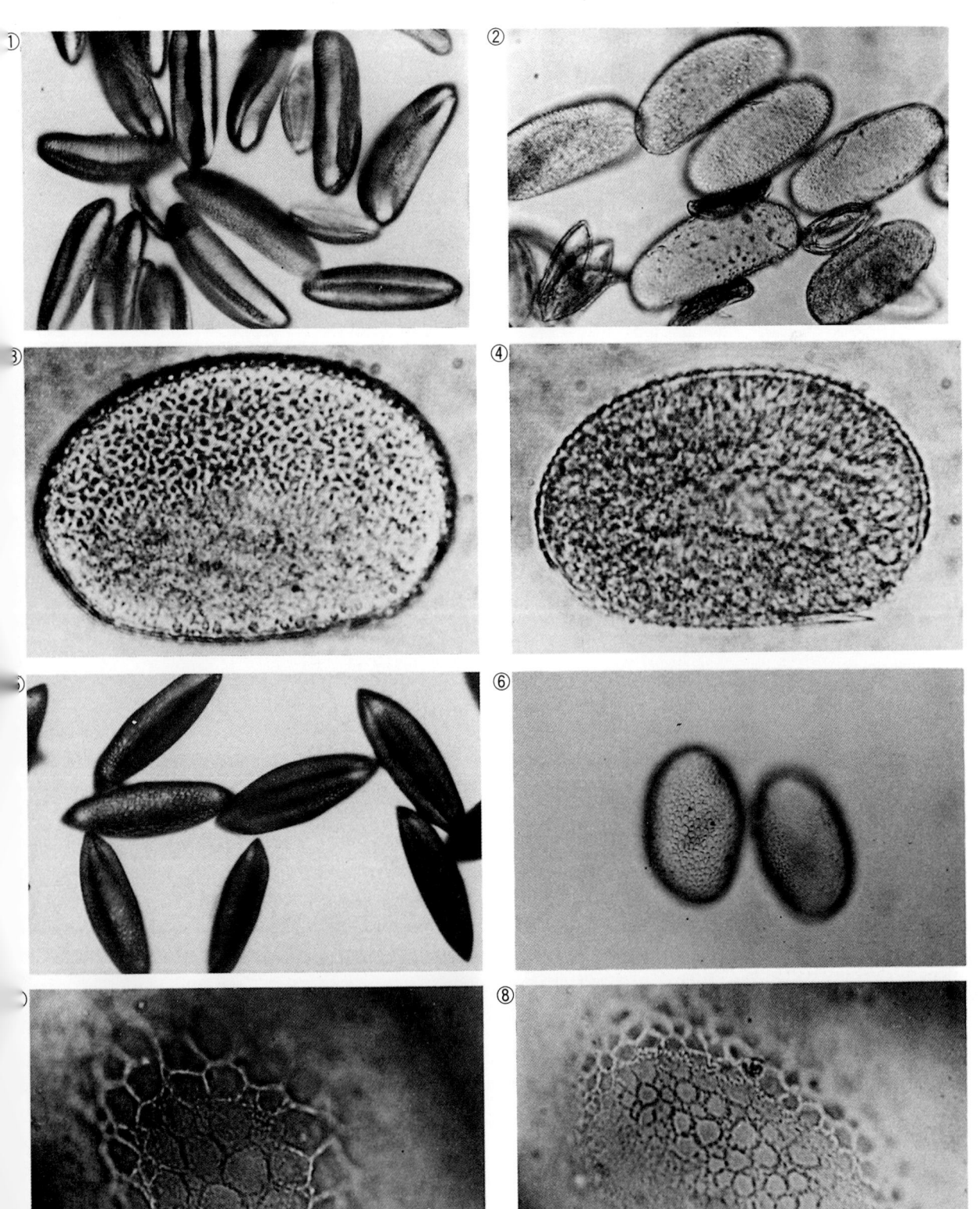

①〜④ キショウブ（Iris pseudoacorus）　①乾燥花粉.
②浸水花粉．③乾燥花粉拡大．④走顕像．
⑤ オオバギボウシ（トウギボウシ，Hosta Sieboldiana）の花粉
⑥ クンシラン（Clivia nobilis）の花粉
［光顕（乾）　①×70，②×150，③×300；走顕　④〜⑥×700/①〜④植田，⑤⑥山根］

引用文献

- 本文中，★印で示した引用文献のリストを別記リストのように，ページ順に図番号とともに記載した．
- ただし，右の [1]〜[7] は，文献リスト中の雑誌名一覧である．リスト中ではこの番号で代用してある．また，それぞれの雑誌論文の執筆者は，データ欄の提供者と同一であるので，リスト中では省略してある．
- 図版の作成に当って引用または参考にした原典書籍名を同時に記載してある．本書の性質上，原図をそのまま引用したものは少なく，何らかの加筆・修正を施しているので，それらについては「〜を基にした．」「〜を参考にした．」などと記してある．

雑誌名一覧

[1] Sc. Rep. Tokyo Kyoiku Daigaku Sec. B. (東京教育大学紀要)
[2] Cytologia (キトロギア，国際細胞学雑誌)
[3] Bot. Mag. Tokyo (植物学雑誌)
[4] Intern. Congress E. M. (国際電子顕微鏡学会誌)
[5] 遺伝 (裳華房発行，月刊誌)
[6] Biochem. Physiol. Pflanzen (植物生化生理学雑誌)
[7] Annals of Botany (植物学年報)

★印箇所	文献リスト
p. 16 ②	G. B. Wilson and J. Morrison, *Cytology*, Reinhold Publishing Corporation を基にした．
p. 20 ⑤	[1] 12 (178), 31—37, 1965.
p. 21 ①〜②	[1] 16 (243), 105—106, 1976.
p. 22 ①〜④	同　　上
p. 23 ①	[2] 72 (855), 349—358, 1959.
p. 24 ①	[3] 25 (1), 59—68, 1960.
②〜③	[1] 14 (204), 1—7, 1969.
p. 26 ①	A. Frey-Wysslling and K. Mühlethaler, *Ultrastructural Plant Cytology*, Elsevier, p. 233, 1965 を基にした．
p. 27 ①	[1] 15 (233), 237—254, 1974.
p. 28 ②	同　　上
p. 30 ①〜②	[1] 14 (213), 129—137, 1970.
p. 31 ①〜②	[3] 88, 319—321, 1975.
p. 32 ①	[1] 13 (194), 199—205, 1968.
③〜④	[1] 10 (152), 111—120, 1961.
p. 35 ①	新家浪雄・重永道夫「細胞の構造」(共立出版)，p. 65, 1967 を参考にした．
p. 37 ①	Singer-Nicolson の流動モザイク膜モデル(1972)による．
p. 53 ①	植田利喜造・鈴木 恕「解明生物Ⅰ」(文英堂)，p. 54, 1973 を参考にした．
p. 61 ①	*Ultrastructural Plant Cytology* (前掲)，p. 193 を基にした．
p. 72 ④〜⑥	[4] 2, 154—155, 1974.
p. 87 ①	木島正夫「植物形態学の実験法(改訂版)」(廣川書店)，p. 152, 1962 を参考にした．
p. 92 ④	[1] 15 (233), 237—254, 1974.
p. 98 ①	植田利喜造「植物形態学」(岩崎書店)，p. 61, 1958 より
p. 109 ①	W. W. Robbins and the others, *Bottany: An Introduction to Plant Science*, 3rd. John Wiley

		& Sons, 1964 を基にした.
p. 110	②	入来重盛「大学教養生物学」(森北出版), p. 70, 1956 を基にした.
p. 186	①	浜 健夫「植物形態学」(コロナ社), p. 284, 1958 を参考にした.
	②	「大学教養生物学」(前掲), p. 77 その他を参考にした.
p. 198	①	植田利喜造・鈴木 恕「解明生物II」(文英堂), p. 407, 1973, その他を参考にした.
p. 199	①(a)(b)	*Ultrastructural Plant Cytology* (前掲), p. 117, 123 を基にした.
	②	[5] **22** (4), 56, 1968.
p. 204	③	[6] **162**, 345—356, 1971.
p. 206	①	「解明生物II」(前掲), p. 424, 1973 および 田中隆荘「新編生物図解」(第一学習社) p. 92, 1982 を参考にした.
p. 212	②	[5] **22** (4), 63—69, 1968.
p. 213	①	[1] **15** (233), 209—235, 1974.
p. 214	①	「大学教養生物学」(前掲), p. 257 より.
p. 218	③	広瀬引幸「藻類学総説」(内田老鶴圃新社), p. 337, 1960 を基にした.
p. 220	①	S. P. Gibbs, *J. Cell, Biol.* **44**, 1962 より
p. 222	①	C. A. Ville, *Biology*, 3rd ed. W. B. Saunders, 1957 を参考にした.
	②	Greulach より
p. 230	①	[1] **12** (187), 225—244, 1967.
p. 231	①～④	同　　上
p. 232	①～④	同　　上
p. 236	①～④	同　　上
p. 246	①	「解明生物II」(前掲), p. 426 その他を参考にした.
p. 249	②	「新編生物図解」(前掲), p. 91 を基にした.
p. 263	①	「大学教養生物学」(前掲), p. 253 より
p. 270	①,②	池野成一郎「植物系統学(増訂第六版)」(裳華房), p. 324, 325, 1930 より.
	③	「大学教養生物学」(前掲) p. 263 を基にした.
p. 272	①	「解明生物II」(前掲), p. 426 を基にした.
p. 301	①	E. W. Sinnott and the others, *Botony: Principles and Ploblems*, 6th ed. McGraw-Hill, 1963 を参考にした.
p. 321	①～④	[7] **33** (131), 421—426, 1969.
p. 322	①～⑥	同　　上
p. 323	①～⑤	同　　上
p. 326	①～⑪	同　　上
p. 327	①～⑦	同　　上
p. 328	①～⑤	同　　上
p. 331	①～⑥	[3] **90**, 227—290, 1977.
p. 332	①～⑤	同　　上
p. 333	①～⑤	同　　上
p. 334	①～⑦	同　　上

用語解説

(本書に記載された染色法, 固定法などに関する若干の用語を解説し, 五十音順に配列した.)

位相差顕微鏡　phase contrast microscope
無色透明な試料を通常の顕微鏡で観察しにくい場合に, 試料を通ってくる直接光と回折光の波の位相のずれ(差)をフィルター(位相差板)により干渉させて, 位相差を明暗の差にかえて試料の識別を容易にさせるようにした顕微鏡.

おしつぶし法　squash method
スライドグラス上の試料に酢酸カーミン液などを加えてカバーグラスで蔽い, その上から指などで押えて組織試料をおしつぶし, 細胞を離解して顕微鏡観察を容易にする方法.

試料が硬いときには 1N HCl を加え, 60°C で数分間処理した後, 酢酸カーミン液などで染色してから, おしつぶしてもよい.

OsO_4(オスミウム酸)固定　osmic acid fixation
光学および電子顕微鏡観察用の材料の固定によく用いられる. OsO_4 の濃度は 1～2% が適当で, 緩衝液には 0.1M リン酸やベロナール酢酸(pH 7.4)がよく, 固定時間は室温で 30分～1時間, 0～4°C で 1～4時間, 時には 1昼夜とされている. 固定後, よく水洗する必要がある. この固定は染色体などによいが, 膜構造の固定にはよくない.

$KMnO_4$(過マンガン酸カリ)固定　potassium permanganate fixation
電子顕微鏡観察のさい, 1% $KMnO_4$ で 1～2時間固定した材料は, 細胞の膜構造(核膜, ラメラなど)の観察によいとされている.

カルノア液固定　Carnoy's fluid fixation
カルノア氏の考案した溶液による固定で, 根端分裂組織や花粉母細胞などの固定に用いる. 純アルコール 6 ml, クロロホルム 2 ml, 氷酢酸 1 ml の混液, または純アルコールと氷酢酸を 3:1 の容積比で混合した溶液に材料を 1～24時間浸して固定する.

GA(グルタルアルデヒド)固定　glutalaldehyde fixation
電子顕微鏡観察の材料に広く用いられる. GA の濃度は 0.5～6%(多くは 2～3%)で, pH は 7前後がよく, 緩衝液として 0.1M リン酸(pH 6.8～7.2)がよく用いられる. 固定時間は, 材料や大きさにより差があるが, 30分～2時間がふつうである. GA 前固定ののちオスミウム酸(OsO_4)で後固定(GA+OsO_4 固定)すれば, 固定効果がよくなる.

ゲンチアン紫染色　gentian violet staining
1～2% の酢酸液に濃紫色になるまでゲンチアン紫を溶かし, 細菌, 花粉, 胞子などの染色に用いる.

コトンブルー染色　cotton blue staining
Murty(1971)の発案による花粉管染色法で, 0.1% コトンブルー色素のグリセリン溶液として用いる.

酢酸オルセイン染色　acetic acid-orcein staining
45% 酢酸 100 ml を熱して, オルセイン 1g を溶かし, 冷却後 55 ml の蒸留水を加えて濾過し, 核や染色体などの染色に用いる. オルセインは地衣類の 1種から抽出した色素オルシンが空気やアンモニアの作用で得られる色素である.

酢酸カーミン染色　aceto-carmine staining
細胞の核や染色体などを酢酸で固定し, 同時にカーミンで染色する方法. 酢酸カーミン液は市販されているが, これをつくるには, 45% 酢酸 100 ml にカーミン色素を 1g 入れて, フラスコ内で弱火で煮沸して飽和溶液をつくる. 煮沸のさい突沸するから注意する. この液に水酸化第2鉄を少量加えて冷却後, 濾過して用いる. 水酸化第2鉄の代りにさびたくぎを入れておくこともある.

ショ糖寒天液　cane sugar-agar solution
花粉の発芽などを観察する場合に, ショ糖約 10%, 寒天約 2% になる液をつくり, これを熱して溶解したものを, スライドガラス上などに流して固まらせ, その上に花粉などをふりかけて, 乾燥しないようにしておくと, 発芽する状態を顕微鏡観察することができる.

スーダンIII染色　Sudan III staining
スーダンIII溶液が脂肪を橙赤色に染色するのを利用して, 脂肪の検出に用いる. この溶液をつくるには, スーダンIII色素粉末 1g をフラスコ内の 70% アルコール 100 ml に入れ, 6～7分間軽く熱して溶かし, 沈殿物を濾過し, 冷却してから用いる.

スンプ法　SUMP method
セルロイド板に酢酸アミルをぬってセルロイド板の表面を溶解させ, これに葉などの表面を数分間押し付けておくと, 酢酸アミルは蒸発する. 葉をとり除き, セルロイド板上の印刻を顕微鏡で観察する. このような表面構造の印刻法がスンプ(SUMP: Suzuki's Universal Micro-Printing の略)法で鈴木氏の考案による.

接写　close-up photography
レンズを被写体に接近させて写真を撮ること．このため，レンズとフィルムとの間の距離をのばす必要上中間リングなどを挿入する．

走査（電子）顕微鏡　scanning (electron) microscope (SEM)
真空中で発生させた電子線のスポットを，試料の表面に走らせ（走査し，スキャンして），そこから生ずる二次電子線を映像としてブラウン管上にとらえ，像を立体的に見えるようにした顕微鏡．

ソフテックス　Softex
肉眼で不透明な生物体でも，X線により内部構造を観察することができる．この原理を応用して，印画紙上においた花のつぼみや葉などに軟X線を照射後，印画紙を現像し，内部構造や葉脈などを明りょうに写し出すようにした装置が，ソフテックスと称して市販されている．

ネガティブ染色　negative staining
ショ糖を含まない緩衝液で遊離葉緑体など（0.4Mショ糖液と3mM $MgCl_2$ を含む50mMリン酸緩衝液 pH7.2 で遊離）を洗い，炭素蒸着したコロジオン膜上で，1％リンタングステン酸で処理し，電顕観察に用いる．

パラフィン法　paraffin method
分裂組織など柔軟な材料や単細胞生物などの微小な材料で，切片をつくって顕微鏡観察をするには，次のようにパラフィン法によることがある．
（1）固定液で固定した材料を水洗する．
（2）パラフィンの浸透を容易にするため，アルコールの低濃度（30％）から，時間をかけて順次材料を高濃度（100％）に移す．
（3）キシロールまたはベンゾールを経て，約50℃で溶解したパラフィン内に移す．
（4）パラフィンを水中で急冷して固まらせる．
（5）材料を含んだこのパラフィンケーキを適当な大きさに切断し，ミクロトームに取り付けて切片または連続切片をつくる．
（6）切片をアルブミンをぬったスライドグラス上にのせ，切片の下にスポイドで水を含ませ，温浴上であためて，切片のしわを伸ばす．
（7）水を切って十分に乾燥させ，切片をスライドグラスに固着させる．
（8）乾燥後，キシロールでパラフィンを溶かして除去し，染色，バルサム包埋により永久プレパラートをつくる．
（9）これを顕微鏡観察する．

Pt/Pdシャドウイング　platinum-paradium shadowing
電子顕微鏡観察のさいに，真空中で，白金とパラジウム（6：4）のイオンを，試料表面に対し，一定の角度からふりかけ，影つけ（シャドウイング）して生ずる影の長さから，凹凸の程度を知るための方法．

フェーリング反応　Fehling's reaction
Fehlingがブドウ糖などの還元糖を検出するために考案した反応．これに用いるフェーリング液は次の順序で作成する．
（1）6.9gの硫酸銅を100mlの水に溶かして保存する．
（2）34.6gの酒石酸カリソーダ（ロッシェル塩）と13gの水酸化カリを水に溶かして100mlにして保存する．
（3）使用する時，(1),(2)の液を等量混合して試料と共に加熱すると，還元糖が存在するときは褐色の沈殿（酸化第1銅）を生ずる．このことを利用して糖の検出に用いる．

フリーズエッチング法　freeze-etching method
電子顕微鏡観察のための試料作成法の一種．試料をグルタルアルデヒドで固定し，グリセリン浸漬したものを凍結させた後，高真空中で，凍結組織片を削るようにして割断し，割断面の氷を昇華させてから，その表面に白金－カーボンを蒸着して試料表面のレプリカ膜をつくる法．レプリカ膜は試料を真空から戻し，水中に入れると試料から分離する．この膜を電顕用メッシュ上にすくい上げ，乾燥後検鏡する．

ヘマトキシリン染色　hematoxylin staining
南米のログウッド植物から抽出したヘマトキシリン色素による核や染色体の染色．その処方には，ハイデンハインやデラフィールドなどが考案した染色法がある．

偏光顕微鏡　polarization (polarizing) microscope
顕微鏡の光源から順に偏光子（板），試料，検光子をとりつけ，試料の複屈折性（birefringence）を観察するための顕微鏡．細胞壁やデンプン粒などのように，試料に結晶性があれば，偏光板を十字ニコルにしたとき，試料は光って見える．

ホルマリン固定　formalin fixation
5～10％のホルマリン液中に，プランクトンなどを入れて固定すること．これにより長期間保存することができ，適時，顕微鏡観察に用いられる．

ヨウ素反応　iodine reaction
デンプンがヨウ素により，青色や紫赤色を呈することを利用して，デンプンを検出するのに用いる反応．イネ，トウモロコシのうるちやジャガイモでは，アミロースの量が多いため青色になるが，モチ米などでは，アミロペクチンの量が多いので紫赤色に反応する．
ヨウ素液としては，ヨードチンキを適当に薄めてもよいが，通常5％ヨードカリ液100mlにヨウ素1gを溶かしたヨードヨードカリ液を用いる．

葉脈標本　leaf vain specimen

葉脈標本を作るには 30% の KOH または NaOH の中で葉（比較的硬い葉がよい）を 20〜30 分間煮て維管束以外の組織を軟化させ，十分水洗いしてから，ガラス板上で歯ブラシでたたきながら余分の組織を除去し，水洗いして乾燥させればよい．また，これを染色して楽しむこともできる．

リグニン反応　lignin reaction

細胞壁が木化（lignification）した厚膜組織や道管，仮道管などでは，少量の濃塩酸を 1〜2 分間作用させた後，1% フロログルシン（phloroglucin）のアルコール溶液をかけると，赤色のリグニン反応が得られる．

ロダミン B 染色　rhodamin B staining

ロダミン B 液は毒性が弱く，脂質を染色する特性があり，0.1% 溶液で，葉緑体の生体染色などに用いられる．

事項索引

(解説中および図版中の項目を掲載した．植物の種や属名は「植物名索引」を参照のこと．)

あ 行

アオサ目　222,302
アミジグサ目　214
アヤメ目　302
アリノトウ目　302
RNA　19
暗反応　16

維管束　88,119,131
維管束植物　292
イギス目　206
イグサ目　302
異形細胞　131
異形世代綱　214
イソマツ目　302
イチイ目　292
イチョウ目　292
イヌリン　50
イネ目　302
イバラモ目　302
イラクサ目　302
イワウメ目　302
イワヒバ目　284

ウイキョウ目　214
ウイルス　199
ウシケノリ目　206
羽状珪藻目　214
ウツボカズラ目　302
ウマノスズクサ目　302
ウミゾウメン目　206
ウリ目　302
ウルシグサ目　214
ウロコゴケ族　272
運動組織　105

柄　259
液胞　2,36
液胞膜　2,36
円胞子綱　214

黄色べん毛植物　220
オオイソウ目　206
おしべ(雄ずい)　150,159,301
オモダカ目　302

か 行

外果皮　186
外呼吸腔　74
海産珪藻　218
外珠皮　150
外層　12,34
海綿状組織　131
仮果　186
花芽　154
花外蜜腺　131
カキノキ目　302
下殻　10,214,218
果殻　270
核　2
核液　2,12
核型　61
核(膜)孔　12
核酸　19
核小体(仁)　2,12
隔壁孔　262
隔壁膨潤　262
がく片　150,156,186
核膜　2,12
核融合　249
カクレイト目　206
仮根　270,272
かさ　259
カサノリ目　222
花糸　156,159
果実　109,186
花床　150
ガス胞　203
仮足　264
果托　270
花柱　150
褐色体　214
褐藻植物　214
滑面小胞体　2,36
カツラ目　302
仮道管　94,292
カバノキ目　302
果皮　186
下皮層　270
花粉　150,163,301
花粉管　150,301
花粉形成　157
花粉形成の電顕像　158
花粉の発芽　179

花弁　155,156,159
花柄　150
果胞子　206
ガマ目　302
カヤツリグサ目　302
仮葉　272
カリケラ目　302
カルス　6
カロチン　220,246
カワゴケソウ目　302
還元糖　50
管状緑藻類　222,230
乾燥花粉　163,170,175
眼点　205,220,222
陥入気孔　74
環紋道管　304

機械組織　105
器官　109
キキョウ目　302
キク目　302
気孔　66,80,131
気孔原始細胞　79
気孔の開閉　78
気孔の発生　79
気孔の分布　67,135
キサントフィル　220,246
基質　6,61
偽弾糸　297
偽弾糸母細胞　277,278
楔葉綱　284
基本組織　88,105
キメラ　270
共同体　270
莢膜　200
極　53
極核　150
ギョリュウ目　302
球果綱　292
球果目　292
球状体　266～269
菌糸　249,270
菌糸層　270
キンポウゲ目　302
菌類　270

茎　109
茎の構造　119
茎の成長点　120
クスノキ目　302

クチクラ　74,131	ゴルジ体　2,35	子のう菌植物　249
グネーツム綱　292	コロニー　250	子のう胞子　249
グネーツム目　292	根冠　110,192	師板　119
グミ目　302	根鞘　192	師部　91,95,119,125,131
グラナ　16	コンブ目　214	師部柔組織　95
グラナラメラ　16	根毛　110	師部繊維　95,131
クランプ結合　261	根毛の成長　113	四分子　301
クルミ目　302	根粒菌　202	四分胞子　206
クロウメモドキ目　302		子房　150,186,292
クロガシラ目　214	**さ　行**	子房室　150
クロゴケ族　272		子房壁　150
クロロコツムク目　222	材　96	支脈　131
クロロフィル　206,214,218,220,246	細菌植物　200	車軸藻(シャジクモ)植物　246
	細胞　1	シュウ酸カルシウム　47
毛　66	細胞液　36	収縮胞　205,222
形成層　119,131	細胞外排出物　52	柔組織　105,303
珪藻植物　218	細胞間隙　131	主根　109,110
茎葉植物　65	細胞含有物　40	種子　186
ケシ目　302	細胞器官　2	種子植物　292
結晶(体)　2,131,203	細胞質基質　203	種子の電顕像　194
ケヤリ目　214	細胞質融合　263	珠心　150
けん引糸　53	細胞板　53	種皮　186,192
原核生物　197	細胞分裂　53	珠皮　292
原形質　2	細胞壁　2,37,38	樹皮　119
原形質吐出　7	細胞膜　2,37	樹皮の表面構造　127
原形質分離　7	柵状組織　131	珠柄　150
原形質膜　2,37	サクラソウ目　302	子葉　109
原形質融合　249	サトイモ目　302	上殻　214,218
原形質流動　7	サヤミドロ目　222	嬢核　53
原形質連絡　2,4,37	サラセニア目　302	ショウガ目　302
原始紅藻綱　206	散在維管束　88,90	嬢細胞　53
原始色素体　26	サンショウモ目　284	子葉鞘　192
原始植物　198		鐘乳体　81
原始タイ類　272	ジアトミン　218	小胞体　2,12,36
原始べん毛藻類　198	シウカイドウ目　302	小毛　34
原始葉　109	シオグサ目　222	小葉　131
原始裸子綱　292	シオミドロ目　214	小葉綱　284
原始藍(らん)藻類　292	師管　95,119,125,131	植物の系統樹　198
減数分裂　58	雌器床　275	助細胞　150
減数分裂帯　277	色素体(プラスチド)　3,13,26,145	シリオミドロ属　230
	色素体の化学成分　32	仁　2,12
好オスミウム果粒　16,26	シキミ目　302	真果　186
光合成細菌　201	支持糸　53	真核生物　205
構造果粒　203	脂質　37,45	浸水花粉　163〜170,175
紅藻植物　206	子実下層　260	真正紅藻綱　206
紅藻素　206	脂質果粒　262	真正シダ目　284
コウトウマメモドキ目　302	子実層　260	真正セン族　272
孔辺細胞　70,74,76,131	子実体　259,260,263	ジンチョウゲ目　302
孔辺母細胞　79	糸状体　206	真のうシダ亜綱　284
コウボ(酵母)菌　249,250〜252	雌ずい(めしべ)　150,301	心皮　292
黒斑病菌　258	雌性球果　292	針葉樹目　292
コケ植物　272	雌性配偶体　301	
コショウ目　302	シソ目　302	髄　109,119
ゴニディア　270	シダ綱　284	水生シダ類　284
ゴマノハグサ目　302	シダ植物　284	スイレン目　302
コルク形成層　87,125	シダ目　284	スギノリ目　206
コルク層　87,125	実質　260	スス病菌　258
コルク皮層　87,125	子のう　270	ストロマ　16
	子のう果　249	ストロマラメラ　16

事項索引

スベリン(コルク質)　38
スミレ目　302
スンプ法　66

精　核　292
成長域　110
成長点　110
節　109
節　間　109
接合子　222,263
接合藻目　222
ゼニゴケ族　272
セルロース(繊維素)　38,74
セルロース層　74
繊　維　119
繊維素(セルロース)　38,74
前核生物　197
前色素体(プロプラスチド)　3,13,23
前色素体の分裂　31
染色糸　53
染色体　2,12,53
染色体の構造　61
染色体の電顕像　62
染色分体　61
繊　毛　200
前葉体　290,291
前裸子綱　292
セン類　272

双子葉類　303
双子葉類の花粉　163
双子葉類の花　152
造精器　206,214,246
造精糸　246
増大胞子　214,218
草本茎の構造　122
造卵器　206,214,246,275
藻　類　270
側　根　109,110
足　部　277
側　葉　109
組　織　65
ソテツ綱　292
ソテツ目　292
粗面小胞体　2,36

た　行

胎　座　150
体細胞　249
大胞子　301
大葉綱　284
タイ類　272
托　縁　137,270
タコノキ目　302
多細胞生物　65,197
楯形細胞　246
タデ目　302
タバコモザイクウイルス　199

多胞子　206
ダルス目　206
タングル孔　2,37
単細胞生物　65,197
弾　糸　288,289
担子柄　260,261
担子胞子　260,261,262
単子葉類　321
単子葉類の花粉　175,343
単子葉類の花　153
単子葉類の葉緑体　341
タンニン　50
タンパク質　37,46,199
単胞子　206

地衣植物　270
チノリモ目　206
中央液胞　36
中央原形質　203
中央脈　131
中果皮　186
柱　軸　279
中心柱　98
柱　頭　150
中　葉　2
貯水組織　81
貯蔵組織　105
貯蔵デンプン　40
貯蔵デンプン粒の消化　51
チラコイド　16
チロプテリス目　214

通気組織　105
ツツジ目　302
ツノゴケ族　272
ツバキ目　302
ツユクサ目　302

DNA　10,19
DNA域　203
DNA繊維　16
ディディメレス目　302
T₄ファージ　199
テングサ目　206
デンジソウ目　284
デンプン粒　16,32,40

道管　93,119,125
同化組織　105
同化デンプン　40
同形世代綱　214
トウダイグサ目　302
トケイソウ目　302
トチカガミ目　302
トチュウ目　302
突起毛　82

な　行

内果皮　186
内呼吸腔　74
内珠皮　150
内　層　12,34
内　皮　98
ナガマリモ目　214
ナットウ菌　202
ナデシコ目　302
2次維管束　96
ニシキギ目　302
2次木部　96
二分裂法　29
乳酸菌　202
根の構造　110
根の構造分化　112
根の細胞の微細構造　118
根の組織　114
粘液アミーバ　263
粘液層　200,203
粘菌植物　263
年　輪　96,126

のう状体　260

は　行

胚　186,191,192,301
配偶子のう　218,222
配偶体　246,284
胚　軸　109,192
胚　珠　150,292,301
排出物　40
パイナップル目　302
胚　乳　186,191,192,301
胚のう　150,292,301
胚　盤　192
白色体　3,13,21,23
白色体の分裂　31
薄のうシダ亜綱　284
薄　膜　16
ハス目　302
発芽孔　262
ハナシノブ目　302
花の構造　150
パナマソウ目　302
ハナヤスリ目　284
葉の構造　131,132,138
ハバモドキ目　214
バラノプシス目　302
パラミロン粒　205
バラ目　302
バルベヤ目　302
反足細胞　150
斑点病細菌　200

事項索引

伴細胞　95
斑紋病菌　258

ヒカゲノカズラ綱　284
ヒカゲノカズラ目　284
ひげ根　110
被子植物　301
被子植物の果実　188
被子植物の花粉　319
被子植物の花弁　317
被子植物の系統樹　302
被子植物の種子　191
被子植物の葉緑体　314
皮層　87,96,110,119
ひだ　259,260
肥大成長　126
ヒバマタ目　214
ヒビミドロ目　222
尾部繊維　199
ヒメハギ目　302
皮目　119
表皮　66,87,110,119
表皮細胞　4,66,70,74,76,80,131
表皮の走顕像　72
ピレノイド　220,222
ビワモドキ目　302

ファージ　199
斑入色素体　23
斑入葉　23
斑入葉の内部構造　143
斑入葉のプラスチド　144
フウチョウソウ目　302
不完全菌　257
フコキサンチン　214,218
フサザクラ目　302
付随体　61
不動胞子　214
フトモモ目　302
ブナ目　302
プラスチド(色素体)　3,13,26,145
粉芽　270
分生胞子　249
分泌組織　105
分裂域(帯)　110,277

フウロソウ目　302

壁孔　37,38
ペクチン　38
ベニミドロ目　206
ヘルペスウイルス　199
変形菌(粘菌)植物　263
変形体　263～265
変態葉　148
偏平胞　16
べん毛　200,205,220

棒菌　202
胞原細胞　277

胞子　277,288,292
胞子のう　214,284,285,287
胞子体　214,222,284,292,301
胞子帯　277
胞子母細胞　277
放射組織　96,119
紡錘糸　53
紡錘体　53
母細胞　53
ホシグサ目　302
ボタン目　302
ボルボックス目　222
ホンゴウソウ目　302

ま 行

マオウ綱　292
マオウ目　292
巻ひげ　131
マツムシソウ目　302
マツ目　292
マメ目　302
マンサク目　302

ミカン目　302
ミクロカプセル　200
ミズキ目　302
ミズゴケ族　272
ミズニラ目　284
ミトコンドリア　2,34
ミドリゲ目　222
ミドリムシ植物　205
ミル目　222

ムクロジ目　302
ムチモ目　214
無葉綱　284

明反応　16
めしべ(雌ずい)　150,301
メソゾーム　200

モクセイ目　302
木部　91,93,119,125,131
木部繊維　131
木本茎の構造　124
モクマオウ目　302
モクレン目　302

や 行

葯　150,301
ヤシ目　302
ヤッコソウ目　302
ヤナギ目　302
ヤマグルマ目　302
ヤマトグサ目　302
ヤマモガシ目　302
ヤマモモ目　302

有色原形質　203
有色体　13,20,26
雄ずい(おしべ)　150,159,301
雄性球果　292
雄性配偶体　301
遊走子　214,222,263
遊離細胞　4
ユキノシタ目　302
油体　33
ユリ目　302

幼芽　109,192
幼根　109,192
葉脚　131
葉先　131
葉肉　131
葉肉細胞　74
葉柄　131
葉片　131
葉脈　137
葉脈標本　137
葉緑体　2,3,13,205
葉緑体の分裂　29
葉緑体膜　16
ヨツメモ目　222

ら 行

ライトネリア目　302
裸子植物　292
裸子植物の種子と果実　187
裸子植物の花　151
らせん菌　202
らせん紋道管　303
ラメラ　16
ラメラ形成体　26
卵核　292
卵細胞　150
藍(らん)青素　203
藍藻細胞　203
藍藻植物　203
ラン目　302

リグニン　38,46
リボゾーム　2,12
リュウビンタイ目　284
両性花　152
緑顆層　270
緑藻　272
緑藻植物　222
リンドウ目　302
鱗茎　321
輪状維管束　88,89

レスチオ目　302

ロイコシン粒　220
ロウ質　72

植物名索引

(綱, 目名などについては「事項索引」を参照のこと.)

ア 行

アオカビ　254, 255
アオキ　45, 139, 143, 144
アオキノリ　270
アオミドロ　8, 13, 242～245
アオサ　222
アカザ　47
アカシア　128
アカパンカビ　249
アカマツ　187, 194, 293, 298
アカメガシワ　128
アキニレ　128
アサガオ　35, 36, 47, 69, 78, 80, 85, 89,
　140, 194, 258, 314
アサクサノリ　206, 207
アズマササ　90, 338
アジサイ　318
アナキスティス　204
アナディオメネ　232
アブラインビレア　236
アブラナ　82, 89, 112, 122, 152, 170
アボガド　45
アマリリス　343
アミジグサ　215
アミミドロ　226
アラカシ　125, 129
アロエ　74, 80, 339

イイギリ　319
イシゲ　215
イチイ　297
イチジク　96
イチョウ　151, 187, 293, 298, 299
イヌガヤ　297
イヌワラビ　285
イ ネ　44, 111, 113, 133, 154, 195
イバラモ　342
イワツタ　236
インゲンマメ　43, 191, 202, 255
インドゴムノキ　81, 138

ウォータースプライト　15, 77
ウキクサ　341
ウグイスカズラ　170
ウチワサボテン　47
ウツボカズラ　149
ウマノスズクサ　101
ウミトラノオ　217

ウ メ　129, 165
ウメノキゴケ　271
ウラウドンコ病菌　250
ウラジロ　94, 99
ウロスポラ　231

エゴノキ　319
エニシダ　312, 316
エンドウ　21, 22, 31, 36, 79, 169

オオオナモミ　188
オオカナダモ　5, 10, 14, 15, 32, 40, 46,
　48, 52, 66, 77, 107, 120, 178, 335～337
オオゴンシノブヒバ　295
オオシラビソ　297
オオバギボウシ　344
オオハネモ　233～235
オオマツヨイグサ　167
オオムギ　44, 71, 78
オオムラサキ　319
オーキスティス　224
オキツノリ　210
オクロモナス　220
オジギソウ　105
オシロイバナ　172
オニユリ　43
オモト　338
オランダレンゲ　202
オリズルラン　10, 13, 157

カ 行

カガブタ　114, 115, 118, 154, 315, 342
カ キ　130, 186, 188, 191, 316
カギイバラノリ　209
ガクアジサイ　67, 68, 76, 83
カザシグサ　212
アシノディスクス　218
カナワラビ　285, 290
カバノリ　209
カブトゴケ　270
カボチャ　7, 9, 39, 84, 91, 95, 106, 134,
　142, 166, 180
カ ヤ　75, 127, 297
カラマツ　294
カワモズク　211
カンナ　178

キ ク　102

キサンチジウム　238
キサントリア　270
キショウブ　344
キズイセン　329
キダチロカイ　74, 80, 339
キツネノマゴ　81
キミガヨラン　340
キュウリ　179, 200, 303～308
ギョリュウ　319
キ リ　126, 128, 171, 318
キンカン　195
キンセンカ　78
キンマサキ　24, 147
キンモクセイ　137
ギンヨウアカシア　126

ク コ　315
クサギ　130
クジャクシダ　23
クスノキ　128, 137
クチベニスイセン　153
クヌギ　129
クマガイソウ　122
クマワラビ　70
クラミドモナス　222
ク リ　97
クリハラン　39, 100, 291
クリプトモナス　220, 221
クルブラリア　255
クロオコッカス　203
クロカビ　253
クロマツ　127
クロモ　13, 341
クロモナス　220
クロレラ　223
クロロコッカス　223
ク ワ　258, 309, 310
クワイ　42
クンショウモ　225
クンシラン　344

ケイギス　211
ケカビ　253, 256

コウボ菌　57, 250～252
コウホネ　156, 315
コウヤマキ　80, 107, 297
コエラストルム　225
黒斑病菌　258

植物名索引

コザネモ　213
コシダ　99
コスモス　122
コツボチョウチンゴケ　4,5,30,32,281～283
コナラ　129
コノテガシワ　296
コハナヤスリ　286
コメツガ　73,296
コメバツガザクラ　97
コムギ　36
コモチシダ　39
ゴヨウマツ　294
コレオケーテ　227
コンテリクラマゴケ　14,29,32,66,120
コンブ　214

サ 行

サイミ　210
サザンカ　13,23,47
サツマイモ　42
サトイモ　43,141
サボテン　173
サヤミドロ　226
サルトリイバラ　103
サルモネラ菌　201
サワラ　296
サンショウ　130
サンショウモ　36,286

シノブ　287
シノブゴケ　86,281
シバザクラ　173
シャガ　71,103,144
ジャガイモ　41,93,94,142
ジャゴケ　17,274
シャジクモ　14,52,246～248
ジュズモ　204
シロザ　16
シロマツ　74,294
シロヨメナ　61
シンビジウム　185

スイカズラ　104
スイセン　49,176
スイートピー　156
スイレン　12
スギ　45,73,94,97,126,127,293,295,300
スギナ　17,286,288
スギノリ　210
スサビノリ　207
スジアオノリ　229
スジギボウシ　24,144
ススキ　338
スス病菌　258
スズメノテッポウ　110
スタウラストルム　2

スダジイ　139

セイヨウヒイラギ　190
セキショウ　107,141
セキショウモ　342
ゼニゴケ　33,37,274,275
セネデスムス　223,225
センニンソウ　101
ゼンマイ　287

ソゾ　211
ソメイヨシノ　6,73,76,90,105,130,137,152,156,165,312
ソラマメ　5,55,70

タ 行

ダイオウマツ　80
ダイコン　110,314
タチクラマゴケ　286
タチシノブ　100
タヌキモ　148
タバコ　6,46
タバコモザイクウイルス　199
タマシダ　291
タマネギ　4,7,11,50,53,61,62,111,116,117
タラシオシラ　219
ダリア　50,170
タンポポ　317

チガイソ　216
チャシオグサ　228
チョウセンアサガオ　182

ツガ　296
ツクネイモ　42
ツクバネアサガオ　134,174,182
ツゲ　313
ツツジ　319
ツヅミモ　237
ツノゴケ　14,276～279
ツノマタ　210
ツバキ　5,39,46,71,106,136,137,154,168,258,319
ツボミゴケ　33,273
ツメケイソウ　219
ツルホラゴケ　289
ツワブキ　143,144

ディクティオスフェリア　231
デイゴ　163
ディコトモシフォン　236
T_4ファージ　199
テッポウユリ　158～161,175,183,184
テングサ　208

トウガラシ　4,20,38,77,93,95,97,106,123,311
トウギボウシ　344
トウヒ　96
トウモロコシ　17,27,28,44,88,92,103,111,122,140,192,193,338
ドクダミ　79
トチノキ　129
トベラ　66,67
トマト　6,83,91,122,188

ナ 行

ナシ　39,106
ナス　86
ナズナ　110
ナットウ菌　202
ナミノハナ　212
ナンジャモンジャゴケ　280
ナンテン　169

ニホンスイセン　49,323,327,329～333
乳酸菌　202
ニワトコ　38,102,105,171
ニンジン　3,12,35

ヌマムラサキツユクサ　35,58,72,90
ヌメリスギタケ　259～262

ネオメリス　232
ネギ　55,72,114,163,258
ネコジャラシ　90,92
ネコヤナギ　124

ノコギリモク　217
ノブキ　188

ハ 行

ハイマツ　107,124,142
ハカタガラクサ　80,81
ハクショウ　74,294
バクテリアストラム　218
ハコネウツギ　167
ハコベ　164
ハス　34,35,42,194
ハダカムギ　116
ハナカタバミ　171
バナナ　41,49,50
ハネケイソウ　219
ハナビシソウ　174
ハハコグサ　173
ハフウケイソウ　219
ハハコグサ　173
ハラン　92,143
ハリガネ　213
斑紋病菌　258

ヒイラギモクセイ　137

ヒカゲノカズラ 94, 104		ユキノシタ 7, 85, 314
ヒガンバナ 341		ユキヤナギ 174
ヒザオリ 13		ユレモ 203 204
ヒシ 118, 145	**マ 行**	
ヒツジグサ 145	マキノエラ 225	**ラ 行**
ヒトツバ 100	マサキ 25, 47, 120, 138, 147, 199	
ヒビミドロ 223	マダケ 121, 122	ラッパスイセン 177, 322, 325〜329,
ヒポクレア 262	マツ 292	332, 333
ヒマ 45, 195	マツバボタン 180	ラン 177, 185
ヒマラヤスギ 75, 127, 295	マツモ 146	
ヒマワリ 155, 318	マトニア 101	リュウゼツラン 23
ヒメユリ 177	マルバアサガオ 170	リンゴ 186, 189
ヒャクニチソウ 155	マンネンスギ 104	
ヒヤシンス 12	マンリョウ 316	レンギョウ 168
ヒュウガミズキ 172		
ヒョウタン 172	ミカズキモ 225	**ワ 行**
ヒルベア 220	ミクラステリアス 238, 239	
ビワ 71, 137	ミクロディクティオン 232	ワカメ 215
	ミズカビ 255	ワラビ 94, 101
ファージ 199	ミズキ 86, 96	
フィザルム 264〜269	ミズゴケ 280	
フィリヤブラン 24	ミズゼニゴケ 274	
フクロフノリ 209	ミズナラ 129	
フシツナギ 210	ミズニラ 286	
フシナシミドロ 229	ミズバショウ 177	
プシュードディコトモシフォン 232	ミズワラビ 15, 77	
ブタクサ 102	ミドリムシ 205	
ブドウ 89, 190	ミネヤナギ 124	
フネケイソウ 219	ミノワセダイコン 34	
フモトシダ 99, 100	ミョウガ 179	
プレウロカプサ 204		
	ムカデノリ 213	
ベゴニア 48	ムクエノキ 130	
ヘチマ 102	ムクゲ 173	
ペチュニア 134, 174, 182	ムシトリナデシコ 178	
ベニサラサドウダン 97	ムベ 96	
ベニシダ 287, 291	ムラサキツユクサ 6, 38, 56, 57, 62, 69,	
ヘルペスウイルス 199	70, 78, 79, 114, 118, 135, 162, 175, 341,	
	342	
ポインセチア 171		
ホウショウチク 105	モエジマシダ 290	
ホウセンカ 66, 68, 73, 88, 93, 95, 135,	モッコク 136, 139	
140, 155, 169, 180, 317, 319	モモ 130, 191	
ホウレンソウ 18, 19, 37, 47, 48, 80,	モンテンジクアオイ 143	
313, 314		
ホオノキ 165	**ヤ 行**	
ホシミドロ 13, 241, 244		
ホソバナミノハナ 209	ヤブガラシ 91, 140	
ボタンアオサ 228	ヤブコウジ 316	
ホテイアオイ 112, 116	ヤブソテツ 287	
ポプラ 313	ヤマグルマ 97	
ホラシノブ 290	ヤマツツジ 170, 181	
ボルボックス 225, 226	ヤマユリ 175	
	ヤレウスバノリ 211	

編著者略歴

植田利喜造（うえだ りきぞう）
1914年　奈良県に生まれる.
1940年　東京文理科大学を卒業.
1944年　女子学習院教授.
1947年　東京高等師範学校教授.
1972年　東京教育大学教授.
1975年　筑波大学教授.
1979年　東京家政学院大学教授，現在に至る．理学博士．

主な著書　植物形態学　岩崎書店，1958
　　　　　生物教材図説　岩崎書店，1967
　　　　　植物組織化学実験法　中山書店，1955
　　　　　大学教養生物学　森北出版，1956
　　　　　大学教養生物科学　大学出版社，1965
　　　　　解明生物Ⅰ，Ⅱ　文英堂，1973

植物構造図説　　　　　　　　　　　　　　　　　Ⓒ　植田 利喜造　1983

1983年12月1日第1版第1刷発行　　編著者／植田利喜造
　　　　　　　　　　　　　　　　発行者／森北　肇

　　　　　　　　　　　　　　　　写真植字・図版トレース／株式会社 緑新社
　　　　　　　　　　　　　　　　印刷／秀好堂印刷
　　　　　　　　　　　　　　　　製本／長山製本

検印
省略

　　　　　　　　　　　　　　　　発行所／森北出版株式会社
定価はカバー・ケース　　　　　　　東京都千代田区富士見1-4-11　〒102
に表示してあります．　　　　　　　電話 03-265-8341（代表）振替東京 1-34757
　　　　　　　　　　　　　　　　日本書籍出版協会・自然科学書協会・工学書協会　会員

　　　　　　　　　　　　　　　　　　　　落丁，乱丁本はお取り替えいたします

ISBN 4-627-26030-X
Printed in Japan

植物構造図説 ［新装版］

| 2011年10月25日 | 発行 |
| 2011年12月28日 | 増刷 |

編　著　　植田利喜造

発 行 者　　森北　博巳

発　行　　森北出版株式会社
　　　　　〒102-0071
　　　　　東京都千代田区富士見1-4-11
　　　　　TEL 03-3265-8341　FAX 03-3264-8709
　　　　　http://www.morikita.co.jp/

印刷・製本　株式会社丸井工文社
　　　　　〒107-0062
　　　　　東京都港区南青山7-1-5

　　　　　ISBN978-4-627-26039-9　　　　　Printed in Japan

JCOPY ＜（社）出版者著作権管理機構　委託出版物＞